工业和信息化部“十四五”规划教材

飞行器气动弹性原理

(第3版)

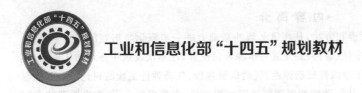

主　编　杨　超　吴志刚
副主编　万志强　谢长川　宋　晨　戴玉婷

U0245384

北京航空航天大学出版社

内容简介

本书介绍飞行器气动弹性的基本原理和方法，是在第2版的基础上进一步深化与拓宽的研究生教材。除了对气动弹性静力学与气动弹性动稳定性(颤振)展开进一步深入讨论外，在本次改版中还增加了振动、飞行力学、自动控制方面的基础知识，增强了非线性气动弹性、气动伺服弹性、气动弹性试验的讨论，扩充、完善了气动弹性计算工程实例的章节和附录，从气动弹性原理阐述到实例应用，内容更加全面，突出原理的实际应用。

本书可作为高等院校航空宇航、力学等学科的研究生教材以及高年级本科生的参考书，也可供航空、航天、兵器、建筑及桥梁等工业领域的结构强度、总体气动和飞行控制等相关专业的设计人员参考。

图书在版编目(CIP)数据

飞行器气动弹性原理 / 杨超，吴志刚主编. -- 3版
. -- 北京 ：北京航空航天大学出版社，2023.11
ISBN 978-7-5124-4252-8

Ⅰ. ①飞… Ⅱ. ①杨… ②吴… Ⅲ. ①飞行器—气动弹性—设计 Ⅳ. ①V411.4

中国国家版本馆CIP数据核字(2024)第000063号

飞行器气动弹性原理(第3版)

主编 杨超 吴志刚
副主编 万志强 谢长川 宋晨 戴玉婷
策划编辑 蔡喆 责任编辑 龚雪

*

北京航空航天大学出版社出版发行
北京市海淀区学院路37号(邮编100191) http://www.buaapress.com.cn
发行部电话:(010)82317024 传真:(010)82328026
读者信箱: goodtextbook@126.com 邮购电话:(010)82316936
北京凌奇印刷有限责任公司印装 各地书店经销

*

开本:787×1 092 1/16 印张:28.75 字数:736千字
2024年1月第3版 2024年1月第1次印刷 印数:1 000册
ISBN 978-7-5124-4252-8 定价:99.00元

第3版前言

气动弹性力学所研究的各类问题皆起因于气动力、弹性力及惯性力之间的相互作用。与应用力学范畴中其他学科的不同就在于，气动弹性力学更为明确地关注问题的相互作用本质。

本书讨论的飞行器气动弹性问题，主要指固定翼航空器（如飞机、无人机、导弹、火箭弹、高超声速飞行器等）的气动弹性问题。航空器空中飞行的本质是气动弹性，而气动弹性又是飞行器飞行的固有属性，因此飞行器气动弹性原理的本质就是气动弹性力学，是飞行器设计中必须解决的关键问题。

要从事飞行器设计的工作，学习并掌握各种气动弹性原理是十分必要的，应把基本原理应用到飞行器设计上，并作为一种设计准则、规范和指导思想。基于上述指导思想，本书旨在为高等院校飞行器设计、工程力学以及相关专业的研究生提供一本基本原理与分析方法并重的教科书，以适应我国高等院校航空航天相关专业人才培养的需要。本书也可作为航空、航天、兵器、建筑及桥梁等工业领域相关设计人员的参考资料。

在本次改版中，进一步突出了气动弹性原理阐述的同时，增强了气动弹性实用工程设计实践，由第2版的8章扩充到13章并增加了1个附录。本次主要修改工作如下：

一是增加了气动弹性力学的先修基础性知识，增加了结构动力学、飞行力学、自动控制原理的基础知识3章内容，并对第2版的空气动力学基础进行补充，分成定常和非定常空气动力学两章，扩充了定常气动力基础知识，这部分基础知识可供教学选用；

二是增加了“气动弹性试验方法”一章，将第2版中分散在各章的试验内容集中在这一章，并进行了扩充；

三是将“气动弹性计算工程实例”这章改为“气动弹性分析设计实践”，根据实际研究生课堂教学经验进行了重写，并补充了包含算例计算程序代码的附录，方便读者进行气动弹性的工程计算实践；

四是改写了“气动伺服弹性力学”一章，将第2版中“具有结构非线性的气动弹性”一章扩展，增加了非线性气动力引起的气动弹性问题。

除此以外，在其余各章也补充了相关技术领域中的新内容。

另外，本书考虑了与本科生教材《气动弹性设计基础(第3版)》的区别和联系，在拓展新知识的同时，突出了研究生专业知识综合性、前沿性、实践性的特点。

本书共13章，分别是绪论、定常空气动力学基础、结构动力学基础、飞行动力学基础、自动控制原理基础、非定常气动力分析方法、气动弹性静力学、气动弹性动稳定性、气动弹性动力响应、非线性气动弹性、气动伺服弹性力学、气动弹性试验方法、气动弹性分析设计实践，附录中给出了气动弹性计算程序代码。上述内容分为绪论、基础篇(第2～5章)、理论方法篇(第6～12章)和实践篇(第13章及附录)几个部分。

本书由杨超教授、吴志刚主编。参加编写、修改的有杨超(第1、2、6、8、12章)、吴志刚(第3、4、5、9、12、13章，附录)、万志强(第7、12章)、谢长川(第10章)、宋晨(第11章)、戴玉婷(第10章)。全书由杨超教授规划、统稿、审读和校对。

特别感谢已去世的陈桂彬教授，他为本书前2版的组稿、编写、审读做出了巨大贡献。感谢朱斯岩副教授在本书前2版编写过程中的参与与讨论。同时也感谢在第3版出版过程中提供了第13章及附录有关算例和程序的北京航空航天大学气动弹性研究室的研究生们！

本书获得北京航空航天大学校教材基金支持，并列入工业和信息化部“十四五”规划教材。因时间匆忙，书中如有疏漏之处，敬请读者批评指正。

作　者

2023年12月

第 2 版前言

气动弹性力学所研究的各类问题，皆起因于空气动力、弹性力及惯性力之间的相互作用。它与应用力学范畴中其他学科的不同就在于，它更为明确地关注问题的相互作用本质。此外，它所涉及的学科也更加宽泛。例如，在气动弹性分析中必须考虑温度和热应力影响时，就形成热气动弹性这个分支。又例如，在气动弹性分析中必须考虑飞行控制系统的影响时，就形成了气动伺服弹性学科。

从事飞行器设计的工作，学习并掌握各种气动弹性原理是十分必要的，应把基本原理应用到飞行器设计上，并作为一种设计准则、规范和指导思想。基于上述指导思想，本书编写团队旨在为高等院校飞行器专业的研究生提供一本基本原理与分析方法并重的教科书，以适应我国高等院校航空航天相关专业人才培养的需要。本书也可作为航空、航天、兵器、建筑及桥梁等工业领域相关设计人员的参考资料。

在第 2 版中，突出了气动弹性原理上的阐述，而对结构动力学基础部分做了精简，因为这部分内容，读者很容易在现有的教科书或专著中找到；同时，在气动弹性试验技术的阐述上，更注重原理，并反映在各相关的章节中。除此以外，在其余各章也补充了相关技术领域中的新内容。

气动弹性动力学主要包含两个方面的问题，即气动弹性动稳定性问题和气动弹性动力响应问题。在第 1 版中比较强调动稳定性问题，而在第 2 版中，特别增强了对气动弹性动力响应的讨论。从原理的阐述到所实施的例题示例，都给读者提供了完整的新内容。

在气动弹性分析中，结构非线性是不容忽视的重要问题。在一些具有非线性的结构上，采用线性的处理方法，往往会严重影响分析的结果。在第 2 版中，专门增设了一章“具有结构非线性的气动弹性”，向读者提供了不同结构非线性问题的不同处理方法；还增加了“气动弹性计算工程实例”，作为最后一章，包括针对静、动气动弹性计算的实例，为从事气动弹性力学计算的人员提供有益的参考。

第 2 版共有 8 章，分别是绪论、空气动力学基础、气动弹性静力学、气动弹性动稳定性、气动弹性动力响应、具有结构非线性的气动弹性、气动伺服弹性力学及气动弹性计算工程实例。

本书由杨超教授主编。参加编写的有杨超(第2章)、万志强(第3章)、陈桂彬(第1章,第4章)、吴志刚(第5章)、谢长川(第6章)、宋晨(第7章)、戴玉婷(第8章)。

特别感谢陈桂彬教授,除了编写相关章节外,他还带病坚持对本书其他部分进行审读并提出了宝贵意见,但在本书即将完成之际,陈教授却不幸因病去世,本书编写团队谨以此书深切缅怀陈桂彬教授!

作　者

2015年5月

第1版前言

气动弹性力学是一门研究弹性结构在气流中的静力学和动力学行为的学科。气动弹性问题除了体现在航空工程的领域外，也同样存在于其他工程领域，例如，在土木工程中的悬索桥和高层建筑的风致振动，核技术工程中的核反应堆设备颤振，以及生物医学工程中柔性血管中的血液流动等。气动弹性问题会导致结构静变形、动变形以及不稳定，因此气动弹性问题研究的重要性在各个技术领域都有体现。特别是现代飞行器的设计要求具有较高的性能和较轻的结构质量，气动弹性问题的解决是实现高性能及最优结构的重要途径。

气动弹性力学是为适应航空航天事业的需要而发展起来的，不言而喻，自然会受到航空航天工业部门技术人员以及航空航天院校有关专业研究生及本科生的关心和重视。鉴于此，我们在本书编写中多取材于飞行器，而对航空航天技术领域以外的气动弹性问题将不予讨论。

气动弹性问题可以分为稳定性问题和响应问题两大类。这两部分内容都将成为本书讨论的重点，并尽可能讨论飞行器设计所涉及的基本气动弹性问题。

编写本书的目的是给读者提供一本有一定技术背景、能有助于理解飞行器气动弹性稳定性和响应的基本概念和应用的图书。本书可作为高等院校相关专业研究生的教材或参考书，也可以作为高年级本科生和相关领域工程技术人员的参考书。

为了实现预期目标，本书涉及了多种学科，例如，结构动力学、非定常气动力、静气动弹性效应、颤振、阵风响应、气动伺服弹性以及气动弹性试验等。本书共8章。前3章中，除绪论作为全书的导读以外，其余2章主要介绍背景知识，这些基本理论是理解以后章节的基础。本书的其余各章则讨论气动弹性本身的问题。首先，在第4章讨论气动弹性静力学问题，主要涉及飞行器发散、飞行载荷、静气动弹性修正和操纵效率等。第5章讨论工程上十分重要的气动弹性动稳定性问题，特别是针对颤振问题进行了较为详尽的讨论。第6章讨论了弹性物体对随时间变化的外界气动激励力作用下引起的结构气动弹性动力的响应问题，其中特别注意讨论阵风(突风)问题。为了拓宽读者对气动弹性发展的认识，第7章概述了气动伺服弹性的基本知识,以便使读者了解该学科的由来与发展,以及它在现代飞行器设计中的重要地位。最后,第8章专门讨论了气动弹性的重要组成部分——气动弹性试验,概要介绍了气动弹性的地面试验、风洞试验及飞行试验,有利于帮助读者全面了解气动弹性内容。

本书在每章的最后附有思考题及练习题,以供教学使用。参考文献分别放在各章的最后,供读者查阅。可供本书参考的文献浩如烟海,书中所列的文献资料虽然仅是其中的一小部分,但作者认为这些都是有意义的。

本书由杨超教授主编,吴志刚、万志强及陈桂彬参加了本书的编写。

本书的编写工作得到了各方面的支持和鼓励,也吸取了国内外气动弹性相关论著的许多宝贵内容。

作者特别要感谢宋晨博士,他除了参加本书部分内容的编写以外,还做了大量的绘图、录入及编辑工作,参加了全书内容的讨论,为完成本书起到了重要作用。

作者也要感谢朱斯岩老师,她在本书编写过程中参加了对全书内容结构的讨论,并根据她讲授课程的实际经验提出了宝贵意见。同时也感谢谢长川博士,他为编写本书提供了资料。

本书承蒙郦正能教授审阅,并得到了许多宝贵意见,对此表示衷心感谢。同时也衷心感谢将对本书提出批评和建议的读者。

作　者

2011年3月

目　录

第1部分　基础篇

第 2 部分 理论方法篇

第3部分 实践篇

第1章 绪 论

1.1 气动弹性问题概述

弹性结构在气流中都会发生气动弹性现象。可以认为,“气动弹性力学”是一门研究弹性体在气流中力学行为的学科。20 世纪 30 年代,英国皇家空军机构的 Cox 和 Pugsley 提出了“气动弹性”一词,用来描述这种现象。这也是本门学科名字的由来。

弹性体在气动载荷作用下会发生变形和振动,而变形和振动又反过来影响气动载荷的分布与大小,正是这种相互作用,在不同条件下将产生形形色色的气动弹性现象。在有些情况下,不仅要考虑气动力与弹性力之间的相互作用,而且还要考虑它们与惯性力之间的相互作用。飞机、直升机、导弹、火箭等飞行器是典型的弹性体,一旦设计并研制出来,便具备了明确的气动弹性特性;换句话说,气动弹性特性是飞行器的固有特性,也是本质特征。气动弹性特性对飞行安全和飞行性能均能造成严重影响,是飞行器设计中必须关注且解决的关键核心问题之一。

飞行器作为空中飞行的弹性体,不同飞行器、不同飞行状态具有的气动弹性特性是不同的,也会体现出不同的气动弹性现象,这些气动弹性现象的内在机制是力学的耦合。飞行器气动弹性原理的本质首先是气动弹性力学的耦合机理。因此,气动弹性力学是气动弹性分析的基础,也是飞行器气动弹性设计的基础,飞行器设计的水平随着人们对气动弹性力学原理认知以及气动弹性力学的扩展而不断提高。

气动弹性力学所研究的各类气动弹性现象,不外乎起因于气动力、弹性力和惯性力三者之间的相互作用。英国学者 Collar 绘制了气动弹性力三角形(见图 1.1),其三个角点以及其中任意两个角点连线,均构成一个重要的学科领域。该三角形可以对气动弹性各种基本现象和

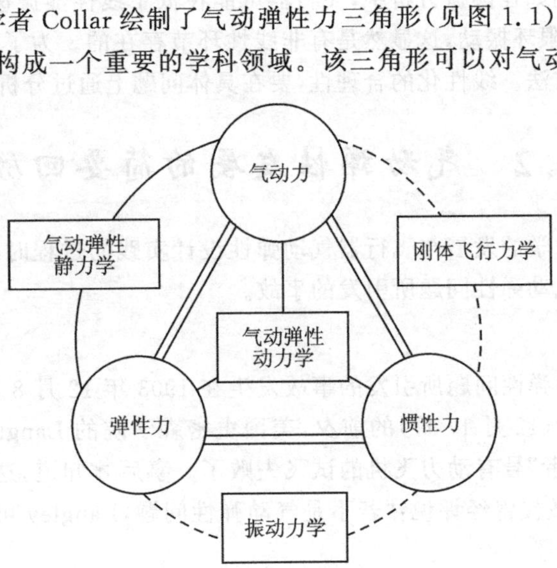

图 1.1 气动弹性力三角形

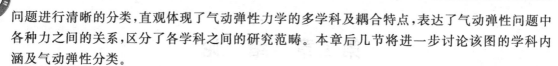

问题进行清晰的分类,直观体现了气动弹性力学的多学科及耦合特点,表达了气动弹性问题中各种力之间的关系,区分了各学科之间的研究范畴。本章后几节将进一步讨论该图的学科内涵及气动弹性分类。

气动弹性力学主要关心的问题之一是弹性结构在气流中的稳定性。对于一定的结构,其空气动力将会随着气流流速的变化而变化,所以可能存在一个临界的流动速度,在这个速度下,结构变为不稳定的。根据惯性力是否允许忽略,这种不稳定性可以分为静力不稳定性和动力不稳定性。前者主要是扭转变形发散,后者主要是颤振。发散和颤振都会导致结构的突然毁坏和灾难性事故。因此设计人员必须保证不会发生这种不稳定事故。

从气动弹性问题的整体来看,其所包含的问题不仅仅是稳定性问题,它还研究飞行器设计中的许多其他问题,诸如在气动弹性静力学问题中,由于弹性变形而引起载荷重新分布,由于弹性变形而引发操纵效率的降低,甚至出现操纵反效;在气动弹性动力学问题中,还有和上述不同的响应问题。在该问题中,需要求出的是气动弹性系统对于外加载荷的响应。外载荷可以是由弹性体的变形引起的,例如,飞机操纵面的位移;另外,也可以是由扰动引起的,例如,突风、着陆撞击等。大多数稳定性问题在数学上可以用一组齐次方程来描述。另一方面,响应问题是用非齐次方程来表示的。实际上,对于所有相互对应的响应和稳定性问题,或是齐次方程组有一非零解,而对应的非齐次方程组无解;或是非齐次方程组有解,而对应的齐次方程组除零解外无解。因此,把响应问题和稳定性问题作为一个问题的两个方面来一起讨论是适当的。

作为飞行器设计与使用人员,不仅要深刻理解各种气动弹性现象的机理,更要将其基本原理应用到飞行器设计与使用上,并作为一种设计与使用的准则、规范和指导思想。由于气动弹性特性及问题上的特殊性,气动弹性研究方法也有其自身的特点。随着飞行器性能不断提高,气动弹性问题的研究需要借助各学科的研究成果、研究方法,打破各学科独立的研究框架,进行综合分析和研究,才能更好地揭示飞行器飞行的本质和机理。

注意,若不加说明,本书中所讨论的大多数问题都基于线性理论假设。有时候线性理论会影响结果的精确性。例如在颤振分析中,飞行器可能在低于线性颤振速度的情况下发生自激振动,导致系统发生极限环振动,这显然是有非线性环节存在的。为了得到系统的这种特性,必须采用非线性分析方法。线性化的合理性,要在具体问题上通过分析来证明。

1.2 气动弹性发展的简要回顾

在回顾气动弹性力学的发展与飞行器气动弹性设计实践的过程时,有必要简要了解一下在飞行器发展中由于气动弹性问题所引发的事故。

1. 扭转发散

最早的一次由气动弹性问题所引发的事故发生在1903年12月8日,即在莱特兄弟的首次有动力载人飞行成功(12月17日)的前夕,美国史密森学院的Langley教授在波托马克河畔进行他的“空中旅行者”号有动力飞机的试飞失败了。事后才知道,这是典型的机翼扭转发散问题。为此,Collar教授曾经评说:“若不是气动弹性问题,Langley可能就要取代莱特兄弟的历史地位了”。

第一次世界大战中,德国有两种战斗机由于静气动弹性发散而发生了致命的结构破坏。一种是Albatros D-III飞机,这是一种仿法国Nieuport 17的双翼机。由于下翼翼梁布置得太靠后，而连接上下翼的 V 形支架不能为它提供扭转刚度，使得飞机在高速俯冲时发生了扭转变形发散而破坏解体。另一种战斗机是在第一次世界大战接近尾声时，由 Fokker 公司推出的 Fokker D－VIII 飞机，这是一种悬臂式单翼机。在投入战争后不久，就接二连三地在高速俯冲时发生机翼毁坏的事故。此后，军方对 6 个机翼进行了静强度试验，结论是其强度足以承受 6 倍的设计载荷。原型机和生产型飞机唯一的不同就是，后者有一根加强后梁，本意是增大实战中飞机的强度特性，然而却未料到由此改变了机翼弹性轴的位置，从而导致了静气动弹性发散。这个弄巧成拙的教训使设计者逐渐认识到，结构设计仅考虑强度是远远不够的，而必须考虑它的刚度特性。到了 1926 年，H. Reissner 对机翼扭转发散进行了详细的分析，阐明了气动中心与弹性轴相对位置的重要性，这对于中高展弦比的梁式机翼来说，是一个尤为重要的概念。由此可知，当弹性轴位于气动中心之前时，机翼在任何动压下都不会发生气动弹性扭转发散。

2. 副翼反效

副翼反效也是一个倍受设计师关注的气动弹性静力学问题。1927 年，英国一架双引擎大展弦比飞机，在飞行中当其飞行速度增加时，副翼效率随之降低而变为零，继而变为反方向作用而发生事故。这种控制能力丧失并且反向作用的现象，就是现在所说的副翼反效现象。20 世纪 30 年代，英国皇家空军机构的 Cox 和 Pugsley 成功分析了这次事故，并提出了防止发生这类事故的设计准则。

3. 尾翼颤振

第一次有记载的飞机颤振事故发生在 1916 年，一架英国 Handley Page O/400 双引擎轰炸机发生剧烈的尾翼颤振而坠毁。研究发现，该机的升降舵是独立地由两套钢索与驾驶杆相连的，在机身平尾结构的前两阶固有振动模态中，分别是升降舵的差向运动和机身扭转。正是由于这两阶模态的耦合导致了尾翼颤振事故。其改进措施是用一个传扭轴连接两片升降舵。

仅一年后，在 DH－9 飞机上又发生了类似的尾翼颤振事故，之后仍采用了和 Handley Page 轰炸机一样的改进措施解决。至今，升降舵之间采用可承扭的刚性连接仍是飞机的一个重要设计特点。同时，也由此促使 F. W. Lanchester、L. Bairstow 以及 A. Fage 进行了第一批有目的的气动弹性颤振研究。他们研究了由机身扭转和升降舵偏转这两个自由度组合而成的二元颤振，这可能是最早的颤振理论分析。

4. 副翼颤振与质量平衡

第一次世界大战结束后，荷兰研究人员围绕一架单翼机(远距水上侦察机)的副翼颤振开展了系统的颤振研究。A. G. Von Baumhauer 和 C. Koning 研究了机翼弯曲与副翼偏转耦合的二元颤振问题，并于 1923 年发表了涉及颤振理论和实验分析两方面的研究报告。荷兰国家宇航实验室的 H. Bergh 教授曾评述这份报告，认为其已涵盖了现代颤振分析的一般特性。其最重要的研究成果是发现采用副翼质量平衡能有效地消除这种颤振，如图 1.2 所示。

20 世纪 20 年代末，H. G. Kussner、W. J. Duncan 和 R. A. Frazer 建立了机翼颤振的理论基础，发表了一篇被认为是“颤振经典”的专论。该文利用简化的风洞模型来辨识和研究实验现象，给出设计建议，并列出了测定气动力导数所需的详细步骤。1934 年，T. Theodorson 获得了翼面-操纵面组合的二维不可压流谐振荡空气动力的精确解，建立了解析求解翼面颤振问题的基础。

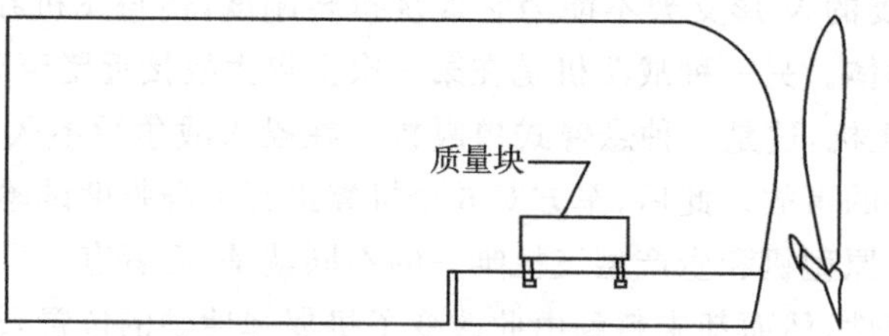

图 1.2　解决副翼颤振问题的质量平衡法

5. 高速飞行的颤振

第二次世界大战爆发后,空军已成为重要军种,不同型号的机种应运而生。提高飞行速度是当时飞机发展的焦点,并由此而引发了一系列气动弹性事故的发生,其中较为突出的是操纵面和调整片的颤振。到第二次世界大战结束前夕,随着喷气发动机的问世,人类实现了跨声速飞行,同时又出现了许多新的、富有挑战性的气动弹性问题。其中跨声速范围内的颤振问题是最受关注的。1944 年,当 NACA 飞行员驾驶新型 P-80 飞机做高速飞行试验时,发生了一种剧烈的副翼振动,该振动是由副翼偏转与机翼上激波的弦向运动耦合引起的一种单自由度颤振。这种现象称为"副翼嗡鸣",它不同于机翼-副翼颤振。

飞行速度提高到跨声速范围,同时出现了第一批超声速飞机,由此又提出了新的气动弹性问题。人类首次突破声障是在 1947 年由 Charles Yeager 在 X-1 验证机上实现的。从此,开始了超声速飞行,而超声速颤振问题也开始得到重视。从 20 世纪 50 年代开始,飞机及有翼导弹的小展弦比后掠翼和三角翼成为气动弹性研究的主要对象,这就要求必须研究全新的颤振分析原理和解法。到了 20 世纪 70 年代,随着计算机的进一步发展,跨声速非线性非定常气动力的计算方法也得到了一定程度的发展。

6. 气动伺服弹性不稳定性

随着飞行控制系统的通频带变宽、权限增大,20 世纪 70 年代美国在研制第三代战斗机工程中,YF-16、F-18 等型号出现了气动弹性与飞行控制系统的不利耦合,表观现象与颤振类似,当时称之为"伺服颤振",随后发展成一类气动弹性新的分支——气动伺服弹性。这类"伺服颤振"的发散机理与传统颤振不同,现在称之为气动伺服弹性不稳定性,在设计中也是必须防止的。实际上,导弹飞行中也非常容易出现气动伺服弹性不稳定现象,特别是机动性较强的战术导弹,会造成空中解体;在导弹研制的历史长河中,国内外均发生过多起气动伺服弹性技术不稳定事故,但绝大多数未见到公开报道。

7. 运行维护中的气动弹性

按照气动弹性设计规范、标准设计研制的飞机、导弹等飞行器具有气动弹性固有特性,这对飞行器的使用、运行、维护同样具有重要指导意义,并要求严格贯彻在运行维护中。1997 年,美国一架 F-117 隐身战斗机在飞行时发生颤振坠毁,事故调查发现是因为操纵面的一个紧固螺钉丢失导致间隙非线性扩大,造成操纵面颤振,从而导致飞机空中解体。F117 在颤振设计时满足规范要求,为什么还会出现颤振事故呢?实际上,操纵面颤振与操纵面转轴间隙有关,一般来说,间隙增大,颤振临界速度降低;紧固螺钉丢失导致间隙非线性扩大,从而导致颤振速度下降。因此要求使用维护人员严肃认真,并日常性检测,发现转轴磨损,间隙扩大超过一定值,必须更换转轴才能飞行,更不能允许出现螺钉松动甚至丢失问题。

纵观上述历史事实可以看到，自人类发明飞机以来，气动弹性理论就一直伴随着飞行器的发展而逐渐完善，并形成了独立的学科。为解决飞行器中出现的种种气动弹性问题，气动弹性专家做了大量研究工作。当时的研究依三个方向进行：一是工程分析，二是对非定常空气动力的理论研究，三是对试验技术的研究。这三方面相辅相成，互相促进。研究的具体问题也是适应飞行器设计的要求，从早期低速飞机的扭转发散，至高速气动弹性技术的实现。今天，飞行器的结构更趋于柔性增大，气动弹性问题的解决是飞行器安全且高性能飞行的保障。可以认为，气动弹性力学的发展与世界航空航天工程的发展是分不开的。经历了一个世纪的发展，气动弹性力学已涉及更加广泛的学科领域，并在航空航天工程中发挥着举足轻重的作用。

1.3　气动弹性力学基本现象及分类

弹性体在气动载荷作用下会发生变形和振动，而变形和振动又反过来影响气动载荷的分布与大小，正是这种相互作用，在不同条件下将产生形形色色的气动弹性现象，而各类气动弹性现象不外乎起因于气动力、弹性力和惯性力三者之间的相互作用。图1.1所示的气动弹性力三角形所涉及的力学耦合及其所描述的气动弹性现象被称为气动弹性力学的基本现象，由此给出了气动弹性力学的基本分类。

在气动弹性力三角形角点上涉及气动力、弹性力和惯性力三个学科，而把其中任意两个角点联系起来(或三个角点联系起来)，均构成一个重要的学科领域。

由弹性力和惯性力的相互作用构成了人们熟知的“振动力学”，如振动、静变形(振动特例)、地面载荷等现象。

以气动力和惯性力的相互作用为研究对象，构成了“刚体飞行力学”，如飞行器飞行稳定性、配平、操纵、机动性等现象。

把气动力和弹性力联系起来，不考虑惯性力，就构成了“气动弹性静力学”(也称静气动弹性力学)。气动弹性静力学分为两类，一类是气动弹性静力学稳定性问题，即发散；另一类是气动弹性静力学响应问题。该问题中涉及系统的弹性静变形、定常气动力的相互作用。

当所论及的问题涉及力三角形上的全部顶点时，三种力都参与作用，从而进一步构成了“气动弹性动力学”(也称动气动弹性力学)问题。气动弹性动力学也分为两类，一类是气动弹性动力学稳定性问题，即颤振；另一类是气动弹性动力学响应问题。该问题主要涉及系统的弹性振动、非定常空气动力及惯性力的相互作用。

传统上按照是否考虑惯性力来分类，可以把气动弹性现象和问题分成气动弹性静力学及气动弹性动力学两类，这是传统意义上的两大类气动弹性研究问题，有时称为“狭义气动弹性”问题。为了区分实际已经形成的力学分支，而在力三角形中把不属于气动弹性问题的“振动力学”和“刚体飞行力学”用虚线表示。

其实从本质上来说，不论是连接力三角形上的哪两个角点，或者是其中的一个角点，都可以认为它们是气动弹性力学中的一个特殊方面。事实上，气动弹性力学与这些学科之间并无严格的界限，特别是现代及未来飞行器(如高速度、大柔性、大尺寸、宽质量变化、宽频带控制、变体、多体组合等)的设计越来越关注气动弹性的固有属性和本质特性，振动力学、刚体飞行力学、气动弹性力学的耦合越来越强烈，对飞行安全和飞行性能的影响越来越大。由此可见，气动弹性力学这门学科需要耦合考虑三个传统的完全独立的学科，有时称之为“广义气动弹性”

问题。

广义气动弹性体现的正是飞行器的内在、本质的特征,而狭义气动弹性是飞行器发展历史长河中受制于人类认知水平以及技术手段、专业限制的学科孤立性的体现。本书除了涉及气动弹性设计中狭义气动弹性的部分问题,还涉及广义气动弹性部分问题。

固定翼飞行器(如飞机、导弹、火箭等)与旋翼飞行器(如直升机、旋翼机、多旋翼机等)的气动弹性现象和原理是有区别的。本书以固定翼飞行器为主讨论气动弹性问题。由于旋翼飞行器气动弹性的特殊性,故在1.3.3节做单独说明。

1.3.1 气动弹性静力学基本现象及分类

气动弹性静力学问题主要由弹性飞行器结构静力学(静变形)与定常气动力的力学耦合造成。下面从气动弹性静力学的稳定性和响应的角度讨论气动弹性静力学的具体现象。

1. 气动弹性静力学稳定性

在无静态外力强迫作用的情况下,当达到某一临界的飞行动压时,定常气动力与结构静变形的相互作用下出现结构静变形扩大的不稳定特性,称为气动弹性静力学稳定性(即发散)。这种现象造成飞行器结构严重破坏,导致飞行事故,必须在气动弹性设计中避免发生且留有足够的速度余量。

发散是指在飞行中的飞行器翼面、细长体的静不稳定性。发生不稳定的飞行速度称为发散速度。翼面的结构弹性在不稳定性中起了主要作用,即在一个确定的风速(或动压)下,弹性翼面受定常升力作用而发生扭转变形直到破坏。同样,在确定的风速(或动压)下,细长弹体(机体)由于体的定常气动力作用也会发生弯曲变形导致破坏。

2. 气动弹性静力学响应

在静态外力强迫作用的情况下,在未出现不稳定的飞行动压范围,定常气动力与结构静变形的相互作用下,飞行器结构出现静态变形,气动力分布发生变化,称为气动弹性静力学响应,如操纵效率下降、操纵反效、气动载荷重新分布、气动导数弹性修正等现象。这些现象直接影响飞行器的飞行性能、飞行品质和飞行控制,必须在气动弹性设计中准确预计。

(1) 操纵效率

操纵效率是指研究翼面、机身(弹身)等结构的弹性变形对操纵面、舵面等气动操纵效率的影响。在工程上,保证飞机、导弹各操纵面、舵面具有足够的操纵效率是进行飞行器结构设计和气动设计的一个重要准则。

(2) 操纵反效

操纵反效是与上述操纵效率相关联的一个问题。由于翼面、机身(弹身)等结构弹性变形的影响,飞行速度的增加,导致操纵效率降低;在一个确定的飞行速度下,操纵效率变为零,该速度称为反效速度。超过该速度后,操纵作用就与原来预期的作用方向相反了。

(3) 气动载荷重新分布

飞行器在滑跑、起飞、爬升、巡航、机动、下滑、着陆等飞行过程中,整体及其翼面、机身(弹身)等部件结构由于受到气动力、弹性力耦合作用而发生静变形,作用在静变形结构上的分布气动力称为气动载荷重新分布。

在该问题中,是要确定迎角或升力一定的情况下,由于升力面的弹性而引起的升力分布变

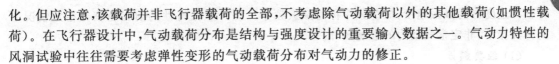

化。但应注意,该载荷并非飞行器载荷的全部,不考虑除气动载荷以外的其他载荷(如惯性载荷)。在飞行器设计中,气动载荷分布是结构与强度设计的重要输入数据之一。气动力特性的风洞试验中往往需要考虑弹性变形的气动载荷分布对气动力的修正。

(4) 载荷重新分布

飞行器在滑跑、起飞、爬升、巡航、机动、下滑、着陆等飞行过程中,整体及其翼面、机身(弹身)等部件结构由于受到气动力、弹性力、惯性力耦合作用而发生静变形,作用在静变形结构上的分布气动力和分布重力总称为载荷重新分布。

载荷重新分布可以针对部件或针对整体,分为迎角固定和飞行过载固定两类情况。后一种情况若针对空中自由飞行的飞行器整体,则为飞行载荷(静载荷部分)。在飞行器设计中,载荷重新分布是结构与强度设计的重要输入数据。

(5) 气动导数弹性修正

飞行器在滑跑、起飞、爬升、巡航、机动、下滑、着陆等飞行过程中,翼面、机身(弹身)等的弹性静变形导致飞行器整体的气动力大小和压心(或焦点)变化,从而导致飞行器的气动导数、操纵导数变化。

在飞行器设计中,气动导数弹性修正为飞行性能计算、飞行品质分析、飞行控制律设计提供了关键参数。

(6) 飞行载荷

飞行器在滑跑、起飞、爬升、巡航、机动、下滑、着陆等飞行过程中,整体及其翼面、机身(弹身)等部件结构由于受到气动力、弹性力、惯性力等耦合作用而发生静态和动态变形,作用在变形结构上的气动分布载荷与惯性分布载荷等外载荷总称为飞行器飞行载荷,有时简称外载荷或载荷。需要强调的是,飞行载荷是飞行器整体的载荷,而非局部载荷,与飞行状态密切相关。

飞行载荷由静、动两部分组成,飞行静载荷属于气动弹性静力学响应问题,飞行动载荷属于气动弹性动力学响应问题(在气动弹性动力学响应分类中另做介绍)。飞行静载荷往往只考虑结构静变形与定常气动力引起的载荷,与飞行力学关系更为密切,如空中配平载荷、机动载荷等。虽然飞行器空中机动中也涉及飞行器整体的非定常气动力,但与弹性体结构固有振动频率相比,其变化频率仍然较低,可以按照准定常气动力处理。

飞行器飞行载荷是结构与强度设计的重要输入数据,也是地面试验和飞行试验中检验结构强度是否满足要求的重要依据。

1.3.2 气动弹性动力学基本现象及分类

气动弹性动力学问题较气动弹性静力学问题更为复杂,主要由弹性飞行器结构动力学(振动)与非定常气动力的力学耦合造成。下面从气动弹性动力学的稳定性和响应的角度讨论气动弹性动力学的具体现象。

1. 气动弹性动力学稳定性

没有非静态外力强迫作用的情况下,当达到某一临界的飞行动压时,气动力、弹性力、惯性力相互作用下,飞行器结构必然会发生的振幅不衰减的自激振动,称为气动弹性动力学稳定性(即颤振)。这种现象往往造成飞行器结构严重破坏或部分破坏,导致飞行事故,必须在气动弹性设计中避免发生且留有足够速度余量。

颤振现象的形态是多种多样的,但大致可以分为经典颤振和非经典颤振两类。发生颤振时临界速度称为颤振速度,振荡频率称为颤振频率。预计颤振特性的前提是临界稳定情况下的弹性振动、非定常气动力的准确预计。

(1) 经典颤振

经典颤振涉及弹性体两个或多个运动自由度的相互作用,一个运动自由度的气动力对其他运动自由度做正功,使弹性体从气流中吸取能量,当达到一定飞行速度,这个正功超过了结构阻尼和空气动力阻尼所耗散的能量时,动不稳定就出现了。这种颤振至少有两个或两个以上主要运动自由度参与,实际上是整个飞行器都在某种程度上参与了颤振过程,会造成灾难性的后果。

这种颤振现象主要发生在飞行器流线型剖面升力系统中,满足小迎角、小变形、小扰动的条件,与飞行器具有飞行最大速度时的飞行状态契合,跨声速、流动分离和边界层效应对颤振过程没有重要影响,很大程度上是线性因素主导的,一般可以采用振动和气动力的线性理论和方法进行预计和试验验证,称为经典颤振,有时也称线性颤振。

事实上,经典颤振是真实存在的,在飞行器工程实际中是最危险的,因为这种颤振能在几秒甚至更短的时间内使结构发生振动破坏,从而引起不可逆的灾难性事故,是飞行器气动弹性设计中首先要防止发生的。若不加说明,则本书中“颤振”即指经典颤振。

(2) 非经典颤振

非经典颤振是指除经典颤振以外的颤振现象,主要与飞行器的构型、布局,或与空气动力学中跨声速、流动分离、旋涡、失速等非线性气动力,或与结构动力学中间隙、摩擦、大变形、几何非线性等非线性因素,或与刚体飞行动力学等有直接关系,如跨声速颤振、操纵面嗡鸣、失速颤振、壁板颤振、结构间隙的极限环振荡、螺旋颤振、T型尾翼颤振、体自由度颤振等。

非经典颤振中与非线性相关的颤振有时称为非线性颤振,是非线性气动弹性的重要组成部分。但也有一些非经典颤振与非线性关系不大,用线性理论也可以解决,而经典颤振的方法(或软件)不能够直接解决,如螺旋颤振、体自由度颤振、T型尾翼颤振、变形机翼颤振等,与经典颤振的解决方法、耦合因素相比有着自身的特殊性。

下面介绍几种非经典颤振现象。

① 单自由度颤振。只涉及弹性体的某一个运动自由度的动不稳定。如跨声速操纵面(如副翼、方向舵等)嗡鸣,是一种持续的单自由度自激振动,且仅发生在跨声速和低超声速范围,往往导致操纵面脱落。

② 壁板颤振。飞行器蒙皮等壁板只有一面处于气流中,发生壁板颤振时所引起的振动一般不会导致严重影响,但壁板颤振导致的局部蒙皮撕裂或脱落,可能对飞行安全和飞行性能产生不利影响。

③ 失速颤振。对于一些旋转机械,例如螺旋桨、旋翼和压气机/涡轮等叶片处于失速迎角附近时发生的气动弹性自激振动,是一种严重的气动弹性不稳定性现象。

④ 跨声速颤振。飞行器跨声速飞行存在强烈的气动非线性效应和空气压缩性,可能出现非线性气动弹性不稳定性现象。在颤振边界曲线(在给定高度上绘制的马赫数与颤振当量空速的关系曲线)上对应于马赫数为1的附近区间,颤振速度下降,形成曲线的凹坑,称为跨声速颤振凹坑。

⑤ 体自由度颤振。对于一些特殊布局或构型的飞行器,弹性体的自由度与刚体飞行动力学自由度耦合造成的自激振动,称为体自由度颤振。这是气动弹性动力学与刚体飞行动力学

的耦合现象,常出现在弹性体结构固有频率偏低的特殊构型飞行器上,如飞翼布局飞行器。

⑥ T型尾翼颤振。T型尾翼颤振不同于常规尾翼颤振,平尾可以看成是垂尾的翼梢外挂物,但这是一个特殊的外挂物。T型尾翼颤振除了经典尾翼颤振的影响因素外,还需要考虑平尾的上反角及定常气动力影响,而定常气动力在经典颤振中是不考虑的。

⑦ 变形机翼颤振。在小变形假设下,机翼的经典颤振是不考虑机翼的静变形量的,因此翼面内模态(自由度)对颤振的影响可忽略。但对于大展弦比机翼,弯曲变形量较大且是必然存在的,面内模态带动静变形的机翼运动,对非定常气动力产生影响,从而影响颤振特性。弯曲静变形量与定常气动力有关,机翼的定常气动力在经典颤振中是不考虑的。

2. 气动弹性动力学响应

在未出现气动弹性不稳定的飞行动压范围,弹性飞行器受到非静态外力、随时间任意变化的扰动力的强迫作用的情况下,气动力、弹性力、惯性力耦合作用,飞行器出现的结构振荡性质的动态响应特性,称为气动弹性动力响应,又称动力响应。

这些干扰力可以是外界的,也可以是飞行器自已产生的;干扰力的形式多样,如谐振振荡、周期型、脉冲型、阶跃型、时间随机型以及时间任意型等。气动弹性动力响应有整体的(需要考虑飞行力学的耦合影响),也有局部的。

常见的气动弹性动力响应现象有飞行载荷(动载荷部分)、抖振、投放/分离响应、机炮射击响应、着陆(舰)撞击响应、阵风(或突风)响应、驰振响应等,甚至还包括噪声响应;很多气动弹性动力学响应现象对飞行器的乘坐品质、飞行性能、飞行品质、飞行控制、载荷(动载荷部分)、结构疲劳与安全等特性有重要影响,必须在气动弹性设计中准确预计。

下面介绍几种常见的气动弹性动响应现象。

(1) 抖 振

抖振是指由于气流中存在紊流度或不连续性,而由飞行器自身产生的某个部件或整体的振动,称为抖振。

抖振一般有两类,一类是飞行器某部件产生的周期性的非定常气动力对另一部件的强迫振动,例如,当飞机做某种机动飞行时,尾翼处于机翼的尾流中,在尾翼上则会发生这种振动;另一类是某部件自身产生的非定常气动力使自身结构产生振动,如飞机在跨声速范围内,由于机翼上的激波和压力脉动,在机翼上也会发生这种振动。

(2) 阵风响应

飞行器在飞行过程中受到大气的扰动,称为大气扰动响应。大气扰动中有一种阵风形式的扰动,相应的飞行器响应称为阵风响应,又称突风响应。阵风响应包括脉冲型的离散阵风和时间随机型的连续阵风两种,后一种也称为大气紊流响应。

阵风响应分析应考虑刚体飞行力学和结构弹性运动的耦合,以及飞行控制系统的影响。对于大展弦比飞行器来说,阵风响应尤其重要,对动载荷选取、结构减重设计、舒适性、飞行品质、结构疲劳、控制系统设计、总体布局等均有重要影响。

(3) 飞行载荷

飞行载荷的定义在前面气动弹性静力学响应中已有介绍,这里只是强调,飞行静载荷和飞行动载荷均是气动力、弹性力和惯性力三者的耦合。

飞行动载荷需要考虑结构振动与非定常气动力引起的载荷,如阵风载荷、抖振载荷、投放载荷等,这里的非定常气动力变化频率较高,往往与结构振动关联。飞行静载荷也可看成是飞行动载荷的特例。飞行静载荷和飞行动载荷可以分别进行计算,然后累加成飞行载荷;也可以一次性求出。

飞行载荷涉及气动弹性、飞行力学、气动力、结构力学等多个学科,是针对空中自由飞行状态的整体载荷(而非局部或某一部件),涉及大量的飞行状态和工作工况。

1.3.3 旋翼飞行器气动弹性基本现象特点

直升机等旋翼飞行器的气动弹性问题与固定翼飞机不同,主要体现在以下几个方面:

① 桨叶结构刚度需要考虑离心力场和大变形,几何非线性特点突出。

② 桨叶的来流速度和迎角沿桨叶展向、旋转方位角变化,且向桨尖方向逐渐增大,从低速直至跨声速、超声速;存在大迎角非线性气动力,桨尖处可能存在失速效应;来流受到前方桨叶影响,往往是非均匀流场。

③ 桨叶始终存在挥舞、扭转、摆振三个方向的刚体大幅值运动,以及这三个方向的弹性运动,且存在桨叶的非线性挥舞-摆振-扭转刚体耦合、弹性耦合。

④ 不仅要考虑单片桨叶,更要将几片桨叶组成的旋翼视为一个整体;需要考虑桨毂的结构弹性效应。

⑤ 由于旋翼气动力通常是以周期形式通过旋翼轴传给机身,并引起机身振动,而机身运动又通过改变桨叶根部形态反过来影响旋翼的气动弹性特性,因此,整机的气动弹性特性更为复杂,需要考虑旋翼与旋翼(或尾桨)、旋翼与机体等之间的气动、惯性、弹性、飞行力学等的影响。

因此,可以看到,旋翼飞行器气动弹性现象中几乎不存在静力学问题,本质上是动力学问题;线性假设(小扰动、小变形、小迎角等)不存在,气动与结构的非线性、耦合非线性问题突出,需要采用非线性的方法解决。从动力学稳定性的角度来看,存在单独桨叶的颤振、旋翼整体的不稳定、地面共振、空中共振等现象。从动力学响应的角度来看,存在单独桨叶动载荷、整体旋翼动载荷、整机地面动载荷、整体空中动载荷等现象。

本书主要介绍固定翼飞行器的气动弹性原理、方法、设计思路、工程实例等,可供旋翼飞行器气动弹性研究参考。但旋翼飞行器气动弹性方面更专业的知识需要读者参阅其他旋翼机、直升机等领域的参考书。

1.4 气动弹性的发展及应用

基于力三角形(见图1.1)的气动弹性力学发展至今,随着飞行器性能的提高及多学科融入,新的气动弹性力学分支逐渐发展形成。例如,当气动弹性分析必须考虑温度和热应力影响时,就形成了热气动弹性问题。又例如当气动弹性分析必须考虑飞行控制影响时,这种耦合分析就形成了气动伺服弹性问题。由此也发展出了众多的方法和理念。

另外,随着飞行器设计要求不断提高,设计手段不断增多,需要气动弹性更深入地与总体设计、结构设计、气动设计、飞行控制结合,气动弹性的应用不断拓展,也产生了更多的气动弹性新技术、新手段。

1. 热气动弹性力学

飞行器进入超声速范围,特别是高超声速飞行器上,由于气动热造成的高温环境,使得结构热效应问题突出，由此形成了"热气动弹性力学"问题。I. E. Garrick 考虑了气动热的影响，把原有的气动弹性力三角形（见图 1.1）扩充为三维的气动弹性力四面体，即增加 1 个角点，代表气动热效应产生的热力，如图 1.3 所示，形象地表示了热气动弹性是由气动力、弹性力、惯性力和热力相互作用的结果。

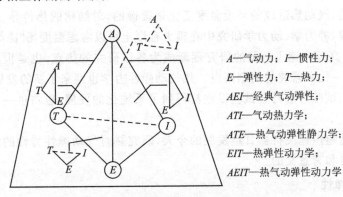

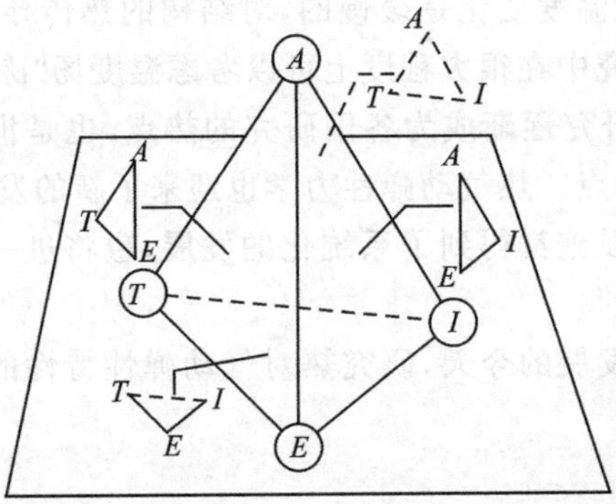

图 1.3 热气动弹性力四面体

高速飞行造成的气动加热，使外表面气流对翼面进行加热，热量从表面传到主体结构。在高温情况下，一方面使结构弹性模量降低，另一方面由于温度分布及其导致的热应力分布，对结构刚度、固有振动特性以及气动弹性特性都有重要的影响。这些热环境造成的热效应本质仍是力学效应。

由此可见，热气动弹性力四面体是完全建筑在一个基面上的，该基面的特征就是材料的特性，材料的物理性质在所有的热气动弹性过程中具有基本的意义。如果结构材料与热环境无关，也就是说结构特性与环境温度无关，这个热气动弹性力学就失去了研究的价值和魅力。

超声速与高超声速飞行产生的气动力、气动热本身就是 2 个重要的学科方向，也是热气动弹性力学研究的又一重要基础，严重影响了热气动弹性力学的分析方法。

在图 1.1 气动弹性力三角形基础上建筑的力四面体，是以气动弹性力学基本现象和分类为基础的，只要抓住这个基础，热气动弹性力学的问题就能够容易厘清。

气动力/弹性力/惯性力（AEI）：这是经典气动弹性的力三角形问题，不再赘述。

气动力/热力/惯性力（ATI）：组成气动热力学，属于气动力、气动热与刚体飞行动力学相关的问题。由于气动热的产生是一个时间积累的过程，因此气动热研究更依赖于飞行的轨迹或弹道，与飞行力学有密切的关系。

弹性力/热力（ET）：组成热弹性静力学问题，这里研究气动热效应对结构静变形的影响。在没有气动力外力作用下，这里的结构静变形全部由结构内部热应力造成。

弹性力/惯性力/热力（EIT）：组成热弹性动力学问题，这里必须考虑热效应对振动特性的影响。

气动力/热力/弹性力（ATE）：组成热气动弹性静力学问题。这里必须考虑气动力对热效应作用下结构静变形的影响，除了气动力对热结构的静变形影响，还有结构内部热应力造成的自身静变形；实际上影响是相互的，结构静变形反过来除了影响气动力，还会影响气动热。这些影响将导致飞行器气动弹性静力学稳定性及响应特性与常温情况的不同。

气动力/弹性力/惯性力/热力（$AEIT$）：当把上述这 4 个面汇聚在一起构成四面体时，表示上述所有问题的相互影响,即热气动弹性动力学。这种影响将导致飞行器气动弹性动力学稳定性及响应特性与常温情况的不同。

总的来说,热气动弹性力学的本质仍然是力学耦合问题,是建立在常规气动弹性力学基本问题和基本现象的基础上的,仍然存在气动弹性静力学和动力学这两大类问题和现象。

需要注意的是,气动热造成的环境温度变化是缓慢的,对结构的热传导、热辐射影响也有个慢变的时间过程,静力学、动力学研究中在很大程度上可以考虑温度场"冻结"假设。

21世纪以来,高超声速飞行器的研究逐渐成为各国研究的热点,也是世界各强国激烈竞争、争相研制的新一代武器装备的制高点。热气动弹性力学也迎来了新的发展机遇,无论是理论方法、计算方法、试验方法乃至试验设施都得到了系统化的发展,也将进一步推动气动弹性力学的新发展。

在超声速和高超声速飞行器日益发展的今天,研究热对气动弹性特性的影响和热气动弹性设计是十分必要和有意义的。

2. 气动伺服弹性

现代飞行器上普遍使用了伺服控制。飞行器控制系统随着其功能的不断发展,通频带变宽,权限增大。而飞行器结构设计的趋势则是柔性增大。由此,柔性飞行器结构、气动力和控制系统三者之间相互作用,引发了气动弹性领域的新分支——气动伺服弹性(Aeroservoelasticity,ASE)。

由此看出,气动伺服弹性问题的关键是飞行器控制系统。飞行控制系统包含传感器、控制律、舵机及操纵面几个部分,其中前三个可以描述成自动控制系统的传递函数或频响特性,而操纵面具有气动外形和结构弹性,具体体现为操纵面的气动控制力。虽然有控制系统复杂的控制律起作用,但最终还是操纵面的控制力起到关键的、直接的作用。因此,气动伺服弹性问题的本质仍然是力学的耦合机理。

ASE问题是飞行控制系统带来的。ASE问题的形成可以描述为:一个具有较高通频带的伺服控制系统,例如增稳控制系统、阵风主动抑制系统等,其传感器不仅接收飞行器刚体运动信号,而且必然还要接收结构弹性振动信号。这两种信号通过伺服控制系统转化为操纵面偏转信号,构成控制力(包含低频和高频部分);反过来,控制力又影响飞行器运动,其中低频部分控制力主要影响刚体运动,高频部分控制力主要影响结构弹性振动。

ASE动力学问题也可以认为是在气动弹性动力学问题基础上考虑控制系统的拓展问题,是气动伺服弹性力学中最具新意和挑战的内容,且在飞行器气动弹性设计中具有现实意义和重要价值。与单独飞行器的气动弹性问题类似,根据系统上是否作用了与飞行器运动无关的外部扰动,ASE动力学问题也可以分为两类:凡是不存在外部扰动的,称为ASE动力学稳定性(或ASE稳定性)问题;反之,就构成ASE动响应问题,响应可以是位移或载荷。

美国的YF-16和F-18飞机以及导弹、国内一些型号的飞机和导弹都曾产生过这种ASE不利的耦合。由于气动伺服弹性动力学稳定性问题在飞行器设计中是必须保证的,故尤为重要。这类问题实质上属于伺服控制系统参与下的颤振,出现的不稳定性造成飞机结构破坏的现象与颤振类似,故也可以称为伺服颤振或有控颤振问题,后来统称为气动伺服弹性稳定性问题。

ASE技术可以变不利为有利,通过主动设计飞行控制系统的控制律,可以改善气动弹性特性,更好地保证飞行安全,提高飞行性能。例如,控制系统中增加限幅滤波器可以提高ASE

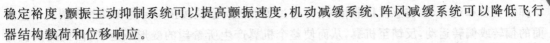

稳定裕度，颤振主动抑制系统可以提高颤振速度，机动减缓系统、阵风减缓系统可以降低飞行器结构载荷和位移响应。

上述ASE动力学问题是以飞行器整体为研究对象的，也是目前飞行器研制过程中从理论分析、地面试验到飞行试验必须重视的问题，是ASE问题研究的主体部分，有时也称为“大回路ASE”问题。本书主要讨论这类ASE问题。

“小回路ASE”问题是针对一个气流中的带控制系统的活动部件及其伺服系统，如带舵机控制的副翼、带舵机控制的全动舵面等的稳定性或响应。例如电动舵机驱动的全动舵面，固支的舵面本身存在颤振现象，是气动弹性动稳定性问题；但实际上舵面带有电动舵机，电动舵机里面有控制回路，舵机按照舵面偏转角度指令迅速偏转角度，测量系统实测舵面偏角反馈给舵机控制回路，这个控制过程显然是一个动态、反复测量与控制的纠偏过程，这个过程体现到舵面上，就是时变的操纵刚度(支撑刚度)，对颤振速度有很大影响，这个带有控制系统电动舵机的舵面系统就是一个“小回路ASE”系统，与飞行器整体的“大回路ASE”没有关系，但对舵面颤振影响巨大，很多导弹的舵面颤振都与此“小回路ASE”系统有重大关联。“小回路ASE”系统也存在稳定性和动响应两类问题。

3. 主动气动弹性机翼技术

颤振主动抑制系统、机动减缓系统、阵风减缓系统也是飞行器主动控制技术(ACT)的重要组成部分，带有ACT的气动弹性系统就是ASE问题的重要方面，即ASE综合问题。20世纪70年代以来开展的ACT研究，展示了气动弹性领域的ACT有希望汇集质量最轻、性能最佳以及多功能控制于一体，成为一种颇具生命力的设计思想。

随着ACT在航空航天领域的发展，人们逐渐认识到结构的柔性在主动控制技术的支持下可以发挥更大的潜力。为证明ACT与ASE技术结合在机翼设计中的关键作用，1985年由美国空军、NASA兰利研究中心和Rockwell公司共同发起了主动柔性机翼(AFW)工程计划；1992年结束了第一阶段的研究，达到了预期的目的，确定、评价和验证了一系列能够用于新机设计的理论和方法，该技术能够在提高空战机动性、减小巡航阻力、减小机体尺寸和质量、提高颤振速度、减缓阵风与机动载荷等方面同时收到满意的效果，证明了AFW技术是未来多用途战斗机设计的关键技术之一；1996年开始了第二阶段的研究，在美国空军的支持下，怀特实验室、爱德华空军基地、NASA德莱顿研究中心、NASA兰利研究中心联合开展了主动气动弹性机翼(AAW，AFW的重新命名)技术的飞行试验研究，使得AFW技术进一步转化到实际工程中。为了验证这项技术，国内也开展了大量的研究，包括主动气动弹性机翼的理论研究、风洞试验验证等，以确定这项技术的可行性和工程应用价值。

从主动气动弹性机翼技术的研究看，它是ASE技术的拓宽和延伸。ASE技术是主动气动弹性机翼技术的核心内容。主动气动弹性机翼技术的设计思想与传统的利用结构的强度和刚度来被动地防止不良的气动弹性效应的设计思想不同，它是通过全权限、快速响应的数字式主动控制系统来主动且有效地利用机翼的柔性。传统的设计方法中，由控制面产生控制全机运动的控制力，从而控制飞机运动。而机翼的柔性产生的气动弹性效应会减弱控制面的效能，同时也使机翼的其他气动弹性特性变差，例如颤振速度降低等。为了避免这种不利的情况，只能采用被动的方法，这就势必使结构的质量增加。

在主动气动弹性机翼技术中，机翼带有多个前缘和后缘控制面。这在设计理念上有了全新的突破。其最佳选择恰好是低的刚度加上多个控制面，利用机翼在气动力作用下产生的气动弹性变形和运动,由传感器接收信号,再通过主动控制系统按预定目的驱动并协调多个控制面的偏转或偏转运动,反馈至机翼,从而使整个机翼产生所希望的变形或运动,由此提高机翼控制气流能量的能力。主动控制起到了机翼刚度所胜任不了的作用,而其中主动控制律是一个关键设计,它蕴含着很大的潜力。在主动控制系统的操纵下,多个控制面协调偏转,主动使机翼发生所希望的弹性变形;变形的机翼产生控制力,使飞机运动特性改变。

由此可见,主动气动弹性机翼技术的出现使飞行器设计中防止气动弹性的不良影响,从被动设计方式走向主动设计方式。这在一定程度上说明,气动弹性设计不仅作为飞行器设计的指导思想,还将成为飞行器设计的新理念。

主动气动弹性机翼设计技术是ACT和ASE技术的结合,是现代和未来飞行器设计的关键技术,也是变形(变体)飞行器技术发展中的重要阶段和关键支撑技术之一。同时也预示着,ASE作为一门飞行器结构、气动、飞行力学和控制理论等的交叉学科,正在蓬勃发展,已在飞行器总体设计、结构设计、气动设计、控制系统设计中发挥着越来越重要的作用。

4. 变形飞行器技术

变形飞行器(morphing aircraft)也称变体飞行器,是指飞机、导弹等飞行器在飞行过程中,通过对柔性的、具有自适应能力的结构实施有效控制,主动灵活地改变飞行器气动外形至所需的最佳状态,以达到适应宽广变化的飞行环境、完成多种飞行任务、全包线提高飞行性能/品质和机动性、多方向减少雷达反射面、增强生存力和安全性等目的。它与现有飞行器变后掠、控制面偏角度的传统变形方法不同,具有外形分布式连续变形、自主或智能实现等特点。变形飞行器可以是一种应用于现有飞行器的新技术,也可以是一类新概念的飞行器。这种技术与气动弹性设计技术密切相关,可以说气动弹性是变形飞行器技术的基础和关键。

变形飞行器的概念源于鸟类翅膀变形适应不同飞行速度的启示(见图1.4),其概念的提出很早,20世纪七八十年代开始,国内外开展了诸如自适应机翼、主动柔性机翼、主动气动弹性机翼等技术的研究,取得了一些理论和方法的成果。这些研究还都是在较小变形基础上的研究,没有到达大变形,甚至完全改变形体的程度,还没有真正的变形飞行器及其技术的实现。但这些研究仍然可以作为变形飞行器研究的重要基础。

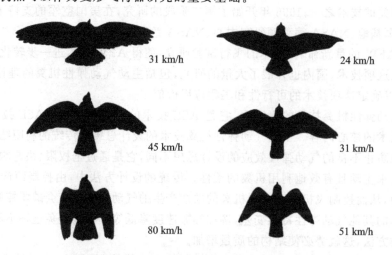

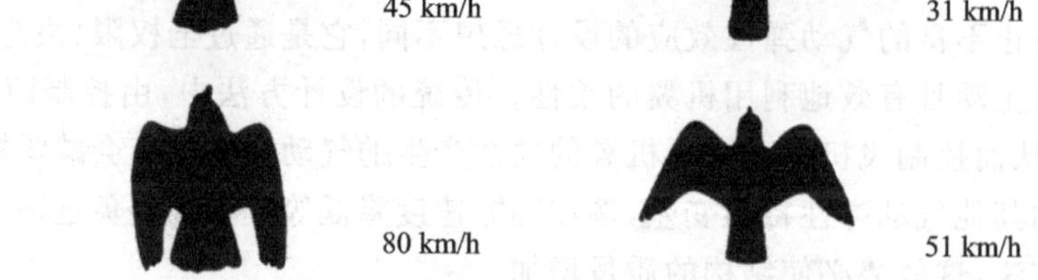

图1.4 鸟类主动调整翅膀面积以适应不同飞行速度

国外科研机构近年来开始投入大量资金，用于变形飞行器技术的研究。具有代表性的是美国国防预研局(Defense Advanced Research Project Agency，DARPA)开展的变形飞机结构(Morphing Aircraft Structures，MAS)计划，该计划致力于新颖的变形飞行器技术研究，目标是主动利用机翼变形扩大飞行包线，提高飞行器的操纵性。

图 1.5 及图 1.6 分别展示了洛克希德·马丁公司提出的变形飞行器构想以及新一代航空技术公司的变形无人机设计方案的示意图。可以认为，变形飞行器技术是主动气动弹性机翼技术的进一步延续、升级和拓展，对飞行器传统设计概念的突破更为显著。

图 1.5 洛克希德·马丁公司提出的变形飞行器构想

图 1.6 新一代航空技术公司的变形无人机设计方案

变形飞行器技术的设计原则和指导思想与传统的飞行器不同。该技术将新型材料、结构、作动器、激励器和传感器在智能控制算法和决策系统的支持下，以飞行任务和性能最佳为直接控制目的，在线实时平滑而持续地改变翼、身的位置、形状和尺度，以适应不断变化的外部环境，使飞机的气动外形始终保持在最优状态，并保证飞行安全。

在飞行器变形控制过程以及飞行全过程，柔性结构的变化和控制是以气动弹性静力学和动力学为基础的，在变体过程中的气动弹性问题具有非线性、非定常等特质，其智能控制与气动伺服弹性、智能材料/结构/机构的气动弹性与气动伺服弹性、气动伺服弹性优化等新问题将不断涌现。然而，气动弹性、气动伺服弹性的理论方法是支撑这种控制及变形实现的核心基础和关键保证，也是保证柔性结构气动弹性安全性的基础。

5. 复合材料气动弹性剪裁

复合材料具有显著的各向异性力学特性，且具有比强度和比刚度高等独特的优点，为飞行器结构设计提供了优越的设计条件。

复合材料气动弹性剪裁主要涉及三个方面，即复合材料力学、气动弹性力学及优化方法。事实上，它是多学科的交汇。其中，复合材料的力学特性是气动弹性剪裁主要的基础。它通过改变复合材料的铺层厚度、顺序、铺层角度及铺层方向，改变刚度的方向性，并由此控制升力面的气动弹性变形，从而提高飞机性能。通过气动弹性剪裁，气动弹性性能将得到显著提高或改善。其主要的效益表现在：① 提高扭转发散速度；② 提高操纵效率；③ 提高颤振速度；④ 改善静稳定性;⑤ 减缓机动载荷;⑥ 提高升阻比。由于气动弹性剪裁所提高的气动弹性性能就是气动弹性剪裁的效益,故可以认为该效益完全取决于对变形的控制。

复合材料气动弹性剪裁是在气动弹性设计中出现的新方法,它在飞行器设计中具有广阔的应用前景。对于前掠翼飞机,气动弹性剪裁更具有突破性的贡献。前掠翼因其弯曲和扭转的耦合,导致了扭转发散速度过低,因而是金属机翼设计中不可逾越的障碍,这一障碍直到1974年Krone在其博士论文中才得以分析解决。他指出,利用复合材料气动弹性剪裁技术,可以排除前掠翼的扭转发散,且不需要付出重量代价。其典型的实例是如图1.7所示的X-29前掠翼验证机。它成功地利用气动剪裁技术,解决了前掠翼静气动弹性的扭转发散问题。

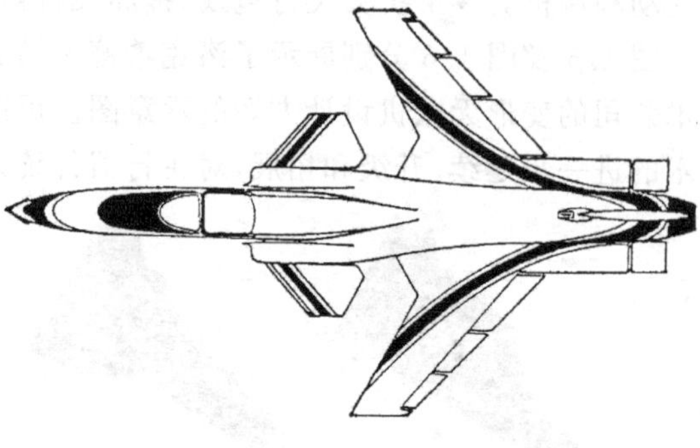

图1.7　X-29前掠翼验证机

气动弹性剪裁是一项以复合材料力学特性和数学规划技术为基础的优化方法。它将在现代飞行器结构分析与设计中起到日益显著的作用。

6. 飞行器气动弹性优化设计技术

从广义上来说,凡是包含气动弹性约束和气动弹性力学分析的优化框架均可看作气动弹性优化。飞行器气动弹性优化设计是一种依赖飞行器设计阶段的多学科优化设计方法,可以把结构质量最小、变形最小、气动特性最大(或最小)等作为单一目标或多目标,以应力要求、变形、扭转发散速度、颤振速度、飞行载荷、操纵效率等总体、气动弹性、气动、强度等为约束条件,最终确定气动外形、结构参数等设计变量,这是对不同设计阶段最大限度包含气动弹性力学因素、体现气动弹性重要影响的优化设计过程。由此可见,气动弹性优化可为飞行器总体和结构设计提供支撑。

在飞行器的不同设计阶段,气动弹性优化使命、特点是不同的,采用的气动弹性建模、分析等方法也是不同的。下面针对飞行器设计的三个传统阶段介绍飞行器气动弹性优化技术。

① 在飞行器概念设计阶段,飞行器气动弹性优化的目的是快速寻找满足性能指标的总体概念可行性方案,为总体方案确定提供重要参考,并为结构设计提出结构刚度分布和质量要求。此时的结构参数甚至结构形式都是未知的,设计变量包括气动外形参数、结构参数等,优化的目标函数是结构质量最小、变形最小、气动特性最大(或最小)等多目标以及多种的飞行工况(如不同巡航状态、机动状态等),约束条件是变形、扭转发散速度、颤振速度、操纵效率等总体、气动、气动弹性等特性。

② 在飞行器初步设计阶段,飞行器气动弹性优化的目的是根据结构刚度和质量的要求,快速给出满足要求的结构形式,为结构构型选取提供重要参考,比如大展弦比机翼结构是单梁、双梁还是三梁,如果是双梁构型,双梁之间的距离需要确定。这个阶段的设计变量主要包括结构参数以及结构构型的参数,可允许有气动外形参数(但变化范围较小),优化的目标函数是结构质量最小、变形最小等多目标或单目标,约束条件是变形、扭转发散速度、颤振速度、操纵效率以及主要结构点的应力等气动弹性、强度、气动等特性。

③ 在飞行器详细设计阶段,飞行器气动弹性优化的目的是在结构形式确定和外载荷确定

的情况下，获取满足刚度和质量要求的结构设计参数以及灵敏度，为结构参数的最终确定提供重要依据和参考。这个阶段的设计变量数量巨大，主要是结构参数，优化的目标函数是结构质量最小的单目标，约束条件是结构应力、变形、扭转发散速度、颤振速度等气动弹性、强度等。比如，本节前面提到的复合材料气动弹性剪裁技术。

但需要强调的是，气动弹性优化不是结构优化，也不属于结构优化，且比结构优化更为复杂、更为宏观，其设计变量不限于结构参数，还包括气动、性能等参数。而结构优化中的外力是一定的，只对结构变量进行优化。

飞行器气动弹性优化方法正在全面发展之中，并逐渐成熟，它将成为现代与未来飞行器高效、高质量设计的利器。

1.5　气动弹性学科的特点

通常，根据研究问题和现象的特点，在研究方法上也会具有各自的特点。气动弹性力学作为一门独立的学科，自然也就具备其自身的特点，现归纳如下：

① 气动弹性的研究方法有别于其他力学。气动弹性的研究方法有别于弹性力学，弹性力学的外力与弹性静变形或振动无关，是事先确定的；但在气动弹性研究中，认为外力是随着物体的静变形或振动情况而改变的，不是事先确定的。气动弹性的研究方法也有别于空气动力学，空气动力学针对刚性物体，没有静变形或振动；但在气动弹性研究中，气动力除了与刚体外形有关，还与物体的静变形或振动有关。同样，气动弹性研究方法也有别于刚体飞行力学、振动力学、自动控制等学科的研究方法。然而，气动弹性研究方法并不是孤立的，与弹性力学、空气动力学、飞行力学、振动力学、自动控制等研究方法有密切联系。

② 气动弹性力学是由多门学科相互交融而形成的新学科。气动弹性力学是研究弹性体在气流作用下各种行为的一门学科。弹性体在气动载荷作用下，会发生变形或振动，而变形或振动又反过来影响气动载荷的分布与大小。正是这种交互作用，在不同条件下产生形形色色的气动弹性现象。因此，本学科是建立在弹性力学、空气动力学和振动理论等专门学科基础上的一门交叉学科，涉及的专门知识相当广泛和深入。

③ 气动弹性力学是一门广泛应用的学科。气动弹性力学首先是为适应航空事业的发展而发展起来的，是在大量因气动弹性效应而导致飞机坠毁的背景下发展起来的。因而，气动弹性效应在很大程度上影响着航空航天飞行器的设计和发展。此外，在民用建筑、机械工程和核工程等方面的应用正在日益增长。最引人瞩目的是，1940 年建成才 4 个月的美国 Tacoma 悬索大桥在 18 m/s 风速下发生颤振而倒塌，从而引发了解决桥梁气动弹性问题的现代试验和解析方法。

④ 气动弹性力学是具有广阔发展前景的学科。其在近代航空航天领域为解决气动弹性问题做出了巨大贡献。甚至有学者认为，高速气动弹性技术是飞机突破“声障”的三大支撑技术之一（前两个技术是公认的涡轮喷气发动机和后掠翼气动布局），可见气动弹性的重要性。飞行器设计的发展不断给气动弹性问题提出了新课题。例如，高超声速飞行产生的高温环境引发了结构在受热条件下的气动弹性现象，从而形成了“热气动弹性力学”问题。又如，飞行器控制系统的日益广泛应用，控制系统与气动弹性系统的相互作用，又形成了“气动伺服弹性力学”问题。近代“主动控制技术”的出现，以及“主动气动弹性机翼”“变形飞行器”等技术的发

展,更展现出气动弹性这门学科广阔的发展前景。

⑤ 气动弹性特性是飞行器的固有、本质特性,与飞行器设计各专业关系密切且不可分割。传统的、狭义的气动弹性涉及的飞行载荷、静气动弹性导数修正、颤振、气动伺服弹性、抖振等专业,在传统的假设条件下,与其他专业的关联较弱,形成了自己的研究特点和范围。随着飞行器的发展,飞行器的性能不断提高,气动弹性与设计各专业的关系越来越紧密。在飞行器设计的概念设计阶段考虑气动弹性关键因素,如大飞机翼吊发动机位置选取、大展弦比复合材料机翼刚度选取、阵风减缓方案中操纵面的配置方案等,可避免设计颠覆或较大反复。当弹性结构固有振动频率接近刚体模态频率时,飞行动力学与气动弹性力学分开研究的前提假设不存在了,需要将两者耦合建模一并考虑,并直接影响飞行品质、气动弹性特性以及飞行控制系统设计。令人欣慰的是,随着人们对气动弹性认知水平的不断提高,以及计算技术、智能技术、优化技术等的迅猛发展,充分考虑气动弹性的飞行器综合设计工程实现的可能性大大增加。

思考与练习

1.1 试用 Collar 的气动弹性力学三角形说明气动弹性各相关学科的分类。

1.2 试简述气动弹性静力学的各种现象。

1.3 试简述气动伺服弹性的现象和起因。

1.4 认识本学科的特点,比较与以往所学的力学学科的不同。

1.5 按照自己的理解,考虑气动弹性在飞行器设计中的作用。

本章参考文献

[1] Fung Y C. 空气弹性力学引论. 冯钟越,管德,译. 北京:国防工业出版社,1963.

[2] 伏欣 H W. 气动弹性力学原理. 沈克扬,译. 上海:上海科学技术文献出版社,1982.

[3] 道尔 E H,小柯蒂斯 H C,斯坎伦 R H. 气动弹性力学现代教程. 陈文俊,尹传家,译. 北京:宇航出版社,1991.

[4] 诸德超,陈桂彬,邹丛青. 气动弹性力学. 航空工业部教材编审室,1986.

[5] 杨超,陈桂彬,邹丛青. 未来战斗机关键技术——主动柔性机翼. 国际航空,1997(11):8-9.

[6] Bisplinghoff R L, Ashley H, Halfman R L. Aeroelasticity. Addison-Wesley Publishing Company, Inc., 1955.

[7] Noll T E. Aeroservoelasticity. AIAA-90-1073, 1990.

[8] Taylor R, Pratt R W, Caldwell B C, et al. Improved Design Procedures in Aeroservoelasticity. AIAA-98-4458, 1998.

[9] Weisshaar T W. Aeroelasticity—Advances and Future Directions. AIAA-92-2446-CP, 1992.

[10] Rodriguez A R. Morphing Aircraft Technology Survey. AIAA-2007-1258, 2007.

[11] 杨超,吴志刚,谢长川. 气动弹性设计基础. 3版. 北京航空航天大学出版社,2021.

[12] 杨超,许赟,谢长川. 高超声速飞行器气动弹性力学研究综述. 航空学报,2010,31(01):1-11.

[13] 万志强,杨超,王晓喆. 飞行器飞行载荷分析与气动弹性优化. 北京:航空工业出版社,2021.

第1部分　基础篇

第2章　定常空气动力学基础

飞行器气动弹性现象分为气动弹性静力学和气动弹性动力学两方面，分别涉及定常气动力和非定常气动力。定常气动力对于气动弹性的计算与分析起到了重要的支撑作用，发散、操纵效率、飞行载荷等静气动弹性问题的分析计算都需要用到定常气动力。定常气动力也是非定常气动力的基础。本章主要介绍定常气动力的基础知识，非定常气动力在第6章介绍。

本章首先介绍定常气动力与非定常气动力共同的理论基础，从理想气体的 Navier Stokes 方程(简称 N－S 方程)入手，引入理想气体假设，导出欧拉方程；再引入无旋假设，导出全速势方程；引入小扰动假设，导出小扰动方程。随后主要介绍定常气动力常用的面元法、涡格法的基本特点；进一步介绍低速、亚声速、超声速二维翼型、三维翼面(如机翼、弹翼等)的绕流特点以及主要气动特性。最后介绍高超声速气动力分析方法，适合定常气动力和非定常气动力。

二维翼型定常气动力特性是三维翼面气动力分析与设计的基础，而翼面是飞行器升力等气动力产生的主要部件，决定着整个飞行器的气动性能、飞行性能。本书涉及的翼型和翼面以薄翼型为主，适合线性理论和方法的应用，也是飞行器工程实践主流采用的翼型和翼面形式。本书只是简要介绍，具体的求解方法不做介绍。

2.1　空气动力学基本方程

2.1.1　N－S 方程和欧拉方程

N－S 方程适用于完全气体，考虑了气体的压缩性、黏性和热传导，是目前为止描述空气运动特性的主导方程。欧拉方程适用于理想气体，是在 N－S 方程基础上忽略流体黏性和热传导效应的简化方程，又称理想气体主导方程。本小节简要介绍上述两方程的组成和特点，并作为进一步简化的基础。

1. N－S 方程

根据质量守恒定律、动量守恒定律和能量守恒定律，可以推导描述流场中各流体微团的气体动力学运动方程，即 N－S 方程。

(1) 连续方程

根据质量守恒定律，流场中任何位置、任何时间都不可能有气体质量的新生或消失，即对于流场中的任一流体微团，在任意时刻，单位时间里流入、流出的气体质量差，应等于该微团体积内的气体密度变化所引起的气体质量变化。采用欧拉法描述流场中任一点的气体运动特性，坐标系($Oxyz$)固定于飞行器本体(见图2.1)，正 x 轴与自由来流速度方向一致；y、z 轴按右手定则确定，其中 z 轴向上，y 轴向右；U_∞ 为无穷远处来流速度，Ma_∞ 为无穷远处来流马赫数。

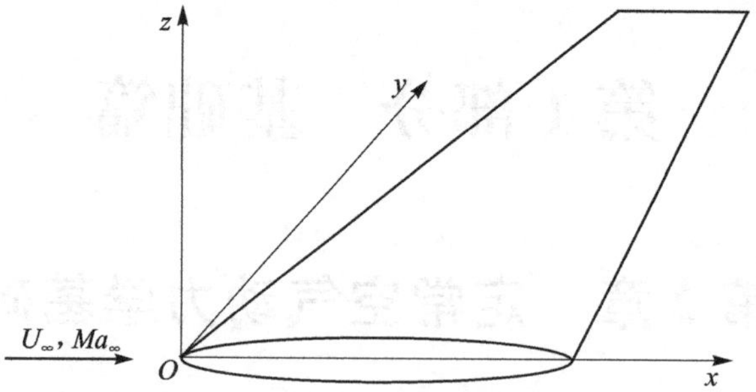

图 2.1　坐标系

根据流体质量守恒定律，可推导出如下流体连续方程：

$$\frac{\partial \rho}{\partial t}+\frac{\partial(\rho u)}{\partial x}+\frac{\partial(\rho v)}{\partial y}+\frac{\partial(\rho w)}{\partial z}=0 \tag{2.1}$$

式中，ρ 为空气密度，u、v、w 为时刻 t 空间任意一点 (x,y,z) 处流体微团在 x、y、z 轴方向的运动速度。

(2) 运动方程

运动方程又称动量方程。根据流体动量守恒定律（即牛顿第二定律），流场中任一流体微团的质量与绝对加速度的乘积，等于该流体微团所受的力（体力和面力）的总和。根据此定律，可以推导出如下 x、y、z 轴方向流体运动方程：

$$\left.\begin{aligned}
\rho\left(\frac{\partial u}{\partial t}+\frac{\partial u}{\partial x}u+\frac{\partial u}{\partial y}v+\frac{\partial u}{\partial z}w\right)&=\rho f_x+\frac{\partial \pi_{xx}}{\partial x}+\frac{\partial \pi_{yx}}{\partial y}+\frac{\partial \pi_{zx}}{\partial z}\\
\rho\left(\frac{\partial v}{\partial t}+\frac{\partial v}{\partial x}u+\frac{\partial v}{\partial y}v+\frac{\partial v}{\partial z}w\right)&=\rho f_y+\frac{\partial \pi_{xy}}{\partial x}+\frac{\partial \pi_{yy}}{\partial y}+\frac{\partial \pi_{zy}}{\partial z}\\
\rho\left(\frac{\partial w}{\partial t}+\frac{\partial w}{\partial x}u+\frac{\partial w}{\partial y}v+\frac{\partial w}{\partial z}w\right)&=\rho f_z+\frac{\partial \pi_{xz}}{\partial x}+\frac{\partial \pi_{yz}}{\partial y}+\frac{\partial \pi_{zz}}{\partial z}
\end{aligned}\right\} \tag{2.2}$$

式中，f 代表单位流体微团所受的体力（与重力有关），其下标“x”“y”“z”分别表示 x、y、z 轴方向；π 代表流体微团所受的面力，下标“xx”“yx”“zx”分别表示各方向应力对 x 轴方向面力的贡献，均分别包括静压力、黏性法向应力和黏性切向应力。经推导，面力表达式如下：

$$\left.\begin{aligned}
\pi_{xx}&=-p+2\mu\frac{\partial u}{\partial x}-\frac{2}{3}\mu\left(\frac{\partial u}{\partial x}+\frac{\partial v}{\partial y}+\frac{\partial w}{\partial z}\right)\\
\pi_{yy}&=-p+2\mu\frac{\partial v}{\partial y}-\frac{2}{3}\mu\left(\frac{\partial u}{\partial x}+\frac{\partial v}{\partial y}+\frac{\partial w}{\partial z}\right)\\
\pi_{zz}&=-p+2\mu\frac{\partial w}{\partial z}-\frac{2}{3}\mu\left(\frac{\partial u}{\partial x}+\frac{\partial v}{\partial y}+\frac{\partial w}{\partial z}\right)\\
\pi_{xy}&=\pi_{yx}=\mu\left(\frac{\partial u}{\partial y}+\frac{\partial v}{\partial x}\right)\\
\pi_{yz}&=\pi_{zy}=\mu\left(\frac{\partial v}{\partial z}+\frac{\partial w}{\partial y}\right)\\
\pi_{xz}&=\pi_{zx}=\mu\left(\frac{\partial w}{\partial x}+\frac{\partial u}{\partial z}\right)
\end{aligned}\right\} \tag{2.3}$$

式中，μ 为运动黏性系数，p 为大气静压。由式(2.3)可以看出，流体运动方程反映流场中各流体微团受力与加速度的关系，而力主要由大气静压、体力和黏性力三部分组成。

(3) 能量方程

能量方程又称熵方程。根据能量守恒定律，单位体积内气体的总能量在单位时间内的变化，等于作用在这个单位体积上的体力、面力在单位时间内做的功，再加上单位时间内通过这个单位体积的表面传入、传出的热能差。由能量守恒定律和热力学知识可推导出能量方程如下：

$$\rho\frac{\mathrm{d}h}{\mathrm{d}t}=\rho(uf_x+vf_y+wf_z)+\frac{\partial}{\partial x}(\pi_{xx}u+\pi_{xy}v+\pi_{xz}w)+\frac{\partial}{\partial y}(\pi_{yx}u+\pi_{yy}v+\pi_{yz}w)+\frac{\partial}{\partial z}(\pi_{zx}u+\pi_{zy}v+\pi_{zz}w)+\Delta H \tag{2.4}$$

式中，h 为单位体积气体单位时间内的总能量，包含其动能和内能；ΔH 为单位时间内单位体积的气体传入、传出的热能差，与气体的传热比、热力学温度、流速有关；体力和面力表达式已在方程(2.3)中定义。

(4) 状态方程

对于空气流场来说，需要遵守气体热力学定律和方程。完全气体的状态方程为

$$p=\rho RT \tag{2.5}$$

式中，R 是气体常数，T 是热力学温度。

(5) 初始条件和边界条件

式(2.1)～式(2.5)构成 N-S 方程的主体，求该方程的特解时，必须给出绕流物体的边界条件；对于非定常运动，还需要给出初始条件。初始条件和边界条件对于气动弹性问题尤为重要，弹性结构的运动正是通过初始条件和边界条件与流体运动耦合在一起的。下面原则性介绍 N-S 方程的初始条件和边界条件。

对于 N-S 方程，要给出 $t=0$ 时刻的流场参数，如 u、v、w、p、ρ、T 等，它们构成方程的初始条件。

边界条件分为远场条件和物面条件两部分。远场条件需要给出远前后方、远上下方、远左右方的气流参数。

物面条件对气体和物体的交接面有两点要求：一是气体的运动速度等于物体的运动速度，即要求气体沿物面法向的运动速度等于物面法向方向的运动速度（该条件有时称为法向不可穿透条件），同时气体沿物面的切向方向运动速度等于物面切向方向的运动速度；二是气流的温度等于物体的温度。对于气动弹性问题，需要考虑物体表面谐振荡、脉冲以及任意运动的边界条件。

除了远场条件和物面条件之外，还要结合具体问题，处理诸如尾流面、激波面以及自由表面、介质分界面等条件。

(6) N-S 方程

归纳起来，式(2.1)～式(2.5)，以及初始条件和边界条件，构成完整的绕流问题 N-S 方程，是描述绕流物体流场任意位置流体运动的运动方程，属于非定常、非线性的偏微分方程。对于定常流动，则不需要初始条件，方程中没有时间相关项。

2. 欧拉方程

没有黏性和热传导的气体称为理想气体。只有在气流参数梯度很大的情况下，黏性和热

传导效应才是重要的,这就是附面层和激波。除此之外,可以认为气体是无黏、无热传导的。在理想气体假设下,绕流问题大大简化,但可以抓住问题的本质;在必要时,可以再专门处理黏性和热传导的影响。

引用理想气体假设后,可以略去与热传导有关的式(2.4)中的项 ΔH。还可以忽略 N-S 方程中的与黏性系数 μ 有关的项,并且有

$$\left.\begin{aligned}&\pi_{xx}=\pi_{yy}=\pi_{zz}=-p\\&\pi_{xy}=\pi_{yx}=\pi_{yz}=\pi_{zy}=\pi_{zx}=\pi_{xz}=0\end{aligned}\right\}\tag{2.6}$$

可见,气流中任一点的切向应力为零,法向应力为静压,且与方向无关。

再忽略体力的作用,即令

$$f_x=f_y=f_z=0\tag{2.7}$$

这样运动方程和能量方程得到简化,从而获得欧拉方程如下:

$$\frac{\partial\rho}{\partial t}+\frac{\partial(\rho u)}{\partial x}+\frac{\partial(\rho v)}{\partial y}+\frac{\partial(\rho w)}{\partial z}=0\tag{2.8}$$

$$\left.\begin{aligned}&\left(\frac{\partial}{\partial t}+\frac{\partial}{\partial x}u+\frac{\partial}{\partial y}v+\frac{\partial}{\partial z}w\right)u=-\frac{1}{\rho}\frac{\partial p}{\partial x}\\&\left(\frac{\partial}{\partial t}+\frac{\partial}{\partial x}u+\frac{\partial}{\partial y}v+\frac{\partial}{\partial z}w\right)v=-\frac{1}{\rho}\frac{\partial p}{\partial y}\\&\left(\frac{\partial}{\partial t}+\frac{\partial}{\partial x}u+\frac{\partial}{\partial y}v+\frac{\partial}{\partial z}w\right)w=-\frac{1}{\rho}\frac{\partial p}{\partial z}\end{aligned}\right\}\tag{2.9}$$

$$\rho\frac{\mathrm{d}h}{\mathrm{d}t}=\frac{\mathrm{d}}{\mathrm{d}t}\left(\frac{p}{\rho}\right)-\frac{\partial p}{\partial t}\tag{2.10}$$

$$p=\rho RT\tag{2.11}$$

初始条件与完全气体相同。

边界条件中远场边界条件没有变化,只有物面边界条件有变化。在气体和物体的交界处,由于理想气体没有黏性和热传导,只需要求满足法向不可穿透条件,气流的切向速度以及温度可以不等于物体表面的相应参量。

归纳起来,式(2.8)~式(2.11),以及初始条件和边界条件,构成了完整的理想气体绕流问题的欧拉方程,是描述绕理想气体中任意位置流体运动的运动方程,同样也属于非定常、非线性的偏微分方程。该方程有 u、v、w、p、ρ、T 6个未知量,除边界条件外,方程式也是6个。

2.1.2 速度势方程

速度势方程是在欧拉方程的基础上,引入正压气体、无旋气体、等熵流动假设形成的,关于这些假设的具体描述这里不再赘述。

1. 速度势方程

如果气体运动是无旋的,则必定存在一个函数 $\Phi(x,y,z,t)$,称为速度势函数,并有

$$u=\frac{\partial\Phi}{\partial x},\quad v=\frac{\partial\Phi}{\partial y},\quad w=\frac{\partial\Phi}{\partial z}\tag{2.12}$$

在欧拉方程中引入速度势的概念后,u、v、w 这三个未知数可以用 Φ 来表示;这样,未知数由原来的6个减少到4个。有了速度势的概念后,可以设法建立一个只含速度势的方程,求解这一

方程可以得到速度势，然后再利用其他方程确定其他的未知量。这一过程可以使求解过程简化。

经过推导后，可以将欧拉方程中的 1 个连续方程、3 个运动方程处理成一个速度势方程，即

$$\left[a^2-\left(\frac{\partial \Phi}{\partial x}\right)^2\right]\frac{\partial^2 \Phi}{\partial x^2}+\left[a^2-\left(\frac{\partial \Phi}{\partial y}\right)^2\right]\frac{\partial^2 \Phi}{\partial y^2}+\left[a^2-\left(\frac{\partial \Phi}{\partial z}\right)^2\right]\frac{\partial^2 \Phi}{\partial z^2}-$$
$$2\frac{\partial \Phi}{\partial x}\frac{\partial \Phi}{\partial y}\frac{\partial^2 \Phi}{\partial x \partial y}-2\frac{\partial \Phi}{\partial y}\frac{\partial \Phi}{\partial z}\frac{\partial^2 \Phi}{\partial y \partial z}-2\frac{\partial \Phi}{\partial z}\frac{\partial \Phi}{\partial x}\frac{\partial^2 \Phi}{\partial z \partial x}-$$
$$2\frac{\partial \Phi}{\partial x}\frac{\partial^2 \Phi}{\partial x \partial t}-2\frac{\partial \Phi}{\partial y}\frac{\partial^2 \Phi}{\partial y \partial t}-2\frac{\partial \Phi}{\partial z}\frac{\partial^2 \Phi}{\partial z \partial t}-\frac{\partial^2 \Phi}{\partial^2 t}=0 \tag{2.13}$$

但是该方程中还有当地声速 a，需要加以处理。由等熵假设和声速的定义，得到

$$a^2=\frac{\mathrm{d}p}{\mathrm{d}\rho}=\gamma\frac{p}{\rho} \tag{2.14}$$

式中，γ 为空气的比热比。通过处理，方程(2.13)中的当地声速 a 可以表示为速度势的表达式：

$$\frac{\partial \Phi}{\partial t}+\frac{1}{2}\left[\left(\frac{\partial \Phi}{\partial x}\right)^2+\left(\frac{\partial \Phi}{\partial y}\right)^2+\left(\frac{\partial \Phi}{\partial z}\right)^2\right]+\frac{1}{\gamma-1}a^2=\frac{1}{2}U_\infty^2+\frac{1}{\gamma-1}a_\infty^2 \tag{2.15}$$

式中，U_∞ 和 a_∞ 分别表示远前方的气流速度和声速。

这样，欧拉方程的连续方程和运动方程可以处理成一个方程，即速度势方程(2.13)，该方程只含一个未知数 Φ，有时速度势方程也称为全速势方程。加上能量方程和状态方程，可以求解 Φ、p、ρ、T 这 4 个未知量。应注意到，速度势方程虽然仍然是非定常、非线性的偏微分方程，但为进一步简化奠定了基础。

2. 初始条件及边界条件

这里重点介绍边界条件中的物面条件，其他只做原则性介绍。

(1) 初始条件

给定时刻 $t=0$ 时的速度势分布。

(2) 远场条件

给定远前方、远上下方、远左右方和远后方处 Φ 应满足的条件。

(3) 物面条件

用下面的函数表示任意的物面：

$$S(x,y,z,t)=0$$

根据物面法向不可穿透条件，交接面处物面法向（n 表示物面法向）的移动速度等于气流的当地法向速度，即

$$-\frac{\partial S}{\partial t}=\frac{\partial \Phi}{\partial n} \tag{2.16}$$

可以推导得到边界条件

$$\frac{\partial S}{\partial t}+u\frac{\partial S}{\partial x}+v\frac{\partial S}{\partial y}+w\frac{\partial S}{\partial z}=0 \tag{2.17}$$

3. 压强系数

有了速度势方程、初始条件和边界条件，速度势就可以求解；但是从实际工作出发，翼面或

机体上下表面的压强差与升力有直接关系,因此更需要压强分布。这里给出压强系数的表达式。压强系数 c_p 定义为

$$c_p = \frac{p - p_\infty}{\frac{1}{2}\rho_\infty U_\infty^2}$$

通过引入等熵条件和当地声速的处理,可以得到如下形式的压强系数:

$$c_p = \frac{2}{\gamma Ma_\infty^2}\left\{\left[1 + \frac{\gamma - 1}{2}Ma_\infty^2\left(1 - \frac{U^2}{U_\infty^2} - \frac{2}{U_\infty^2}\frac{\partial \Phi}{\partial t}\right)\right]^{\frac{\gamma}{\gamma-1}} - 1\right\} \tag{2.18}$$

式中,当地速度 U 可以表示为

$$U^2 = \left(\frac{\partial \Phi}{\partial x}\right)^2 + \left(\frac{\partial \Phi}{\partial y}\right)^2 + \left(\frac{\partial \Phi}{\partial z}\right)^2 \tag{2.19}$$

2.1.3 边界层理论及气动力分析方法层级

德国空气动力学家普朗特1904年提出“边界层理论”(也称边界层概念、边界层假设)。他认为黏性很小的流体以大雷诺数运动时,在大部分流场上可以略去黏性作用;但在物面附近的很薄一层的流体内必须考虑黏性的作用。这一薄层流体称为边界层,有时也叫附面层。图2.2所示为流过平板的流场,将接近远前方来流速度的平板上方的点连起来的虚线即边界层。当然这个所谓的边界层是假设的,不是真实存在的。

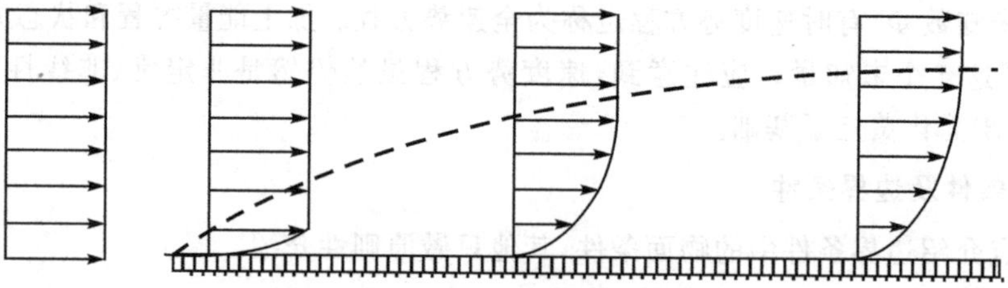

图2.2 平板流体边界层示意图

依据边界层理论,可将大雷诺数下翼型小迎角流场分成两个部分处理,如图2.3所示(S代表分离点,小迎角时可认为没有分离点),在边界层以外的广大区域,可以用无黏理论(欧拉方程及其演化方程,如位势流理论)来处理;在边界层以内,则考虑流体的黏性作用。但由于边界层很薄,黏性的运动方程(N-S方程)在边界层内可以大大简化,出现一批简化的边界层方程,甚至可以得到一些有用的解析解。所以,边界层理论提出以后,在当时以及此后计算机技术未成熟的很长一段时间既挽救了无黏理论,使其在大部分流场上可以应用,也挽救了黏性理论,使其得以解答。在工程应用方面,尤其是在航空航天工程中,小黏性、大雷诺数的流动问题是非常多的,完全可以用边界层理论来解决,本书涉及的飞行器气动弹性问题绝大部分都可以适用。

边界层理论成功地对黏性流动的重要意义给出了物理上透彻的解释,同时对相应的数学上的困难做了最大程度的简化。自20世纪以来,边界层理论得到了迅速发展,已成为现代空气动力学的基石之一,对飞行器的气动设计起到了很大的作用。我国空气动力学家陆士嘉教授曾是普朗特唯一的中国籍博士生,她师从普朗特研究边界层理论,并在1952年参与北京航空航天大学(原北京航空学院)筹建,后在中国成立第一个空气动力学教研室。

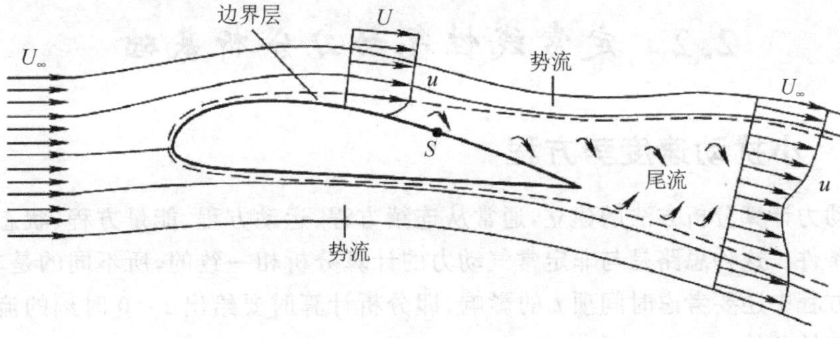

图 2.3　依据边界层理论对翼型绕流流场的划分

从流体的连续方程、运动方程、能量方程、状态方程出发，再考虑边界条件，可以得到 N–S 方程。以此为基础引入理想气体假设，就有了欧拉方程。再在欧拉方程的基础上引入无旋假设，成为速度势方程；2.2 节及第 6 章将引入小扰动假设，可以导出小扰动方程。以小扰动方程为基础的常用方法有面元法、涡格法等，是气动弹性静力学、气动弹性动力学分析中的常用线性方法。对于非线性情况和对精度有更高要求的状态则需要使用基于 N–S 方程或欧拉方程的 CFD 方法。高超声速气动力的分析，工程上可以使用激波–膨胀波理论、活塞理论、牛顿冲击流理论等，但对精度有更高要求时，则还需要使用 CFD 方法。各种气动力分析方法的关系和使用条件如图 2.4 所示。

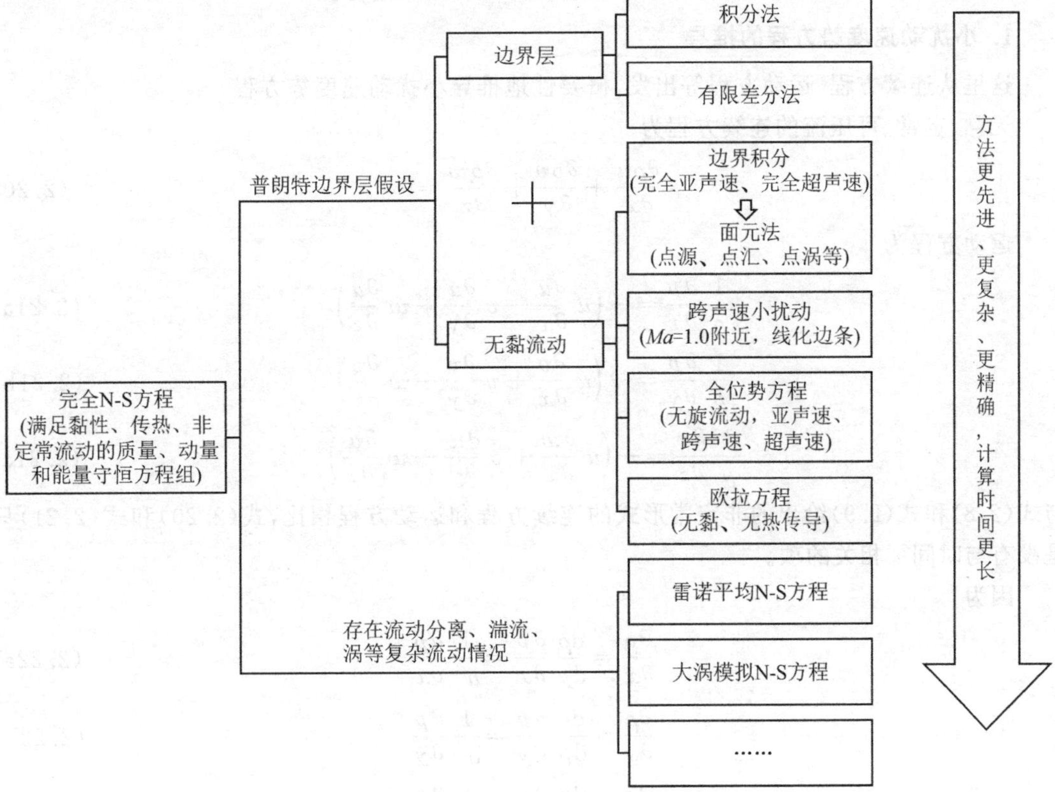

图 2.4　不同气动力分析方法的关系和使用条件示意图

2.2 定常线性气动力分析基础

2.2.1 小扰动速度势方程

定常气动力计算分析方法的建立,通常从连续方程、运动方程、能量方程、状态方程出发,并考虑边界条件。这种思路是与非定常气动力的计算分析相一致的,所不同的是非定常气动力计算分析方程中还要考虑时间项 t 的影响,即分析计算时要给出 $t=0$ 时刻的流场参数,以构成方程的初始条件。

基于上述几个方程、边界条件,首先可以建立的是 N-S 方程;在此基础上如果考虑没有黏性和热传导的理想气体,则可以建立欧拉方程;如果再引入正压气体、无旋气体、等熵流动等假设,则可以建立速度势方程;进一步如果认为飞行器的迎角不大、翼面的翼型相对厚度较薄且弯度较小,则飞行器尤其是翼面对于流场的扰动很小,即气流扰动速度与远前方均匀来流的速度相比是小量,扰动压力与远前方均匀来流的压力相比是小量,就可以进一步引入小扰动假设,建立小扰动速度势方程。

定常气动力上述几类求解方法的逻辑关系与非定常气动力是基本一致的,在第6章将稍详细地介绍非定常气动力的求解方式,读者可以相互比照以便更好地理解求解思路。关于基于 N-S 方程、欧拉方程、速度势方程的定常气动力求解方法,前文从非定常的角度进行了介绍,这里不作展开,本节仅简要介绍小扰动速度势方程的求解思路。

1. 小扰动速度势方程的推导

这里从连续方程、运动方程等出发,概要性地推导小扰动速度势方程。

无黏、定常、可压流的连续方程为

$$\frac{\partial \rho u}{\partial x}+\frac{\partial \rho v}{\partial y}+\frac{\partial \rho w}{\partial z}=0 \tag{2.20}$$

运动方程为

$$\frac{1}{\rho}\frac{\partial p}{\partial x}=-\left(u\frac{\partial u}{\partial x}+v\frac{\partial u}{\partial y}+w\frac{\partial u}{\partial z}\right) \tag{2.21a}$$

$$\frac{1}{\rho}\frac{\partial p}{\partial y}=-\left(u\frac{\partial v}{\partial x}+v\frac{\partial v}{\partial y}+w\frac{\partial v}{\partial z}\right) \tag{2.21b}$$

$$\frac{1}{\rho}\frac{\partial p}{\partial z}=-\left(u\frac{\partial w}{\partial x}+v\frac{\partial w}{\partial y}+w\frac{\partial w}{\partial z}\right) \tag{2.21c}$$

与式(2.8)和式(2.9)给出的非定常形式的连续方程和运动方程相比,式(2.20)和式(2.21)只是没有与时间 t 相关的项。

因为

$$\frac{\partial \rho}{\partial x}=\frac{\mathrm{d}\rho}{\mathrm{d}p}\frac{\partial p}{\partial x}=\frac{1}{a^2}\frac{\partial p}{\partial x} \tag{2.22a}$$

$$\frac{\partial \rho}{\partial y}=\frac{\mathrm{d}\rho}{\mathrm{d}p}\frac{\partial p}{\partial y}=\frac{1}{a^2}\frac{\partial p}{\partial y} \tag{2.22b}$$

$$\frac{\partial \rho}{\partial z}=\frac{\mathrm{d}\rho}{\mathrm{d}p}\frac{\partial p}{\partial z}=\frac{1}{a^2}\frac{\partial p}{\partial z} \tag{2.22c}$$

式(2.22)中 a 为当地声速。

将式(2.22)代入连续方程得到

$$\frac{1}{a^2}\left(\frac{u}{\rho}\frac{\partial p}{\partial x}+\frac{v}{\rho}\frac{\partial p}{\partial y}+\frac{w}{\rho}\frac{\partial p}{\partial z}\right)+\left(\frac{\partial u}{\partial x}+\frac{\partial v}{\partial y}+\frac{\partial w}{\partial z}\right)=0 \tag{2.23}$$

将运动方程代入式(2.23)得到

$$\left(1-\frac{u^2}{a^2}\right)\frac{\partial u}{\partial x}+\left(1-\frac{v^2}{a^2}\right)\frac{\partial v}{\partial y}+\left(1-\frac{w^2}{a^2}\right)\frac{\partial w}{\partial z}-$$
$$\frac{uv}{a^2}\left(\frac{\partial u}{\partial y}+\frac{\partial v}{\partial x}\right)-\frac{vw}{a^2}\left(\frac{\partial v}{\partial z}+\frac{\partial w}{\partial y}\right)-\frac{wu}{a^2}\left(\frac{\partial w}{\partial x}+\frac{\partial u}{\partial z}\right)=0 \tag{2.24}$$

对于等熵势流，存在速度势函数 $\Phi(x,y,z)$，而且

$$u=\frac{\partial \Phi}{\partial x},\quad v=\frac{\partial \Phi}{\partial y},\quad w=\frac{\partial \Phi}{\partial z} \tag{2.25}$$

代入式(2.24)得到速度势满足的方程

$$\left(1-\frac{u^2}{a^2}\right)\frac{\partial^2 \Phi}{\partial x^2}+\left(1-\frac{v^2}{a^2}\right)\frac{\partial^2 \Phi}{\partial y^2}+\left(1-\frac{w^2}{a^2}\right)\frac{\partial^2 \Phi}{\partial z^2}-$$
$$2\frac{uv}{a^2}\frac{\partial^2 \Phi}{\partial x\partial y}-2\frac{vw}{a^2}\frac{\partial^2 \Phi}{\partial y\partial z}-2\frac{wu}{a^2}\frac{\partial^2 \Phi}{\partial z\partial x}=0 \tag{2.26}$$

式(2.26)就是无黏、定常、等熵、可压缩势流的速度势方程。

但是式(2.26)由于是非线性的，非常复杂，求解很困难，需要加以简化。

考虑到飞行器飞行时为了减小阻力，机翼的相对厚度、弯度都较小，而且迎角也不大，因此可以假设其对流场的扰动是小扰动。

取 x 轴与未经扰动的直匀来流一致。当直匀来流以速度 V_∞ 流过机翼时，流场受到扰动，在流场中各点除具有速度 V_∞ 外，还有扰动速度 $\bar{u}$、$\bar{v}$、$\bar{w}$。这样，速度的三个分量可以表示为

$$u=\frac{\partial \Phi}{\partial x}=V_\infty+\bar{u} \tag{2.27a}$$

$$v=\frac{\partial \Phi}{\partial y}=\bar{v} \tag{2.27b}$$

$$w=\frac{\partial \Phi}{\partial z}=\bar{w} \tag{2.27c}$$

令 ϕ 表示扰动速度势，则

$$\bar{u}=\frac{\partial \phi}{\partial x} \tag{2.28a}$$

$$\bar{v}=\frac{\partial \phi}{\partial y} \tag{2.28b}$$

$$\bar{w}=\frac{\partial \phi}{\partial z} \tag{2.28c}$$

Φ 和 ϕ 之间的关系为

$$\mathrm{d}\Phi=V_\infty\mathrm{d}x+\mathrm{d}\phi \tag{2.29}$$

则

$$\Phi=V_\infty x+\phi \tag{2.30}$$

将式(2.30)代入式(2.26)得到

$$\left(1-\frac{u^2}{a^2}\right)\frac{\partial^2\phi}{\partial x^2}+\left(1-\frac{v^2}{a^2}\right)\frac{\partial^2\phi}{\partial y^2}+\left(1-\frac{w^2}{a^2}\right)\frac{\partial^2\phi}{\partial z^2}-$$

$$2\frac{uv}{a^2}\frac{\partial^2\phi}{\partial x\partial y}-2\frac{vw}{a^2}\frac{\partial^2\phi}{\partial y\partial z}-2\frac{wu}{a^2}\frac{\partial^2\phi}{\partial z\partial x}=0 \tag{2.31}$$

考虑到对于完全气体等熵流动,从能量方程有

$$a^2+\frac{\gamma-1}{2}V^2=\text{const} \text{ 或 } a^2+\frac{\gamma-1}{2}V^2=a_\infty^2+\frac{\gamma-1}{2}V_\infty^2 \text{ 或 } a^2=a_\infty^2-\frac{\gamma-1}{2}(V^2-V_\infty^2) \tag{2.32}$$

式中,γ为比热比。

再考虑到

$$V^2=u^2+v^2+w^2 \tag{2.33}$$

将式(2.33)和式(2.8)代入式(2.32)可得

$$a^2=a_\infty^2-\frac{\gamma-1}{2}(2V_\infty\bar{u}+\bar{u}^2+\bar{v}^2+\bar{w}^2) \tag{2.34}$$

将式(2.34)代入式(2.31),并考虑到小扰动情况下$\frac{u}{V_\infty}$、$\frac{v}{V_\infty}$、$\frac{w}{V_\infty}$均远小于1.0,这样如果忽略二阶以上项,且当Ma_∞不接近于1时,方程可以简化为

$$(1-Ma_\infty^2)\frac{\partial^2\phi}{\partial x^2}+\frac{\partial^2\phi}{\partial y^2}+\frac{\partial^2\phi}{\partial z^2}=0 \tag{2.35}$$

式(2.35)称为定常线化小扰动速度势方程。适用于$Ma<5$且不接近1的定常、无黏、无热传导、可压等熵情况。

式(2.35)是线性方程,可以用叠加的办法来求解。

对于亚声速流,$Ma_\infty<1$,记$1-Ma_\infty^2=\beta^2$,则式(2.35)变为

$$\beta^2\frac{\partial^2\phi}{\partial x^2}+\frac{\partial^2\phi}{\partial y^2}+\frac{\partial^2\phi}{\partial z^2}=0 \tag{2.36}$$

式(2.36)为椭圆型线性二阶偏微分方程。

对于超声速流,$Ma_\infty>1$,记$Ma_\infty^2-1=B^2$,则式(2.35)变为

$$B^2\frac{\partial^2\phi}{\partial x^2}-\frac{\partial^2\phi}{\partial y^2}-\frac{\partial^2\phi}{\partial z^2}=0 \tag{2.37}$$

式(2.37)为双曲型线性二阶偏微分方程。

对于不可压流,由于声速认为趋近于无穷大,$Ma_\infty\to 0$,则式(2.35)变为

$$\frac{\partial^2\phi}{\partial x^2}+\frac{\partial^2\phi}{\partial y^2}+\frac{\partial^2\phi}{\partial z^2}=0 \tag{2.38}$$

式(2.38)为拉普拉斯方程。

注意到不可压流情况的声速a趋于无穷大,也可以直接从非线性速度势方程(2.26)中获得关于速度势Φ的拉普拉斯方程

$$\frac{\partial^2\Phi}{\partial x^2}+\frac{\partial^2\Phi}{\partial y^2}+\frac{\partial^2\Phi}{\partial z^2}=0 \tag{2.39}$$

因为拉普拉斯方程是线性的,所以具体问题的解决方法可把若干个各自满足拉普拉斯方

程的解叠加起来，使其满足所给定的边界条件，从而得到问题的解。另外需要注意，存在非线性因素的不可压流问题无需引入小扰动假设，在数学上可直接归结为求解关于速度势的拉普拉斯方程。

对于可压流，速度势方程所满足的方程要复杂得多，而且是非线性的，要在给定的边界条件下直接求解这样的方程是很困难的。然而在小扰动假设下也可将方程简化成线性方程，最后使用叠加原理进行求解。

2. 小扰动速度势方程的优点

由于小扰动速度势所满足的方程(2.35)是线性的，而且边界条件也是线性的，因此叠加原理成立，即如果 ϕ_1 和 ϕ_2 都是方程的解，那么 $\phi_1+\phi_2$ 也是方程的解，这给气动力的求解带来了很大的便利。以带弯度的薄翼型为例，其绕流问题可转化为厚度问题和弯度问题的叠加(见图 2.5)。

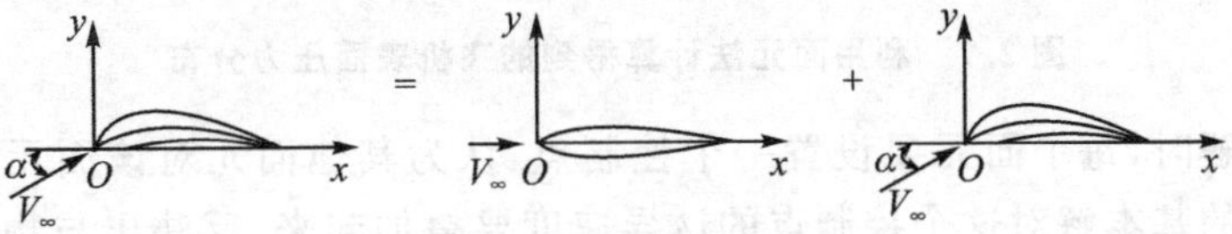

图 2.5　翼型绕流叠加图

薄翼面也与此类似可以进行叠加，即薄翼小扰动流场的压强系数可以分别由其相对应的厚度问题的压强系数和弯度问题的压强系数叠加而得到。显然，由于厚度问题的流场的对称性，它对机翼的升力以及与升力有关的气动特性没有贡献，而弯度问题(包括迎角)对翼面的升力以及与升力有关的气动特性则起主要作用。

线化方程的解可以用若干个基本解的叠加来表示，这些基本解包括点源、点汇、偶极子、点涡。有关这些基本解的情况以及小扰动速度势方程的求解在这里不作详细展开，有很多书籍可供参考。第 6 章对于非定常情况的小扰动速度势方程进行了稍详细的介绍，也可以作为定常情况求解的参考。

2.2.2　面元法

以基于小扰动假设的小扰动速度势方程为基础，工程技术人员发展了多种方法计算小迎角薄翼的绕流。面元法就是其中的一种。在面元法中，认为飞行器的外形由很多基元四边形面元来模拟(见图 2.6)，这些面元可以放在实际的飞机表面上，也可以放在某个平均表面上，

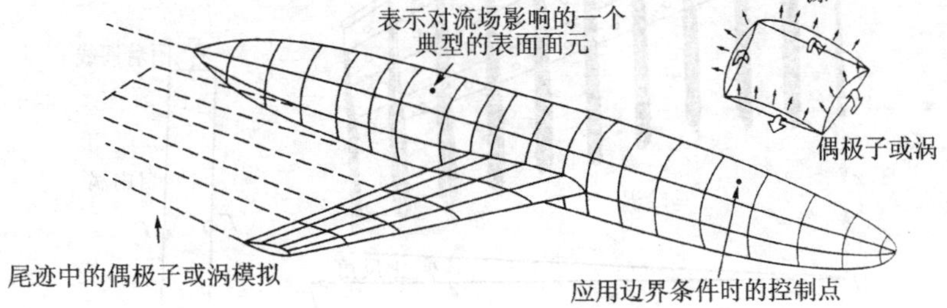

图 2.6　用面元法描述一架飞机的流场

还可以是两者的组合。对于每一个面元而言,在它上面附着一种或几种基本解,如源、涡、偶极子等。基本解的强度通过求解相应的边界条件方程式来确定。一旦确定了这些基本解的强度,速度场和压强场就可以计算出来(见图2.7)。基于面元法发展的不同程序,差别在于基本解分布的类型和形式的选择、面元的几何形状以及边界条件的类型。

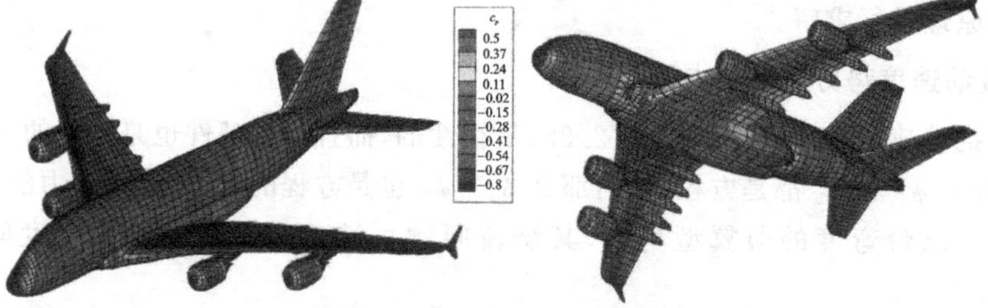

图2.7 利用面元法计算得到的飞机表面压力分布

应用面元求解时,每个面元要设置一个控制点,认为其他面元对该面元的影响集中在此点。各个面元上的基本解对这个控制点的诱导速度要叠加起来,反映出与物面相切的边界条件,从而形成线性代数方程组。

2.2.3 涡格法

对于薄翼还可以采用更为简化的涡格法进行空气动力分析。涡格法将三维翼面当作一个平面来处理,在此平面上叠加了马蹄涡的网格,各个马蹄涡放置在梯形面元中,从而将连续分布在机翼表面上的附着涡用有限数目的离散马蹄网代替(见图2.8)。每个马蹄涡由一段附着涡线和两段自由涡线构成,附着涡线与面元的1/4弦线平行,两个自由涡线从所在面元的1/4弦线的端点向下游延伸至无穷远处。每个马蹄涡在一个指定控制点上所诱导的速度按毕奥-

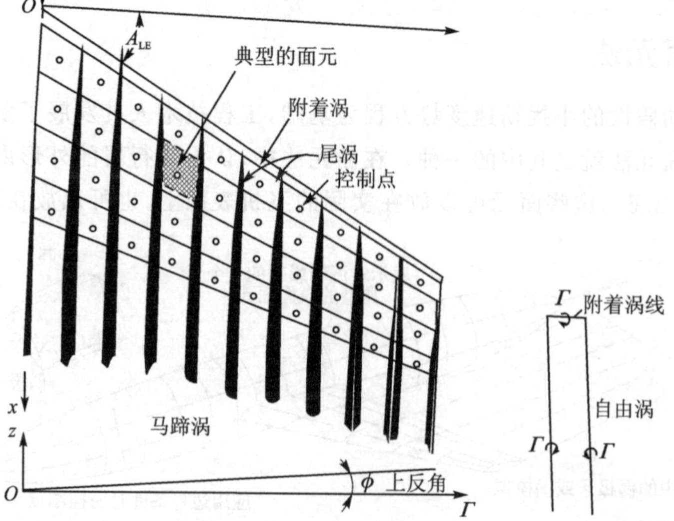

图2.8 涡格法示意图

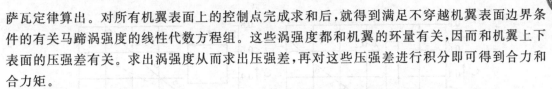

萨瓦定律算出。对所有机翼表面上的控制点完成求和后，就得到满足不穿越机翼表面边界条件的有关马蹄涡强度的线性代数方程组。这些涡强度都和机翼的环量有关，因而和机翼上下表面的压强差有关。求出涡强度从而求出压强差，再对这些压强差进行积分即可得到合力和合力矩。

涡格法实质上是升力面理论的一种数值解法。升力面理论曾经是分析翼面定常气动力的一种常用方法。该理论中将薄翼的流场绕流模型看成“直匀流＋附着涡面＋自由涡面”。通过从理论上求出涡面的强度分布，就可以求出机翼所受的力和力矩。

对于大展弦比直机翼，升力面理论的气动模型还可以进一步简化。由于机翼弦长比展长小很多，因此，可以将所有沿弦向分布的附着涡合并成一条，这样全部附着涡就成为一条变强度的直线涡段，称为升力线。这种简化后的气动力模型是“直匀流＋附着直线涡段＋自由涡系”。基于该气动力模型建立起来的机翼气动力分析理论称为升力线理论。

2.2.4　定常线性气动力分析方法的局限

线化方法对于低速、亚声速、超声速情况的较大展弦比的翼面，在小迎角范围内具有较好的计算精度。但计算精度却随着迎角的增大而降低，这一点对于小展弦比翼面表现尤为突出。

在超声速飞行时，小展弦比机翼具有较小的阻力。但小展弦比机翼的低速绕流图画却有一个显著的特点：下翼面压强较高的气流通过翼尖翻向上翼面，形成的侧缘涡特别明显（见图 2.9）。

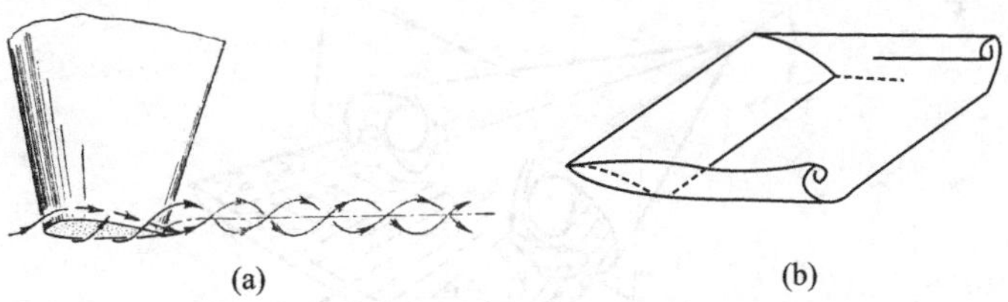

图 2.9　小展弦比机翼的低速绕流示意图

由于绕流图画的不同，小展弦比机翼的升力特性和大展弦比机翼的升力特性有所不同，升力系数 C_L 与 α 不再呈线性关系（见图 2.10）。从图中可以看出，采用线性方法计算出的升力系数随迎角变化的曲线与试验得到的结果有较大的偏差，尤其是在迎角较大时。因此，对于小展弦比机翼，要在大迎角情况下得到精确的解，必须使用非线性方法。

对于具有大后掠角、尖前缘、小展弦比的三角翼，这种非线性情况更为突出。在很小的迎角时就会产生前缘气流分离，下翼面压强较高的气流从前缘翻向上翼面，在上翼面前缘形成两个涡面，这对涡的旋转方向相反，其强度从机翼顶点到机翼后缘逐渐增大，然后从后缘伸向下游。这种效应随着迎角的增大而加剧，在后掠角很大或展弦比很小时，这对涡甚至会相撞（见图 2.11）。

对于三角翼，其升力可以考虑分成两部分：势流升力＋旋涡升力（见图 2.12）。势流升力的计算中，假设在前缘处气流不发生分离，不存在前缘吸力，而旋涡升力则是由于翼面上存在上述旋涡产生更多的压力下降而引起的升力增量。当后掠角增大或展弦比减小时，旋涡升力增量将占升力的主要部分。

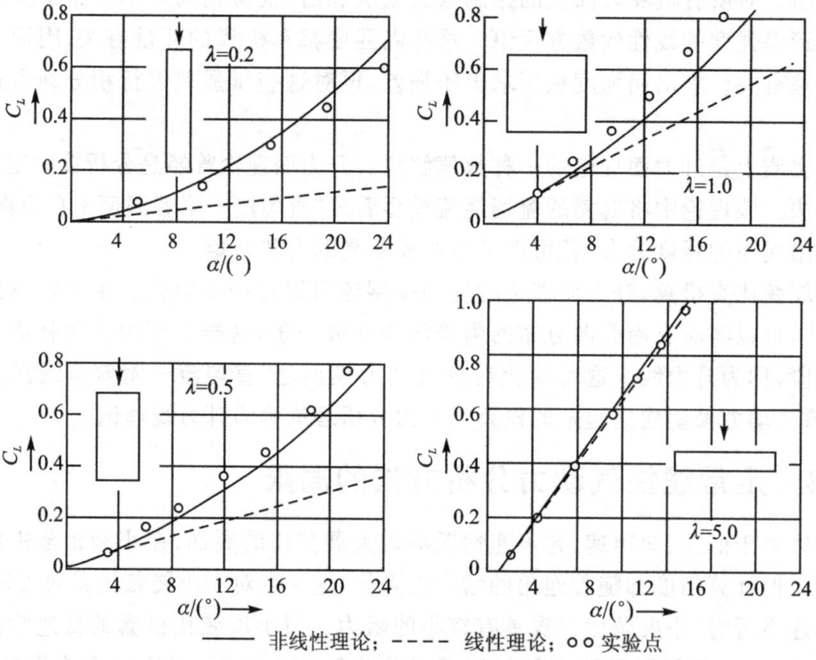

图 2.10　采用不同方法得到的不同展弦比矩形翼的升力系数随迎角变化的曲线

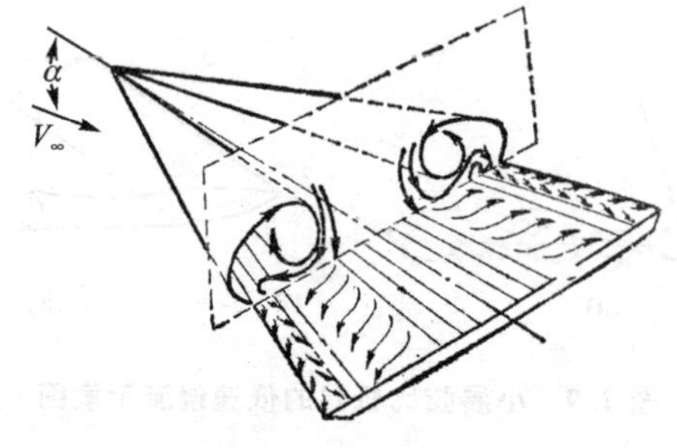

图 2.11　三角翼在 15°迎角时的流动示意图

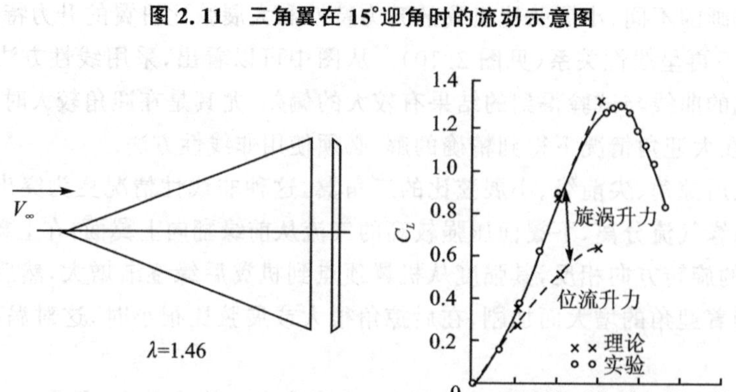

图 2.12　三角翼升力随迎角变化的曲线

2.2.5　定常气动力分析方法概述

目前应用于气动弹性分析的定常气动力方法有多种。不同的气动力分析方法对于分析结果的精确性具有较大的影响，在动气动弹性分析中通常可以忽略弯度和厚度的影响，但在静气动弹性响应分析中就不能忽略弯度和厚度的影响。这里简单介绍几类支撑静气动弹性分析的定常气动力分析方法。

1. 线性气动力方法

基于线化气动力势流理论的面元法能够在亚声速和超声速情况下快速提供相对初步的气动力载荷。这类方法能够很好地和结构有限元分析方法相结合，可重新构建一体化的静气动弹性方程，是在工程静气动弹性分析中广为使用的一类方法。使用该方法往往只需要通过求解线性方程组就可以得到所需结果，而不需要进行反复迭代，计算耗费较小。这类方法是目前国内外普遍使用的一类方法，已经应用于许多型号的设计中。NASTRAN、ASTROS、FASTOP 等工程结构有限元分析软件的气动弹性模块都使用这类气动力分析方法。

线性气动力计算方法包括基于线化势流理论的低阶面元法和高阶面元法等方法。面元法气动力计算模型可以分为两种类型：平板气动力模型和三维实体气动力模型。对于平板低速、亚声速气动力模型，低阶面元方法在压力点和控制点的分布位置上受到一定的限制，分别分布在每个气动网格的四分之一和四分之三弦线上。然而，高阶面元方法不需要特定位置的基本解（又称奇点）分布，压力点和控制点分布基于大量不同翼型和气流条件下的数值模拟。超声速情况下压力点和控制点的选取与亚声速不同。对于基于真实几何外形建立的三维气动力模型，在每个面元和结点上分别分布连续点源和偶极子等基本解。

但是，线性气动力分析方法也存在其不足和局限（2.2.4 节已做了分析），除了严格的不可压流外，线性方法大多仅适用于均匀来流中小迎角、小侧滑角、薄翼型、小扰动等范围，这一点请读者注意。

2. 非线性气动力方法

采用线性气动力方法进行气动弹性静力学分析的适用范围是比较有限的。在气动力的非线性行为比较强烈的情况下（如跨声速情况、大迎角/大舵偏情况，此时激波、旋涡、分离问题都非常突出），就必须采用非线性气动力方法，即将基于高精度 N－S 方程（适用于黏性流）或 欧拉方程（适用于非黏性流）的 CFD（计算流体力学）方法和 CSD（计算结构动力学）方法相结合求解。

求解气动力为非线性的气动弹性耦合的方法通常分为两类：紧密耦合方法和松散耦合方法。紧密耦合方法要求同时求解 CFD 和 CSD 方程，并需要对每个学科方程进行重新构造。由于计算量非常大，且相对于松散耦合方法没有明显的优势，故该方法较少应用，有关文献也仅限于解决简单的二维问题。松散耦合方法又可以分为整合型和模块化型。整合型方法通过在任何一个代码中引入耦合方案来改变 CSD 或 CFD 分析工具的源代码。在这类方法中，尽管代码是整合的，但 CFD 和 CSD 的方程并未被改变，并且是独立求解。模块化方法不将耦合方案整合到 CFD 或 CSD 代码中，允许使用多种 CFD/CSD 代码，是比较常用的方法。在模块化方法中，CFD 和 CSD 代码之间的边界信息通过程序的输入/输出文件进行交换。为了获得较快的收敛速度和防止迭代发散，在使用模块化方法时一般先通过 CFD 迭代求解获得刚性稳

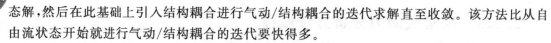

态解,然后在此基础上引入结构耦合进行气动/结构耦合的迭代求解直至收敛。该方法比从自由流状态开始就进行气动/结构耦合的迭代要快得多。

基于非线性气动力的飞行载荷分析方法在国外研究较多,形成了一些比较成熟的分析方法可供使用。但这类方法唯一的缺点就是分析耗费资源非常大,在工程实践中使用往往局限于对有限个状态进行校核分析。

3. 准非线性气动力方法

鉴于飞行载荷等气动弹性静力学分析中分别使用线性和非线性气动力方法的优缺点,研究人员发展了一种新的非线性飞行载荷分析方法。该方法不仅能够在分析气动力和结构之间耦合时使用复杂的非线性气动力方法,而且能够在保证计算精度的前提下大大节省计算耗费。这种分析方法中所谓的“非线性”既不意味着气动力方法是非线性的,也不意味着结构方法是非线性的,它只是把非线性刚体气动力作为飞行器的迎角、侧滑角和操纵面偏角等飞行参数的非线性函数引入计算,并使用线性气动力影响系数矩阵在平衡状态对刚性气动载荷进行弹性化处理,进而实现结构变形后飞行载荷分析中的非线性配平求解。该准非线性方法需要高精度的刚体 CFD 计算数据或风洞试验数据,可适用于大迎角等非线性气动力状态。

2.2.6 伯努利方程

前面提到过,N-S 方程及欧拉方程中的流体流动的能量方程是在满足能量守恒定律的情况下推导的,是全流场范围内适用的方程。1738 年,瑞士科学家伯努利将质点动能沿着理想流体同一微元流管两截面建立,导出了一维管流机械能守恒方程,即著名的理想流体定常流动能量方程,后称伯努利方程。注意,这一方程所描述的流体微团动能、势能和压能之和不变,即总机械能不变,沿流线是成立的。伯努利方程是流体力学领域最为著名的方程之一,帮助人们正确认识流场特性和升力产生的机理。

1755 年,瑞士数学家、物理学家欧拉(Euler)推导了理想流体运动的微分方程组,然后针对质量力有势、理想流体的定常流动,积分欧拉方程组,同样可得伯努利方程。通过推导表明,伯努利方程不仅沿着一条流线成立,而且对同一条涡线、势流流场、螺旋流均成立。下面来看沿着某一流线的伯努利方程

$$H+P+\frac{V^2}{2}=C(s) \tag{2.40}$$

式中,H 代表与质量力有关的势能,P 代表压能,$\frac{V^2}{2}$ 代表动能,C 为常数,s 为流线上坐标位置。

对于低速气流,视为不可压流,可不计质量力(即忽略势能),则不可压低速气流的伯努利方程是

$$p+\frac{1}{2}\rho V^2=C(s) \tag{2.41}$$

式中,p 为静压,$\frac{1}{2}\rho V^2$ 为动压,C 为常数,s 为流线上坐标位置。如果是无旋流,则在全流场范围总能量不变,即全流场适用。

伯努利方程正确描述了翼型、翼面在正迎角低速流动情况下,上表面流速增大,动压增大,

静压减小，存在吸力对升力的贡献，说明了翼型、翼面绕流产生升力的机理。

2.3　低速翼型与翼面气动特性

低速气流一般指流速的马赫数小于 0.3(或海平面流速小于 100 m/s)，高速气流的马赫数大于 0.3，包括亚声速、跨声速、超声速及高超声速($Ma \geqslant 5$)。低速气流情况下，流速变化时，气流压强、密度、温度的相对变化很小，可以认为压强、密度、温度都不变；这时，低速气流中的空气也被视为不可压流体。水是典型的不可压流体。不可压流体的理论、方法均适用于低速气流。

另外，低速气流与亚声速流场相似，与跨声速流动部分相关。因此，不可压流体的理论和方法成为空气动力学理论的重要基础，成为认识空气动力学现象和机理的重要出发理论。

本节主要介绍翼型和翼面在低速绕流情况下的气动特性的规律和特点，方便读者应用。

2.3.1　低速气流中的翼型气动特性

1. 低速气流中翼型的绕流特性

低速翼型的小迎角绕流流场的流线分布情况如图 2.13 所示。

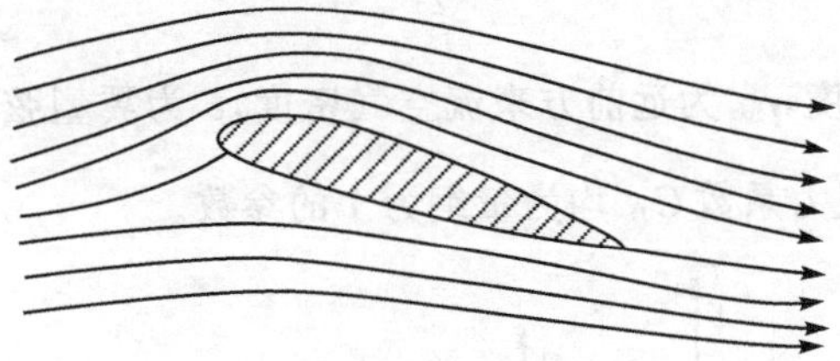

图 2.13　翼型低速绕流示意图

根据伯努利方程可以分析翼型小迎角低速绕流场的压强分布，典型翼型(NACA2412)在迎角 7.4°情况下的压强分布如图 2.14 所示，c 为翼型弦长，$\bar{x}=x/c$。从图上可以看出，上表面最大速度点即最低压强点，此点紧靠前缘；过了最大速度点后开始减速，压强增加。与远前方气流压强相比，翼型上表面主要体现为负压强，下表面主要体现为正压强，这样就出现了上下表面的压强差，产生向上的升力。升力特性是翼型、翼面的最主要的气动特性，没有足够的升力，飞行器无法升空，一切都无从谈起。

2. 翼型的气动力系数

翼型、翼面、飞行器整体的气动特性包括升力、阻力、气动力矩、压力中心位置等，这些都是根据物体上下表面的压强分布积分给出的合力。表面的分布力有法向力和切向力两种，切向力主要体现为摩擦力。依据翼型表面的压强分布，可以积分给出翼型的气动特性，不同翼型的气动特性都有差别。本书采用气动坐标系(见图 2.15)，定义和远前方来流(V_∞)相垂直的合力为升力(L)，向上为正；与远前方来流方向一致的合力为阻力(D)，与来流一致的方向为正。翼型升力系数(C_L)和阻力系数(C_D)分别定义如下：

$$C_L=\frac{L}{\frac{1}{2}\rho_\infty V_\infty^2 c} \tag{2.42}$$

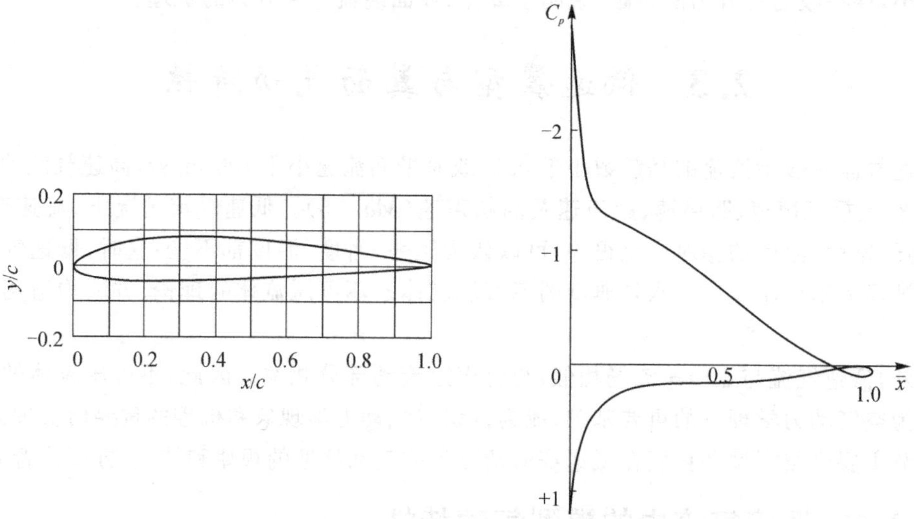

图 2.14 NACA2412 的翼型坐标及压强分布(迎角 7.4°)

$$C_D = \frac{D}{\frac{1}{2}\rho_\infty V_\infty^2 c} \tag{2.43}$$

式中,V_∞ 为远前方来流速度,ρ_∞ 为远前方来流空气密度,c 为翼型弦长。$\frac{1}{2}\rho_\infty V_\infty^2$ 为远前方来流动压,升力系数 C_L 和阻力系数 C_D 均为量纲为 1 的参数。

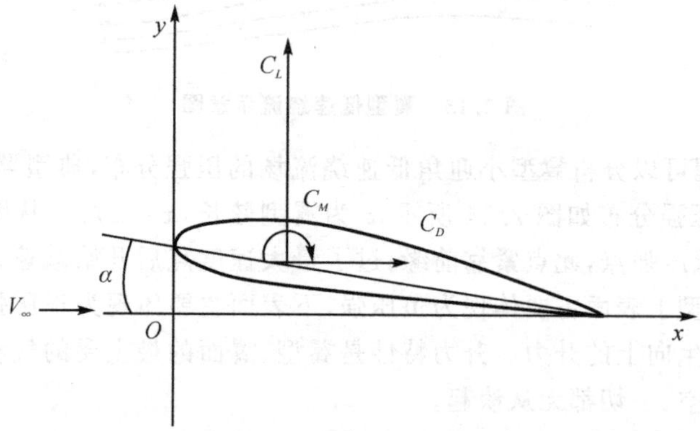

图 2.15 翼型的升力、阻力和俯仰力矩系数及方向示意图

翼型的分布力可以合成为一个升力、一个阻力和一个俯仰力矩。升力和翼弦的交点称为压力中心(简称压心),压心的位置和翼型上下表面的压力分布相关。俯仰力矩是要针对具体点的,可以指定这个特殊点,叫气动中心(或焦点);不论迎角多大,如果每次都把力系搬到这一点,则其俯仰力矩都一样大。迎角增大,升力增大,压心前移,压心到气动中心的距离缩短,结果力乘以力臂,即力矩不变。经证明,翼型上确有这样一个位置。不可压气流中平板、薄翼型的气动中心位于距前缘 1/4 弦长处;实际气流中的翼型的气动中心位置在距前缘 1/4 弦长点附近稍微变化。翼型的俯仰力矩系数(C_M)定义为

$$C_M = \frac{M}{\frac{1}{2}\rho_\infty V_\infty^2 c^2} \tag{2.44}$$

式中，M 为俯仰力矩，规定抬头为正。若不加说明，俯仰力矩是针对气动中心的。

俯仰力矩系数与翼型升力系数、阻力系数一样是翼型的重要气动参数，翼面及整体的俯仰力矩在计算飞行器整体平衡时必须用到。另外，翼面、飞行器整体的升力系数、阻力系数、俯仰力矩系数等若不加说明，也用这些符号表示，但定义内涵有区别。

翼型的气动特性通常用曲线表示，以迎角 α 为自变量的曲线有 3 条：升力系数曲线（$C_L-\alpha$）、阻力系数曲线（$C_D-\alpha$）、俯仰力矩系数曲线（$C_M-\alpha$）。还有以 C_L 为自变量的曲线有 2 条：C_D-C_L（极曲线）、C_M-C_L。下面给出典型翼型的气动特性曲线。

3. 低速翼型的气动力特性

先看典型的升力系数曲线（见图 2.16），升力系数随着迎角增大逐渐增大，在迎角不大时（无论正还是负），呈现直线特点，当迎角大过一定值时开始弯曲，最后达到最大升力系数（$C_{L\max}$）。升力系数线性变化的斜率称为升力线斜率，定义如下：

$$C_L^\alpha = \frac{dC_L}{d\alpha} \tag{2.45}$$

升力线斜率是量纲为 1 的参数，迎角为弧度单位。不可压情况下平板、薄翼型的升力线斜率的理论值为 $2\pi rad^{-1}$（注意迎角为弧度）；真实低速流动情况下翼型的升力线斜率在 $2\pi rad^{-1}$ 附近。

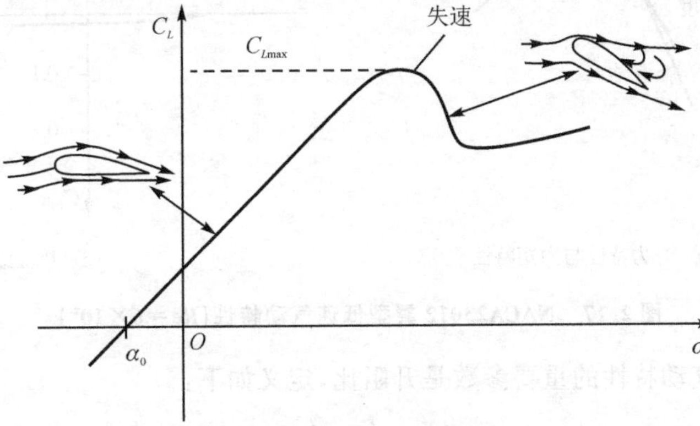

图 2.16　低速翼型典型的升力系数曲线

最大升力系数对应的迎角称为临界迎角，也称失速迎角，此后迎角再增大，升力系数反而突然下降，这一现象就是翼型的失速。失速的出现是因为翼型上表面的气流有明显分离的缘故，这是一种与黏性有密切关系的现象，也和雷诺数 Re 有关，飞行器飞行时一般需要避免出现失速。

有弯度翼型的升力线曲线是不通过原点的。迎角为零时，翼型的升力系数并不为零，要到某个负迎角，升力系数才等于零。这个对应于升力为零的迎角称为零升迎角，记为 α_0。

翼型气动特性曲线的例子如图 2.17 所示，c 为翼型弦长。注意，模型的粗糙度将对升力系数和阻力系数产生较大影响，特别是对阻力特性，这也是经常造成计算结果与实际风洞或飞行试验结果偏差的一个重要原因。$C_{M1/4}$（对翼型距前缘 1/4 弦长点取矩时的俯仰力矩系数）-迎角的曲线，在失速之前基本是直线，如改成对气动中心取矩，那么 C_M 就是一条平线了。

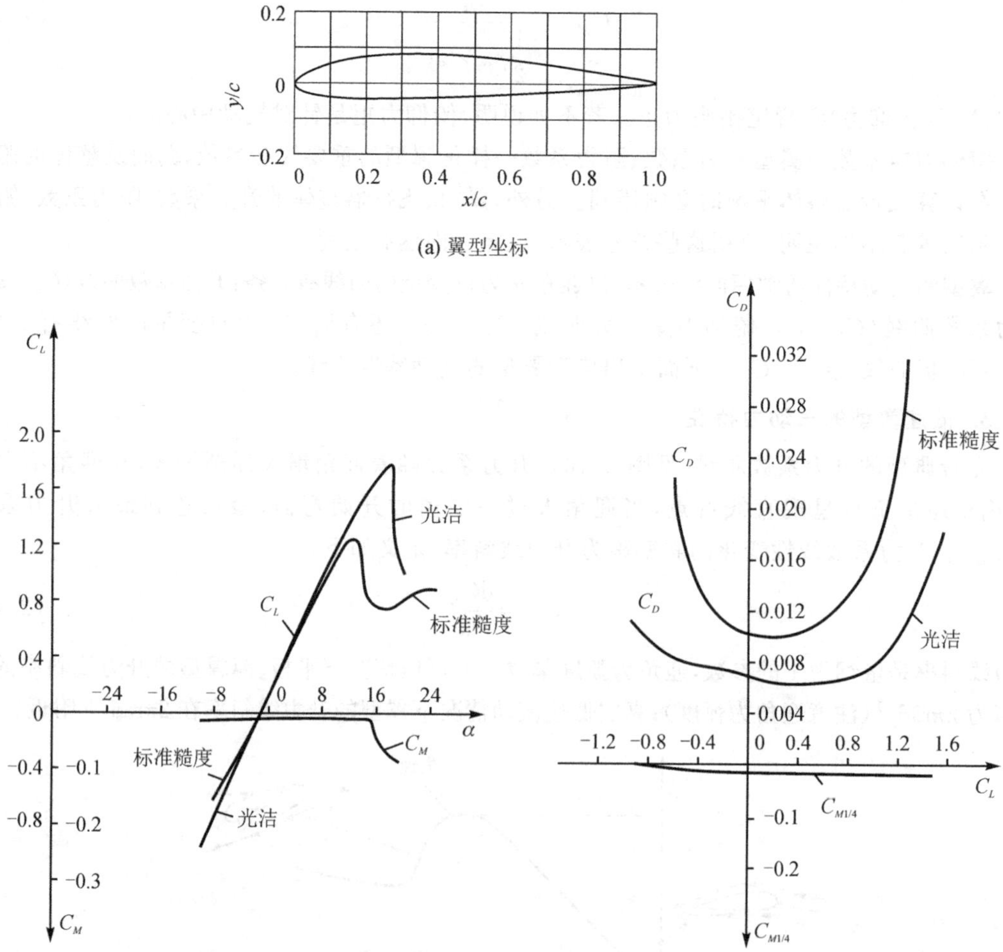

(a) 翼型坐标

(b) 升力特性与力矩特性

(c) 极曲线与力矩特性

图 2.17　NACA23012 翼型低速气动特性($Re=6\times10^6$)

另外一个衡量气动特性的重要参数是升阻比,定义如下:

$$K=\frac{L}{D}=\frac{C_L}{C_D} \tag{2.46}$$

升阻比实际上是极曲线上各点的斜率,也是非常重要的气动设计参数,代表了翼型的气动效率,是衡量翼型、翼面、飞行器整体气动特性的重要参数。低速翼型的升阻比可以设计得比较大,甚至到 50、100。追求更高的升阻比,是飞行器气动设计永恒的目标。同样的飞行器,在不同迎角、不同速度、不同高度等情况下,升阻比是不同的。从总的趋势来看,飞行速度越低的飞行器,升阻比能够设计得较大;飞行器速度越高,升阻比越是难以提高。

图 2.18 是典型翼型的极曲线和升阻力特性曲线。阻力系数曲线有一个最低点,称为最小阻力系数。对应升力系数为零的阻力系数称为零升阻力系数,包括黏性阻力和型阻,是各翼型之间进行阻力对比的一种重要参数。

关于飞行器整体的气动阻力,一般来说由 5 部分组成:摩擦阻力、压差阻力、诱导阻力、干扰阻力、激波阻力。低速和亚声速气流的物体只有前 4 种阻力,而激波阻力只在跨声速以上飞

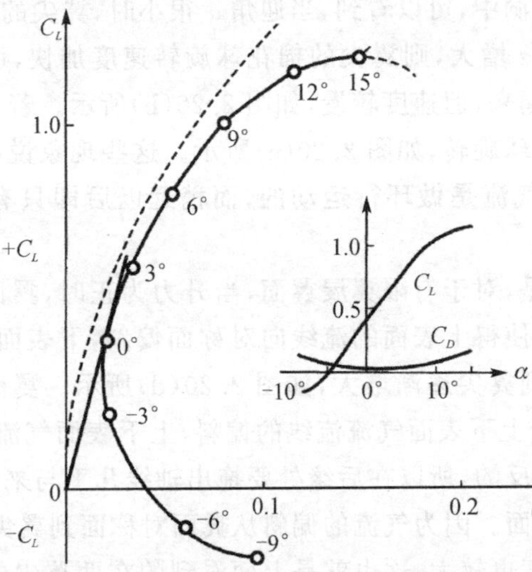

图 2.18　典型翼型的极曲线和升阻力特性曲线

行中才会出现。关于各种阻力的区别和成因，这里不再展开，可参考相关空气动力学书籍。而低速翼型的阻力一般只有摩擦阻力和压差阻力。

翼型的气动特性可以通过多种方法得到，如采用查航空气动力手册、根据薄翼型的气动特性估算公式计算等简单、易行、快速的方法，也可以采用线性位势流理论叠加方法，或采用更精确的数值方法求解。这里就不展开了。

2.3.2　低速气流中的翼面气动特性

1. 翼面低速气流的绕流特性

翼型是从无限长直翼面上切下来的一个剖面，这种翼面上任何一个剖面的绕流都是一样的，升力也是完全一样的。但实际翼面都是有限长度的，对于有限翼展翼面来说，翼面下表面的高压气流会在翼尖处向上表面的低压气流翻过去，其结果是翼尖附近的压强趋于和下表面的压强相等，因而单位翼展上的升力是向着翼尖处递减的，图 2.19 所示为矩形翼面在低速及亚声速气流中的升力分布。因此，与翼型的二维绕流相比，翼面的三维绕流的主要特点在于升力沿展向有变化。

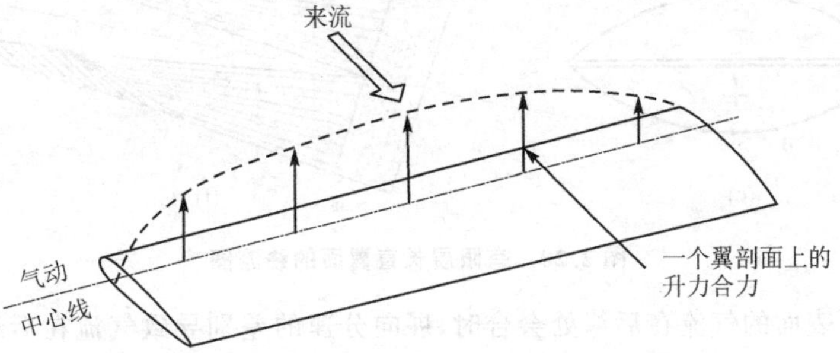

图 2.19　矩形翼面在低速及亚声速气流中的升力分布

在大展弦比直翼面的后缘上，沿其展向均匀地贴上一排丝线，在丝线的末端系着小棉花球，然后将翼面置于低速风洞中，可以看到，当迎角 α 很小时，翼尖的两棉花球有方向相反的旋转，如图 2.20(a)所示。若 α 增大，则翼尖的棉花球旋转速度加快，而且靠里端的棉花球也和翼尖的棉花球一样地旋转起来，但速度较慢，如图 2.20(b)所示。若 α 不变但将系棉花球的丝线加长，则只有翼尖的棉花球旋转，如图 2.20(c)所示。这些现象说明了紧接翼面后面近似地与翼面处于同一平面中的气流是做环行运动的，而稍远以后即只有翼尖后面的气流做环行运动。

发生上述现象的原因是，对于有限翼展翼面，当升力为正时，翼面下表面压强较高的气流将从翼面翼尖翻向上表面，使得上表面的流线向对称面偏斜，下表面的流线向翼尖偏斜，而且这种偏斜从翼面的对称面到翼尖逐渐增大，如图 2.20(d)所示。翼面上下表面的压强系数分布如图 2.20(e)所示。由于上下表面气流流线的偏斜，上下表面气流在翼面后缘会合时，尽管压强一样，但展向分速是相反的，所以在后缘处要拖出轴线几乎与来流方向平行的旋涡组成的涡面，这个涡面称为自由涡面。因为气流的偏斜从翼面对称面到翼尖是逐渐增大的，所以自由涡面在两翼尖处的旋涡强度也较大，这也就是上面看到的在两翼尖的棉花球旋转速度比其他棉花球快的原因。由于旋涡的相互诱导作用，在离开后较远的地方自由涡面将卷成两条方向相反的涡索，涡索的轴线大约和来流的方向平行，如图 2.20(f)所示，所以上述观察实验中，如丝线较长，只有翼尖的棉花球落在涡索之中才发生旋转，而其他棉花球不会旋转。

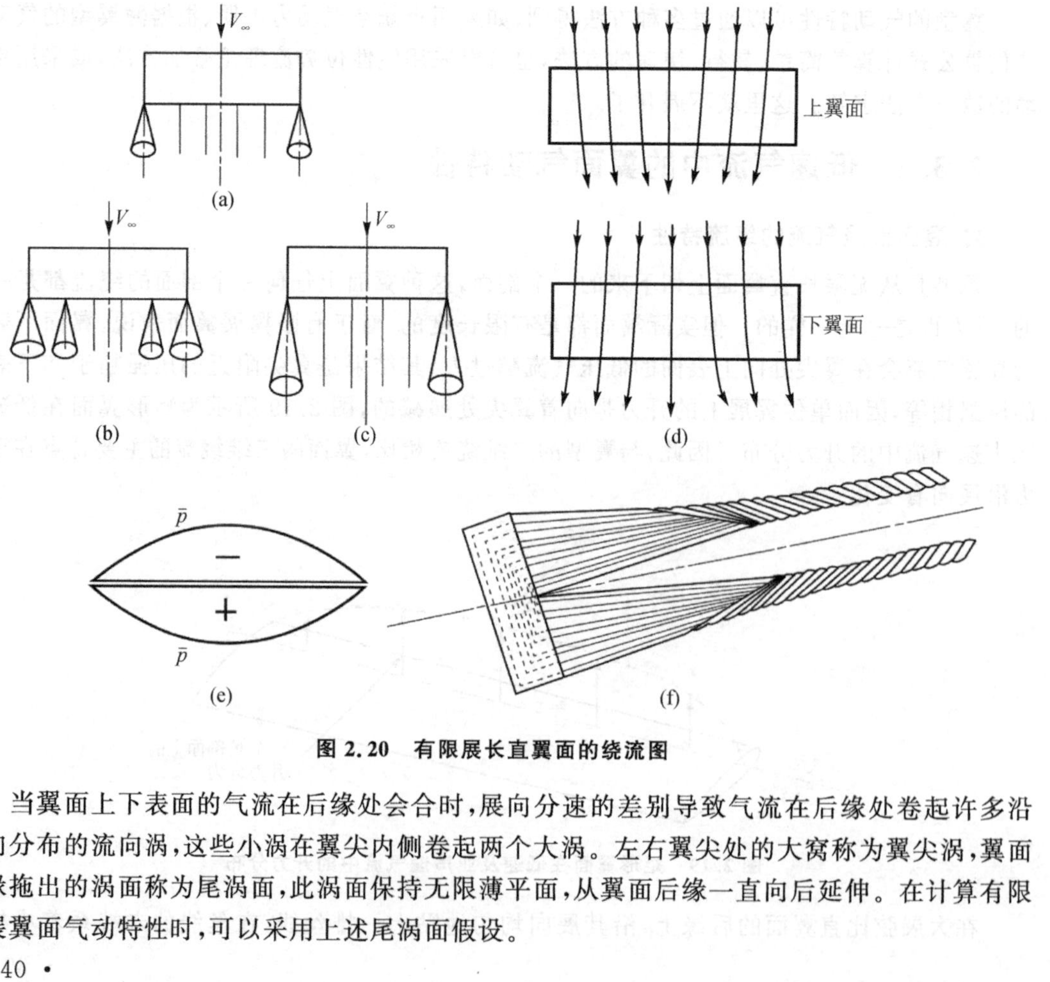

图 2.20　有限展长直翼面的绕流图

当翼面上下表面的气流在后缘处会合时，展向分速的差别导致气流在后缘处卷起许多沿展向分布的流向涡，这些小涡在翼尖内侧卷起两个大涡。左右翼尖处的大窝称为翼尖涡，翼面后缘拖出的涡面称为尾涡面，此涡面保持无限薄平面，从翼面后缘一直向后延伸。在计算有限翼展翼面气动特性时，可以采用上述尾涡面假设。

2. 翼面气动力系数

翼面的升力系数(C_L)、阻力系数(C_D)、俯仰力矩系数(C_M)分别定义如下：

$$C_L=\frac{L}{\frac{1}{2}\rho_\infty V_\infty^2 S} \tag{2.47}$$

$$C_D=\frac{D}{\frac{1}{2}\rho_\infty V_\infty^2 S} \tag{2.48}$$

$$C_M=\frac{M}{\frac{1}{2}\rho_\infty V_\infty^2 S c_A} \tag{2.49}$$

式中，S 为翼面面积，c_A 为翼面的平均气动弦长。翼面上的升力、阻力作用在翼面气动中心(或焦点)上，翼面的俯仰力矩则是针对该气动中心(或焦点)的力矩。

平均气动弦是一个假想的矩形翼面的弦长，假想翼面的面积与实际翼面面积相等，它的力矩特性与实际翼面也相同。具体求解方法请参考有关书籍。

当翼面的平面形状给定后，翼面的焦点位置就可以确定了。不可压流、低速气流情况下翼型的焦点在距前缘 1/4 弦长处，对于大展弦比直翼面，可以假设翼面的每个剖面的焦点与翼型一样仍在该剖面的 1/4 弦长处。但对于后掠翼面和小展弦比翼面来说，该假设与实际是有出入的，因为根据后掠翼压强分布的特点，翼根剖面的焦点位置一般要在 1/4 弦长之后，而翼尖剖面的焦点位置则要在 1/4 弦长之前，如图 2.21 所示。更精确的焦点位置需要依靠实验或数值计算确定。

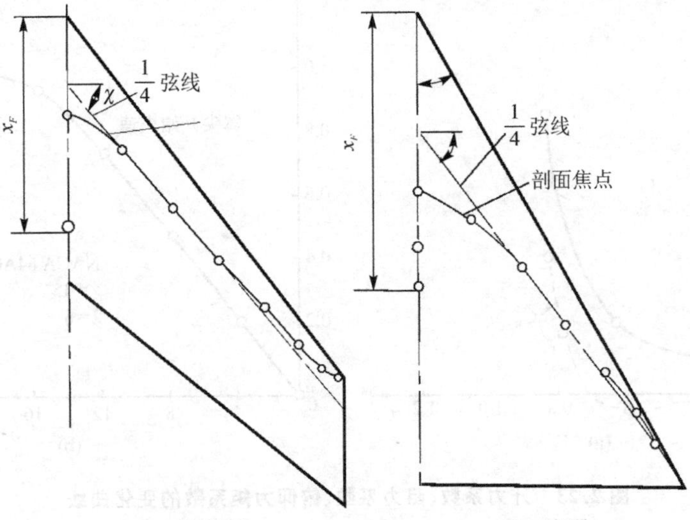

图 2.21　后掠翼面和三角翼的焦点位置

3. 翼面低速气动特性

翼面的气动特性依然是升力、阻力、俯仰力矩特性。为了描述有限展长的翼面，引入展弦比(λ)的定义，即翼面全展长(l)与平均几何弦长之比，也可表示为

$$\lambda = \frac{l^2}{S} \tag{2.50}$$

不同展弦比直翼面的升力系数曲线如图 2.22 所示。展弦比趋于无限的翼面,即 $\lambda=\infty$,流动为二维翼型,翼型的升力系数线斜率最大。可以看到,在小迎角情况下,翼面的升力系数与迎角仍然呈线性关系。若展弦比为有限值,则翼面为三维流动,从翼根到翼尖的剖面升力逐渐减小。翼面展弦比越小,同样迎角下升力越小,升力线斜率越小,但失速迎角却越大。对于阻力系数,也可以进行类似分析。总的趋势是,随着展弦比减小,升阻比也逐渐减小。

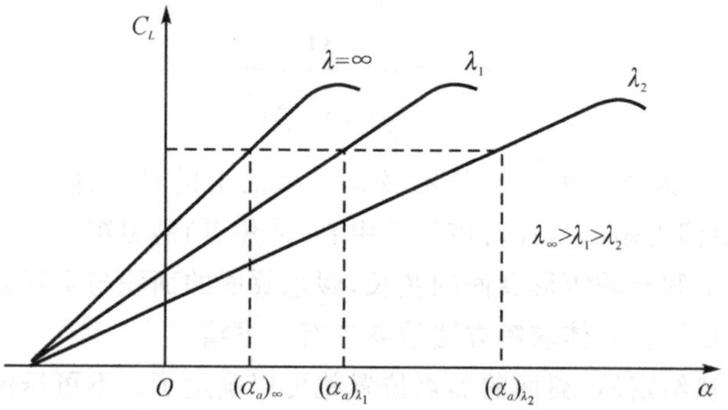

图 2.22 不同展弦比翼面的升力系数随迎角变化的曲线

图 2.23 展示了典型的后掠翼(展弦比 $\lambda=6$,后掠角 $\chi=45°$)气动特性。从翼尖失速开始,到翼根失速,升力曲线逐渐达到最大升力系数,变化过程较翼型和直翼面缓慢。后掠翼翼尖先失速的原因后面有阐述。

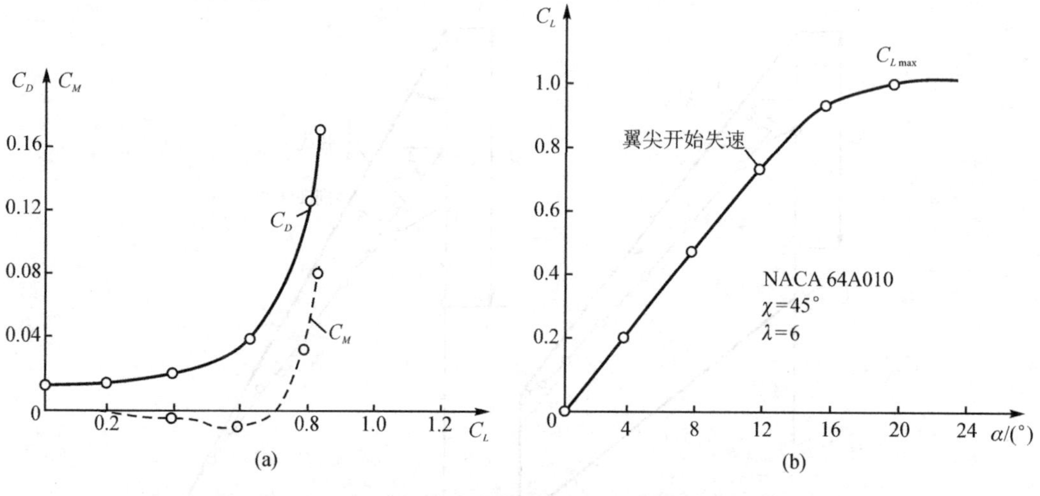

图 2.23 升力系数、阻力系数、俯仰力矩系数的变化曲线

4. 直翼面和后掠翼的失速特性

飞机的失速特性直接影响飞行安全,这里以直翼面和后掠翼为例介绍其失速特性。

(1) 直翼面的失速特性

小迎角时,翼面的升力系数和迎角 α 呈线性关系。但当 α 继续增大到一定程度时,曲线开始偏离直线关系。这时翼面上后缘附近的附面层开始有局部分离,但还没有遍及整个翼面,所

以当 α 再继续增大时，由于分离区逐渐扩展，最后几乎遍及整个翼面，升力系数到最大值后，若 α 再增大，升力系数就要下降。这种现象称为翼面失速。

影响翼面失速特性的因素很多，例如所用的翼型、雷诺数、马赫数和翼面的平面形状等。下面仅讨论翼面的平面形状对失速特性的影响。下面对无扭转的椭圆、矩形和梯形翼面的失速特点分别加以说明。

对于椭圆形的翼面，诱导下洗速度沿翼展是固定不变的，因而沿展向各翼剖面的有效迎角也固定不变。所以，随着 α 的增大，各剖面应同时达到翼型的最大升力系数，同时发生失速，如图 2.24(b)所示。

矩形翼面的诱导下洗速度从翼根向翼尖增大，翼根剖面的有效迎角将比翼尖大。因此，分离首先发生在翼根部分，如图 2.24(a)所示。

梯形直翼面，情况正好相反，诱导下洗速度从翼根向翼尖方向减小。因此，翼剖面的有效迎角是向着翼尖方向增大，且随着根梢比的增大，这种趋势越明显。所以分离首先发生在翼尖附近，如图 2.24(c)所示。

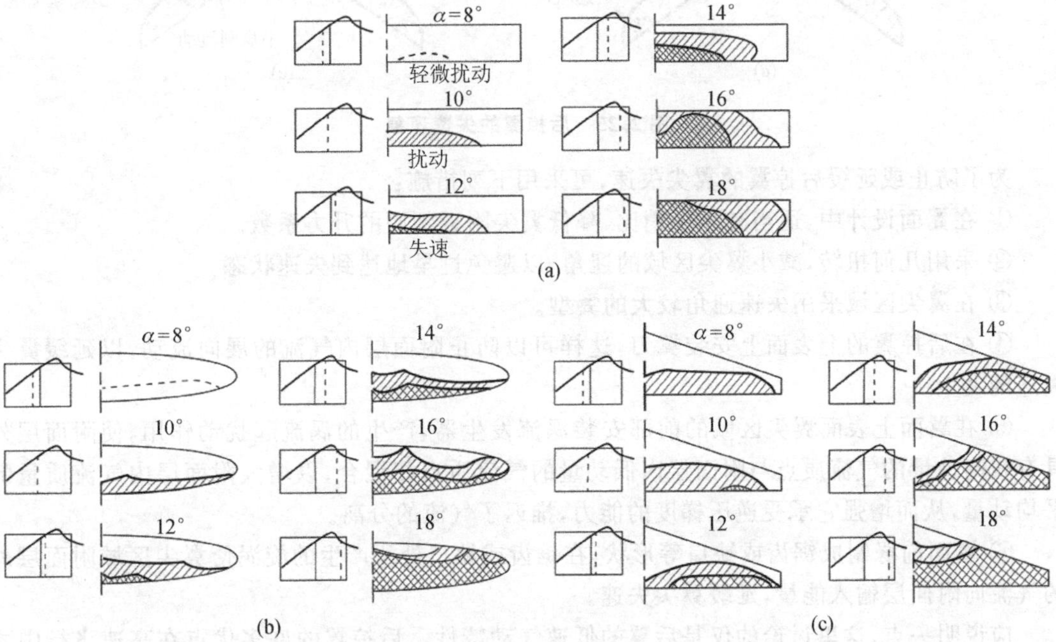

图 2.24　不同平面形状翼面的失速

由于梯形翼分离首先发生在翼尖附近，使翼尖先失速，所以就失速特性来说，上述三种翼面中梯形直翼面最差。但是梯形翼面的平面形状最接近最佳平面形状，所以一般还是经常采用梯形直翼面，再采取措施来改善其失速特性。常用的办法如下：

① 采用扭转，如外洗扭转减少翼尖区域的迎角，以避免翼尖过早达到失速状态。

② 翼尖附近采用失速迎角较大的翼型。

③ 在翼面外段采用前缘缝翼，使压强较大的气流从下表面通过前缘缝隙流向上表面，加速上表面的气流，从而延缓了翼面外段附面层的分离。

(2) 后掠翼的失速特性

后掠翼与根梢比较大的梯形直翼面相似，分离先在翼尖部分发生，然后再往翼根方向扩展。

气流从翼根向翼尖流动,从而使部分的附面层变厚。随着 α 增大,展向流动就增强,促使翼尖的附面层分离,产生旋涡,最后导致翼尖失速。显而易见,后掠角越大,翼尖分离现象就越容易发生。图 2.25 所示是实验中观察到的后掠翼随迎角变化而失速的现象。

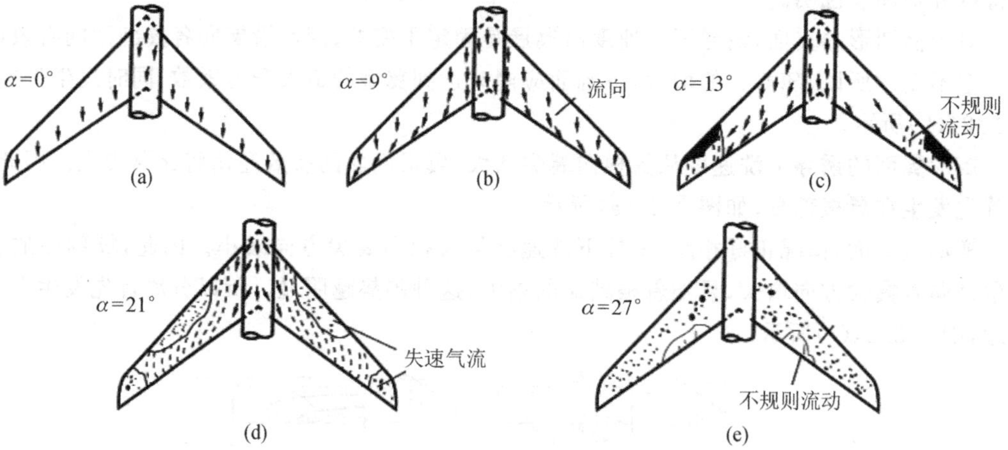

图 2.25　后掠翼的失速现象

为了防止或延缓后掠翼的翼尖失速,可采用下列措施:

① 在翼面设计中,适当减小根梢比,降低翼尖附近剖面的升力系数。

② 采用几何扭转,减小翼尖区域的迎角,以避免过早地达到失速状态。

③ 在翼尖区域采用失速迎角较大的翼型。

④ 在后掠翼的上表面上安装翼刀,这样可以防止附面层内气流的展向流动,以延缓翼尖失速的发生。

⑤ 在翼面上表面翼尖区域的前部安装涡流发生器,产生的涡流起扰动作用,使附面层外具有较高动量的气流质点与附面层内低动量的气流质点相混合,以增大附面层内气流质量的平均动量,从而增强它承受逆压梯度的能力,推迟了气流的分离。

⑥ 翼面前缘制成锯齿或缺口等形状,在锯齿或缺口处所产生的旋涡使翼尖区域附面层外的气流向附面层输入能量,延缓翼尖失速。

应说明一点,这里讨论的仅是后翼的低速气动特性。后掠翼的许多优点在高速飞行中才能表现出来。

5. 小展弦比翼面的低速气动特性

展弦比 $\lambda<3$ 的翼面一般称为小展弦比翼面。在超声速飞行时,小展弦比翼面具有较小的阻力,因此超声速飞机(特别是导弹)广泛采用小展弦比翼面,下面对小展弦比翼面的低速气动特性作简要的说明。

小展弦比翼面低速绕流图画的一个特点是,下表面压强较高的气流通过翼尖翻向上表面形成的侧缘涡特别明显。如图 2.9(a)所示,当翼展较大时,翼尖的侧缘涡只能影响到翼展的很小一部分,但对于小展弦比的翼面,尤其是展弦比小于 1 时,侧缘涡的影响范围相对来说就很大。图 2.9(b)给出了低速气流流过小展弦比直翼面的流动图画。即使在迎角不大时,除了后缘的自由涡面外,在两翼尖侧缘都形成侧缘涡面,随着 α 的增大或展弦比的减小,翼尖侧缘涡面的影响就越大。翼面的升力仍然是由上下表面的压力差产生的，但这时上表面的低压不仅是由流线疏密引起的，还有一部分是由气流分离和旋涡引起的。

图 2.11、图 2.12 展示了三角翼的低速绕流和升力变化曲线。

可以看出，由于绕流特性的不同，小展弦比翼面的升力特性和大展弦比翼面的升力特性有所不同，升力曲线在小迎角时不再呈明显线性关系。当后掠角增大或展弦比减小时，旋涡升力增量将占升力的主要部分。另外，尖前缘三角翼的升力线斜率随着展弦比的减小而下降。

2.4 亚声速翼型与翼面气动特性

前面已经介绍，马赫数小于 0.3 的低速气流可忽略空气的压缩性，可按照不可压流动处理。马赫数大于 0.3 的高速气流（亚声速、跨声速、超声速及高超声速气流）需要考虑空气压缩性的影响。如果流场中处处都是亚声速流动，则这样的流场为亚声速流场。

亚声速翼型和翼面绕流与低速绕流相似，没有本质上的差别。图 2.26 所示为翼型低速绕流与亚声速绕流的流线，可见亚声速的流线略有扩张。因此，低速、不可压流体的理论和方法作为空气动力学理论的重要基础，对认识亚声速翼型和翼面绕流、气动特性具有重要的借鉴价值。

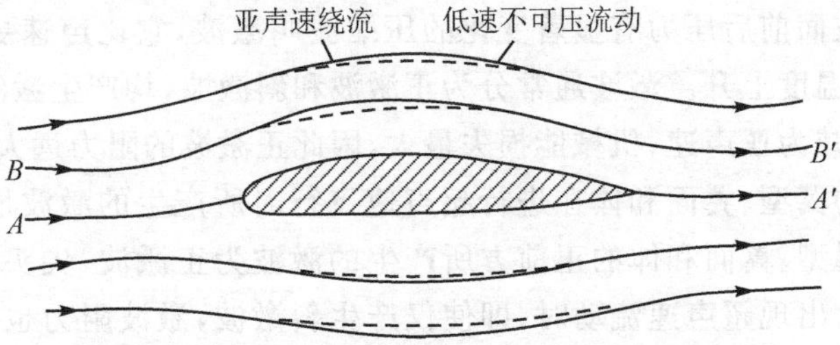

图 2.26　翼型低速绕流与亚声速绕流的流线

在线性范围内可压流特性可以通过不可压流的线性变换直接得到。如戈泰特法则和普朗特-葛劳涅法则，通过适当的坐标变换，将可压流的线化位流方程及其边界条件变成不可压流的线化位流方程和相应的边界条件，从而建立两流场之间的关系。这样，就可把求解可压流的问题变为求解不可压流的问题。两个流场中的翼面几何形状并不是几何相似，这样的变换关系在数学上叫作仿射变换。按照这种变换所得的不可压流中翼面外形与可压流中原翼面的外形之间的关系称为仿射相似，所得到两翼面气动特性之间的关系称为相似律。下面直接给出相似律的结论，方便读者使用和理解，当然，更精确的求解依然需要数值仿真的方法。

令

$$\beta=\sqrt{1-Ma_{\infty}^{2}}$$

当远前方来流马赫数（Ma_{∞}）趋于零时，即为不可压情况。亚声速流中 $\beta<1$，当来流马赫数不接近 1 时，翼面压强系数（C_p）、升力系数（C_L）、俯仰力矩系数（C_M）、焦点位置（x_F）有如下关系：

$$C_{p,\text{可压}}=\frac{C_{p,\text{不可压}}}{\beta},\quad C_{L,\text{可压}}=\frac{C_{L,\text{不可压}}}{\beta} \tag{2.51}$$

$$C_{M,\text{可压}}=\frac{C_{M,\text{不可压}}}{\beta},\quad x_{F,\text{可压}}=x_{F,\text{不可压}} \tag{2.52}$$

对该相似特性感兴趣的读者可以参看有关书籍。

与低速情况一样，亚声速翼面的阻力仍然由型阻和诱导阻力两部分组成。诱导阻力系数的压缩性影响的误差在5%以内，可以忽略不计，可以按不可压流处理。

2.5 超声速翼型与翼面气动特性

如果流场中处处都是超声速流动，即流场各处的马赫数均大于1，则这样的流场为超声速流场。超声速流场与亚声速、低速流场有很大的区别，气动特性也有较大差别，致使飞行器的设计原则也有很大区别。

2.5.1 超声速绕流特点

1. 激波与激波阻力

超声速气流中的基本物理现象有两种：一种是膨胀波，凡使气流的压强、密度和温度下降的扰动波称为膨胀波；另一种是压缩波，凡使气流的压强、密度和温度上升的扰动波称为压缩波。

集中的突跃式波面前后压力有显著变化的压缩波叫激波，它比声速更快地向前传播。气流减速，密度、压力、温度上升。激波通常分为正激波和斜激波，均产生激波阻力。超声速气流通过正激波，速度衰减为亚声速，机械能损失最大，因此正激波的阻力远大于斜激波。

不同头部形状的翼型、翼面和体在进行超声速飞行时所产生的激波形式是不一样的。如图2.27所示，钝头翼型、翼面和体的正前方所产生的激波为正激波，尖头翼型、翼面和体所产生的激波为斜激波。出现超声速流动时，即使仅产生斜激波，激波阻力也是很大的，成为跨声速、超声速等高速飞行气动阻力的主体。

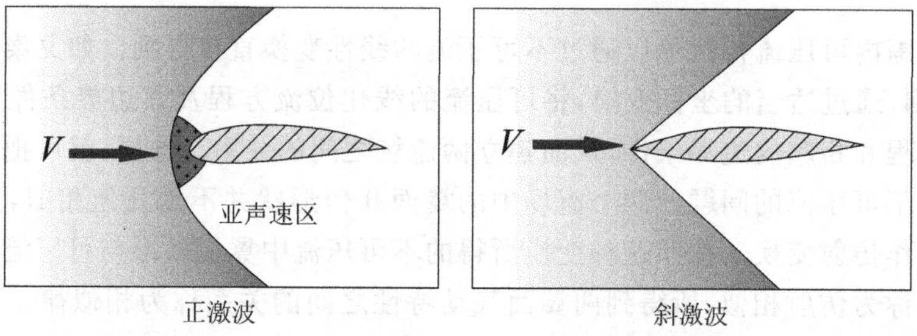

图2.27 不同头部形状对激波的影响

超声速飞行器往往都采用尖前缘翼型、翼面以及尖头体。除了采用尖前缘翼面和尖机头外，使用后掠翼、采用超临界翼型都可以在一定程度上减小波阻。因此，通过观察翼面前缘的尖锐程度、翼面的后掠角大小，可以大致判断飞行器是低速、亚声速还是超声速。

2. 马赫锥

亚声速流场和超声速流场有许多质的差别，其中很重要的一个差别就是小扰动的传播范围或者说影响区是不同的。在一个均匀流场中，扰源发出的小扰动均以声速向四周传播，在静止气体中($Ma=0$)、亚声速气流中($Ma<1$)、声速气流中($Ma=1$)以及超声速气流中($Ma>1$)的影响区分别画在图2.28中，图中V为扰源(飞行器)飞行速度，c为当地声速。

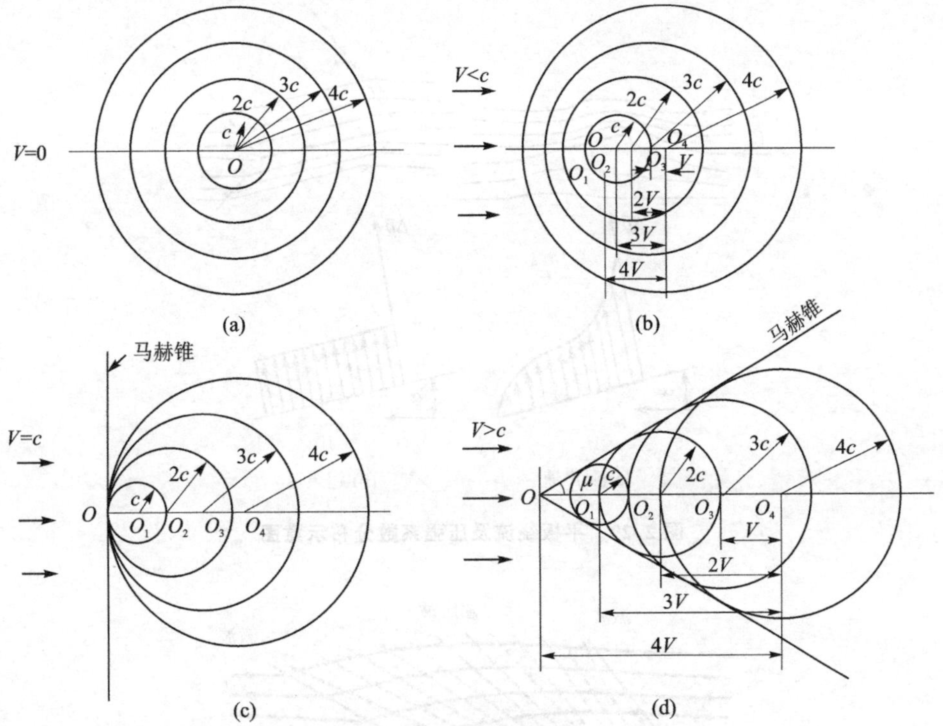

图 2.28　微弱扰动的影响区

当飞行速度小于声速时，扰源的影响区是全流场；当飞行速度为声速时，扰源的影响区仅为右侧；当飞行速度大于声速时，扰源的影响不仅不能到达扰源（O 点）的前方，而且局限在以 O 为顶点的所有扰动球面波包络面以内，这个圆锥称为马赫锥，锥的边界线称为马赫线（特征线），其半顶角又称为马赫角

$$\mu = \arcsin \frac{1}{Ma} \tag{2.53}$$

可见，Ma 值越大，马赫角越小。可见，在超声速流中，扰动的影响区限于马赫锥以内。

3. 薄翼型超声速绕流

图 2.29 给出了平板翼型亚声速、超声速绕流时的压强差分布及区别。

图 2.30 为在超声速风洞中所观察到的超声速气流以迎角 α 绕双弧形薄翼型流动的简图（迎角 α 小于翼型前缘半顶角的情况）。超声速翼型前后缘都是尖的，斜激波出现在前后缘处。

超声速气流流过翼型时，在尖前缘处将产生上下两道附体斜激波；随后，气流沿翼面的流动相当于绕凸曲面的流动，通过一系列膨胀波而连续地膨胀；当上下表面的超声速气流流到翼型的后缘时，在后缘上下产生两道斜激波，以使通过斜激波在后缘会合的气流具有相同的指向和相等的压强。

翼型翼面压强在前缘激波后为最大，以后沿翼面经一系列膨胀波而逐渐下降直到后缘为止，由于翼面前半段压强高于后半段压强，因而翼面上压强分布的合力在来流方向将有一分力，此力即激波阻力。当翼型的迎角为正迎角时，由于上表面的前缘激波较下表面弱，所以上表面压强将小于下表面。因此，压强的合力在与来流相垂直的方向上将有向上的分力，此力即

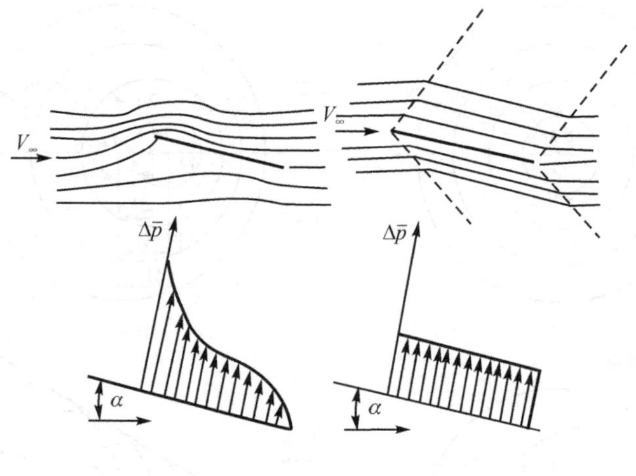

图 2.29　平板绕流及压强系数分布示意图

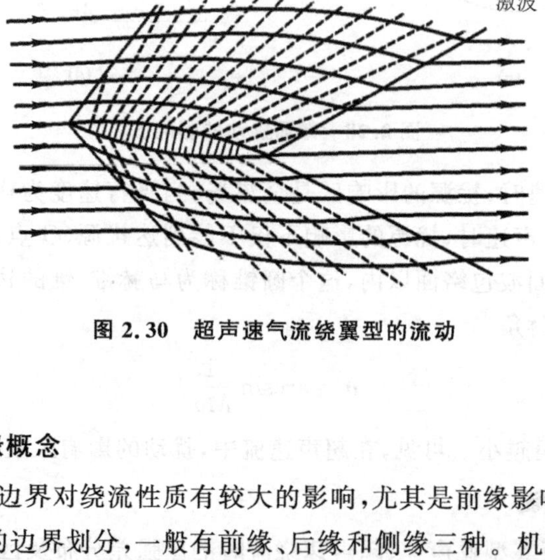

图 2.30　超声速气流绕翼型的流动

升力。

4. 前缘、后缘、侧缘概念

超声速三维翼面的边界对绕流性质有较大的影响，尤其是前缘影响更大。因此，从气动观点，需要对超声速机翼的边界划分，一般有前缘、后缘和侧缘三种。机翼与来流方向平行的直线段首先相交的边界称为前缘，第二次相交的边界称为后缘，与来流方向平行的边界称为侧缘，如图 2.31 所示。显然，对给定的翼面，它的边界是前缘还是侧缘或是后缘也不是固定的。例如，图 2.31 中的(c)和(d)翼面是相同的，但当来流有侧滑角 β 时，原(c)图中右翼的侧缘在(d)图中就变成为前缘，而原(c)图中左翼的侧缘在(d)图中变为后缘。

为了确定超声速三维翼面前后缘情况，可根据翼面前后缘与来流马赫线的相对位置来进行判断。当来流马赫线位于翼面前(后)缘之后，即为超声速前(后)缘；当来流马赫线位于翼面前(后)缘之前，即为亚声速前(后)缘。可按图 2.32 确定前后缘性质。

超声速前后缘：$Ma_\infty \sin\delta_1 > 1, Ma_\infty \sin\delta_2 > 1$；

亚声速前后缘：$Ma_\infty \sin\delta_1 < 1, Ma_\infty \sin\delta_2 < 1$；

混合前后缘：$Ma_\infty \sin\delta_1 > 1, Ma_\infty \sin\delta_2 < 1$ 或 $Ma_\infty \sin\delta_1 < 1, Ma_\infty \sin\delta_2 > 1$。

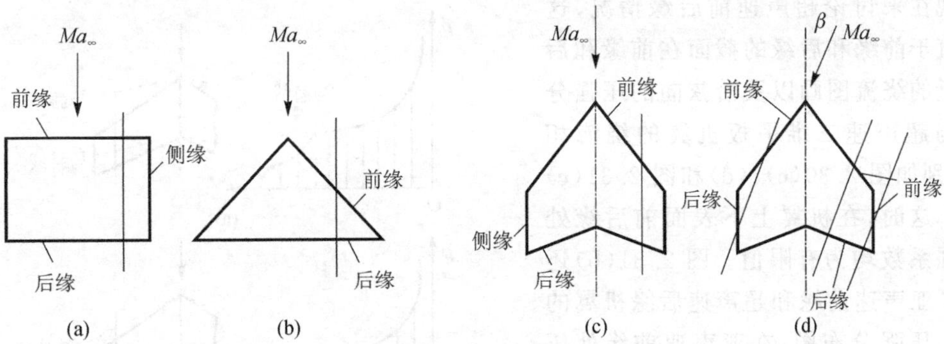

图 2.31　超声速翼面的前缘、后缘、侧缘

5. 有限翼展薄机翼的超声速绕流图画

有限翼展薄机翼的超声速绕流图画与机翼的前后缘性质有很大的关系，对于前(后)缘后掠的机翼，随着来流 Ma_∞ 数的不同，一般可能是亚声速前(后)缘或亚声速前缘超声速后缘，也可能是超声速前(后)缘，分别如图 2.33(a)、(b)、(c)和图 2.34 所示。以平板后翼为例，如果是亚声速前缘，则上下表面的绕流要通过前缘产生相互影响，结果垂直于前缘的截面在前缘附近的绕流图画显示出亚声速的绕流特性，如图 2.30(a)所示。如果是亚声速后缘，则垂直于后缘截面在后缘附近的绕流图画也显示出亚声速绕流的特性(气流沿平板后缘光滑地流离机翼，以满足后缘条件)，如图 2.30(b)所示。亚声速前(后)缘机翼的弦向压强分布，如图 2.31(a)所示，从该图可见，与亚声速绕流情况相似，在前缘处压强系数趋向于无限大，而在后缘处压强系数则趋向于零。

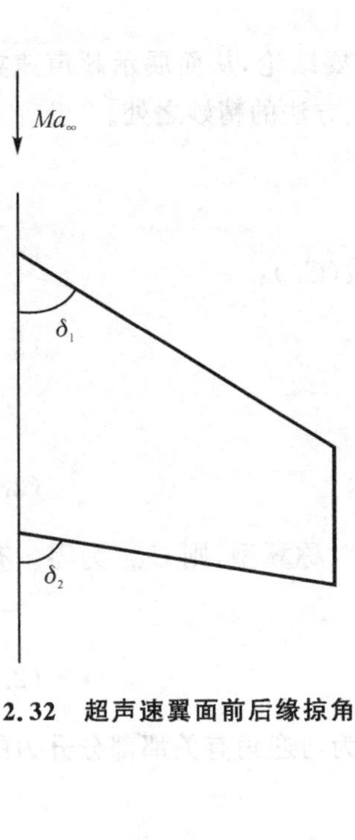

图 2.32　超声速翼面前后缘掠角图

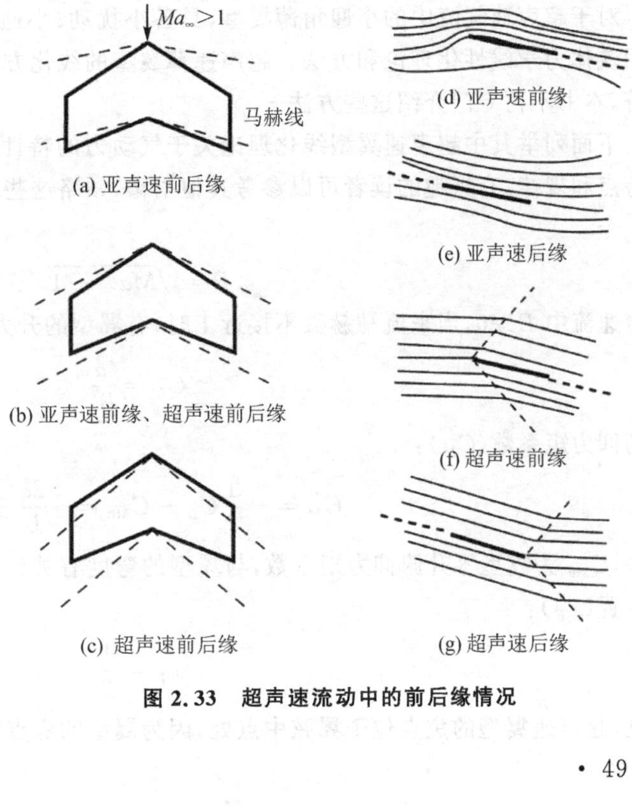

图 2.33　超声速流动中的前后缘情况

现在来讨论超声速前后缘情况，这时垂直于前缘和后缘的截面在前缘和后缘附近的绕流图画以及沿弦向的压强分布均与超声速二维平板机翼的绕流相似，分别如图 2.30(c)、(d)和图 2.31(c)所示。这时，在机翼上下表面前后缘处的压强系数均为有限值。图 2.31(b)还画出了亚声速前缘和超声速后缘机翼的沿弦向压强分布图，在亚声速前缘处压强系数趋向无限大。在超声速后缘处压强系数则为有限值。

超声速前后缘压力分布为有限值的原因如下：超声速前缘气流，在前缘处分两路(小迎角情况)，上表面的气流进行膨胀，下表面的气流进行压缩，上下彼此不相遇，所以载荷是有限值。超声速后缘也一样，上下表面彼此互不影响，所以载荷不降为零，所以后缘载荷也是有限值。

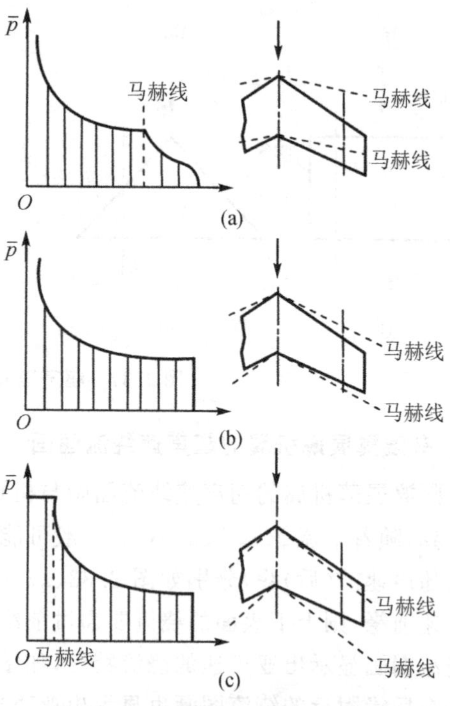

图 2.34 超声速气流流过后掠翼在不同剖面的压力分布

2.5.2 超声速翼型气动特性

对于超声速气流中的小迎角薄翼型，具备小扰动、小迎角、尖前(后)缘、薄翼等条件，可以采用流体力学线性化理论和方法。超声速薄翼型的线化方法很多，得出的结果接近，也与试验相符，本书不再专门介绍这些方法。

下面列举其中超声速翼型线化理论关于气动力的特性的主要结论，从而展示超声速翼型的特点和规律，有兴趣的读者可以参考其他书籍，领略这些理论、方法的精妙之处。

令

$$B=\sqrt{Ma_{\infty}^{2}-1}$$

超声速流中 $B>0$，当来流马赫数不接近 1 时，有翼型的升力系数(C_L)：

$$C_L=\frac{4\alpha}{B} \tag{2.54}$$

有俯仰力矩系数(C_M)：

$$C_M=-\frac{1}{2}C_L-C_{M0}=-\frac{2\alpha}{B}-C_{M0} \tag{2.55}$$

式中，C_{M0} 为翼型零升俯仰力矩系数，与翼型的弯度有关。若为对称翼型，则 C_{M0} 为零。有焦点位置(x_F)：

$$x_F=\frac{1}{2} \tag{2.56}$$

可见，超声速翼型的焦点位于翼弦中点处，因为翼型的焦点定义为与迎角有关那部分升力的作用点，根据升力系数公式，这部分升力是作用在翼弦中点的；当翼型无弯度时，压力中心就与焦点相重合。还有激波阻力系数(波阻系数)：

$$C_{DS}=\frac{4\alpha^2}{B}+C_{DS0} \tag{2.57}$$

其中，C_{DS0} 为零升波阻力系数，与翼型的弯度和厚度分布有关。超声速翼型一般应为无弯度的对称翼型。给出前后上下都对称的菱形翼型的零升波阻力系数：

$$(C_{DS0})_{菱形翼型}=\frac{4}{B}\left(\frac{t}{c}\right)^2 \tag{2.58}$$

式中，t 为对称菱形翼型的最大厚度，c 为翼型的弦长，t/c 为翼型相对厚度。通过几种超声速对称翼型在同一翼型相对厚度下零升波阻力系数的对比研究，可以发现菱形翼型的零升波阻力系数是最小的。因此，许多导弹的小尺寸弹翼、舵面采用了菱形对称翼型。

2.5.3　超声速翼面气动特性

对于超声速气流中的有限翼展薄翼面，仍然具备小扰动、小迎角、尖前(后)缘、薄翼等条件，可以采用流体力学线性化理论和方法。同样，超声速三维翼面的线化方法也很多，本书不再专门介绍这些方法。下面给出基于这些理论的超声速机翼气动特性的主要结论。

1. 超声速前缘三角形平板翼

有升力系数：

$$C_L=\frac{4\alpha}{B} \tag{2.59}$$

式中，$B=\sqrt{Ma_\infty^2-1}$。该公式同二维翼型。三角形平板机翼的前缘不论是超声速的还是亚声速的，由于机翼的绕流是锥型流场，因此，沿从机翼顶点发出的每一三角狭条上的压强或载荷是常值。

焦点和压心的位置：

$$x_F=\frac{2}{3} \tag{2.60}$$

2. 超声速矩形平板翼

以超声速前后缘矩形平板为例，其升力系数：

$$C_L=\frac{4\alpha}{B}\left(1-\frac{1}{2B\lambda}\right) \tag{2.61}$$

当展弦比(λ)很大时，上述公式和翼型的升力系数公式一致。

某矩形平板翼的升力系数随马赫数和展弦比的变化曲线如图 2.35 所示。

可以看出：

① 随着展弦比增加，升力线斜率增加。同一马赫数下，随着展弦比增加，翼尖区域的升力损失减小，升力增加。

② 随着马赫数增加，升力线斜率减小。这与亚声速结果趋势相反。

下面分析平板翼俯仰力矩特性和焦点位置变化。基于线化理论的载荷分布算得的机翼焦点位置与试验结果是有差别的。图 2.36、图 2.37 给出了几种不同平面形状平板翼焦点位置的线化理论结果与试验结果的比较。

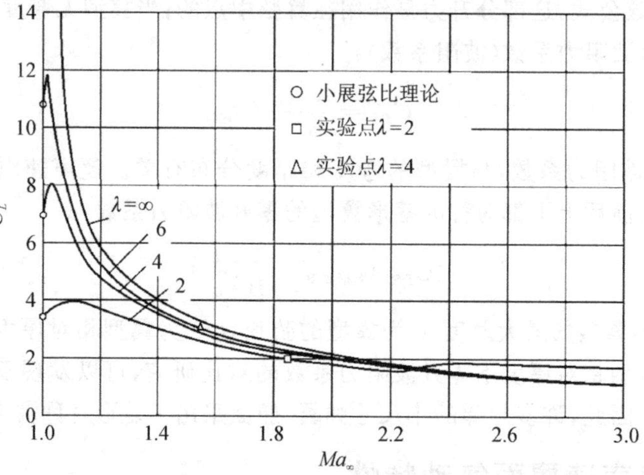

图 2.35 展弦比对升力线斜率随马赫数变化的影响

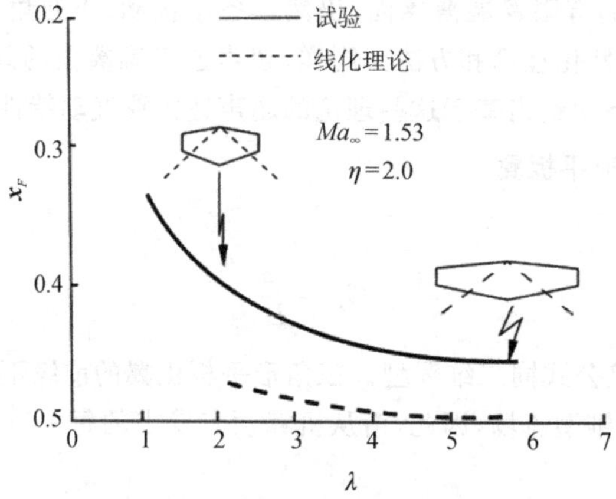

图 2.36 焦点位置随展弦比的变化

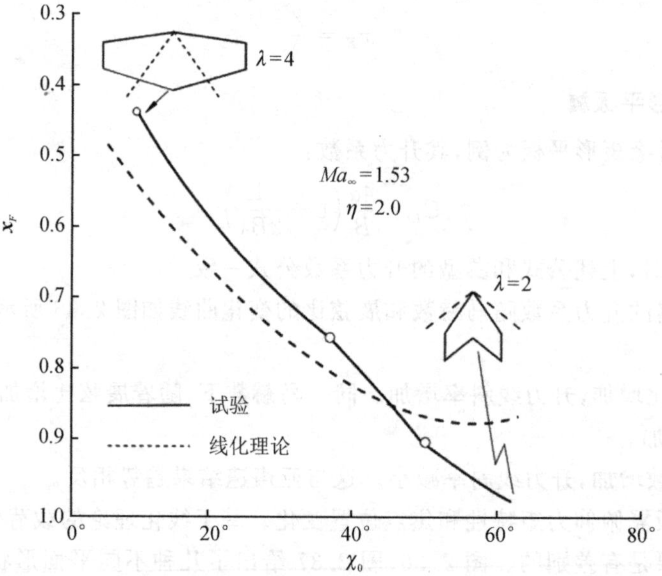

图 2.37 焦点位置随后掠角的变化

从图中可以看出：

① 焦点位置随着展弦比(λ)增大而后移。

② 焦点位置随着后掠角(χ_0)增大而后移。

③ 焦点位置随着根梢比(η)减小而前移。

具体原因，读者可以尝试分析。

思考与练习

2.1 简述小扰动速度势方程的求解思路。

2.2 简述面元法的基本求解思路，试分析亚声速面元法与超声速面元法的区别。

2.3 低速气流为什么可以当作不可压流处理？试分析原因。

2.4 定常气动力与非定常气动力有什么区别？

2.5 试分析定常气动力线性分析方法的适用范围。

2.6 叠加原理为什么适合线性气动力方程？有何优点？

2.6 平板及薄翼型的低速、亚声速、超声速绕流及压强分布有何特点？

2.7 平板(或薄翼型)的升力曲线有何特点？试从低速、亚声速、超声速三个角度分析。

2.8 平板(或薄翼型)的气动中心(焦点)有何特点？试从低速、亚声速、超声速三个角度分析。

2.9 展弦比对低速平直机翼升力曲线有何影响？

2.10 试用伯努利方程解释翼型升力的产生。

2.11 试述边界层方程的提出对飞行器气动设计发展的历史意义。

本章参考文献

[1] 管德. 非定常空气动力计算. 北京:北京航空航天大学出版社,1991.

[2] 杨超,吴志刚,谢长川. 气动弹性设计基础. 3 版. 北京:北京航空航天大学出版社,2021.

[3] 管德. 飞机气动弹性力学手册. 北京:航空工业出版社,1994.

[4] 诸德超,陈桂彬,邹丛青. 气动弹性力学. 北京:航空工业部教材编审室,1986.

[5] 伏欣 H W. 气动弹性力学原理. 沈克扬,译. 上海:上海科学技术文献出版社,1980.

[6] Bisplinghoff R L, Ashley H, Halfman R L. Aeroelasticity. Addison-wesley Publ, comp., Inc., 1957.

[7] 钱翼稷. 空气动力学. 北京:北京航空航天大学出版社,2004.

[8] 杨岞生,俞守勤. 飞行器部件空气动力学. 北京:国防工业出版社,1981.

[9] 吴子牛. 空气动力学. 北京:清华大学出版社,2007.

[10] 刘沛清. 空气动力学. 北京:科学出版社,2021.

[11] 万志强,杨超,王晓喆. 飞行器飞行载荷分析与气动弹性优化. 北京:航空工业出版社,2021.

第 3 章　结构动力学基础

结构动力学是气动弹性力学的重要组成部分,也是气动弹性力学的重要理论基础。本章将简要回顾结构动力学线性系统的基本理论,以期对以后各章节的讨论有所帮助。

3.1　结构刚度的概念

3.1.1　结构的刚度

结构在载荷作用下会产生变形,把结构抵抗变形的能力称为刚度。一般地,在结构上施加一个载荷 F,若结构某点产生的变形为 u,则刚度定义为

$$k=F/u \tag{3.1}$$

对于线性结构,刚度即为使结构产生单位变形所需施加的外力(力矩)。结构刚度大,在一定载荷作用下产生的变形就小,通俗称为“结构较硬”;结构刚度小,在一定载荷作用下产生的变形就大,称为“结构较软”。

【例 3.1】　如图 3.1 所示的悬臂梁,其材料弹性模量为 E,截面惯性矩为 I,长度为 l,自由端有一个集中质量 m。该结构可以等效成一个质量-弹簧模型。为了求得悬臂梁结构的等效刚度 k,可以在梁的自由端施加一个剪力 F,由材料力学可知,自由端的挠度为

$$\Delta=\frac{Fl^3}{3EI}$$

于是,等效刚度为 $k=F/\Delta=3EI/l^3$。

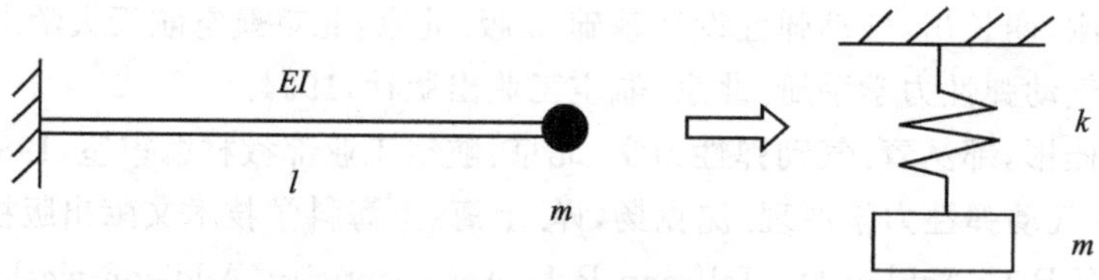

图 3.1　悬臂梁及其等效刚度

【例 3.2】　如图 3.2 所示的圆环曲梁,半径为 R,其材料弹性模量为 E,截面惯性矩为 I,顶端放置一个质量块 m。该结构也可以等效成一个质量-弹簧模型。为了求得圆环曲梁的等效刚度 k,问题转化为:在圆环 A、B 两点作用一对力 F,求 A、B 两点的相对位移。

圆环曲梁是一个三度静不定问题,考虑到对称性,它可以转化为如图 3.3 所示的一度静不定问题。第一步,求解 1/4 圆环在 $F/2$ 载荷作用下的弯矩分布。选取如图 3.3 所示的〈P〉状态和〈1〉状态,设 1/4 圆环的真实弯矩分布为 $M=M_P+X_1M_1$,且有

$$M_P(\theta)=\frac{1}{2}FR\sin\theta,\quad M_1(\theta)=1,\quad 0\leqslant\theta\leqslant\frac{\pi}{2}$$

X_1 是满足以下正则方程的解:

$$\delta_{11}X_1+\Delta_{1P}=0$$

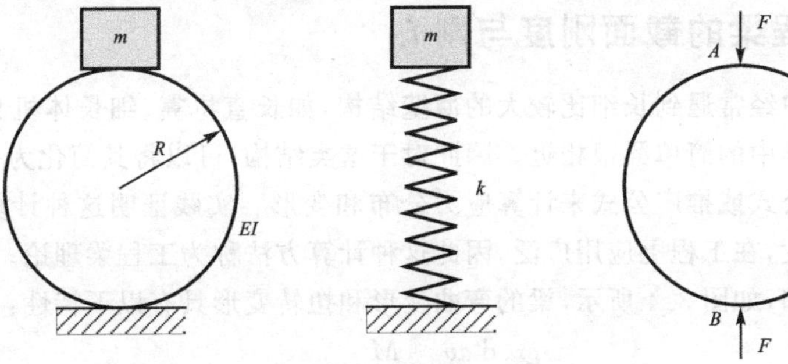

图 3.2　圆环曲梁及其等效刚度

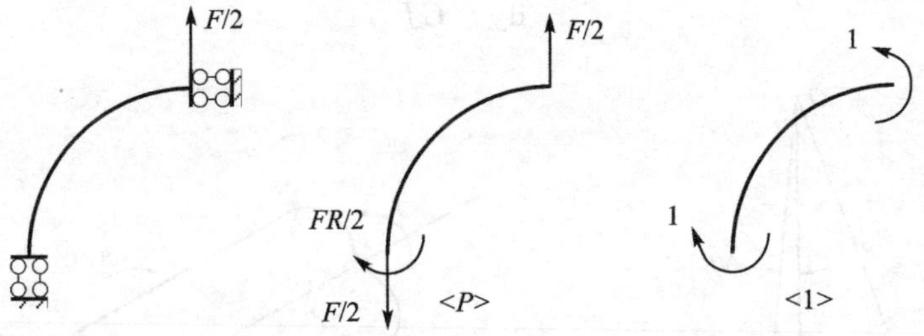

图 3.3　1/4 圆环的静力求解

其中

$$\delta_{11}=\int\frac{M_1^2}{EI}\mathrm{d}s=\frac{1}{EI}\int_0^{\pi/2}1^2\cdot R\,\mathrm{d}\theta=\frac{\pi R}{2EI}$$

$$\Delta_{1P}=\int\frac{M_1M_P}{EI}\mathrm{d}s=\frac{1}{EI}\int_0^{\pi/2}\frac{1}{2}FR\sin\theta\cdot R\,\mathrm{d}\theta=\frac{FR^2}{2EI}$$

因此,可以解得

$$X_1=-\frac{FR}{\pi}$$

所以,1/4 圆环的真实弯矩分布为

$$M=M_P+X_1M_1=FR\left(\frac{1}{2}\sin\theta-\frac{1}{\pi}\right),\quad 0\leqslant\theta\leqslant\frac{\pi}{2}$$

第二步,应用单位载荷法求 A、B 两点的相对位移。根据第一步的结果,容易知道当在圆环 A、B 两点作用单位力 1 时,1/4 圆环的弯矩分布为

$$\overline{M}=R\left(\frac{1}{2}\sin\theta-\frac{1}{\pi}\right),\quad 0\leqslant\theta\leqslant\frac{\pi}{2}$$

根据单位载荷法,圆环 A、B 两点的相对位移为

$$\Delta=4\int\frac{M\overline{M}}{EI}\mathrm{d}s=\frac{4}{EI}\int_0^{\pi/2}FR^2\left(\frac{1}{2}\sin\theta-\frac{1}{\pi}\right)^2\cdot R\,\mathrm{d}\theta=\left(\frac{\pi}{4}-\frac{2}{\pi}\right)\frac{FR^3}{EI}$$

最后,根据刚度的定义,可以求得圆环的等效刚度为

$$k=\frac{F}{\Delta}=\frac{4\pi}{\pi^2-8}\cdot\frac{EI}{R^3}\approx 6.72\frac{EI}{R^3}$$

3.1.2 工程梁的截面刚度与刚心

在飞行器结构中经常遇到长细比较大的薄壁结构，如长直机翼、细长体机身(箭身)等，其应力分布与材料力学中的简单梁很相近。因此对于这类结构，可以将其简化为一维梁结构，按照材料力学中梁的公式或推广公式来计算应力分布和变形。实践证明这种计算方法较简便，且具有一定的准确度，在工程上应用广泛，因此这种计算方法称为工程梁理论。

由材料力学可知，如图3.4所示，梁的弯曲变形和扭转变形具有以下特性：

$$\frac{\mathrm{d}^2 w}{\mathrm{d}y^2}=\frac{M}{EI} \tag{3.2}$$

$$\frac{\mathrm{d}\theta}{\mathrm{d}y}=\frac{T}{GJ} \tag{3.3}$$

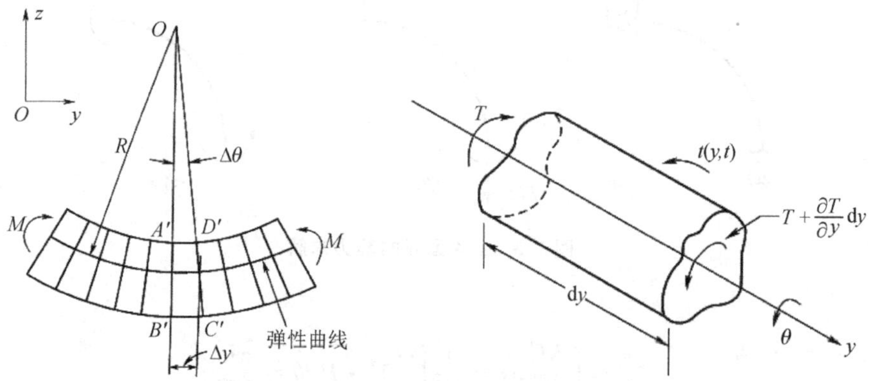

图3.4 梁的弯曲变形和扭转变形

其中，M 和 T 分别为弯矩和扭矩，$\mathrm{d}^2w/\mathrm{d}y^2$ 表示梁弯曲变形的曲率，$\mathrm{d}\theta/\mathrm{d}y$ 表示梁扭转角的变化率，E 和 G 分别为材料的杨氏模量和剪切模量，I 和 J 为梁在某截面的惯性矩和极惯性矩。从式(3.2)和式(3.3)可知

$$EI=M\Big/\frac{\mathrm{d}^2 w}{\mathrm{d}y^2} \tag{3.4}$$

$$GJ=T\Big/\frac{\mathrm{d}\theta}{\mathrm{d}y} \tag{3.5}$$

根据结构刚度的定义可知，EI 和 GJ 具有刚度的含义，分别称为抗弯刚度和抗扭刚度。对于非均匀结构，EI 和 GJ 是与位置 y 有关的，它们反映的是梁在某一截面处的刚度特性。

应用工程梁理论，将长直机翼、细长体机身(箭身)等长细结构简化成一维的工程梁，如图3.5所示，其中需要解决2个问题：① 梁的截面刚度特性。通常根据 I 的定义来确定抗弯刚度 EI，而根据式(3.5)来确定抗扭刚度 GJ；② 梁的轴线位置。为了使梁的弯曲与扭转解耦，通常将梁的轴线定在机翼或机身的弹性轴上。弹性轴是由各截面刚心(也称为剪心，如图3.6所示)连成的一条直线。下面以一个例题来说明这2个问题。

【例3.3】 某机翼截面的承力结构为如图3.7所示的矩形加筋薄壁结构，且 $b=4h$。4个角点为纵向加强元件，其中1、4角点的截面积为 $3A$，2、3角点的截面积为 $2A$；四边为薄壁板，1-4壁板厚度为 $2t$，其他壁板厚度为 t；材料弹性模量为 E 和 G；假设壁板不承受正应力，只承

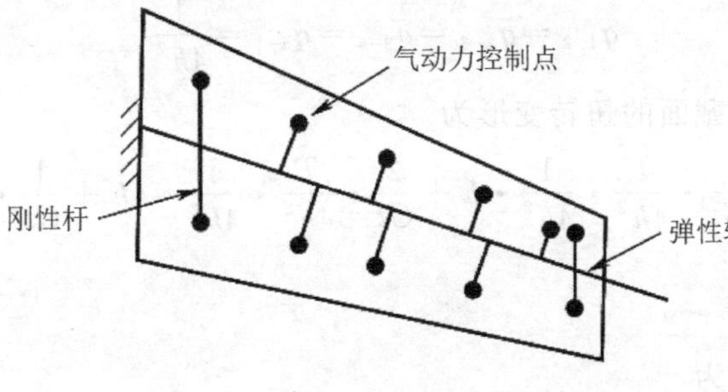

图 3.5　将长直机翼简化成工程梁

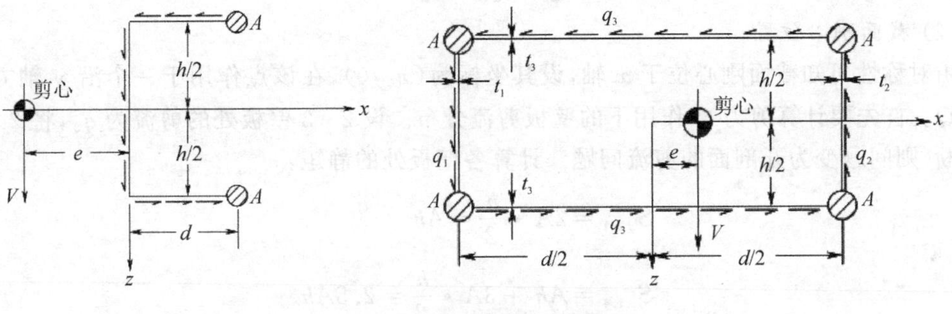

图 3.6　典型截面的刚心(剪心)

受剪切。求该截面的抗弯刚度 EI、抗扭刚度 GJ 和刚心位置。

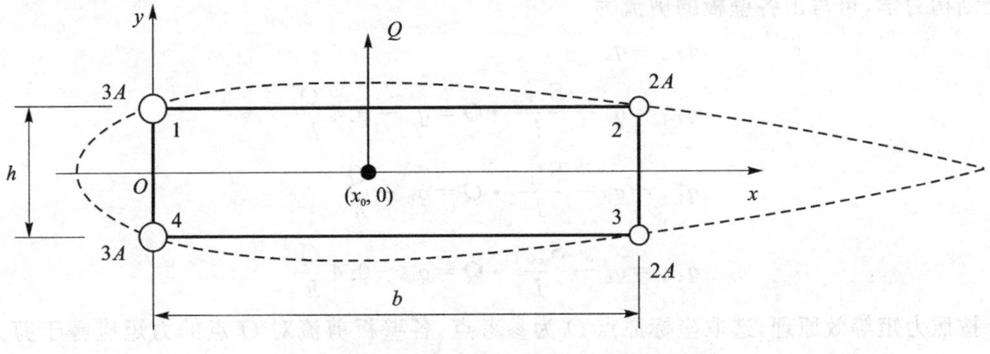

图 3.7　机翼截面及其刚心位置的计算

(1) 截面刚度特性

建立如图 3.7 所示的截面坐标系 Oxy，计算该截面上承受正应力元件关于 x 轴的惯性矩

$$I = 2 \cdot 2A \cdot \left(\frac{h}{2}\right)^2 + 2 \cdot 3A \cdot \left(\frac{h}{2}\right)^2 = 2.5Ah^2$$

因此该截面的抗弯刚度为

$$EI = 2.5EAh^2$$

现在根据式(3.5)来求抗扭刚度 GJ。对该截面施加一个扭矩 T，可求得壁板的剪流为

$$q_{1-2} = q_{2-3} = q_{3-4} = q_{4-1} = \frac{T}{bh} = \frac{T}{4h^2}$$

若换成单位扭矩 1，则易得到壁板剪流为

$$\bar{q}_{1-2}=\bar{q}_{2-3}=\bar{q}_{3-4}=\bar{q}_{4-1}=\frac{1}{4h^2}$$

根据单位载荷法,求得该截面的扭转变形为

$$\frac{\mathrm{d}\theta}{\mathrm{d}z}=\oint\frac{q\bar{q}}{Gt}\mathrm{d}s=\frac{1}{2Gt}\cdot\frac{T}{4h^2}\cdot\frac{1}{4h^2}\cdot h+\frac{2}{Gt}\cdot\frac{T}{4h^2}\cdot\frac{1}{4h^2}\cdot 4h+\frac{1}{Gt}\cdot\frac{T}{4h^2}\cdot\frac{1}{4h^2}\cdot h$$
$$=\frac{19}{32}\frac{T}{Gth^3}$$

于是,该截面的抗扭刚度为

$$GJ=T/\frac{\mathrm{d}\theta}{\mathrm{d}z}=\frac{32}{19}Gth^3\approx 1.68Gth^3$$

(2) 截面刚心位置

由对称性可知截面刚心位于 x 轴,设其坐标为$(x_0,0)$,在该点作用于一个沿 y 轴方向的剪力Q。首先要计算剪力 Q 作用下的壁板剪流分布。设 2-3 壁板处的剪流为 q_0,将 2-3 壁板切断,则问题变为开剖面的剪流问题。计算各壁板处的静矩:

$$S_{x2\text{-}1}=2A\cdot\frac{h}{2}=Ah$$

$$S_{x1\text{-}4}=Ah+3A\cdot\frac{h}{2}=2.5Ah$$

$$S_{x4\text{-}3}=2.5Ah-3A\cdot\frac{h}{2}=Ah$$

根据结构力学,可写出各壁板的剪流为

$$q_{3\text{-}2}=q_0$$

$$q_{2\text{-}1}=q_0-\frac{S_{x2\text{-}1}}{I}\cdot Q=q_0-0.4\frac{Q}{h}$$

$$q_{1\text{-}4}=q_0-\frac{S_{x1\text{-}4}}{I}\cdot Q=q_0-\frac{Q}{h}$$

$$q_{4\text{-}3}=q_0-\frac{S_{x4\text{-}3}}{I}\cdot Q=q_0-0.4\frac{Q}{h}$$

按照力矩等效原理,选取坐标原点 O 为参考点,各壁板剪流对 O 点的力矩应等于剪力 Q 对 O 点的力矩,即

$$q_0\cdot h\cdot 4h+\left(q_0-0.4\frac{Q}{h}\right)\cdot 4h\cdot h=Q\cdot x_0 \tag{a}$$

在方程(a)中有 q_0、x_0 两个未知数,无法求解,还需要建立一个方程。

根据刚心的定义有:作用于刚心处的剪力 Q 使得截面的扭转变形为 0,即$\oint\frac{q\bar{q}}{Gt}ds=0$。由于 $\bar{q}$ 和G 均为常数,于是可得出

$$\oint\frac{q}{t}\mathrm{d}s=\frac{1}{2t}\cdot\left(q_0-\frac{Q}{h}\right)\cdot h+\frac{2}{t}\cdot\left(q_0-0.4\frac{Q}{h}\right)\cdot 4h+\frac{1}{t}\cdot q_0\cdot h=0 \tag{b}$$

联立方程(a)和(b),解得

$$x_0=1.516h$$

因此,该截面的刚心位于$(1.516h,0)$。

3.1.3　柔度(刚度)影响系数矩阵

3.1.2 节讨论的工程梁理论对于长细比较大的结构具有较好的准确度，但对于小展弦比翼面这类结构就不适用了。为了描述这类结构的变形与载荷之间的关系，采用以下柔度(刚度)影响系数矩阵的方法。

如图 3.8 所示的小展弦比翼面，将翼面划分成若干个网格，设共有 n 个结点。记第 i 个结点的垂向位移为 w_i，因此可用向量 $\boldsymbol{w}=(w_1,w_2,\cdots,w_n)^{\mathrm{T}}$ 来描述翼面的变形。将翼面上的外力简化为作用在这 n 个结点的集中力，并用向量 $\boldsymbol{Q}=(Q_1,Q_2,\cdots,Q_n)^{\mathrm{T}}$ 来表示。在小变形、线弹性的假设下，位移向量与外力向量之间存在线性关系，即存在一个矩阵 $\boldsymbol{C}=[c_{ij}]$ 满足：

$$\begin{bmatrix} w_1 \\ w_2 \\ \vdots \\ w_n \end{bmatrix} = \begin{bmatrix} c_{11} & c_{12} & \cdots & c_{1n} \\ c_{21} & c_{22} & \cdots & c_{2n} \\ \vdots & \vdots & \ddots & \vdots \\ c_{n1} & c_{n2} & \cdots & c_{nn} \end{bmatrix} \begin{bmatrix} Q_1 \\ Q_2 \\ \vdots \\ Q_n \end{bmatrix} \tag{3.6}$$

其中，矩阵 $\boldsymbol{C}$ 称为柔度影响系数矩阵，其各个元素可以通过数值计算或者静力试验确定。例如，在第 k 个结点施加一个单位力，而其他结点上作用力为 0，测得第 $1,2,\cdots,n$ 结点的位移，即得到矩阵 $\boldsymbol{C}$ 的第 k 列。根据位移互等定理可知，理论上矩阵 $\boldsymbol{C}$ 为对称阵。

若矩阵 $\boldsymbol{C}$ 可逆，则由式(3.6)可以得到

$$\boldsymbol{Q}=\boldsymbol{C}^{-1}\boldsymbol{w}=\boldsymbol{K}\boldsymbol{w} \tag{3.7}$$

其中，$\boldsymbol{K}$ 称为刚度影响系数矩阵。

结构柔度(刚度)影响系数矩阵是结构固有的力学特性的一种描述，反映了位移向量与外力向量之间的线性关系。

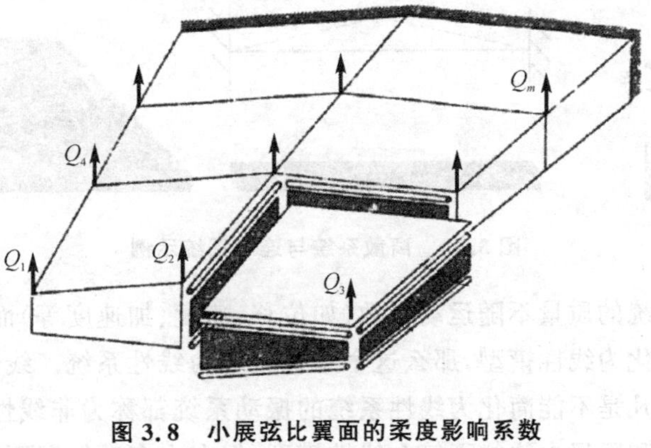

图 3.8　小展弦比翼面的柔度影响系数

3.2　振动的基本概念

所谓振动，是指物体在平衡位置附近做往复的运动。振动现象在日常生活中经常遇到，例如钟摆的摆动、琴弦的振动、车厢的晃动、心脏的跳动、飞行器与船舶的振动等。事实上，本书所讨论的动气动弹性问题，如颤振、突风响应等，也都属于振动。

一个振动系统在外界激励作用下会产生一定的振动响应。这个激励就是系统的输入，响

应就是系统的输出,二者由系统振动特性联系着。图3.9反映了振动问题的三要素。一般来说,各种振动问题均是在激励、系统特性、响应三者之中已知二者求第三者。

图3.9　振动问题的三要素

例如,在已知激励条件和系统特性的情况下,求系统的响应,这就是振动分析。在已知系统特性和系统响应的情况下,反推激励,这就是振动环境预测。在激励与响应均已知的情况下,来确定系统的特性,这就是振动特性测定或系统识别。此外,在一定的激励条件下,如何设计系统的特性,使得系统的响应满足指定的条件,这就是振动设计或振动综合。

实际的振动问题往往是错综复杂的,它可能同时包含识别、分析、综合等几个方面的问题。通常,将实际问题抽象成为力学模型,实质上就是一个系统识别问题。进一步针对系统模型列式求解的过程,实质上也就是振动分析的过程。而分析并不是问题的终结,分析的结果还必须用于改进设计或者排除故障,这就是振动设计或综合的问题。

为了对振动问题开展研究,需要将实际事物抽象化而得到模型。如图3.10所示,描述振动系统的模型可以分为两大类:离散系统与连续系统。离散系统(也称为集中参数系统)是由集中参数元件组成的有限自由度系统,在数学上用常微分方程来描述其运动。基本的集中参数元件有三种:质量(m)、阻尼器(c)和弹簧(k)。连续系统(也称为分布参数系统)是由弹性体元件组成的无限自由度系统,在数学上用偏微分方程来描述其运动。典型的弹性体元件有弦、杆、梁、板壳等。

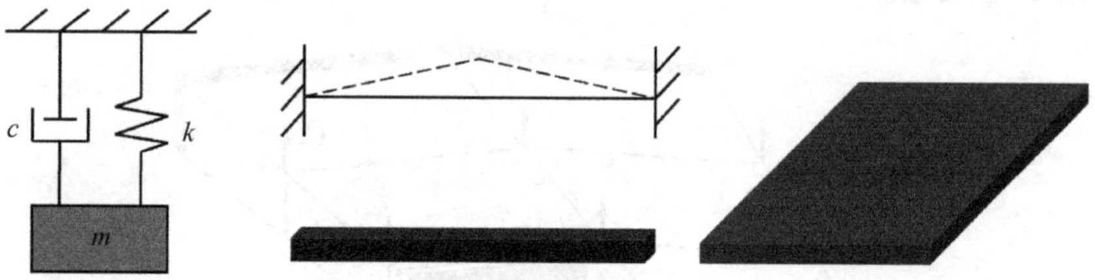

图3.10　离散系统与连续系统示例

如果一个振动系统的质量不随运动参数(如位移、速度、加速度等)而变化,而且系统的弹性力和阻尼力可以简化为线性模型,那么这个系统就称为线性系统。线性系统的运动采用线性微分方程来描述。凡是不能简化为线性系统的振动系统都称为非线性系统。严格来说,实际振动系统的弹性力和阻尼力往往不符合线性模型,但在大多数情况下,只要振幅不太大,按照线性弹簧和线性阻尼的假设,可以得到足够准确的有用结论。但在某些振动问题中,非线性起着至关重要的作用,如果不考虑非线性,就无法得到与现象相符的结果。

本节最后介绍一种常用的振动问题分类,它是按照外力形式来分类的。

① 自由振动:系统在无外激励情况下的非零初始条件下产生的振动。

② 强迫振动:系统在受到外界控制的激励作用下产生的振动,这种激励与系统的运动参数(如位移、速度、加速度等)无关,即使振动被完全抑制,激励始终存在。

③ 自激振动:在这种振动中,激励是受振动本身控制的,即与系统的运动参数(如位移、速

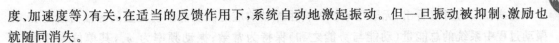

度、加速度等)有关,在适当的反馈作用下,系统自动地激起振动。但一旦振动被抑制,激励也就随同消失。

④ 参数振动:在这种振动中,系统是一个变参数系统,即系统的特性参数(质量、刚度、阻尼系统等)随时间变化,激励是通过周期地或随机地改变系统特性参数来实现的。

本书涉及的气动弹性问题与前三类振动均有关系。自由振动特性反映了结构的固有动力学特性,颤振实际上就是一种自激振动,而弹性飞机在突风激励下的响应可看成是自激振动与强迫振动的混合问题。

3.3 单自由度系统的振动

3.3.1 固有频率的概念

最简单的振动系统是如图3.11所示的单自由度质量-弹簧系统,其中质量块的质量为 m,弹簧的刚度为 k 且其质量可以忽略。设在静平衡位置时弹簧的伸长量为 Δ,此时弹簧的回复力与质量块的重力平衡,即

$$k\Delta = mg \tag{3.8}$$

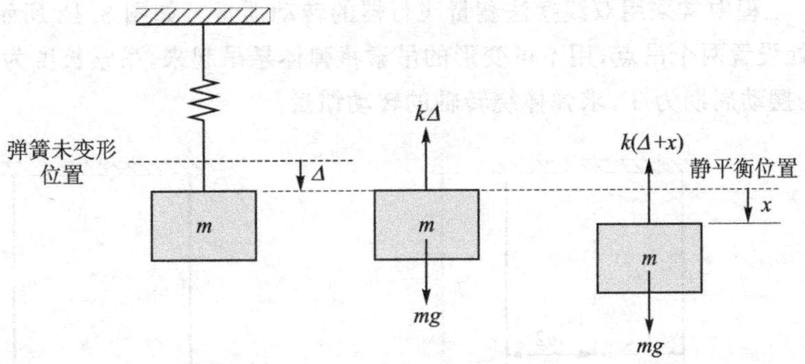

图3.11 单自由度质量-弹簧系统

以静平衡位置为参考点,记质量块偏离平衡位置的位移为 x,这时弹簧的回复力为 $k(\Delta+x)$,根据牛顿第二定律可以列出方程:

$$m\ddot{x} = mg - k(\Delta + x) \tag{3.9}$$

利用式(3.8)得到

$$m\ddot{x} + kx = 0 \tag{3.10}$$

式(3.10)即无阻尼单自由度系统的自由振动方程。从以上过程可以看出,当取静平衡位置作为参考点时,在运动方程中可以消去静态(定常)作用力的项。

根据微分方程理论,针对式(3.10)所示的齐次常微分方程,其解的形式为

$$x = A\sin\omega_n t + B\cos\omega_n t \tag{3.11}$$

其中,A、B 为待定的实常数,由初始条件决定;$\omega_n = \sqrt{k/m}$ 为系统的固有频率。如果系统的初始条件为 $x|_{t=0} = x_0$,$\dot{x}|_{t=0} = \dot{x}_0$,则系统的自由振动响应为

$$x = \frac{\dot{x}_0}{\omega_n}\sin\omega_n t + x_0\cos\omega_n t \tag{3.12}$$

由式(3.12)可以看出,无阻尼系统的自由振动响应是围绕静平衡位置的等幅简谐运动,在振动过程中系统的总能量(动能与势能之和)保持为常数;振动频率为 ω_n,其单位为弧度/秒(rad/s),注意与频率单位赫兹(Hz)之间相差一个 2π 的因子。

$\omega_n=\sqrt{k/m}$ 之所以称为固有频率,是因为它只与系统的质量特性和刚度特性有关,是系统的固有特性之一。在工程实际中,由于 ω_n 往往比 k 更容易测量,因此 ω_n 显得更为重要,它在一定程度上反映了系统的刚度水平。

【例 3.4】 一架质量为 50 000 kg 的飞机做地面振动试验,需要用弹簧绳将飞机悬吊起来,并要求悬挂固有频率不超过 0.5 Hz。请问弹簧绳悬吊飞机后的伸长量至少应为多少?

根据条件可知

$$\frac{1}{2\pi}\sqrt{\frac{k}{m}} \leqslant 0.5\ (\text{Hz})$$

由此得到

$$k \leqslant (2\pi \times 0.5)^2 \cdot m = (2\pi \times 0.5)^2 \times 50\,000 = 4.93 \times 10^5\ (\text{N/m})$$

于是,弹簧绳悬吊飞机后的伸长量为

$$\Delta \geqslant \frac{mg}{k} = \frac{50\,000 \times 9.8}{4.93 \times 10^5} = 0.99\ (\text{m})$$

【例 3.5】 工程中常采用双线摆法测量飞行器的转动惯量。如图 3.12 所示,在弹体质心两侧距离 $b/2$ 处设置两个吊点,用不可变形的吊索将弹体悬吊起来,吊索长度为 h。弹体的质量为 m,测得的摆动周期为 T,求弹体绕转轴的转动惯量。

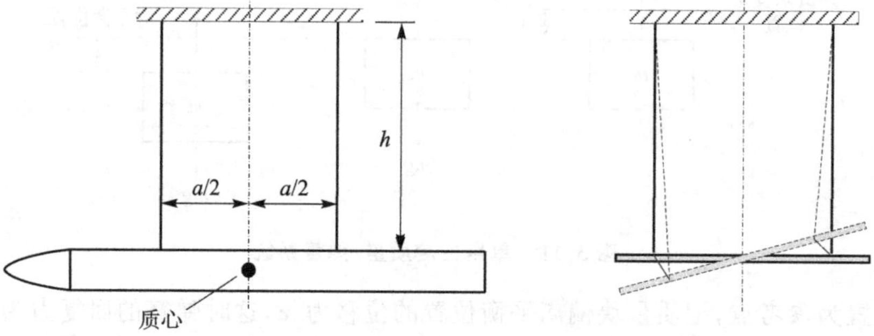

图 3.12 双线摆法测量转动惯量

设弹体摆动微小角度为 θ,则吊点的横向位移为 $b\theta/2$,进一步可求得吊索的转角为

$$\varphi = \frac{b\theta/2}{h} = \frac{b\theta}{2h}$$

单根吊索的拉力为 $mg/2$,因此吊索拉力产生的恢复力矩为

$$T = \frac{mg}{2}\sin\left(\frac{b\theta}{2h}\right) \cdot b \approx \frac{mg}{2} \cdot \frac{b\theta}{2h} \cdot b = \frac{mgb^2}{4h}\theta$$

因此,双线摆的等效刚度为

$$k = \frac{T}{\theta} = \frac{mgb^2}{4h}$$

双线摆的等效质量即为弹体绕转轴的转动惯量 I,因此可得到摆动周期为

$$T=\frac{2\pi}{\omega}=2\pi\sqrt{\frac{I}{k}}=\frac{4\pi}{b}\sqrt{\frac{Ih}{mg}}$$

进一步变换得到

$$I=\frac{mgb^2T^2}{16\pi^2 h}$$

3.3.2　阻尼、共振、频响特性

实际系统总是具有阻尼的。阻尼力的性质很复杂，它可能是位移、速度的函数。工程中常采用黏性阻尼的假设，即阻尼力与速度成正比，方向相反。于是，有阻尼系统的自由振动方程写为

$$m\ddot{x}+c\dot{x}+kx=0 \tag{3.13}$$

其中，c 为黏性阻尼系数。把方程等号两边都除以 m，得到

$$\ddot{x}+2\varepsilon\omega_n\dot{x}+\omega_n^2x=0 \tag{3.14}$$

其中，$\omega_n=\sqrt{k/m}$ 为无阻尼系统的固有频率，$\varepsilon=\dfrac{c}{2m\omega_n}=\dfrac{c}{2\sqrt{mk}}$ 为黏性阻尼比。如果系统的初始条件为 $x\big|_{t=0}=x_0$，$\dot{x}\big|_{t=0}=\dot{x}_0$，则有阻尼系统的自由振动响应为

$$x=e^{-\varepsilon\omega_n t}\left(\frac{\dot{x}_0+\varepsilon\omega_n x_0}{\omega_d}\sin\omega_d t+x_0\cos\omega_d t\right) \tag{3.15}$$

其中，$\omega_d=\omega_n\sqrt{1-\varepsilon^2}$ 为有阻尼振动的频率。

阻尼比对于系统的振动响应具有重要的影响。这里仅讨论 $\varepsilon<1$ 的情况，系统的自由振动响应是一个幅值衰减的振荡运动，如图 3.13 所示。

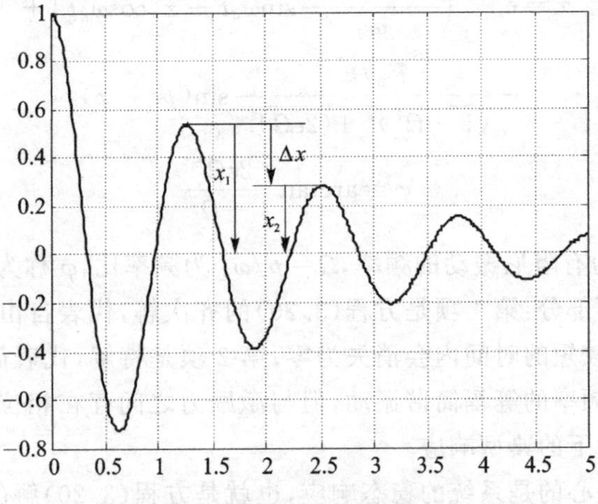

图 3.13　有阻尼自由振动响应(阻尼比小于 1)

记相距 1 个振动周期 τ_d 的相邻两个波峰的幅值分别为 x_1 和 x_2，则有对数衰减率

$$\delta=\ln\frac{x_1}{x_2}=\ln\frac{e^{-\varepsilon\omega_n t}}{e^{-\varepsilon\omega_n(t+\tau_d)}}=\varepsilon\omega_n\tau_d \tag{3.16}$$

由于 $\tau_d=2\pi/\omega_n\sqrt{1-\varepsilon^2}$，将其代入式(3.16)中，可得

$$\delta = \frac{2\pi\varepsilon}{\sqrt{1-\varepsilon^2}} \tag{3.17}$$

式(3.17)是一个精确的公式。当 ε 较小时,$\sqrt{1-\varepsilon^2}\approx 1$,于是可得到近似的公式

$$\delta = 2\pi\varepsilon \tag{3.18}$$

式(3.17)和式(3.18)提供了一种结构阻尼比的实用测定方法,即通过测定有阻尼系统的自由振动响应幅值的衰减率来获得阻尼比。

下面讨论有阻尼系统的强迫振动问题,这里重点关心简谐激励的情况。简谐激励在工程问题中经常遇到,这种情况比较简单,但得到的结论却很重要。任意的周期激励都可以通过谐波分析分解成若干个简谐激励,只要分别求出各个简谐激励单独引起的振动,就可以通过线性叠加原理得到系统对任意周期激励的响应。

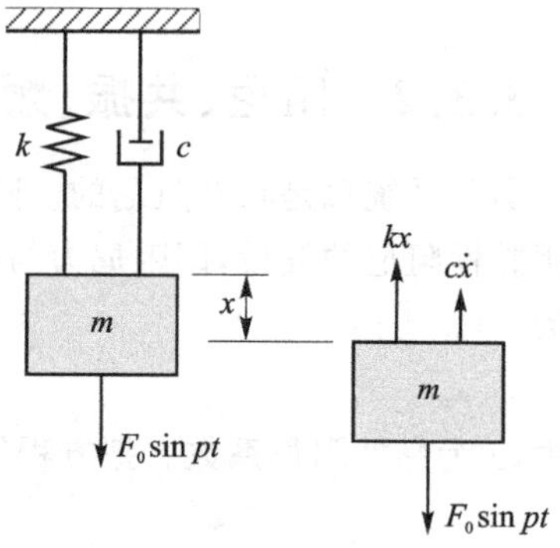

图 3.14　受简谐激励的单自由度有阻尼系统

如图 3.14 所示,以单自由度有阻尼系统为例,在简谐激励力作用下的运动方程可写成

$$m\ddot{x} + c\dot{x} + kx = F_0 \sin pt \tag{3.19}$$

把方程等号两边都除以 m,得到

$$\ddot{x} + 2\varepsilon\omega_n\dot{x} + \omega_n^2 x = F_0 \sin pt \tag{3.20}$$

其中,$\omega_n=\sqrt{k/m}$ 为无阻尼系统固有频率,ε 为黏性阻尼比。如果系统的初始条件为 $x|_{t=0}=x_0$,$\dot{x}|_{t=0}=\dot{x}_0$,根据常微分方程理论,方程(3.20)的解为

$$x = \mathrm{e}^{-\varepsilon\omega_n t}\left(\frac{\dot{x}_0+\varepsilon\omega_n x_0}{\omega_d}\sin\omega_d t + x_0\cos\omega_d t\right) + \frac{F_0/k}{\sqrt{(1-\Omega^2)^2+(2\varepsilon\Omega)^2}}\sin(pt-\varphi) \tag{3.21}$$

$$\varphi = \arctan\frac{2\varepsilon\Omega}{1-\Omega^2} \tag{3.22}$$

其中,$\omega_d=\omega_n\sqrt{1-\varepsilon^2}$ 为有阻尼振动的频率,$\Omega=p/\omega_n$ 为频率比,φ 称为相位滞后角。

式(3.21)中包含两部分:第 1 项是方程(3.20)的齐次解,代表自由振动,其振幅是随时间呈指数衰减的,因此在较短的时间内会消失为零;第 2 项是特解,代表简谐激励力引起的强迫振动,它是与激励力同频率的等幅简谐振动,但与激励力之间存在相位滞后。图 3.15 给出了有阻尼系统在简谐激励下的典型响应。

在大多数情况下关心的是系统的稳态响应,也就是方程(3.20)解的第 2 部分。把振幅比 $M=\overline{X}/(F_0/k)$ 与相位滞后角 φ 画出随 Ω 变化的曲线,如图 3.16 所示。

从图 3.16(a)中可以看出:当激励频率较低($\Omega\ll 1$)时,振幅比接近于 1;当激励频率较高($\Omega\gg 1$)时,振幅比趋近于 0;当激励频率与系统固有频率接近($\Omega\approx 1$)时,系统的振幅可能很大。把振幅比达到最大值的情形,称为幅值共振。严格地说,幅值共振所对应的频率并不是 $\Omega=1$(即 $p=\omega_n$)。可以证明,这个幅值共振频率为

$$p_{r1} = \omega_n\sqrt{1-2\varepsilon^2} \tag{3.23}$$

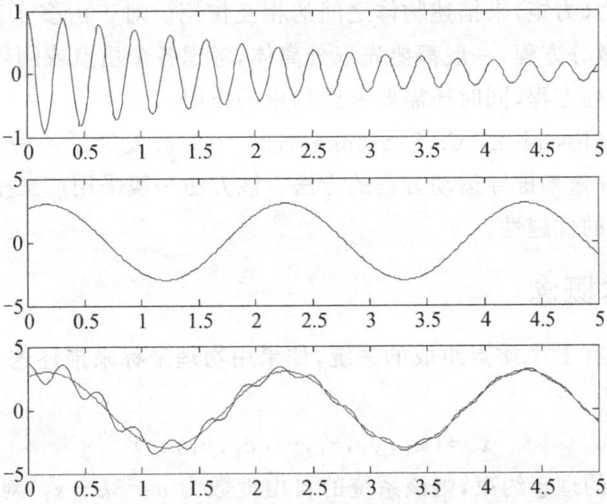

图 3.15　有阻尼系统在简谐激励下的时间响应

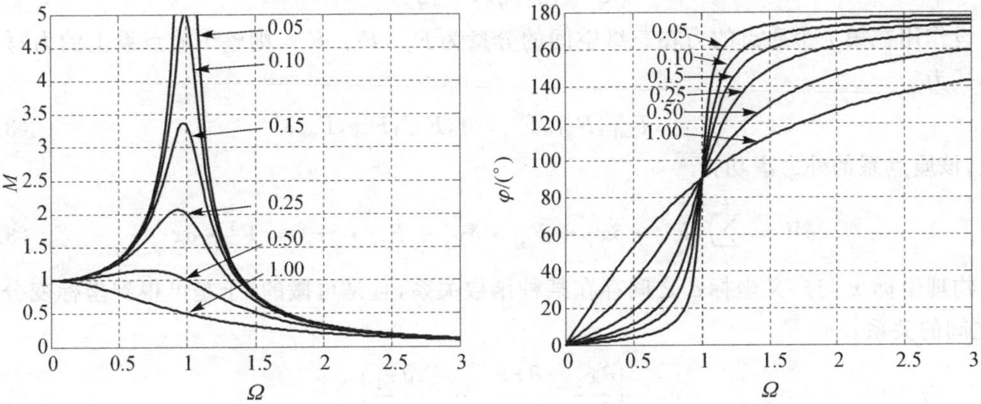

(a) 幅频特性　　(b) 相频特性

图 3.16　有阻尼系统的幅频与相频特性

此外，从图中还可看出：幅值共振时系统振动的幅值受阻尼比 ε 的影响非常大。例如，当 ε＝0.2，0.05 和 0.01 时，振幅比为 2.5，10 和 50。

从图 3.16(b)中可以看出：当激励频率较低($\Omega \ll 1$)时，相位滞后接近于 0；当激励频率较高($\Omega \gg 1$)时，相位滞后接近于 180°；当激励频率与系统固有频率相等($\Omega = 1$)时，相位滞后正好等于 90°。把相位滞后等于 90°的情形，称为相位共振。可以证明，相位共振频率与阻尼比 ε 无关，且有

$$p_{r2} = \omega_n \tag{3.24}$$

利用相位共振时激励力频率等于系统固有频率这一特性，可以测定结构的固有频率，这个方法在工程上称为相位共振法（纯模态法）。

3.4　广义坐标和广义力

前面几节主要是从牛顿定律出发来推导系统的运动微分方程，经常采用物理坐标来确定

物体的空间位置,用力(力矩)来描述物体之间的相互作用。对于由多个质点或刚体组成的系统,为写出它的运动微分方程,一般都要先取分离体,考虑各个质点或刚体之间的相互作用,对各个质点或刚体分别列方程,同时还需要考虑约束的作用。

数学家拉格朗日(Joseph L. C. Lagrange,1736—1813)发展了一种从系统总体出发利用动能、势能和功这些标量来推导运动方程的方法。该方法一般采用广义坐标来描述系统,对于复杂系统显示出很大的优越性。

3.4.1 基本概念

设在三维空间里有 k 个质点组成的系统,如果用物理坐标来描述这个系统,需要 $3k$ 个坐标,写成向量的形式为

$$\boldsymbol{x}=(x_1,y_1,z_1,\cdots,x_k,y_k,z_k)^{\mathrm{T}}$$

若系统受到 s 个完整的理想约束,则该系统的自由度数为 $n=3k-s$。对于 n 自由度系统,实际上可以采用 n 个独立的广义坐标 $q_i(i=1,2,\cdots,n)$ 来描述,也写成向量形式为

$$\boldsymbol{q}=(q_1,q_2,\cdots,q_n)^{\mathrm{T}}$$

设作用在第 j 个质点的力在三维空间的分量为 F_{xj},F_{yj},F_{zj},则整个质点系上的力写成向量形式为

$$\boldsymbol{F}=(F_{x1},F_{y1},F_{z1},\cdots,F_{xk},F_{yk},F_{zk})^{\mathrm{T}} \tag{3.25}$$

于是,该质点系的外力虚功为

$$\delta W=\sum_{j}^{k}(F_{xj}\cdot\delta x_j+F_{yj}\cdot\delta y_j+F_{zj}\cdot\delta z_j)=\boldsymbol{F}^{\mathrm{T}}\cdot\delta\boldsymbol{x} \tag{3.26}$$

物理坐标 $\boldsymbol{x}$ 与广义坐标 $\boldsymbol{q}$ 之间存在某种函数关系,且是可微的,于是可得到坐标变分 $\delta\boldsymbol{x}$、$\delta\boldsymbol{q}$ 之间的关系:

$$\begin{bmatrix}\delta x_1\\ \delta y_1\\ \delta z_1\\ \vdots\\ \delta x_k\\ \delta y_k\\ \delta z_k\end{bmatrix}_{3k\times1}=\begin{bmatrix}\dfrac{\partial x_1}{\partial q_1} & \dfrac{\partial x_1}{\partial q_2} & \cdots & \dfrac{\partial x_1}{\partial q_n}\\ \dfrac{\partial y_1}{\partial q_1} & \dfrac{\partial y_1}{\partial q_2} & \cdots & \dfrac{\partial y_1}{\partial q_n}\\ \dfrac{\partial z_1}{\partial q_1} & \dfrac{\partial z_1}{\partial q_2} & \cdots & \dfrac{\partial z_1}{\partial q_n}\\ \vdots & \vdots & \ddots & \vdots\\ \dfrac{\partial x_k}{\partial q_1} & \dfrac{\partial x_k}{\partial q_2} & \cdots & \dfrac{\partial x_k}{\partial q_n}\\ \dfrac{\partial y_k}{\partial q_1} & \dfrac{\partial y_k}{\partial q_2} & \cdots & \dfrac{\partial y_k}{\partial q_n}\\ \dfrac{\partial z_k}{\partial q_1} & \dfrac{\partial z_k}{\partial q_2} & \cdots & \dfrac{\partial z_k}{\partial q_n}\end{bmatrix}_{3k\times n}\begin{bmatrix}\delta q_1\\ \delta q_2\\ \vdots\\ \delta q_n\end{bmatrix}_{n\times1} \tag{3.27}$$

式(3.27)写成矩阵形式为

$$\delta\boldsymbol{x}=\boldsymbol{J}\cdot\delta\boldsymbol{q} \tag{3.28}$$

其中,矩阵 $\boldsymbol{J}$ 称为雅克比转换矩阵。将式(3.28)代入式(3.26)中,有

$$\delta W=\boldsymbol{F}^{\mathrm{T}}\cdot\boldsymbol{J}\cdot\delta\boldsymbol{q}=(\boldsymbol{J}^{\mathrm{T}}\cdot\boldsymbol{F})^{\mathrm{T}}\delta\boldsymbol{q} \tag{3.29}$$

从式(3.29)可以看出，根据虚功的定义，$\boldsymbol{J}^{\mathrm{T}}\boldsymbol{F}$ 就是对应于广义坐标 $\boldsymbol{q}$ 的广义力，即

$$\boldsymbol{Q}=\frac{\partial(\delta W)}{\partial(\delta \boldsymbol{q})}=\boldsymbol{J}^{\mathrm{T}}\cdot\boldsymbol{F} \tag{3.30}$$

式(3.28)和式(3.30)分别给出了物理坐标与广义坐标、物理力与广义力之间的关系。

广义坐标在很多情况下是没有明确的物理意义的。例如，对于如图 3.17 所示的两端简支梁，跨度为 l。由于其横向变形 w 是坐标 x 的连续函数，因此该系统在理论上具有无穷多个自由度。可以把梁的横向变形表示为三角级数之和：

$$w(x)=a_1\sin\frac{\pi x}{l}+a_2\sin\frac{2\pi x}{l}+\cdots+a_n\sin\frac{n\pi x}{l}+\cdots=\sum_{i=1}^{\infty}a_i\sin\frac{i\pi x}{l}$$

其中，a_i 相当于是各个三角级数在梁横向变形中的权重。这里的 $a_i(i=1,2,\cdots,\infty)$ 就是一组描述系统的广义坐标。

【例 3.6】　如图 3.18 所示的双摆，摆长为 l。2 个质量块可用物理坐标 (x_1,y_1) 和 (x_2,y_2) 来描述其运动，但实际上这 4 个坐标并不是独立的，它们满足以下约束条件：

$$x_1^2+y_1^2=l^2$$
$$(x_1-x_2)^2+(y_1-y_2)^2=l^2$$

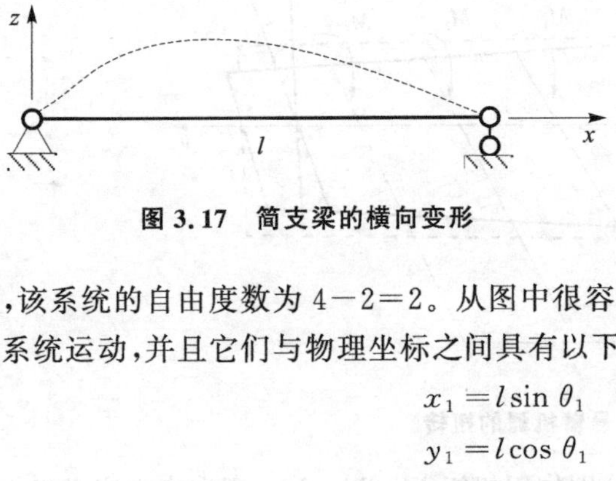

图 3.17　简支梁的横向变形

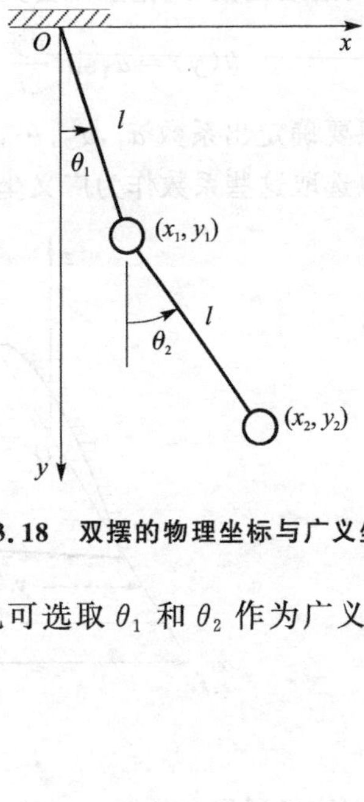

图 3.18　双摆的物理坐标与广义坐标

因此，该系统的自由度数为 4−2=2。从图中很容易看出，也可选取 θ_1 和 θ_2 作为广义坐标来描述系统运动，并且它们与物理坐标之间具有以下关系：

$$x_1=l\sin\theta_1$$
$$y_1=l\cos\theta_1$$
$$x_2=l\sin\theta_1+l\sin\theta_2$$
$$y_2=l\cos\theta_1+l\cos\theta_2$$

于是，物理坐标与广义坐标之间的雅克比转换矩阵为

$$\boldsymbol{J}=\begin{bmatrix} l\cos\theta_1 & 0 \\ -l\sin\theta_1 & 0 \\ l\cos\theta_1 & l\cos\theta_2 \\ -l\sin\theta_1 & -l\sin\theta_2 \end{bmatrix}$$

【例 3.7】　如图 3.19 所示，悬臂梁受到三个力 F_1，F_2，F_3 的作用，受力点的横向位移分

别记作 w_1,w_2,w_3。如果选用如图所示的3个位形函数来描述悬臂梁的横向变形,求对应于广义坐标 q_1,q_2,q_3 的广义力 Q_1,Q_2,Q_3。

根据图示位形函数,可以写出物理坐标 w_1,w_2,w_3 与广义坐标 q_1,q_2,q_3 之间的关系:

$$\begin{bmatrix} w_1 \\ w_2 \\ w_3 \end{bmatrix} = \begin{bmatrix} 0.1 & 0.6 & 0.4 \\ 0.4 & 0.4 & -0.4 \\ 0.6 & -0.4 & 0.4 \end{bmatrix} \begin{bmatrix} q_1 \\ q_2 \\ q_3 \end{bmatrix}$$

根据式(3.30),容易得到

$$\begin{bmatrix} Q_1 \\ Q_2 \\ Q_3 \end{bmatrix} = \begin{bmatrix} 0.1 & 0.4 & 0.6 \\ 0.6 & 0.4 & -0.4 \\ 0.4 & -0.4 & 0.4 \end{bmatrix} \begin{bmatrix} F_1 \\ F_2 \\ F_3 \end{bmatrix}$$

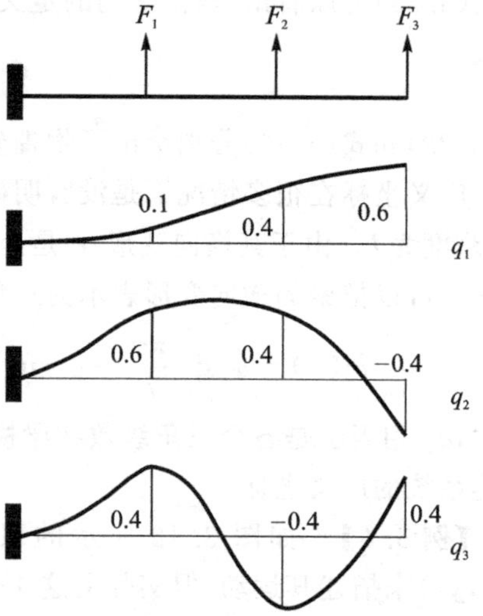

图 3.19　悬臂梁受力示意图

【例 3.8】 研究一个悬臂机翼的扭转,如图3.20所示,机翼展长为 l。该机翼的扭转变形是 y 坐标的连续函数,理论上需要无限多个坐标。这里把机翼的扭转角展开成三角级数之和:

$$\theta(y) = a_1 \sin\frac{\pi y}{2l} + a_2 \sin\frac{3\pi y}{2l} + \cdots + a_n \sin\frac{(2n-1)\pi y}{2l} + \cdots$$

显然,只要确定出系数 $a_1,a_2,\cdots,a_n$,机翼的扭转变形就完全确定了,因此它们起到了坐标作用,可以选取这些系数作为广义坐标,而与这些坐标对应的函数,称作位形函数。

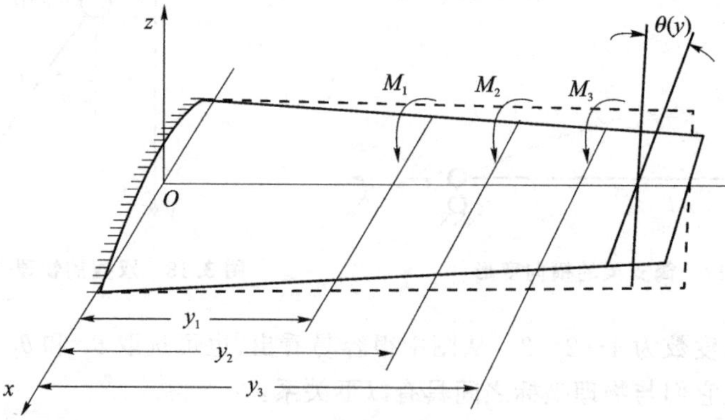

图 3.20　悬臂机翼的扭转

若在该机翼展向位置 $y=y_1,y_2,y_3$ 处分别作用扭矩 M_1,M_2,M_3,现在来求广义坐标 $a_1,a_2,\cdots,a_n$ 所对应的广义力。以广义坐标 $a_i(i=1,2,\cdots,\infty)$ 为例,使机翼扭转产生一个虚位移 δa_i,则外力矩在这个虚位移上所做的虚功为

$$\delta W = \left[M_1 \sin\frac{(2i-1)\pi y_1}{2l} + M_2 \sin\frac{(2i-1)\pi y_2}{2l} + M_3 \sin\frac{(2i-1)\pi y_3}{2l} \right] \delta a_i$$

因此,广义坐标 a_i 所对应的广义力为

$$Q_i = M_1 \sin\frac{(2i-1)\pi y_1}{2l} + M_2 \sin\frac{(2i-1)\pi y_2}{2l} + M_3 \sin\frac{(2i-1)\pi y_3}{2l}$$

从上式可以看出,这里的广义力也没有物理意义。

更进一步，如果作用在机翼上的外力是分布力矩 $t(y)$ 时，读者可自行推导，广义坐标 a_i 所对应的广义力为

$$Q_i=\int_0^l t(y)\sin\frac{(2i-1)\pi y}{2l}\mathrm{d}y$$

3.4.2 拉格朗日方程

虚功原理可表述为：一个受到理想约束的系统，它平衡的充分必要条件是当系统从平衡位置起有任意虚位移时，作用在系统上的全部主动力所做的虚功等于零。达朗伯原理引出惯性力的概念，若把惯性力加到主动力上，则任何力系都能得到平衡。利用达朗伯原理，虚功原理就可以由静力学领域扩展到动力学领域，即在任何虚位移上，主动力所做的虚功加上惯性力所做的虚功总等于零，即

$$\delta W_I+\delta W_E-\delta U=0 \tag{3.31}$$

其中，δW_I 为惯性力所做的虚功；δW_E 为全部外力所做的虚功；δU 为全部内力所做的虚功，其大小等于应变能 U 的增量，内力方向永远与变形方向相反，δU 前面应有负号。

对于一个具有 n 自由度的完整系统，其位置状态用 n 个独立广义坐标 $q_i(i=1,2,\cdots,n)$ 描述，现分别计算 δW_I、δW_E 及 δU 如下：

$$\delta W_I=-\sum_{i=1}^{n}\left[\frac{\mathrm{d}}{\mathrm{d}t}\left(\frac{\partial T}{\partial\dot{q}_i}\right)-\frac{\partial T}{\partial q_i}\right]\delta q_i \tag{3.32}$$

$$\delta W_E=\sum_{i=1}^{n}Q_i\delta q_i \tag{3.33}$$

$$\delta U=\sum_{i=1}^{n}\frac{\partial U}{\partial q_i}\delta q_i \tag{3.34}$$

其中，T 是系统的动能。把式(3.32)、式(3.33)和式(3.34)代入式(3.31)中，得到

$$\sum_{i=1}^{n}\left[\frac{\mathrm{d}}{\mathrm{d}t}\left(\frac{\partial T}{\partial\dot{q}_i}\right)-\frac{\partial T}{\partial q_i}+\frac{\partial U}{\partial q_i}-Q_i\right]\delta q_i=0 \tag{3.35}$$

因为 δq_i 是任意独立变量，由此得

$$\frac{\mathrm{d}}{\mathrm{d}t}\left(\frac{\partial T}{\partial\dot{q}_i}\right)-\frac{\partial T}{\partial q_i}+\frac{\partial U}{\partial q_i}=Q_i,\quad i=1,2,\cdots,n \tag{3.36}$$

式(3.36)即为完整系统的拉格朗日方程。

拉格朗日方程提供了解决完整系统运动的一个简单而统一的方法。无论采用怎样的坐标，拉格朗日方程的形式总是不变的，经常用来推导多自由度系统的运动方程。

3.5 多自由度系统的振动

3.5.1 主振动(模态)

在实际的工程问题中，往往一个系统具有多个自由度，这种系统称为多自由度系统。为简单起见，先以图 3.21 所示的二自由度系统为例来说明一些重要概念。

图 3.21 中有两个质量为 m 的质量块，张线拉平。假设张线张力 S 为常量，且忽略张线的

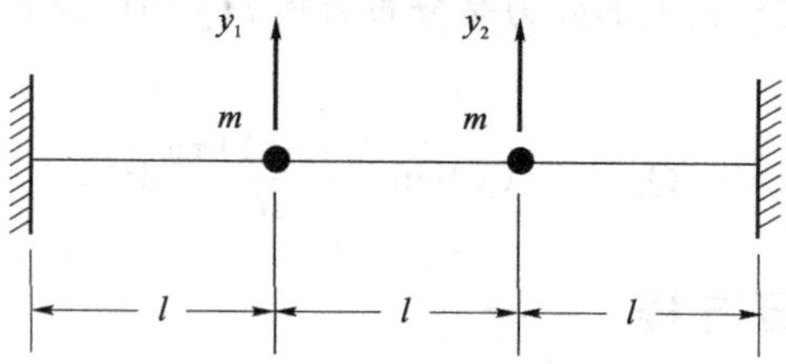

图 3.21　二自由度系统示例

质量。现只研究垂直方向的运动，则每一质量块只有一个自由度，分别用 y_1 和 y_2 来描述，它们都是时间 t 的函数。记 $k=S/l$，利用牛顿定律不难推导(请读者练习)出该系统自由振动的运动方程：

$$\begin{cases} m\ddot{y}_1 + 2ky_1 - ky_2 = 0 \\ m\ddot{y}_2 - ky_1 + 2ky_2 = 0 \end{cases} \tag{3.37}$$

这是一组常系数齐次微分方程，为求解方程，设

$$\begin{aligned} y_1 &= A_1\cos(\omega t - \varphi) \\ y_2 &= A_2\cos(\omega t - \varphi) \end{aligned} \tag{3.38}$$

其中，ω、φ、A_1、A_2 是未知常数。将式(3.38)代入式(3.37)中，消去 $\cos(\omega t-\varphi)$，得到

$$\begin{cases} (2k - m\omega^2)A_1 - kA_2 = 0 \\ -kA_1 + (2k - m\omega^2)A_2 = 0 \end{cases} \tag{3.39}$$

这是未知数 A_1、A_2 的齐次线性代数方程，要使得式(3.39)有非零解，必须使得系数矩阵的行列式等于0，即

$$\begin{vmatrix} 2k - m\omega^2 & -k \\ -k & 2k - m\omega^2 \end{vmatrix} = 0 \tag{3.40}$$

可以化为

$$m^2\omega^4 - 4km\omega^2 + 3k^2 = 0 \tag{3.41}$$

式(3.41)通常称为“频率方程”，也称为“特征方程”。方程(3.41)是 ω^2 的二次代数方程，容易求得它的两个根。解得的“特征根”为

$$\omega_1^2 = \frac{k}{m},\quad \omega_2^2 = \frac{3k}{m}$$

由此解得简谐振动的频率(单位:rad/s)为

$$\omega_1 = \sqrt{k/m},\quad \omega_2 = \sqrt{3k/m}$$

它们都是该二自由度系统的固有频率。

现把求得的第1个特征根 $\omega_1^2=k/m$ 代入到式(3.39)中的任何一个式子，就能求出 A_2 与 A_1 的比值(注意:不是 A_1 与 A_2 的值)：

$$\frac{A_2}{A_1} = \frac{k}{2k-k} = 1$$

于是，利用式(3.38)，可以得到方程(3.37)的一个可能的解：

$$\begin{bmatrix} y_1(t) \\ y_2(t) \end{bmatrix} = a_1 \begin{bmatrix} 1 \\ 1 \end{bmatrix} \cos\left(\sqrt{\frac{k}{m}}t - \varphi_1\right) \tag{3.42}$$

其中，a_1、φ_1 是任意常数。式(3.42)表示该系统的两个质点可能以相同频率 $\sqrt{k/m}$ 做简谐振动，这种简谐振动称为“主振动”或“模态”。向量 $(1,1)^{\mathrm{T}}$ 表示了这两个质点在做主振动时的相对位置，称为“模态振型”，如图 3.22(a)所示。

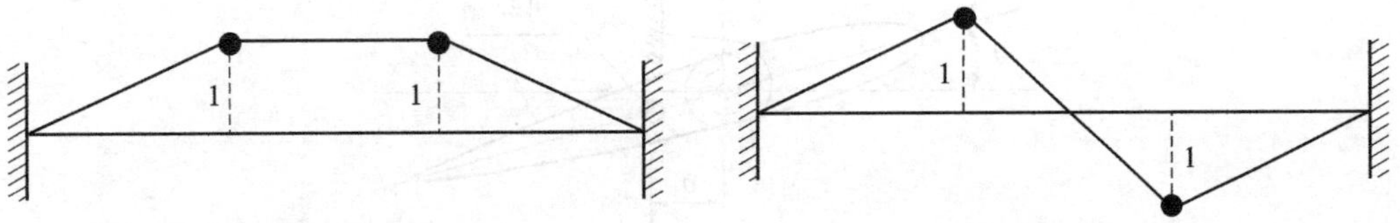

(a) 第1阶模态振型　　　(b) 第2阶模态振型

图 3.22　二自由度系统的模态振型图

同样，把第 2 个特征根 $\omega_1^2=3k/m$ 代入到式(3.39)中，求得比值

$$\frac{A_2}{A_1}=\frac{2k-m\omega_2^2}{k}=\frac{2k-3k}{k}=-1$$

则方程 (3.37)的另一个可能的解为

$$\begin{bmatrix} y_1(t) \\ y_2(t) \end{bmatrix}=a_2\begin{bmatrix} 1 \\ -1 \end{bmatrix}\cos\left(\sqrt{\frac{3k}{m}}t-\varphi_2\right) \tag{3.43}$$

其中，a_2、φ_2 是任意常数。此式即为第 2 个主振动(第 2 阶模态)，其振型如图 3.22(b)所示。

将上述两个可能的特解相加，就得到微分方程(3.37)的通解：

$$\begin{bmatrix} y_1(t) \\ y_2(t) \end{bmatrix}=a_1\begin{bmatrix} 1 \\ 1 \end{bmatrix}\cos\left(\sqrt{\frac{k}{m}}t-\varphi_1\right)+a_2\begin{bmatrix} 1 \\ -1 \end{bmatrix}\cos\left(\sqrt{\frac{3k}{m}}t-\varphi_1\right) \tag{3.44}$$

其中，4 个任意常数 a_1、a_2、φ_1、φ_2 由初始条件决定。

分析几种初始条件下的系统振动响应：

① $t=0$ 时，$y_1=y_2=1,\dot{y}_1=\dot{y}_2=0$

$$\begin{bmatrix} y_1(t) \\ y_2(t) \end{bmatrix}=\begin{bmatrix} 1 \\ 1 \end{bmatrix}\cos\sqrt{\frac{k}{m}}t$$

② $t=0$ 时，$y_1=1,y_2=-1,\dot{y}_1=\dot{y}_2=0$

$$\begin{bmatrix} y_1(t) \\ y_2(t) \end{bmatrix}=\begin{bmatrix} 1 \\ -1 \end{bmatrix}\cos\sqrt{\frac{3k}{m}}t$$

③ $t=0$ 时，$y_1=1,y_2=0,\dot{y}_1=\dot{y}_2=0$

$$\begin{bmatrix} y_1(t) \\ y_2(t) \end{bmatrix}=\frac{1}{2}\begin{bmatrix} 1 \\ 1 \end{bmatrix}\cos\sqrt{\frac{k}{m}}t+\frac{1}{2}\begin{bmatrix} 1 \\ -1 \end{bmatrix}\cos\sqrt{\frac{3k}{m}}t$$

从本节例子中可以得到：二自由度系统的自由振动由 2 个主振动叠加而成，每个主振动所占的权重由初始条件决定；每个主振动以特定的固有频率振动；在每个主振动中，各质点的振幅呈固定的比例关系，且各质点振动没有相位差。

3.5.2　坐标耦合和主坐标

这里通过一个示例来说明模态坐标的概念。如图 3.23 所示的二元刚性翼段，选取翼段的沉浮位移 h 和俯仰角 θ 作为坐标，可列出其运动方程为

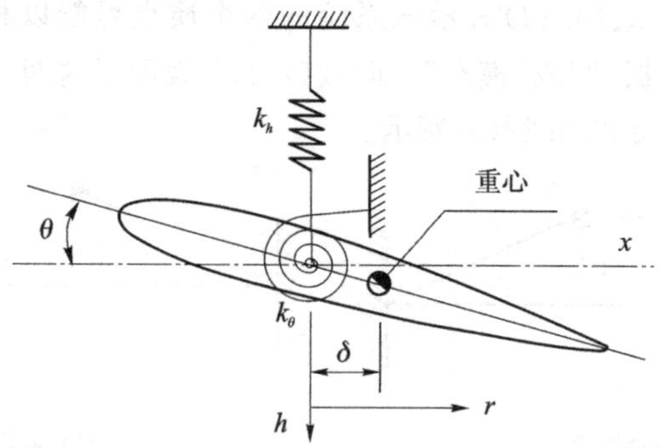

图 3.23 二元刚性翼段示意图

$$\begin{cases} m\ddot{h} + m\delta\ddot{\theta} + k_h h = 0 \\ m\delta\ddot{h} + (I_0 + m\delta^2)\ddot{\theta} + k_\theta\theta = 0 \end{cases} \tag{3.45}$$

写成矩阵形式

$$\boldsymbol{M}\ddot{\boldsymbol{q}} + \boldsymbol{K}\boldsymbol{q} = \boldsymbol{0} \tag{3.46}$$

其中

$$\boldsymbol{q} = \begin{bmatrix} h \\ \theta \end{bmatrix}, \quad \boldsymbol{M} = \begin{bmatrix} m & m\delta \\ m\delta & I_0 + m\delta^2 \end{bmatrix}, \quad \boldsymbol{K} = \begin{bmatrix} k_h & 0 \\ 0 & k_\theta \end{bmatrix}$$

矩阵 $\boldsymbol{M}$ 是由惯性参数组成的矩阵,称为质量矩阵;$\boldsymbol{K}$ 是由系统的弹性参数组成的矩阵,称为刚度矩阵。质量矩阵 $\boldsymbol{M}$ 和刚度矩阵 $\boldsymbol{K}$ 都是对称矩阵。在式(3.46)中,质量矩阵的非对角元素不为零,说明系统存在惯性耦合,而刚度矩阵为对角阵,说明不存在刚度耦合。需要注意的是,系统是否存在惯性耦合和刚度耦合,与广义坐标的选择有关。这种坐标的耦合并非系统的固有特征。

既然选用不同坐标会出现不同的耦合,那么自然会想到:是否存在一种新的广义坐标,使得惯性耦合和刚度耦合都没有,即质量矩阵和刚度矩阵都成为对角矩阵?如果能够实现这种情形,则多自由度系统的运动方程将大大简化,成为一系列单自由度系统的运动方程。满足这种情形的坐标,就称为主坐标。

例如,选取一组新的广义坐标 $\boldsymbol{\xi}$,原坐标 $\boldsymbol{q}$ 与新坐标之间具有如下线性关系:

$$\boldsymbol{q} = \boldsymbol{\Phi}\boldsymbol{\xi} \tag{3.47}$$

将式(3.47)代入式(3.46)中,得到

$$\boldsymbol{M}\boldsymbol{\Phi}\ddot{\boldsymbol{\xi}} + \boldsymbol{K}\boldsymbol{\Phi}\boldsymbol{\xi} = \boldsymbol{0} \tag{3.48}$$

在式(3.48)等号两端都左乘 $\boldsymbol{\Phi}^{\mathrm{T}}$,得到

$$\boldsymbol{\Phi}^{\mathrm{T}}\boldsymbol{M}\boldsymbol{\Phi}\ddot{\boldsymbol{\xi}} + \boldsymbol{\Phi}^{\mathrm{T}}\boldsymbol{K}\boldsymbol{\Phi}\boldsymbol{\xi} = \boldsymbol{0} \tag{3.49}$$

于是,寻找主坐标的问题就转化为:寻找一个线性变换矩阵 $\boldsymbol{\Phi}$,使得矩阵 $\boldsymbol{\Phi}^{\mathrm{T}}\boldsymbol{M}\boldsymbol{\Phi}$ 和 $\boldsymbol{\Phi}^{\mathrm{T}}\boldsymbol{K}\boldsymbol{\Phi}$ 成为对角阵。幸运的是,对于一个结构系统,总能找到这样的矩阵 $\boldsymbol{\Phi}$。

3.5.3 模态理论的一般描述

考虑一个 n 自由度系统,其运动用一组广义坐标 $x_1, x_2, \cdots, x_n$ 来描述。通过牛顿运动定

律或拉格朗日方程,可以得到这个系统的自由振动方程:

$$\begin{bmatrix} m_{11} & m_{12} & \cdots & m_{1n} \\ m_{21} & m_{22} & \cdots & m_{2n} \\ \vdots & \vdots & \ddots & \vdots \\ m_{n1} & m_{n2} & \cdots & m_{nn} \end{bmatrix} \begin{bmatrix} \ddot{x}_1 \\ \ddot{x}_2 \\ \vdots \\ \ddot{x}_n \end{bmatrix} + \begin{bmatrix} k_{11} & k_{12} & \cdots & k_{1n} \\ k_{21} & k_{22} & \cdots & k_{2n} \\ \vdots & \vdots & \ddots & \vdots \\ k_{n1} & k_{n2} & \cdots & k_{nn} \end{bmatrix} \begin{bmatrix} x_1 \\ x_2 \\ \vdots \\ x_n \end{bmatrix} = \begin{bmatrix} 0 \\ 0 \\ \vdots \\ 0 \end{bmatrix} \tag{3.50}$$

简记为

$$\boldsymbol{M}\ddot{\boldsymbol{x}} + \boldsymbol{K}\boldsymbol{x} = \boldsymbol{0} \tag{3.51}$$

其中,$\boldsymbol{x}$ 为坐标向量,$\boldsymbol{M}$ 为质量矩阵,$\boldsymbol{K}$ 为刚度矩阵。对于结构系统来说,$\boldsymbol{M}$ 总是正定的对称矩阵,$\boldsymbol{K}$ 则是半正定的对称矩阵。

式(3.51)是一个线性常系数微分方程组,根据微分方程理论,其解具有如下形式:

$$\boldsymbol{x} = \bar{\boldsymbol{x}} \mathrm{e}^{\mathrm{i}\omega t} \tag{3.52}$$

其中,$\bar{\boldsymbol{x}}$ 代表振动响应 $\boldsymbol{x}$ 的振幅,ω 代表振动的频率(单位:rad/s)。将式(3.51)代入式(3.52)中,得到

$$(\boldsymbol{K} - \omega^2 \boldsymbol{M})\bar{\boldsymbol{x}} = \boldsymbol{0} \tag{3.53}$$

要使方程(3.53)的 $\bar{\boldsymbol{x}}$ 有非零解,须使得

$$\det(\boldsymbol{K} - \omega^2 \boldsymbol{M}) = 0 \tag{3.54}$$

式(3.54)称为系统的特征方程。展开该式,得到一个关于 ω^2 的 n 次多项式方程,因此可以求得 n 个根(即为特征值)。通常将求得的 n 个 ω 按照由小到大的顺序排序,即

$$\omega_1 \leqslant \omega_2 \leqslant \cdots \leqslant \omega_n$$

这里的 ω_i 就称为第 i 阶模态的固有频率。将求得的 ω_i 再代入方程(3.53)中,可以得到各坐标振动幅值的比例关系,记为 ϕ_i,称为模态振型。求解 n 自由度系统的模态频率 ω_i 及其模态振型 ϕ_i 的过程,在振动学上就称为模态分析。

也可把方程(3.53)改写成如下形式

$$\boldsymbol{K}\bar{\boldsymbol{x}} = \lambda \boldsymbol{M}\bar{\boldsymbol{x}} \tag{3.55}$$

其中,$\lambda = \omega^2$。从数学的角度看,这是一个关于矩阵 $\boldsymbol{K}$ 和 $\boldsymbol{M}$ 的广义特征值问题。求解该问题有许多成熟的数值算法,得到的特征值即为 ω_i^2,对应的特征向量即为 $\boldsymbol{\phi}_i$。

可以证明:模态振型存在对于质量矩阵 $\boldsymbol{M}$ 和刚度矩阵 $\boldsymbol{K}$ 的加权正交性。设系统第 i 阶和第 j 阶模态振型为 $\boldsymbol{\phi}_i$ 和 $\boldsymbol{\phi}_j$,则有

$$\boldsymbol{\phi}_i^{\mathrm{T}} \boldsymbol{M} \boldsymbol{\phi}_j = \begin{cases} \bar{m}_{ii}, & i = j \\ 0, & i \neq j \end{cases} \tag{3.56}$$

$$\boldsymbol{\phi}_i^{\mathrm{T}} \boldsymbol{K} \boldsymbol{\phi}_j = \begin{cases} \bar{k}_{ii}, & i = j \\ 0, & i \neq j \end{cases} \tag{3.57}$$

其中,$\bar{m}_{ii}$ 和 $\bar{k}_{ii}$ 分别是对应于第 i 阶模态的广义质量和广义刚度,且有 $\bar{k}_{ii} = \bar{m}_{ii}\omega_i^2$。

现在构造一个线性变换矩阵 $\boldsymbol{\Phi}$,令

$$\boldsymbol{\Phi} = [\boldsymbol{\phi}_1 \quad \boldsymbol{\phi}_2 \quad \cdots \quad \boldsymbol{\phi}_n] \tag{3.58}$$

利用这个矩阵 $\boldsymbol{\Phi}$(也叫模态振型矩阵),将原广义坐标 $\boldsymbol{x}$ 转换到新的广义坐标 $\boldsymbol{q}$,即有

$$\boldsymbol{x} = \boldsymbol{\Phi} \boldsymbol{q} \tag{3.59}$$

式(3.59)展开的形式为

$$\boldsymbol{x} = \boldsymbol{\phi}_1 q_1 + \boldsymbol{\phi}_2 q_2 + \cdots + \boldsymbol{\phi}_n q_n \tag{3.60}$$

式(3.60)的物理意义是:n 自由度系统的振动响应实际上是该系统的 n 个模态的线性叠加,$q_1, q_2, \cdots, q_n$ 为叠加时的加权系数。此外,该式的数学含义是:n 维线性空间里的任意一个向量,均可以表示成该空间的一组基底($\boldsymbol{\phi}_1, \boldsymbol{\phi}_2, \cdots, \boldsymbol{\phi}_n$)的线性叠加。

将式(3.60)代入式(3.51)中,且方程等号两端都左乘 $\boldsymbol{\Phi}^{\mathrm{T}}$,得到

$$\boldsymbol{\Phi}^{\mathrm{T}} \boldsymbol{M} \boldsymbol{q} \boldsymbol{\Phi} \ddot{\boldsymbol{q}} + \boldsymbol{\Phi}^{\mathrm{T}} \boldsymbol{K} \boldsymbol{\Phi} \boldsymbol{q} = \boldsymbol{0} \tag{3.61}$$

根据模态的正交性(式(3.56)和式(3.57)),方程(3.61)实际上为

$$\begin{bmatrix} \bar{m}_{11} & 0 & \cdots & 0 \\ 0 & \bar{m}_{22} & \cdots & 0 \\ \vdots & \vdots & \ddots & \vdots \\ 0 & 0 & \cdots & \bar{m}_{nn} \end{bmatrix} \begin{bmatrix} \ddot{q}_1 \\ \ddot{q}_2 \\ \vdots \\ \ddot{q}_n \end{bmatrix} + \begin{bmatrix} \bar{k}_{11} & 0 & \cdots & 0 \\ 0 & \bar{k}_{22} & \cdots & 0 \\ \vdots & \vdots & \ddots & \vdots \\ 0 & 0 & \cdots & \bar{k}_{nn} \end{bmatrix} \begin{bmatrix} q_1 \\ q_2 \\ \vdots \\ q_n \end{bmatrix} = \begin{bmatrix} 0 \\ 0 \\ \vdots \\ 0 \end{bmatrix} \tag{3.62}$$

在方程(3.62)中,广义坐标 q_i 之间既没有惯性耦合,也没有刚度耦合,n 自由度系统的振动变成了 n 个单自由度系统的振动问题。方程(3.62)也可简记为

$$\bar{\boldsymbol{M}} \ddot{\boldsymbol{q}} + \bar{\boldsymbol{K}} \boldsymbol{q} = \boldsymbol{0} \tag{3.63}$$

其中,$\bar{\boldsymbol{M}} = \mathrm{diag}(\bar{m}_{11}, \bar{m}_{22}, \cdots, \bar{m}_{nn})$ 称为广义质量矩阵,$\bar{\boldsymbol{K}} = \mathrm{diag}(\bar{k}_{11}, \bar{k}_{22}, \cdots, \bar{k}_{nn})$ 称为广义刚度矩阵。

如果考虑外力的作用,以坐标 $\boldsymbol{x}$ 描述的运动方程为

$$\boldsymbol{M} \ddot{\boldsymbol{x}} + \boldsymbol{K} \boldsymbol{x} = \boldsymbol{f} \tag{3.64}$$

其中,$\boldsymbol{f}$ 为外力向量。利用模态振型矩阵 $\boldsymbol{\Phi}$ 将坐标由 $\boldsymbol{x}$ 转换为 $\boldsymbol{q}$,则有

$$\bar{\boldsymbol{M}} \ddot{\boldsymbol{q}} + \bar{\boldsymbol{K}} \boldsymbol{q} = \boldsymbol{\Phi}^{\mathrm{T}} \boldsymbol{f} \tag{3.65}$$

前面所述的坐标转换,保持了坐标个数等于系统自由度数。但在很多实际工程问题中,将振动响应表示成系统固有模态的线性叠加时,可以仅考虑若干阶低阶模态,而忽略高阶模态,这就是模态截断,即

$$\begin{aligned} \boldsymbol{x} &= \boldsymbol{\phi}_1 q_1 + \boldsymbol{\phi}_2 q_2 + \cdots + \boldsymbol{\phi}_m q_m + \cdots + \boldsymbol{\phi}_n q_n \\ &\approx \boldsymbol{\phi}_1 q_1 + \boldsymbol{\phi}_2 q_2 + \cdots + \boldsymbol{\phi}_m q_m, \quad m < n \end{aligned} \tag{3.66}$$

利用式(3.66)也可以得到广义质量矩阵和广义刚度矩阵均为对角阵的系统运动方程,而且系统的自由度数由原来的 n 减少为 m,这对结构动响应分析和气动弹性分析都会带来很大的好处。举个例子:一架飞机的结构有限元模型具有 100 000 个结点,那么整个全机结构就具有 600 000 个自由度。在气动弹性分析中,如果选取前 50 阶模态来进行分析,那么这个气动弹性系统的自由度就只有 50,极大地简化了计算。

3.6 连续系统的振动

连续系统可以看作是具有无限多质点且相互间有弹性约束的系统,需要无限多个坐标才能确定系统在空间的变形。已经知道,离散多自由度系统的振动是采用常微分方程组来描述的;而与之不同的是,连续系统的振动是由偏微分方程来描述的,两者在解法上有很大的不同。

事实上，只有极少数简单规则的连续系统才可能得出精确解。

本节讨论几种经典的连续系统振动，包括均匀梁的扭转振动和弯曲振动，它们可以看作是大展弦比机翼、细长体箭身等飞行器部件结构的理想模拟。

3.6.1 梁的扭转振动

为研究均匀梁的自由扭转振动，可先通过牛顿定律建立它的运动方程。沿梁的轴线建立 y 坐标，记梁的扭转变形为 $\theta(y,t)$，根据材料力学可知：

$$\frac{\partial \theta}{\partial y}=\frac{T}{GJ} \tag{3.67}$$

其中，T 为梁剖面上的扭矩，GJ 为梁的扭转刚度。

由图 3.24 所示的微段平衡，有

$$\frac{\partial T}{\partial y}+\tau=0 \tag{3.68}$$

其中，τ 是单位长度梁上的外扭矩，在自由振动时，τ 就是惯性力矩$\dfrac{-I\partial^2\theta}{\partial t^2}$，这里 I 表示单位长度梁关于轴线的转动惯量。将式(3.67)代入式(3.68)中，得到自由振动方程：

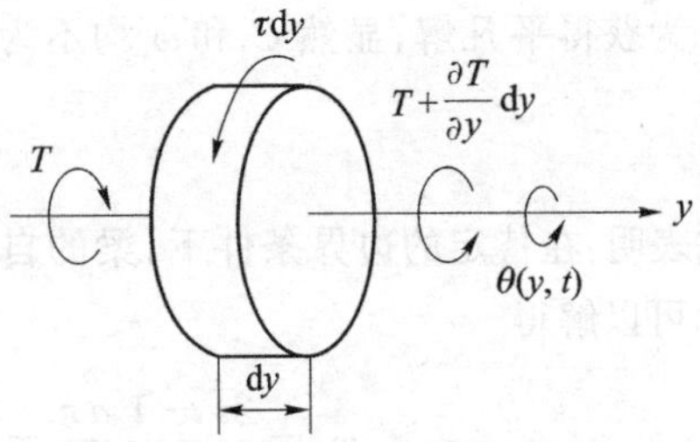

图 3.24 受扭转作用的梁微元

$$GJ\frac{\partial^2\theta}{\partial y^2}-I\frac{\partial^2\theta}{\partial t^2}=0 \tag{3.69}$$

为了求解以上方程，可以采用分离变量法，设 $\theta(y,t)$由一个坐标 y 的函数 $\Theta(y)$和一个时间 t 的函数 $T(t)$的乘积组成，即

$$\theta(y,t)=\Theta(y)T(t) \tag{3.70}$$

将式(3.70)代入式(3.69)，得到

$$GJ\Theta''(y)T(t)=I\Theta(y)T(t) \tag{3.71}$$

将以上方程整理可得

$$\frac{T(t)}{T(t)}=\frac{GJ}{I}\frac{\Theta''(y)}{\Theta(y)} \tag{3.72}$$

在式(3.72)中，T 表示 $T(t)$对 t 的 2 阶导数，Θ''表示 $\Theta(y)$对 y 的 2 阶导数。式(3.72)中等号左边是关于 t 的函数，等号右边是关于 y 的函数，因此要让式(3.72)成立，必须使得等号两边均等于一个常数，这里设为$-\omega^2$，于是可得到以下两个方程：

$$T(t)+\omega^2T(t)=0 \tag{3.73}$$

$$\Theta''(y)+\frac{\omega^2}{a^2}\Theta(y)=0 \tag{3.74}$$

其中，$a^2=GJ/I$。由式(3.73)可以得到

$$T(t)=A\sin\omega t+B\cos\omega t \tag{3.75}$$

其中 A、B 为待定常数，它们由初始条件决定。由式(3.74)可以解得

$$\Theta(y)=C\sin\frac{\omega y}{a}+D\cos\frac{\omega y}{a} \tag{3.76}$$

其中 C、D 为待定常数，它们由边界条件决定。

需要注意的是,偏微分方程(3.76)是描述均匀梁自由扭转振动的通用方程,只有在结合边界条件后,才能获得具体情况的振动特性。下面讨论两种典型的边界条件情况。

(1) 一端固支一端自由梁的扭转振动

这种情况可以看作是悬臂机翼的理想模拟。边界条件的数学表达写为

$$\theta(y,t)\big|_{y=0}=\left.\frac{\partial\theta(y,t)}{\partial y}\right|_{y=l}=0 \tag{3.77}$$

利用以上条件,即有 $\Theta(0)=\Theta'(l)=0$,将其代入式(3.76)中,有

$$D=0 \tag{3.78}$$

$$C\,\frac{\omega}{a}\cos\frac{\omega l}{a}=0 \tag{3.79}$$

为获得平凡解,显然 C 和 ω 均不为 0,于是导出特征方程

$$\cos\frac{\omega l}{a}=0 \tag{3.80}$$

上式表明:在特定的边界条件下,梁的自由振动频率 ω 不是任意的,它必须要满足方程(3.80)。由此可以解得

$$\omega_i=\frac{2i-1}{2}\frac{a\pi}{l}=\frac{2i-1}{2}\frac{\pi}{l}\sqrt{\frac{GJ}{I}},\quad i=1,2,\cdots,\infty \tag{3.81}$$

同时可以得到

$$\Theta_i(y)=C\sin\left(\frac{2i-1}{2}\frac{\pi y}{l}\right),\quad i=1,2,\cdots,\infty \tag{3.82}$$

式中的 C 可看作是一个比例因子,在理论上它可以为任意实数,这里为了方便起见,将其设为 $C=1$。最后,综合式(3.70)、式(3.75)、式(3.81)和式(3.82),得到自由振动方程的解为

$$\theta(y,t)=\sum_{i=1}^{\infty}\sin\left(\frac{2i-1}{2}\frac{\pi y}{l}\right)(A_i\sin\omega_i t+B_i\cos\omega_i t) \tag{3.83}$$

其中,A_i 和 B_i 为待定常数,它们由初始条件决定。

结果表明:在给定边界条件下,均匀梁自由扭转振动的扭转角分布和振动频率遵循特殊规律。这种振动包含无穷多个模态,式(3.81)表示第 i 阶模态的频率(单位为 rad/s),式(3.82)表示第 i 阶模态的振型。图 3.25 展示了悬臂均匀梁自由扭转振动的前 3 阶模态振型。

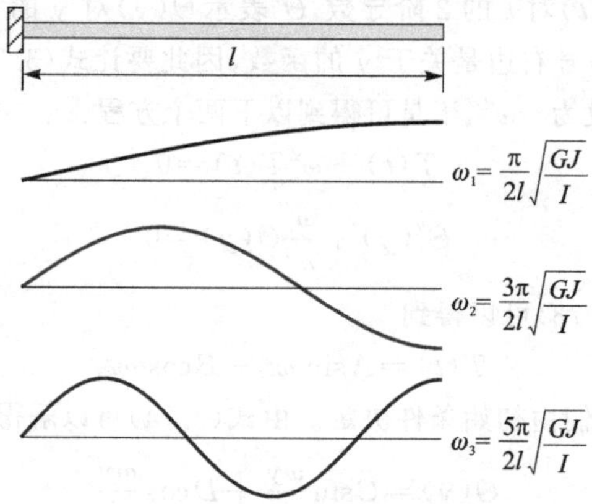

图 3.25 悬臂均匀梁扭转振动的前 3 阶模态振型

(2) 自由-自由梁的扭转振动

再来讨论梁两端均为自由的情况，它可以看作是飞行中弹箭的理想模拟。边界条件的数学表达写为

$$\left.\frac{\partial\theta(y,t)}{\partial y}\right|_{y=0}=\left.\frac{\partial\theta(y,t)}{\partial y}\right|_{y=l}=0 \tag{3.84}$$

利用以上条件，即有 $\Theta'(0)=\Theta'(l)=0$，将其代入式(3.84)中，有

$$C\frac{\omega}{a}=0 \tag{3.85}$$

$$C\frac{\omega}{a}\cos\frac{\omega l}{a}-D\frac{\omega}{a}\sin\frac{\omega l}{a}=0 \tag{3.86}$$

注意到以上方程组存在一个非平凡解的情况：$\omega=0$，此时，$\theta(y,t)=$常数，这表示一个刚体的运动形态。当 $\omega>0$ 时，有 $C=0$，且特征方程为

$$\sin\frac{\omega l}{a}=0 \tag{3.87}$$

由式(3.87)可以解得

$$\omega_i=\frac{ia\pi}{l}=\frac{i\pi}{l}\sqrt{\frac{GJ}{I}},\quad i=1,2,\cdots,\infty \tag{3.88}$$

同时有

$$\Theta_i(y)=D\cos\frac{i\pi y}{l},\quad i=1,2,\cdots,\infty \tag{3.89}$$

为了方便起见，式(3.89)中的比例因子 D 也设为 1。同理，综合式(3.70)、式(3.75)、式(3.88)和式(3.89)，但需要注意的是还应加上刚体模态（$\omega=0$ 的情况），得到自由振动方程的解为

$$\theta(y,t)=r+\sum_{i=1}^{\infty}\cos\frac{i\pi y}{l}(A_i\sin\omega_i t+B_i\cos\omega_i t) \tag{3.90}$$

其中，r、A_i 和 B_i 为待定常数，它们由初始条件决定。图 3.26 展示了自由梁扭转振动的前 3 阶弹性模态振型。

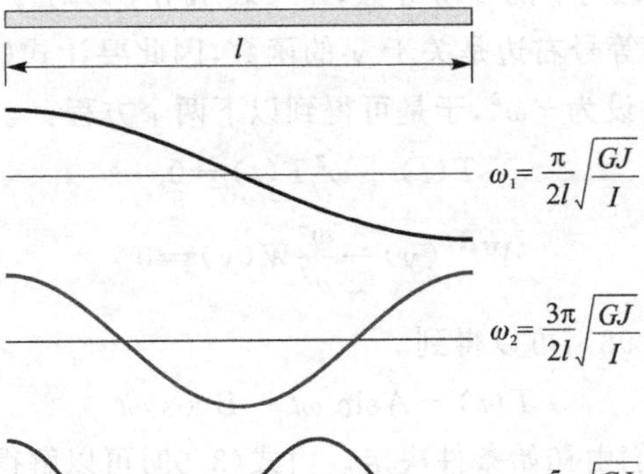

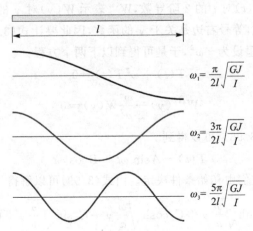

图 3.26　自由均匀梁扭转振动的前 3 阶弹性模态振型

3.6.2 梁的弯曲振动

类似于 3.6.1 节梁的扭转振动，这里也先通过牛顿定律来建立均匀梁弯曲振动的运动方程。沿梁的轴线建立 y 坐标，记梁的横向位移为 $w(y,t)$。图 3.27 表示从梁上取下来的自由体，并画出了当自由振动时作用在自由体上的力及弯曲，平衡方程写为

$$\frac{\partial Q}{\partial y} - m\frac{\partial^2 w}{\partial t^2} = 0 \tag{3.91}$$

其中，Q 为剪力，m 为梁的单位长度质量。由材料力学可知

$$Q = -\frac{\partial M}{\partial y} \tag{3.92}$$

$$M = EI\frac{\partial^2 w}{\partial y^2} \tag{3.93}$$

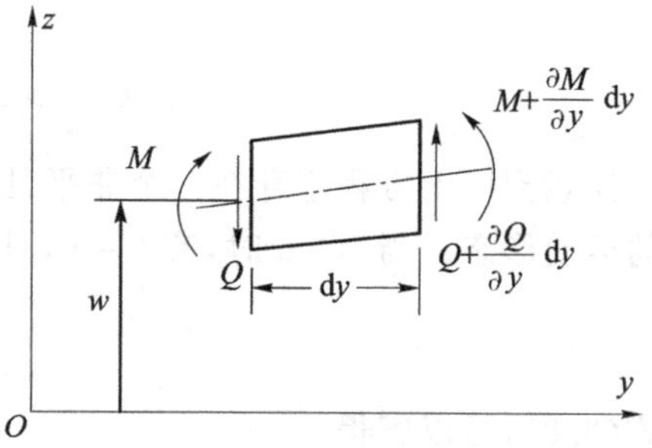

图 3.27 自由体上的力和力矩

其中，M 为弯矩，EI 为梁的弯曲刚度。将式(3.92)、式(3.93)代入式(3.91)中，得到均匀梁的弯曲振动方程

$$EI\frac{\partial^4 w}{\partial y^4} + m\frac{\partial^2 w}{\partial t^2} = 0 \tag{3.94}$$

对于方程(3.94)，也可以仿照 3.6.1 节采用分离变量法来求解，只是由于方程中出现了对 y 的 4 阶偏导，处理起来要稍微复杂一些。设

$$w(y,t) = W(y)T(t) \tag{3.95}$$

将式(3.95)代入式(3.94)，得到

$$EIW^{(4)}(y)T(t) = mW(y)\ddot{T}(t) \tag{3.96}$$

将以上方程整理可得

$$\frac{\ddot{T}(t)}{T(t)} = -\frac{EI}{m}\frac{W^{(4)}(y)}{W(y)} \tag{3.97}$$

在式(3.97)中，$\ddot{T}$ 表示 $T(t)$对 t 的 2 阶导数，$W^{(4)}$ 表示 $W(y)$对 y 的 4 阶导数。式(3.97)中等号左边是关于 t 的函数，等号右边是关于 y 的函数，因此要让式(3.97)成立，必须使得等号两边均等于一个常数，这里设为$-\omega^2$，于是可得到以下两个方程：

$$\ddot{T}(t) + \omega^2 T(t) = 0 \tag{3.98}$$

$$W^{(4)}(y) - \frac{\omega^2}{a^2}W(y) = 0 \tag{3.99}$$

其中，$a^2 = EI/m$。由式(3.98)，可以得到

$$T(t) = A\sin\omega t + B\cos\omega t \tag{3.100}$$

其中 A、B 为待定常数，它们由初始条件决定。由式(3.99)可以解得

$$W(y) = C_1\sinh\sqrt{\frac{\omega}{a}}y + C_2\cosh\sqrt{\frac{\omega}{a}}y + C_3\sin\sqrt{\frac{\omega}{a}}y + C_4\cos\sqrt{\frac{\omega}{a}}y \tag{3.101}$$

其中 $C_i(i=1,2,3,4)$为待定常数，它们由边界条件决定。

下面讨论两种典型的边界条件情况。

(1) 一端固支一端自由梁的弯曲振动

这种情况可以看作是悬臂机翼的理想模拟。边界条件的数学表达写为

$$w(y,t)\Big|_{y=0}=\frac{\partial w(y,t)}{\partial y}\Big|_{y=0}=0 \tag{3.102}$$

$$\frac{\partial w^2(y,t)}{\partial y^2}\Big|_{y=l}=\frac{\partial w^3(y,t)}{\partial y^3}\Big|_{y=l}=0 \tag{3.103}$$

利用以上条件,即有 $W(0)=W'(0)=W''(l)=W'''(l)=0$,将其代入式(3.101)中,有

$$C_2+C_4=0 \tag{3.104}$$

$$C_1+C_3=0 \tag{3.105}$$

$$C_1\sinh\sqrt{\frac{\omega}{a}}l+C_2\cosh\sqrt{\frac{\omega}{a}}l-C_3\sin\sqrt{\frac{\omega}{a}}l-C_4\cos\sqrt{\frac{\omega}{a}}l=0 \tag{3.106}$$

$$C_1\cosh\sqrt{\frac{\omega}{a}}l+C_2\sinh\sqrt{\frac{\omega}{a}}l-C_3\cos\sqrt{\frac{\omega}{a}}l+C_4\sin\sqrt{\frac{\omega}{a}}l=0 \tag{3.107}$$

以上 4 个式子可以进一步合并为

$$C_1\left(\sinh\sqrt{\frac{\omega}{a}}l+\sin\sqrt{\frac{\omega}{a}}l\right)+C_2\left(\cosh\sqrt{\frac{\omega}{a}}l+\cos\sqrt{\frac{\omega}{a}}l\right)=0 \tag{3.108}$$

$$C_1\left(\cosh\sqrt{\frac{\omega}{a}}l+\cos\sqrt{\frac{\omega}{a}}l\right)+C_2\left(\sinh\sqrt{\frac{\omega}{a}}l-\sin\sqrt{\frac{\omega}{a}}l\right)=0 \tag{3.109}$$

为获得平凡解,即 C_1 和 C_2 不能全为 0,则上述方程组的行列式应等于 0,即

$$\begin{vmatrix} \sinh\sqrt{\frac{\omega}{a}}l+\sin\sqrt{\frac{\omega}{a}}l & \cosh\sqrt{\frac{\omega}{a}}l+\cos\sqrt{\frac{\omega}{a}}l \\ \cosh\sqrt{\frac{\omega}{a}}l+\cos\sqrt{\frac{\omega}{a}}l & \sinh\sqrt{\frac{\omega}{a}}l-\sin\sqrt{\frac{\omega}{a}}l \end{vmatrix}=0 \tag{3.110}$$

将式(3.110)化简得到

$$\cosh\sqrt{\frac{\omega}{a}}l\cdot\cos\sqrt{\frac{\omega}{a}}l=-1 \tag{3.111}$$

式(3.111)即为一端固支、一端自由均匀梁弯曲振动的特征方程,满足该方程的 ω 为梁弯曲振动的固有频率。该方程是一个超越方程,可通过数值方法求得前 3 阶模态频率:

$$\omega_1=\frac{3.516}{l^2}\sqrt{\frac{EI}{m}}\ (\mathrm{rad/s})$$

$$\omega_2=\frac{22.03}{l^2}\sqrt{\frac{EI}{m}}\ (\mathrm{rad/s})$$

$$\omega_3=\frac{61.70}{l^2}\sqrt{\frac{EI}{m}}\ (\mathrm{rad/s})$$

将求解得到的 ω_i 代入式(3.108)和式(3.109),可知 C_1 和 C_2 还保持一定的比例关系,即

$$\frac{C_1}{C_2}=-\frac{\cosh\sqrt{\frac{\omega_i}{a}}l+\cos\sqrt{\frac{\omega_i}{a}}l}{\sinh\sqrt{\frac{\omega_i}{a}}l+\sin\sqrt{\frac{\omega_i}{a}}l}=D^{(i)} \tag{3.112}$$

其中,$D^{(i)}$表示对应于ω_i的比例常数。于是,第i阶模态的振型可表示为

$$W_i(y)=D^{(i)}\left(\sinh\sqrt{\frac{\omega_i}{a}}y-\sin\sqrt{\frac{\omega_i}{a}}y\right)+\left(\cosh\sqrt{\frac{\omega_i}{a}}y-\cos\sqrt{\frac{\omega_i}{a}}y\right) \tag{3.113}$$

图3.28绘出了悬臂均匀梁弯曲振动的前3阶模态振型。而实际的梁振动是由无穷多个模态简谐振动叠加起来的结果,其数学描述如下:

$$w(y,t)=\sum_{i=1}^{\infty}W_i(y)(A_i\sin\omega_i t+B_i\cos\omega_i t) \tag{3.114}$$

其中,A_i和B_i为待定常数,它们由初始条件决定。

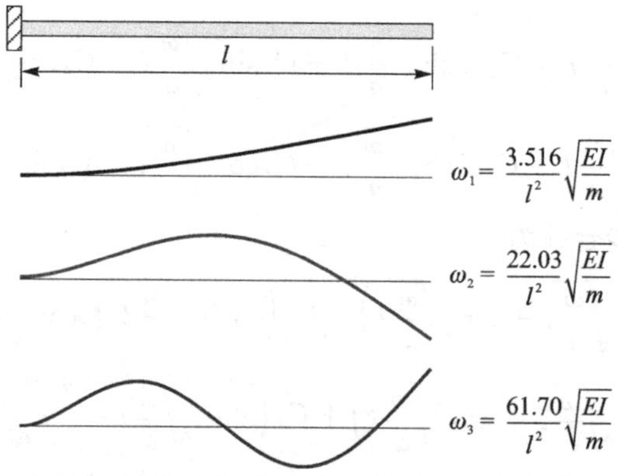

图3.28　悬臂均匀梁弯曲振动的前3阶模态振型

(2) 自由-自由梁的弯曲振动

再来讨论梁两端均为自由的情况,它可以看作是飞行中弹箭的理想模拟。边界条件的数学表达写为

$$\left.\frac{\partial w^2(y,t)}{\partial y^2}\right|_{y=0}=\left.\frac{\partial w^3(y,t)}{\partial y^3}\right|_{y=0}=0 \tag{3.115}$$

$$\left.\frac{\partial w^2(y,t)}{\partial y^2}\right|_{y=l}=\left.\frac{\partial w^3(y,t)}{\partial y^3}\right|_{y=l}=0 \tag{3.116}$$

利用以上条件,即有$W''(0)=W'''(0)=W''(l)=W'''(l)=0$,将其代入式(3.101)中,有

$$C_2-C_4=0 \tag{3.117}$$

$$C_1-C_3=0 \tag{3.118}$$

$$C_1\sinh\sqrt{\frac{\omega}{a}}l+C_2\cosh\sqrt{\frac{\omega}{a}}l-C_3\sin\sqrt{\frac{\omega}{a}}l-C_4\cos\sqrt{\frac{\omega}{a}}l=0 \tag{3.119}$$

$$C_1\cosh\sqrt{\frac{\omega}{a}}l+C_2\sinh\sqrt{\frac{\omega}{a}}l-C_3\cos\sqrt{\frac{\omega}{a}}l+C_4\sin\sqrt{\frac{\omega}{a}}l=0 \tag{3.120}$$

以上4个式子可以进一步合并为

$$C_1\left(\sinh\sqrt{\frac{\omega}{a}}l-\sin\sqrt{\frac{\omega}{a}}l\right)+C_2\left(\cosh\sqrt{\frac{\omega}{a}}l-\cos\sqrt{\frac{\omega}{a}}l\right)=0 \tag{3.121}$$

$$C_1\left(\cosh\sqrt{\frac{\omega}{a}}l-\cos\sqrt{\frac{\omega}{a}}l\right)+C_2\left(\sinh\sqrt{\frac{\omega}{a}}l+\sin\sqrt{\frac{\omega}{a}}l\right)=0 \tag{3.122}$$

为获得平凡解，即 C_1 和 C_2 不能全为 0，则上述方程组的行列式应等于 0，即

$$\begin{vmatrix} \sinh\sqrt{\frac{\omega}{a}}l-\sin\sqrt{\frac{\omega}{a}}l & \cosh\sqrt{\frac{\omega}{a}}l-\cos\sqrt{\frac{\omega}{a}}l \\ \cosh\sqrt{\frac{\omega}{a}}l-\cos\sqrt{\frac{\omega}{a}}l & \sinh\sqrt{\frac{\omega}{a}}l+\sin\sqrt{\frac{\omega}{a}}l \end{vmatrix}=0 \tag{3.123}$$

式(3.123)化简得到

$$\cosh\sqrt{\frac{\omega}{a}}l\cdot\cos\sqrt{\frac{\omega}{a}}l=1 \tag{3.124}$$

式(3.124)即为两端自由均匀梁弯曲振动的特征方程，满足该方程的 ω 为梁弯曲振动的固有频率。该方程有一个根为 $\omega=0$，对应于刚体模态。此外，可通过数值方法可求得前 3 阶弹性模态频率：

$$\omega_1=\frac{22.37}{l^2}\sqrt{\frac{EI}{m}}\ (\text{rad/s})$$

$$\omega_2=\frac{61.67}{l^2}\sqrt{\frac{EI}{m}}\ (\text{rad/s})$$

$$\omega_3=\frac{120.9}{l^2}\sqrt{\frac{EI}{m}}\ (\text{rad/s})$$

将求解得到的 ω_i 代入式(3.121)和式(3.122)，可求得 C_1 和 C_2 保持的比例关系：

$$\frac{C_1}{C_2}=-\frac{\cosh\sqrt{\frac{\omega_i}{a}}l-\cos\sqrt{\frac{\omega_i}{a}}l}{\sinh\sqrt{\frac{\omega_i}{a}}l-\sin\sqrt{\frac{\omega_i}{a}}l}=D^{(i)} \tag{3.125}$$

其中，$D^{(i)}$ 表示对应于 ω_i 的比例常数。于是，第 i 阶弹性模态的振型为

$$W_i(y)=D^{(i)}\left(\sinh\sqrt{\frac{\omega_i}{a}}y+\sin\sqrt{\frac{\omega_i}{a}}y\right)+\left(\cosh\sqrt{\frac{\omega_i}{a}}y+\cos\sqrt{\frac{\omega_i}{a}}y\right) \tag{3.126}$$

图 3.29 绘出了悬臂均匀梁弯曲振动的前 3 阶模态振型。

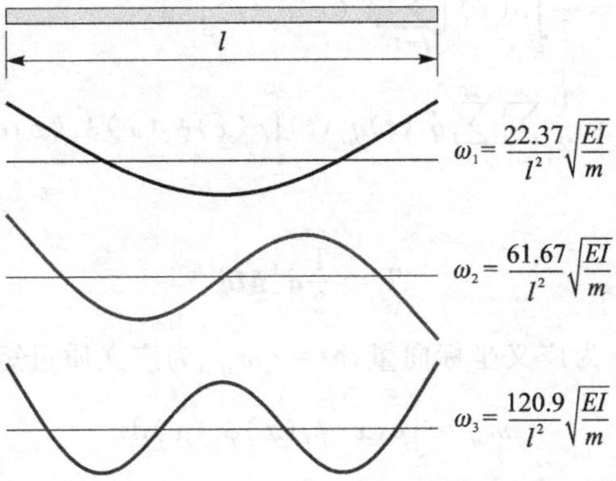

图 3.29　自由均匀梁弯曲振动的前 3 阶弹性模态振型

3.7 假设模态法

3.7.1 假设模态法的思想

前面已经知道,悬臂梁的扭转振动可以看作是由一系列主振动叠加而成的,即

$$\theta(y,t)=\sum_{i=1}^{\infty}q_i(t)\sin\left(\frac{2i-1}{2}\frac{\pi y}{l}\right) \tag{3.127}$$

理论上,它是由无限多个主振动组成的级数。实际上,由于考虑的频率范围是有限的,往往只需要取级数的有限项之和就能足够准确地反映实际情况。

主振动叠加法采用的是系统的模态振型,它们既满足系统的运动微分方程,又满足特定问题的全部边界条件。考虑到只有在一些极简单的情形下,才能找到这些模态振型函数的解析表达式。对于很多实际问题,常常采用一些近似方法来求解。在近似方法中,不再局限于用模态振型的叠加来构建近似解,而采用其他函数,这些函数不一定要求满足系统运动方程,但它们必须具备方程中所用到的各阶导数,并且满足适当边界条件。

假设模态法是用有限个假设模态振动的线性叠加来近似地描述弹性体的振动。例如,一维弹性体振动问题的解可近似地表示为有限项线性和

$$w(x,t)=\sum_{i=1}^{m}\phi_i(x)q_i(t) \tag{3.128}$$

其中,$\phi_i(x)$称为假设模态函数,$q_i(t)$为相应的广义坐标。假设模态函数之间不满足正交性,因此得到的广义坐标的运动微分方程不再是独立的,即广义坐标的广义质量矩阵和广义刚度矩阵不是对角阵。

现在应用拉格朗日方程来推导出关于广义坐标 $q_i(t)$的一组运动微分方程。一维弹性梁结构在振动中的动能 T 可表示为

$$\begin{aligned}T&=\frac{1}{2}\int_L\rho(x)\left[\dot{w}(x,t)\right]^2\mathrm{d}x\\&=\frac{1}{2}\int_L\rho(x)\left[\sum_{i=1}^{n}\phi_i(x)\dot{q}_i(t)\right]^2\mathrm{d}x\\&=\frac{1}{2}\sum_{i=1}^{m}\sum_{j=1}^{m}\dot{q}_i(t)\dot{q}_j(t)\int_L\rho(x)\phi_i(x)\phi_j(x)\mathrm{d}x\end{aligned} \tag{3.129}$$

上式写成矩阵的形式,有

$$T=\frac{1}{2}\dot{\boldsymbol{q}}^{\mathrm{T}}\boldsymbol{M}\dot{\boldsymbol{q}} \tag{3.130}$$

其中,$\boldsymbol{q}=(q_1,q_2,\cdots,q_m)^{\mathrm{T}}$ 为广义坐标向量,$\boldsymbol{M}=[m_{ij}]$为广义质量矩阵,其元素为

$$m_{ij}=\int_L\rho(x)\phi_i(x)\phi_j(x)\mathrm{d}x \tag{3.131}$$

在弯曲振动中,梁的势能可表示为

$$U=\frac{1}{2}\int_L EI(x)\left[w''(x,t)\right]^2\mathrm{d}x$$

$$=\frac{1}{2}\int_L EI(x)\left[\sum_{i=1}^{n}\phi''_i(x)q_i(t)\right]^2\mathrm{d}x$$

$$=\frac{1}{2}\sum_{i=1}^{m}\sum_{j=1}^{m}q_i(t)q_j(t)\int_L EI(x)\phi''_i(x)\phi''_j(x)\mathrm{d}x \tag{3.132}$$

上式写成矩阵的形式,有

$$U=\frac{1}{2}\boldsymbol{q}^{\mathrm{T}}\boldsymbol{K}\boldsymbol{q} \tag{3.133}$$

其中,$\boldsymbol{K}=[k_{ij}]$为广义刚度矩阵,其元素为

$$k_{ij}=\int_L EI(x)\phi''_i(x)\phi''_j(x)\mathrm{d}x \tag{3.134}$$

如果在梁上作用有分布外力 $f(x,t)$,则外力虚功可以写为

$$\delta W=\int_L f(x,t)\delta w(x,t)\mathrm{d}x$$

$$=\int_L f(x,t)\delta\left[\sum_{i=1}^{n}\phi_i(x)\dot{q}_i(t)\right]\mathrm{d}x$$

$$=\sum_{i=1}^{m}\delta q_i(t)\int_L f(x,t)\phi_i(x)\mathrm{d}x \tag{3.135}$$

上式写成矩阵的形式,有

$$\delta W=\delta\boldsymbol{q}^{\mathrm{T}}\boldsymbol{Q} \tag{3.136}$$

其中,$\boldsymbol{Q}=(Q_1,Q_2,\cdots,Q_m)^{\mathrm{T}}$ 为广义力向量,其元素为

$$Q_i=\int_L f(x,t)\phi_i(x)\mathrm{d}x \tag{3.137}$$

现在将动能、势能和外力虚功的表达式代入拉格朗日方程:

$$\frac{\mathrm{d}}{\mathrm{d}t}\left(\frac{\partial T}{\partial\dot{q}_i}\right)-\frac{\partial T}{\partial q_i}+\frac{\partial U}{\partial q_i}=\frac{\partial(\delta W)}{\partial q_i},\quad i=1,2,\cdots,m \tag{3.138}$$

从而得到

$$\sum_{j=1}^{m}m_{ij}\ddot{q}_j+\sum_{j=1}^{m}k_{ij}q_j=Q_i,\quad i=1,2,\cdots,m \tag{3.139}$$

上式写成矩阵形式为

$$\boldsymbol{M}\ddot{\boldsymbol{q}}+\boldsymbol{K}\boldsymbol{q}=\boldsymbol{Q} \tag{3.140}$$

方程(3.140)就是采用广义坐标描述的弹性体运动的近似微分方程。如果需要求结构的固有模态频率和振型,可以求关于矩阵 $\boldsymbol{M}$ 和 $\boldsymbol{K}$ 的广义特征值问题,即

$$(\boldsymbol{K}-\lambda\boldsymbol{M})\alpha=0 \tag{3.141}$$

【例 3.9】 应用假设模态法求均匀悬臂梁弯曲振动的前 2 阶固有频率。这里取 2 阶假设模态,$\phi_1(x)=(x/l)^2$,$\phi_2(x)=(x/l)^3$,则有

$$w(x,t)=\phi_1(x)q_1(t)+\phi_2(x)q_2(t)=\left(\frac{x}{l}\right)^2q_1(t)+\left(\frac{x}{l}\right)^3q_2(t)$$

将上式代入动能和势能表达式中,推导

$$T=\frac{1}{2}\int_0^l\rho[\dot{w}(x,t)]^2\mathrm{d}x=\frac{\rho l}{10}\dot{q}_1^2+\frac{\rho l}{6}\dot{q}_1\dot{q}_2+\frac{\rho l}{14}\dot{q}_2^2$$

$$U=\frac{1}{2}\int_0^l EI[w''(x,t)]^2\mathrm{d}x=\frac{2EI}{l^3}q_1^2+\frac{6EI}{l^3}q_1q_2+\frac{6EI}{l^3}q_2^2$$

将动能和势能代入无外力的拉格朗日方程中,可以得到

$$\rho l\begin{bmatrix}\frac{1}{5} & \frac{1}{6}\\ \frac{1}{6} & \frac{1}{7}\end{bmatrix}\begin{bmatrix}\ddot{q}_1\\ \ddot{q}_2\end{bmatrix}+\frac{EI}{l^3}\begin{bmatrix}4 & 6\\ 6 & 12\end{bmatrix}\begin{bmatrix}q_1\\ q_2\end{bmatrix}=\begin{bmatrix}0\\ 0\end{bmatrix}$$

求解上述方程的特征值问题,得到特征方程

$$\begin{vmatrix}\frac{4EI}{l^3}-\frac{\rho l}{5}\lambda & \frac{6EI}{l^3}-\frac{\rho l}{6}\lambda\\ \frac{6EI}{l^3}-\frac{\rho l}{6}\lambda & \frac{12EI}{l^3}-\frac{\rho l}{7}\lambda\end{vmatrix}=0$$

即

$$\left(\frac{4EI}{l^3}-\frac{\rho l}{5}\lambda\right)\left(\frac{12EI}{l^3}-\frac{\rho l}{7}\lambda\right)-\left(\frac{6EI}{l^3}-\frac{\rho l}{6}\lambda\right)^2=0$$

由此解得特征根

$$\lambda_1=12.48\frac{EI}{\rho l^4},\quad \lambda_2=1\ 211.52\frac{EI}{\rho l^4}$$

即得

$$\omega_1=3.533\sqrt{\frac{EI}{\rho l^4}},\quad \omega_2=34.81\sqrt{\frac{EI}{\rho l^4}}$$

将假设模态法的结果与均匀悬臂梁弯曲振动的精确解对比,如表3.1所列。

表3.1 假设模态法结果与均匀悬臂梁弯曲振动精确解的对比

对比项目	精确解	近似解	相对误差
第1阶频率/Hz	3.516	3.533	0.5%
第2阶频率/Hz	22.03	34.81	58.0%

从对比可以看出,采用近似方法得到的第1阶模态频率具有较好的精度,误差只有0.5%;但第2阶模态频率的误差就较大。为了提高精度,可以采取两种途径:一是选用与实际固有模态更接近的假设模态,二是增加假设模态的个数。例如采用第二种方法,选用3阶假设模态,即设

$$w(x,t)=\left(\frac{x}{l}\right)^2q_1(t)+\left(\frac{x}{l}\right)^3q_2(t)+\left(\frac{x}{l}\right)^4q_3(t)$$

读者可以按照本节的方法自行推导,并求出前3阶模态频率。

3.7.2 长直机翼的弯扭耦合振动

长直机翼具有较大的展弦比,一端自由,另一端固定在机身上,可以看作是悬臂梁,如图3.30所示。将机翼各截面的刚心连接起来,可以得到一根弹性轴,机翼扭转时各截面是绕这根轴发生扭转变形的。但是机翼的质心轴与弹性轴往往不重合,因此机翼振动时,既有弯曲振动又有扭转振动,二者存在惯性耦合。

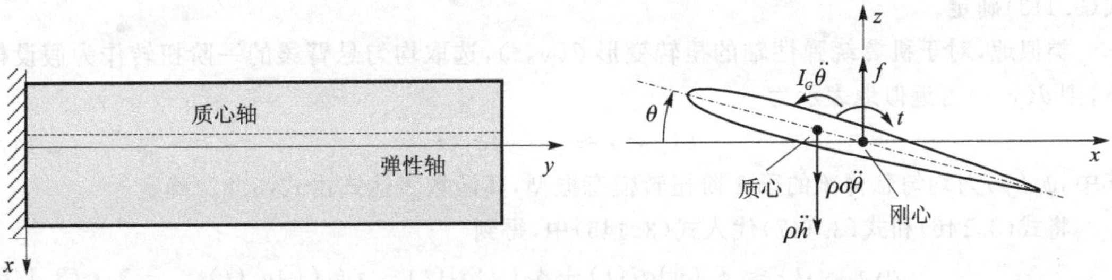

图 3.30　长直机翼示意图

【例 3.10】 如图 3.30 所示的均匀矩形机翼，记弦长为 $c=1$ m，展长为 $s=4$ m；机翼截面刚心位于 45%弦长处，质心位于 40%弦长处；机翼单位展长的质量为 $m=10$ kg/m，单位展长绕质心的转动惯量为 $I_G=2.4\ \text{kg}\cdot\text{m}^2/\text{m}$；机翼截面抗弯刚度为 $EI=1.4\times10^4\ \text{N}\cdot\text{m}^2$，抗扭刚度为 $GJ=1.6\times10^4\ \text{N}\cdot\text{m}^2$。记单位展长作用于刚心的气动升力为 $f(y,t)$，单位展长绕弹性中心的气动力矩为 $t(y,t)$。① 推导连续体机翼的弯曲和扭转振动的微分运动方程；② 选取均匀悬臂梁的一阶弯曲、二阶弯曲和一阶扭转作为假设模态，推导机翼的弯扭耦合振动运动方程。

① 设 $h(y,t)$表示机翼弹性轴的弯曲变形，向上为正；$\theta(y,t)$表示机翼弹性轴的扭转变形，抬头为正，下面推导关于 $h(y,t)$和 $\theta(y,t)$的微分运动方程。

取单位展长的翼段，分析其受力情况。作用在该翼段上的力有：惯性力 $m\ddot{h}$、$m\sigma\ddot{\theta}$、惯性力矩 $I_G\ddot{\theta}$、气动升力 f、气动力矩 t，作用点和方向如图 3.30 所示，其中 σ 为质心与刚心之间的距离。根据力的平衡条件，有

弯曲：
$$\frac{\partial^2}{\partial y^2}\left(EI\,\frac{\partial^2 h}{\partial y^2}\right)=-m\,\frac{\partial^2 h}{\partial t^2}+m\sigma\,\frac{\partial^2\theta}{\partial t^2}+f(y,t) \tag{3.142}$$

扭转：
$$\frac{\partial}{\partial y}\left(GJ\,\frac{\partial\theta}{\partial y}\right)=-I_G\,\frac{\partial^2\theta}{\partial t^2}-m\sigma^2\,\frac{\partial^2\theta}{\partial t^2}-m\sigma\,\frac{\partial^2 h}{\partial t^2}+t(y,t) \tag{3.143}$$

以上两式经过整理，得到机翼的振动运动方程：

$$\begin{aligned}
&m\,\frac{\partial^2 h}{\partial t^2}-m\sigma\,\frac{\partial^2\theta}{\partial t^2}+\frac{\partial^2}{\partial y^2}\left(EI\,\frac{\partial^2 h}{\partial y^2}\right)=f(y,t)\\
&m\sigma\,\frac{\partial^2 h}{\partial t^2}+(I_G+m\sigma^2)\,\frac{\partial^2\theta}{\partial t^2}+\frac{\partial}{\partial y}\left(GJ\,\frac{\partial\theta}{\partial y}\right)=t(y,t)
\end{aligned} \tag{3.144}$$

式(3.144)是一个存在惯性耦合的偏微分方程组，难以用解析方法求出精确解，通常只能采用数值方法来求得近似解。

② 将机翼平面上任意一点的垂向位移记为 $w(x,y,z)$，它可以用机翼弹性轴的弯曲变形 $h(y,t)$和绕弹性轴的扭转变形 $\theta(y,t)$来表示，即

$$w(x,y,t)=h(y,t)-x\theta(y,t) \tag{3.145}$$

对于机翼弹性轴的弯曲变形 $h(y,t)$，选取均匀悬臂梁的一阶弯曲、二阶弯曲作为假设模态，则 $h(y,t)$可近似地表示为

$$h(y,t)\approx\phi_1(y)q_1(t)+\phi_2(y)q_2(t) \tag{3.146}$$

其中，$\phi_1(y)$和 $\phi_2(y)$分别为均匀悬臂梁的第 1 阶、第 2 阶弯曲模态振型，其函数表达式由

式(3.113)确定。

类似地,对于机翼绕弹性轴的扭转变形 $\theta(y,t)$,选取均匀悬臂梁的一阶扭转作为假设模态,则 $\theta(y,t)$ 可近似地表示为

$$\theta(y,t) \approx \psi_1(y)q_3(t) \tag{3.147}$$

其中,$\psi_1(y)$ 为均匀悬臂梁的第1阶扭转模态振型,其函数表达式由式(3.82)确定。

将式(3.146)和式(3.147)代入式(3.145)中,得到

$$w(x,y,t) \approx \phi_1(y)q_1(t) + \phi_2(y)q_2(t) - x\psi_1(y)q_3(t) \tag{3.148}$$

下面分别推导系统动能、势能和广义力的表达式。

动能:

$$\begin{aligned} T &= \frac{1}{2}\iint \dot{w}^2 \rho \mathrm{d}x\mathrm{d}y \\ &= \frac{1}{2}\dot{q}_1^2\iint \phi_1^2(y)\rho \mathrm{d}x\mathrm{d}y + \frac{1}{2}\dot{q}_2^2\iint \phi_2^2(y)\rho \mathrm{d}x\mathrm{d}y + \\ &\quad \frac{1}{2}\dot{q}_3^2\iint x^2\psi_1^2(y)\rho \mathrm{d}x\mathrm{d}y + \dot{q}_1\dot{q}_2\iint \phi_1(y)\phi_2(y)\rho \mathrm{d}x\mathrm{d}y - \\ &\quad \dot{q}_1\dot{q}_3\iint x\phi_1(y)\psi_1(y)\rho \mathrm{d}x\mathrm{d}y - \dot{q}_2\dot{q}_3\iint x\phi_2(y)\psi_1(y)\rho \mathrm{d}x\mathrm{d}y \end{aligned} \tag{3.149}$$

上式等号右端各项二重积分可以化简为

$$\iint \phi_1^2(y)\rho \mathrm{d}x\mathrm{d}y = \int \rho \mathrm{d}x \cdot \int \phi_1^2(y)\mathrm{d}y = m\int \phi_1^2(y)\mathrm{d}y$$

$$\iint \phi_2^2(y)\rho \mathrm{d}x\mathrm{d}y = \int \rho \mathrm{d}x \cdot \int \phi_2^2(y)\mathrm{d}y = m\int \phi_2^2(y)\mathrm{d}y$$

$$\iint x^2\psi_1^2(y)\rho \mathrm{d}x\mathrm{d}y = \int \rho x^2 \mathrm{d}x \cdot \int \psi_1^2(y)\mathrm{d}y = I_y\int \psi_1^2(y)\mathrm{d}y$$

$$\iint \phi_1(y)\phi_2(y)\rho \mathrm{d}x\mathrm{d}y = \int \rho \mathrm{d}x \cdot \int \phi_1(y)\phi_2(y)\mathrm{d}y = m\int \phi_1(y)\phi_2(y)\mathrm{d}y$$

$$\iint x\phi_1(y)\psi_1(y)\rho \mathrm{d}x\mathrm{d}y = \int \rho x \mathrm{d}x \cdot \int \phi_1(y)\psi_1(y)\mathrm{d}y = -m\sigma\int \phi_1(y)\psi_1(y)\mathrm{d}y$$

$$\iint x\phi_2(y)\psi_1(y)\rho \mathrm{d}x\mathrm{d}y = \int \rho x \mathrm{d}x \cdot \int \phi_2(y)\psi_1(y)\mathrm{d}y = -m\sigma\int \phi_2(y)\psi_1(y)\mathrm{d}y$$

其中,$I_y = I_G + m\sigma^2$ 表示机翼单位展长绕刚心的转动惯量。将上面6个式子代入式(3.149)中,系统动能表达式可简化为

$$\begin{aligned} T &= \frac{1}{2}m\dot{q}_1^2\int \phi_1^2(y)\mathrm{d}y + \frac{1}{2}m\dot{q}_2^2\int \phi_2^2(y)\mathrm{d}y + \\ &\quad \frac{1}{2}I_y\dot{q}_3^2\int \psi_1^2(y)\mathrm{d}y + m\dot{q}_1\dot{q}_2\int \phi_1(y)\phi_2(y)\mathrm{d}y + \\ &\quad m\sigma\dot{q}_1\dot{q}_3\int \phi_1(y)\psi_1(y)\mathrm{d}y + m\sigma\dot{q}_2\dot{q}_3\int \phi_2(y)\psi_1(y)\mathrm{d}y \end{aligned} \tag{3.150}$$

弹性势能:

$$\begin{aligned} U &= \frac{1}{2}\int_0^s EI(h'')^2\mathrm{d}y + \frac{1}{2}\int_0^s GJ(\theta')^2\mathrm{d}y \\ &= \frac{1}{2}\int_0^s EI(\phi_1''q_1 + \phi_2''q_2)^2\mathrm{d}y + \frac{1}{2}\int_0^s GJ(\psi_1'q_3)^2\mathrm{d}y \end{aligned} \tag{3.151}$$

广义力：

考虑到作用于机翼上的展向分布升力 $f(y,t)$ 和展向分布力矩 $t(y,t)$，可写出气动力所做虚功为

$$
\begin{aligned}
\delta W &= \int_0^s \delta h \cdot f(y,t)\mathrm{d}y + \int_0^s \delta\theta \cdot t(y,t)\mathrm{d}y \\
&= \int_0^s [\phi_1(y)\delta q_1 + \phi_2(y)\delta q_2] \cdot f(y,t)\mathrm{d}y + \int_0^s [\psi_1(y)\delta q_3] \cdot t(y,t)\mathrm{d}y \\
&= \delta q_1 \int_0^s \phi_1(y) f(y,t)\mathrm{d}y + \delta q_2 \int_0^s \phi_2(y) f(y,t)\mathrm{d}y + \delta q_3 \int_0^s \psi_1(y) t(y,t)\mathrm{d}y
\end{aligned}
\tag{3.152}
$$

按照广义力的定义，可求得对应于广义坐标 q_1、q_2 和 q_3 的广义力为

$$
Q_1 = \partial(\delta W)/\partial(\delta q_1) = \int_0^s \phi_1(y) f(y,t)\mathrm{d}y
$$

$$
Q_2 = \partial(\delta W)/\partial(\delta q_2) = \int_0^s \phi_2(y) f(y,t)\mathrm{d}y
$$

$$
Q_3 = \partial(\delta W)/\partial(\delta q_3) = \int_0^s \psi_1(y) t(y,t)\mathrm{d}y
$$

将动能、弹性势能和广义力表达式代入到拉格朗日方程中，可以得到表示机翼弯扭耦合振动的常微分方程组如下：

$$
\boldsymbol{M}\begin{bmatrix} \ddot{q}_1 \\ \ddot{q}_2 \\ \ddot{q}_3 \end{bmatrix} + \boldsymbol{K}\begin{bmatrix} q_1 \\ q_2 \\ q_3 \end{bmatrix} = \boldsymbol{Q} \tag{3.153}
$$

其中

$$
\boldsymbol{M} = \begin{bmatrix} m\int \phi_1^2(y)\mathrm{d}y & m\int \phi_1(y)\phi_2(y)\mathrm{d}y & m\sigma\int \phi_1(y)\psi_1(y)\mathrm{d}y \\ m\int \phi_1(y)\phi_2(y)\mathrm{d}y & m\int \phi_1^2(y)\mathrm{d}y & m\sigma\int \phi_2(y)\psi_1(y)\mathrm{d}y \\ m\sigma\int \phi_1(y)\psi_1(y)\mathrm{d}y & m\sigma\int \phi_2(y)\psi_1(y)\mathrm{d}y & I_y\int \psi_1^2(y)\mathrm{d}y \end{bmatrix} \tag{3.154}
$$

$$
\boldsymbol{K} = \begin{bmatrix} EI\int_0^s (\phi_1'')^2\mathrm{d}y & EI\int_0^s (\phi_1'')(\phi_2'')\mathrm{d}y & 0 \\ EI\int_0^s (\phi_1'')(\phi_2'')\mathrm{d}y & EI\int_0^s (\phi_2'')^2\mathrm{d}y & 0 \\ 0 & 0 & GJ\int (\psi_1')^2\mathrm{d}y \end{bmatrix} \tag{3.155}
$$

$$
\boldsymbol{Q} = [Q_1 \quad Q_2 \quad Q_3]^{\mathrm{T}} \tag{3.156}
$$

由于 $\phi_1(y)$ 和 $\phi_2(y)$ 为悬臂梁弯曲振动的固有模态振型，因此有

$$
EI\int_0^s (\phi_1'')^2\mathrm{d}y = \omega_1^2 m\int \phi_1^2(y)\mathrm{d}y
$$

$$
EI\int_0^s (\phi_2'')^2\mathrm{d}y = \omega_2^2 m\int \phi_2^2(y)\mathrm{d}y
$$

$$
EI\int_0^s (\phi_1'')(\phi_1'')\mathrm{d}y = 0
$$

$$m\int_0^s \phi_1(y)\phi_2(y)\mathrm{d}y=0$$

其中,ω_1 和 ω_2 为悬臂梁第 1 阶弯曲和第 2 阶弯曲的固有频率。

类似地,由于 $\psi_1(y)$ 为悬臂梁扭转振动的固有模态振型,故有

$$GJ\int(\psi_1')^2\mathrm{d}y=\omega_3^2 I_y\int\psi_1^2(y)\mathrm{d}y$$

其中,ω_3 为悬臂梁一阶扭转的固有频率。

于是,方程(3.153)可以进一步化简为

$$\begin{bmatrix} m_{11} & 0 & m_{13} \\ 0 & m_{22} & m_{23} \\ m_{13} & m_{23} & m_{33} \end{bmatrix}\begin{bmatrix} \ddot{q}_1 \\ \ddot{q}_2 \\ \ddot{q}_3 \end{bmatrix}+\begin{bmatrix} \omega_1^2 m_{11} & 0 & 0 \\ 0 & \omega_2^2 m_{22} & 0 \\ 0 & 0 & \omega_3^2 m_{33} \end{bmatrix}\begin{bmatrix} q_1 \\ q_2 \\ q_3 \end{bmatrix}=\begin{bmatrix} Q_1 \\ Q_2 \\ Q_3 \end{bmatrix} \tag{3.157}$$

其中

$$m_{11}=m\int\phi_1^2(y)\mathrm{d}y,\quad m_{22}=m\int\phi_1^2(y)\mathrm{d}y,\quad m_{33}=I_y\int\psi_1^2(y)\mathrm{d}y$$

$$m_{13}=m\sigma\int\phi_1(y)\psi_1(y)\mathrm{d}y,\quad m_{23}=m\sigma\int\phi_2(y)\psi_1(y)\mathrm{d}y$$

从方程(3.157)可以看出,应用假设模态法可将具有弯扭耦合的连续体机翼转化成一个三自由度的离散系统,这样就可以采用多自由度系统的理论方法来进行振动计算分析。代入相关参数的具体值,便可以计算相关结果了,这里省略。

思考与练习

3.1 设有一刚硬翼段,单位展长质量为 1(kg/m),有两个悬挂点,如题图 3.1 所示。若用弹簧 k_y 悬挂,测得翼段垂直运动频率 $f_y=10$ Hz,若用扭转弹簧 k_θ 悬挂,测得扭转振动频率 $f_\theta=15$ Hz。试求系统的固有频率及振型。已知单位展长翼段对刚心的静矩 $S=mx_0=0.5\ \mathrm{kg\cdot m/m}$,对刚心的转动惯量 $I=I_0+mx_0{}^2=0.5\ \mathrm{kg\cdot m^2/m}$。

3.2 刚硬翼段用两根弹簧悬挂,如题图 3.2 所示。翼段质量为 m,对重心的转动惯量为 I_c,试取下列坐标,列出系统的自由振动方程。

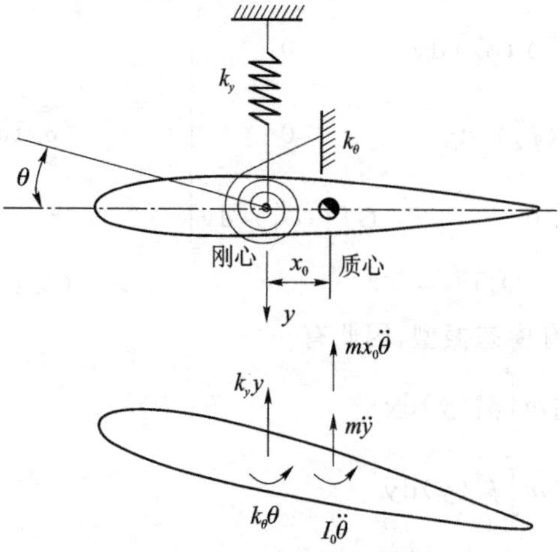

题图 3.1 刚硬翼段示意图

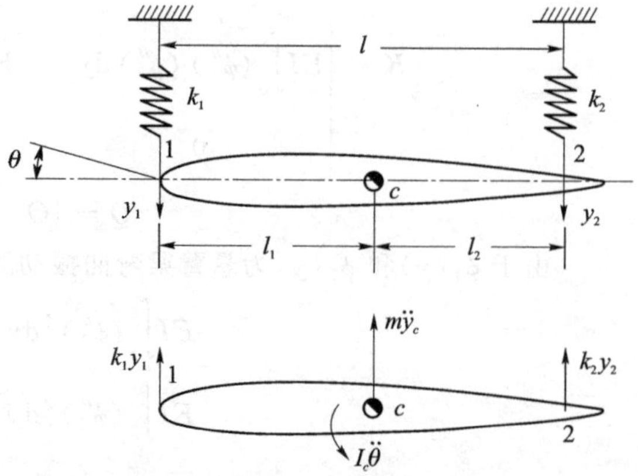

题图 3.2 两根弹簧悬挂的刚硬翼段

① 点 1 和点 2 的垂直位移$\{y_1, y_2\}$；

② 重心的垂直位移和绕重心的转角$\{y_c, \theta_c\}$；

③ 点 1 的垂直位移和绕该点的转角$\{y_1, \theta_1\}$；

3.3 设题图 3.3 所示的弹簧质量不能忽略，每单位长度的质量是γ，重物质量为 m。假设弹簧位移按线性变化，即 $y_s(\eta)=y\eta/l$，坐标如题图 3.3 所示，试求系统的固有频率。

3.4 试说明正交条件的力学意义。

3.5 试以单自由度的质量弹簧系统为例，采用不同的方法推导其运动方程。

3.6 如题图 3.4 所示悬臂梁，弯曲刚度为 EI，单位长度质量为 ρA，试用瑞莱-里兹计算前两阶固有频率，近似位移函数选为

$$X(x)=a_1\left(\frac{x}{l}\right)^2+a_2\frac{x^2}{l^3}(2l-x)$$

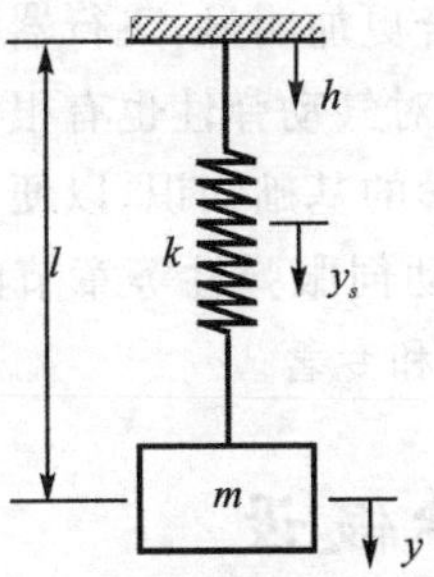

题图 3.3　悬挂重物弹簧示意图

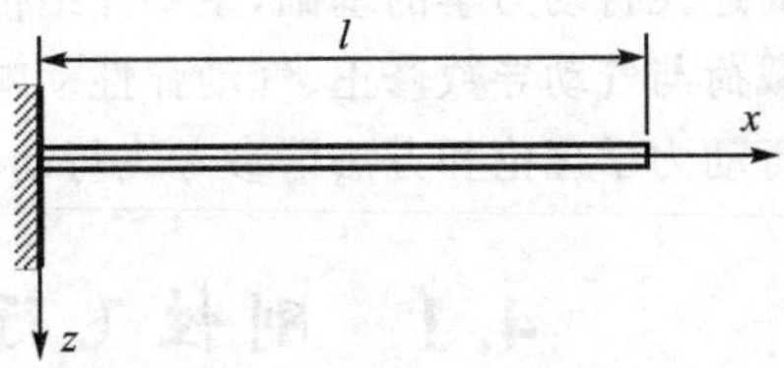

题图 3.4　习题 3.6、习题 3.7 图

3.7 同上题图 3.4 所示例子，试用瑞莱法计算第一阶固有频率，近似位移函数分别选为

① $X(x)=\left(\frac{x}{l}\right)^2$；

② $X(x)=x^2(2l-x)/l^3$。

本章参考文献

[1] 龚尧南. 结构力学. 北京：北京航空航天大学出版社，2001.

[2] 季文美，方同，陈松淇. 机械振动. 北京：科学出版社，1985.

[3] 张世基，诸德超，章思骙. 振动学基础. 北京：国防工业出版社，1982.

[4] 诸德超，邢誉峰. 工程振动基础. 北京：北京航空航天大学出版社，2004.

[5] Thomson W T, Dahleh M D. Theory of Vibration with Applications. 5th ed. 北京：清华大学出版社，2005.

[6] Wright J R，Cooper J. Introduction to Aircraft Aeroelasticity and Loads. [S. l.]：John Wiley & Sons，Inc.，2007.

第4章　飞行动力学基础

飞行动力学研究飞行器在空中的运动规律及总体性能，为飞行器研制和运用提供理论基础。飞行动力学建立在刚体力学、弹性结构力学、空气动力学、运动稳定性等力学基础之上，又与飞行控制、飞行试验密切相关。传统飞行动力学只针对刚体飞行器；但需要指出的是，这种不考虑气动弹性的飞行动力学需要满足一个前提假设，即刚体飞行动力学的最高阶模态频率（一般是俯仰短周期模态）比飞行器最低结构弹性频率低一个数量级，工程上可以放松到低至其三分之一以下。

飞行器的本质是弹性飞行器，而且随着飞行性能和飞行安全的更高要求，刚体飞行力学模态频率逐渐与结构弹性频率靠近，气动弹性与飞行动力学的耦合更加明显，飞行器结构弹性和气动弹性对飞行动力学的影响已不能忽视，反过来，飞行动力学对气动弹性也有很大的影响。

本章简述飞行动力学的基础，主要介绍传统刚体飞行动力学的基础知识，以便于读者理解后续飞行载荷与气动导数修正、气动弹性动响应、阵风响应、气动伺服弹性等章节的内容。更深入的飞行动力学理论和方法请参考飞行动力学专业相关教材和专著。

4.1　刚性飞行器飞行力学假设

一般来说，飞行器运动特性会受到各种因素的影响，例如机体的弹性变形、飞行器上的旋转部件、重量随时间的变化、地球的曲率和自转、大气的运动等。如果把所有这些因素都考虑进去，将会使方程的推导变得非常复杂，并且很难进行解析处理。因此，为了简化，本章在推导运动方程时，做出如下假设：

① 地球为平面大地，忽略了地球的曲率和自转；

② 飞行器为刚体，不考虑机体弹性变形和旋转部件的影响；

③ 在飞行过程中，飞行器重量保持不变；

④ 大气为静止的标准大气，不考虑风的影响。

4.2　飞行动力学所用坐标系的定义

在建立飞行器运动方程时，为了确定相对位置、速度、加速度和外力矢量的分量，必须引入多种坐标轴系。常用坐标轴系均采用右手直角坐标系定义。

4.2.1　常用的坐标系

(1) 地面坐标系 $O_g x_g y_g z_g$

地面坐标系是固定在地球表面的一种坐标系。原点 O_g 位于地面任意选定的某固定点（例如飞行器起飞点）；$O_g x_g$ 轴指向地平面某任意选定方向；$O_g y_g$ 轴铅垂向上；$O_g z_g$ 轴垂直于 $O_g x_g y_g$ 平面，按右手定则确定。

在许多飞行器动力学问题中，忽略地球自转和地球质心的曲线运动后，该坐标系可以看成惯性坐标系。飞行器的位置和姿态以及速度、加速度等都是相对于此坐标系来衡量的。

(2) 机体坐标系 $Ox_by_bz_b$

机体坐标系是固联于飞行器并随飞行器运动的一种动坐标系。该坐标系最常用，故常常简化为 $Oxyz$ 表示。它的原点 O 位于飞行器的质心；Ox_b 轴在飞行器对称平面内，平行于机身轴线或机翼的平均气动弦线，指向前；Oy_b 轴亦在对称平面内，垂直于 Ox_b 轴，指向上；Oz_b 轴垂直于对称平面，指向右。

气动力矩的三个分量(即滚转力矩 M_x、偏航力矩 M_y 和俯仰力矩 M_z)是对机体坐标系的三根轴定义的。

如果 Ox_b 轴沿基准运动(未扰动运动)，飞行速度 V_* 在对称平面的投影方向，Oy_b 轴仍在对称平面内，垂直 Ox_b 指向上，Oz_b 轴垂直于对称平面指向右，则这种在扰动运动中固联于飞行器的坐标系又称为稳定坐标系，可用 $Ox_sy_sz_s$ 表示。

(3) 气流坐标系 $Ox_ay_az_a$

气流坐标系又称速度坐标系或风轴系。它的原点 O 位于飞行器质心；Ox_a 轴始终指向飞行器的空速方向；Oy_a 轴位于对称平面内，垂直于 Ox_a 轴，指向上；Oz_a 轴垂直于 Ox_ay_a 平面，指向右。

气动力的三个分量(即升力 L、阻力 D 和侧力 C)是在气流坐标系中定义的。

(4) 航迹坐标系 $Ox_ky_kz_k$

航迹坐标系又称弹道固连坐标系。它的原点 O 位于飞行器质心，Ox_k 轴始终指向飞行器的地速方向；Oy_k 轴则位于包含 Ox_k 轴的铅垂平面内，垂直于 Ox_k 轴，指向上；Oz_k 轴垂直于 Ox_ky_k 平面，指向右。

由定义可知，当风速 $V_w \neq 0$ 时，航迹坐标系的 Ox_k 轴与气流坐标系的 Ox_a 轴的方向是不同的；只有当风速 $V_w = 0$ 时，两者的方向才一致。

以上四种坐标系中，只有地面坐标系是固定于地面不动的，其他三种坐标系都随飞行器一起运动，故统称为动坐标系。

4.2.2　常用坐标系之间的关系

(1) 地面坐标系与机体坐标系

机体坐标系 $Ox_by_bz_b$ 相对于地面坐标系 $O_gx_gy_gz_g$ 的方位，或者说飞行器在空中的姿态，常用三个欧拉角表示。

偏航角 ψ：机体轴 Ox_b 在水平面 $O_gx_gz_g$ 上的投影与 O_gx_g 轴之间的夹角。飞行器左偏航时形成的角度，规定为正。

俯仰角 θ：机体轴 Ox_b 与水平面 $O_gx_gz_g$ 之间的夹角。当飞行器头部上仰时，规定为正。

滚转角(倾斜角)ϕ：飞行器对称平面与包含 Ox_b 轴的铅垂平面之间的夹角。飞行器向右滚转时形成的角度，规定为正。

地面坐标系 $O_gx_gy_gz_g$ 先绕 Oy_g 轴方向转过角 ψ，然后绕当时的 Oz 轴方向转过角 θ，最后绕当时的 Ox 轴方向转过角 ϕ 就可与 $Ox_by_bz_b$ 坐标系重合。按坐标转换一般法则，可得出由 $O_gx_gy_gz_g$ 到 $Ox_by_bz_b$ 的转换矩阵为

$$L_{bg}=\begin{bmatrix}\cos\theta\cos\psi & \sin\theta & -\cos\theta\sin\psi\\ -\cos\phi\sin\theta\cos\psi+\sin\phi\sin\psi & \cos\phi\cos\theta & \cos\phi\sin\theta\sin\psi+\sin\phi\cos\psi\\ \sin\phi\sin\theta\cos\psi+\cos\phi\sin\psi & -\sin\phi\cos\theta & -\sin\phi\sin\theta\sin\psi+\cos\phi\cos\psi\end{bmatrix} \tag{4.1}$$

(2) 地面坐标系与航迹坐标系

航迹坐标系相对地面坐标系的方位，根据两坐标轴系定义，其中 Oy_k 和 $O_g y_g$ 均位于垂直平面内，故只存在两个欧拉角。

航迹(轨迹)偏角 ψ_a：又称为航向角，即航迹轴 Ox_k 在水平面 $O_g x_g z_g$ 上的投影与 $O_g x_g$ 轴之间的夹角。规定航迹向左偏转时，ψ_a 为正。

航迹(轨迹)倾角 θ_a：又称为爬升角，即航迹轴 Ox_k 与水平面 $O_g x_g z_g$ 之间的夹角。规定航迹向上倾斜时，θ_a 为正。

实际上，角度 ψ_a 与 θ_a 就决定了飞行器地速在空间的方向。地面坐标系 $O_g x_g y_g z_g$ 绕 Oy 轴方向转过角 ψ_a，再绕当时的 Oz 轴转过角 θ_a，就可与 $Ox_k y_k z_k$ 坐标系重合。按坐标转换一般法则，可得出由 $O_g x_g y_g z_g$ 到 $Ox_k y_k z_k$ 的转换矩阵为

$$L_{kg}=\begin{bmatrix}\cos\theta_a\cos\psi_a & \sin\theta_a & -\cos\theta_a\sin\psi_a\\ -\sin\theta_a\cos\psi_a & \cos\theta_a & \sin\theta_a\sin\psi_a\\ \sin\psi_a & 0 & \cos\psi_a\end{bmatrix} \tag{4.2}$$

(3) 航迹坐标系与气流坐标系

在无风情况下，航迹坐标系的 Ox_k 轴与气流坐标系的 Ox_a 轴是同轴，故只有一个角度即可确定。

速度滚转角 ϕ_a：是飞行器对称平面 $Ox_b y_b$ 与含速度矢量 $\boldsymbol{V}$ 的铅垂平面之间的夹角。$Ox_k y_k z_k$ 绕速度矢量 $\boldsymbol{V}$ 向右滚转形成 $Ox_a y_a z_a$，规定为正。其相应的转换矩阵为

$$L_{ak}=\begin{bmatrix}1 & 0 & 0\\ 0 & \cos\phi_a & \sin\phi_a\\ 0 & -\sin\phi_a & \cos\phi_a\end{bmatrix} \tag{4.3}$$

(4) 地面坐标系与气流坐标系

气流坐标系相对地面坐标系的方位由三个欧拉角来确定，分别为 ψ_a、θ_a 和 ϕ_a。其转换矩阵可以通过式(4.2)和式(4.3)导出：

$$\begin{aligned}L_{ag}&=L_{ak}\cdot L_{kg}\\ &=\begin{bmatrix}\cos\theta_a\cos\psi_a & \sin\theta_a & -\cos\theta_a\sin\psi_a\\ -\cos\phi_a\sin\theta_a\cos\psi_a+\sin\phi_a\sin\psi_a & \cos\phi_a\cos\theta_a & \cos\phi_a\sin\theta_a\sin\psi_a+\sin\phi_a\cos\psi_a\\ \sin\phi_a\sin\theta_a\cos\psi_a+\cos\phi_a\sin\psi_a & -\sin\phi_a\cos\theta_a & -\sin\phi_a\sin\theta_a\sin\psi_a+\cos\phi_a\cos\psi_a\end{bmatrix}\end{aligned} \tag{4.4}$$

式中，三个角 ψ_a、θ_a 和 ϕ_a 在后面常采用另一组符号 χ、γ 和 μ 来表示。

(5) 气流坐标系与机体坐标系

因 Oy_a 轴和 Oy_b 轴同在飞行器纵向对称平面内，故两个角度可确定气流坐标系与机体坐标系间的相对位置。

迎角 α：飞行速度矢量 $\boldsymbol{V}$ 在飞行器对称平面上的投影与机体轴 Ox_b 之间的夹角。正常飞

行情况下，投影线在 Ox_b 下方时规定为正。

侧滑角 β：飞行速度矢量 $\boldsymbol{V}$ 与飞行器对称平面之间的夹角。速度矢量 $\boldsymbol{V}$ 在对称平面右方时规定为正。

气流坐标系 $Ox_ay_az_a$ 绕 Oy_a 轴转过角 β，再绕当前的 Oz 轴转过角 α，就可与机体坐标系 $Ox_by_bz_b$ 重合。按坐标转换一般法则，可得出由 $Ox_ay_az_a$ 到 $Ox_by_bz_b$ 的转换矩阵为

$$\boldsymbol{L}_{ba}=\begin{bmatrix}\cos\alpha\cos\beta & \sin\alpha & -\cos\alpha\sin\beta\\ -\sin\alpha\cos\beta & \cos\alpha & \sin\alpha\sin\beta\\ \sin\beta & 0 & \cos\beta\end{bmatrix} \tag{4.5}$$

4.3 动力学方程的建立

4.3.1 质心动力学方程

由理论力学可知，飞行器质心运动可以用动量定理来表示，即

$$m\frac{\mathrm{d}\boldsymbol{V}}{\mathrm{d}t}=\boldsymbol{F} \tag{4.6}$$

式中，m 为飞行器质量，$\boldsymbol{V}$ 为飞行器飞行速度矢量，$\boldsymbol{F}$ 为作用于质心处的合外力矢量。该运动规律是相对惯性坐标系的，而具体研究飞行器质心运动规律时，由于矢量形式的方程使用不太方便，工程习惯上通常使用式(4.6)投影在动坐标系上的标量形式，如图 4.1 所示。

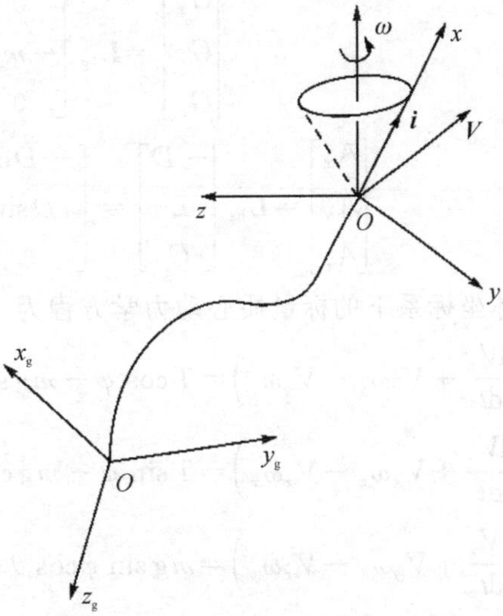

图 4.1 动坐标系与惯性坐标系的关系

对于一般的动坐标系 $Oxyz$，它相对惯性坐标系 $O_gx_gy_gz_g$ 有一转动角速度 ω，而质心的绝对速度为 $\boldsymbol{V}$。将速度 $\boldsymbol{V}$ 和角速度 $\boldsymbol{\omega}_g$ 分别投影在动坐标系上，则有

$$\boldsymbol{V}=V_x\boldsymbol{i}+V_y\boldsymbol{j}+V_z\boldsymbol{k} \tag{4.7}$$

$$\boldsymbol{\omega}=\omega_x\boldsymbol{i}+\omega_y\boldsymbol{j}+\omega_z\boldsymbol{k} \tag{4.8}$$

式中，$\boldsymbol{i}$，$\boldsymbol{j}$，$\boldsymbol{k}$ 为动坐标系 $Oxyz$ 三轴方向的单位矢量。现考虑速度 $\boldsymbol{V}$ 的微分，即质心的绝对加速度，应为

$$\begin{aligned}\frac{\mathrm{d}\boldsymbol{V}}{\mathrm{d}t}&=\frac{\mathrm{d}V_x}{\mathrm{d}t}\boldsymbol{i}+\frac{\mathrm{d}V_y}{\mathrm{d}t}\boldsymbol{j}+\frac{\mathrm{d}V_z}{\mathrm{d}t}\boldsymbol{k}+V_x\frac{\mathrm{d}\boldsymbol{i}}{\mathrm{d}t}+V_y\frac{\mathrm{d}\boldsymbol{j}}{\mathrm{d}t}+V_z\frac{\mathrm{d}\boldsymbol{k}}{\mathrm{d}t}\\&=\frac{\delta\boldsymbol{V}}{\delta t}+\boldsymbol{\omega}\times\boldsymbol{V}\end{aligned} \tag{4.9}$$

将式(4.9)代入式(4.6)，得到在动坐标系中表示的质心动力学矢量形式：

$$m\left(\frac{\delta\boldsymbol{V}}{\delta t}+\boldsymbol{\omega}\times\boldsymbol{V}\right)=\boldsymbol{F} \tag{4.10}$$

同样将合力矢量 $\boldsymbol{F}$ 投影到动坐标系上，即

$$\boldsymbol{F}=F_x\boldsymbol{i}+F_y\boldsymbol{j}+F_z\boldsymbol{k} \tag{4.11}$$

则式(4.10)在动坐标系上的标量形式为

$$\begin{aligned}
&m\left(\frac{\mathrm{d}V_x}{\mathrm{d}t}+V_z\omega_y-V_y\omega_z\right)=F_x\\
&m\left(\frac{\mathrm{d}V_y}{\mathrm{d}t}+V_x\omega_z-V_z\omega_x\right)=F_y\\
&m\left(\frac{\mathrm{d}V_z}{\mathrm{d}t}+V_y\omega_x-V_x\omega_y\right)=F_z
\end{aligned} \tag{4.12}$$

显然,上述方程组适用于任何动坐标系。在研究飞行仿真、飞行性能等相关问题时,常采用机体坐标系下的标量质心动力学方程,故飞行器所受的外力 $\boldsymbol{F}$(包括发动机推力、重力和空气动力等)需要投影到机体坐标系下。在机体坐标系下,发动机推力投影可以近似表示为

$$\begin{bmatrix}T_x\\T_y\\T_z\end{bmatrix}=\begin{bmatrix}T\cos\varphi\\T\sin\varphi\\0\end{bmatrix} \tag{4.13}$$

式中,T 为发动机总推力;φ 为发动机推力轴线与 Ox_b 轴的夹角,推力轴线在 Ox_b 轴上方时为正。在机体坐标系下,根据式(4.1)和式(4.5),重力和空气动力的投影可以分别表示为

$$\begin{bmatrix}G_x\\G_y\\G_z\end{bmatrix}=\boldsymbol{L}_{\mathrm{bg}}\begin{bmatrix}0\\-mg\\0\end{bmatrix}=\begin{bmatrix}-mg\sin\theta\\-mg\cos\phi\cos\theta\\mg\sin\phi\cos\theta\end{bmatrix} \tag{4.14}$$

$$\begin{bmatrix}A_x\\A_y\\A_z\end{bmatrix}=\boldsymbol{L}_{\mathrm{ba}}\begin{bmatrix}-D\\L\\C\end{bmatrix}=\begin{bmatrix}-D\cos\alpha\cos\beta+L\sin\alpha-C\cos\alpha\sin\beta\\D\sin\alpha\cos\beta+L\cos\alpha+C\sin\alpha\sin\beta\\-D\sin\beta+C\cos\beta\end{bmatrix} \tag{4.15}$$

故机体坐标系下的标量质心动力学方程为

$$\begin{aligned}
&m\left(\frac{\mathrm{d}V_x}{\mathrm{d}t}+V_z\omega_y-V_y\omega_z\right)=T\cos\varphi-mg\sin\theta-D\cos\alpha\cos\beta+L\sin\alpha-C\cos\alpha\sin\beta\\
&m\left(\frac{\mathrm{d}V_y}{\mathrm{d}t}+V_x\omega_z-V_z\omega_x\right)=T\sin\varphi-mg\cos\varphi\cos\theta+D\sin\alpha\cos\beta+L\cos\alpha+C\sin\alpha\sin\beta\\
&m\left(\frac{\mathrm{d}V_z}{\mathrm{d}t}+V_y\omega_x-V_x\omega_y\right)=mg\sin\varphi\cos\theta-D\sin\beta+C\cos\beta
\end{aligned} \tag{4.16}$$

4.3.2 刚体转动动力学方程

由理论力学可知,描述飞行器绕质心的转动运动,可用动量矩定理来表示,即

$$\frac{\mathrm{d}\boldsymbol{h}}{\mathrm{d}t}=\boldsymbol{M} \tag{4.17}$$

其中,$\boldsymbol{h}$ 为飞行器对惯性坐标系原点的动量矩;$\boldsymbol{M}$ 为作用在飞行器上的外力对惯性坐标系原点的合力矩,表达式为

$$\boldsymbol{M}=\int\boldsymbol{r}\times\mathrm{d}\boldsymbol{f} \tag{4.18}$$

其中,$\boldsymbol{r}$ 为质量微元到惯性坐标系原点的矢径,$\boldsymbol{f}$ 为作用在微元上的力矢量。根据动量矩的定

义，飞行器上的任意质量微元（见图 4.2）对惯性坐标系原点的动量矩可以表示为

$$\Delta \boldsymbol{h}=\boldsymbol{r}\times\boldsymbol{V}\mathrm{d}m \tag{4.19}$$

式中，$\boldsymbol{V}$ 为该质量微元的绝对速度矢量。则飞行器的总动量矩为

$$\boldsymbol{h}=\int\boldsymbol{r}\times\boldsymbol{V}\mathrm{d}m \tag{4.20}$$

同时，矢径 $\boldsymbol{r}$ 可以拆分为动坐标系原点到惯性坐标系原点的矢径与质量微元到动坐标系原点的矢径之和，即

$$\boldsymbol{r}=\boldsymbol{r}_c+\boldsymbol{R} \tag{4.21}$$

其中，$\boldsymbol{r}_c$ 为动坐标系原点到惯性坐标系原点的矢径，$\boldsymbol{R}$ 为质量微元到动坐标系原点的矢径。而矢量 $\boldsymbol{V}$ 也可以类似拆分为动坐标系原点相对于惯性坐标系原点的速度与质量微元相对于动坐标系原点的速度之和（见图 4.2），即

$$\boldsymbol{V}=\boldsymbol{V}_c+\boldsymbol{V}' \tag{4.22}$$

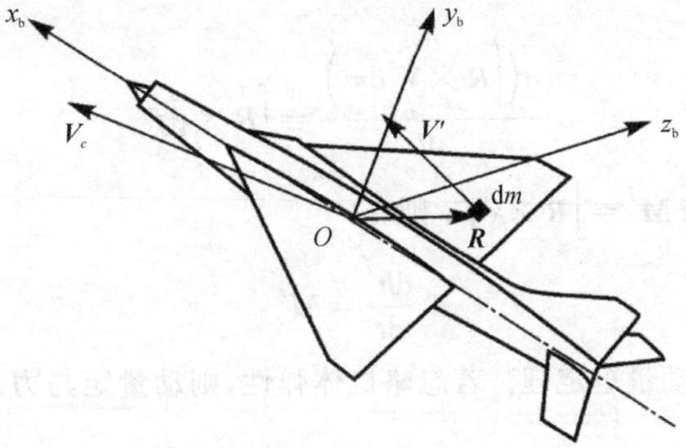

图 4.2　动坐标系中的质量微元

式中，$\boldsymbol{V}_c$ 为动坐标系原点相对于惯性坐标系原点的速度，$\boldsymbol{V}'$ 为质量微元相对于动坐标系原点的速度，则此时动量矩定理可以表示为

$$\begin{aligned}
\frac{\mathrm{d}\boldsymbol{h}}{\mathrm{d}t}&=\frac{\mathrm{d}\left(\int\boldsymbol{r}\times\boldsymbol{V}\mathrm{d}m\right)}{\mathrm{d}t}\\
&=\frac{\mathrm{d}\left(\int(\boldsymbol{r}_c+\boldsymbol{R})\times(\boldsymbol{V}_c+\boldsymbol{V}')\,\mathrm{d}m\right)}{\mathrm{d}t}\\
&=\frac{\mathrm{d}\boldsymbol{r}_c}{\mathrm{d}t}\times(m\boldsymbol{V}_c)+\boldsymbol{r}_c\times\left(m\frac{\mathrm{d}\boldsymbol{V}_c}{\mathrm{d}t}\right)+\int\frac{\mathrm{d}\boldsymbol{R}}{\mathrm{d}t}\mathrm{d}m\times\boldsymbol{V}_c+\int\boldsymbol{R}\mathrm{d}m\times\frac{\mathrm{d}\boldsymbol{V}_c}{\mathrm{d}t}+\\
&\quad\frac{\mathrm{d}\boldsymbol{r}_c}{\mathrm{d}t}\times\int\boldsymbol{V}'\mathrm{d}m+\boldsymbol{r}_c\times\int\frac{\mathrm{d}\boldsymbol{V}'}{\mathrm{d}t}\mathrm{d}m+\frac{\mathrm{d}\left(\int\boldsymbol{R}\times\boldsymbol{V}'\mathrm{d}m\right)}{\mathrm{d}t}\\
&=\boldsymbol{r}_c\times\left(m\frac{\mathrm{d}\boldsymbol{V}_c}{\mathrm{d}t}\right)+\int\boldsymbol{R}\mathrm{d}m\times\frac{\mathrm{d}\boldsymbol{V}_c}{\mathrm{d}t}+\boldsymbol{r}_c\times\int\frac{\mathrm{d}\boldsymbol{V}'}{\mathrm{d}t}\mathrm{d}m+\frac{\mathrm{d}\left(\int\boldsymbol{R}\times\boldsymbol{V}'\mathrm{d}m\right)}{\mathrm{d}t}\\
&=\int\boldsymbol{r}_c\times\mathrm{d}\boldsymbol{f}+\int\boldsymbol{R}\times\mathrm{d}\boldsymbol{f}\\
&=\boldsymbol{M}
\end{aligned} \tag{4.23}$$

若动坐标系原点为质心，则有$\int \boldsymbol{R}\,\mathrm{d}m=0$，则式(4.23)可以化简为

$$\begin{aligned}\frac{\mathrm{d}\boldsymbol{h}}{\mathrm{d}t}&=\boldsymbol{r}_c\times\left(m\frac{\mathrm{d}\boldsymbol{V}_c}{\mathrm{d}t}\right)+\boldsymbol{r}_c\times\int\frac{\mathrm{d}\boldsymbol{V}'}{\mathrm{d}t}\mathrm{d}m+\frac{\mathrm{d}\left(\int\boldsymbol{R}\times\boldsymbol{V}'\mathrm{d}m\right)}{\mathrm{d}t}\\&=\boldsymbol{r}_c\times\int\frac{\mathrm{d}\boldsymbol{V}}{\mathrm{d}t}\mathrm{d}m+\frac{\mathrm{d}\left(\int\boldsymbol{R}\times\boldsymbol{V}'\mathrm{d}m\right)}{\mathrm{d}t}\\&=\int\boldsymbol{r}_c\times\mathrm{d}\boldsymbol{f}+\frac{\mathrm{d}\left(\int\boldsymbol{R}\times\boldsymbol{V}'\mathrm{d}m\right)}{\mathrm{d}t}\\&=\int\boldsymbol{r}_c\times\mathrm{d}\boldsymbol{f}+\int\boldsymbol{R}\times\mathrm{d}\boldsymbol{f}\\&=\boldsymbol{M}\end{aligned}\tag{4.24}$$

即

$$\frac{\mathrm{d}\left(\int\boldsymbol{R}\times\boldsymbol{V}'\mathrm{d}m\right)}{\mathrm{d}t}=\int\boldsymbol{R}\times\mathrm{d}\boldsymbol{f}\tag{4.25}$$

若取$\boldsymbol{h}'=\int\boldsymbol{R}\times\boldsymbol{V}'\mathrm{d}m$与$\boldsymbol{M}'=\int\boldsymbol{R}\times\mathrm{d}\boldsymbol{f}$，则有

$$\frac{\mathrm{d}\boldsymbol{h}'}{\mathrm{d}t}=\boldsymbol{M}'\tag{4.26}$$

式(4.26)即为对质心的动量矩定理。若忽略机体弹性，则动量矩与力矩在机体坐标系下可以表示为

$$\begin{gathered}\boldsymbol{h}'=\int\boldsymbol{R}\times\boldsymbol{V}\mathrm{d}m=\boldsymbol{J}\boldsymbol{\omega}=\begin{bmatrix}I_{xx}&-I_{xy}&-I_{xz}\\-I_{xy}&I_{yy}&-I_{yz}\\-I_{xz}&-I_{yz}&I_{zz}\end{bmatrix}\begin{bmatrix}\omega_x\\\omega_y\\\omega_z\end{bmatrix}\\\boldsymbol{M}'=\int\boldsymbol{R}\times\mathrm{d}\boldsymbol{f}=[M_x\quad M_y\quad M_z]^{\mathrm{T}}\end{gathered}\tag{4.27}$$

式中，$\boldsymbol{J}$为飞行器的总惯性矩，I_{xx}、I_{yy}、I_{zz}、I_{xy}、I_{xz}、I_{yz}为对应的惯性矩和惯性积，$\boldsymbol{\omega}=[\omega_x\quad\omega_y\quad\omega_z]^{\mathrm{T}}$为机体坐标系转动的角速度。将式(4.27)代入式(4.26)，则标量形式的质心动量矩定理可以表达为

$$\left.\begin{aligned}I_{xx}\dot{\omega}_x+(I_{zz}-I_{yy})\omega_y\omega_z+I_{yz}(\omega_z^2-\omega_y^2)+I_{xy}(\omega_x\omega_z-\dot{\omega}_y)-I_{xz}(\omega_x\omega_y+\dot{\omega}_z)=M_x\\I_{yy}\dot{\omega}_y+(I_{xx}-I_{zz})\omega_z\omega_x+I_{xz}(\omega_x^2-\omega_z^2)+I_{yz}(\omega_y\omega_x-\dot{\omega}_z)-I_{xy}(\omega_y\omega_z+\dot{\omega}_x)=M_y\\I_{zz}\dot{\omega}_z+(I_{yy}-I_{xx})\omega_x\omega_y+I_{xy}(\omega_y^2-\omega_x^2)+I_{xz}(\omega_z\omega_y-\dot{\omega}_x)-I_{yz}(\omega_z\omega_x+\dot{\omega}_y)=M_z\end{aligned}\right\}\tag{4.28}$$

对于一般的飞行器，$Ox_{\mathrm{b}}y_{\mathrm{b}}$平面常为对称面，则$I_{xz}=I_{yz}=0$。故式(4.28)可以化简为

$$\left.\begin{aligned}I_{xx}\dot{\omega}_x+(I_{zz}-I_{yy})\omega_y\omega_z+I_{xy}(\omega_x\omega_z-\dot{\omega}_y)=M_x\\I_{yy}\dot{\omega}_y+(I_{xx}-I_{zz})\omega_z\omega_x-I_{xy}(\omega_y\omega_z+\dot{\omega}_x)=M_y\\I_{zz}\dot{\omega}_z+(I_{yy}-I_{xx})\omega_x\omega_y+I_{xy}(\omega_y^2-\omega_x^2)=M_z\end{aligned}\right\}\tag{4.29}$$

4.4 运动学方程

4.4.1 质心运动学方程

为确定飞行器在空间中的飞行轨迹，还需要建立飞行器质心的运动学方程。设质心在地面坐标系中的坐标为(x_g, y_g, z_g)，飞行器绝对速度 $\boldsymbol{V}$ 在机体坐标系下表示为 $\boldsymbol{V}=[V_x \quad V_y \quad V_z]^{\mathrm{T}}$，则$(x_g, y_g, z_g)$的微分可以表示为

$$\begin{bmatrix} \dfrac{\mathrm{d}x_g}{\mathrm{d}t} \\ \dfrac{\mathrm{d}y_g}{\mathrm{d}t} \\ \dfrac{\mathrm{d}z_g}{\mathrm{d}t} \end{bmatrix} = \boldsymbol{L}_{\mathrm{gb}} \begin{bmatrix} V_x \\ V_y \\ V_z \end{bmatrix} = \boldsymbol{L}_{\mathrm{bg}}^{\mathrm{T}} \begin{bmatrix} V_x \\ V_y \\ V_z \end{bmatrix}$$

$$= \begin{bmatrix} V_x\cos\theta\cos\psi + V_y(-\cos\phi\sin\theta\cos\psi + \sin\phi\sin\psi) + V_z(\sin\phi\sin\theta\cos\psi + \cos\phi\sin\psi) \\ V_x\sin\theta + V_y\cos\phi\cos\theta - V_z\sin\phi\cos\theta \\ -V_x\cos\theta\sin\psi + V_y(\cos\phi\sin\theta\sin\psi + \sin\phi\cos\psi) + V_z(-\sin\phi\sin\theta\sin\psi + \cos\phi\cos\psi) \end{bmatrix} \tag{4.30}$$

4.4.2 刚体转动运动学方程

飞行器在空间的姿态是通过机体坐标系相对地面轴系的三个欧拉角(ψ, θ, ϕ)来表示的，飞行过程中欧拉角将随时间变化，显然其变化规律与飞行器的旋转角速度$(\omega_x, \omega_y, \omega_z)$密切相关。通过找出它们之间的相互关系，可以得出描述飞行器姿态变化规律的方程，即刚体转动运动学方程。从机体坐标系的形成过程可以得到$(\dot{\psi}, \dot{\theta}, \dot{\phi})$在机体坐标系下的投影方式，即

$$\begin{bmatrix} \omega_x \\ \omega_y \\ \omega_z \end{bmatrix} = \begin{bmatrix} \dot{\phi} \\ 0 \\ 0 \end{bmatrix} + \begin{bmatrix} 1 & 0 & 0 \\ 0 & \cos\phi & \sin\phi \\ 0 & -\sin\phi & \cos\phi \end{bmatrix} \begin{bmatrix} 0 \\ 0 \\ \dot{\theta} \end{bmatrix} + \begin{bmatrix} \cos\theta & \sin\theta & 0 \\ -\cos\phi\sin\theta & \cos\phi\cos\theta & \sin\phi \\ \sin\phi\sin\theta & -\sin\phi\cos\theta & \cos\phi \end{bmatrix} \begin{bmatrix} 0 \\ \dot{\psi} \\ 0 \end{bmatrix}$$

$$= \begin{bmatrix} \dot{\phi} + \dot{\psi}\sin\theta \\ \dot{\theta}\sin\phi + \dot{\psi}\cos\phi\cos\theta \\ \dot{\theta}\cos\phi - \dot{\psi}\sin\phi\cos\theta \end{bmatrix} \tag{4.31}$$

对其进行变换可以得到

$$\begin{bmatrix} \dot{\phi} \\ \dot{\psi} \\ \dot{\theta} \end{bmatrix} = \begin{bmatrix} \omega_x + \tan\theta(\omega_z\sin\phi - \omega_y\cos\phi) \\ \sec\theta(\omega_y\cos\phi - \omega_z\sin\phi) \\ \omega_z\cos\phi + \omega_y\sin\phi \end{bmatrix} \tag{4.32}$$

4.5 小扰动线化动力学方程

研究飞行器的稳定性和操纵性问题时,一般把飞行器运动分为基准运动和扰动运动。基准运动(或称未扰动运动)是指在理想条件下,飞行器不受任何外界干扰,按预定规律进行的运动,如定直平飞、定常盘旋等。基准运动参数用下标"$*$"表示,如 V_*、α_*、θ_* 等。由于各种干扰因素,使飞行器的运动参数偏离了基准运动参数,因而运动不按预定的规律进行,这种运动称为扰动运动。受扰运动的参数,不附加任何特殊标记,如 V、α、θ 等。显然,在扰动运动中,飞行器运动参数变化与外界干扰有直接关系,干扰越大则运动参数偏离基准运动越大。

与基准运动差别甚小的扰动运动称为小扰动运动。"差别甚小"只能从相对的意义上理解,绝对量值的范围应视具体情况而定。根据已有的经验,对小扰动的限制往往不很严格。采用小扰动假定简化后的方程,在大多数情况下均能给出足够满意的结果。这是由于:在大多数飞行情况下,各主要气动参数的变化与扰动量成线性关系;飞行中即使遇到相当强烈的扰动,在有限的时间内飞行器的线速度和角速度也往往只有很小的变化量。所以小扰动法是有客观实践依据的。

在小扰动假设条件下,一般情况就能将飞行器运动方程进行线性化。但为了便于将线性扰动运动方程组分离为彼此独立的两组,即纵向和横航向小扰动方程组,以减少方程组阶次而解析求解,还需要作下列假设:

① 飞行器具有对称平面(气动外形和质量分布均对称),且略去机体内转动部件的陀螺力矩效应;

② 在基准运动中,对称平面处于铅垂位置(即 $\phi_*=0$),且运动所在平面与飞行器对称平面相重合(即 $\beta_*=0$)。

在满足上述条件下,可以推论出:在基准运动状态下,纵向气动力和力矩对横航参数的导数$\left(如\left.\dfrac{\partial M_z}{\partial \omega_x}\right|_*\right)$均等于零,横航气动力和力矩对纵向参数的导数$\left(如\left.\dfrac{\partial M_y}{\partial \omega_z}\right|_*\right)$也均等于零。由此就不难证明扰动运动方程可以分离为彼此独立的两组,其中一组只包含纵向参数,即飞行器在铅垂平面内做对称飞行时的运动参数 V_x、V_y、ω_z、α、θ、γ、x_g、y_g、δ_e(升降舵偏转信号)、δ_p(推力信号)等,称为纵向扰动运动方程组;另一组只包含横航向参数,即飞行器在非对称面内的运动参数 V_z、ω_x、ω_y、β、ψ、f、χ、μ、z_g、δ_a(副翼偏转信号)、δ_r(方向舵偏转信号)等,称为横航向扰动运动方程组。

4.5.1 纵向小扰动线化方程

由于在稳定坐标系下,大部分基准运动参数均为0,故为了简便,纵向小扰动运动方程建立在稳定坐标系下。基准运动参数(定直飞行情况)如下:

$$\left.\begin{aligned}&\left.\begin{bmatrix}V_x\\V_y\\V_z\end{bmatrix}\right|_*=\begin{bmatrix}V_*\\0\\0\end{bmatrix}\quad\left.\begin{bmatrix}\omega_x\\\omega_y\\\omega_z\end{bmatrix}\right|_*=\begin{bmatrix}0\\0\\0\end{bmatrix}\quad\left.\begin{bmatrix}\phi\\\psi\\\theta\end{bmatrix}\right|_*=\begin{bmatrix}0\\0\\\theta_*\end{bmatrix}\\&\left.\begin{bmatrix}\alpha\\\beta\end{bmatrix}\right|_*=\begin{bmatrix}0\\0\end{bmatrix}\quad\left.\begin{bmatrix}D\\L\\C\end{bmatrix}\right|_*=\begin{bmatrix}D_*\\L_*\\0\end{bmatrix}\quad\left.\begin{bmatrix}x_g\\y_g\\z_g\end{bmatrix}\right|_*=\begin{bmatrix}x_{g*}\\y_{g*}\\0\end{bmatrix}\end{aligned}\right\}\tag{4.33}$$

根据质心动力学方程式(4.16)和刚体转动动力学方程式(4.29)，纵向部分的基准方程表达式为

$$\left.\begin{aligned} T_* \cos\varphi_1 - mg\sin\theta_* - D_* &= 0 \\ T_*\sin\varphi_1 + L_* - mg\cos\theta_* &= 0 \\ M_{z*} &= 0 \end{aligned}\right\} \tag{4.34}$$

式中，φ_1 为发动机推力轴线与 Ox_s 轴的夹角，推力轴线在 Ox_s 轴上方时为正。同样的，根据式(4.16)和式(4.29)，受扰动后的质心动力学方程和刚体转动动力学方程表达式为

$$\left.\begin{aligned} & m\frac{\mathrm{d}\Delta V_x}{\mathrm{d}t} = (T_* + \Delta T)\cos\varphi_1 - mg(\sin\theta_* + \cos\theta_*\Delta\theta) - (D_* + \Delta D) + L_*\Delta\alpha \\ & m\left(\frac{\mathrm{d}\Delta V_y}{\mathrm{d}t} + V_*\Delta\omega_z\right) = (T_* + \Delta T)\sin\varphi_1 - mg(\cos\theta_* - \sin\theta_*\Delta\theta) + D_*\Delta\alpha + (L_* + \Delta L) \\ & I_{zz}\frac{\mathrm{d}\Delta\omega_z}{\mathrm{d}t} = M_{z*} + \Delta M_z \end{aligned}\right\} \tag{4.35}$$

代入基准方程式(4.34)，得到质心动力学方程和刚体转动动力学方程的小扰动形式

$$\left.\begin{aligned} & m\frac{\mathrm{d}\Delta V_x}{\mathrm{d}t} = \Delta T\cos\varphi_1 - mg\cos\theta_*\Delta\theta - \Delta D + L_*\Delta\alpha \\ & m\left(\frac{\mathrm{d}\Delta V_y}{\mathrm{d}t} + V_*\Delta\omega_z\right) = \Delta T\sin\varphi_1 + mg\sin\theta_*\Delta\theta + D_*\Delta\alpha + \Delta L \\ & I_{zz}\frac{\mathrm{d}\Delta\omega_z}{\mathrm{d}t} = \Delta M_z \end{aligned}\right\} \tag{4.36}$$

根据质心运动学方程式(4.30)和刚体转动运动学方程式(4.32)，基准方程的表达式为

$$\left.\begin{aligned} \frac{\mathrm{d}x_{g*}}{\mathrm{d}t} &= V_*\cos\theta_* \\ \frac{\mathrm{d}y_{g*}}{\mathrm{d}t} &= V_*\sin\theta_* \\ \frac{\mathrm{d}\theta_*}{\mathrm{d}t} &= 0 \end{aligned}\right\} \tag{4.37}$$

同样的，根据式(4.30)和式(4.32)，受扰动后的质心运动学方程和刚体转动运动学方程的表达式为

$$\left.\begin{aligned} \frac{\mathrm{d}(x_{g*} + \Delta x_g)}{\mathrm{d}t} &= V_*\cos\theta_* + \Delta V_x\cos\theta_* - V_*\sin\theta_*\Delta\theta - \Delta V_y\sin\theta_* \\ \frac{\mathrm{d}(y_{g*} + \Delta y_g)}{\mathrm{d}t} &= V_*\sin\theta_* + \Delta V_x\sin\theta_* + V_*\cos\theta_*\Delta\theta + \Delta V_y\cos\theta_* \\ \frac{\mathrm{d}(\theta_* + \Delta\theta)}{\mathrm{d}t} &= \Delta\omega_z \end{aligned}\right\} \tag{4.38}$$

将式(4.37)代入式(4.38)，得到质心运动学方程和刚体转动运动学方程的小扰动形式

$$
\left.\begin{aligned}
&\frac{\mathrm{d}(\Delta x_{g})}{\mathrm{d}t}=\Delta V_{x}\cos\theta_{*}-V_{*}\sin\theta_{*}\Delta\theta-\Delta V_{y}\sin\theta_{*}\\
&\frac{\mathrm{d}(\Delta y_{g})}{\mathrm{d}t}=\Delta V_{x}\sin\theta_{*}+V_{*}\cos\theta_{*}\Delta\theta+\Delta V_{y}\cos\theta_{*}\\
&\frac{\mathrm{d}(\Delta\theta)}{\mathrm{d}t}=\Delta\omega_{z}
\end{aligned}\right\} \tag{4.39}
$$

综合式(4.36)和式(4.39),并省略基准值为0的变量前的"Δ",则纵向小扰动方程表达式为

$$
\left.\begin{aligned}
&m\frac{\mathrm{d}(\Delta V_{x})}{\mathrm{d}t}=\Delta T\cos\varphi_{1}-mg\cos\theta_{*}\Delta\theta-\Delta D+L_{*}\alpha\\
&m\left(\frac{\mathrm{d}V_{y}}{\mathrm{d}t}+V_{*}\omega_{z}\right)=\Delta T\sin\varphi_{1}+mg\sin\theta_{*}\Delta\theta+D_{*}\alpha+\Delta L\\
&I_{zz}\frac{\mathrm{d}\omega_{z}}{\mathrm{d}t}=M_{z}\\
&\frac{\mathrm{d}(\Delta x_{g})}{\mathrm{d}t}=\Delta V_{x}\cos\theta_{*}-V_{*}\sin\theta_{*}\Delta\theta-V_{y}\sin\theta_{*}\\
&\frac{\mathrm{d}(\Delta y_{g})}{\mathrm{d}t}=\Delta V_{x}\sin\theta_{*}+V_{*}\cos\theta_{*}\Delta\theta+V_{y}\cos\theta_{*}\\
&\frac{\mathrm{d}(\Delta\theta)}{\mathrm{d}t}=\omega_{z}
\end{aligned}\right\} \tag{4.40}
$$

同时,迎角和速度具有如下关系:

$$
\alpha=\arctan\left(\frac{-V_{y}}{V_{*}+\Delta V_{x}}\right)\approx-\frac{V_{y}}{V_{*}} \tag{4.41}
$$

则小扰动方程改写为

$$
\left.\begin{aligned}
&\frac{\mathrm{d}(\Delta V_{x})}{\mathrm{d}t}=\frac{\cos\varphi_{1}}{m}\Delta T-g\cos\theta_{*}\Delta\theta-\frac{1}{m}\Delta D+\frac{L_{*}}{m}\alpha\\
&\frac{\mathrm{d}\alpha}{\mathrm{d}t}=-\frac{\sin\varphi_{1}}{mV_{*}}\Delta T-\frac{g\sin\theta_{*}}{V_{*}}\Delta\theta-\frac{D_{*}}{mV_{*}}\alpha-\frac{1}{mV_{*}}\Delta L+\omega_{z}\\
&\frac{\mathrm{d}\omega_{z}}{\mathrm{d}t}=\frac{1}{I_{zz}}M_{z}\\
&\frac{\mathrm{d}(\Delta x_{g})}{\mathrm{d}t}=\Delta V_{x}\cos\theta_{*}-V_{*}\sin\theta_{*}\Delta\theta-V_{y}\sin\theta_{*}\\
&\frac{\mathrm{d}(\Delta y_{g})}{\mathrm{d}t}=\Delta V_{x}\sin\theta_{*}+V_{*}\cos\theta_{*}\Delta\theta+V_{y}\cos\theta_{*}\\
&\frac{\mathrm{d}(\Delta\theta)}{\mathrm{d}t}=\omega_{z}
\end{aligned}\right\} \tag{4.42}
$$

将力和力矩线性化,表达式为

$$\left.\begin{aligned}\Delta T&=T_x\cdot\Delta V_x+T_y\cdot V_y+T_{\delta_\mathrm{p}}\cdot\Delta\delta_\mathrm{p}\\ \Delta D&=D_x\cdot\Delta V_x+D_y\cdot V_y+D_{\delta_\mathrm{e}}\cdot\Delta\delta_\mathrm{e}\\ \Delta L&=L_x\cdot\Delta V_x+L_y\cdot V_y+L_{\omega_z}\omega_z+L_{\dot\alpha}\cdot\dot\alpha+L_{\delta_\mathrm{e}}\cdot\Delta\delta_\mathrm{e}\\ M_z&=M_{zx}\cdot\Delta V_x+M_{zy}\cdot V_y+M_{z\dot\alpha}\cdot\dot\alpha+M_{z\omega_z}\omega_z+M_{z\delta_\mathrm{e}}\cdot\Delta\delta_\mathrm{e}\end{aligned}\right\}\tag{4.43}$$

将式(4.41)和式(4.43)代入式(4.42)中，得到最终的纵向小扰动线化方程为

$$\begin{bmatrix}\Delta\dot V_x\\ \dot\alpha\\ \dot\omega_z\\ \Delta\dot\theta\end{bmatrix}=\begin{bmatrix}\bar X_V & \bar X_\alpha & 0 & -g\cos\theta_*\\ \bar Y_V & \bar Y_\alpha & \bar Y_{\omega_z} & \bar Y_\theta\\ \bar M_{zV}+\bar M_{z\dot\alpha}\bar Y_V & -\bar M_{z\alpha}+\bar M_{z\dot\alpha}\bar Y_\alpha & \bar M_{z\omega_z}+\bar M_{z\dot\alpha}\bar Y_{\omega_z} & \bar M_{z\theta}\\ 0 & 0 & 1 & 0\end{bmatrix}\begin{bmatrix}\Delta V_x\\ \alpha\\ \omega_z\\ \Delta\theta\end{bmatrix}+\begin{bmatrix}\bar X_{\delta_\mathrm{p}} & \bar X_{\delta_\mathrm{e}}\\ \bar Y_{\delta_\mathrm{p}} & \bar Y_{\delta_\mathrm{e}}\\ \bar M_{z\delta_\mathrm{p}} & \bar M_{z\delta_\mathrm{e}}+\bar M_{z\dot\alpha}\bar Y_{\delta_\mathrm{e}}\\ 0 & 0\end{bmatrix}\begin{bmatrix}\Delta\delta_\mathrm{p}\\ \Delta\delta_\mathrm{e}\end{bmatrix}\tag{4.44}$$

式中，纵向各动力学导数如表 4.1 所列。

表 4.1　飞行器纵向动力学导数

x 方向动力学导数	y 方向动力学导数	z 方向力矩系数
$\bar X_V=\dfrac{T_x\cos\varphi_1-D_x}{m}$	$\bar Y_V=-\dfrac{T_x\sin\varphi_1+L_x}{mV_*+L_{\dot\alpha}}$	$\bar M_{z\dot\alpha}=\dfrac{M_{z\dot\alpha}}{I_{zz}}$
$\bar X_\alpha=\dfrac{-T_yV_*\cos\varphi_1+D_yV_*+L_*}{m}$	$\bar Y_\alpha=\dfrac{T_yV_*\sin\varphi_1-D_*+L_yV_*}{mV_*+L_{\dot\alpha}}$	$\bar M_{zV}=\dfrac{M_{zx}}{I_{zz}}$
$\bar X_{\delta_\mathrm{p}}=\dfrac{T_{\delta_\mathrm{p}}\cos\varphi_1}{m}$	$\bar Y_{\omega_z}=\dfrac{mV_*-L_{\omega_z}}{mV_*+L_{\dot\alpha}}$	$\bar M_{z\alpha}=\dfrac{M_{zy}V_*}{I_{zz}}$
$\bar X_{\delta_\mathrm{e}}=-\dfrac{D_{\delta_\mathrm{e}}}{m}$	$\bar Y_\theta=-\dfrac{mg\sin\theta_*}{mV_*+L_{\dot\alpha}}$	$\bar M_{z\omega_z}=\dfrac{M_{z\omega_z}}{I_{zz}}$
	$\bar Y_{\delta_\mathrm{p}}=\dfrac{-T_{\delta_\mathrm{p}}\sin\varphi_1}{mV_*+L_{\dot\alpha}}$	$\bar M_{z\theta}=\dfrac{M_{z\dot\alpha}}{I_{zz}}\bar Y_\theta$
	$\bar Y_{\delta_\mathrm{e}}=\dfrac{-L_{\delta_\mathrm{e}}}{mV_*+L_{\dot\alpha}}$	$\bar M_{z\delta_\mathrm{p}}=\dfrac{M_{z\dot\alpha}}{I_{zz}}\bar Y_{\delta_\mathrm{p}}$
		$\bar M_{z\delta_\mathrm{e}}=\dfrac{M_{z\delta_\mathrm{e}}}{I_{zz}}$

4.5.2　横航向小扰动线化方程

为方便计算滚转力矩和偏航力矩，横航向小扰动线化方程建立在机体坐标系下。基准运动参数(定直平飞情况)与纵向小扰动不同在于：

$$\begin{bmatrix}V_x\\ V_y\\ V_z\end{bmatrix}\Bigg|_*=\begin{bmatrix}V_{x*}\\ V_{y*}\\ 0\end{bmatrix}\quad\begin{bmatrix}\alpha\\ \beta\end{bmatrix}\Bigg|_*=\begin{bmatrix}\alpha|_*\\ 0\end{bmatrix}\quad\begin{bmatrix}\psi\\ \theta\\ f\end{bmatrix}\Bigg|_*=\begin{bmatrix}0\\ \theta|_*\\ 0\end{bmatrix}\tag{4.45}$$

根据质心动力学方程式(4.16)和刚体转动动力学方程式(4.29)中的横航向部分,小扰动方程的表达式为

$$\left.\begin{aligned}&m\left(\frac{\mathrm{d}(\Delta V_z)}{\mathrm{d}t}+V_{y*}\Delta\omega_x-V_{x*}\Delta\omega_y\right)=mg\Delta\varphi\cos\theta_*-D_*\Delta\beta+\Delta C\\&I_{xx}\frac{\mathrm{d}(\Delta\omega_x)}{\mathrm{d}t}-I_{xy}\frac{\mathrm{d}(\Delta\omega_y)}{\mathrm{d}t}=\Delta M_x\\&I_{yy}\frac{\mathrm{d}(\Delta\omega_y)}{\mathrm{d}t}-I_{xy}\frac{\mathrm{d}(\Delta\omega_x)}{\mathrm{d}t}=\Delta M_y\end{aligned}\right\}\tag{4.46}$$

同样的,根据式(4.30)和式(4.32),受扰动后的质心运动学方程和刚体转动运动学方程的表达式为

$$\left.\begin{aligned}&\frac{\mathrm{d}(\Delta z_g)}{\mathrm{d}t}=-V_{x*}\Delta\psi\cos\theta_*+V_{y*}(\sin\theta_*\Delta\psi+\Delta\varphi)+\Delta V_z\\&\frac{\mathrm{d}(\Delta\phi)}{\mathrm{d}t}=\Delta\omega_x-\Delta\omega_y\tan\theta_*\\&\frac{\mathrm{d}(\Delta\psi)}{\mathrm{d}t}=\Delta\omega_y\sec\theta_*\end{aligned}\right\}\tag{4.47}$$

考虑到方程各项均为扰动量,并省略基准值为0变量前的“Δ”。在此基础上,综合式(4.46)和式(4.47),横航向小扰动方程的表达式为

$$\left.\begin{aligned}&m\frac{\mathrm{d}V_z}{\mathrm{d}t}=mg\phi\varphi\cos\theta_*-D_*\beta+C-mV_{y*}\omega_x+mV_{x*}\omega_y\\&\frac{\mathrm{d}\omega_x}{\mathrm{d}t}=\frac{M_xI_{yy}+M_yI_{xy}}{I_{xx}I_{yy}-I_{xy}^2}\\&\frac{\mathrm{d}\omega_y}{\mathrm{d}t}=\frac{M_xI_{xy}+M_yI_{xx}}{I_{xx}I_{yy}-I_{xy}^2}\\&\frac{\mathrm{d}z_g}{\mathrm{d}t}=-V_*\cdot\psi+V_z\\&\frac{\mathrm{d}\phi}{\mathrm{d}t}=\omega_x-\omega_y\tan\theta_*\\&\frac{\mathrm{d}\psi}{\mathrm{d}t}=\omega_y\sec\theta_*\end{aligned}\right\}\tag{4.48}$$

同时,侧滑角和速度具有如下关系:

$$\beta=\arctan\left(\frac{V_z}{\sqrt{V_{x*}^2+V_{y*}^2}}\right)\approx\frac{V_z}{V_*}\tag{4.49}$$

将力和力矩线性化,表达式为

$$\left.\begin{aligned}&C=Z_z\cdot V_z+Z_{\omega_x}\cdot\omega_x+Z_{\omega_y}\cdot\omega_y+Z_{\delta_r}\cdot\delta_r+Z_{\delta_a}\cdot\delta_a\\&M_x=M_{xz}\cdot V_z+M_{x\omega_x}\cdot\omega_x+M_{x\omega_y}\cdot\omega_y+M_{x\delta_r}\cdot\delta_r+M_{x\delta_a}\cdot\delta_a\\&M_y=M_{yz}\cdot V_z+M_{y\omega_x}\cdot\omega_x+M_{y\omega_y}\cdot\omega_y+M_{y\delta_r}\cdot\delta_r+M_{y\delta_a}\cdot\delta_a\end{aligned}\right\}\tag{4.50}$$

将式(4.41)和式(4.43)代入式(4.40)中,得到最终的横航向小扰动线化方程为

$$
\begin{bmatrix} \dot{\beta} \\ \dot{\omega}_x \\ \dot{\omega}_y \\ \dot{\phi} \end{bmatrix} = \begin{bmatrix} \overline{Z}_\beta & \overline{Z}_{\omega_x} - \sin\theta_* & \overline{Z}_{\omega_y} + \cos\theta_* & \dfrac{g\cos\theta_*}{V_*} \\ \overline{M}_{x\beta} & \overline{M}_{x\omega_x} & \overline{M}_{x\omega_y} & 0 \\ \overline{M}_{y\beta} & \overline{M}_{y\omega_x} & \overline{M}_{y\omega_y} & 0 \\ 0 & 1 & -\tan\theta_* & 0 \end{bmatrix} \begin{bmatrix} \beta \\ \omega_x \\ \omega_y \\ \phi \end{bmatrix} + \begin{bmatrix} \overline{Z}_{\delta_a} & \overline{Z}_{\delta_r} \\ \overline{M}_{x\delta_a} & \overline{M}_{x\delta_r} \\ \overline{M}_{y\delta_a} & \overline{M}_{y\delta_a} \\ 0 & 0 \end{bmatrix} \begin{bmatrix} \delta_a \\ \delta_r \end{bmatrix} \tag{4.51}
$$

式中,各横航向动力学导数如表 4.2 所列。

表 4.2　横航向动力学导数

z 方向气动力系数	x 方向力矩系数	y 方向力矩系数
$\overline{Z}_\beta = \dfrac{Z_z V_* - D_*}{mV_*}$	$\overline{M}_{x\beta} = \dfrac{I_{yy}M_{xz} + I_{xy}M_{yz}}{I_{xx}I_{yy} - I_{xy}^2}V_*$	$\overline{M}_{y\beta} = \dfrac{I_{xy}M_{xz} + I_{xx}M_{yz}}{I_{xx}I_{yy} - I_{xy}^2}$
$\overline{Z}_{\omega_x} = \dfrac{Z_{\omega_x}}{mV_*}$	$\overline{M}_{x\omega_x} = \dfrac{I_{yy}M_{x\omega_x} + I_{xy}M_{y\omega_x}}{I_{xx}I_{yy} - I_{xy}^2}$	$\overline{M}_{y\omega_x} = \dfrac{I_{xy}M_{x\omega_x} + I_{xx}M_{y\omega_x}}{I_{xx}I_{yy} - I_{xy}^2}$
$\overline{Z}_{\omega_y} = \dfrac{Z_{\omega_y}}{mV_*}$	$\overline{M}_{x\omega_y} = \dfrac{I_{yy}M_{x\omega_y} + I_{xy}M_{y\omega_y}}{I_{xx}I_{yy} - I_{xy}^2}$	$\overline{M}_{y\omega_y} = \dfrac{I_{xy}M_{x\omega_y} + I_{xx}M_{y\omega_y}}{I_{xx}I_{yy} - I_{xy}^2}$
$\overline{Z}_{\delta_a} = \dfrac{Z_{\delta_a}}{mV_*}$	$\overline{M}_{x\delta_a} = \dfrac{I_{yy}M_{x\delta_a} + I_{xy}M_{y\delta_a}}{I_{xx}I_{yy} - I_{xy}^2}$	$\overline{M}_{y\delta_a} = \dfrac{I_{xy}M_{x\delta_a} + I_{xx}M_{y\delta_a}}{I_{xx}I_{yy} - I_{xy}^2}$
$\overline{Z}_{\delta_r} = \dfrac{Z_{\delta_r}}{mV_*}$	$\overline{M}_{x\delta_r} = \dfrac{I_{yy}M_{x\delta_r} + I_{xy}M_{y\delta_r}}{I_{xx}I_{yy} - I_{xy}^2}$	$\overline{M}_{y\delta_r} = \dfrac{I_{xy}M_{x\delta_r} + I_{xx}M_{y\delta_r}}{I_{xx}I_{yy} - I_{xy}^2}$

4.6　刚性飞行器纵向运动模态特性

在 4.5 节中已经把飞行器扰动运动分解成纵向扰动运动和侧向扰动运动,并以两组相互独立的扰动运动方程组来描述。在这一节中,具体研究纵向扰动运动特性。在研究不同的具体问题时,通过分析纵向扰动运动,讨论方程组可能的简化形式。

如果飞行器只绕机体轴转动,且质心的移动基本上在某一铅垂平面内,同时认为纵向对称面与此飞行平面相重合,因此可将飞行器在铅垂面内的运动称为纵向运动。纵向运动包含 V, α,θ,ϑ,X,Y,ω_z。而描述纵向扰动运动参数的偏量(实际值相对基准值)随时间变化的规律称为纵向扰动运动。就纵向扰动运动而言,它有以下 3 个特点:

① 侧向参数的基准值很小;

② 扰动只改变纵向运动参数,不改变侧向运动参数;

③ 小扰动。

另外,单独分析飞行器自身的动态特性时,总是假定舵偏角为已知值,而不受理想操纵关系的约束。换句话说,不考虑理想操纵关系式方程,飞行器的运动可视作一个开环环节来处理,这个环节的输入是舵面偏转角,输出是飞行器的运动参数。

4.6.1 纵向扰动运动方程

在4.5.1节中讨论了纵向小扰动运动方程。对于飞行器稳定性和操纵性分析,一般可以不计高度变化对外力和外力矩的影响,并假设基准运动为水平直线,即 $\overline{Y}_\theta=0$、$\overline{M}_\theta=0$,由式(4.44)得

$$\dot{\boldsymbol{x}}=\begin{bmatrix}\Delta\dot{V}_x\\ \dot{\alpha}\\ \dot{\omega}_z\\ \Delta\dot{\theta}\end{bmatrix}=\begin{bmatrix}\overline{X}_V & \overline{X}_\alpha & 0 & -g\cos\theta_*\\ \overline{Y}_V & \overline{Y}_\alpha & \overline{Y}_{\omega_z} & \overline{Y}_\theta\\ \overline{M}_{zV}+\overline{M}_{z\dot{\alpha}}\overline{Y}_V & -\overline{M}_{z\alpha}+\overline{M}_{z\dot{\alpha}}\overline{Y}_\alpha & \overline{M}_{z\omega_z}+\overline{M}_{z\dot{\alpha}}\overline{Y}_{\omega_z} & \overline{M}_{z\theta}\\ 0 & 0 & 1 & 0\end{bmatrix}\begin{bmatrix}\Delta V_x\\ \alpha\\ \omega_z\\ \Delta\theta\end{bmatrix}+$$

$$\begin{bmatrix}\overline{X}_{\delta_p} & \overline{X}_{\delta_e}\\ \overline{Y}_{\delta_p} & \overline{Y}_{\delta_e}\\ \overline{M}_{z\delta_p} & \overline{M}_{z\delta_e}+\overline{M}_{z\dot{\alpha}}\overline{Y}_{\delta_e}\\ 0 & 0\end{bmatrix}\begin{bmatrix}\Delta\delta_p\\ \Delta\delta_e\end{bmatrix}=\boldsymbol{Ax}+\boldsymbol{Bu} \tag{4.52}$$

式中,状态变量 $\boldsymbol{x}=[\Delta V_x \quad \alpha \quad \omega_z \quad \Delta\theta]^{\mathrm{T}}$;操纵矢量 $\boldsymbol{u}=[\Delta\delta_e \quad \Delta\delta_p]^{\mathrm{T}}$;$\Delta\delta_e$ 和 $\Delta\delta_p$ 分别为气动舵面偏角(常规飞行器纵向为升降舵或全动平尾)和油门杆位置。

通常情况下,飞机典型纵向扰动运动具有两个模态:短周期和长周期模态。其中振荡的短周期模态周期很短、衰减快。其周期和半衰期在数秒量级(有时甚至不到1 s),频率每秒几弧度,转动运动参数如迎角、俯仰角速度等主要呈现该短周期模态特性。受扰后恢复的瞬态过程集中在最初的几秒内,随后迎角、俯仰角速度基本恢复到未扰动的原平衡状态,故适宜在较小的时间尺度内观察。

长周期模态周期长、衰减慢。其周期和半衰期在数十秒甚至数百秒量级(有时发散或者不振荡),频率每秒零点几弧度甚至更小。质心运动速度及轨迹主要表现该模态特性,适宜在较长的时间尺度内观察。在长周期时间尺度内,飞机做迎角几乎不变的上下起伏运动,故长周期模态又名"沉浮"模态。其中飞行速度相位比俯仰角大约超前90°,速度和高度交替变化,动能和势能相互转换在受扰最初几秒(短周期表现强烈的时段),速度变化不明显。至于其他状态参数如俯仰角,两种模态特性都有所表现,其恢复过程是两个模态的叠加。

下面针对纵向的小扰动方程,对各个模态进行进一步分析,以便了解其物理成因。

4.6.2 短周期模态分析

短周期模态主要表现在扰动恢复的初始阶段,且近似认为 $\Delta V\approx0$,则根据式(4.52),并略去切向力方程,得到主要反映短周期模态特性的近似方程

$$\begin{bmatrix}\dot{\alpha}\\ \dot{\omega}_z\end{bmatrix}=\begin{bmatrix}\overline{Y}_\alpha & \overline{Y}_{\omega_z}\\ -\overline{M}_{z\alpha}+\overline{M}_{z\dot{\alpha}}\overline{Y}_\alpha & \overline{M}_{z\omega_z}+\overline{M}_{z\dot{\alpha}}\overline{Y}_{\omega_z}\end{bmatrix}\begin{bmatrix}\alpha\\ \omega_z\end{bmatrix} \tag{4.53}$$

对应的特征方程为

$$\left.\begin{aligned}&\begin{vmatrix}\lambda-\bar{Y}_{\alpha} & -\bar{Y}_{\omega_z}\\ +\bar{M}_{z\alpha}-\bar{M}_{z\dot{\alpha}}\bar{Y}_{\alpha} & \lambda-\bar{M}_{z\omega_z}-\bar{M}_{z\dot{\alpha}}\bar{Y}_{\omega_z}\end{vmatrix}=0\\ &\lambda^2-(\bar{Y}_{\alpha}+\bar{M}_{z\omega_z}+\bar{M}_{z\dot{\alpha}}\bar{Y}_{\omega_z})\lambda+\bar{Y}_{\alpha}\bar{M}_{z\omega_z}+\bar{Y}_{\omega_z}\bar{M}_{z\alpha}=0\end{aligned}\right\} \tag{4.54}$$

式中，λ 为特征值。

根据该特征方程，计算得到短周期模态近似频率 $\omega_{n,sp}$ 和阻尼比 ξ_{sp}，表达式为

$$\left.\begin{aligned}\omega_{n,sp}&=\sqrt{\bar{Y}_{\alpha}\bar{M}_{z\omega_z}+\bar{Y}_{\omega_z}\bar{M}_{z\alpha}}\\ \xi_{sp}&=-\frac{(\bar{Y}_{\alpha}+\bar{M}_{z\omega_z}+\bar{M}_{z\dot{\alpha}}\bar{Y}_{\omega_z})}{2\omega_{n,sp}}\end{aligned}\right\} \tag{4.55}$$

对于具有正常纵向稳定性的飞行器，根据式(4.53)～式(4.55)，$\bar{M}_{z\alpha}<0$ 实际上提供了纵向受扰动后振荡型转动运动中的主要"恢复"力矩源，其值的大小首先影响振荡频率(注意这里俯仰导数均已除了俯仰惯矩 I_{zz})；而 $\bar{M}_{z\omega_z}<0$ 提供了受扰动后振荡型转动运动中的主要阻尼力矩源(能量衰减因素)。此外，垂直平动运动对短周期模态也有影响(通过 $\bar{Y}_{\alpha}$ 项改变迎角的变化规律)。

当飞行器做超声速飞行时，相对于同高度亚声速飞行，由于 $\bar{M}_{z\alpha}$ 值的增加，短周期模态频率将明显增大；但由于俯仰力矩作用的减弱，短周期阻尼比趋于下降。特别地，高空超声速飞行由于飞机气动惯性比的下降，经常出现短周期动态特性变差的问题。图4.3给出了一架超声速战斗机的具体特性。

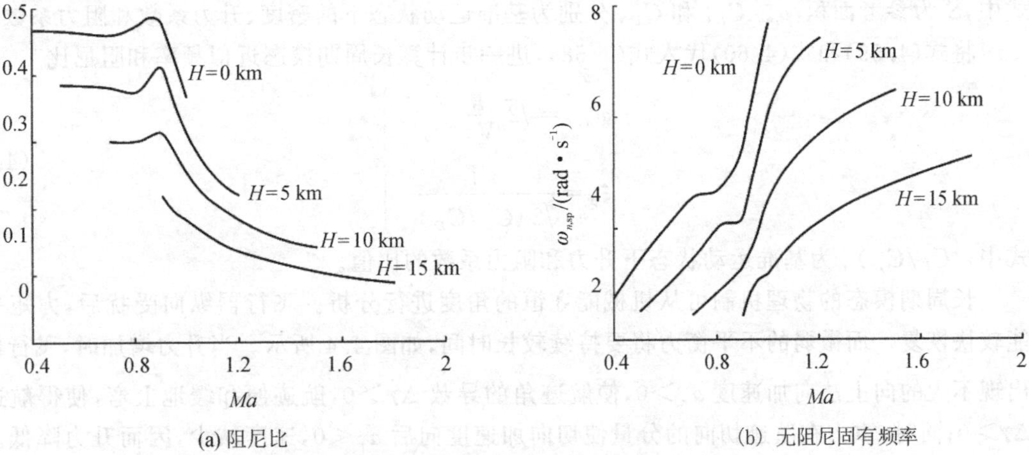

图4.3　某战斗机纵向短周期模态的高度速度特性

如果短周期特性不理想，可以通过调整飞行器重心、改变平尾容积等总体设计措施进行改善。但对于飞行包线范围较宽大的飞行器，较好的解决方法是通过使用反馈控制器。

4.6.3　长周期模态特性

长周期模态表现时间较长，其中可以认为迎角和飞行法向速度已恢复为未扰动平衡状态值。根据式(4.52)，由切向力和法向力方程，且近似认为 $\Delta\alpha\approx0$，反映长周期模态特性的近似

方程可写为

$$\begin{bmatrix} \Delta\dot{V}_x \\ \Delta\dot{\theta} \end{bmatrix} = \begin{bmatrix} \overline{X}_V & -g \\ -\overline{Y}_V & 0 \end{bmatrix} \begin{bmatrix} \Delta V_x \\ \Delta\theta \end{bmatrix} \tag{4.56}$$

特征方程为

$$\begin{vmatrix} \lambda - \overline{X}_V & g \\ \overline{Y}_V & \lambda \end{vmatrix} = \lambda^2 - \overline{X}_V\lambda - \overline{Y}_V g = 0 \tag{4.57}$$

根据特征方程,得到长周期模态近似频率 $\omega_{n,\mathrm{p}}$ 和阻尼比 ξ_{p},表达式为

$$\left.\begin{aligned} \omega_{n,\mathrm{p}} &= \sqrt{-\overline{Y}_V g} \\ \xi_{\mathrm{p}} &= \frac{-\overline{X}_V}{2\omega_{n,\mathrm{p}}} \end{aligned}\right\} \tag{4.58}$$

当不考虑压缩性的影响和推力随速度的变化时,相关的动力学系数简化为

$$\left.\begin{aligned} \overline{Y}_V &\approx -\frac{L_x}{mV_*} \\ \overline{X}_V &\approx -\frac{D_x}{m} \end{aligned}\right\} \tag{4.59}$$

式中,L_x 和 D_x 的表达式为

$$\left.\begin{aligned} L_x &\approx L_V = \rho_* V_* S C_{L_*} = 2mg/V_* \\ D_x &\approx D_V = \rho_* V_* S C_{D_*} \end{aligned}\right\} \tag{4.60}$$

式中,S 为参考面积;ρ_*、C_{L*} 和 C_{D*} 分别为基准运动状态下的密度、升力系数和阻力系数。

将式(4.59)和式(4.60)代入式(4.58),进一步计算长周期模态近似频率和阻尼比

$$\left.\begin{aligned} \omega_{n,\mathrm{p}} &= \sqrt{2}\,\frac{g}{V_*} \\ \xi_{\mathrm{p}} &= \frac{1}{\sqrt{2}\,(C_L/C_D)_*} \end{aligned}\right\} \tag{4.61}$$

式中,$(C_L/C_D)_*$ 为基准运动状态下升力和阻力系数的比值。

长周期模态的物理机制可从机械能守恒的角度进行分析。飞行器纵向受扰后,力矩平衡能较快恢复。而微弱的不平衡力将要持续较长时间,如图4.4所示。当升力增加时,飞行器将出现不大的向上法向加速度 $a_n>0$,使航迹角的导数 $\Delta\dot{\gamma}>0$,航迹便和缓地上弯,使得航迹角 $\Delta\gamma>0$;同时,重力在航迹切向的分量使切向加速度向后 $a_\tau<0$,速度减少,因而升力降低。当升力降低到小于重力在升力方向的分量时,$\Delta\dot{\gamma}<0$,航迹角 γ 逐渐减小,使航迹转向下弯。当 $\Delta\gamma<0$ 时,重力的分量又使飞行器增速,升力逐渐加大。当升力大于重力在升力方向的分量时,$\Delta\gamma$ 又逐渐增加。如此反复,形成速度、俯仰角及高度变化的长周期振荡。这一振动的阻尼与 $(T_V-D_V)/m$ 等多种参数有关,且数值通常较小,故收敛和发散都较和缓,驾驶员易于控制。

虽然还有其他的长周期近似方法,但精度都明显低于短周期模态近似。其原因是前述得到长周期模态为"弱"模态属性,受许多小量的影响,一旦进行简化必然导致明显的误差。但无论如何,式(4.56)~式(4.61)仍反映了长周期模态的主要特点。其振荡周期主要受当前飞行

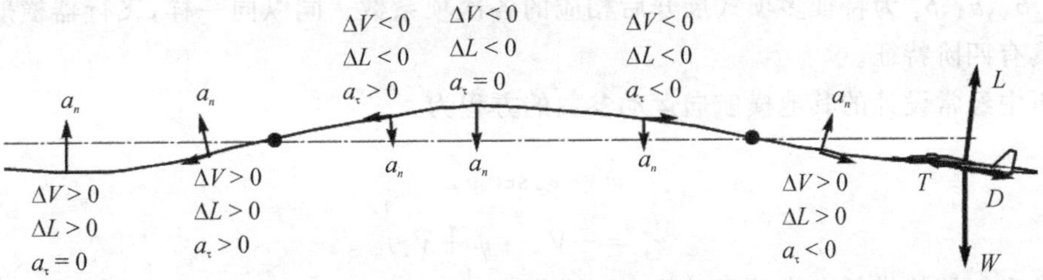

图 4.4　长周期模态的运动背景

速度的影响，而振荡的衰减情况则与$(T_V-D_V)/m$ 等多种参数有关。随着飞行条件(如高度、速度)的变化，长周期模态的特性将有明显变化。另外，飞行器基准运动的航迹角 γ_* 对长周期模态也有明显影响，而短周期受此参数影响则较小。还要特别注意，随飞行条件的变化，长周期模态还可能变成不稳定的或非振荡模态。

若长周期模态衰减特性不满意，则一般仅通过气动、总体等方法进行调节比较困难，或者可能导致飞行性能的明显下降。当对此模态有较高的要求时，可以考虑应用反馈控制方法予以改善。

4.7　刚性飞行器横航向运动模态特性

4.7.1　横航向扰动运动方程

由 4.5.2 节可知，小扰动线化的横航向动力学方程为

$$\dot{\boldsymbol{x}}=\begin{bmatrix}\dot{\beta}\\ \dot{\omega}_x\\ \dot{\omega}_y\\ \dot{\phi}\end{bmatrix}=\begin{bmatrix}\bar{Z}_\beta & \bar{Z}_{\omega_x}-\sin\theta_* & \bar{Z}_{\omega_y}+\cos\theta_* & \dfrac{g\cos\theta_*}{V_*}\\ \bar{M}_{x\beta} & \bar{M}_{x\omega_x} & \bar{M}_{x\omega_y} & 0\\ \bar{M}_{y\beta} & \bar{M}_{y\omega_x} & \bar{M}_{y\omega_y} & 0\\ 0 & 1 & -\tan\theta_* & 0\end{bmatrix}\begin{bmatrix}\beta\\ \omega_x\\ \omega_y\\ \phi\end{bmatrix}+\begin{bmatrix}\bar{Z}_{\delta_a} & \bar{Z}_{\delta_r}\\ \bar{M}_{x\delta_a} & \bar{M}_{x\delta_r}\\ \bar{M}_{y\delta_a} & \bar{M}_{y\delta_a}\\ 0 & 0\end{bmatrix}\begin{bmatrix}\delta_a\\ \delta_r\end{bmatrix}$$

$$=\boldsymbol{Ax}+\boldsymbol{Bu} \tag{4.62}$$

式中，状态变量 $\boldsymbol{x}=[\beta\quad \omega_x\quad \omega_y\quad \phi]^{\mathrm{T}}$；操纵矢量 $\boldsymbol{u}=[\delta_a\quad \delta_r]^{\mathrm{T}}$；$\delta_a$ 和 δ_r 分别为气动副翼和方向舵偏角。

类似于纵向运动分析，对于式(4.62)描述的运动形式，讨论稳定性问题时置操纵矢量 $\boldsymbol{u}=0$。此时，受扰后的稳定性取决于式(4.62)矩阵 $\boldsymbol{A}$ 的特征值和特征向量，其特征方程为

$$\begin{vmatrix}\lambda-\bar{Z}_\beta & -\bar{Z}_{\omega_x}+\sin\theta_* & -\bar{Z}_{\omega_y}-\cos\theta_* & -\dfrac{g\cos\theta_*}{V_*}\\ -\bar{M}_{x\beta} & \lambda-\bar{M}_{x\omega_x} & -\bar{M}_{x\omega_y} & 0\\ -\bar{M}_{y\beta} & -\bar{M}_{y\omega_x} & \lambda-\bar{M}_{y\omega_y} & 0\\ 0 & -1 & \tan\theta_* & \lambda\end{vmatrix}=\lambda^4+b_1\lambda^3+b_2\lambda^2+b_3\lambda+b_4=0 \tag{4.63}$$

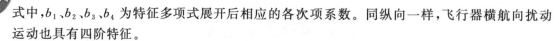

式中,b_1、b_2、b_3、b_4 为特征多项式展开后相应的各次项系数。同纵向一样,飞行器横航向扰动运动也具有四阶特征。

分析中经常设计的其他横航向运动参数的方程为

$$\left.\begin{aligned}\dot{\psi} &= \omega_y \sec\theta_* \\ \dot{z}_g &= -V_* \cdot \psi + V_z\end{aligned}\right\} \tag{4.64}$$

通常飞行器的横航向扰动运动具有三个模态:

① 滚转收敛模态是衰减很快的单调模态,其半衰期很短,对应于大负值特征根。主要表现为扰动恢复初期滚转角速度的迅速衰减变化,而偏航角速度、侧滑角等变化很小,故得名,适宜在数秒甚至更短的时间尺度内观察。

② 螺旋模态是单调变化模态,对应于离原点很近的特征根,不论收敛或发散都很缓慢。主要表现为扰动运动后期滚转角(以及偏航角)的变化,即带滚转、几乎无侧滑的缓慢的偏航运动。若该模态发散,则飞行轨迹呈现为缓慢下降的近似螺旋线,故称为螺旋模态,如图4.5所示。该模态为“弱”模态,适宜在数十秒甚至更长的时间尺度内观察。

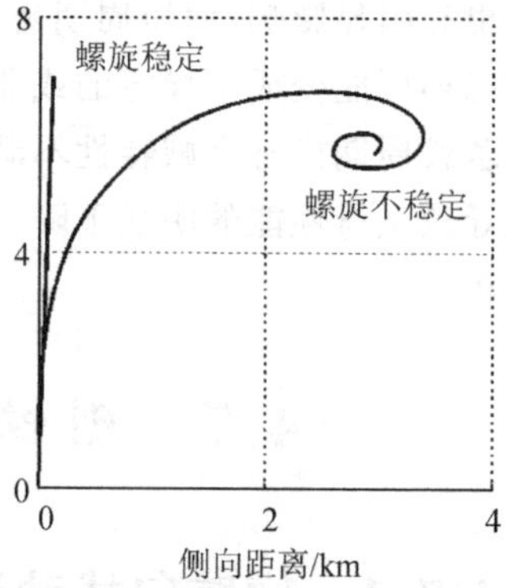

图4.5 螺旋模态运动示意图

③ 荷兰滚模态对应于横航向扰动运动特征根的一对共轭复根,为频率较快、中等阻尼的周期振荡运动。其周期和半衰期在数秒量级,频率为每秒几弧度,在扰动运动的中间时段此模态表现强烈。运动参数 β 与 ϕ 同量级,ω_x 与 ω_y 同量级,飞机来回滚转、左右偏航,并伴随着侧滑振荡,颇似花样滑冰中的“荷兰滚”动作,故得名。

下面针对横航向的小扰动方程,对各个模态进行进一步分析,以便了解其物理成因。

4.7.2 滚转收敛模态分析

滚转收敛模态主要表现在扰动恢复的初始阶段,且近似认为 $\Delta\beta = \Delta\omega_y = 0$,则根据式(4.62),得到反映滚转收敛模态特性的单自由度滚转近似方程

$$\dot{\omega}_x = \overline{M}_{x\omega_x}\omega_x \tag{4.65}$$

近似略去交叉阻尼矩阵和交叉惯性矩阵的作用,则滚转模态特征根 λ_r 为

$$\lambda_r = \overline{M}_{x\omega_x} \approx \frac{M_{x\omega_x}}{I_{xx}} = \frac{q_* Sb}{I_{xx}}\frac{b}{2V_*}m_{x\bar{\omega}_x} \tag{4.66}$$

式中,$q_* = \rho V_*^2/2$ 为基准运动状态下的动压,ρ 为当前状态的密度;$m_{x\bar{\omega}_x}$ 为滚转力矩因子 m_x 对 ω_x 的偏导数。

可见,此模态特性取决于滚转阻尼和滚转惯性之比。一般飞行器具有较小的滚转惯性力矩和相对大的偏航惯性力矩,并且滚转阻尼也较大,从而导致受扰动后具有较快的滚转运动,衰减很快。另外,由于低速大展弦比飞机相对于高速大后掠翼飞机具有更大的滚转阻尼惯性比,故由式(4.66)可知,低速飞机一般具有更快衰减的滚转收敛模态。

对于飞行包线较大的超声速飞行器,由式(4.66),随着飞行高度的增加,飞行器的气动与

惯性之比下降，滚转模态根之值减小。其时间常数 $T_r = -1/\lambda_r$ 增加，模态收敛速度减慢。随飞行速度增加，一般亚声速滚转阻尼趋于增加，故 T_r 趋于减少；而超声速时随飞行速度增加滚转阻尼趋于下降，故 T_r 减少比亚声速慢，甚至可能趋于增加。图 4.6 给出了一架超声速战斗机的滚转收敛模态特性。

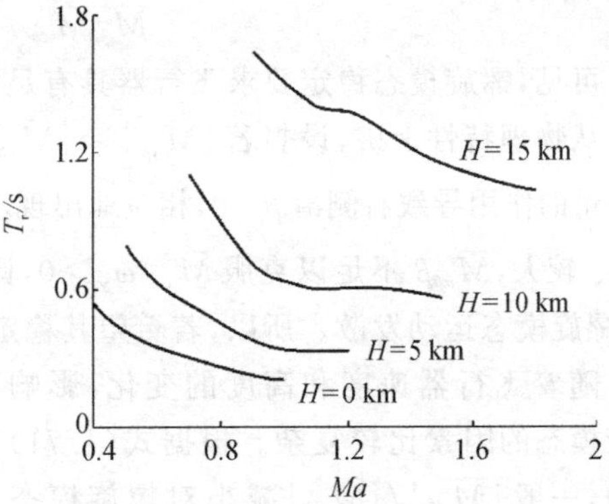

图 4.6　某战斗机滚转收敛模态特性

4.7.3　螺旋模态分析

螺旋模态主要表现为滚转角 ϕ 和偏航角 ψ 的缓慢变化，但是不能简单地略去侧滑角，因为气动力并不取决于 ϕ 和 ψ，而是取决于侧滑角 β、滚转角速度 ω_x 和偏航角速度 ω_y；另外，重力的侧向分量也是产生偏航运动的基本原因。为此，忽略侧力导数，并认为侧向惯性力和重力侧向分量平衡，则在 $\boldsymbol{u}=0$ 的情况下，假定基准状态的俯仰角 $\theta_* \approx 0$，由式(4.62)得到耦合的方程

$$\left.\begin{aligned} 0 &= V_* \omega_y + g\phi \\ \dot{p} &= \overline{M}_{x\beta}\beta + \overline{M}_{x\omega_x}\omega_x + \overline{M}_{x\omega_y}\omega_y \\ \dot{r} &= \overline{M}_{y\beta}\beta + \overline{M}_{y\omega_x}\omega_x + \overline{M}_{y\omega_y}\omega_y \\ \dot{\phi} &= \omega_x \end{aligned}\right\} \tag{4.67}$$

其特征方程为

$$\begin{vmatrix} 0 & 0 & -V_* & -g \\ -\overline{M}_{x\beta} & \lambda - \overline{M}_{x\omega_x} & -\overline{M}_{x\omega_y} & 0 \\ -\overline{M}_{y\beta} & -\overline{M}_{y\omega_x} & \lambda - \overline{M}_{y\omega_y} & 0 \\ 0 & -1 & 0 & \lambda \end{vmatrix} = C\lambda^2 + D\lambda + E = 0 \tag{4.68}$$

式中，各参数的表达式为

$$\left.\begin{aligned} C &= V_* \cdot \overline{M}_{y\beta} \\ D &= V_* \cdot (\overline{M}_{x\beta}\overline{M}_{y\omega_x} - \overline{M}_{y\beta}\overline{M}_{x\omega_x}) + g\overline{M}_{x\beta} \\ E &= g(\overline{M}_{y\beta}\overline{M}_{x\omega_y} - \overline{M}_{x\beta}\overline{M}_{y\omega_y}) \end{aligned}\right\} \tag{4.69}$$

这是一个二阶系统，根据假设包括了滚转收敛模态和螺旋模态特性。由于螺旋模态特征根通常接近零点，故特征方程中仅保留线性项和常数项，而视二阶项为高阶小项，得到螺旋模态特征根近似估计式

$$\lambda_s = -\frac{E}{D} = -\frac{g(\overline{M}_{y\beta}\overline{M}_{x\omega_y} - \overline{M}_{x\beta}\overline{M}_{y\omega_y})}{V_* \cdot (\overline{M}_{x\beta}\overline{M}_{y\omega_x} - \overline{M}_{y\beta}\overline{M}_{x\omega_x}) + g\overline{M}_{x\beta}} \tag{4.70}$$

对于一般具有横航向静稳定性和正常阻尼特性的飞行器，根据式(4.70)，其分母一般大于零，故螺旋模态稳定的条件为

$$\overline{M}_{y\beta}\overline{M}_{x\omega_y}-\overline{M}_{x\beta}\overline{M}_{y\omega_y}>0 \tag{4.71}$$

可见,螺旋模态稳定要求飞行器具有足够的上反效应。

从物理特性上讲,设想若 $|\overline{M}_{y\beta}|\gg|\overline{M}_{x\beta}|$,当出现向右滚转的扰动 $\Delta\phi>0$ 时,由于重力侧向分量的作用导致右侧滑 $\beta>0$,相应地出现左滚恢复力矩 $\overline{M}_{x\beta}\beta<0$ 和机头右偏转力矩 $\overline{M}_{y\beta}\beta<0$。若 ω_y 较大,$\overline{M}_{x\beta}\beta$ 不足以克服 $\overline{M}_{x\omega_y}\omega_y>0$,则偏离不能恢复,飞行器继续向右缓慢略带滚转盘旋,螺旋模态运动发散。所以,若希望其稳定,应适当增大上反效应。

随着飞行器速度和高度的变化,影响螺旋模态的因素比较复杂。根据式(4.71)可知,一般 $|\overline{M}_{y\beta}|/|\overline{M}_{x\beta}|$ 减小对螺旋模态有利,因而高空低速飞行器螺旋模态将有较快的衰减特性,而高速飞行时该模态特性下降。图 4.7 给出了一架超声速战斗机的螺旋模态高度、速度特性。

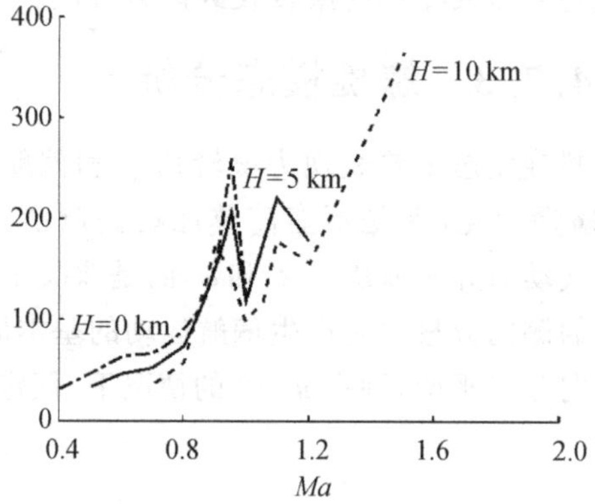

图 4.7 某战斗机螺旋模态高度、速度特性

另外,式(4.71)保留了螺旋模态和滚转收敛模态的共同特性,亦可以作为滚转收敛模态的另一个近似。假设其中 $E\approx 0$,并忽略其中的零根,得

$$\lambda_{\mathrm{r}}=\overline{M}_{x\omega_x}+\frac{\overline{M}_{x\beta}}{\overline{M}_{y\beta}}\frac{g}{V}-\frac{\overline{M}_{y\omega_x}\overline{M}_{x\beta}}{\overline{M}_{y\beta}} \tag{4.72}$$

式中,等号右端后两项为相对于式(4.66)的修正项。

需要注意的是,高速飞行器质量分布向机身轴线集中,且滚转阻尼下降,有些飞行条件下可能出现滚转收敛模态和螺旋模态耦合的低频、长周期横航向振荡模态。由式(4.71)可以近似分析滚转收敛模态和螺旋模态耦合的条件,即耦合时

$$D^2-4CE\approx(-V_*\overline{M}_{y\beta}\overline{M}_{x\omega_x}+g\overline{M}_{x\beta})^2+4V_*g\overline{M}_{y\beta}\overline{M}_{x\beta}\overline{M}_{y\omega_y}<0 \tag{4.73}$$

可见,若滚转阻尼 $\overline{M}_{x\omega_x}$ 下降、偏航阻尼 $\overline{M}_{y\omega_y}$ 增加或者上反效应 $\overline{M}_{x\beta}$ 下降等,都可能加剧滚转-螺旋耦合的趋势。

4.7.4 荷兰滚模态分析

荷兰滚模态运动中,虽然横向和航向运动明显耦合,但其首要特征仍然是偏航/侧滑振荡。假设基准运动状态的俯仰角 $\theta_*\approx 0$,同时在式(4.62)中略去滚转力矩方程得到

$$\begin{bmatrix}\dot{\beta}\\ \dot{\omega}_y\end{bmatrix}=\begin{bmatrix}\overline{Z}_\beta & \overline{Z}_{\omega_y}+1\\ \overline{M}_{y\beta} & \overline{M}_{y\omega_y}\end{bmatrix}\begin{bmatrix}\beta\\ \omega_y\end{bmatrix} \tag{4.74}$$

其特征方程为

$$\begin{vmatrix}\lambda-\overline{Z}_\beta & -1-\overline{Z}_{\omega_y}\\ -\overline{M}_{y\beta} & \lambda-\overline{M}_{y\omega_y}\end{vmatrix}=\lambda^2-(\overline{M}_{y\omega_y}+\overline{Z}_\beta)\lambda+\overline{Z}_\beta\overline{M}_{y\omega_y}-\overline{M}_{y\beta}-\overline{M}_{y\beta}\overline{Z}_{\omega_y}=0 \tag{4.75}$$

根据特征方程,得到荷兰滚模态近似频率 $\omega_{n,\mathrm{dr}}$ 和阻尼比 ξ_{dr},表达式为

$$\left.\begin{aligned}\omega_{n,\mathrm{dr}} &= \sqrt{Z_\beta \overline{M}_{y\omega_y} - \overline{M}_{y\beta} - \overline{M}_{y\beta} Z_{\omega_y}} \\ \xi_{\mathrm{dr}} &= -\frac{\overline{M}_{y\omega_y} + Z_\beta}{2\omega_{n,\mathrm{dr}}}\end{aligned}\right\} \tag{4.76}$$

这里的简化方法略去了滚转自由度，有时可能导致明显的误差。尽管如此，式(4.76)仍能揭示影响荷兰滚的关键因素。对于具有正常横航向静稳定性的飞行器，荷兰滚模态周期振荡型运动主要的恢复力矩源为 $\overline{M}_{y\beta}<0$，其值的大小将首先影响振荡频率；而 $\overline{M}_{y\omega_y}>0$ 提供了受扰动后振荡型转动运动中的主要阻尼力矩源（能量衰减因素）。另外，左右偏航的同时，$\overline{M}_{x\beta}\beta$ 导致左右滚转，$\overline{M}_{x\omega_x}\omega_x$ 亦起阻尼作用；而 $\overline{M}_{y\omega_x}\omega_x$、$\overline{M}_{x\omega_y}\omega_y$ 可能起阻尼作用，亦起到激励作用。当 $|\overline{M}_{y\beta}|/|\overline{M}_{x\beta}|$ 较小时，振荡将加剧。

假设当前具有右侧滑扰动 $\beta>0$，若 $|\overline{M}_{y\beta}|\ll|\overline{M}_{x\beta}|$，一方面 $\overline{M}_{y\beta}\beta<0$ 趋于消除侧滑；另一方面，过大的 $\overline{M}_{x\beta}\beta<0$ 将激励 $\beta<0$，从而加剧振荡。

由式(4.76)可知，随飞行速度及动压的增加，荷兰滚频率将增加；但由于偏航阻尼作用的减弱，故荷兰滚阻尼比趋于下降。而随着飞行高度的增加，荷兰滚频率和阻尼比将下降。特别地，高空超声速飞行由于飞行器气动惯性比的下降，经常出现荷兰滚动态特性变差的问题。对于高空超声速飞行荷兰滚阻尼比不足的倾向，其解决方法可以通过总体气动途径或使用反馈控制器。

4.8 飞行控制系统简介

4.8.1 飞行控制系统的发展回顾

自 1912 年美国爱莫尔·斯派雷(Eimer Sperry)研制成功第一台可以保持飞机稳定平飞的电动陀螺稳定装置以来，能够稳定飞机姿态运动的自动控制装置——自动驾驶仪(auto-pilot)得以迅速发展。尤其在第二次世界大战期间，美国和苏联相继研制出功能较完善的电器式自动驾驶仪 C-1 和其仿制品 AΠ-5，德国也在第二次世界大战后期研制成功飞航式导弹 V-1 和弹道式导弹 V-2，更加促进了飞行自动控制装置的研制和发展。第二次世界大战以后，自动驾驶仪与其他机载装置组合，构成了飞机的航迹自动控制系统，例如定高和自动下滑引导系统等。

自成功突破声障以后，飞机的飞行包线（飞行速度和高度的变化范围）逐渐扩大，越来越复杂的飞行任务对飞机性能的要求也越来越高，仅靠气动布局和发动机设计所获得的飞机性能已经很难满足复杂飞行任务的要求。因此，借助于自动控制技术来改善飞机稳定性的飞行自动控制装置（如增稳系统）相继问世，在此基础上自动驾驶仪的功能得到进一步的扩展，发展成为飞行自动控制系统(Automatic Flight Control System，AFCS)。同时，20 世纪 60 年代产生了随控布局飞行器(Control Configured Vehicle，CCV)的设计思想。随控布局飞行器设计是一种在飞行器设计之初，就将飞行自动控制系统与气动布局、飞行器结构设计和动力系统设计这四个方面协调配合而进行综合设计的技术。例如，通过气动布局和结构设计的飞机自身可以是静不稳定的，而飞机的稳定性则由飞行自动控制系统来保证，这样可以随着配平的迎角减小,从而减小阻力,提高升阻比,并可以减少平尾尺寸和质量。由此可见,随控布局飞行器设计技术在一开始就将飞机控制系统放在与气动布局、飞行器结构和动力系统同等重要的地位进行综合设计的。

随着计算机技术的飞速发展,计算机已经成为飞行控制系统的核心装置。从 20 世纪 60 年代前的以模拟电路或模拟计算机为主要计算装置的飞行控制系统,逐步发展成为现在已普遍应用的数字式飞行控制系统,它们为新技术应用和更复杂更完善系统的综合提供了实现的可能性。例如,主动控制技术(Active Control Technology,ACT)、余度技术和容错控制等新技术,以及在 20 世纪 80 年代得以迅速发展的将火力控制系统、推进装置控制系统和飞行控制系统集成为飞机的火/推/飞综合控制系统等。这些新技术的应用和系统的高度集成,使得飞机控制系统的功能和内涵也在不断地扩展,成为飞行器设计中不可缺少的、至关重要的技术。

4.8.2 飞行控制系统的基本任务

自从有人驾驶的动力飞机问世以来,飞行安全一直是飞机设计的最高目标,其他所有设计目标都要服从这项最高目标。在民用航空领域中,把乘客安全地送达目的地始终是民用客机最主要的目标。飞机的经济性、飞行舒适性和正点运行虽然同样也是重要的目标,但相对飞行安全性而言,这些都处于次要的地位。在军用领域中,除了飞行安全性目标要求外,还有完成飞行任务的目标要求。

由于第二次世界大战前的运输机和轰炸机甚至歼击机的飞行包线并不大,仅靠气动布局设计所得到的自身稳定性已能满足当时飞行任务的要求,因此,对于飞行自动控制的需求并不迫切。自成功突破声障以后,飞机的飞行包线逐渐扩大,飞机自身的稳定性逐渐恶化。随着飞行高度的增加,飞机自身的阻尼力矩因高空的大气密度变小而减小,从而使得阻尼不足而导致飞机的姿态产生强烈的摆动,使得驾驶员操纵飞机更加困难。为改善飞机姿态摆动的阻尼特性,增加飞行的稳定性,利用角速率陀螺(测量飞机的角速度信号)、放大器和串联舵机形成的负反馈回路构成了阻尼器系统。由于阻尼器只能增大阻尼比,即仅仅改善飞机姿态摆动的动稳定性,因此又在阻尼器基础上发展了增稳系统和控制增稳系统。增稳系统和控制增稳系统不仅可以改善动稳定性,还可以增加静稳定性和改善操纵性。安装了阻尼器或增稳系统的飞机,就好像变成了具有良好稳定性能的新飞机。

为了满足飞行安全性和完成飞行任务的目标要求,飞行控制系统所要完成的基本任务有四大类:改善飞行品质、协助航迹控制、全自动航迹控制、监控和任务规划。其中改善飞行品质包括:

① 固有运动特性,如改善俯仰、滚转和偏航的固有阻尼特性和固有频率特性等性能;

② 操纵(控制)特性,改善飞行器对操纵(控制)输入信号的响应特性;

③ 扰动特性,主要是改善飞行器对大气紊流的响应特性;

④ 大扰动的控制问题,例如,对一侧发动机停车或抛掷载荷等引起的大扰动对飞行安全和飞行品质的影响进行有效的控制。也就是说,飞行控制系统能够减轻驾驶员长时间连续的、使人疲劳的工作负担,也就是能够承担稳定飞行状态、减轻风切变和大气紊流的影响等数项工作。

在驾驶员的反应速度和能力不能胜任多种参数的观测和协调控制时,飞行控制系统也能支持驾驶员完成艰巨的飞行任务,成为驾驶员的得力助手。例如,在恶劣气象条件下的着陆、地形跟踪，或者在失速范围的机动飞行。飞行控制系统也能完成经常性的和重复性的机动飞行程序，例如，高精度地完成标准化的进近着陆程序。这样，就使驾驶员能保持“清醒的头脑”，用于监控飞机的安全飞行，当发生意外情况时能做出正确的决断。

综上所示，高品质的飞行控制系统是现代高性能飞机实现安全飞行和完成复杂飞行任务的重要保证，是现代飞机设计技术中不可缺少的重要环节。

思考与练习

4.1 推导飞行器动力学方程的过程中用到了哪些主要简化假设？试问如考虑发动机旋转部件、飞行器弹性效应的影响，动力学方程会如何变换？

4.2 当前动力学方程的推导在中式飞行力学坐标系（x 轴向前、y 轴向上、z 轴向右）下进行，该过程与在美式飞行力学坐标系（x 轴向前、y 轴向右、z 轴向下）下的推导有哪些不同？

4.3 试用力学概念说明飞行器动力学方程式(4.28)等号左端各项形成的物理原因。

4.4 飞行器扰动运动分离为纵向和横航向运动单独研究，应满足哪些条件？

4.5 试说明飞行器纵向扰动运动两种典型模态的特点、物理成因以及影响模态特性的主要气动导数。

4.6 对一架在重心处固定的飞机模型进行风洞试验。若其俯仰轴运动满足

$$\Delta\ddot{\theta}+2\Delta\dot{\theta}+5\Delta\theta=-5\delta_e$$

式中角度单位均为 rad。

① 将该方程重写为标准的状态空间表达形式，即形如 $\dot{\boldsymbol{x}}=\boldsymbol{A}\boldsymbol{x}+\boldsymbol{B}\boldsymbol{u}$；

② 确定矩阵 $\boldsymbol{A}$ 的特征值和特征向量；

③ 确定无阻尼自由振荡频率 ω_n 和阻尼比 ξ；

④ 确定对单位阶跃输入的响应，并绘制时间历程曲线，假设初值为零。

4.7 试说明飞行器横航向扰动运动三种典型模态的特点、物理成因以及影响模态特性的主要气动导数。

4.8 若飞行器的横航向特征方程为

$$\lambda^4+5.8\lambda^3+11.8\lambda^2+72.6\lambda+E=0$$

试求振荡模态为中立稳定时 E 的值，并近似确定螺旋模态的特征根。

4.9 为了改变飞行器横航向运动的三个模态特性，分别在哪些通道中选择哪些运动参数作为反馈参数最为有效？

本章参考文献

[1] 方振平，陈万春，张曙光．航空飞行器飞行动力学．北京：北京航空航天大学出版社，2005.

[2] 钱杏芳，林瑞雄，赵亚男．导弹飞行力学．北京：北京理工大学出版社，2006.

[3] 吴森堂，费玉华．飞行控制系统．北京：北京航空航天大学出版社，2005.

[4] 鲁道夫·布罗克豪斯．飞行控制．金长江，译．北京：国防工业出版社，1999.

[5] 方群，李新国，朱战霞，等．航天飞行动力学．西安：西北工业大学出版社，2015.

[6] 高浩，朱培申，高正红．高等飞行动力学．北京：国防工业出版社，2004.

第 5 章　自动控制原理基础

第二次世界大战以后，带有飞行控制系统的飞行器已经成为飞机、导弹等飞行器必不可少的组成部分。飞行控制系统与刚体飞行动力学、气动弹性动力学均有强耦合，直接影响飞行性能、飞行品质和飞行安全。飞行控制系统与气动弹性系统耦合，构成气动伺服弹性问题，如气动伺服弹性稳定性、气动伺服弹性动力学响应等，直接影响飞行稳定性和飞行安全；采取主动控制的策略，可以实现飞行器的颤振主动抑制、气动伺服弹性稳定性提高、阵风响应（载荷）减缓、机动载荷减缓等目的。

本章简单介绍自动控制原理的基础，主要涉及线性系统部分。

5.1　动力学系统的数学描述

控制系统是由相互关联的部件按一定的结构构成的，它能提供预期的系统响应。系统分析的基础是线性系统理论，它认定系统各部分之间存在因果关系。因此，受控部件或过程可以用图 5.1 所示的方框来表示，其中的输入/输出关系就表示了该过程的因果关系，即表示了对输入信号进行处理以获取输出信号的过程。

与开环控制系统不同，闭环控制系统则增加了对实际输出的测量，并将实际输出与预期输出进行比较。对输出的测量值称为反馈信号。一个简单的闭环反馈控制系统如图 5.2 所示。

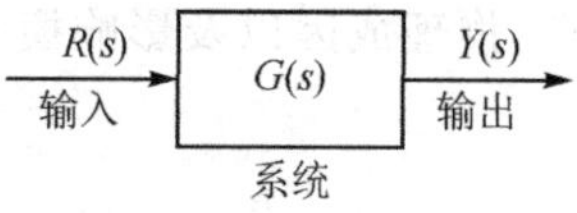

图 5.1　开环系统

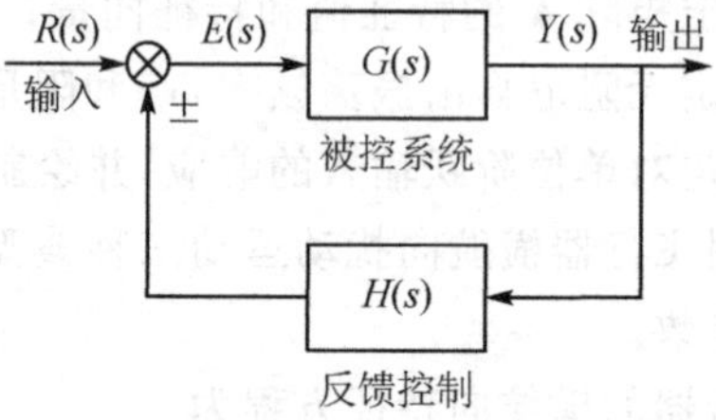

图 5.2　闭环反馈系统

现在的大多数飞机和火箭、所有的无人机和导弹都含有飞行控制系统。飞控系统对飞行器起着调节阻尼、增稳、姿态控制、自动导引等作用。飞行器与飞控系统形成一个典型的反馈控制系统。从控制的观点来看，气动弹性系统实际上也是由结构环节与气动环节组成的闭环反馈系统。

本节讨论动力学系统的数学建模问题，介绍如何用定量数学模型来描述动力学系统。通常动力学系统可以用一个（或一组）微分方程来描述。如果所关心的动力学特性在一定范围内是可以线性化的，那么动力学系统就可以近似成线性系统，用一个（或一组）线性微分方程来描述。人们对于线性系统的认识已经非常充分，建立了较完善的理论和很多分析方法。除了微分方程（组），还会根据具体情况经常采用一些其他方式来描述动力学系统，如描述函数、频率响应函数、控制框图、状态空间模型等。

5.1.1　微分方程(组)

微分方程(组)是描述动力学系统的最基本形式。动力学系统包括很多种类,如机械系统、电气系统、流体系统,以及包括这些系统在内的多场耦合系统等。在建模过程中,通常需要引入适当假设并进行一定简化,根据系统自身的物理规律来建立描述动力学系统动态特性的微分方程(组)。

【例 5.1】　二自由度质量-弹簧-阻尼系统

图 5.3 所示为一个含有黏性阻尼的二自由度质量-弹簧-阻尼系统,m_i 是质量块的质量,k_i 是理想弹簧元件的弹性系数,c_i 是黏性阻尼器的阻尼系数,质量块 m_2 受到外力 $f(t)$ 的作用。对于该系统,可以应用牛顿第二定律或拉格朗日方程来建立质点运动微分方程。

记 x_1 和 x_2 为两质量块的位移,根据牛顿第二定律,对于质量块 m_1 和 m_2,列出力平衡方程,得到

$$\left.\begin{aligned}m_1\ddot{x}_1+(c_1+c_2)\dot{x}_1-c_2\dot{x}_2+(k_1+k_2)x_1-k_2x_2=0\\m_2\ddot{x}_2+c_2\dot{x}_2-c_2\dot{x}_1+k_2x_2-k_2x_1=f\end{aligned}\right\}\tag{5.1}$$

这是一个二阶线性常微分方程组,写成矩阵形式为

$$\begin{bmatrix}m_1 & 0\\0 & m_2\end{bmatrix}\begin{bmatrix}\ddot{x}_1\\\ddot{x}_2\end{bmatrix}+\begin{bmatrix}c_1+c_2 & -c_2\\-c_2 & c_2\end{bmatrix}\begin{bmatrix}\dot{x}_1\\\dot{x}_2\end{bmatrix}+\begin{bmatrix}k_1+k_2 & -k_2\\-k_2 & k_2\end{bmatrix}\begin{bmatrix}x_1\\x_2\end{bmatrix}=\begin{bmatrix}0\\f\end{bmatrix}\tag{5.2}$$

【例 5.2】　直流电机

直流电机是一种将电能转化为机械能的装置,其工作原理是利用磁场对通电线圈产生安培力,从而推动电机转子运动,如图 5.4 所示。设线圈中的电流为 i,由于电磁作用产生的力矩 T_m 可以写为

$$T_m=K_m i\tag{5.3}$$

其中,K_m 为电磁力矩系数,它与电机的磁感应强度、线圈结构等有关,是直流电机的一个基本常数。

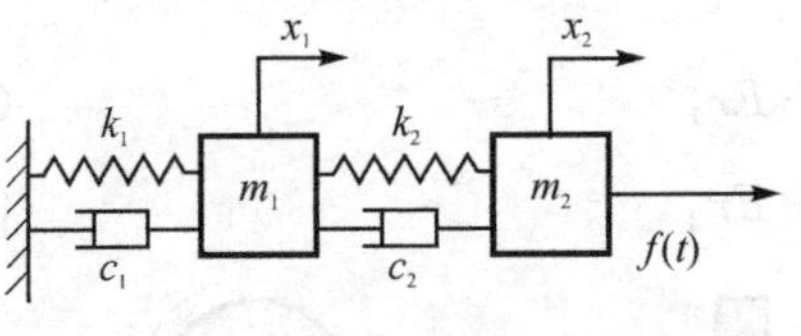

图 5.3　二自由度质量-弹簧-阻尼系统

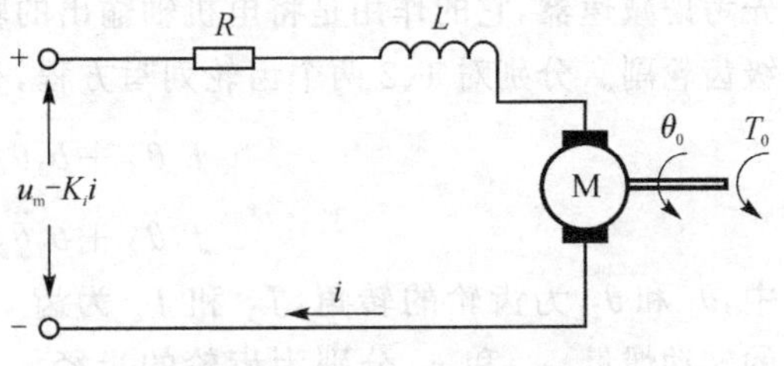

图 5.4　直流电机示意图

对电机线圈列写电学平衡方程,有

$$Ri+L\frac{\mathrm{d}i}{\mathrm{d}t}=u_m-K_i i-C_e\dot{\theta}_0\tag{5.4}$$

其中,R 和 L 分别为线圈的电阻和电感,u_m 为电机的控制电压,K_i 为电流反馈系数,θ_0 为电机轴转角,C_e 为反电动势系数。

接下来对电机转子列写动力学方程,有

$$J_m\ddot{\theta}_0+b_m\dot{\theta}_0=T_m+T_0\tag{5.5}$$

其中,J_m 为电机转子的转动惯量,b_m 为转子的黏性阻尼系数,T_0 为作用于电机轴的负载力矩,其正负号定义为与 θ_0 同向为正。

将式(5.3)、式(5.4)和式(5.5)联立,整理得到关于电机轴转角 θ_0 和电流 i 的微分方程组:

$$\left.\begin{aligned} C_e\frac{d\theta_0}{dt}+L\frac{di}{dt}+(R+K_i)i=u_m \\ J_m\frac{d^2\theta_0}{dt^2}+b_m\frac{d\theta_0}{dt}-K_m i=T_0 \end{aligned}\right\} \tag{5.6}$$

【例5.3】 电动舵机-舵面系统

舵机-舵面系统是飞行器的重要组成部分,也是气动伺服弹性分析中的关键环节之一。电动舵机-舵面系统如图5.5所示,一般由直流电机、减速器、舵面、舵偏角传感器以及舵机控制器等环节组成。

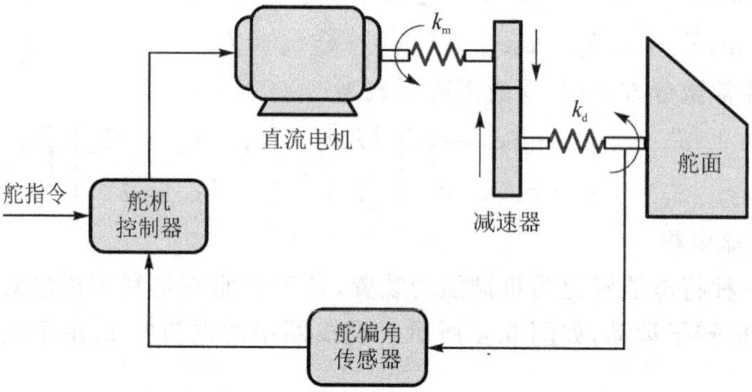

图5.5 电动舵机-舵面系统示意图

例5.2中已经建立了直流电机模型的微分方程组,现在需要建立其他环节的数学模型。首先考虑减速器,它的作用是将电机轴输出的转角减速、扭矩放大,假设它是如图5.6所示的一级齿轮副。分别对1、2两个齿轮列写方程,有

$$J_1\ddot{\theta}_1+b_1\dot{\theta}_1=T_1-Fr_1 \tag{5.7}$$

$$J_2\ddot{\theta}_2+b_2\dot{\theta}_2=T_2+Fr_2 \tag{5.8}$$

其中,θ_1 和 θ_2 为齿轮的转角,J_1 和 J_2 为齿轮的转动惯量,r_1 和 r_2 分别为齿轮的半径,b_1 和 b_2 分别为齿轮的黏性阻尼系数,T_1 和 T_2 分别为作用于齿轮1、2的外力矩,F 为齿轮1、2之间的作用力。这里考虑齿轮的啮合刚度,记其为 k_g,则有以下关系:

$$F=k_g(\theta_1 r_1-\theta_2 r_2) \tag{5.9}$$

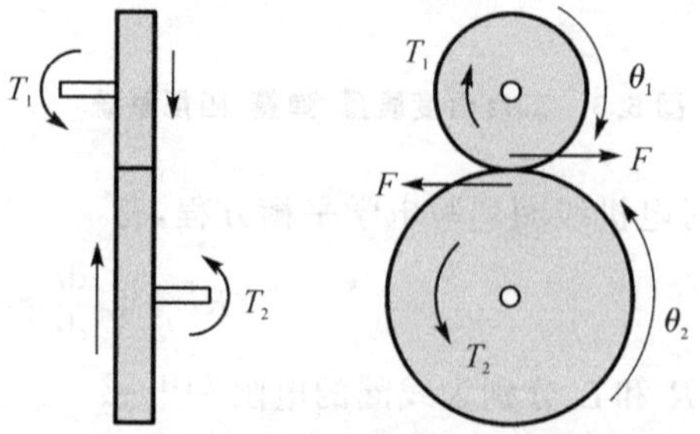

图5.6 齿轮减速器受力示意图

现在考虑舵面的受力平衡。假设舵面为刚体,舵面受到两个力矩的作用:减速器传递到舵面根部的扭矩 T_d 和气动力矩 T_A,列出动力学方程有

$$J_d\ddot{\theta}_d = T_d + T_A \tag{5.10}$$

其中，θ_d 为舵面的偏转角，J_d 为舵面绕舵轴的转动惯量，即

$$1/J_d s^2 \quad \frac{1}{J_d s^2}$$

舵偏角传感器是一个测量角位移的装置，这里假设其模型为常数 1。舵机控制器是将舵机指令信号 θ_{cmd} 与测量的舵面偏角信号 θ_d 作差，再乘以一个增益系数 K_P，以得到直流电机的控制信号 u_m，这个关系可以写成

$$u_m = K_P e = K_P(\theta_{cmd} - \theta_d) \tag{5.11}$$

此外，还需注意直流电机与减速器之间、减速器与舵面之间还有连接刚度 k_m 和 k_d，因此还需补充 4 个方程：

$$T_1 = k_m(\theta_0 - \theta_1) \tag{5.12}$$

$$T_0 + T_1 = 0 \tag{5.13}$$

$$T_d = k_d(\theta_2 - \theta_d) \tag{5.14}$$

$$T_2 + T_d = 0 \tag{5.15}$$

综上，整个电动舵机-舵面系统的数学模型可用式(5.6)～式(5.15)来表示。对于整个闭环系统而言，指令信号 θ_{cmd} 为输入，舵面偏转角 θ_d 为输出。

【例 5.4】　受法向载荷的细长体飞行器

图 5.7 所示为受到法向载荷作用的细长体飞行器，为了建立该系统的运动微分方程，可以将该飞行器简化为如图 5.8 所示的自由-自由边界下带多个集中质量点的弹性梁模型。这里只考虑弹性梁的弯曲刚度，且将飞行器的质量分布等效为若干个结点上的集中质量。对于该问题，可以采用有限元法来进行结构动力学系统建模。

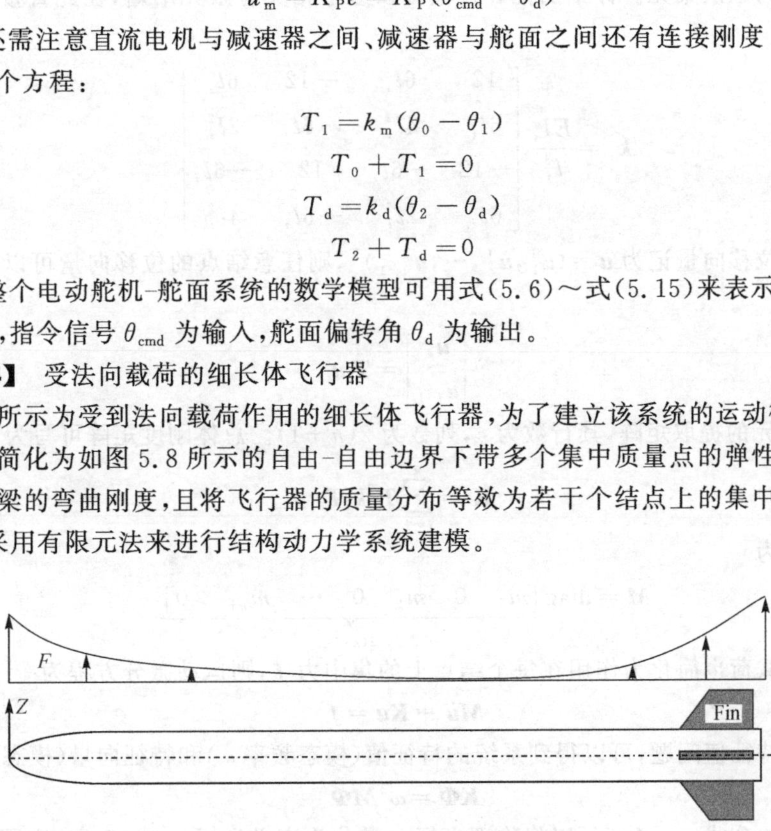

图 5.7　纵向载荷作用的细长体导弹

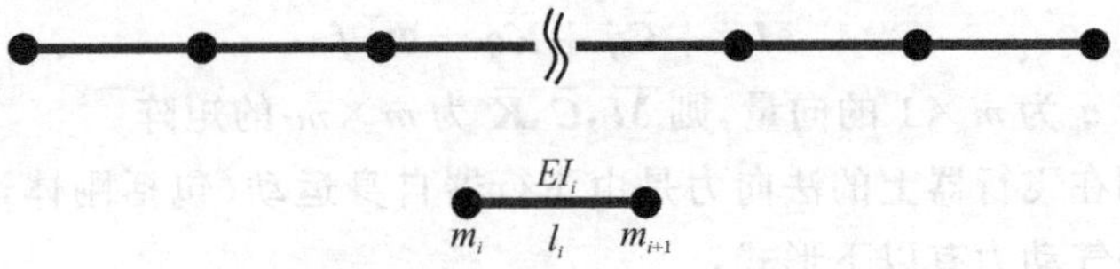

图 5.8　集中质量点弹性梁模型

对于任意一个梁单元，其两端的结点共需要考虑 4 个结点位移参数，包括法向位移和剖面转角，即

$$\begin{bmatrix} u_i \\ u_{i+1} \end{bmatrix} = \begin{bmatrix} z_i \\ \theta_i \\ \cdots \\ z_{i+1} \\ \theta_{i+1} \end{bmatrix}$$

采用3次完备多项式作为单元的近似位移函数,即

$$z = a_0 + a_1\left(\frac{x}{l}\right) + a_2\left(\frac{x}{l}\right)^2 + a_3\left(\frac{x}{l}\right)^3 \tag{5.16}$$

这种梁单元称为三次梁元。详细的推导过程可以参考相关有限元书籍,在此直接给出梁单元的刚度矩阵:

$$\boldsymbol{k}_i = \frac{EI_i}{l_i^3}\begin{bmatrix} 12 & 6l_i & -12 & 6l_i \\ 6l_i & 4l_i^2 & -6l_i & 2l_i^2 \\ -12 & -6l_i & 12 & -6l_i \\ 6l_i & 2l_i^2 & -6l_i & 4l_i^2 \end{bmatrix} \tag{5.17}$$

将全部结点的位移向量记为 $\boldsymbol{u} = (\boldsymbol{u}_1^{\mathrm{T}}, \boldsymbol{u}_2^{\mathrm{T}}, \cdots, \boldsymbol{u}_{n+1}^{\mathrm{T}})^{\mathrm{T}}$,则任意结点的位移向量可以从 $\boldsymbol{u}$ 中提取出来,即

$$\begin{bmatrix} \boldsymbol{u}_i \\ \boldsymbol{u}_{i+1} \end{bmatrix} = \boldsymbol{T}_i \boldsymbol{u} \tag{5.18}$$

$\boldsymbol{T}_i$ 是第 i 个单元的提取矩阵,其行数为4,列数为 $2(n+1)$。总体刚度矩阵可写为

$$\boldsymbol{K} = \sum_{i=1}^{n} \boldsymbol{T}_i^{\mathrm{T}} \boldsymbol{k}_i \boldsymbol{T}_i \tag{5.19}$$

总体质量矩阵为

$$\boldsymbol{M} = \mathrm{diag}\underbrace{[m_1 \quad 0 \quad m_2 \quad 0 \quad \cdots \quad m_{n+1} \quad 0]}_{2(n+1)} \tag{5.20}$$

法向分布载荷也简化为作用在每个结点上的集中力 $\boldsymbol{f}$,则运动微分方程为

$$\boldsymbol{M}\ddot{\boldsymbol{u}} + \boldsymbol{K}\boldsymbol{u} = \boldsymbol{f} \tag{5.21}$$

通过求解广义特征值问题,可以得到系统的特征值(模态频率 ω)和特征向量(模态振型 $\boldsymbol{\Phi}$),即

$$\boldsymbol{K\Phi} = \omega^2 \boldsymbol{M\Phi} \tag{5.22}$$

根据模态叠加法公式 $z = \boldsymbol{\Phi q}$,可以将物理坐标 $\boldsymbol{u}$ 转化为广义坐标 $\boldsymbol{q}$,式(5.21)则写成

$$\boldsymbol{\Phi}^{\mathrm{T}}\boldsymbol{M\Phi}\ddot{\boldsymbol{q}} + \boldsymbol{\Phi}^{\mathrm{T}}\boldsymbol{K\Phi q} = \boldsymbol{\Phi}^{\mathrm{T}}\boldsymbol{f} \tag{5.23}$$

若考虑黏性阻尼,则可以进一步表示为

$$\overline{\boldsymbol{M}}\ddot{\boldsymbol{q}} + \overline{\boldsymbol{C}}\dot{\boldsymbol{q}} + \overline{\boldsymbol{K}}\boldsymbol{q} = \boldsymbol{\Phi}^{\mathrm{T}}\boldsymbol{f} \tag{5.24}$$

在方程(5.24)中,若 $\boldsymbol{q}$ 为 $m\times 1$ 的向量,则 $\overline{\boldsymbol{M}}, \overline{\boldsymbol{C}}, \overline{\boldsymbol{K}}$ 为 $m\times m$ 的矩阵。

进一步,若作用在飞行器上的法向力是由飞行器自身运动(包括刚体运动和弹性变形)引起的气动力,则这种气动力有以下形式:

$$\boldsymbol{\Phi}^{\mathrm{T}}\boldsymbol{f} = \frac{1}{2}\rho V^2 \boldsymbol{A}_{q0}\boldsymbol{q} + \frac{1}{2}\rho V \boldsymbol{A}_{q1}\dot{\boldsymbol{q}} \tag{5.25}$$

其中,ρ 为大气密度;V 为空速;$\boldsymbol{A}_{q0}$ 和 $\boldsymbol{A}_{q1}$ 为气动力影响系数矩阵,其维数也是 $n\times n$。

当考虑舵面偏转时,作用在飞行器上的法向力还应该包括舵面偏转角 δ 产生的气动力和惯性力,即

$$\boldsymbol{\Phi}^{\mathrm{T}}\boldsymbol{f}=\frac{1}{2}\rho V^{2}\boldsymbol{A}_{q0}\boldsymbol{q}+\frac{1}{2}\rho V\boldsymbol{A}_{q1}\dot{\boldsymbol{q}}+\frac{1}{2}\rho V^{2}\boldsymbol{A}_{\delta}\delta-\boldsymbol{M}_{\delta}\ddot{\delta} \tag{5.26}$$

其中，$\boldsymbol{A}_{\delta}$ 为气动力影响系数矩阵，$\boldsymbol{M}_{\delta}$ 为惯性系数矩阵，它们的维数均为 $n\times1$。

将式(5.26)代入式(5.24)中，于是得到细长体飞行器的运动微分方程：

$$\overline{\boldsymbol{M}}\ddot{\boldsymbol{q}}+\overline{\boldsymbol{C}}\dot{\boldsymbol{q}}+\overline{\boldsymbol{K}}\boldsymbol{q}=\frac{1}{2}\rho V^{2}\boldsymbol{A}_{q0}\boldsymbol{q}+\frac{1}{2}\rho V\boldsymbol{A}_{q1}\dot{\boldsymbol{q}}+\frac{1}{2}\rho V^{2}\boldsymbol{A}_{\delta}\delta-\boldsymbol{M}_{\delta}\ddot{\delta} \tag{5.27}$$

式(5.27)进一步可化为

$$\overline{\boldsymbol{M}}\ddot{\boldsymbol{q}}+\left(\overline{\boldsymbol{C}}-\frac{1}{2}\rho V\boldsymbol{A}_{q1}\right)\dot{\boldsymbol{q}}+\left(\overline{\boldsymbol{K}}-\frac{1}{2}\rho V^{2}\boldsymbol{A}_{q0}\right)\boldsymbol{q}=\frac{1}{2}\rho V^{2}\boldsymbol{A}_{\delta}\delta-\boldsymbol{M}_{\delta}\ddot{\delta} \tag{5.28}$$

式(5.28)实际上为细长体飞行器的气动弹性方程。

5.1.2 拉普拉斯变换

拉普拉斯变换是一种线性变换，它可以用相对简单的代数方程替换相对复杂的微分方程，从而简化方程的求解过程。利用拉普拉斯变换求动力学系统时域响应如图 5.9 所示，主要步骤包括：① 建立微分方程(组)；② 求微分方程(组)的拉普拉斯变换；③ 对感兴趣的变量求解代数方程；④ 求代数方程解的拉普拉斯逆变换。

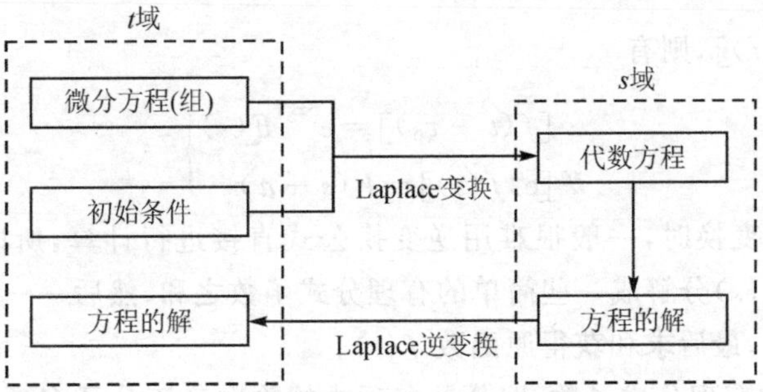

图 5.9 拉普拉斯变换求动力学系统时域响应示意图

对于一般的时域函数 $f(t)$，其拉普拉斯变换的定义如下：

$$\mathscr{L}[f(t)]=F(s)=\int_{0^-}^{\infty}f(t)\mathrm{e}^{-st}\mathrm{d}t \tag{5.29}$$

而拉普拉斯逆变换定义为

$$\mathscr{L}^{-1}[F(s)]=f(t)=\frac{1}{2\pi\mathrm{j}}\int_{\sigma-\mathrm{j}\omega}^{\sigma+\mathrm{j}\omega}F(s)\mathrm{e}^{st}\mathrm{d}s \tag{5.30}$$

通常称 $F(s)$为 $f(t)$的象函数，而 $f(t)$为 $F(s)$的原函数。

拉普拉斯变换的基本法则可以简化一些复杂函数的运算，包括：

(1) 线性法则

设 $F_1(s)=\mathscr{L}[f_1(t)]$，$F_2(s)=\mathscr{L}[f_2(t)]$，$a$ 和 b 为常数，则有

$$\mathscr{L}[af_1(t)\pm bf_2(t)]=a\mathscr{L}[f_1(t)]\pm b\mathscr{L}[f_2(t)]=aF_1(s)\pm bF_2(s) \tag{5.31}$$

(2) 微分法则

设 $F(s)=\mathscr{L}[f(t)]$，则有

$$\mathscr{L}\left[\frac{\mathrm{d}^k f(t)}{\mathrm{d}t^k}\right]=s^kF(s)-s^{k-1}f(0^-)-s^{k-2}f'(0^-)-\cdots-f^{(k-1)}(0^-) \tag{5.32}$$

式中,$f(0^-)$、$f'(0^-)$、…、$f^{(k-1)}(0^-)$为函数$f(t)$及各阶导数在$t=0$的值,当$f(0^-)=f'(0^-)=\cdots=0$时,则有

$$\mathscr{L}\left[\frac{\mathrm{d}^k f(t)}{\mathrm{d}t^k}\right]=s^k F(s) \tag{5.33}$$

(3) 积分法则

设$F(s)=\mathscr{L}[f(t)]$,$f(0^-)=0$,则

$$\mathscr{L}\left[\int f(t)\mathrm{d}t\right]=\frac{1}{s}F(s) \tag{5.34}$$

原函数积分的拉普拉斯变换相当于象函数除以s,条件是初始值均为零。

(4) 终值定理

若$F(s)=\mathscr{L}[f(t)]$,且当$t\to\infty$时,$f(t)$存在一个确定的值,则其终值为

$$\lim_{t\to\infty}f(t)=\lim_{s\to 0}sF(s) \tag{5.35}$$

该式为求系统的稳态(即$t\to\infty$)误差提供了方便。

$$e(\infty)=\lim_{t\to\infty}e(t)=\lim_{s\to 0}sE(s) \tag{5.36}$$

注意:正弦函数则不能应用终值定理。

(5) 位移定理

设$F(s)=\mathscr{L}[f(t)]$,则有

$$\left.\begin{aligned}\mathscr{L}[f(t-\tau_0)]&=\mathrm{e}^{-\tau_0 s}F(s)\\ \mathscr{L}[\mathrm{e}^{at}f(t)]&=F(s-a)\end{aligned}\right\} \tag{5.37}$$

求解拉普拉斯逆变换时,一般很难用逆变换公式直接进行计算,所以一般常用部分分式法。首先将象函数$F(s)$分解成一些简单的有理分式函数之和,然后一一求得这些有理分式函数的拉普拉斯逆变换,最后求和获得原函数$f(t)$。

$F(s)$通常是s的有理分式函数,即分母多项式的阶次高于分子多项式的阶次,$F(s)$的一般式为

$$F(s)=\frac{s^m+b_1 s^{m-1}+\cdots+b_{m-1}s+b_m}{s^n+a_1 s^{n-1}+\cdots+a_{n-1}s+a_n} \tag{5.38}$$

式中$a_1,a_2,\cdots,a_n$及$b_1,b_2,\cdots,b_m$为实数,m、n为正数,且$m<n$。

如果$F(s)$可分解成下列分量:

$$F(s)=F_1(s)+F_2(s)+\cdots+F_n(s) \tag{5.39}$$

并且$F_1(s),F_2(s),\cdots,F_n(s)$的拉普拉斯逆变换可以很容易地求出,则

$$\begin{aligned}\mathscr{L}^{-1}[F(s)]&=\mathscr{L}^{-1}[F_1(s)]+\mathscr{L}^{-1}[F_2(s)]+\cdots+\mathscr{L}^{-1}[F_n(s)]\\ &=f_1(t)+f_2(t)+\cdots+f_n(t)\end{aligned} \tag{5.40}$$

表5.1列出了几种常用函数的拉普拉斯变换。

【例5.5】 质量-弹簧-阻尼系统的时域响应

这里以单自由度的质量-弹簧-阻尼系统为例来说明拉普拉斯变换求动力学系统时域响应的步骤,对于动力学系统:

$$m\ddot{x}+c\dot{x}+kx=f(t) \tag{5.41}$$

想要获得时域系统响应$x(t)$。式(5.41)拉普拉斯变换为

表 5.1　常用函数拉普拉斯变换

序　号	原函数 $f(t)$	象函数 $F(s)$
1	脉冲函数 $\delta(t)$	1
2	单位阶跃函数 $1(t)$	$\frac{1}{s}$
3	e^{-at}	$\frac{1}{s+a}$
4	$\sin \omega t$	$\frac{\omega}{s^2+\omega^2}$
5	$\cos \omega t$	$\frac{s}{s^2+\omega^2}$
6	$e^{-at}\sin \omega t$	$\frac{\omega}{(s+a)^2+\omega^2}$
7	$e^{-at}\cos \omega t$	$\frac{s+a}{(s+a)^2+\omega^2}$
8	t^n	$\frac{n!}{s^{n+1}}$
9	$\frac{1}{(n-1)!}t^{n-1}e^{-at}$	$\frac{1}{(s+a)^n}$

$$m\left[s^2X(s)-sx(0^-)-\dot{x}(0^-)\right]+c\left[sX(s)-x(0^-)\right]+kX(s)=F(s) \tag{5.42}$$

考虑系统做非零初始状态的自由衰减振动，即初始状态 $x(0^-)=x_0$，$\dot{x}(0^-)=0$，且系统不受外部激励作用 $f(t)=0$，并计系统固有频率 $\omega_n=\sqrt{k/m}$，无量纲阻尼系数 $\xi=c/(2m\omega_n)$，则有

$$X(s)=\frac{(s+2\xi\omega_n)x_0}{s^2+2\xi\omega_n s+\omega_n^2} \tag{5.43}$$

当分母多项式为零时，所得的分母方程称为系统的特征方程，该方程的根称为系统的极点，决定了系统时间响应的特征。式(5.43)的极点为

$$s_1,s_2=-\xi\omega_n\pm\omega_n\sqrt{\xi^2-1} \tag{5.44}$$

当 $\xi=1$ 时，系统为临界阻尼状态，系统有 2 个相等的负极点，即 $s_1,s_2=-\omega_n$。当 $\xi>1$ 时，系统为过阻尼状态，特征方程有两个不相等的负实根。当 $\xi<1$ 时，系统为欠阻尼状态，特征方程有两个复数根，即

$$s_1,s_2=-\xi\omega_n\pm \mathrm{j}\omega_n\sqrt{1-\xi^2} \tag{5.45}$$

一般研究欠阻尼的质量-弹簧-阻尼系统，将式(5.45)代入式(5.43)，记 $\omega_d=\omega_n\sqrt{1-\xi^2}$，经过适当转换，可以得到部分分式形式的 $X(s)$：

$$X(s)=\frac{(s+\xi\omega_n)x_0}{(s+\xi\omega_n)^2+\omega_d^2}+\frac{\xi\omega_n x_0}{(s+\xi\omega_n)^2+\omega_d^2} \tag{5.46}$$

根据表 5.1 可得拉普拉斯逆变换结果：

$$x(t)=x_0e^{-\xi\omega_n t}\cos\omega_d t+\frac{\xi\omega_n x_0}{\omega_d}e^{-\xi\omega_n t}\sin\omega_d t \tag{5.47}$$

该式又可以写为

$$x(t)=A\mathrm{e}^{-\xi\omega_n t}\sin(\omega_\mathrm{d}t+\varphi) \tag{5.48}$$

式中,A 表示系统的初始振幅,φ 表示系统的初始相位,分别为

$$\left.\begin{aligned} A&=\sqrt{x_0^2+\left(\frac{\xi\omega_n x_0}{\omega_\mathrm{d}}\right)^2} \\ \varphi&=\arctan\frac{\omega_\mathrm{d}}{\xi\omega_n}\end{aligned}\right\} \tag{5.49}$$

这是一个在系统平衡位置附近的自由衰减振动,其时间响应曲线如图5.10所示。振动幅值衰减的原因是受到阻尼力带来的能量损失,因此也称为阻尼振动。振幅随时间衰减的规律是 $A\mathrm{e}^{-\xi\omega_n t}$。

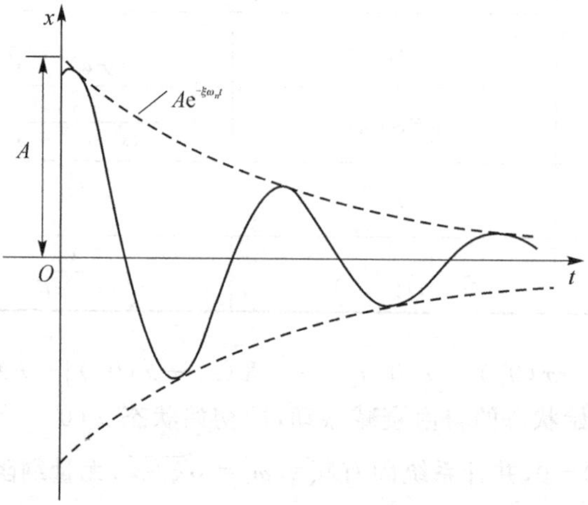

图5.10　单自由度质量-弹簧-阻尼系统的自由衰减振动时间响应

5.1.3　传递函数

传递函数只对线性时不变系统有意义,可以间接地分析系统结构参数对系统性能的影响。在输入变量和输出变量的初值都为零的情况下,系统的传递函数定义为输出变量的拉普拉斯变换与输入变量的拉普拉斯变换之比。

设线性时不变系统的微分方程的一般式为

$$a_0\frac{\mathrm{d}^n}{\mathrm{d}t^n}y(t)+a_1\frac{\mathrm{d}^{n-1}}{\mathrm{d}t^{n-1}}y(t)+\cdots+a_n y(t)$$
$$=b_0\frac{\mathrm{d}^m}{\mathrm{d}t^m}r(t)+b_1\frac{\mathrm{d}^{m-1}}{\mathrm{d}t^{m-1}}r(t)+\cdots+b_\mathrm{m}r(t) \tag{5.50}$$

式中,$y(t)$为系统的输出量,$r(t)$为系统的输入量,$a_i(i=1,2,\cdots,n)$及$b_j(j=1,2,\cdots,m)$均为由系统结构参数决定的常数,且有 $n\geqslant m$。

设在所有初始条件均为零的条件下,对式(5.50)等号两端进行拉氏变换,得

$$(a_0s^n+a_1s^{n-1}+\cdots+a_n)Y(s)=(b_0s^m+b_1s^{m-1}+\cdots+b_m)R(s) \tag{5.51}$$

按照定义,得系统的传递函数为

$$G(s)=\frac{Y(s)}{R(s)}=\frac{b_0s^m+b_1s^{m-1}+\cdots+b_\mathrm{m}}{a_0s^n+a_1s^{n-1}+\cdots+a_n} \tag{5.52}$$

对于传递函数，有以下几点需要说明：

① 传递函数是复域（s 域）中的一个表达式，它通过系统结构参数使线性时不变系统的输出和输入建立联系，而与输入形式无关，只适用于线性时不变系统。

② 传递函数分母多项式的阶次总是大于或等于分子多项式的阶次，即 $n \geqslant m$，这是由于系统中含有较多的储能元件及受能源的限制所造成的。分母多项式的最高阶次为 n，称该系统为 n 阶系统。

③ 传递函数只描述系统输入-输出之间的关系，但不反映系统内部结构的任何信息。因此，不同的物理系统完全可能有相同形式的传递函数，这就给数学模拟创造了条件。

④ 同一系统、不同观测点的输出信号与不同作用点的输入信号之间的传递函数的形式具有相同的分母，所不同的只是分子。把分母多项式称为系统的特征多项式，记为 $D(s)$：

$$D(s) = a_0 s^n + a_1 s^{n-1} + \cdots + a_n \tag{5.53}$$

⑤ 传递函数和微分方程有相通性。传递函数分子多项式系数和分母多项式系数分别与相应微分方程等号的右端和左端微分算子多项式系数相对应，所以将微分方程符号 d/dt 用复数 s 置换便得到传递函数；反之，将传递函数多项式中的 s 用 d/dt 置换便得到微分方程。

⑥ 传递函数 $G(s)$ 的拉普拉斯逆变换是脉冲响应函数 $g(t)$，脉冲响应函数 $g(t)$ 是系统在单位脉冲 $\delta(t)$ 输入时的输出响应，此时 $R(s) = \mathscr{L}[\delta(t)] = 1$，所以有

$$g(t) = \mathscr{L}^{-1}[Y(s)] = \mathscr{L}^{-1}[G(s)R(s)] = L^{-1}[G(s)] \tag{5.54}$$

传递函数的分子多项式和分母多项式经因式分解后可写成如下形式：

$$\begin{aligned} G(s) &= \frac{Y(s)}{R(s)} \\ &= \frac{b_0 s^m + b_1 s^{m-1} + \cdots + b_m}{a_0 s^n + a_1 s^{n-1} + \cdots + a_n} \\ &= \frac{b_0 (s - z_1)(s - z_2)\cdots(s - z_m)}{a_0 (s - p_1)(s - p_2)\cdots(s - p_n)} \\ &= K \frac{\prod_{j=1}^{m}(s - z_j)}{\prod_{i=1}^{n}(s - p_i)} \end{aligned} \tag{5.55}$$

式中，$z_j\,(j = 1, 2, \cdots, m)$ 是分子多项式的零点，称为传递函数的零点；$p_i\,(i = 1, 2, \cdots, n)$ 是分母多项式的零点，称为传递函数的极点。传递函数的零点和极点可以是实数，也可以是复数。系数 $K = b_0 / a_0$ 称为传递系数或根轨迹增益。

在复平面中表示传递函数的零点和极点分布的图，称为传递函数的零极点分布图。在图中用“O”表示零点，用“×”表示极点。传递函数的零极点分布图可以更详细地反映系统的特性。

【例 5.6】 单自由度质量-弹簧-阻尼系统的传递函数

对于例 5.5 中的单自由度质量-弹簧-阻尼系统，零初始条件下的拉普拉斯变换为

$$s^2 m X(s) + s c X(s) + k X(s) = F(s) \tag{5.56}$$

因此，以激励力为输入、以位移为输出的传递函数为

$$\frac{\text{输出}}{\text{输入}} = G(s) = \frac{X(s)}{F(s)} = \frac{1}{m s^2 + c s + k} \tag{5.57}$$

【例5.7】 直流电机的传递函数

对于如图5.4所示的直流电机,例5.2已经推导了它的微分方程组,现在求其传递函数。对式(5.6)等号两边做拉普拉斯变换,忽略初始条件,并消去变量i,得到

$$\theta_0=\frac{K_m u_m+(Ls+R+K_i)T_0}{s[(J_m s+b_m)(Ls+R+K_i)+K_m C_e]} \tag{5.58}$$

当电机负载力矩为零,即$T_0=0$时,可得到以u_m为输入、以θ_0为输出的传递函数:

$$G_{m1}(s)=\frac{\theta_0}{u_m}=\frac{K_m}{s[(J_m s+b_m)(Ls+R+K_i)+K_m C_e]} \tag{5.59}$$

$G_{m1}(s)$反映了电机轴转角θ_0跟踪指令信号u_m的能力。当控制电压为零,即$u_m=0$时,可得到以T_0为输入、以θ_0为输出的传递函数:

$$G_{m2}(s)=\frac{\theta_0}{T_0}=\frac{Ls+R+K_i}{s[(J_m s+b_m)(Ls+R+K_i)+K_m C_e]} \tag{5.60}$$

$G_{m2}(s)$反映了电机轴转角θ_0抵抗外部干扰T_0的能力,也称为电机的动柔度,其倒数$\dfrac{1}{G_{m2}(s)}$称为电机的动刚度。

【例5.8】 齿轮减速器的传递函数矩阵

在例5.3中推导了齿轮减速器的微分方程组:

$$J_1\ddot{\theta}_1+b_1\dot{\theta}_1=T_1-Fr_1 \tag{5.61}$$

$$J_2\ddot{\theta}_2+b_2\dot{\theta}_2=T_2+Fr_2 \tag{5.62}$$

$$F=k_g(\theta_1 r_1-\theta_2 r_2) \tag{5.63}$$

联立以上方程并做拉普拉斯变换,可以解得

$$\theta_1=\frac{(J_2 s^2+b_2 s+k_g r_2^2)T_1+k_g r_1 r_2 T_2}{(J_1 s^2+b_1 s)(J_2 s^2+b_2 s)+k_g r_2^2(J_1 s^2+b_1 s)+k_g r_1^2(J_2 s^2+b_2 s)} \tag{5.64}$$

$$\theta_2=\frac{(J_1 s^2+b_1 s+k_g r_1^2)T_2+k_g r_1 r_2 T_1}{(J_1 s^2+b_1 s)(J_2 s^2+b_2 s)+k_g r_2^2(J_1 s^2+b_1 s)+k_g r_1^2(J_2 s^2+b_2 s)} \tag{5.65}$$

若假设齿轮啮合刚度为无穷大,对式(5.64)、式(5.65)取$k_g\to\infty$的极限,有

$$\theta_2=\frac{\theta_1}{n}=\frac{nT_1+T_2}{(n^2 J_1+J_2)s^2+(n^2 b_1+b_2)s} \tag{5.66}$$

其中,$n=r_2/r_1$为该齿轮减速器的传动比。式(5.66)可进一步写为

$$\begin{bmatrix}\theta_1\\ \theta_2\end{bmatrix}=\boldsymbol{G}_g(s)\begin{bmatrix}T_1\\ T_2\end{bmatrix}=\frac{1}{(n^2 J_1+J_2)s^2+(n^2 b_1+b_2)s}\begin{bmatrix}n^2 & n\\ n & 1\end{bmatrix}\begin{bmatrix}T_1\\ T_2\end{bmatrix} \tag{5.67}$$

式(5.67)中的$\boldsymbol{G}_g(s)$称为传递函数矩阵。

5.1.4 频率响应函数

系统的频率响应定义为:系统对正弦输入信号的稳态响应。在这种情况下,系统的输入信号是正弦信号,系统的内部信号以及系统的输出信号也都是稳态的正弦信号,这些信号频率相同,幅值和相位各有不同。

只要用$\mathrm{j}\omega$替换拉普拉斯变量s,就可以由传递函数$G(s)$得到系统的频率响应函数$G(\mathrm{j}\omega)$。

频率响应函数是一个关于频率的复数。对于一个稳定的系统,假设有一正弦信号输入:

$$r(t)=A_r\sin\omega t \tag{5.68}$$

在稳态情况下,系统的输出信号也是正弦信号,则稳态输出可写为

$$y(t)=A_y\sin(\omega t+\varphi) \tag{5.69}$$

保持输入信号的振幅 A_r 不变,逐次改变输入信号的频率 ω,则可测得一系列稳态输出的振幅 A_y 及相位差 φ。把振幅比 $M=A_y/A_r$ 称为幅频特性,把相位差 φ 称为相频特性,二者统称为频率特性。输出振幅 A_y 及相位差 φ 随输入信号的频率 ω 变化,所以,频率特性是 ω 的函数。

频率响应函数和传递函数、微分方程一样,也表征了系统的特性,这就是频率法能够从频率特性出发研究系统的理论依据。上述三种系统数学描述法的转换关系可用图 5.11 来说明。

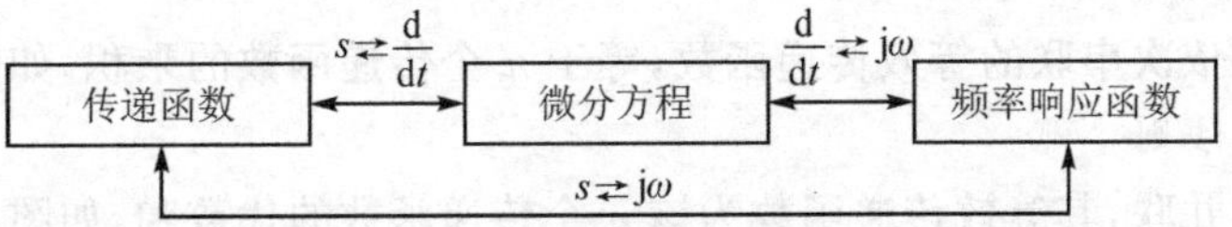

图 5.11　三种数学模型的转换关系

5.1.5　控制系统框图

在动力学系统的描述中,动态结构图(框图)这种图形化数学模型也是一种常用的方法。它是一种系统输入和输出之间因果关系的简略图示方法,表示了系统输出、输入信号之间的动态传递关系。框图是由单方向功能方框组成的,这些方框表示变量的传递函数。

图 5.12 给出了一个典型带有反馈环节的系统框图,输出信号等于输入信号与方框中传递函数的乘积,有以下关系:

$$\left.\begin{aligned}Y(s)&=G(s)E(s)\\B(s)&=H(s)Y(s)\end{aligned}\right\} \tag{5.70}$$

前向通道:经过方框 $G(s)$ 的通道称为前向通道,$G(s)$ 称为前向通道传递函数。

反馈通道:经过方框 $H(s)$ 的通道称为反馈通道,$H(s)$ 称为反馈通道传递函数。

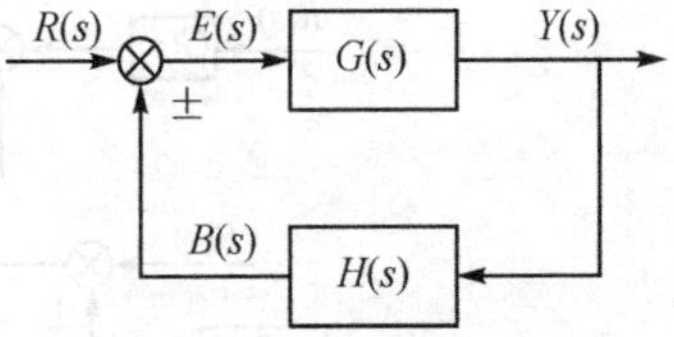

图 5.12　反馈系统框图

从有关变量的代数方程推导,可以对框图进行等效变换来化简,考虑图 5.12 中的框图模型,该反馈系统的误差信号满足:

$$E(s)=R(s)\pm B(s)=R(s)\pm H(s)Y(s) \tag{5.71}$$

根据式(5.70)的关系可得

$$Y(s)=G(s)[R(s)\pm H(s)Y(s)] \tag{5.72}$$

求解 $Y(s)$,可得

$$Y(s)[1\pm G(s)H(s)]=G(s)R(s) \tag{5.73}$$

因此输入 $R(s)$ 与输出 $Y(s)$ 的传递函数为

$$\phi(s)=\frac{Y(s)}{R(s)}=\frac{G(s)}{1\pm G(s)H(s)} \tag{5.74}$$

由式(5.74)可将框图模型简化为只有一个方框的框图,这是框图等效变换的一个重要例子。

分母中的正号对应负反馈,负号对应正反馈。下面以负反馈为例,说明常用的单位负反

馈。当$H(s)=1$时,称为单位负反馈。这时的闭环传递函数为

$$\phi(s)=\frac{G(s)}{1+G(s)} \tag{5.75}$$

设$G(s)=M(s)/P(s)$,则有

$$\phi(s)=\frac{G(s)}{1+G(s)}=\frac{M(s)}{P(s)+M(s)} \tag{5.76}$$

式中,单位负反馈系统的闭环传递函数的分子等于$G(s)$的分子,而分母等于$G(s)$的分母加分子。

系统框图的等效变换有关法则包括:

(1) 串联变换法则

n个传递函数依次串联的等效传递函数,等于n个传递函数的乘积,如图5.13所示。

(2) 并联变换法则

n个传递函数并联,其等效传递函数为该n个传递函数的代数和,如图5.14所示。

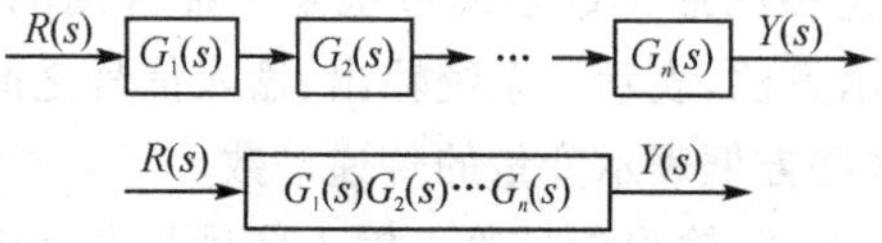

图5.13 串联变换法则

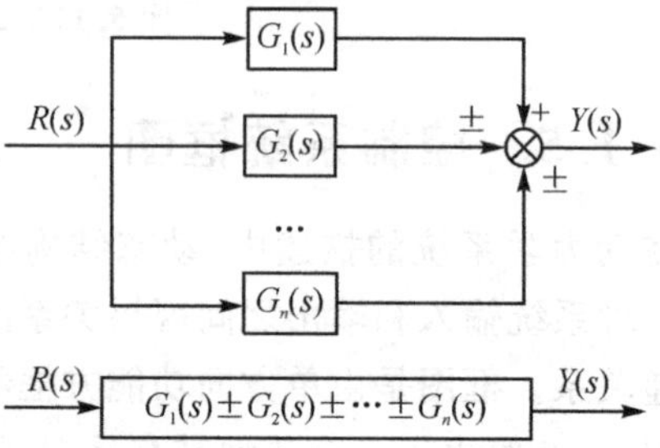

图5.14 并联变换法则

(3) 相加点移动法则

相加点前移"加倒数",如图5.15所示。相加点后移"加本身",如图5.16所示。

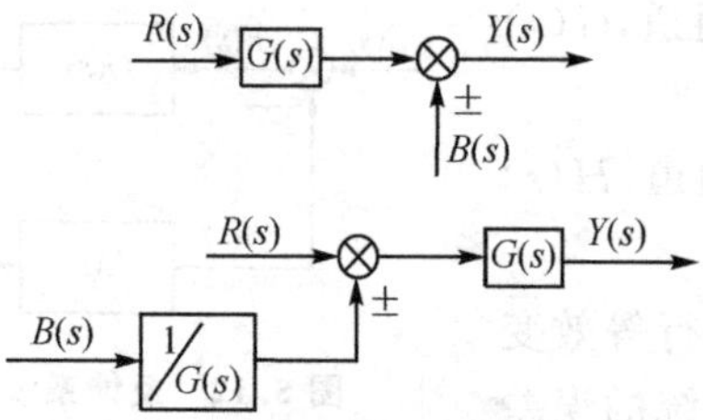

图5.15 相加点前移法则

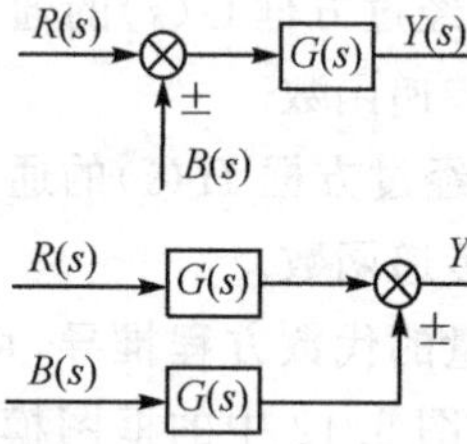

图5.16 相加点后移法则

(4) 分支点移动法则

分支点前移"加本身",如图5.17所示。分支点后移"加倒数",如图5.18所示。

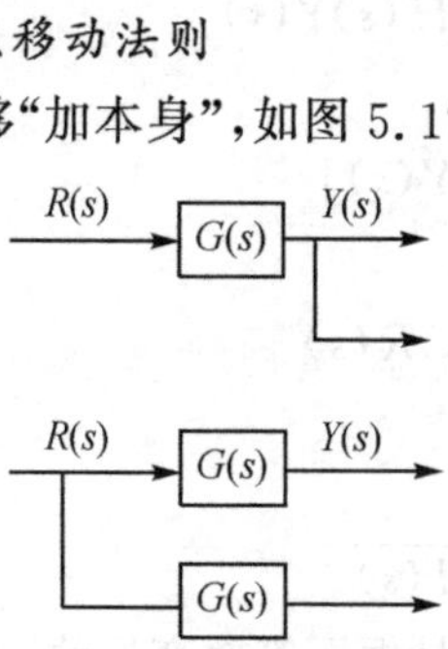

图5.17 分支点前移法则

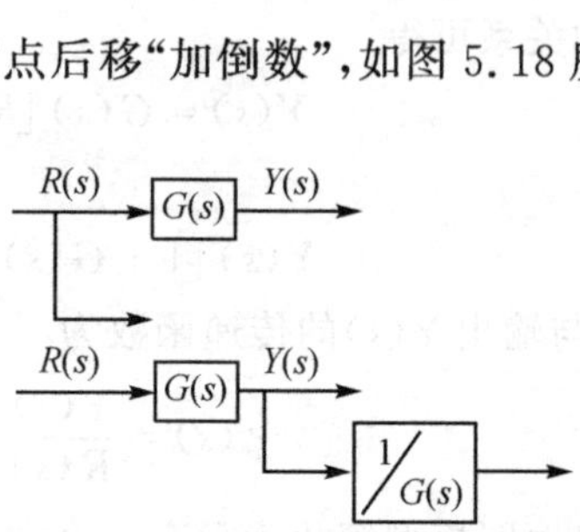

图5.18 分支点后移法则

在很多情况下，控制框图比微分方程能更清楚地反映动力学系统的结构。

【例 5.9】 直流电机的框图模型

可以用图 5.19 所示的框图来描述例 5.2 中的直流电机。从图中可以看出，该模型具有 2 个输入：电机控制电压 u_m、电机轴负载力矩 T_0；1 个输出：电机轴转角 θ_0。为了以后框图表示的方便，还可将这个模型表示成一个子模块简图，如图 5.20 所示，其中的 G_{m1} 和 G_{m2} 由式(5.59)和式(5.60)给出。

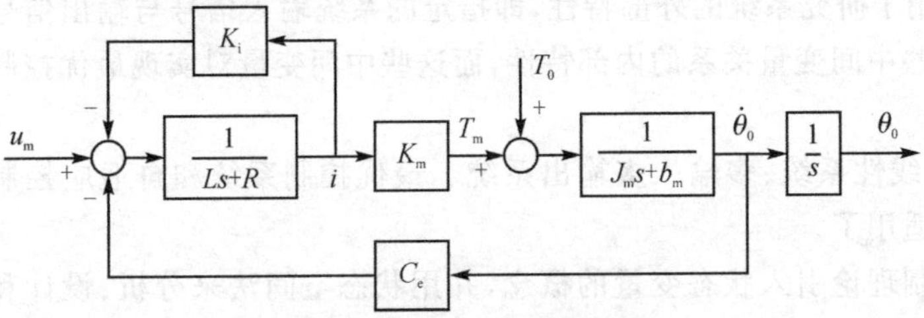

图 5.19　直流电机的框图模型

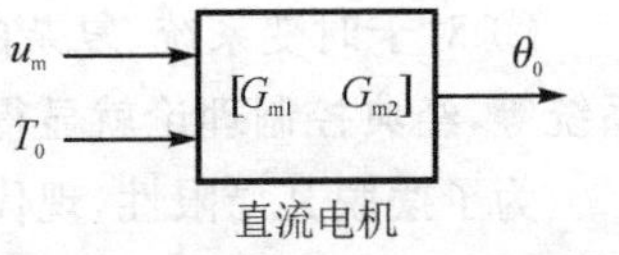

图 5.20　直流电机子模块简图

【例 5.10】 齿轮减速器的框图模型

与上例类似，也可以用图 5.21 所示的框图来描述例 5.3 中的齿轮减速器，该模型也可用图 5.22 所示的简图来表示，图中的传递函数由式(5.67)给出。

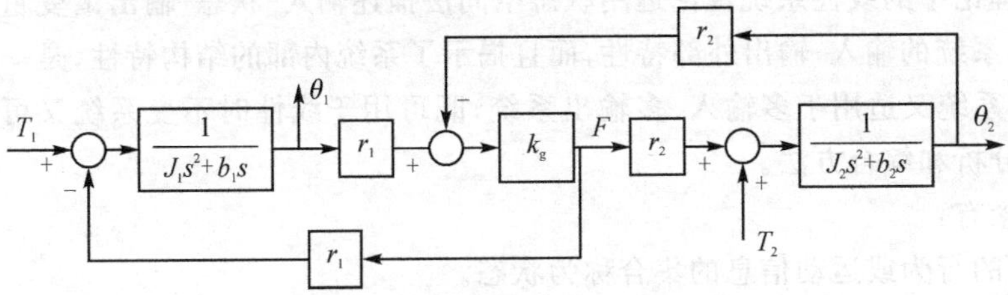

图 5.21　齿轮减速器的框图模型

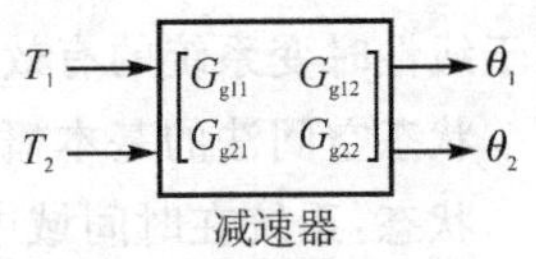

图 5.22　减速器子模块简图

【例 5.11】 电动舵机-舵面系统的框图模型

在例 5.3 中推导了电动舵机-舵面系统的微分方程组，即式(5.6)～式(5.15)。从这些方程很难看出整个系统的结构。现在用框图来表示该系统，如图 5.23 所示。

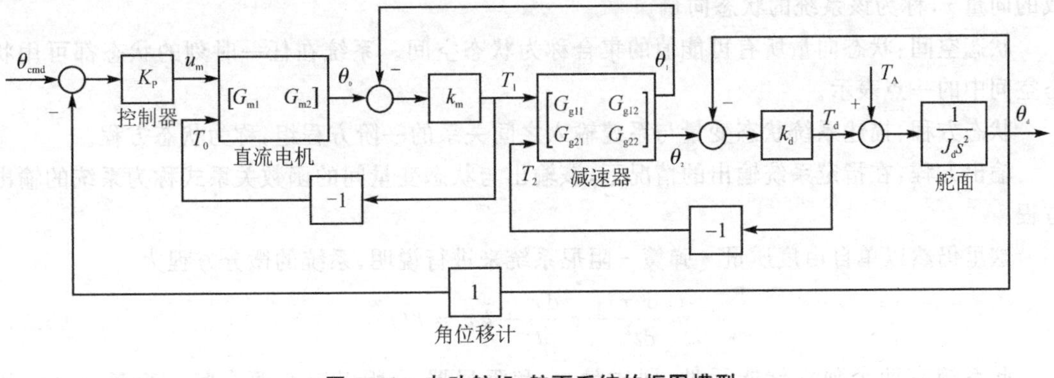

图 5.23　电动舵机-舵面系统的框图模型

5.1.6 状态空间模型

经典控制理论是以微分方程或传递函数为数学基础的分析与设计控制系统的理论，主要是研究单输入-单输出的线性时不变系统。它所采用的方法主要是频率特性法和根轨迹法，这两种方法对于分析线性时不变单变量系统是很有成效的。但经典控制理论有一定的局限性，主要表现在：

① 频率法和根轨迹法只适用于研究系统的外部特性，即指定的系统输入信号与输出信号之间的关系，无法反映系统的一些中间变量关系的内部特性，而这些中间变量对实现最优控制是很重要的信息。

② 对于时变系统、复杂的非线性系统、多输入多输出系统、最优控制系统和自适应控制系统等，经典控制理论就显得不适用了。

为了摆脱其局限性，现代控制理论引入状态变量的概念，并用状态空间法来分析、设计和研究系统。计算机的飞速发展也为现代控制理论的发展提供了重要的技术条件。在20世纪50年代蓬勃兴起的航天技术的推动下，1960年前后开始了从经典控制理论到现代控制理论的过渡，其中一个重要标志就是卡尔曼系统地将状态空间概念引入到控制理论中来。现代控制理论正是在引入状态和状态空间概念的基础上发展起来的。在建立系统模型时，首先要将一阶微分方程组写成状态方程的形式，在此基础上再进行所需要的各种研究，把这种研究方法叫作状态空间法。现代控制理论中的线性系统理论运用状态空间法描述输入-状态-输出诸变量间的因果关系，不但反映了系统的输入-输出外部特性，而且揭示了系统内部的结构特性，是一种既适用于单输入-单输出系统又适用于多输入-多输出系统，既可用于线性时不变系统又可用于线性时变系统的有效分析和综合方法。

状态空间法的基本概念有：

状态：系统在时间域中的行为或运动信息的集合称为状态。

状态变量：系统的状态变量是指能完全表征系统运动的最少个数的一组独立变量 x_1，x_2，…，x_n，并且满足下列两个条件：① 在任何时刻 $t=t_0$，这组变量的值 $x_1(t_0)$，$x_2(t_0)$，…，$x_n(t_0)$都表示系统在该时刻的状态；② 当系统在 $t \geqslant t_0$ 的输入和上述初始状态确定的时候，状态变量应完全能表征系统在将来的行为。

状态向量：设一个系统有几个状态变量 x_1，x_2，…，x_n，用这 n 个状态变量作为分量所构成的向量 $\boldsymbol{x}$，称为该系统的状态向量。

状态空间：状态向量所有可能值的集合称为状态空间。系统在任一时刻的状态都可用状态空间中的一点表示。

状态方程：描述系统状态变量与系统输入之间关系的一阶方程组，称为状态方程。

输出方程：在指定系统输出的情况下，该输出与状态变量间的函数关系式称为系统的输出方程。

这里仍然以单自由度质量-弹簧-阻尼系统来进行说明，系统的微分方程为

$$m\frac{\mathrm{d}^2 x}{\mathrm{d}t^2}+c\frac{\mathrm{d}x}{\mathrm{d}t}+kx=f(t) \tag{5.77}$$

此系统有两个独立储能元件，即质量 m 和阻尼器 c，所以应有两个状态变量 $x_1(t)$ 和 $x_2(t)$。选择位移 $x(t)=x_1(t)$ 和速度 $\dot{x}(t)=x_2(t)$ 作为系统的状态变量，就可把上述方程化

为两个一阶微分方程，即

$$\left.\begin{aligned}\dot{x}_1&=\dot{x}=x_2\\ \dot{x}_2&=-\frac{k}{m}x_1-\frac{c}{m}x_2+\frac{1}{m}f\end{aligned}\right\}\tag{5.78}$$

上式就是物理系统的状态方程，若用矢量矩阵的形式表示，则可写成

$$\begin{bmatrix}\dot{x}_1\\ \dot{x}_2\end{bmatrix}=\begin{bmatrix}0&1\\ -\frac{k}{m}&-\frac{c}{m}\end{bmatrix}\begin{bmatrix}x_1\\ x_2\end{bmatrix}+\begin{bmatrix}0\\ \frac{1}{m}\end{bmatrix}f\tag{5.79}$$

上式可以写成向量矩阵形式的标准型，即

$$\dot{\boldsymbol{x}}=\boldsymbol{A}\boldsymbol{x}+\boldsymbol{B}\boldsymbol{u}\tag{5.80}$$

在上述的系统中，指定 $x_1=x$ 作为输出，一般输出符号用 y 表示时，则 $y=x_1$ 写成向量矩阵形式为

$$\boldsymbol{y}=\begin{bmatrix}1&0\end{bmatrix}\begin{bmatrix}x_1\\ x_2\end{bmatrix}\tag{5.81}$$

写成标准式为

$$\boldsymbol{y}=\boldsymbol{C}\boldsymbol{x}\tag{5.82}$$

状态空间表达式：状态方程和输出方程就构成对一个系统性能的完整描述，称为系统的状态空间表达式。

对一个复杂的多输入-多输出系统，具有 r 个输入，m 个输出，选取 n 个状态变量，则系统状态方程的一般形式为

$$\left.\begin{aligned}\dot{x}_1&=a_{11}x_1+a_{12}x_2+\cdots+a_{1n}x_n+b_{11}u_1+b_{12}u_2+\cdots+b_{1r}u_r\\ \dot{x}_2&=a_{21}x_1+a_{22}x_2+\cdots+a_{2n}x_n+b_{21}u_1+b_{22}u_2+\cdots+b_{2r}u_r\\ &\vdots\\ \dot{x}_n&=a_{n1}x_1+a_{n2}x_2+\cdots+a_{nn}x_n+b_{n1}u_1+b_{n2}u_2+\cdots+b_{nr}u_r\end{aligned}\right\}\tag{5.83}$$

输出方程不仅是状态变量的组合，还可能是输入变量的直接传递，因而一般形式为

$$\left.\begin{aligned}y_1&=c_{11}x_1+c_{12}x_2+\cdots+c_{1n}x_n+d_{11}u_1+d_{12}u_2+\cdots+d_{1r}u_r\\ y_2&=c_{21}x_1+c_{22}x_2+\cdots+c_{2n}x_n+d_{21}u_1+d_{22}u_2+\cdots+d_{2r}u_r\\ &\vdots\\ y_m&=c_{m1}x_1+c_{m2}x_2+\cdots+c_{mn}x_n+d_{m1}u_1+d_{m2}u_2+\cdots+d_{mr}u_r\end{aligned}\right\}\tag{5.84}$$

因此，多输入-多输出系统状态空间表达式的向量矩阵形式为

$$\left.\begin{aligned}\dot{\boldsymbol{x}}&=\boldsymbol{A}\boldsymbol{x}+\boldsymbol{B}\boldsymbol{u}\\ \boldsymbol{y}&=\boldsymbol{C}\boldsymbol{x}+\boldsymbol{D}\boldsymbol{u}\end{aligned}\right\}\tag{5.85}$$

式中

$$\boldsymbol{x}=\begin{bmatrix}x_1&x_2&\cdots&x_n\end{bmatrix}^{\mathrm{T}}$$

为 n 维状态向量。

$$\boldsymbol{u}=\begin{bmatrix}u_1&u_2&\cdots&u_r\end{bmatrix}^{\mathrm{T}}$$

为 r 维输入向量。

$$\boldsymbol{y}=\begin{bmatrix}y_1&y_2&\cdots&y_m\end{bmatrix}^{\mathrm{T}}$$

为 m 维输出向量。

$$\boldsymbol{A}=\begin{bmatrix} a_{11} & a_{12} & \cdots & a_{1n} \\ a_{21} & a_{22} & \cdots & a_{2n} \\ \vdots & \vdots & & \vdots \\ a_{n1} & a_{n2} & \cdots & a_{nn} \end{bmatrix}$$

为 $n\times n$ 维状态矩阵,是系统内部状态的联系。

$$\boldsymbol{B}=\begin{bmatrix} b_{11} & b_{12} & \cdots & b_{1r} \\ b_{21} & b_{22} & \cdots & b_{2r} \\ \vdots & \vdots & & \vdots \\ b_{n1} & b_{n2} & \cdots & b_{nr} \end{bmatrix}$$

为 $n\times r$ 维输入矩阵。

$$\boldsymbol{C}=\begin{bmatrix} c_{11} & c_{12} & \cdots & c_{1n} \\ c_{21} & c_{22} & \cdots & c_{2n} \\ \vdots & \vdots & & \vdots \\ c_{m1} & c_{m2} & \cdots & c_{mn} \end{bmatrix}$$

为 $m\times n$ 维输出矩阵。

$$\boldsymbol{D}=\begin{bmatrix} d_{11} & d_{12} & \cdots & d_{1r} \\ d_{21} & d_{22} & \cdots & d_{2r} \\ \vdots & \vdots & & \vdots \\ d_{m1} & d_{m2} & \cdots & d_{mr} \end{bmatrix}$$

为 $m\times r$ 维直接传递矩阵。

若已知系统的状态空间模型,那么也可以求得它的传递函数(矩阵)。根据传递函数的定义,假设相应变量的初始条件为零。对式(5.85)两边进行拉普拉斯变换,有

$$\left.\begin{aligned} s\boldsymbol{X}(s)&=\boldsymbol{AX}(s)+\boldsymbol{BU}(s) \\ \boldsymbol{Y}(s)&=\boldsymbol{CX}(s)+\boldsymbol{DU}(s) \end{aligned}\right\} \tag{5.86}$$

从式(5.86)可解得

$$\left.\begin{aligned} \boldsymbol{X}(s)&=(s\boldsymbol{I}-\boldsymbol{A})^{-1}\boldsymbol{BU}(s) \\ \boldsymbol{Y}(s)&=[\boldsymbol{C}(s\boldsymbol{I}-\boldsymbol{A})^{-1}\boldsymbol{B}+\boldsymbol{D}]\boldsymbol{U}(s) \end{aligned}\right\} \tag{5.87}$$

因此,以 $\boldsymbol{U}(s)$ 为输入、以 $\boldsymbol{Y}(s)$ 为输出的传递函数矩阵为

$$\boldsymbol{G}(s)=\boldsymbol{C}(s\boldsymbol{I}-\boldsymbol{A})^{-1}\boldsymbol{B}+\boldsymbol{D} \tag{5.88}$$

5.2 线性系统的稳定性

稳定性是自动控制理论中的一个重要概念,是闭环控制系统的重要性能指标之一,用于描述控制系统在面对外界和内部扰动时是否能保持稳定。一个不稳定的闭环系统一般是没有实际价值的,因而在工程设计中,研究有助于分析和设计稳定系统的方法。本节主要讨论有界输入有界输出稳定性,即对于一个稳定的线性时不变系统,在有界输入的作用下,输出也应该是有界的。

5.2.1　稳定性的概念

控制系统的稳定性是其正常运行的首要条件，因为任何微小的扰动都有可能引起系统偏离原本的平衡状态，并在时间的推移下逐渐失去控制。在实际应用中，控制系统面临的扰动来源广泛，例如外部负载或能源的波动、系统参数的变化、环境条件的改变等。因此，分析控制系统的稳定性并提出保证系统稳定的措施，对于控制系统的设计和实际应用具有非常重要的意义。此外，稳定性也是实现控制目标的前提。例如，在飞机控制中，稳定性是确保飞机在飞行过程中不失速、不失控的关键。在工业生产控制中，稳定性是保证生产过程稳定运行、生产质量稳定的重要因素。许多物理系统有可能是开环不稳定的，甚至有些系统是故意设计成开环不稳定的。例如一些现代高机动性的战斗机会有意设计成开环不稳定或者稳定裕度较低，如果没有主动反馈控制协助飞行员，它们就无法飞行或难以正常飞行。工程师通过引入主动控制来稳定不稳定的飞机，从而保证飞机在系统稳定的同时，具有优秀的瞬态性能，主要是指飞机的机动性能。

稳定性包括绝对稳定性和相对稳定性。一个闭环系统要么稳定，要么不稳定，而绝对稳定性这一概念就是用于表征或者区分系统稳定或不稳定状态的，没有特殊说明，一般提及的稳定指的是绝对稳定。为了描述系统的稳定程度，引入相对稳定性的概念，对于线性时不变系统而言，系统的相对稳定性通常用稳定裕度进行定量衡量。正如稍后在本节中讨论的那样，可以通过确定所有传递函数极点位于左半 s 平面，或等效地系统矩阵 $\mathbf{A}$ 的所有特征值位于左半 s 平面中，来确定系统是稳定的(在绝对意义上)。假设所有极点(或特征值)都在左半 s 平面中，可以通过检查极点(或特征值)相对虚轴的位置来研究系统的相对稳定性。

线性时不变系统的稳定性仅取决于系统自身的固有特性，而与外界条件无关。设线性时不变系统在零初始条件下，受到一个单位脉冲信号 $\delta(t)$ 作用，系统的输出增量为脉冲响应 $k(t)$。也就是说系统在有界扰动信号作用下，输出信号偏离原平衡工作点，若 $t\to\infty$，脉冲响应满足

$$\lim_{t\to\infty} k(t)=0 \tag{5.89}$$

即输出增量收敛于原平衡工作点，则称系统是稳定的。若 $\lim\limits_{t\to\infty} k(t)\to\infty$，则表明系统不稳定；若脉冲响应 $k(t)$ 趋于常数，或趋于等幅振荡，这时系统不是稳定的，这种状态一般称为临界稳定。

对于稳定的线性时不变系统而言，当输入信号是有界函数时，由于系统响应过程中的动态分量随时间逐渐衰减至零，因此系统的输出必为有界函数。对于不稳定的线性时不变系统而言，在有界输入下，系统的输出信号随时间的推移而发散，但不意味着会无限增大，当系统的输出增大到一定程度时，受实际系统的机械制动装置限制，会导致系统破坏或进入非线性工作状态等。

5.2.2　Routh - Hurwitz 判据

Routh - Hurwitz 判据是一种常用的线性时不变系统稳定性分析方法，通过计算系统的特征方程的系数，判断系统的极点是否位于左半平面。它是由英国数学家 E. J. Routh 和德国数学家 A. Hurwitz 独立提出的。两人的方法各有特点，后来人们将两者结合起来，形成了

Routh - Hurwitz 判据。本节将详细介绍这一判据的原理和具体应用。

在介绍 Routh - Hurwitz 判据之前,先回顾一下系统的特征方程和极点的定义。对于线性时不变系统,其传递函数可以表示为

$$G(s)=\frac{Y(s)}{U(s)}=\frac{b_0s^m+b_1s^{m-1}+\cdots+b_{m-1}s+b_m}{a_0s^n+a_1s^{n-1}+\cdots+a_{n-1}s+a_n} \tag{5.90}$$

系统的特征方程是系统传递函数中的分母多项式方程,即

$$a_0s^n+a_1s^{n-1}+\cdots+a_{n-1}s+a_n=0 \tag{5.91}$$

特征方程的根被称为系统的极点,也叫特征根或本征值。系统的稳定性与其特征方程的极点有关。具体来说,系统是渐进稳定的当且仅当特征方程的所有根(极点)的实部都小于零。如果特征方程的任意一个根的实部大于或等于零,则系统不是渐进稳定的。如果特征方程的所有根的实部都小于等于零,但有一个或多个根的实部为零,则需要进一步分析,以确定系统是否渐进稳定。

总之,系统的稳定性的充分必要条件是特征方程的所有根(极点)都具有负实部。这个条件可以使用 Routh - Hurwitz 判据进行判断。

(1) Hurwitz 判据

对于式(5.91)的线性系统特征方程的一般形式,系统的首项系数 $a_0>0$,则使线性系统稳定的必要条件是:特征方程各项系数为正数。

上述判断稳定性的必要条件是容易证明的,根据代数方程的基本理论,下列关系式成立:

$$\left.\begin{aligned}&\frac{a_1}{a_0}=-\sum_{i=1}^{n}s_i,\qquad \frac{a_2}{a_0}=-\sum_{\substack{i,j=1\\i\neq j}}^{n}s_is_j\\&\frac{a_3}{a_0}=-\sum_{\substack{i,j,k=1\\i\neq j\neq k}}^{n}s_is_js_k,\cdots,\frac{a_n}{a_0}=(-1)^n\prod_{i=1}^{n}s_i\end{aligned}\right\} \tag{5.92}$$

式中 s_i,s_j,s_k 表示系统特征方程的根。在上述关系式中,所有系数比值必须全部大于零,否则系统至少有一个正实部根。然而这一条件是不充分的,因为各项系数为正数的系统特征方程完全可能拥有正实部根。

根据 Hurwitz 判据,线性系统稳定的充分必要条件为:特征方程的各阶 Hurwitz 行列式 $D_k\,(k=1,2,3,\cdots,n)$ 全部为正数,即

$$\left.\begin{aligned}&D_1=a_1>0,D_2=\begin{vmatrix}a_1&a_3\\a_0&a_2\end{vmatrix}>0,D_3=\begin{vmatrix}a_1&a_3&a_5\\a_0&a_2&a_4\\0&a_1&a_3\end{vmatrix}>0\\&D_n=\begin{vmatrix}a_1&a_3&a_5&\cdots&0\\a_0&a_2&a_4&\cdots&0\\0&a_1&a_3&\cdots&0\\0&a_0&a_2&\cdots&0\\0&0&a_1&\cdots&0\\\vdots&\vdots&\vdots&&\vdots\\0&0&0&\cdots&a_n\end{vmatrix}>0\end{aligned}\right\} \tag{5.93}$$

式中，脚注大于 n 的系数或负脚注系数，均以零代之。

对于 $n\leqslant 4$ 的线性系统，其稳定性的充分必要条件还可以表示为如下简单形式：

$n=2$：特征方程的各项系数为正。

$n=3$：特征方程的各项系数为正，且 $a_1a_2-a_0a_3>0$。

$n=4$：特征方程的各项系数为正，且 $a_1a_2-a_0a_3>0$，以及 $D_2>a_1^2a_4/a_3$。

当系统特征方程的阶次较高时，应用 Hurwitz 判据的计算工作量大。已经证明：在特征方程所有系数为正的条件下，若所有奇次顺序 Hurwitz 行列式为正，则所有偶次顺序 Hurwitz 行列式也必为正，反之亦然。

(2) Routh 判据

Routh 判据为表格形式，如表 5.2 所列，该表格前两行由系统特征方程的系数直接构成。表格第一行由特征方程的第 1、3、5…项系数组成，第二行由特征方程的第 2、4、6…项系数组成。表中的各项数值，凡在运算过程中出现空位的，均置为零，这种过程一直进行到第 n 行为止，第 $n+1$ 行仅第一列有值，且正好等于特征方程最后一项系数 a_n。表中系数呈上三角形。

表 5.2　Routh 表

s^n	a_0	a_2	a_4	a_6	…
s^{n-1}	a_1	a_3	a_5	a_7	…
s^{n-2}	$c_{13}=\dfrac{a_1a_2-a_0a_3}{a_1}$	$c_{23}=\dfrac{a_1a_4-a_0a_5}{a_1}$	$c_{33}=\dfrac{a_1a_6-a_0a_7}{a_1}$	c_{43}	…
s^{n-3}	$c_{14}=\dfrac{c_{13}a_3-a_1c_{23}}{c_{13}}$	$c_{24}=\dfrac{c_{13}a_5-a_1c_{33}}{c_{13}}$	$c_{34}=\dfrac{c_{13}a_7-a_1c_{43}}{c_{13}}$	c_{44}	…
s^{n-4}	$c_{15}=\dfrac{c_{14}c_{23}-c_{13}c_{24}}{c_{14}}$	$c_{25}=\dfrac{c_{14}c_{33}-c_{13}c_{34}}{c_{14}}$	$c_{35}=\dfrac{c_{14}c_{43}-c_{13}c_{44}}{c_{14}}$	c_{45}	…
	⋮	⋮			
s^2	$c_{1,n-1}$	$c_{2,n-1}$			
s^1	$c_{1,n}$				
s^0	$c_{1,n+1}=a_n$				

按照 Routh 判据，线性系统稳定的充分必要条件是 Routh 表中的第一列各值为正。如果 Routh 表中第一列出现小于零的数值，系统就不稳定，且第一列各系数符号的改变次数代表特征方程的正实部根的数目。

Routh 判据与 Hurwitz 判据实质上是相同的，显然，Routh 表中第一列各数与各 Hurwitz 行列式之间存在如下关系：$a_1=D_1$，$c_{13}=D_2/D_1$，$c_{14}=D_3/D_2$，$c_{15}=D_4/D_3$，…，$c_{1,n}=D_{n-1}/D_{n-2}$，$c_{1,n+1}=D_n/D_{n-1}$。因此，在 $a_0>0$ 的情况下，如果所有的 Hurwitz 行列式为正，则 Routh 表中第一列的所有元素必大于零。

当应用 Routh 判据分析线性系统的稳定性时，有时会遇到两种特殊情况，使得 Routh 表中的计算无法进行到底，因此需要进行相应的数学处理，处理的原则是不影响 Routh 判据的判别结果。

第一种情况：Routh 表中某行的第一列项为零，其余各项不为零，或不全为零。此时，计算 Routh 表下一行的第一个元素时，将出现无穷大，使得 Routh 判据的运用失效。为了克服这种困难，可以用因子 $(s+a)$ 乘以原特征方程，其中 a 可以是任意正数，再对新的特征方程应用

Routh 判据,可以防止上述特殊情况的出现。

第二种情况:Routh 表中出现全零行。这种情况表明特征方程中存在一些绝对值相同但符号相异的特征根。当出现这种情况时,可用全零行上面一行的系数构造一个辅助方程 $F(s)=0$,并将辅助方程对复变量 s 求导,用所得导数方程的系数取代全零行的元素,便可按照 Routh 判据的要求继续运算下去,直到得出完整的 Routh 表。

在线性控制系统中,Routh 判据主要用于判断系统的稳定性。如果系统不稳定,则这种判据并不能直接给出使系统稳定的方法;如果系统稳定,则 Routh 判据也不能保证系统具备满意的动态性能。也就是说,Routh 判据不能表明系统特征根在 s 平面上相对虚轴的距离。若系统特征方程的负实部特征根靠近虚轴,则系统动态过程将具有缓慢的非周期特性或强烈的振荡特性。为了使稳定系统具有良好的动态响应,常常希望在 s 左半平面上系统特征根的位置与虚轴之间有一定的距离。为此,可以在 s 左半平面上做一条 $s=-a$ 的垂线,而 a 是系统特征根位置与虚轴之间的最小给定距离,通常称为给定稳定度,然后用新变量 $s_1=s+a$ 代入原系统特征方程,得到一个以 s_1 为变量的新特征方程,对新特征方程应用 Routh 判据,可以判别系统的特征根是否全部位于 $s=-a$ 垂线之左。

5.2.3 频域稳定性判据

系统的频率响应描述了系统对正弦输入的稳态响应,它所包含的信息足以确定系统的相对稳定性。用不同频率的正弦信号激励系统,可以方便地得到系统的频率响应,因此,频率响应法是一种基于试验的系统分析方法,适用于分析含有未知参数的系统的稳定性,这是频率响应法的一个突出优点。此外,根据频率域内的稳定性判据,还能方便地调整系统参数,从而提高系统的相对稳定性。

早在 1932 年,H. Nyquist 就提出了频率域内的稳定性判据,Nyquist 稳定性判据是研究线性控制系统相对稳定性的基本方法,它的理论基础是复变函数理论中的 Cauchy 定理。为了研究闭环控制系统的稳定性,本节考察闭环系统特征方程的根,即 $F(s)=0$,对于负反馈系统,其一般形式为

$$F(s)=1+L(s)=\frac{K\prod_{i=1}^{n}(s+s_i)}{\prod_{k=1}^{m}(s+s_k)}=0 \tag{5.94}$$

其中,$L(s)$是开环传递函数,是 s 的有理分式。

闭环系统稳定的充分必要条件是 $F(s)$所有的零点都处在 s 左半平面。也就是说,稳定系统的特征根应该全部处在 jω 虚轴的左侧。为了在频域内验证系统的稳定性,Nyquist 将 s 平面闭合曲线 Γ_s 取成包围整个 s 右半平面的曲线,并根据 Γ_s 是否包围 $F(s)$的零点来判断系统的稳定性。曲线 Γ_s 如图 5.24 所示,从中可以看出,它包含了从 $-\mathrm{j}\infty$到$+\mathrm{j}\infty$的整个虚轴,以及半径为 $r\to\infty$的半圆周,其虚轴部分就是通常意义下的频率特性函数 $F(\mathrm{j}\omega)$。通常将这种半圆式封闭曲线 Γ_s 称为 Nyquist 曲线。

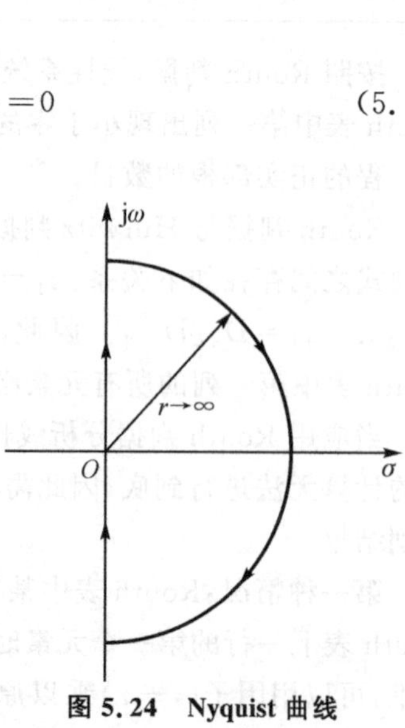

图 5.24 Nyquist 曲线

再由 Cauchy 定理可知，映射到 $F(s)$ 平面上的曲线 Γ_F 包围原点的周数部分地反映了 s 平面上 Γ_s 包围 $F(s)$ 的零点的个数，于是，在画出映射曲线 Γ_F 之后，就可以得到 Γ_s 包围 $F(s)$ 的零点(即系统的不稳定特征根)的个数：

$$Z = N + P \tag{5.95}$$

式中，Z 是 Γ_s 包围 $F(s)$ 的零点个数；P 是 Γ_s 包围 $F(s)$ 的极点个数；N 是 Γ_F 包围原点的周数。

若 $P=0$，则 Γ_F 包围原点的周数(N)就等于系统不稳定特征根的个数(Z)。可见，根据 Γ_F 包围原点的周数，可以判定系统的稳定性，这也正是 Nyquist 稳定性判据的基本思路。

等价地，可以将映射函数定义为

$$L(s) = F(s) - 1 \tag{5.96}$$

从而将关注对象变成基于函数 $L(s)$ 的围线映射。因为 $L(s)$ 是闭环反馈系统的开环传递函数，本身就具有因式乘积的形式，因此，可以用开环传递函数研究闭环系统的稳定性，更加直接简便地运用 Nyquist 判据。

当考虑基于函数 $L(s)$ 的围线映射时，s 平面上 Nyquist 围线 Γ_s 被映射到了 $L(s)$ 平面，而 $F(s)$ 平面上的映射曲线按逆时针方向包围原点的圈数，也就等效成为 $L(s)$ 平面上映射曲线按逆时针方向包围$(-1,\mathrm{j}0)$的周数。因此，Nyquist 稳定性判据可以表述如下：

当开环传递函数 $L(s)$ 在 s 右平面内没有极点时，闭环反馈控制系统稳定的充分必要条件是 $L(s)$ 平面上的映射围线(Nyquist 曲线)不包围$(-1,\mathrm{j}0)$点。在实际分析中，可以只绘制频率由 0 到∞的开环 Nyquist 曲线，如果不包围$(-1,\mathrm{j}0)$点，则系统是稳定的，否则系统不稳定。

如果 $L(s)$ 在 s 右平面内有极点，则 Nyquist 稳定性判据又可一般地表述为：闭环反馈控制系统稳定的充分必要条件是 $L(s)$ 平面上的映射围线沿逆时针方向包围$(-1,\mathrm{j}0)$点的周数等于 $L(s)$ 在 s 右平面内极点的个数。

系统相对稳定性的重要指标是稳定裕度，是衡量一个闭环控制系统稳定程度的性能指标，常用的有幅值裕度 M 和相位裕度 ϕ，表示系统距离临界点(等幅振荡)的远近程度，如图 5.25 所示。

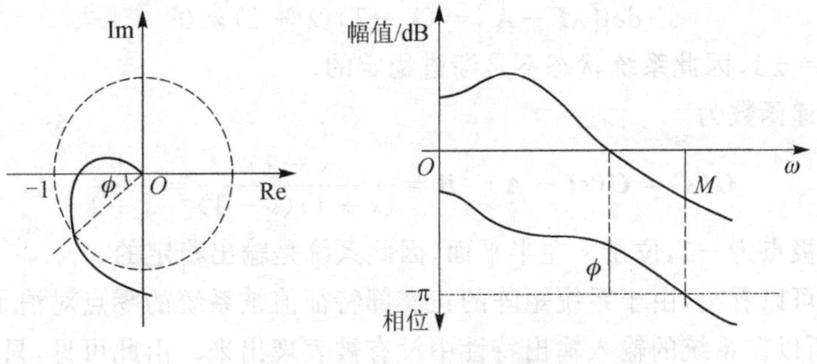

图 5.25 稳定裕度示意图

幅值裕度 M，即开环 Nyquist 曲线与负实轴相交点模值的倒数，一般取分贝(dB)作单位，在 Bode 图上，相当于相位为 $-\pi$ 时，幅值的绝对值：

$$M = 20\lg \frac{1}{|L(\mathrm{j}\omega)|} \tag{5.97}$$

相位裕度 ϕ，即开环 Nyquist 曲线上模值等于 1 的矢量与负实轴的夹角，在 Bode 图上，相当于幅值裕度为零时的相位与$-\pi$的差值。

与开环 Nyquist 图相比，Bode 图是更加便利的图示工具，在明确了相应的临界稳定特征之后，利用 Bode 图可以方便地估计系统的相对稳定性指标。

5.2.4 状态空间模型的稳定性判据

线性时不变系统状态空间方程为

$$\left.\begin{aligned}\dot{\boldsymbol{x}} &= \boldsymbol{A}\boldsymbol{x} + \boldsymbol{B}\boldsymbol{u} \\ \boldsymbol{y} &= \boldsymbol{C}\boldsymbol{x}\end{aligned}\right\} \tag{5.98}$$

对任意的$\boldsymbol{x}(0)$，均有$\lim\limits_{t\to\infty}\boldsymbol{x}(t)=\boldsymbol{x}_e$，则称该系统对平衡状态$\boldsymbol{x}_e$是渐近稳定的，也称为状态稳定性，或内部稳定性。系统平衡状态渐进稳定的充分必要条件是矩阵$\boldsymbol{A}$的所有特征值均具有负实部，即

$$\mathrm{Re}[\lambda_i(\boldsymbol{A})] < 0, \quad i=1,2,\cdots,n \tag{5.99}$$

对于气动弹性稳定性中的颤振问题，一般可将弹性结构和非定常气动力耦合系统写成状态空间形式$\dot{\boldsymbol{x}}=\boldsymbol{A}\boldsymbol{x}$，进而通过系统矩阵$\boldsymbol{A}$的特征值来判断稳定性。

从工程意义上看，有时候需要研究系统的输出稳定性，也称为有界输入、有界输出稳定(BIBO 稳定)，即对任意有界的$\boldsymbol{x}(0)$，系统对有界输入$\boldsymbol{u}$所引起的输出$\boldsymbol{y}$是有界的。线性时不变系统输出稳定的充分必要条件是其传递函数：

$$\boldsymbol{G}(s)=\boldsymbol{C}(s\boldsymbol{I}-\boldsymbol{A})^{-1}\boldsymbol{B} \tag{5.100}$$

的极点全部位于s左半平面。

系统状态稳定性与输出稳定性有时候并不一致，例如：设系统的状态空间表达式为

$$\dot{\boldsymbol{x}} = \begin{bmatrix} -1 & 0 \\ 0 & 1 \end{bmatrix}\boldsymbol{x} + \begin{bmatrix} 1 \\ 1 \end{bmatrix}\boldsymbol{u}$$

$$\boldsymbol{y} = \begin{bmatrix} 1 & 0 \end{bmatrix}\boldsymbol{x}$$

系统矩阵$\boldsymbol{A}$的特征方程：

$$\det[\lambda\boldsymbol{I}-\boldsymbol{A}]=(\lambda+1)(\lambda-1)=0$$

可得特征值$\lambda_{1,2}=\pm 1$，因此系统状态不是渐进稳定的。

而系统的传递函数为

$$\boldsymbol{G}(s)=\boldsymbol{C}(s\boldsymbol{I}-\boldsymbol{A})^{-1}\boldsymbol{B}=\frac{(s-1)}{(s+1)(s-1)}=\frac{1}{s+1}$$

由于传递函数的极点为-1，位于s左半平面，因此系统是输出稳定的。

从这个例子可以看出，由于系统矩阵的正实部特征值被系统的零点对消了，也就是存在零极点对消现象，所以在系统的输入输出特性中没有被表现出来。由此可见，只有当传递函数中不存在零极点对消现象，即状态矩阵的特征值与传递函数的极点相同，此时系统的状态稳定性才与输出稳定性相一致。

思考与练习

5.1 如题图 5.1 所示，一个悬臂弹簧的一个端点连接在一个阻尼器上，另一个端点可以在一个

直杆上做滑动运动。阻尼器上的那一端点的位置用 $y(t)$ 来表示，滑动端点的位置用 $x(t)$ 来表示，弹簧常数为 k，阻尼器的阻尼系数为 c。假设 $x(t)$ 的运动已知，并假定运动的加速度相当小，忽略惯性力的影响，初始条件是 $y(0)=y_0$，试推导：① 初始条件下的输出；② 以 $x(t)$ 作为输入量，$y(t)$ 作为输出量的系统传递函数。

5.2 采用机械加速度计测量悬浮试验平台的加速度，如题图 5.2 所示。测试平台在导轨上方悬浮一小段距离 δ。加速度计可以看作是一个弹簧阻尼系统，其中质量块的质量为 m，弹簧系数为 k，阻尼系数为 c，用于测量平台加速度 $a(t)$。目标是设计一个具有适当动态响应能力的加速度计。试推导加速度计的响应与质量块质量 m、弹簧系数 k、阻尼系数 c、外部输入的关系，响应和加速度成正比 $y(t)=qa(t)$。考虑初始状态 $y(0)=-1,\dot{y}(0)=2$。

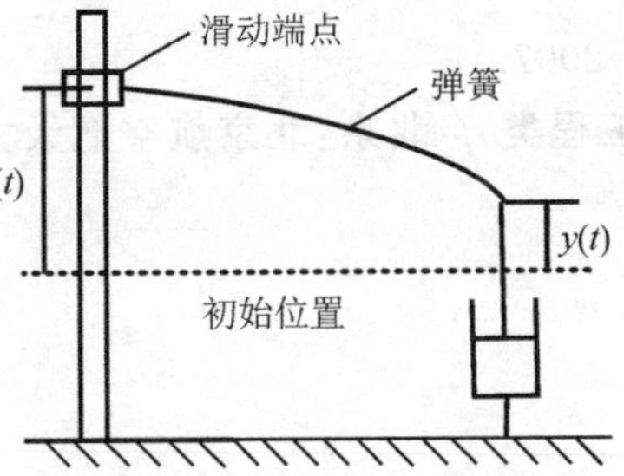

题图 5.1　悬臂弹簧示意图

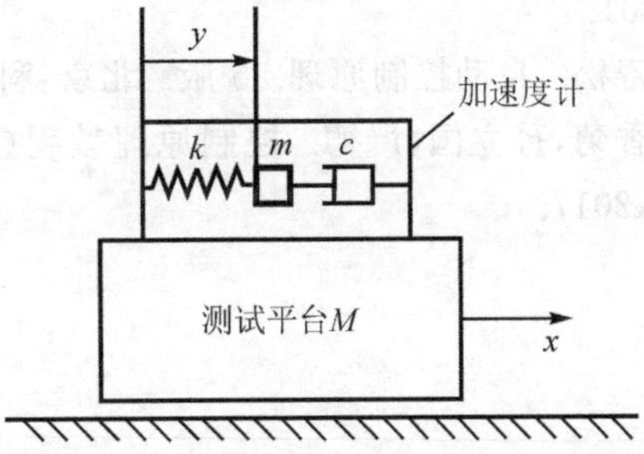

题图 5.2　测量悬浮试验平台加速度示意图

5.3 题图 5.3 所示的倒立摆装置，包含一个小车和一个用铰链安装在小车上的摆杆。由于小车在水平方向可适当移动，因此可以通过控制小车的移动使摆杆维持直立不倒。设小车和摆杆的质量分别为 M 和 m，摆杆长度为 $2l$，且重心位于几何中点 l 处，摆杆与小车接合部位的水平受力为 V，垂直受力为 H，摆杆转动惯量为 J，摆杆转动阻尼系数为 B_1，小车水平方向受力为 u，小车水平运动阻尼系数为 B_2。以 u 作为控制输入，以小车位移 z、小车速度 $\dot{z}$、摆杆偏角 θ、摆杆角速度 $\dot{\theta}$ 为状态变量，以小车位移 z 和摆杆偏角 θ 作为输出变量，试写出该装置的状态空间表达式。

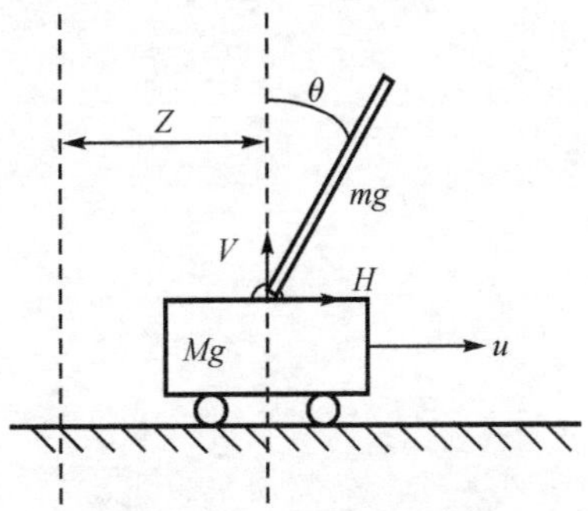

题图 5.3　倒立摆装置

5.4 电磁式激振器是地面振动试验中常用的激励设备，是一种能把电能转换成机械能的加载装置。一般而言，可将激振器视为一个质量-弹簧-阻尼系统，输入给激振器的电压信号 u，通过电磁转换为作用在激振器动圈上的洛伦兹力 F，而实际作用在试件上的力 f 与激振器及试件的动力学特性均有关。假设激振器动圈上的力 F 与输入电压 u 成正比，即 $F=ku$，把激振器和试件均视为质量-弹簧-阻尼系统。仅考虑一台激振器作用于试件，试推导实际作用在试件上的力 f 与激振器输入电压 u 的关系。

本章参考文献

[1] 程鹏，王艳东. 现代控制理论基础. 2版. 北京:北京航空航天大学出版社，2010.
[2] 刘豹，唐万生. 现代控制理论. 3版. 北京:机械工业出版社，2006.
[3] 孟庆明. 自动控制原理(非自动化类). 2版. 北京:高等教育出版社，2003.
[4] 钱学森，戴汝为，何善. 工程控制论(新世纪版). 上海:上海交通大学出版社，2007.
[5] 龙昌德，阙志宏，杜继宏. 现代控制理论基础例题与习题. 西安:西安电子科技大学出版社，1991.
[6] Dorf R C，Bishop R H. Modern Control Systems. Upper Saddle River: Prentice Hall，2001.
[7] 胡寿松. 自动控制原理. 5版. 北京:科学出版社，2007.
[8] 屈香菊，孙立国，严德. 控制原理教程(航空宇航工程类). 北京:北京航空航天大学出版社，2017.

第2部分　理论方法篇

第6章　非定常气动力分析方法

飞行器气动弹性现象分为气动弹性静力学和气动弹性动力学两方面，分别涉及定常气动力和非定常气动力。本章主要涉及非定常气动力，偏重分析方法及实用性。对非定常气动力理论有更深需求的读者可以参看相关书籍。

非定常气动力是气动弹性动力学计算与分析的重要部分，而气动弹性动力学中的非定常气动力不同于刚体运动（如飞行器机动、气流分离、叶片旋转等）带来的非定常气动力，更多体现了与结构耦合的特点，在发展历史和理论方法上自成一脉。

第2章已经介绍了定常与非定常气动力共同的理论基础，从理想气体的 Navier Stokes 方程（简称 N－S 方程）入手，引入理想气体假设，导出欧拉方程；再引入无旋假设，导出全速势方程；引入小扰动假设，导出小扰动方程。本章在此基础上介绍线性非定常气动力的理论基础，包括非定常小扰动速度势方程及其基本求解思路、亚/超声速偶极子格网法基本特点；还介绍了几种常见的准定常气动力理论、经典二元翼型非定常气动力理论、线性非定常气动力的时域建模方法。简要介绍非线性非定常方程的求解特点。另外，第2章中已经简要介绍了高超声速气动力方法的特点，它是定常和非定常气动力分析均需要考虑的，本章不再赘述。这些气动力分析方法可为后续章节的颤振、气动弹性动力响应、气动伺服弹性等气动弹性动力学问题论述提供支持。

与定常气动力一样需要指出，二维翼型非定常气动力特性是三维翼面非定常气动力分析的基础。本书涉及的翼型和翼面以薄翼型为主，适合线性理论和方法的应用，也是飞行器工程实践中经常采用的方法。

6.1　非定常气动力分析方法概述

非定常气动力理论与计算方法是气动弹性领域非常活跃的分支，与飞行器发展和气动弹性发展密切相关，不同于刚体运动的非定常气动力，与结构弹性振动密切相关并耦合，频率较高，呈现的分布式、连续的时域变化。非定常气动力计算方法的发展，取决于飞行器研制需求和计算机能力。非定常气动力的理论基础应当说早已形成，但真正形成可供工程应用的计算方法，则取决于计算机的发展。

在临界稳定点（颤振临界点）上，结构的运动是谐振荡形式；在阵风响应、抖振响应等其他条件下，运动都是非谐振荡形式。非定常气动力的计算需要考虑这两种形式。可以用非谐振荡运动的非定常气动力计算方法覆盖谐振荡运动，但由于计算的复杂性，首先发展起来用于工程计算的是谐振荡运动的非定常气动力计算，有时也称之为频域计算方法，它至今仍是颤振工程设计中的主导方法。

1. 线化理论

20世纪30年代,飞机的发展对颤振设计有需求,那时的飞机飞行速度不高,都是大展弦比平直翼面,于是首先发展起来的是基于线化理论二维不可压非定常气动力计算方法(如著名的Theodorson方法、Küssner方法、Grossman方法等)。1934年,T. Theodorson提出了翼面、操纵面组合的二维不可压流谐振荡完全非定常气动力理论,建立了解析法精确求解二维翼面低速颤振问题的有效方法;受计算能力限制,虽然当时已经把不同频率下的气动力系数演算成现成可查的表格,但当时仍认为这种随频率变化的非定常气动力用起来太烦琐。于是又发展了一批随频率变化的简化方法,如英国的古典方法、苏联的Grossman方法,将其用于颤振计算,有时称之为准定常气动力计算方法。同时,也建立了可用于非谐振荡运动的二维不可压流计算方法。

随着飞机飞行速度的提高,基于线化理论的二维亚声速非定常气动力计算方法在20世纪40年代相继问世。因为计算能力的限制,这些方法没有得到广泛应用,设计师们还是采用二维不可压流的非定常气动力方法计算亚声速颤振,好在亚声速时空气压缩性影响较小。

差不多同一时期,还发展了基于线化理论的二维超声速非定常气动力计算方法。由于超声速飞机都只是中小展弦比翼面,难以使用二维非定常气动力理论,因此这些方法并没有得到实际应用。

进入20世纪50年代以后,随着跨声速、超声速飞机设计需求的发展和电子计算机的投入使用,基于线化理论的三维非定常气动力计算逐渐发展起来。20世纪50年代中期,Watkings等人提出了著名的计算亚声速三维谐振荡非定常气动力的核函数法,使三维亚声速非定常气动力计算进入了工程应用。20世纪60年代末,Albano等人提出了计算亚声速三维谐振荡非定常气动力的偶极子网格法。基于线化理论的三维超声速谐振荡非定常气动力计算方法也建立起来;与亚声速核函数、偶极子网格法不同,其在超声速领域方法较多,各方法的计算精度和效率均没有明显的优势,形成并存的局面,也逐渐向多翼多体方向发展。

计算三维谐振荡非定常气动力的亚、超声速偶极子网格法和核函数法属于线性频域方法,在20世纪80年代逐渐完善起来,特别是偶极子网格法,可以处理任意外形的多翼多体组合,并形成了商业化的计算软件(如MSC. NASTRAN、ZAERO等),已被国内外航空航天气动弹性设计部门广泛采用。这种方法由于采用叠加理论,只需在翼面上划分网格,不需空间生成计算网格,且在频域内求解,计算速度很快,计算能力的条件要求不高,计算结果与风洞试验、飞行试验符合良好,计算精度满足工程需求。目前线性频域方法仍然是飞行器气动弹性工程分析的主导方法,该方法可能还要主导相当长的时间。现有的国内外飞行器气动弹性相关的设计规范、适航条例也是主要基于线化理论,并在大量实际飞行试验基础上建立起来的。

基于线化理论的三维亚、超声速非谐振荡非定常气动力计算方法也随之发展,如Green函数法。当然,其成熟程度还远赶不上谐振荡运动的非定常计算方法。

2. 非线性理论

线性化理论只能用于低速、亚声速、超声速等范围的小迎角、小变形、小扰动情况,但对于跨声速、大迎角等复杂流动情况,流动本身非线性特征明显,即使采用小扰动假设,流体控制方程也不能线化,需要采用非线性时域的计算方法。

早在 20 世纪 50 年代，跨声速飞行就已成为现实。但是，由于计算能力的限制，长期以来，飞机设计中不得不采用线化理论从亚声速和超声速两边向跨声速范围“逼近”，且需再加上大量的跨声速风洞试验验证。

20 世纪 70 年代，计算能力迅速提高，使跨声速非定常气动力的计算有了可能，跨声速非定常气动力的计算方法研究较多，计算对象由二维向三维发展，频率范围由低频向中频发展，由简单平面形状向任意平面形状发展，由单个翼面向多个翼面、翼面组合体、整机发展。到目前为止，国内外基于非线性理论（如小扰动非线性方程、全速势方程、欧拉方程和 N－S 方程）的计算非定常气动力的方法还在开展大量的研究。

非线性、非定常气动力计算方法属于直接采用计算流体力学（简称 CFD）的时域方法，相对线性频域方法而言，需要划分空间网格，计算收敛时间长，计算结果不稳定，但目前还没有形成统一的理论和方法，工程应用不是很成熟。

3. 非定常气动力近似方法

在气动弹性领域的非定常气动力近似方法，一般来说有两类，一类是基于频域线性非定常气动力近似，一类是基于时域非线性非定常气动力近似。

基于频域线性非定常气动力近似方法，主要用于复杂系统气动伺服弹性问题，始于 20 世纪 80 年代。频域非定常气动力计算得到的是对应于离散的减缩频率的复数形式的气动力系数矩阵。为建立气动弹性系统的时域模型，首先需要将气动力从频域转化到时域空间，采用非定常气动力有理函数拟合技术使之延拓到拉普拉斯域。以 Karpel 的有理函数拟合为代表，在频域非定常气动力求解的基础上，发展了最小二乘法（也称 Roger 法）、矩阵 Padé 法、最小状态（MS）法等，还有后来发展的不采用气动力有理函数拟合方法的拟合状态空间法。线性非定常气动力近似方法可以便于非定常气动力与控制系统的联合分析、设计和实现，主要用于亚声速、超声速等范围的气动伺服弹性稳定性、气动弹性主动抑制等问题的分析。

基于时域非线性非定常近似方法，是 21 世纪兴起的非定常气动力近似方法，它以 CFD/CSD 耦合求解 N－S 方程、欧拉方程为基础，对时域气动力进行辨识，得到所需要的线性、非线性等形式，然后采用线性分析手段进行颤振等气动弹性问题求解，主要用于跨声速、大迎角情况的气动弹性分析，这是降低非线性、非定常时域方法的计算量，并逐步向工程应用发展的一种途径。

6.2　非定常线性小扰动速度势方程

6.2.1　小扰动假设

速度势方程（2.13）仍然是非定常、非线性的偏微分方程，数学上很难处理，直接求解仍然是复杂的，需要进一步简化。对于飞行器颤振等动气动弹性计算来说，需要计算非定常气动力的许多种情况，而多数情况（如经典颤振、阵风响应等），其结构运动是在静变形基础上的微幅振动，迎角不大，因此由结构非定常运动导致的气流扰动，相对远前方均匀来流速度是小量，因此可以使用小扰动假设。也就是说，引入小扰动假设，是符合实际飞行中流动物理现象的假设，不是纯粹的数学假设；而当物理现象不符合小扰动实际时，如大迎角的情况，就不能引入小扰动假设。

飞行器在大气中飞行时,大气扰动和结构运动等均可以引起气流的扰动。针对气动弹性动力学的小扰动假设,要求:气流扰动速度与远前方均匀来流的速度相比是小量,扰动压力与远前方均匀来流的压力相比是小量。引入小扰动假设后,小扰动量二阶以上(含)可以忽略,方程进一步得到简化,绝大部分问题可以近似变成线化问题处理,因此小扰动假设从理论上和应用上都有重大意义。在航空航天工程中,飞行器往往是薄翼物体或细长体、小迎角或小侧滑角,结构振动幅度小,大气扰动相对幅度小,所以可以认为它们对均匀流场的扰动是很小的,是符合小扰动假设的。

三个坐标方向的气流扰动速度描述为

$$\bar{u},\bar{v},\bar{w} \ll U_\infty$$

引入小扰动速度势

$$\phi = \Phi - U_\infty x \tag{6.1}$$

则扰动速度作为小量,可表示为

$$\left.\begin{aligned} \bar{u} &= \frac{\partial \phi}{\partial x} = u - U_\infty \\ \bar{v} &= \frac{\partial \phi}{\partial y} \\ \bar{w} &= \frac{\partial \phi}{\partial z} \end{aligned}\right\} \tag{6.2}$$

由流场中物理量变化的连续性要求可知,扰动速度对坐标分量的导数也应是小扰动量。

6.2.2 小扰动速度势方程

引入小扰动假设后,对式(2.13)进行处理,忽略小扰动量的二阶以上小量,可以得到当来流马赫数不接近1时的线化小扰动速度势方程(详细推导过程可以参考相关空气动力学基础方面的教材)。

$$(Ma_\infty^2 - 1)\frac{\partial^2 \phi}{\partial^2 x} - \frac{\partial^2 \phi}{\partial^2 y} - \frac{\partial^2 \phi}{\partial^2 z} + \frac{2Ma_\infty}{a_\infty}\frac{\partial^2 \phi}{\partial x \partial t} + \frac{1}{a_\infty^2}\frac{\partial^2 \phi}{\partial^2 t} = 0 \tag{6.3}$$

式(6.3)是线性偏微分方程,适用于低速、亚声速、超声速的情况,是目前气动弹性工程领域线性非定常气动力计算方法的理论基础。在给定时刻,该方程只有小扰动速度势 ϕ 一个变量,方程已经大大简化。总结得到该方程所做的假设,它们是无黏、无热传导、等熵、无旋、小扰动、薄翼、小迎角。要注意到该方程仍有局限性,适用于来流马赫数小于5但不接近1的情况,即不适用于跨声速和高超声速的情况,在物体驻点附近也不适用。

忽略式(6.3)中的时间相关项,可以求解定常气动力问题。对于不可压(即低速)的情况,声速趋于无穷大,马赫数趋于零,方程(6.3)成为

$$\frac{\partial^2 \phi}{\partial^2 x} + \frac{\partial^2 \phi}{\partial^2 y} + \frac{\partial^2 \phi}{\partial^2 z} = 0 \tag{6.4}$$

上式具有普遍意义,不论流动是定常还是非定常,也不论流场扰动大小,都是适用的;它是不可压三维非定常流的基本方程。由于该方程是线性的,所以不可压缩的流动问题在数学上比较简单,而且不可压情况的计算结果往往是开展可压缩情况分析的基础,应特别引起注意。

对于跨声速的情况(即马赫数接近1),对式(2.13)的处理中有些项不能忽略,需要保留,得到跨声速小扰动速度势方程

$$(Ma_{\infty}^2-1)\frac{\partial^2\phi}{\partial^2 x}-\frac{\partial^2\phi}{\partial^2 y}-\frac{\partial^2\phi}{\partial^2 z}+\frac{2Ma_{\infty}}{a_{\infty}}\frac{\partial^2\phi}{\partial x\partial t}+\frac{1}{a_{\infty}^2}\frac{\partial^2\phi}{\partial^2 t}=-\frac{Ma_{\infty}(\gamma+1)}{a_{\infty}}\frac{\partial\phi}{\partial x}\frac{\partial^2\phi}{\partial^2 x} \tag{6.5}$$

该方程中等号右端项是一个非线性项，因此该方程是非线性偏微分方程。可见，对于跨声速这种非线性特征明显的物理现象，即使引入小扰动假设，方程仍不能线化。

6.2.3　压强系数

在方程(2.18)中同样引入小扰动假设和小扰动速度势，并略去二阶以上的小量，则得到压强系数的线化表达式

$$c_p=-\frac{2}{U_{\infty}^2}\left(\frac{\partial\phi}{\partial t}+U_{\infty}\frac{\partial\phi}{\partial x}\right) \tag{6.6}$$

6.2.4　边界条件

小扰动条件下，物面是薄翼和小迎角。对于扁平翼面，按照图 2.1 所示的坐标系，z 轴方向接近物面法向方向 n，因此有

$$\left|\frac{\partial S}{\partial x}\right|\approx\left|\frac{\partial S}{\partial y}\right|\ll\left|\frac{\partial S}{\partial z}\right|\approx\left|\frac{\partial S}{\partial n}\right|$$

针对方程(2.17)描述的物面边界条件，同样引入小扰动假设

$$\frac{\partial S}{\partial t}+U_{\infty}\frac{\partial S}{\partial x}+\frac{\partial\phi}{\partial x}\frac{\partial S}{\partial x}+\frac{\partial\phi}{\partial y}\frac{\partial S}{\partial y}+\frac{\partial\phi}{\partial z}\frac{\partial S}{\partial z}=0$$

忽略二阶以上的小量，物面法向速度的线性化表达式为

$$w_n=\frac{\partial S}{\partial t}+U_{\infty}\frac{\partial S}{\partial x} \tag{6.7}$$

若近似认为物面可考虑成平面，则物面条件在 xOy 平面处满足，有物面法向速度的线性化表达式

$$w_n\big|_{z=0}=\frac{\partial\phi}{\partial z}\bigg|_{z=0}=\frac{\partial S}{\partial t}+U_{\infty}\frac{\partial S}{\partial x} \tag{6.8}$$

这里 S 可以是上表面，也可以是下表面。

尾涡面是速度的不连续面，涡面两边应满足的边界条件是法向速度相等及压力相等，近似表示为

$$\left(\frac{\partial\phi}{\partial x}+\frac{1}{U_{\infty}}\frac{\partial\phi}{\partial t}\right)_{+0}=\left(\frac{\partial\phi}{\partial x}+\frac{1}{U_{\infty}}\frac{\partial\phi}{\partial t}\right)_{-0} \tag{6.9}$$

6.3　非定常线性小扰动方程求解的基本思路

式(6.3)、式(6.6)、式(6.8)构成线性小扰动速度势方程，成为求解亚、超声速线性非定常气动力的基础方程。这里简单介绍这种线性非定常偏微分方程求解的基本思路。

6.3.1　叠加原理

叠加原理是求解线化速度势方程的基础。求解线化速度势方程所有不同的算法，都立足于这个基础。因为速度势方程是线性的，故可以应用叠加原理；也就是说，可以选择一些满足

线化速度势方程的基本解叠加求解,叠加系数由边界条件确定。这样,就把线化偏微分方程数值解的问题,用求解积分方程、确定已知基本解的叠加系数来代替,从而可以大大减小数值计算的工作量。

如果若干个速度势函数 $\phi_1,\phi_2,\cdots,\phi_N$ 分别能满足非定常线化速度势方程(6.3),那么,把这些速度势函数叠加起来,即

$$\sum_{i=1}^{N} B_i \phi_i$$

也必定是满足线化速度势方程的解。其中,B_i 是叠加系数。

于是,在求解线化升力面问题时,就可以选择一些满足线化方程(6.3)的基本解,如源(汇)、偶极子等,根据满足边界条件的要求,确定它们的叠加系数,从而求出流场中的小扰动速度势 ϕ,进而求出物面压力分布。

6.3.2 基本解

在空气动力学基础中讨论了较多的定常气动方程的基本解,这里主要介绍几个适用于气动弹性非定常气动力的基本解。

1. 源(汇)

令源(汇)位于坐标原点,则满足方程(6.3)的描述源(汇)的速度势函数是

$$\phi(x,y,z,t) = -\frac{q}{4\pi R_0} G(t-\tau) \tag{6.10}$$

式中,G 为时间相关函数。对于亚声速的情况,有

$$R_0^2 = x^2 + \beta^2 (y^2 + z^2)$$

$$\tau = -\frac{Ma_\infty x - R_0}{\alpha_\infty \beta^2}$$

$$\beta^2 = 1 - Ma_\infty^2$$

对于超声速的情况则有不同,可参考相关书籍。

2. 偶极子

一个源和一个汇强度大小均为 Q,相距 Δ,构成偶极子,方向 n 由汇指向源。因为源和汇都是线性方程(6.3)的基本解,因此偶极子也是该线性方程的基本解。令

$$\lim_{\Delta \to 0} Q\Delta = m \tag{6.11}$$

则描述偶极子位于坐标原点的速度势函数为

$$\phi(x,y,z,t) = -\frac{1}{4\pi} \frac{\partial}{\partial n} \left[\frac{m}{R_0} G(t-\tau) \right] \tag{6.12}$$

式中(注意亚声速和超声速的情况不同)

$$R_0^2 = x^2 + \beta^2 (y^2 + z^2)$$

$$\tau = -\frac{Ma_\infty x \pm R_0}{\alpha \beta^2}$$

$$\beta^2 = 1 - Ma_\infty^2$$

3. 压力偶极子

偶极子是用它产生的扰动速度势来表示的。实际工作中,求解线化速度势方程的目的主

要是为了求出翼面上的压力分布,希望有一种能够同扰动压力直接相关的基本解,这就是压力偶极子。

速度势和加速度势对于流体无旋运动同时存在。引入扰动加速度势 ψ 的概念,流场中各点的流动扰动加速度分量可以表示为

$$a_x = \frac{\partial \psi}{\partial x}, \quad a_y = \frac{\partial \psi}{\partial y}, \quad a_z = \frac{\partial \psi}{\partial z} \tag{6.13}$$

扰动速度势与扰动加速度势的关系可表示为

$$\psi = \frac{\partial \phi}{\partial t} + U_\infty \frac{\partial \phi}{\partial x} \tag{6.14}$$

可见扰动加速度势是速度势的线性函数,由叠加原理,ψ 也满足线性速度势方程。由式(6.6)可知,压强系数

$$c_p = -\frac{2}{U_\infty^2}\psi \tag{6.15}$$

坐标原点处的压力偶极子的扰动加速度势函数为

$$\psi(x,y,z,t) = \frac{1}{4\pi}\frac{\partial}{\partial n}\left[\frac{m'}{R}G(t-\tau)\right] \tag{6.16}$$

其中的偶极子强度相关项

$$m' = -\frac{\Delta p}{\rho_\infty}$$

关于亚、超声速的情况,这里不做讨论。

6.3.3　谐振荡形式的线性小扰动方程

任意时间历程的非定常气动力计算比较复杂。对于气动弹性动力学的主要问题——颤振,主要考虑它的临界稳定条件,运动是简谐的,非定常气动力计算可以进一步简化。

对于谐振荡的情况,有

$$\left.\begin{aligned} \phi(x,y,z,t) &= \phi_0(x,y,z)\mathrm{e}^{\mathrm{i}\omega t} \\ \psi(x,y,z,t) &= \psi_0(x,y,z)\mathrm{e}^{\mathrm{i}\omega t} \\ p(x,y,z,t) &= p_0(x,y,z)\mathrm{e}^{\mathrm{i}\omega t} \end{aligned}\right\} \tag{6.17}$$

式中,下标“0”表示幅值,ω 表示谐振荡频率,$\mathrm{e}^{\mathrm{i}\omega t}$ 为时间相关项 G 的一种形式。为了叙述上的简洁,下面就用 ϕ、ψ、p 表示幅值,其他参数也一样;相位关系通过复数来表示。

在谐振荡条件下,线化速度势方程(6.3)成为

$$(1-Ma_\infty^2)\frac{\partial^2 \phi}{\partial x^2} + \frac{\partial^2 \phi}{\partial y^2} + \frac{\partial^2 \phi}{\partial z^2} - 2\mathrm{i}\left(\frac{Ma_\infty^2 k}{b}\right)\frac{\partial \phi}{\partial x} + \frac{Ma_\infty^2 k^2}{b^2}\phi = 0 \tag{6.18}$$

式中,减缩频率 k 表示为

$$k = \frac{b\omega}{U_\infty} \tag{6.19}$$

式中,b 为参考长度,ω 为角频率。式(6.18)是频域形式的线性小扰动速度势方程,适用于求解谐振荡非定常气动力,用于颤振计算。基于这种方程求解气动力和颤振的方法通常称为频域方法。

当薄翼面位于 xOy 平面附近时,将谐振荡条件代入式(6.8),物面边界条件成为

$$\left.\frac{\partial \phi}{\partial z}\right|_{z=0}=U_{\infty}\left(\mathrm{i}\,\frac{k}{b}S+\frac{\partial S}{\partial x}\right) \tag{6.20}$$

结构振动特性主要是改变非定常气动力计算时的边界条件,这是结构特性与非定常气动力计算耦合的重要环节。当考虑结构固有振动模态特性时,物面方程 S 将被模态振型代替。有关细节请参看本章 6.4 节中的亚声速偶极子格网法。

尾流面条件成为

$$\mathrm{i}\,\frac{k}{b}\phi+\frac{\partial \phi}{\partial x}=0 \tag{6.21}$$

压强系数表达式成为

$$c_p=-\frac{2}{U_{\infty}}\left(\frac{\partial \phi}{\partial x}+\mathrm{i}\,\frac{k}{b}\phi\right) \tag{6.22}$$

此外,各类基本解等表达式也会相应变化,这里不再赘述。

6.3.4 求解思路

非定常线性小扰动频域方程采用基本解叠加求解线性非定常气动力,其基本思路与求解定常气动力是一致的,可以概括如下:

① 选用合适的基本解,如源或汇、偶极子等。

② 根据基本解的特征,确定布置基本解的范围,如物面、对称面、体轴等。

③ 用布置的基本解叠加表示流场任一点处的速度势,叠加强度因子待求。

④ 写出满足边界条件的方程,包括物面条件、尾流区条件以及其他区域的条件。

⑤ 求解线性代数方程组,求解各基本解的叠加因子,从而计算物面的压力分布。

把物面未知压力分布Δp 离散化为有限个点上的数值做法,称为格网法,也叫面元法。把 Δp 变成有限个已知函数叠加的做法,叫作配置法,或者称为核函数法。不管哪种方法,都不用直接求解线性偏微分方程,而是通过物面基本解叠加的方法求解扰动速度势,最后都要求解线性方程组。

6.3.5 非定常线性气动力求解基本假设小结

目前为止,在以上各章节讨论了线性频域非定常气动力求解的理论基础和假设。下面从经典颤振工程求解的角度分析线性非定常气动力计算的几个宏观假设,这些宏观假设可以帮助读者了解气动弹性中非定常气动力与一般非定常气动力、定常气动力求解的区别。

1. 气动力平面假设

气动力平面假设有时也称翼面结构的法向气动力假设。由前面的讨论可知,非定常气动力的计算不仅是刚体气动力问题,还必须考虑与结构振动的耦合,这些耦合是通过边界条件引入的。由于结构振动主要是翼面法向方向,因此翼面结构的法向气动力是与结构振动耦合的主要成分;也就是说,虽然气动阻力较大,但由于阻力方向与结构振动主要方向有近 90°的夹角,因此阻力方向与结构振动耦合的非定常气动力为小量,可以忽略。在进行线性非定常气动力工程分析时,经常将翼面压成平面考虑,甚至将机体或弹体也压成平面。

2. 线性假设

线性假设也称小扰动和小变形假设,这两个假设是保证结构动力学和空气动力学方程线化的基础。

小扰动假设是针对气动力来说的。前面在推导方程时已有论述，飞行器气动弹性问题中，对象往往是薄翼物体或细长体、小迎角或小侧滑角，结构振动幅度小，大气扰动相对幅度小，所以可以认为它们对均匀流场的扰动是很小的，是符合小扰动假设的。有了小扰动假设，流体运动方程才有可能线化。

小变形假设是针对结构来说的。常规的气动弹性动力学问题是在飞行器静变形基础上的微幅振动，这种微幅振动引起的气动迎角变化应在小扰动范围之内，而实际上一般情况下引起的迎角变化远小于小扰动假设的范围。另外，结构小变形假设，可以保证结构上的作用力与结构变形、应变之间是线性关系，从而保证结构动力学方程可以线化。

3. 频域假设

频域假设也称谐振荡假设。颤振是气动弹性动力学的重要现象，也是目前飞行器设计中重点考虑的气动弹性问题之一。对于经典颤振来说，谐振荡假设是合理的，从而使得非定常气动力求解能够在频域内进行，且没有太多颤振特性的精度损失；对于给定的振动频率，翼面各位置处的非定常气动力是复数形式，非定常气动力可以转化成一系列频率点的求解，这就简化了求解，也使得各专业的设计人员对于非定常气动力、结构动力学、耦合颤振特性更加容易理解和沟通。另一方面，基于频域的非定常气动力是任意非定常气动力计算的基础，可以通过特定的变换，求解时域或拉氏域的非定常气动力。

6.4　偶极子格网法简介

对于亚声速情况，偶极子产生的流场比较适合升力问题。现在广泛使用核函数法和偶极子格网法，都是基于压力偶极子；因为只有翼面上才有压力差，所以，压力偶极子可以只布置在翼面上，可以避免尾流区的处理。基于 Green 函数的方法，是用源（汇）和速度偶极子叠加，必须把基本解布置在翼面和尾流区上，使用尾流区边界条件。

对于超声速的情况，用于亚声速的方法原则上也可以用于超声速的情况。但须注意的是，在超声速情况下，扰动不能逆流前传，有一个有限的扰动区，上下翼面互不相关。

这里仅简单介绍偶极子格网法，并说明这类方法在使用时的特点。

6.4.1　亚声速偶极子格网法简述

亚声速偶极子格网法基于小扰动线化位势流频域方程，适用于亚声速范围，是当前颤振工程分析中流行的非定常气动力计算方法之一。

先将升力面进行合理的气动网格划分。如图 6.1 所示，升力面坐标系规定原点位于升力面根前缘，x 轴顺气流，y 轴沿翼展向外，z 轴由右手定则确定。将升力面分成若干个两侧边平行于来流的梯形块，并认为每小块上的空气动力作用在各分块的中剖面与分块 1/4 弦线的交点，这个点称为压

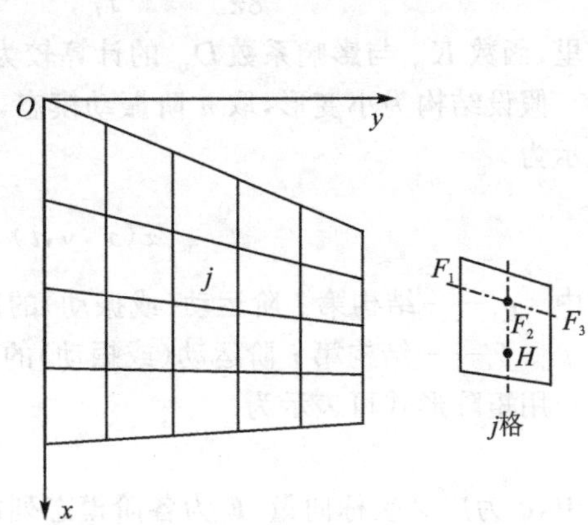

图 6.1　升力面网格上的 F_1、F_2、F_3 和 H 点

力点(如图 6.1 所示的 F_2 点);边界条件则是在分块的中剖面与分块 3/4 弦线的交点处满足,该点称为下洗控制点(如图 6.1 所示的 H 点)。假定将升力面划分成 n 个网格。

认为每个网格上的压强差 Δp 为常数或是简单的函数(高阶网格法),在每个网格的压力点处布置压力偶极子。由线性非定常气动力理论可知,每个网格中 3/4 弦长点(即下洗控制点 H)处,应满足下列积分方程:

$$\bar{w}_i = \frac{1}{4\pi\rho V^2}\sum_{j=1}^{n}\frac{1}{2}\rho V^2 \Delta c_{p_j}\Delta x_j \cos\varphi_j \int_{l_j} K_{ij}\,\mathrm{d}l_j =$$

$$\frac{1}{8\pi}\sum_{j=1}^{n}\Delta c_{p_j}\Delta x_j\cos\varphi_j\int_{l_j}K_{ij}\,\mathrm{d}l_j,\quad i=1,2,\cdots,n,\quad j=1,2,\cdots,n \tag{6.23}$$

式中 $\bar{w}_i$——第 i 个网格 3/4 弦长点处量纲为 1 的下洗速度;

$$\bar{w}_i = \frac{w_i}{V}$$

V——远前方来流速度;

w_i——下洗速度,正方向为网格正法线方向;

Δc_{p_j}——第 j 个网格上的压力系数,它与压力 Δp_j 有关系式

$$\Delta c_{p_j} = \frac{2\Delta p_j}{\rho V^2}$$

Δx_j——第 j 个网格的中剖面长度;

l_j——第 j 个网格的过 1/4 弦点的展长(见图 6.1 中 $\overline{F_1F_3}$);

φ_j——第 j 个网格的后掠角(见图 6.1 中 $\overline{F_1F_3}$ 的后掠角);

K_{ij}——气动力计算核函数;

n——升力面的气动网格分块数。

式(6.23)可化为矩阵的形式,有非定常气动压力分布表达式

$$\Delta \boldsymbol{p} = \frac{1}{2}\rho V^2 \boldsymbol{D}^{-1}\bar{\boldsymbol{w}} \tag{6.24}$$

式中 $\Delta\boldsymbol{p}$——压力作用点处的压力分布列阵;

$\bar{\boldsymbol{w}}$——下洗控制点处量纲为 1 的下洗速度列阵;

$\boldsymbol{D}$——气动力影响系数矩阵,其元素为

$$D_{ij} = \frac{\Delta x_j}{8\pi}\cos\varphi_j\int_j K_{ij}\,\mathrm{d}l_j,\quad i=1,2,\cdots,n,\quad j=1,2,\cdots,n \tag{6.25}$$

这里,函数 K_{ij} 与影响系数 D_{ij} 的计算较为复杂,详细的推导可参见有关文献。

假设结构为小变形,取 n 阶振动模态,采用假定模态法表示的振动,结构上任一点位移可表示为

$$z(x,y,t) = \sum_{i=1}^{n} f_i(x,y)q_i(t) \tag{6.26}$$

式中 q_i——结构第 i 阶运动(或振动)的广义坐标;

f_i——结构第 i 阶运动(或振动)的模态。

用矩阵形式可表示为

$$\boldsymbol{z} = \boldsymbol{F}\boldsymbol{q} \tag{6.27}$$

式中,$\boldsymbol{q}$ 为广义坐标向量,$\boldsymbol{F}$ 为各阶模态列向量 $\boldsymbol{f}_i$ 组成的模态矩阵,即

$$\boldsymbol{F} = [f_1 \quad f_2 \quad \cdots \quad f_n]$$

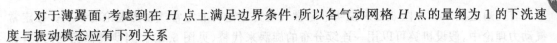

对于薄翼面，考虑到在 H 点上满足边界条件，所以各气动网格 H 点的量纲为 1 的下洗速度与振动模态应有下列关系

$$\bar{\boldsymbol{w}}=\left(\boldsymbol{F}'+\mathrm{i}\frac{k}{b}\boldsymbol{F}\right)\boldsymbol{q} \tag{6.28}$$

式中　$\boldsymbol{q}$——广义坐标向量；

$\boldsymbol{F}$——H 点处各阶模态列向量 $\boldsymbol{f}_i$ 组成的模态矩阵；

$\boldsymbol{F}'$——H 点处矩阵 $\boldsymbol{F}$ 对 x 的导数。

将式(6.28)代入式(6.23)中，可以得到频域内的非定常气动压力分布表达式

$$\Delta\boldsymbol{p}=\boldsymbol{P}\boldsymbol{q} \tag{6.29}$$

式中，$\boldsymbol{P}$ 为压力系数矩阵

$$\boldsymbol{P}=\frac{1}{2}\rho V^2\boldsymbol{D}^{-1}\left(\boldsymbol{F}'+\mathrm{i}\frac{k}{b}\boldsymbol{F}\right)$$

6.4.2　超声速偶极子格网法的特点

超声速偶极子格网法与亚声速偶极子格网法相似，也是基于线化理论的面元法，适合于马赫数在 3 以内的超声速范围。

如图 6.1 所示，网格划分和亚声速偶极子格网法相似。不同之处在于，压力偶极子分布在整个网格上，下洗控制点在网格中剖面的 85%～95%处。超声速情况下，只有在任意一点 H 为顶点的倒置马赫锥中的点所发出的扰动才会影响到 H 点。下洗仍可写为式(6.28)的形式。由奇异积分方程转化而来的线性方程组为

$$\bar{w}_i=\frac{1}{4\pi\rho V^2}\sum_j\Delta p_j\iint_{S_j}K_{ij}\,\mathrm{d}S,\quad i=1,2,\cdots,n,\quad j=1,2,\cdots,n \tag{6.30}$$

式中，S_j 指从第 j 个下洗点发出的倒马赫锥与翼面相交的区域。用压力系数代替压力差，则

$$\Delta p_j=\Delta c_{p_j}\left(\frac{1}{2}\rho V^2\right)$$

于是方程(6.30)可以写为

$$\bar{w}_i=\sum_j\frac{1}{8\pi}\Delta c_{p_j}\iint_{S_j}K_{ij}\,\mathrm{d}S \tag{6.31}$$

令

$$D_{ij}=\frac{1}{8\pi}\iint_{S_j}K_{ij}\,\mathrm{d}S \tag{6.32}$$

式中，D_{ij} 称为空气动力影响系数。于是，可以写成

$$\bar{\boldsymbol{w}}=\boldsymbol{D}\Delta\boldsymbol{c}_p \tag{6.33}$$

即

$$\Delta\boldsymbol{c}_p=\boldsymbol{D}^{-1}\bar{\boldsymbol{w}} \tag{6.34}$$

6.5　准定常气动力

在气动弹性理论的发展过程中，准定常气动力理论也有一席之地，它是非定常气动力理论发展中不可缺少的环节；即使在今天，由于物理意义清楚，其仍然在理论甚至工程应用中发挥着重要的作用。下面简单介绍几个准定常气动力的理论和方法，也便于后面各章节的引用。

首先通过图 6.2 和图 6.3 来说明准定常气动力理论与非定常气动力理论的区别。在定常气动力理论中,假设机翼可以用一连续分布的旋涡来代替(见图 6.2)。当薄翼做振动时,升力和旋涡强度都随时间变化,但在非黏性流中包围所有奇点周界内的总环量必须保持为零。因此,旋涡必然会从薄翼后缘脱落下来,并被气流沿流线带向下游(见图 6.3)。因此,在研究振动机翼的气动力时,必须考虑这些尾涡的影响,即考虑它们对机翼上各点的诱导速度。为了简化计算,引入准定常假设,即认为从后缘脱落的自由涡的影响可以不计,而附着涡在薄翼上的分布应使气流恰能在该瞬间无分离地流过机翼表面,且满足库塔条件。这样,考虑与不考虑后缘脱落涡对翼面气动力的影响,成为判断非定常气动力与准定常气动力的一个依据。

图 6.2　在定常气动力中,用连续分布的旋涡代替薄翼

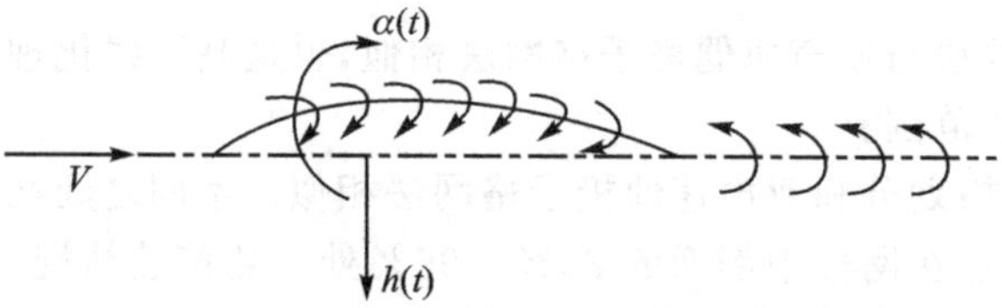

图 6.3　薄翼做振动时,旋涡的流动示意

6.5.1　Grossman 理论

不考虑后缘脱落涡对翼面气动力的影响,这种准定常理论可用来计算振动的二元薄翼的空气动力。这里介绍二元准定常理论中的 Grossman 理论。

由于线化假设,颤振只和振动引起的附加气动力有关,所以,只需研究振动的二元平板上所受的气动力即可。

图 6.4 所示的是一个弦长为 $2b$ 的二元平板,平板的运动可描述为刚心 E 点的平移 h(向下为正)及绕 E 点的转角 α(抬头为正)。E 点距翼弦的中点为 ab,a 是一个无量纲系数,当 E 点位于中点后时为正。

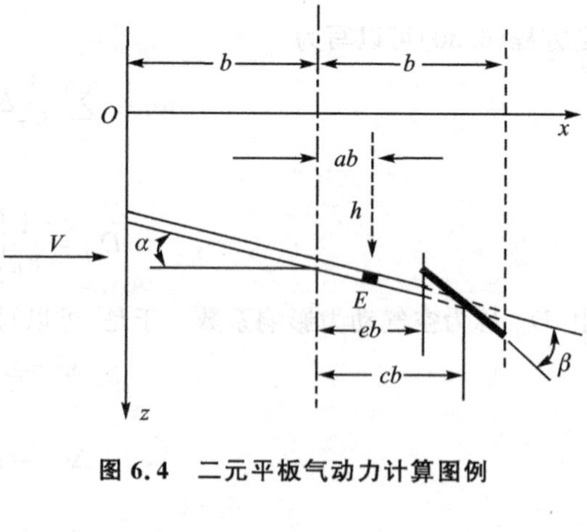

图 6.4　二元平板气动力计算图例

同样,用一系列旋涡代替平板,其强度为 $\gamma(x)$,以逆时针旋向为正,则按照儒可夫斯基定理,作用在单位展长上的气动力(向下为正)为

$$L=\int_0^{2b}\rho V\gamma(x)\mathrm{d}x=\rho V\int_0^{2b}\gamma(x)\mathrm{d}x \tag{6.35}$$

式中,V 是来流速度,ρ 是空气密度。旋涡对平板上距前缘为 x 点的诱导速度(向下为正)为

$$w(x)=\int_0^{2b}\frac{\gamma(\xi)\mathrm{d}\xi}{2\pi(\xi-x)} \tag{6.36}$$

该式本来只适用于定常的情况。但在准定常假设下,该式对于同一瞬间的 $\gamma(\xi,t)$ 和 $w(x,t)$ 仍是成立的。该诱导速度 w 应恰能满足该瞬间的边界条件,即

$$\frac{w(x,t)}{V}=\frac{\partial z(x,t)}{\partial x}+\frac{1}{V}\frac{\partial z(x,t)}{\partial t} \tag{6.37}$$

此外,还应满足库塔条件,即

$$\gamma(2b)=0 \tag{6.38}$$

二维平板做振动时,有

$$z(x,t)=h(x,t)+[x-(1+a)b]\alpha(x,t) \tag{6.39}$$

可推导出升力及对前缘的俯仰力矩分别为

$$L=-2\pi\rho V^2 b\left[\alpha+\frac{\dot{h}}{V}+\left(\frac{1}{2}-a\right)b\frac{\dot{\alpha}}{V}\right] \tag{6.40}$$

$$M_{L\cdot E}=\frac{b}{2}L-\frac{1}{2}\pi\rho Vb^3\dot{\alpha} \tag{6.41}$$

定义升力系数和俯仰力矩系数

$$C_L=\frac{L}{\frac{1}{2}\rho V^2(2b)} \tag{6.42}$$

$$C_{m_{L\cdot E}}=\frac{M_{L\cdot E}}{\frac{1}{2}\rho V^2(2b)^2} \tag{6.43}$$

则有

$$C_L=-2\pi\left[\alpha+\frac{\dot{h}}{V}+\left(\frac{1}{2}-a\right)b\frac{\dot{\alpha}}{V}\right] \tag{6.44}$$

$$C_{m_{L\cdot E}}=\frac{1}{4}C_L-\frac{b}{4}\frac{\pi}{V}\dot{\alpha} \tag{6.45}$$

注意到在不可压流中二元平板的理论升力线斜率为 2π,通常记作 C_L^α,则式(6.40)及式(6.44)可写为

$$L=-\rho V^2 C_L^\alpha b\left[\alpha+\frac{\dot{h}}{V}+\left(\frac{1}{2}-a\right)b\frac{\dot{\alpha}}{V}\right] \tag{6.46}$$

$$C_L=-C_L^\alpha\left[\alpha+\frac{\dot{h}}{V}+\left(\frac{1}{2}-a\right)b\frac{\dot{\alpha}}{V}\right] \tag{6.47}$$

在实际应用时,可以采用风洞实验所得到的升力线斜率代替上两式中的 C_L^α。此外,式(6.45)中第一项的 1/4 表示气动焦点在 1/4 弦长处。实际应用时也可以用风洞实验数据的焦点位置来做相应的修正。

若转化成气动力对刚心点 E 的力矩,则有

$$M_E=4\pi\rho V^2 b^2\left(\frac{1+a}{2}-\frac{1}{4}\right)\left[\alpha+\frac{\dot{h}}{V}+\left(\frac{1}{2}-a\right)b\frac{\dot{\alpha}}{V}\right]-\frac{1}{2}\pi\rho Vb^3\dot{\alpha} \tag{6.48}$$

或

$$M_E=2\rho V^2 a_0 b^2\left(\frac{1+a}{2}-\frac{1}{4}\right)\left[\alpha+\frac{\dot{h}}{V}+\left(\frac{1}{2}-a\right)b\frac{\dot{\alpha}}{V}\right]-\frac{1}{2}\pi\rho Vb^3\dot{\alpha} \tag{6.49}$$

$$C_{m_E}=\left(\frac{1}{4}-\frac{1+a}{2}\right)C_L-\frac{b}{4}\frac{\pi}{V}\dot{\alpha} \tag{6.50}$$

在式(6.40)及式(6.44)中,$\alpha+\frac{\dot{h}}{V}+\left(\frac{1}{2}-a\right)b\frac{\dot{\alpha}}{V}$ 正是机翼 3/4 弦长处的$\frac{\partial z}{\partial x}+\frac{\partial z}{V\partial t}$值,即该点处的翼面下洗值(亦即在 3/4 弦长处诱导速度和速度之比)。这说明按准定常理论计算总升力时,可把旋涡看成是集中作用在 1/4 弦长处,而计算 3/4 弦长处的诱导速度,并使其在该点满足与翼面相切的边界条件,以求得总的旋涡强度。在总力矩公式(6.41)及式(6.49)中的最后一项 $-\pi\rho Vb^3\dot{\alpha}/2$,是角速度引起的阻尼力矩。

6.5.2 细长体理论

细长体理论是一种适应于细长体的气动力工程方法。对于飞机机身、导弹弹体、外挂油箱、火箭等,当长细比较大时(一般大于 10 左右),称为细长体。在颤振和气动伺服弹性分析中,这种细长体的非定常气动力可采用一维弹性谐振荡细长体理论进行分析计算。

如图 6.5 所示的轴对称细长体,通常采用虚拟动量法,单位长度在法向上所受的气动力表示为

$$\Delta p=-\frac{\mathrm{d}}{\mathrm{d}t}(mw) \tag{6.51}$$

式中 m——单位长度上和物体相同体积的气体质量;

w——气体在法向(z 向)的扰动速度,细长体可不考虑横剖面之间的互相影响。

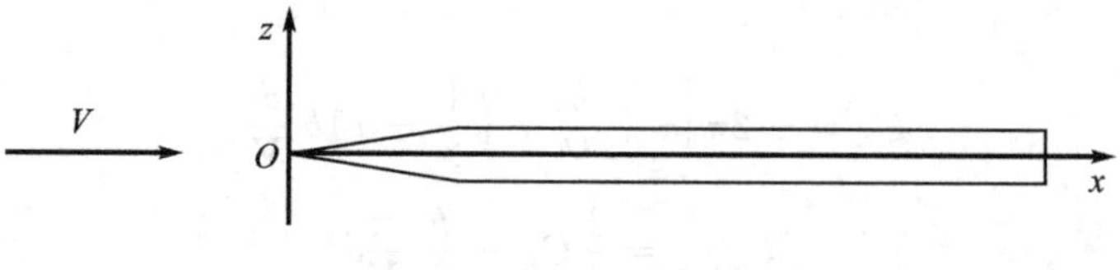

图 6.5 细长体纵向位移 w 及坐标系示意图

又有

$$\frac{\mathrm{d}}{\mathrm{d}t}=\frac{\partial}{\partial t}+V\frac{\partial}{\partial x} \tag{6.52}$$

$$m=\rho s(x)\cdot 1 \tag{6.53}$$

$$w=\frac{\partial z}{\partial t}+V\frac{\partial z}{\partial x} \tag{6.54}$$

式中 ρ——当地的大气密度;

$s(x)$——细长体纵向对称轴横截面面积;

z——细长体某处的振动位移;

V——飞行速度。

将以上三式代入式(6.51),得

$$\begin{aligned}\Delta p&=-\rho\left(\frac{\partial}{\partial t}+V\frac{\partial}{\partial x}\right)\left[s(x)\left(\frac{\partial z}{\partial t}+V\frac{\partial z}{\partial x}\right)\right]\\&=-\rho\left\{\frac{\partial}{\partial t}s(x)\left(\frac{\partial}{\partial t}+V\frac{\partial}{\partial x}\right)z+V\frac{\partial}{\partial x}\left[s(x)\left(\frac{\partial}{\partial t}+V\frac{\partial}{\partial x}\right)z\right]\right\}\end{aligned} \tag{6.55}$$

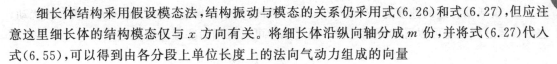

细长体结构采用假设模态法，结构振动与模态的关系仍采用式(6.26)和式(6.27)，但应注意这里细长体的结构模态仅与 x 方向有关。将细长体沿纵向轴分成 m 份，并将式(6.27)代入式(6.55)，可以得到由各分段上单位长度上的法向气动力组成的向量

$$\Delta\boldsymbol{P}=(\Delta p_1,\Delta p_2,\cdots,\Delta p_m)=$$
$$-\rho(\boldsymbol{sF\ddot{q}}+2V\boldsymbol{sF'\dot{q}}+V\boldsymbol{s'F\dot{q}}+V^2\boldsymbol{s'F'q}+V^2\boldsymbol{sF''q}) \tag{6.56}$$

式中，$\boldsymbol{s}=\mathrm{diag}(s_1 \quad s_2 \quad \cdots \quad s_m)$，为由细长体各横向截面面积组成的对角阵，$\boldsymbol{F}'$ 为模态矩阵 $\boldsymbol{F}$ 对 x 的导数。

6.5.3　气动力导数

对于细长体，准定常理论可以从定常流动的关系式出发，如图 6.5 所示，认为迎角 α 等于合成速度向量与细长体纵向轴线之间的瞬时倾角，则升力(向上为正)公式有如下形式：

$$\Delta p=-\frac{1}{2}\rho V^2 SC_L^\alpha\left(\frac{\partial z}{\partial x}+\frac{1}{V}\frac{\partial z}{\partial t}\right) \tag{6.57}$$

式中　C_L^α——细长体升力线斜率，一般是迎角、马赫数以及细长体轴向坐标的函数；

S——气动力计算参考面积；

$\dfrac{\partial z}{\partial x}+\dfrac{1}{V}\dfrac{\partial z}{\partial t}$——局部迎角。

将细长体分为 m 个气动块，则可得到用离散形式表示的细长体上第 j 段单位长度的法向气动力为

$$\Delta p_i=-\frac{1}{2}\rho V^2 SC_{Li}^\alpha\left[\left(\frac{\partial z}{\partial x}\right)_i+\frac{1}{V}\left(\frac{\partial z}{\partial t}\right)_i\right],\quad i=1,2,\cdots,m \tag{6.58}$$

仍采用式(6.27)表示任一点位移，并代入式(6.57)中，有法向气动力的矩阵形式

$$\Delta\boldsymbol{p}=-\frac{1}{2}\rho V^2 S\boldsymbol{C}\left(\boldsymbol{F'q}+\frac{1}{V}\boldsymbol{F\dot{q}}\right) \tag{6.59}$$

式中，$\boldsymbol{C}=\mathrm{diag}(C_{L1}^\alpha,C_{L2}^\alpha,\cdots,C_{Lm}^\alpha)$，为由细长体各段升力线斜率组成的对角阵，各段的升力线斜率可由计算或试验得到，是高度、马赫数和迎角的函数；$\boldsymbol{F}'$ 为矩阵 $\boldsymbol{F}$ 对 x 的导数。

可见，气动导数法用于细长体非定常气动力计算时适合任意运动速度。

6.5.4　活塞理论

对于小展弦比翼面，在计算气动力时，必须采用升力面理论来进行颤振分析，这就会使计算工作大为复杂。这里介绍一种简化的气动力理论——活塞理论来分析颤振。试验证明，当马赫数为 2～5 时，用这种理论对超声速翼面进行颤振计算，都能得到满足工程精度要求的结果。

活塞理论的基本假设是翼剖面的厚度很薄和飞行马赫数很高($Ma^2\gg 1$)。在上述假设前提下，即在翼面上某一点的扰动对其他点所产生的影响是很弱的。活塞理论略去了这种微弱的效应，并认为翼型上某一点的压力只与该点的下洗速度有关，形象地比作活塞在一元管道中运动时，所受到的压力只与其运动速度有关。显然，在活塞理论中是不考虑三元效应的，幸而在实际中这种效应的确是随马赫数的提高而减弱了。

考察一个无限长的汽缸，如图 6.6 所示，未经扰动的气体压力、密度和声速分别为 p_∞、ρ_∞

和 a_∞。设活塞行进的速度为 W，且 $|W| \ll a_\infty$，因此，由于活塞运动所产生的扰动属于微扰动，它的传播过程也就可以看作等熵过程。通过推导可以得到活塞理论的表达式

$$p = p_\infty \left(1 + \frac{\gamma - 1}{2} \cdot \frac{W}{a_\infty}\right)^{\frac{2\gamma}{\gamma-1}} \tag{6.60}$$

式中，γ 为比热比。由于活塞前进速度 $|W| \ll a_\infty$，故有 $|W/a_\infty| \ll 1$，上式展开后则可略去高阶微分项。

当只保留一阶项时，称为一阶活塞理论，即扰动压力为

$$p - p_\infty = \rho_\infty a_\infty W \tag{6.61}$$

当保留二阶项时，可得到二阶活塞理论，即扰动压力为

$$p - p_\infty = \rho a_\infty^2 \left[\left(\frac{W}{a_\infty}\right) + \frac{\gamma+1}{4}\left(\frac{W}{a_\infty}\right)^2\right] \tag{6.62}$$

应用活塞理论计算振动翼面气动力时，翼表面上一点的上洗速度即相当于活塞运动速度。如图 6.7 所示，分析翼上(下)表面的上(下)洗速度。

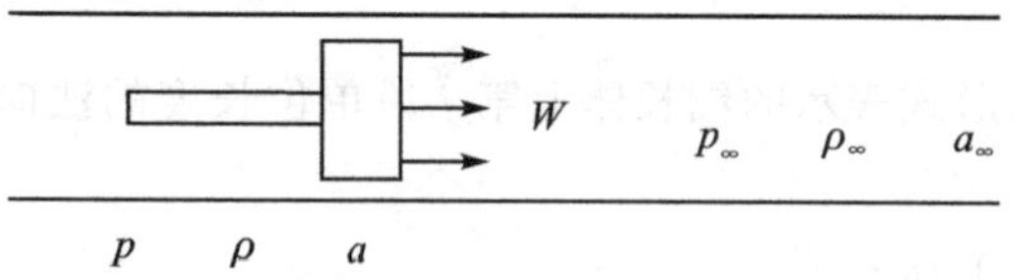

图 6.6　比喻活塞理论的无限长的汽缸

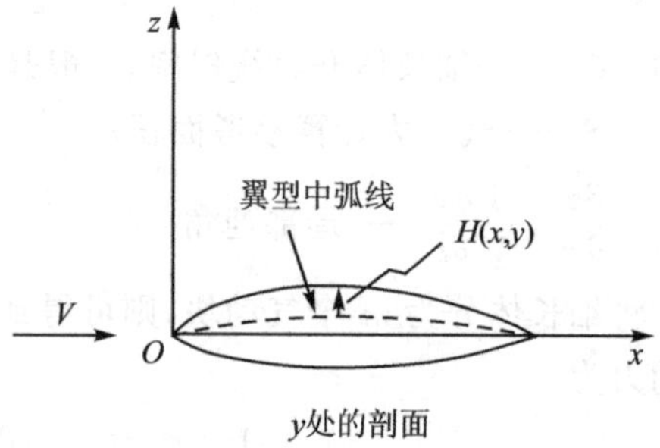

图 6.7　应用活塞理论计算作用在翼面上的气动力

对于上表面：

$$w = \left(V\frac{\partial}{\partial x} + \frac{\partial}{\partial t}\right)z(x,y,t) + V\frac{\partial}{\partial x}H(x,y) \tag{6.63}$$

对于下表面：

$$w = -\left(V\frac{\partial}{\partial x} + \frac{\partial}{\partial t}\right)z(x,y,t) + V\frac{\partial}{\partial x}H(x,y) \tag{6.64}$$

式中，$H(x,y)$ 是由翼剖面中线量起的厚度函数，上(下)洗的方向取其离开翼型的方向为正。将式(6.63)和式(6.64)代入式(6.62)，由作用在机翼表面上的压力分布可得到上下表面的压力差(其中的 p_∞、ρ_∞、a_∞ 改记为 p、ρ、a)

$$\Delta p(x,y,t) = -2\rho a\left[1 + G\frac{\partial}{\partial x}H(x,y)\right]\left[\left(V\frac{\partial}{\partial x} + \frac{\partial}{\partial t}\right)z(x,y,t)\right] \tag{6.65}$$

式中，$G = \dfrac{\gamma+1}{2}Ma$。由上式可见，采用二阶活塞理论时，可以计入翼型的厚度效应。

翼面结构采用假设模态法，结构振动与模态的关系仍采用式(6.26)和式(6.27)。结构模态 $f_j(x,y)$ 取 n 阶，把式(6.26)代入式(6.65)后，得

$$\Delta P(x,y,t) = -2\rho a\sum_{j=1}^{n}\left[1 + G\frac{\partial}{\partial x}H(x,y)\right]\left[V\frac{\partial}{\partial x}f_j(x,y)q_j(t) + f_j(x,y)\dot{q}_j(t)\right] \tag{6.66}$$

可见，非定常气动力取决于所选的位移函数以及翼型的厚度函数。

6.6　二元非定常气动力理论

考虑机翼三元效应时，非定常理论变得很复杂，所以在20世纪早期的工程颤振计算常常采用二元的非定常理论，用于计算分析大展弦比飞机机翼的非定常气动力，能够很好地满足工程设计的要求。如图6.3所示，非定常理论与准定常理论的不同是，需要考虑由后缘流下的尾迹中自由涡的影响；在二元流动的范围内，这是个准确的理论。早期二元非定常气动力理论中最为著名的是Theodorson理论，这里以此理论为例对二元非定常理论进行说明。

关于二元机翼做简谐振动的情况，Theodorson给出了完整的解答。此处不作详细叙述和推导，直接给出Theodorson非定常气动力理论结果。

如图6.4所示，在不可压流中的二元平板，由非定常理论求得升力和俯仰力矩（对刚心 E）：

$$L=-\pi\rho b^2(V\dot{\alpha}+\ddot{h}-ab\ddot{\alpha})-2\pi\rho VbC(k)\left[V\alpha+\dot{h}+\left(\frac{1}{2}-a\right)b\dot{\alpha}\right] \tag{6.67}$$

$$M_E=\pi\rho b^2\left[ab(V\dot{\alpha}+\ddot{h}-ab\ddot{\alpha})-\frac{1}{2}Vb\dot{\alpha}-\frac{1}{8}b^2\ddot{\alpha}\right]+$$
$$2\pi\rho Vb^2\left(\frac{1}{2}+a\right)C(k)\left[V\alpha+\dot{h}+\left(\frac{1}{2}-a\right)b\dot{\alpha}\right] \tag{6.68}$$

式中　k——减缩频率，量纲为1，$k=\dfrac{b\omega}{V}$；

ω——简谐振动的角频率；

$C(k)$——Theodorson函数。

$$C(k)=F(k)+\mathrm{i}G(k),\quad \mathrm{i}=\sqrt{-1} \tag{6.69}$$

$$F(k)=\frac{J_1(J_1+Y_0)+Y_1(Y_1-J_0)}{(J_1+Y_0)^2+(Y_1-J_0)^2} \tag{6.70}$$

$$G(k)=-\frac{Y_1Y_0+J_1J_0}{(J_1+Y_0)^2+(Y_1-J_0)^2} \tag{6.71}$$

式中，J_0、J_1、Y_0 和 Y_1 是 k 的第一类和第二类标准贝塞尔函数。$F(k)$ 和 $G(k)$ 随 k 的变化如图6.8所示和表6.1所列。

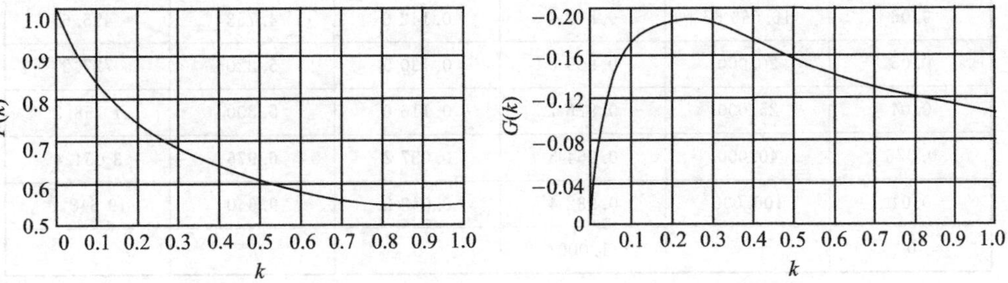

图6.8　Theodorson函数，当 $k\to\infty$ 时，$F(k)\to 0.5$，$G(k)\to 0$

表6.1取自NACA Rept. 736。关于 $C(k)$ 更详细的数值表可见 *J. Aeronaut. sci.* 20，148-150及 *J. Aeronaut. sci.* 18，478-4483。

表 6.1　函数 $C(k)=F(k)+iG(k)$ 及相关的量

k	$1/k$	F	$-G$	$-2G/k$	$2F/k2$
	0.000	0.500 0	0	0	0
10.00	0.100	0.500 6	0.012 4	0.002 48	0.010 012
6.00	0.166 67	0.501 7	0.020 6	0.006 86	0.027 87
4.00	0.250	0.503 7	0.030 5	0.015 25	0.062 96
3.00	0.333 33	0.506 3	0.040 0	0.026 67	0.112 5
2.00	0.500	0.512 9	0.057 7	0.057 7	0.256 5
1.50	0.666 67	0.521 0	0.073 6	0.094 8	0.463 1
1.20	0.833 33	0.530 0	0.087 7	0.146 2	0.736 1
1.00	1.00	0.539 4	0.100 3	0.200 6	1.078 8
0.80	1.250	0.554 1	0.116 5	0.291 2	1.731 6
0.66	1.515 16	0.569 9	0.130 8	0.396 4	2.616 6
0.60	1.666 67	0.578 8	0.137 8	0.459 3	3.215 6
0.56	1.785 72	0.585 7	0.142 8	0.510 0	3.735 3
0.50	2.000	0.597 9	0.150 7	0.602 8	4.783 2
0.44	2.272 73	0.613 0	0.159 2	0.723 6	6.332 6
0.40	2.500	0.625 0	0.165 0	0.825 0	7.812 5
0.34	2.941 18	0.646 9	0.173 8	1.022	11.192
0.30	3.333 33	0.665 0	0.179 3	1.195	14.778
0.24	4.166 67	0.698 9	0.186 2	1.552	24.267
0.20	5.00	0.727 6	0.188 6	1.886	36.380
0.16	0.250	0.762 8	0.187 6	2.345	59.592
0.12	8.333 33	0.806 3	0.180 1	3.002	111.99
0.10	10.000	0.832 0	0.172 3	3.446	166.4
0.08	12.500	0.860 4	0.160 4	4.010	268.9
0.06	16.666 67	0.892 0	0.142 6	4.753	495.6
0.05	20.000	0.909 0	0.130 5	5.220	727.2
0.04	25.000	0.926 7	0.116 0	5.800	1 158.3
0.025	40.000	0.954 5	0.087 2	6.976	3 054.4
0.01	100.000	0.982 4	0.048 2	9.640	19 648.0
0		1.000	0		

虽然 L_h 等的数值变化范围很大(由于含有 $1/k=V/b\omega$)，但 $C(k)$ 即 $F(k)$ 及 $G(k)$ 的数值变化很小。

在没有 Therdorson 函数表时，可以采用如下的近似公式：

当 $k<0.5$ 时

$$F=1-\frac{0.165}{1+\dfrac{0.002\,070\,25}{k^2}}-\frac{0.335}{1+\dfrac{0.09}{k^2}}$$

$$G=-\frac{1}{k}\left(\frac{0.007\,507\,5}{1+\dfrac{0.002\,070\,25}{k^2}}+\frac{0.100\,5}{1+\dfrac{0.09}{k^2}}\right)$$

当 $k>0.5$ 时

$$F=1-\frac{0.165}{1+\dfrac{0.001\,681}{k^2}}-\frac{0.335}{1+\dfrac{0.102\,4}{k^2}}$$

$$G=-\frac{1}{k}\left(\frac{0.006\,765}{1+\dfrac{0.001\,681}{k^2}}+\frac{0.107\,2}{1+\dfrac{0.102\,4}{k^2}}\right)$$

显然,当 $k\to\infty$ 时,$F\to 0.5$,$G\to 0$。

以上近似公式 $F(k)$ 的误差在 $-2.1\%\sim2.6\%$。而 $G(k)$ 的误差对于 $k<0.5$ 及 $k>0.5$ 是不同的,当 $k<0.5$ 时的误差为 $8.5\%\sim13.5\%$;当 $k>0.5$ 时的误差为 $10\%\sim11\%$。

气动力和力矩表达式中各项的物理意义可作如下解释。

式(6.67)第一个括号内的项可以改写为

$$\frac{\mathrm{d}}{\mathrm{d}t}(\dot{h}-ab\dot{\alpha}+V\alpha)$$

它代表机翼以机翼中点的速度做平移运动时以及有迎角 α 时所引起的下洗加速度,它与气流质量 $\pi\rho b^2$ 的乘积就可看作是机翼振动时带动空气和它一起振动而产生的惯性反作用力,这些力的合力作用点将通过机翼的中点,设用 L_1 表示。如果略去 $C(k)$ 的作用,则式(6.67)中的第二项就与准定常理论的升力一致,设用 L_2 来表示,它代表由环量而产生的升力,正比于 3/4 弦长点处的下洗,而合力则通过气动力中心。不难想到,$C(k)$ 是由于考虑了自由涡的作用而引起的修正项,这种修正不仅表示升力的大小将有改变,而且还表示升力将落后于运动一个相位差。

力矩表达式(6.68)的第一项,显然是由于 L_1 所产生的对弯心的力矩。第二项是准定常理论中所指示过的阻尼力矩。第三项可看作是由机翼围绕中点做角加速运动而引起的气流的惯性反作用力矩。而第四项是由 L_2 所产生的对弯心的力矩。

现在说明为什么自由涡对于升力 L_2 的修正与减缩频率 k 有关。这是因为减缩频率 k 表征着流动随着时间变化的特征。冯·卡门曾经给出过如下的解释:设想机翼上有一点处发生一扰动,并且与机翼一起振动,受到扰动影响的流体将以平均速度 V 向下游流去。设机翼与扰动的振动角频率是 ω,于是扰动的波长将是 $2\pi V/\omega$,因此,比值 $2b/(2\pi V/\omega)=b\omega/\pi V$,与减缩频率成正比,并说明了 k 代表机翼特征长度 $2b$ 与扰动波长的比。换句话说,k 表征着机翼上其他各点感受扰动的方式。由于振动机翼上每一点都扰动着气流,因此可以说减缩频率 k 表征着机翼各点处运动之间的相互影响作用。

在计算时采用式(6.67)及式(6.68)的形式是不方便的,但注意到,在简谐振动时,有

$$h = h_0 e^{i\omega t} \tag{6.72}$$

$$\alpha = \alpha_0 e^{i\omega t} \tag{6.73}$$

该式也可以用复数表示,表示它们之间可以存在相位差;这里用 h 与 α 代表振幅,把它们代入式(6.67)及式(6.68)中,经过整理可得

$$L = \pi\rho b^3\omega^2\left\{L_h \frac{h}{b} + \left[L_\alpha - \left(\frac{1}{2}+a\right)L_h\right]\alpha\right\} \tag{6.74}$$

$$M_E = \pi\rho b^4\omega^2\left\{\left[M_h - \left(\frac{1}{2}+a\right)L_h\right]\frac{h}{b} + \left[M_\alpha - \left(\frac{1}{2}+a\right)(L_\alpha + M_h) + \left(\frac{1}{2}+a\right)^2 L_h\right]\alpha\right\} \tag{6.75}$$

式中

$$L_h = 1 - i\frac{2}{k}[F(k) + iG(k)]$$

$$L_\alpha = \frac{1}{2} - i\frac{1}{k}\{1 + 2[F(k) + iG(k)]\} - \frac{2}{k}[F(k) + iG(k)]$$

$$M_h = \frac{1}{2}$$

$$M_\alpha = \frac{3}{8} - i\frac{1}{k}$$

当有副翼偏转时,上述结果可以推广成

$$L = \pi\rho b^3\omega^2\left\{L_h \frac{h}{b} + \left[L_\alpha - \left(\frac{1}{2}+a\right)L_h\right]\alpha + [L_\beta - (c-e)L_z]\beta\right\}$$

$$M = \pi\rho b^4\omega^2\left\{\left[M_h - \left(\frac{1}{2}+a\right)L_h\right]\frac{h}{b} + \left[M_\alpha - \left(\frac{1}{2}+a\right)(L_\alpha + M_h)\right] + \left(\frac{1}{2}+a\right)^2 L_h\right]\alpha + \left[M_\beta - \left(\frac{1}{2}+a\right)L_\beta - (c-e)M_z + (c-e)\left(\frac{1}{2}+a\right)L_z\right]\beta\right\}$$

副翼的铰链力矩 T(抬头为正)为

$$T = \pi\rho b^4\omega^2\left\{[T_h - (c-e)P_h]\frac{h}{b} + \left[T_\alpha - (c-e)P_\alpha - \left(\frac{1}{2}+a\right)T_h + \left(\frac{1}{2}+a\right)(c-e)P_h\right]\alpha + [T_\beta - (c-e)(P_\beta + T_z) + (c-e)^2 P_z]\beta\right\}$$

式中,系数 L_h、L_α、L_β 等都是 $\frac{1}{k} = \frac{V}{b\omega}$ 的函数。

为了计算方便,所有相关的气动力系数均已制成表格,在需要时可以查阅 *Army Air Force* TR4789 或 Scanlan 和 Rosenbaum 著的 *Introduction to the Study of Aircraft Vibration and Flutter* 一书的附录,此处仅摘录了不可压缩流情况的一小部分系数,见表6.2。该表对不同 k 值列出 L_h、L_α、M_h 和 M_α 值,这些系数有些是复数,其虚数部分表示与相应位移有相位差的那些气动力,它的正负号取决于气动力是激振力还是起阻尼作用的气动力。

表 6.2　不可压缩流中的颤振气动力和系数

k	$1/k=V/b\omega$	L_h	L_α	M_h	M_α
∞	0.00	1.000 0+0.000 0i	0.500 0+0.000 0i	0.500 0	0.375 0+0.000 0i
4	0.25	0.984 8−0.251 9i	0.421 8−0.942 3i	0.500 0	0.375 0−0.250 0i
2	0.50	0.942 3−0.512 9i	0.185 8−0.984 1i	0.500 0	0.375 0−0.500 0i
1.2	0.83	0.853 8−0.883 3i	−0.382 3−1.594 9i	0.500 0	0.375 0−0.833 3i
0.8	1.25	0.708 8−1.385 3i	−1.522 8−2.271 2i	0.500 0	0.375 0−1.250 0i
0.6	1.67	0.540 7−1.929 3i	−3.174 9−2.830 5i	0.500 0	0.375 0−1.666 7i
0.5	2.00	0.397 2−2.391 6i	−4.886 0−3.186 0i	0.500 0	0.375 0−2.000 0i
0.4	2.50	0.175 2−3.125 0i	−8.137 5−3.562 5i	0.500 0	0.375 0−2.500 0i
0.34	2.94	−0.022 1−3.805 3i	−11.714 0−3.739 6i	0.500 0	0.375 0−2.941 2i
0.3	3.33	−0.195 0−4.433 3i	−15.473 0−3.782 2i	0.500 0	0.375 0−3.333 3i
0.27	3.75	−0.379 8−5.108 4i	−20.033 7−3.684 7i	0.500 0	0.375 0−3.750 0i
0.24	4.17	−0.552 0−5.824 2i	−25.319 0−3.526 0i	0.500 0	0.375 0−4.166 7i
0.2	5.00	−0.886 0−7.276 0i	−37.766 5−2.846 0i	0.500 0	0.375 0−5.000 0i
0.16	6.25	−1.345 0−9.535 0i	−61.437 0−1.128 8i	0.500 0	0.375 0−6.250 0i
0.12	8.33	−2.002 0−13.438 5i	−114.492 0+3.242 0i	0.500 0	0.375 0−8.333 3i
0.1	10.00	−2.446 0−16.640 0i	−169.346 0+7.820 0i	0.500 0	0.375 0−10.000 0i
0.08	12.50	−3.010 0−21.510 0i	−272.410 0+16.115 0i	0.500 0	0.375 0−12.500 0i
0.06	16.67	−3.753 0−29.733 3i	−499.853 0+32.822 2i	0.500 0	0.375 0−16.666 7i

6.7　线性非定常气动力的时域建模方法

前面介绍的非定常气动力计算方法，如 Theodorson 理论、偶极子格网法等，在气动弹性工程分析中得到了广泛应用。但需要注意的是，这些方法都有一个较强的前提假设，即结构以频率 w 做简谐振动。因此，应用这些方法得到的气动力是频域形式的非定常气动力影响系数矩阵，矩阵中的元素是与减缩频率($k=wb/V$)有关的复数。这种频域形式使得非定常气动力的应用场景受到了限制。例如：在动气动弹性响应问题中，需要考虑飞行器任意运动的非定常气动力；弹性飞行器飞行仿真中，需要时域形式的非定常气动力；在气动弹性主动控制(如颤振主动抑制、载荷主动减缓等)中，为了应用线性系统理论、现代控制及鲁棒控制等理论，需要将气动弹性系统表述成时域状态空间形式。

基于以上原因，我们需要想办法将非定常气动力从频域形式转化为时域形式。这种转化由两步组成：一是采用有理函数拟合(RFA)技术，将气动力影响系数从频域延拓至拉普拉斯域；二是通过反拉普拉斯变换，将拉普拉斯域的非定常气动力变成时域的状态空间形式。常用的非定常气动力有理函数拟合方法有最小二乘(LS)法、修正矩阵 Pade 法以及最小状态(MS)法等，这些方法在气动力增广维数和拟合精度方面各有差异。一般来说，MS 法引入的气动力增广维数少，且具有较高的拟合精度，适用于低阶系统的建模。这里以最小二乘法为例来介绍非定常气动力时域建模的基本思路。

根据本章前面所述,对于一个广义坐标个数为 n 的气动弹性系统,广义非定常气动力可写成以下的形式:

$$\boldsymbol{f}=\frac{1}{2}\rho V^2\boldsymbol{A}(k)\boldsymbol{q} \tag{6.76}$$

其中,$\boldsymbol{q}$ 为 $n\times1$ 的广义坐标向量,$\boldsymbol{f}$ 为 $n\times1$ 的广义气动力向量,ρ 为空气密度,V 为空速,$\boldsymbol{A}$ 为 $n\times n$ 的广义非定常气动力影响系数(GAIC)矩阵,其元素是与减缩频率 k 有关的复数。通常,应用非定常气动力数值计算方法,可以得到对应于若干个减缩频率的广义气动力系数矩阵,即 $\boldsymbol{A}(k_l)$,$l=1,2,\cdots,L$,且记

$$\boldsymbol{A}(k_l)=\boldsymbol{F}(k_l)+\mathrm{i}\boldsymbol{G}(k_l) \tag{6.77}$$

其中,$\boldsymbol{F}(k_l)$、$\boldsymbol{G}(k_l)$分别为广义气动力影响系数矩阵的实部和虚部,它们是 $n\times n$ 的实矩阵。

考虑采用以下关于拉氏变量 s 的有理函数来拟合广义非定常气动力系数矩阵:

$$\boldsymbol{A}(s)=\boldsymbol{A}_0+\frac{bs}{V}\boldsymbol{A}_1+\left(\frac{bs}{V}\right)^2\boldsymbol{A}_2+\sum_{j=1}^{m}\frac{s\boldsymbol{E}_j}{s+\dfrac{V}{b}r_j} \tag{6.78}$$

其中,b 为参考半弦长,m 为气动力滞后根个数,r_i 为事先选定的气动力滞后根(正实数),$\boldsymbol{A}_0$、$\boldsymbol{A}_1$、$\boldsymbol{A}_2$ 和 $\boldsymbol{E}_j(j=1,2,\cdots,m)$为待定的 $n\times n$ 的实矩阵。在简谐振动时,即 $s=\mathrm{i}w_l=\mathrm{i}k_l\dfrac{V}{b}(l=1,2,\cdots,L)$,由式(6.78)得到的 $\boldsymbol{A}_0$ 值应等于 $\boldsymbol{A}(k_j)$,即

$$\boldsymbol{A}_0+\mathrm{i}k_l\boldsymbol{A}_1-k_l^2\boldsymbol{A}_2+\sum_{j=1}^{m}\frac{\mathrm{i}k_l\boldsymbol{E}_j}{r_j+\mathrm{i}k_l}=\boldsymbol{A}(k_l),\quad l=1,2,\cdots,L \tag{6.79}$$

将方程(6.79)两端按实部、虚部拆开,可变成以下 $2L$ 个方程:

$$\begin{cases}\boldsymbol{A}_0-k_l^2\boldsymbol{A}_2+\displaystyle\sum_{j=1}^{m}\frac{k_l^2}{r_j^2+k_l^2}\boldsymbol{E}_j=\boldsymbol{F}(k_l)\\ k_l\boldsymbol{A}_1+\displaystyle\sum_{j=1}^{m}\frac{k_lr_j}{r_j^2+k_l^2}\boldsymbol{E}_j=\boldsymbol{G}(k_l)\end{cases},\quad l=1,2,\cdots,L \tag{6.80}$$

在式(6.80)中,可以把 $\boldsymbol{A}_0$、$\boldsymbol{A}_1$、$\boldsymbol{A}_2$ 和 $\boldsymbol{E}_j(j=1,2,\cdots,m)$看成是 $m+3$ 个待定的未知数,而方程个数为 $2L$。在一般情况下方程个数大于未知数个数,因此这是一个矛盾方程组。根据矩阵理论,可以采用最小二乘法得到使得该方程误差平方最小的最优解。

再将式(6.80)改写成如下矩阵形式:

$$\begin{bmatrix}\boldsymbol{I} & \boldsymbol{0} & -k_1^2\boldsymbol{I} & \dfrac{k_1^2}{r_1^2+k_1^2}\boldsymbol{I} & \cdots & \dfrac{k_1^2}{r_m^2+k_1^2}\boldsymbol{I}\\ \vdots & \vdots & \vdots & \vdots & \cdots & \vdots\\ \boldsymbol{I} & \boldsymbol{0} & -k_L^2\boldsymbol{I} & \dfrac{k_L^2}{r_1^2+k_L^2}\boldsymbol{I} & \cdots & \dfrac{k_L^2}{r_m^2+k_L^2}\boldsymbol{I}\\ \boldsymbol{0} & k_1\boldsymbol{I} & \boldsymbol{0} & \dfrac{r_1k_1}{r_1^2+k_1^2}\boldsymbol{I} & \cdots & \dfrac{r_mk_1}{r_m^2+k_1^2}\boldsymbol{I}\\ \vdots & \vdots & \vdots & \vdots & \cdots & \vdots\\ \boldsymbol{0} & k_L\boldsymbol{I} & \boldsymbol{0} & \dfrac{r_1k_L}{r_1^2+k_L^2}\boldsymbol{I} & \cdots & \dfrac{r_mk_L}{r_m^2+k_L^2}\boldsymbol{I}\end{bmatrix}\cdot\begin{bmatrix}\boldsymbol{A}_0\\ \boldsymbol{A}_1\\ \boldsymbol{A}_2\\ \boldsymbol{E}_1\\ \vdots\\ \boldsymbol{E}_m\end{bmatrix}=\begin{bmatrix}\boldsymbol{F}(k_1)\\ \vdots\\ \boldsymbol{F}(k_L)\\ \boldsymbol{G}(k_1)\\ \vdots\\ \boldsymbol{G}(k_L)\end{bmatrix} \tag{6.81}$$

为了方便起见，上式简记为

$$PX = Y \tag{6.82}$$

在式(6.82)中，矩阵 $\boldsymbol{X}$ 的维数为 $n(m+3)\times n$，矩阵 $\boldsymbol{Y}$ 的维数为 $2nL\times n$，矩阵 $\boldsymbol{P}$ 的维数为 $2nL\times n(m+3)$。根据矩阵理论，该方程的最小二乘解为

$$X = (P^{\mathrm{T}}P)^{-1}P^{\mathrm{T}}Y \tag{6.83}$$

求得矩阵 $\boldsymbol{X}$ 后，将其分成 $m+3$ 块，则可得系数矩阵 $\boldsymbol{A}_0$、$\boldsymbol{A}_1$、$\boldsymbol{A}_2$ 和 $\boldsymbol{E}_j(j=1,2,\cdots,m)$。

求得式(6.78)中的待定系数矩阵后，现在通过反拉普拉斯变换，将拉普拉斯域的非定常气动力变成时域的状态空间形式。将式(6.78)代入式(6.76)中，有

$$\boldsymbol{f} = \frac{1}{2}\rho V^2\left[\boldsymbol{A}_0\boldsymbol{q} + \frac{bs}{V}\boldsymbol{A}_1\boldsymbol{q} + \left(\frac{bs}{V}\right)^2\boldsymbol{A}_2\boldsymbol{q} + \sum_{j=1}^{m}\frac{s\boldsymbol{E}_j\boldsymbol{q}}{s+\dfrac{V}{b}r_j}\right] \tag{6.84}$$

引入 m 个气动力增广状态向量 $\boldsymbol{x}_j(j=1,2,\cdots,m)$，且令

$$\boldsymbol{x}_j = \frac{s\boldsymbol{E}_j\boldsymbol{q}}{s+\dfrac{V}{b}r_j},\quad j=1,2,\cdots,m \tag{6.85}$$

将式(6.85)做反拉普拉斯变换，有

$$\dot{\boldsymbol{x}}_j = -\frac{V}{b}r_j\boldsymbol{x}_j + \boldsymbol{E}_j\dot{\boldsymbol{q}},\quad j=1,2,\cdots,m \tag{6.86}$$

将式(6.84)做反拉普拉斯变换，并代入式(6.86)，得到时域上的广义气动力为

$$\boldsymbol{f}(t) = \frac{1}{2}\rho V^2\boldsymbol{A}_0\boldsymbol{q} + \frac{1}{2}\rho bV\boldsymbol{A}_1\dot{\boldsymbol{q}} + \frac{1}{2}\rho b^2\boldsymbol{A}_2\ddot{\boldsymbol{q}} + \frac{1}{2}\rho V^2\sum_{j=1}^{m}\dot{\boldsymbol{x}}_j \tag{6.87}$$

将式(6.86)与式(6.87)联立起来，实际上就得到了广义非定常气动力的状态空间形式，即

$$\begin{bmatrix}\dot{\boldsymbol{x}}_1\\ \vdots\\ \dot{\boldsymbol{x}}_m\\ \boldsymbol{f}\end{bmatrix} = \begin{bmatrix}-\dfrac{V}{b}r_1\boldsymbol{I} & \boldsymbol{0} & \boldsymbol{0}\\ \vdots & \ddots & \vdots\\ \boldsymbol{0} & \boldsymbol{0} & -\dfrac{V}{b}r_m\boldsymbol{I}\\ \dfrac{1}{2}\rho V^2\boldsymbol{I} & \dfrac{1}{2}\rho V^2\boldsymbol{I} & \dfrac{1}{2}\rho V^2\boldsymbol{I}\end{bmatrix}\begin{bmatrix}\boldsymbol{x}_1\\ \vdots\\ \boldsymbol{x}_m\end{bmatrix} + \begin{bmatrix}\boldsymbol{0} & \boldsymbol{E}_1 & \boldsymbol{0}\\ \vdots & \vdots & \vdots\\ \boldsymbol{0} & \boldsymbol{E}_m & \boldsymbol{0}\\ \dfrac{1}{2}\rho V^2\boldsymbol{A}_0 & \dfrac{1}{2}\rho bV\boldsymbol{A}_1 & \dfrac{1}{2}\rho b^2\boldsymbol{A}_2\end{bmatrix}\begin{bmatrix}\boldsymbol{q}\\ \dot{\boldsymbol{q}}\\ \ddot{\boldsymbol{q}}\end{bmatrix} \tag{6.88}$$

从式(6.88)可以看出，采用最小二乘(LS)法得到的时域气动力模型具有 $m\times n$ 个气动力状态量，这可能会给后续的设计或仿真带来一定复杂性。

【例 6.1】 如图 6.9 所示的悬臂矩形机翼，展长为 3 m，弦长为 2 m，其结构为厚度 0.02 m 的铝板，材料弹性模量为 70 GPa，密度为 2 700 kg/m³。气动网格划分如图 6.9 所示，该结构的前 2 阶固有模态的振型如图 6.10 所示。

现采用亚声速偶极子格网法来计算该机翼的非定常气动力。当 $Ma=0.0$，参考弦长取为 2.0 m 时，计算得到以下不同减缩频率处的广义气动力系数矩阵：

```
k = 0.05
    0.867584E-03 - 0.167664E-02 * i     -0.606693E-01 - 0.371604E-02 * i
    0.674453E-03 + 0.194166E-02 * i      0.710033E-01 - 0.285405E-02 * i
```

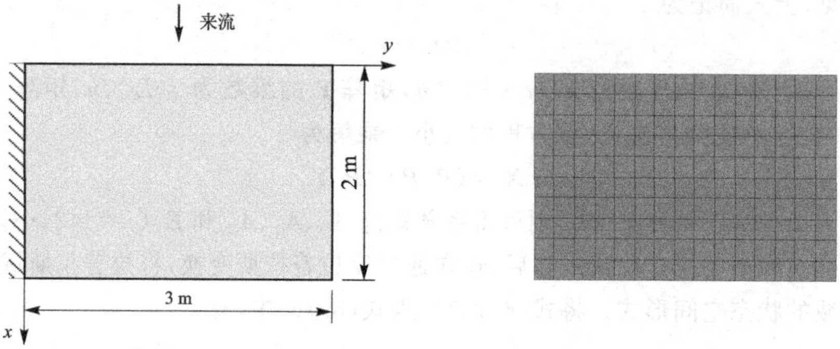

图 6.9　矩形机翼外形及气动网格

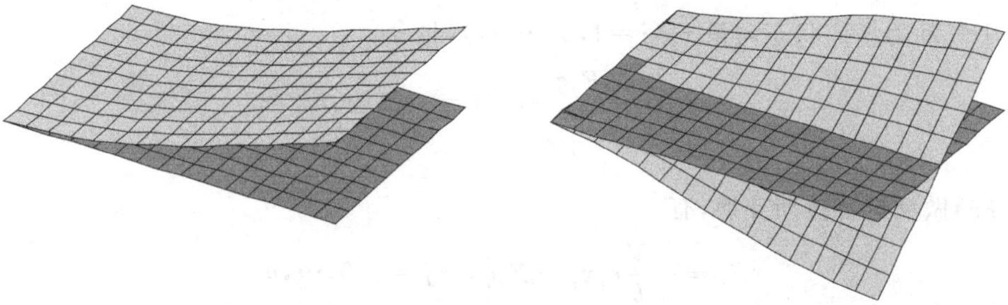

图 6.10　矩形机翼外形及气动网格

```
k = 0.10
    0.103830E-02 - 0.331919E-02 * i      -0.601703E-01 - 0.769363E-02 * i
    0.773563E-03 + 0.384523E-02 * i       0.705837E-01 - 0.541381E-02 * i
k = 0.15
    0.135171E-02 - 0.491870E-02 * i      -0.595763E-01 - 0.118916E-01 * i
    0.906390E-03 + 0.570067E-02 * i       0.701498E-01 - 0.772363E-02 * i
k = 0.20
    0.182433E-02 - 0.647514E-02 * i      -0.589574E-01 - 0.162633E-01 * i
    0.105436E-02 + 0.750786E-02 * i       0.697793E-01 - 0.983356E-02 * i
k = 0.30
    0.328784E-02 - 0.947514E-02 * i      -0.577712E-01 - 0.253623E-01 * i
    0.134917E-02 + 0.109952E-01 * i       0.693679E-01 - 0.136294E-01 * i
k = 0.40
    0.547462E-02 - 0.123573E-01 * i      -0.567205E-01 - 0.347280E-01 * i
    0.160340E-02 + 0.143483E-01 * i       0.694680E-01 - 0.170759E-01 * i
......
```

选取 2 个气动力滞后根：$r_1=0.2$，$r_2=0.6$，通过上述方法可以求得各系数矩阵 $\boldsymbol{A}_0$、$\boldsymbol{A}_1$、$\boldsymbol{A}_2$ 和 $\boldsymbol{E}_1$、$\boldsymbol{E}_2$。为了检验气动力有理函数拟合的效果，画出拟合函数与计算数值的对比，如图 6.11 所示。

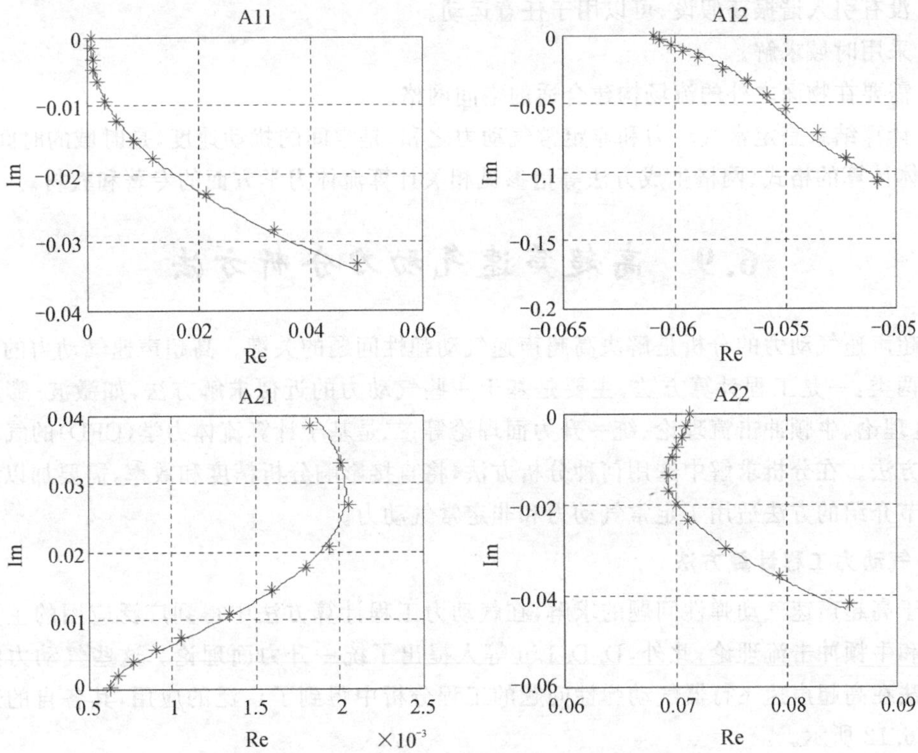

图 6.11　广义气动力系数矩阵的有理函数拟合

6.8　非线性非定常方程求解的基本特点

本章介绍了亚、超声速线性频域非定常气动力的典型计算方法，它们的基本特点如下：

① 基于小扰动线化速度势方程、边界条件和压力系数表达式。

② 只考虑反对称问题，即升力问题。

③ 没有考虑翼型厚度。

④ 只适用于谐振荡的情况。

⑤ 使用基本解叠加的方法，只需在物面划分网格，把求解速度势方程(偏微分方程)的问题，转化为求解积分方程的问题。

⑥ 计算结果只有非定常气动力，没有定常气动力；结果是翼面表面的压力系数差，结果形式是频域中的复数形式，有幅值和相位。

对于跨声速等情况的非线性非定常气动力计算，无论是基于非线性小扰动速度势方程，还是全速势方程、欧拉方程、$N-S$ 方程，都需要较强的计算条件。一般有两种计算方法，一种是求解偏微分方程，称为有限差分法；另一种是求解积分方程。比较起来，前者计算工作量大，但随着计算机硬件性能的提高，发展较快。此外，还有一些简化的近似计算方法。

有限差分法的基本特点如下：

① 直接求解非线性偏微分方程。

② 由于是非线性方程，叠加原理不能应用，故不再区分对称和反对称问题。

③ 没有引入谐振荡假设,可以用于任意运动。

④ 采用时域求解。

⑤ 需要在物面之外的流场构建合适的空间网格。

⑥ 计算结果是定常气动力和非定常气动力之和,是空间的扰动速度,是时域的时间历程。具体计算的格式、网格生成方法等请参见相关计算流体力学方面的专著和教材。

6.9 高超声速气动力分析方法

高超声速气动力的分析是解决高超声速气动弹性问题的关键。高超声速气动力的求解主要分为两类:一是工程计算方法,主要是基于一些气动力的近似求解方法,如激波-膨胀波理论、活塞理论、牛顿冲击流理论、统一升力面理论等;二是基于计算流体力学(CFD)的气动力数值求解方法。在分析求解中选用何种分析方法,将直接影响分析精度和效率,需要加以综合考虑。本节介绍的方法适用于定常气动力和非定常气动力。

1. 气动力工程计算方法

对于高超声速气动弹性问题的求解,在气动力工程计算方法中得到广泛应用的主要是活塞理论和牛顿冲击流理论;此外,D. D. Liu 等人提出了统一升力面理论。这些气动力的工程计算方法在高超声速飞行器气动弹性问题的工程分析中得到了广泛的应用,其各自的适用范围如图 6.12 所示。

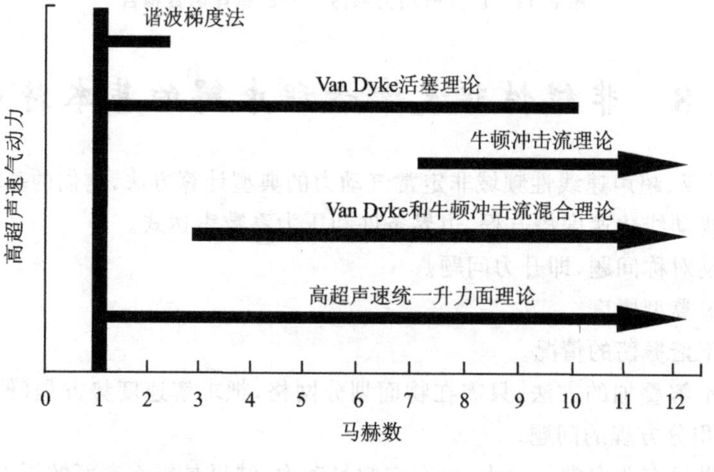

图 6.12 高超声速气动弹性计算用气动力工程分析理论

在高超声速飞行器气动弹性问题的求解中,对于低超声速可以采用谐波梯度法。该方法考虑了下洗的影响,但无法考虑翼型厚度的影响,它的适用范围较窄,主要在马赫数为 1.2～2.5 的范围内。

激波-膨胀波理论也是一种较简单的超声速/高超声速流气动力计算方法。它适用于二维尖前缘翼型,认为在翼面前缘和后缘产生激波,在翼面中段产生膨胀波。该理论基于等熵流动假设并认为气流与翼面不发生分离。

活塞理论是高超声速气动力近似理论中应用最为广泛的方法。该理论通过在小扰动速度势方程的基础上考虑物面形状简化而得出，经修正可适用于马赫数为 2.5～10 的气动力近似计算，其假设条件是：薄翼型、高飞行马赫数（$Ma \gg 1.0$）。活塞理论认为，机翼上某一点的扰动对其他点的影响很小，该点受到的压力只和当地下洗速度有关。活塞理论不考虑三维效应的影响，但可以考虑厚度的影响。活塞理论有多种，根据精度划分，活塞理论目前有一阶理论、二阶理论和三阶理论。

牛顿冲击流理论是一种适合计算高马赫数和大迎角情况下高超声速气动力的近似方法，其基本假设为：流动介质由一系列均匀分布、彼此无关的运动质点组成；质点与物面碰撞后相对于物面的法向动量损失转换为对物体的作用，而切向动量不变。一般认为，牛顿冲击流理论通常适合马赫数大于 7 情况下的气动力近似计算。

统一升力面理论综合了活塞理论和升力面理论的优点，既考虑了厚度的影响，同时又考虑了上洗流的影响，而且受马赫数的限制较小。但该方法目前在工程上的应用尚不普遍。

采用工程方法计算气动力具有计算速度快、计算效率高的特点，尽管每种近似方法均有其限定的适用范围，特别是与基于 CFD 技术的气动力计算方法相比，工程方法无法考虑高超声速流的黏性效应和真实气体效应，同时也不适用于构型较复杂的飞行器，但是通过选择适当的工程气动力计算方法，可以满足一般情况下小迎角等弱非线性问题的分析需求，因而上述的诸多工程方法已广泛应用于高超声速飞行器设计的各个阶段。

2. 气动力数值计算方法

近年来随着计算机技术的发展，基于欧拉和 N－S 方程直接求解的 CFD 技术越来越多地应用到高超声速气动力计算当中。通常认为，随着马赫数的增高，非线性效应的影响增大，线性分析方法已经不能提供足够的精度，需要采用 CFD 分析技术，并考虑黏性的影响。然而，针对飞行器整体的 CFD 分析方法与结构进行耦合求解时效率较低。这直接制约了其工程应用。

思考与练习

6.1 简述非线性小扰动速度势方程的求解思路。

6.2 简述偶极子格网法的基本求解思路，以及亚声速偶极子格网法与超声速偶极子格网法的区别。

6.3 基于线性小扰动位势流频域方程求解非定常气动力时，结构振动特性如何与流体控制方程结合？

6.4 分析非定常气动力的频域求解方法的理论基础、基本假设、实施途径。

6.5 从翼面附着涡和自由涡的角度说明非定常气动力与定常气动力的区别。

6.6 为什么谐振荡的线性非定常气动力是复数形式？

6.7 对于经典线性颤振，分析非定常气动力工程计算中的三个宏观假设的合理性。

6.8 简述非定常气动力在气动弹性（特别是颤振）分析中的作用。

6.9 如何理解非线性非定常气动力的基本特点？

6.10 简述高超声速气动力常用的不同分析方法的特点和区别。

本章参考文献

[1] 管德. 非定常空气动力计算.北京:北京航空航天大学出版社,1991.
[2] 杨超,吴志刚,谢长川.气动弹性设计基础.3版.北京航空航天大学出版社,2021.
[3] 管德.飞机气动弹性力学手册.北京:航空工业出版社,1994.
[4] 诸德超,陈桂彬,邹丛青.气动弹性力学.北京:航空工业部教材编审室,1986.
[5] 伏欣 H W.气动弹性力学原理.沈克扬,译.上海:上海科学技术文献出版社,1980.
[6] Bisplinghoff R L, Ashley H, Halfman R L. Aeroelasticity. [S. l.]: Addison-wesley Publ, comp., Inc., 1957.

第 7 章　气动弹性静力学

气动弹性静力问题研究飞行器在气动载荷作用下的变形，以及定常气动力所产生的静变形的稳定特性，并认为力和运动与时间无关。这类问题也称为静气动弹性问题(或简称静气弹问题)，静气动弹性变形决定着定常飞行条件下的载荷、升力分布、阻力、操纵效率、飞机的配平以及静稳定性和操纵性。它对于现代高性能飞行器的性能、操纵性和动稳定性等飞行品质也有不可忽视的影响。在处理静气动弹性问题时，通常可以不将时间作为一个独立变量，而采用定常气动力理论和方法来计算空气动力。与此同时，还认为结构的弹性变形是一个缓慢的过程，结构因弹性变形所引起的惯性力比气动力要小得多，运动引起的附加气动力也很小，均可略去不计。

第 2 章已经介绍了定常气动力的基础知识。本章在介绍静气动弹性基本概念的基础上，主要讨论静气动弹性问题的扭转发散、载荷重新分布、飞行载荷、气动导数弹性修正等问题的工程分析方法。针对高超声速飞行器，简要分析气动热与气动弹性耦合的关系、计算特点。

7.1　发　散

发散属于静气动弹性稳定性问题，其现象可以描述为：在一个完全确定的临界风速下，弹性升力系统受定常升力的作用，使其扭转变形不断扩大直至破坏。发散是前掠翼和长直机翼设计中的关键问题，由于弯扭耦合效应形成内洗作用，前掠气动布局形式具有较大的发散危险性。因此，计算、分析并提高其发散速度或消除发散是前掠翼和长直机翼设计中需要首先考虑的问题。

7.1.1　发散的基本原理

为了便于理解静气动弹性问题的现象和机理，以二元翼段作讨论的起点比较简洁。

所谓二元翼段，是一个刚硬的平直机翼的翼段。翼段的弯曲和扭转变形可以分别用剖面刚心(即翼段弹性轴)的上、下平移和剖面绕它的转动来表示。由于在气动弹性静力问题中，认为翼段的上、下平移不引起附加的气动力，因此，翼段的平移就可以不予考虑。在翼段的刚心处连有一个扭转弹簧，将这个弹簧固定到风洞壁上，这样，翼段可以绕刚心旋转。图 7.1 表示了一个最简单的二元翼段模型。

将上述二元翼段连同刚心处的扭转弹簧一起偏转一个初始角度 α_0，然后开启风洞，气流速度为 V。此时，由于翼段是弹性连接于支点上的，所以在气动力与弹簧力的作用下，翼段将在新的迎角 $\alpha(\alpha=\alpha_0+\theta)$ 下达到平衡(见图 7.1)。显然，附加的迎角 θ 是因为翼段具有弹性支持而产生的扭转变形，体现了弹性体在气流中的效应，所以，这是一种气动弹性效应。

不难设想，如果弹簧的刚度很大，或者风洞的流速很低，则扭角 θ 会很小；如果弹簧的刚度很小，或者翼段处于高速气流下，则扭角 θ 将很大，以至于会发生弹簧扭转超过极限而导致破坏的现象。

这个附加迎角 θ 与气流速度有密切的关系，这种关系，有时会达到极为敏感的程度。根据

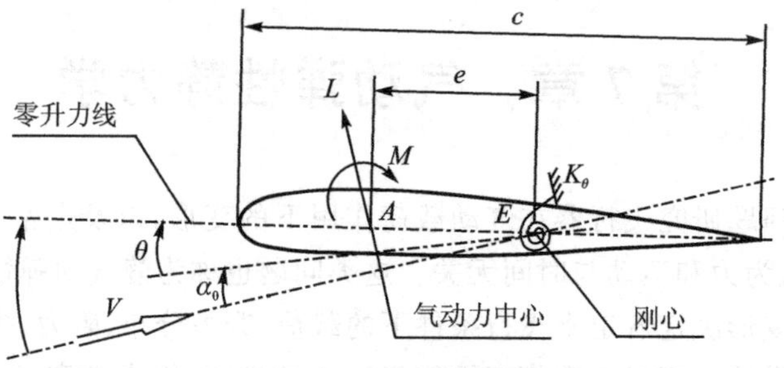

图 7.1　二元翼段

气动力理论,翼型上的二元(平面)流动的气动力可以表示为升力(作用于气动力中心 A,向上为正)和绕 A 点的力矩 M_A(抬头为正,与迎角无关)。所以,可得到升力和绕刚心的气动力矩分别为

$$L = C_L qS = \frac{\partial C_L}{\partial \alpha}(\alpha_0 + \theta)qS \tag{7.1}$$

$$M = M_A + Le \tag{7.2}$$

式中　C_L——升力系数;

q——气流动压,$q=\frac{1}{2}\rho V^2$,ρ 为空气密度;

S——翼段参考面积;

M——绕刚心的气动力矩;

e——以气动力中心 A 为起点至刚心的距离,向后为正;

$\frac{\partial C_L}{\partial \alpha}$——翼段升力线斜率。

事实上,在不影响问题本质的前提下,不妨假定 $M_A=0$,于是绕刚心的气动力矩成为

$$Le = C_L qSe = \frac{\partial C_L}{\partial \alpha}(\alpha_0 + \theta)qSe \tag{7.3}$$

根据气动力矩与弹簧力矩平衡的条件,可以写出平衡方程

$$K_\theta \theta = \frac{\partial C_L}{\partial \alpha}(\alpha_0 + \theta)qSe \tag{7.4}$$

式中,K_θ 是扭转弹簧常数。进一步处理成

$$\left(K_\theta - \frac{\partial C_L}{\partial \alpha}eqS\right)\theta = \frac{\partial C_L}{\partial \alpha}eqS\alpha_0 \tag{7.5}$$

由此解得

$$\theta = \frac{\frac{\partial C_L}{\partial \alpha}eqS\alpha_0}{K_\theta - \frac{\partial C_L}{\partial \alpha}eqS} \tag{7.6}$$

由式(7.6)可以看出,当动压 q 达到某一特定值时,式(7.6)的分母项成为零,θ 就趋于无穷大,翼段成为扭转不稳定的。这种现象称为扭转发散。显然,在变形达到无穷大之前,弹簧早已破坏了。可见式(7.6)分母为零的条件就是扭转发散的"发散条件",即发散条件可表示为

$$K_\theta - \frac{\partial C_L}{\partial \alpha} eqS = 0 \tag{7.7}$$

由此可得发散动压为

$$q_D = \frac{K_\theta}{\dfrac{\partial C_L}{\partial \alpha} eS} \tag{7.8}$$

又因为动压为$\frac{1}{2}\rho V^2$，故可求得发散速度为

$$V_D = \sqrt{\frac{2K_\theta}{\rho \dfrac{\partial C_L}{\partial \alpha} eS}} \tag{7.9}$$

分析式(7.8)可以发现，当e是负值时，即刚心移至气动中心之前时，q_D为负，没有物理意义，这说明此时二元翼段在任何动压下都是气动弹性扭转稳定的。正因为如此，对于超声速的情况，由于气动中心后移，刚心到了气动中心之前，扭转发散的危险就大为降低了，可见，扭转发散是典型的亚声速现象。同时，式(7.8)还表明，发散动压q_D与初始迎角α_0无关。所以，可以进一步令方程(7.5)的等号右边为零来研究这一现象。当$\alpha_0=0$时，方程(7.5)成为

$$\left(K_\theta - \frac{\partial C_L}{\partial \alpha} eqS\right)\theta = 0 \tag{7.10}$$

这是一个以θ为变量的齐次方程。这个方程除有$\theta=0$的解之外，还可以是任意非零解，其条件则是式(7.10)中θ的系数等于零。该条件可表示为

$$K_\theta - \frac{\partial C_L}{\partial \alpha} eqS = 0 \tag{7.11}$$

由上式可解得使θ具有非零解的动压q，这一动压就是式(7.10)表示的发散动压q_D，而式(7.11)也正是发散条件式(7.7)。

从以上分析不难看出，提高机翼扭转发散速度的方法有两种：一是改进结构受力方式，使弹性轴(刚轴)前移，尽量与气动力中心接近；二是提高机翼的扭转刚度。因此，保证机翼具有充分的刚度，其重要性不亚于保证结构具有充分的强度。

7.1.2　翼根固支机翼的扭转发散

处理扭转发散问题可以认为是静气动弹性中最简单的一个。很多基本的方法和概念都可以用它说明。所以，为了简化问题的描述，本节中气动力采用"片条"假设。处理一个长直机翼，利用微分方程是一个常见的方法，特别是它的数学处理较为方便。

为了简单起见，假设机翼各剖面的刚心位于同一直线上(称为弹性轴)，如图7.2所示。大部分长直机翼可以认为是一个根部固支的弹性梁，其弹性轴垂直于翼根。气动中心线与弹性轴间距为$e(y)$，重心线与弹性轴间距为$d(y)$。假设气动中心线和重心线在弹性轴之前为正。l为半展长。

气动力采用片条假设以简化关系方程。所谓片条理论，即假定在展向位置y处翼剖面的局部升力系数$C_L(y)$只与局部迎角$\alpha(y)$成正比，而与其他剖面无关，亦即机翼上各剖面的气流都只是沿翼型做二元平面流动，而不考虑气流沿展向流动的三元效应。据此假设，其升力系数为

$$C_L(y)=\left(\frac{\partial C_L}{\partial \alpha}\right)_{\infty}\alpha(y)$$

式中，$\left(\frac{\partial C_L}{\partial \alpha}\right)_{\infty}$是无限翼展(二元翼型)的升力线斜率；对于不可压流平板，一般取为2π。同时，假定机翼没有几何扭转，即各翼剖面处有共同的初始迎角α。

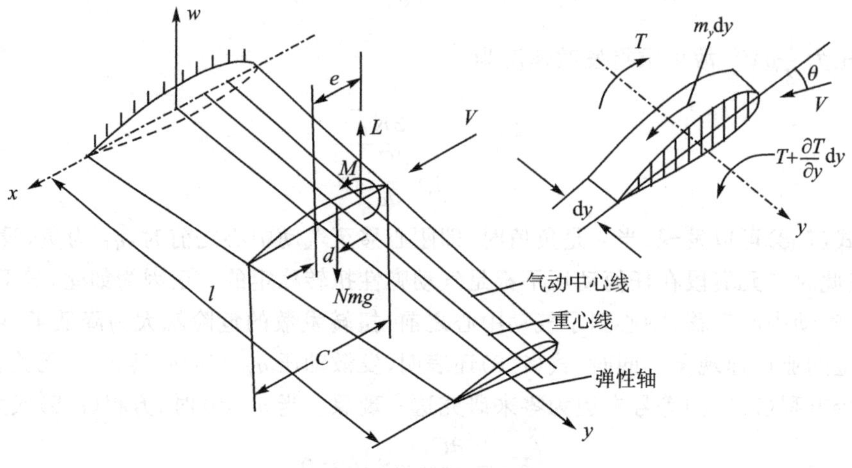

图7.2　长直机翼

根据梁的理论，对于如图7.2所示的微段，可有下列扭矩平衡微分方程

$$\left(T+\frac{\mathrm{d}T}{\mathrm{d}y}\mathrm{d}y\right)+m_y\mathrm{d}y-T=0 \tag{7.12}$$

即

$$\frac{\mathrm{d}T}{\mathrm{d}y}=-m_y \tag{7.13}$$

式中，m_y是作用于单位展长上的外力矩。同前述一样，考虑到气动弹性的影响，微段在气动力矩与弹性扭矩的作用下，迎角由初始的α_0变到新的迎角$\alpha_0+\theta(y)$下达到平衡。在这一迎角下，微段上的外力矩成为

$$m_y=\frac{\partial C_L}{\partial \alpha}[\alpha_0+\theta(y)]qC(y)e(y)+C_{m0}(y)C^2(y)q-Nmg(y)d(y) \tag{7.14}$$

将上式代入式(7.13)，得

$$\frac{\mathrm{d}}{\mathrm{d}y}\left[GJ(y)\frac{\mathrm{d}\theta}{\mathrm{d}y}\right]=-\left\{\frac{\partial C_L}{\partial \alpha}[\alpha_0+\theta(y)]qC(y)e(y)+C_{m0}(y)C^2(y)q-Nmg(y)d(y)\right\} \tag{7.15}$$

或(均略写了以y为自变量的函数关系)

$$\frac{\mathrm{d}}{\mathrm{d}y}\left(GJ\frac{\mathrm{d}\theta}{\mathrm{d}y}\right)+\frac{\partial C_L}{\partial \alpha}qCe\theta=-\left(\frac{\partial C_L}{\partial \alpha}\alpha_0 qCe+C_{m0}C^2q-Nmgd\right) \tag{7.16}$$

式中　$\theta(y)$——机翼的弹性扭角，是y的函数，抬头为正；

$GJ(y)$——机翼扭转刚度；

$\frac{\partial C_L}{\partial \alpha}$——升力线斜率；

$C_{m0}(y)$——绕气动中心的零升力矩系数；

$C(y)$——剖面弦长；

$e(y)$——剖面气动力中心到刚心的距离；

$d(y)$——剖面重心到刚心的距离；

$mg(y)$——翼段单位长度的重量；

N——过载系数。

相应地，机翼边界条件为

$$\left.\begin{aligned} y=0, \quad \theta=0 \\ y=l, \quad \frac{\mathrm{d}\theta}{\mathrm{d}y}=0 \end{aligned}\right\} \tag{7.17}$$

通过7.1.1节的讨论，可以了解到求解扭转发散的问题其本质是解决气动弹性静稳定性问题，式(7.16)是一个具有变系数的线性微分方程，等号右边是一个与变形 θ 无关的项。保留平衡方程(7.16)中与变形 θ 有关的项，而令其他项均为零，从而求得临界动压 q_D。也就是说，只需求解方程(7.16)所对应的齐次方程

$$\frac{\mathrm{d}}{\mathrm{d}y}\left(GJ\frac{\mathrm{d}\theta}{\mathrm{d}y}\right)+\frac{\partial C_L}{\partial \alpha}qCe\theta=0 \tag{7.18}$$

当 GJ、C、e、$\frac{\partial C_L}{\partial \alpha}$ 均为常数时，该机翼简化为均匀梁的情况(也称均匀机翼)，上式可简化为

$$\left.\begin{aligned} \frac{\mathrm{d}^2\theta}{\mathrm{d}y^2}+\lambda^2\theta=0 \\ \lambda^2=\frac{qCe}{GJ}\frac{\partial C_L}{\partial \alpha} \end{aligned}\right\} \tag{7.19}$$

式(7.18)或式(7.19)代表了一个特征值问题。只有当 q 达到某些特定值(即特征值)时，θ 才具有满足边界条件式(7.17)的非零解。这样的 θ 称为特征函数。显然，取其最小的特征值 q_D 即为发散动压，这是因为对于发散问题，只有最小值才有实用意义。当 $q<q_D$ 时，平衡是稳定的；当 $q=q_D$ 时，机翼一旦受到扰动，便处于随遇平衡；而当 $q>q_D$ 时，则平衡失去稳定。

同时，由式(7.19)的第二式可以看出，若刚心位于气动中心之前，即 $e<0$ 时，λ^2 成为负值，此时式(7.19)不可能有非零解，所以机翼不会发生发散现象。

对于均匀机翼，齐次方程(7.19)可获得精确解。其通解为

$$\theta(y)=A\sin\lambda y+B\cos\lambda y \tag{7.20}$$

引入边界条件式(7.17)后，得到

$$B=0$$

$$A\cos\lambda l=0$$

于是有特征方程

$$\cos\lambda l=0$$

它具有无限多个特征值

$$\lambda_i l=(2i+1)\frac{\pi}{2}, \quad i=0,1,2,\cdots,\infty$$

相应的特征函数(可取 A 为1)是

$$\theta_i(y)=\sin\lambda_i y, \quad i=1,2,\cdots,\infty$$

它表示机翼处于随遇平衡的形态。将最小特征值$\lambda_1\left(\lambda_1=\dfrac{\pi}{2l}\right)$代入式(7.19),即是发散动压

$$q_{\mathrm{D}}=\frac{\lambda_1^2}{\dfrac{Ce}{GJ}\dfrac{\partial C_L}{\partial \alpha}}=\frac{\pi^2 GJ}{4l^2 Ce\dfrac{\partial C_L}{\partial \alpha}} \tag{7.21}$$

发散速度为

$$V_{\mathrm{D}}=\frac{\pi}{2l}\sqrt{\frac{2GJ}{\rho Ce\dfrac{\partial C_L}{\partial \alpha}}} \tag{7.22}$$

对比式(7.9)和式(7.22)发现,二者具有相同的形式,所以可以把$\dfrac{\pi^2 GJ}{4l}$称为有效刚度。

对于上式,在如图7.2所示机翼中,可以推断出在设计中怎样提高发散速度,具体说就是:减小气动中心与弹性轴的距离。若弹性轴与气动中心重合,气动载荷就不会引起扭转,则发散就不会发生。若弹性轴位于气动中心之前,则气动力矩将成为负值。因此翼尖扭转时前缘向下的发散也不会发生,但这在实际飞行器设计中实现具有一定的困难。因此,在气动弹性设计中必须考虑发散问题。增加扭转刚度GJ会有效地提高发散速度,所以具有足够的扭转刚度才是关键。

7.1.3 发散工程分析方法

前面以简化的二元翼段和长直机翼为例,对发散的基本原理进行了介绍。但实际工程中的机翼往往比这复杂得多,需要采用工程分析方法。在工程实践中常采用两类方法对发散进行计算,一类是静法,另外一类则是动法。其中静法也称柔度法,动法则包含模态法和颤振法(利用颤振方程求解发散速度)。相对于柔度法,利用模态法或颤振法有许多便利之处,因为它们不需要像柔度法那样求解阶次很高的矩阵的特征值,只要选择所需的前几阶模态即可,这使得求解速度大大地提高。使用颤振法还可以直接利用颤振分析的结果初步估算发散,这又给计算分析带来了一些便利,该方法是气动弹性优化中比较常用的一种方法。不过如何选择模态的阶数则是需要慎重考虑的,因为模态阶数的选择直接影响到计算结果的准确性。

实际上这几种方法在本质上是一致的,静法和动法之间通过位移和模态之间的相关关系建立联系,即将位移表示成各阶模态与相应广义坐标乘积的累加。当采用模态法(或颤振法)进行计算时,如果取所有的模态,则其结果和柔度法完全一致。但一般来说,取前若干阶模态就可以获得较满意的分析结果。

1. 柔度法

采用柔度法进行发散分析、计算的特征方程为

$$\left(\boldsymbol{T}_{\mathrm{cs}}^{zz}\boldsymbol{C}^{zz}\boldsymbol{T}_{\mathrm{As}}^{\mathrm{T}}\overline{\boldsymbol{A}}\boldsymbol{T}_{\mathrm{cc}}^{\theta z}-\frac{1}{q_{\mathrm{D}}}\boldsymbol{I}\right)\boldsymbol{u}_{\mathrm{c}}=\boldsymbol{0} \tag{7.23}$$

式中,$\boldsymbol{u}_{\mathrm{c}}$是气动网格控制点位移变形向量;$\boldsymbol{T}_{\mathrm{cs}}^{zz}$是将结构结点(简称结点)的位移向量$\boldsymbol{u}_{\mathrm{s}}$转化为$\boldsymbol{u}_{\mathrm{c}}$的转换矩阵;$\boldsymbol{C}^{zz}$是基于结点的柔度影响系数矩阵;$\boldsymbol{T}_{\mathrm{As}}^{\mathrm{T}}$是将$\boldsymbol{u}_{\mathrm{s}}$转化为气动网格压力点位移变形向量$\boldsymbol{u}_{\mathrm{A}}$的转换矩阵的转置矩阵;$\overline{\boldsymbol{A}}$是定常空气动力影响系数矩阵;$\boldsymbol{T}_{\mathrm{cc}}^{\theta z}$是将$\boldsymbol{u}_{\mathrm{c}}$转化为网格控制点顺气流角位移变形列阵$\theta$的转换矩阵;$q_{\mathrm{D}}$是发散动压;$\boldsymbol{I}$是单位阵。

解特征方程(7.23),找出矩阵 $\boldsymbol{T}_{\mathrm{cs}}^{\mathrm{zz}}\boldsymbol{C}^{\mathrm{zz}}\boldsymbol{T}_{\mathrm{As}}^{\mathrm{T}}\overline{\boldsymbol{A}}\boldsymbol{T}_{\mathrm{cc}}^{\theta\mathrm{z}}$ 的最大特征值,其倒数即为最低发散动压。

2. 模态法

采用模态法进行发散分析、计算的特征方程为

$$(\boldsymbol{K}-q_{\mathrm{D}}\boldsymbol{A}_{\mathrm{s}})\boldsymbol{q}=\boldsymbol{0} \tag{7.24}$$

式中,$\boldsymbol{K}$ 是广义刚度矩阵;$\boldsymbol{A}_{\mathrm{s}}$ 是广义定常气动力影响系数矩阵;$\boldsymbol{q}$ 是广义坐标列阵。

解特征方程(7.24),找出矩阵 $\boldsymbol{A}_{\mathrm{s}}^{-1}\boldsymbol{K}$ 的最小特征值,即为最低发散动压。

3. 颤振法

采用颤振法进行发散分析、计算的基本方程(与颤振方程相同)为以下形式:

$$-\left(\frac{kV}{b_0}\right)^2\boldsymbol{Mq}+(1+ig)\boldsymbol{Kq}-\frac{1}{2}\rho V^2\boldsymbol{A}_{\mathrm{u}}\boldsymbol{q}=\boldsymbol{0} \tag{7.25}$$

式中,k 为减缩频率;V 为气流速度;b_0 为参考弦长;g 为结构阻尼;$\boldsymbol{M}$ 为广义质量矩阵;$\boldsymbol{A}_{\mathrm{u}}$ 为广义非定常气动力系数矩阵;ρ 为大气密度;V 为来流速度。

在使用颤振法计算发散时,一般在求解颤振方程时先假设一个很小的 k(0.000 1～0.001),如果对应于该 k,$V-g$ 图中有某一分支穿越零阻尼线,则此时所对应的颤振速度就是发散速度。

广义非定常气动力系数矩阵与广义定常气动力影响系数矩阵有如下关系:

$$\boldsymbol{A}_{\mathrm{u}}=\boldsymbol{A}_{\mathrm{s}}+\boldsymbol{A}_k \tag{7.26}$$

式中,$\boldsymbol{A}_k$ 为非定常气动力矩阵中与 k 有关的项,当 k 趋近于零时,该项值很小,可以忽略不计,此时 $\boldsymbol{A}_{\mathrm{u}}\approx\boldsymbol{A}_{\mathrm{s}}$。另外,当 k 很小时,式(7.25)中第一项也可以忽略不计。如果 $V-g$ 图中有某一分支发生穿越,则在穿越点阻尼为零,即 $g=0$,这样颤振方程就退化为模态法求解发散的特征方程式(7.24),因此颤振法本质上就是模态法。

7.1.4　影响发散分析结果的因素

影响发散分析结果准确性的因素主要有气动力的准确性以及结构的准确性。发散方程中气动力的表述通常采用气动力影响系数矩阵,因此影响系数的精度直接影响分析结果的精度。为了提高精度,可以采用 CFD 的分析结果或风洞试验的结果对气动力影响系数矩阵进行修正。结构分析结果的精度主要受边界条件和连接关系模拟的真实程度以及有限元网格的影响。为了提高分析求解的精度,需要首先获得高质量的结构有限元模型。此外,结构和气动力的非线性因素也会对发散产生一定的影响,由于非线性因素的存在,结构在出现发散时扭转变形不会无限大,而是一个比较大的确定值。当然,最终的分析结果还需要通过风洞试验或飞行试验进行验证。

7.2　载荷重新分布

载荷重新分布问题是飞机设计的重要组成部分,有时又称弹性结构飞行载荷问题或静气动弹性响应问题。载荷的准确预估或精确计算是一项多学科、多专业的综合过程,必须考虑结构弹性、气动力以及飞行动力学之间的耦合因素,并应具有理论与试验方面的技巧和经验。一方面要获得考虑结构弹性变形修正之后的气动力压力分布,另一方面也要获得结构在惯性载

荷以及考虑弹性变形之后的气动载荷作用下的变形和应力等。

实践表明,只有在获得比较准确的载荷数据和气动导数数据的前提下,设计的飞机才有可能可靠地满足给定的飞机规范(如飞行品质规范、强度与刚度规范等)。以往,由于在设计中忽略结构、气动和控制间的耦合,弹性效应往往只能在设计的晚期才能被确定和定量化,因此常常导致结构质量增加、气动性能降低和进行昂贵的再设计。随着现代飞机对大速度和轻质量等性能要求的不断提高,飞机结构的柔性逐渐增大,考虑气动弹性效应后的载荷精确计算对于现代飞机来说就显得更加重要了。

7.2.1 载荷重新分布的基本原理

这里依旧以图7.1所示的二元翼段为例,说明载荷重新分布的基本原理。

将式(7.6)中的θ值代入升力L的表达式(7.1),则有

$$L=\frac{\partial C_L}{\partial \alpha}\left(\alpha_0+\frac{\frac{\partial C_L}{\partial \alpha}eqS\alpha_0}{K_\theta-\frac{\partial C_L}{\partial \alpha}eqS}\right)qS=\frac{K_\theta\frac{\partial C_L}{\partial \alpha}}{K_\theta-\frac{\partial C_L}{\partial \alpha}eqS}\alpha_0 qS \tag{7.27}$$

可见,在发散条件式(7.7)成立时,升力亦同样趋于无穷大。而当动压q小于发散动压q_D时,式(7.27)的分母将大于零,此时式(7.27)具有确定值,升力将随动压而改变。这种现象就属于载荷重新分布的问题。

综上所述,可以用一个框图来表示气动力与弹性系统之间的关系。图7.3所示的α_0可称为输入迎角,升力L是输出,弹性扭角θ则是系统的反馈量。由此可见,气动弹性问题就是当系统具有弹性反馈时的气动问题。

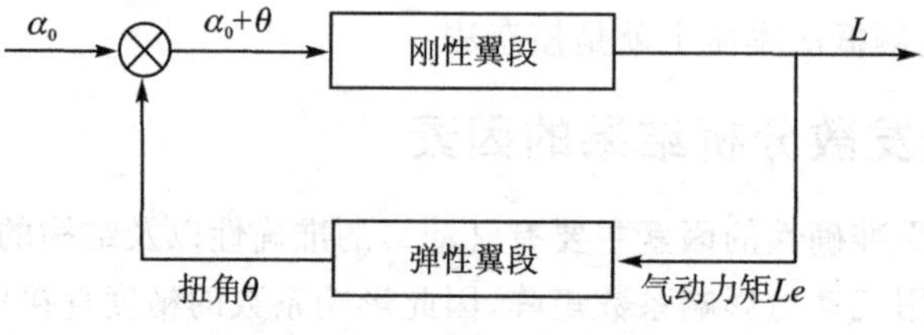

图7.3 弹性机翼的气动弹性反馈

观察式(7.6)可以发现,如果将其分子、分母同除以K_θ,则有

$$\theta=\frac{\frac{\partial C_L}{\partial \alpha}eqS\alpha_0/K_\theta}{1-\frac{\partial C_L}{\partial \alpha}eqS/K_\theta} \tag{7.28}$$

上式分子项表示当不考虑气动弹性效应所附加的气动力时,亦即在原先的α_0迎角下的气动力所产生的弹性扭角,记作θ^r,即

$$\theta^r=\frac{\partial C_L}{\partial \alpha}eqS\alpha_0/K_\theta \tag{7.29}$$

利用式(7.8),则式(7.28)与式(7.29)的比成为

$$\frac{\theta}{\theta^r}=\frac{1}{1-\frac{\partial C_L}{\partial \alpha}eqS/K_\theta}=\frac{1}{1-\frac{q}{q_D}} \tag{7.30}$$

此式表示考虑了气动弹性效应后弹性扭转变形的放大因子，当动压趋近于发散动压时，扭角 θ 将急剧增大。当然对于任何实际升力面，弹性扭角不可能达到无穷大，因为弹性扭转与气动力矩之间的线性关系只能在小迎角时成立，迎角稍大时，这种关系早已不符合了。但是，弹性扭转加大，会使结构破坏。因此，飞行器的允许飞行速度必须低于升力面的发散速度。

当式(7.5)的等号右边不为零时，也就是在一定的初始迎角 α_0 下，它将成为变量 θ 的非齐次方程，于是在 θ 的系数不等于零的条件下，θ 可有确定值。而只有当动压 q 小于发散动压 q_D 时，系数才不等于零。有了 θ 的确定值，就可以根据式(7.1)求得在考虑气动弹性效应后的升力 L。这个问题就是载荷重新分布的问题。根据以上所述，可以了解到扭转发散与载荷重新分布具有密切的联系，但又有本质的区别，并且不可能同时存在。从数学上讲，求发散动压属于求解方程(7.10)的特征值问题，参数 q_D 是其特征值。由此可以得到确定发散动压 q_D 的一般方法。而载荷重新分布问题则是个非齐次方程的问题。

如果再把式(7.10)改写为

$$K_\theta \theta = \frac{\partial C_L}{\partial \alpha} eqS\theta$$

则可以更明显地看出它的力学意义：假想系统产生一个小的扭角 θ，当 $q=q_D$ 时，因 θ 而附加的气动力恰好与扭角 θ 产生的弹簧扭矩相平衡。在力学中这是静力稳定性的问题。q_D 就是随遇平衡的临界值。上式中的两项若都以 q 为横坐标，则可以画出如图 7.4 所示的两条直线。图中表示，当 q 值较小时，附加的气动力矩小于弹簧扭矩，说明系统是稳定的。当动压增大时，同样的 θ 角产生的气动力矩将随之增大，而弹簧扭矩却是一个恒定值，它与动压无关。所以必定在某一动压 q 下，两个扭矩相等。当动压再继续增大时，附加的气动力矩将超过弹簧的恢复力矩，从而微小的扭角 θ 都会使系统成为弹性静不稳定的。按图 7.4 中的交点，可以确定发散动压 q_D。

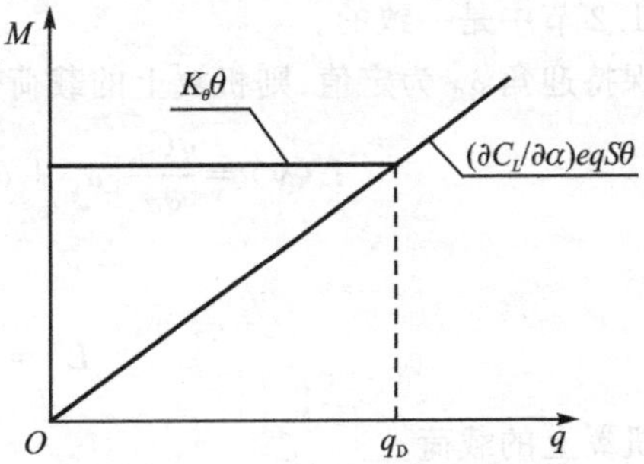

图 7.4　弹性反作用力矩和附加气动力矩随动压的变化

7.2.2　梁根固支机翼的载荷重新分布

对于图 7.2 所示的长直机翼，7.1.2 节中已经得出了机翼微段的平衡方程(7.16)及边界条件式(7.17)。这里，仍然采用片条理论，所以仍然以式(7.16)作为基础。

对于载荷重新分布(简称载荷分布)问题，前面已经讲过，讨论它的前提是飞行动压 q 要小于发散动压 q_D，即机翼尚未达到失去静稳定平衡的临界状态。所以，在这里要解决的问题是，机翼将在什么样的扭转变形 $\theta(y)$ 下达到平衡。有了这一扭角分布 $\theta(y)$，当然载荷(升力)的分布就能确定。

现在来看式(7.16)，它的等号右边不为零，在一定的初始迎角 α_0 和飞行过载 N 下，是个确定的值，式(7.16)成为非齐次方程。对于均匀机翼，把它改写为下列形式：

$$\frac{d^2\theta}{dy^2} + \lambda^2\theta = K \tag{7.31}$$

式中

$$\lambda^2 = \frac{qCe}{GJ}\frac{\partial C_L}{\partial \alpha}$$

$$K = -\frac{1}{GJ}\left(\frac{\partial C_L}{\partial \alpha}\alpha_0 qCe + C_{m0}C^2 q - Nmgd\right)$$

上式的通解为

$$\theta(y) = A\sin\lambda y + B\cos\lambda y + \frac{K}{\lambda^2} \tag{7.32}$$

式中,积分常数由边界条件式(7.17)确定,所以有

$$A = -\frac{K}{\lambda^2}\tan\lambda l$$

$$B = -\frac{K}{\lambda^2}$$

由此得到扭角

$$\theta(y) = \frac{K}{\lambda^2}(1 - \tan\lambda l\sin\lambda y - \cos\lambda y) \tag{7.33}$$

式中,当 $\lambda l \to \pi/2$ 时,$\theta \to \infty$,即当机翼达到发散动压的状态时,弹性变形达到无穷大。这个结果与 7.1.2 节中是一致的。

若保持迎角 α_0 为定值,则机翼上的载荷分布可以表示为

$$L(y) = \frac{\partial C_L}{\partial \alpha}[\alpha_0 + \theta(y)]qC = L^r + \Delta L(y) \tag{7.34}$$

式中

$$L^r = \frac{\partial C_L}{\partial \alpha}\alpha_0 qC$$

是刚硬机翼上的载荷;

$$\Delta L(y) = \frac{\partial C_L}{\partial \alpha}\theta(y)qC$$

是弹性扭转变形所附加的载荷。不失一般性,不妨令 $d=0$,$C_{m0}=0$,并利用式(7.31)和式(7.33),则

$$\Delta L(y) = \alpha_0(\cos\lambda y + \tan\lambda l\sin\lambda y - 1)\frac{\partial C_L}{\partial \alpha}qC \tag{7.35}$$

于是,弹性机翼的载荷与刚硬机翼的载荷比为

$$\frac{L}{L^r} = \frac{L^r + \Delta L}{L^r} = \cos\lambda y + \tan\lambda l\sin\lambda y \tag{7.36}$$

这个分布表示在图 7.5 中。

如果重心与弹性轴不重合(实际上往往是这样的),即 $d \neq 0$,则此时问题的求解就与过载系数 N 有关,从式(7.31)中可以反映出这一点。此时,为了保持 α_0 为定值(这意味着飞行姿态一定),还要寻求过载系数 N。为此要附加一个全机平衡的条件,即飞机总升力与质量力平衡

$$q\alpha_0\int_0^l C\frac{\partial C_L}{\partial \alpha}\mathrm{d}y + q\int_0^l C\frac{\partial C_L}{\partial \alpha}\theta\mathrm{d}y = \frac{1}{2}NW \tag{7.37}$$

式中，W 是飞机总质量。将式(7.33)代入上式，则可得

$$N=\frac{\alpha_0\dfrac{\partial C_L}{\partial\alpha}\dfrac{\tan\lambda l}{\lambda l}+\dfrac{C}{e}C_{m0}\left(\dfrac{\tan\lambda l}{\lambda l}-1\right)}{\left[\dfrac{W}{2l}-\dfrac{mgd}{e}\left(1-\dfrac{\tan\lambda l}{\lambda l}\right)\right]\Big/qC} \tag{7.38}$$

这样，就可按式(7.33)得到 $\theta(y)$。于是可由下式算出载荷分布为

$$L=\frac{\partial C_L}{\partial\alpha}[\alpha_0+\theta(y)]qC \tag{7.39}$$

应当指出，载荷重新分布问题通常分两种情况：一是寻求保持飞机在一定的迎角 α_0 下的过载系数 N 和相应的载荷分布，这种情况就是前面所假定的情况；二是寻求保持飞机在过载一定(即总升力一定)条件下的载荷分布及相应的飞机迎角 α_0。但不论哪一种情况，为了求得 N 或 α_0，都可按不同情况附加不同的平衡条件，使问题得到解决。

图 7.5 和图 7.6 中的两组曲线分别是对应两种不同情况给出的载荷重新分布。

图 7.5 表示了第一种情况下的载荷分布。由图可见，随着 λl(它反映了动压 q)的提高，弹性影响不断增加，不仅载荷加大，而且压力中心向翼尖移动，使翼根弯矩增大。

图 7.6 表示了第二种情况下的载荷分布。同样可以看出，动压增高，弹性影响增加，压力中心也向翼尖处移动。不同的是翼根处载荷反而减小了一点，这是因为在第二种情况下为保持机翼总升力不变所致。因此，总的来说，在翼面设计时，弹性影响所引起的载荷重新分布问题是有重要意义的，如果按刚硬机翼上的载荷来设计可能是不安全的。

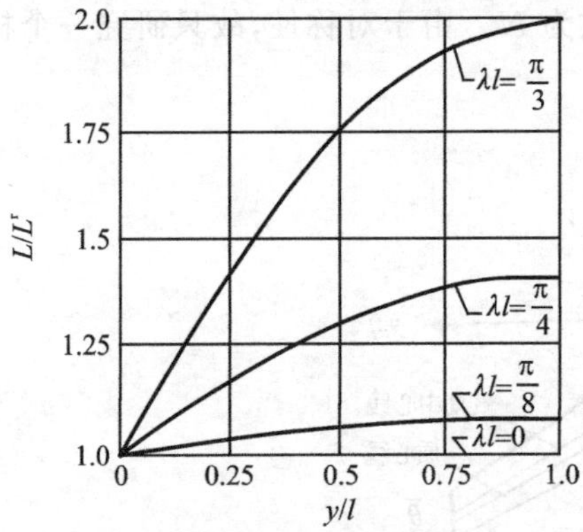

图 7.5　均匀机翼的升力重新分布(迎角一定)

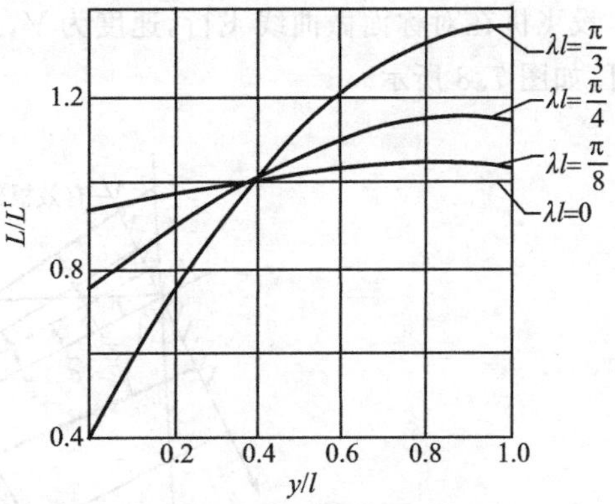

图 7.6　均匀机翼的升力重新分布(总升力一定)

7.3　机翼后(前)掠角对静气动弹性的影响

在飞行器设计中，出于空气动力学上的考虑，常把飞机机翼设计成后掠翼。对于亚声速飞机来说，后掠翼可以提高机翼上出现激波的临界速度，从而推迟激波阻力的出现。此外，后掠可以减小有效厚度与弦长的比值。然而，对于前掠翼来说，其也具有另外一些优点，例如，气流分离首先发生在翼根附近，因而保持了翼尖副翼的操纵效率。但由于前掠翼的静气动弹性特性，尤其是前掠翼对发散速度的影响，导致很少有飞机采用前掠翼。

为了说明掠角对柔性机翼的影响，考虑如图 7.7 所示的矩形机翼，它们分别为无掠角、前

掠角和后掠角。与机翼扭转相比,机翼弯曲对机翼有效迎角的影响更大,在这里只考虑机翼中弦线向上弯曲的情况。但实际上发散形式仍是机翼扭转。对于无掠角、后掠角和前掠角,顺气流方向分别为 AC、AD 和 AB。当机翼向上弯曲时,顺气流片条的有效迎角变化为:对于无掠角情况(AC),机翼弯曲没有改变迎角;对于后掠情况(AD),顺气流有效迎角减小,因为向上弯曲时,D 点的位移大于 A 点;对于前掠翼情况,由于向上弯曲时,A 点位移大于 B 点,故顺气流迎角增大。结果前掠翼相比后掠翼情况降低了发散速度,而后掠翼提高了发散速度。

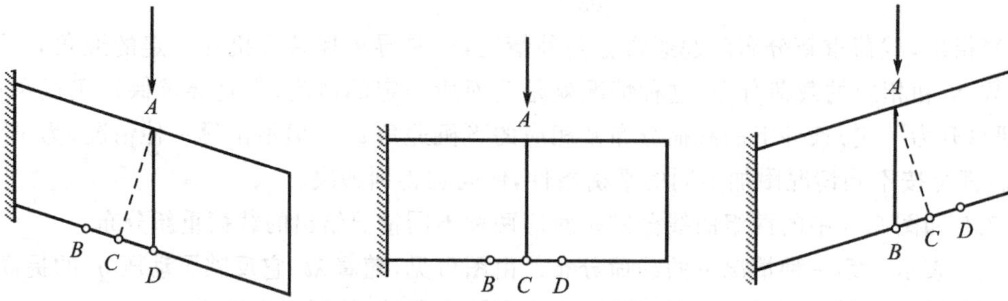

图 7.7　无掠角、后掠角及前掠角机翼流场

直机翼在迎面气流 V 中,速度沿翼展没有分量,因此机翼的弯曲不引起升力,所以只要考虑机翼扭转即可。在后掠角为 Λ 的机翼上则不然,由于 V 在展向有分量 $V\sin\Lambda$,所以机翼的弯曲(其挠度用 w 表示)也将引起升力,此时的气动弹性问题要同时研究扭转与弯曲。

设飞机在对称面做曲线飞行,速度为 V,过载系数为 N。由于对称性,故只研究一个机翼即可,如图 7.8 所示。

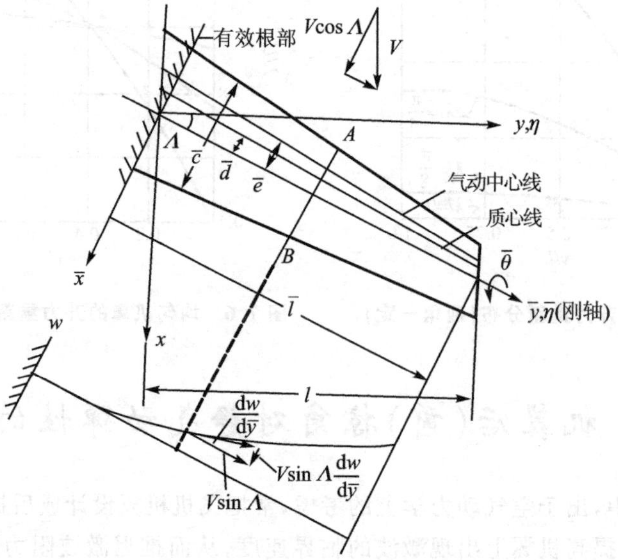

图 7.8　细长后掠机翼

假定机翼为细长悬臂梁,其刚轴记作 $\bar{y}$,固支于机身,用有效根部表示。由于机翼转过一个后掠角 Λ,对于 $\bar{y}$ 方向的梁,其单位展长翼段(见图 7.8 中的 AB)的升力为

$$L(\bar{y})=\frac{1}{2}\rho(V\cos\Lambda)^2\bar{c}\frac{\partial \bar{C}_L}{\partial \alpha}\bar{\alpha}=q\bar{c}\frac{\partial \bar{C}_L}{\partial \alpha}\bar{\alpha}\cos^2\Lambda \tag{7.40}$$

式中　$q=\frac{1}{2}\rho V^2$；

$\bar{\alpha}$——翼段(AB 方向)的有效迎角；

$\frac{\partial \bar{C}_L}{\partial \alpha}$——沿 AB 方向翼型的气动力导数。

当机翼没有弯曲时，有效迎角 $\bar{\alpha}$ 为

$$\bar{\alpha}=\bar{\theta}+\bar{\alpha}^{\mathrm{r}}$$

若有弯曲时，弯曲斜率用$\frac{\mathrm{d}w}{\mathrm{d}\bar{y}}$来表示，如图 7.9 所示，则气流引起下洗分量$\frac{\mathrm{d}w}{\mathrm{d}\bar{y}}V\sin\Lambda$，于是

$$\bar{\alpha}=\bar{\alpha}^{\mathrm{r}}+\bar{\theta}-\frac{\mathrm{d}w}{\mathrm{d}\bar{y}}V\sin\Lambda/V\cos\Lambda=\bar{\alpha}^{\mathrm{r}}+\bar{\theta}-\frac{\mathrm{d}w}{\mathrm{d}\bar{y}}\tan\Lambda \tag{7.41}$$

得到单位长度上的升力

$$L(\bar{y})=q\bar{c}\frac{\partial \bar{C}_L}{\partial \alpha}\left(\bar{\alpha}^{\mathrm{r}}+\bar{\theta}-\frac{\mathrm{d}w}{\mathrm{d}\bar{y}}\tan\Lambda\right)\cos^2\Lambda \tag{7.42}$$

其作用点在气动中心上。此外，还有绕气动中心的力矩 $q\bar{C}_{m0}\cos^2\Lambda$，以及重心线上有重力 $Ngm(\bar{y})$。

后掠机翼在向上的升力作用下，不仅有扭转，而且有向上的弯曲变形。式(7.42)表明了有效迎角的减小，因此可以认为，弹性变形(包括弯曲)使总的迎角变化量减小$\frac{\mathrm{d}w}{\mathrm{d}\bar{y}}\tan\Lambda$，这就减小了弹性变形附加的气动力，因此起到稳定的作用。相反，如果是前掠机翼，则向上的升力虽然也产生向上的弯曲，但因 Λ 为负值，所以会使迎角的变化量增大，从而增大了弹性变形附加的气动力，使不稳定的趋势增大。当后掠角增大到一定程度时，甚至会使机翼弯曲变形的影响抵消了扭角的影响，或者超过了后者的影响。经过这样的分析，可以断定，后掠机翼将比平直机翼具有较高的发散动压，当后掠角大到一定程度时，甚至机翼就不会发生扭转发散。而金属前掠机翼，由于发散动压太低，通常不大采用。目前，为了发挥前掠机翼的气动特性，现代飞行器采用复合材料气动弹性剪裁技术，设法提高发散动压，甚至消除发散。q_{D} 随着后掠角 Λ 的变化如图 7.10 所示(为典型金属机翼情况)，从图中可以看出后掠角的影响是显著的。

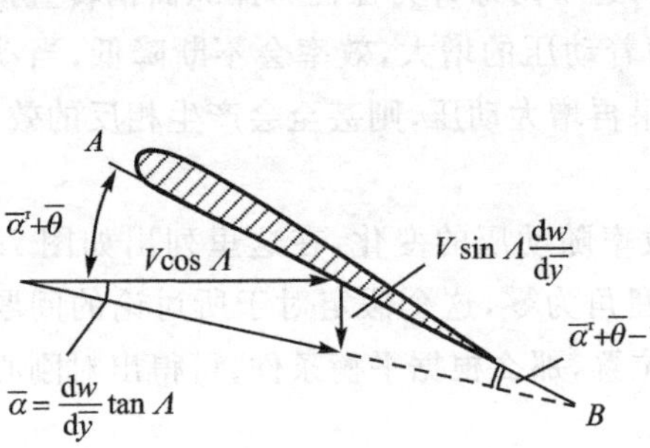

图 7.9　沿 AB 方向的有效迎角

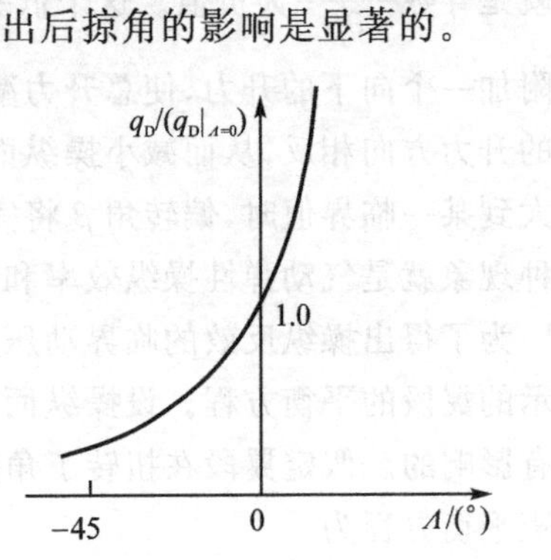

图 7.10　后掠角 Λ 对于 q_{D} 的影响

7.4 操纵效率及操纵反效

操纵效率和操纵反效直接反映飞机的操纵性能。气动弹性领域研究的操纵效率问题通常是指升力面结构弹性变形对舵面效率的影响。随着飞行速度的增加,翼面结构弹性变形加剧,通常会导致舵面操纵效率降低,当飞行速度进一步增加到一定值时,操纵效率甚至会变为零;超过该速度后,舵面操纵效果甚至会出现相反的现象,即操纵反效。

7.4.1 基本现象

这里仍旧使用二元翼段来研究操纵面效率的基本物理关系,可以利用一个带有操纵舵面的模型来阐明,如图 7.11 所示。

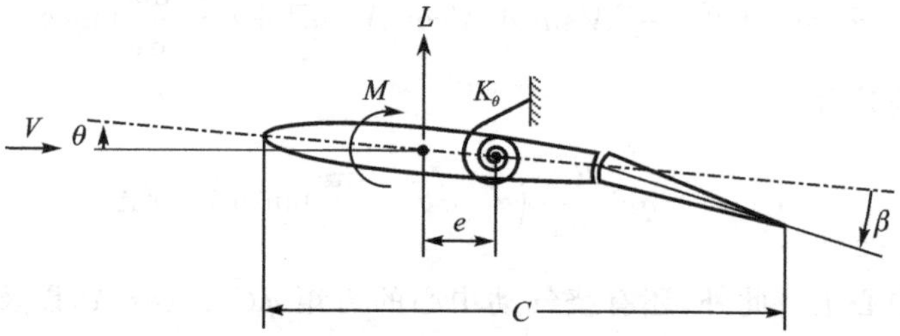

图 7.11 带操纵面的二元翼段

这里将讨论当操纵面偏转(可对应于机翼的副翼),飞行器产生绕机体轴的滚转时所产生的气动弹性现象。仍然同以前一样,将二元翼段用弹簧支持在刚心上,使机翼迎角为零,固定在风洞中。然后操纵面偏转 β 角,并开启风洞。此时偏转操纵面引起翼段上气动力的改变。例如,操纵面向下偏转,将使翼型弯度加大,从而使升力增大,这个增量可以表示为 $\frac{\partial C_L}{\partial \beta}\beta qS$,其作用点一般均位于翼剖面气动中心的后面。如果把它移至气动中心上,则同时产生一个对气动中心的力矩,它可以用 $\frac{\partial C_{m0}}{\partial \beta}\beta qSC$ 来表示,C 为翼段弦长。通常,这个力矩为低头力矩,也就是导数 $\frac{\partial C_{m0}}{\partial \beta}$ 为负值。这个低头力矩使翼段向减小迎角的方向产生弹性扭转变形,于是将附加一个向下的升力,使总升力减小。一般情况下,这个附加升力往往与操纵面偏转直接产生的升力方向相反,从而减小操纵面偏转的效率。随着动压的增大,效率会不断降低,当动压增大到某一临界值时,偏转角 β 将完全失去效用;如果再增大动压,则甚至会产生相反的效果。这种现象就是气动弹性操纵效率和操纵反效问题。

为了得出操纵反效的临界动压,以及观察操纵效率随动压的变化,在这里列出如图 7.11 所示的翼段的平衡方程。设操纵面未偏转之前翼段迎角为零,这个假定对于所讨论的问题是没有影响的。假定翼段在扭转了角度 θ 后达到平衡位置,那么根据平衡条件,可得出对刚心的力矩平衡方程为

$$K_\theta \theta = \frac{\partial C_L}{\partial \beta}\beta qSe + \frac{\partial C_L}{\partial \alpha}\theta qSe + \frac{\partial C_{m0}}{\partial \beta}\beta qSC$$

即

$$\left(K_{\theta}-\frac{\partial C_{L}}{\partial \alpha}qSe\right)\theta=qS\left(e\frac{\partial C_{L}}{\partial \beta}+C\frac{\partial C_{m0}}{\partial \beta}\right)\beta \tag{7.43}$$

上式表明,该气动弹性系统在偏转操纵面 β 后,在气动力与弹性力作用下产生的扭转变形为

$$\theta=\frac{qS\left(e\dfrac{\partial C_{L}}{\partial \beta}+C\dfrac{\partial C_{m0}}{\partial \beta}\right)}{K_{\theta}-\dfrac{\partial C_{L}}{\partial \alpha}qSe}\beta \tag{7.44}$$

此时的升力系数由两部分组成,一部分是弹性扭角 θ 引起的,另一部分是偏转角 β 直接引起的。利用式(7.44),即可得到

$$C_{L}=\frac{\partial C_{L}}{\partial \alpha}\theta+\frac{\partial C_{L}}{\partial \beta}\beta=\frac{\left(\dfrac{\partial C_{L}}{\partial \alpha}\dfrac{\partial C_{m0}}{\partial \beta}qSC+K_{\theta}\dfrac{\partial C_{L}}{\partial \beta}\right)}{K_{\theta}-\dfrac{\partial C_{L}}{\partial \alpha}qSe}\beta \tag{7.45}$$

式中,由于 $\dfrac{\partial C_{m0}}{\partial \beta}$ 通常为负,所以在动压尚未到达发散动压之前(即分母不为零),如果动压 q 增大,可致使分子成为零。此时 $C_L=0$,说明在这一动压下操纵面偏转不产生升力,操纵面失去效用。这一动压称为操纵反效临界动压,记作 q_R。由上式分子为零的条件得

$$q_{R}SC\frac{\partial C_{L}}{\partial \alpha}\frac{\partial C_{m0}}{\partial \beta}+K_{\theta}\frac{\partial C_{L}}{\partial \beta}=0 \tag{7.46}$$

可解得反效动压

$$q_{R}=\frac{K_{\theta}\left(\dfrac{\partial C_{L}}{\partial \beta}\Big/\dfrac{\partial C_{L}}{\partial \alpha}\right)}{-SC\dfrac{\partial C_{m0}}{\partial \beta}} \tag{7.47}$$

或反效速度

$$V_{R}=\sqrt{\frac{K_{\theta}\left(\dfrac{\partial C_{L}}{\partial \beta}\Big/\dfrac{\partial C_{L}}{\partial \alpha}\right)}{-\dfrac{\rho}{2}SC\dfrac{\partial C_{m0}}{\partial \beta}}} \tag{7.48}$$

由上式可见,反效的临界状态与距离 e 无关,即翼段刚心位置对操纵反效速度没有影响。这是因为翼段处于反效临界状态时,升力为零,仅有纯力偶。另外,反效临界状态与初始迎角也没有关系。

假如翼段是刚硬支持的,显然此时操纵面偏转角所产生的升力增量仅仅与 β 有关,把这个升力系数记作 C_L^r,即

$$C_{L}^{r}=\frac{\partial C_{L}}{\partial \beta}\beta \tag{7.49}$$

当动压 $q<q_R$ 时,虽然尚未达到操纵反效的极端情况,但是由于气动弹性的影响,将使操纵效率降低,降低的程度可以用比值 C_L/C_L^r 来表示,这一比值称为操纵效率,记作 η。由式(7.45)、式(7.49),可得

$$\eta=\frac{C_L}{C_L^{\mathrm{r}}}=\frac{\dfrac{\partial C_L}{\partial \alpha}\dfrac{\partial C_{m0}}{\partial \beta}qSC+K_\theta\dfrac{\partial C_L}{\partial \beta}}{\left(K_\theta-\dfrac{\partial C_L}{\partial \alpha}qSe\right)\dfrac{\partial C_L}{\partial \beta}}$$

即

$$\eta=\frac{\left(q\dfrac{Se}{K_\theta}\dfrac{\partial C_L}{\partial \alpha}\dfrac{C}{e}\dfrac{\partial C_{m0}}{\partial \beta}\Big/\dfrac{\partial C_L}{\partial \beta}\right)+1}{1-\dfrac{\partial C_L}{\partial \alpha}\dfrac{1}{K_\theta}qSe} \tag{7.50}$$

考虑到式(7.8)和式(7.47),则上式成为

$$\eta=\frac{1-q/q_{\mathrm{R}}}{1-q/q_{\mathrm{D}}}=\frac{1-q/q_{\mathrm{R}}}{1-(q_{\mathrm{R}}/q_{\mathrm{D}})(q/q_{\mathrm{R}})} \tag{7.51}$$

可见,操纵效率 η 是随着飞行动压、反效动压与发散动压之比 $q_{\mathrm{R}}/q_{\mathrm{D}}$ 而变化的。对于 $q_{\mathrm{R}}<q_{\mathrm{D}}$ 的情况,当 $q\to q_{\mathrm{R}}$ 时,$\eta\to 0$。对于 $q_{\mathrm{R}}=q_{\mathrm{D}}$ 的情况,η 总为 1,这说明使 $q_{\mathrm{R}}=q_{\mathrm{D}}$ 的设计可能获得弹性翼段的最佳操纵效率。至于 $q_{\mathrm{R}}>q_{\mathrm{D}}$ 的情况,当 $q\to q_{\mathrm{D}}$ 时,效率趋于无穷大。但如果 $q_{\mathrm{D}}<q<q_{\mathrm{R}}$,则效率成为负值,并且操纵已经反效,因此,在这种情况下的 q_{D} 也成为一个临界的反效速度,也就是说,操纵反效在 q_{R} 或 q_{D} 时都会发生,但究竟在哪个动压下发生,要取 q_{R} 和 q_{D} 中的较小者。总之,飞行器设计时,一方面要尽可能地提高发散和反效动压,另一方面还要通过设计参数调整选择合适的 $q_{\mathrm{R}}/q_{\mathrm{D}}$,使飞行范围内的操纵效率尽可能高。

7.4.2 长直机翼的副翼效率及反效

飞机的机翼、尾翼及其他飞行器都有气动操纵面,它们的静气动弹性问题在性质上也是一致的,本节仅以机翼的副翼偏转产生绕机身纵轴的滚转来说明操纵反效和操纵效率。在此把机身简化为一根轴,平直机翼简化为一根垂直固支于机身的梁。与前述相仿,只考虑扭转变形的影响。

设副翼原先处于零迎角,且机翼采用对称翼型,副翼右翼下偏,左翼上偏,此时机翼受反对称载荷。由于副翼偏转,飞机可能绕机身轴线转动,产生滚转角速度 p,还可能产生角加速度 $\dot{p}$,各剖面的扭转变形为 $\theta(y)$,如图 7.12 所示。由于滚转角速度 p 在 y 处有下洗速度 py,故它使迎角减小 py/V。又由于滚转角加速度 $\dot{p}$,故在 y 处还作用惯性力 $-m\dot{p}y$。该机翼半展长为 l,副翼在翼尖部位,从距翼根 l_1 处开始。β 为副翼偏角,下偏为正。

气动力仍采用片条理论,则扭转平衡方程为

$$\frac{\mathrm{d}}{\mathrm{d}y}\left(GJ\frac{\mathrm{d}\theta}{\mathrm{d}y}\right)+\frac{\partial C_L}{\partial \alpha}qCe\theta=-\left(qCe\frac{\partial C_L}{\partial \beta}\beta+qC^2\frac{\partial C_{m0}}{\partial \beta}\beta-qCe\frac{\partial C_L}{\partial \alpha}\frac{py}{V}-m\dot{p}yd\right),\quad y\geqslant l_1 \tag{7.52a}$$

$$\frac{\mathrm{d}}{\mathrm{d}y}\left(GJ\frac{\mathrm{d}\theta}{\mathrm{d}y}\right)+\frac{\partial C_L}{\partial \alpha}qCe\theta=qCe\frac{\partial C_L}{\partial \alpha}\frac{py}{V}+m\dot{p}yd,\quad y<l_1 \tag{7.52b}$$

边界条件为

$$\left.\begin{aligned}y&=0,\quad \theta=0\\ y&=l,\quad \frac{\mathrm{d}\theta}{\mathrm{d}y}=0\end{aligned}\right\} \tag{7.53}$$

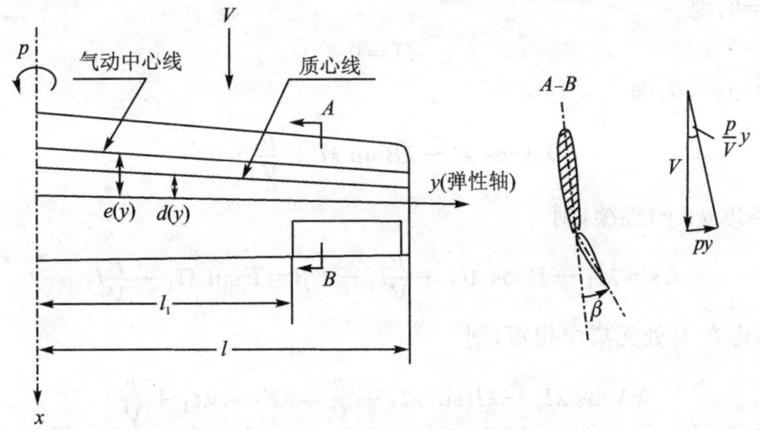

图 7.12　带副翼的长直机翼

由式(7.52)求出满足上述边界条件 $\theta(y)$ 的解，即是机翼的弹性扭角分布，有了扭角分布就不难确定升力的分布为

$$\left.\begin{aligned} L(y)&=qC\left[\frac{\partial C_L}{\partial \beta}\beta+\frac{\partial C_L}{\partial \alpha}\left(\theta(y)-\frac{py}{V}\right)\right], \quad y\geqslant l_1 \\ L(y)&=qC\,\frac{\partial C_L}{\partial \alpha}\left[\theta(y)-\frac{py}{V}\right], \quad y< l_1 \end{aligned}\right\} \tag{7.54}$$

同时，还可以根据副翼偏转后的滚转情况，写出滚转平衡方程，以此得到 β 与 p 或 $\dot p$ 的关系。设飞机绕其纵轴(x 轴)的滚转惯量为 I_x，则绕 x 轴的滚转力矩 M_x 可以表示为

$$M_x=I_x\dot p=2\int_0^l L(y)y\,\mathrm{d}y \tag{7.55}$$

例如对于匀速滚转，$\dot p=0$，上式就等于零；对于均匀机翼可求得精确解。不失一般性，还可对问题作进一步的简化，假定质心与刚心重合，并引入记号

$$1_a(y)=\begin{cases}1, & y\geqslant l_1\\ 0, & y<l_1\end{cases} \tag{7.56}$$

则式(7.52)的两式可以合并，写作

$$\frac{\mathrm{d}^2\theta}{\mathrm{d}y^2}+\lambda^2\theta=\lambda^2\frac{p}{V}y-K\lambda^2\beta 1_a(y) \tag{7.57}$$

式中

$$\left.\begin{aligned} \lambda^2&=\frac{qeC}{GJ}\frac{\partial C_L}{\partial \alpha} \\ K&=\left(\frac{\partial C_L}{\partial \beta}+\frac{C}{e}\frac{\partial C_{m0}}{\partial \beta}\right)\Big/\frac{\partial C_L}{\partial \alpha} \end{aligned}\right\} \tag{7.58}$$

式(7.52)的通解是

$$\left.\begin{aligned} \theta(y)&=A\sin\lambda y+B\cos\lambda y+\frac{p}{V}y-K\beta, \quad y\geqslant l_1 \\ \theta(y)&=F\sin\lambda y+D\cos\lambda y+\frac{p}{V}y, \quad y<l_1 \end{aligned}\right\} \tag{7.59}$$

利用边界条件式(7.53)，并利用 $y=l_1$ 处边界的连续性，有

当 $y=0$ 时,$\theta=0$,则

$$D=0$$

当 $y=0$ 时,$\mathrm{d}\theta/\mathrm{d}y=0$,则

$$\lambda A\cos\lambda l-\lambda B\sin\lambda l+\frac{p}{V}=0$$

当 $y=l_1$ 时,考虑 $\theta(y)$ 连续,则

$$A\sin\lambda l_1+B\cos\lambda l_1+\frac{p}{V}l_1-K\beta=F\sin\lambda l_1+\frac{p}{V}l_1$$

当 $y=l_1$ 时,考虑在 l_1 处无集中扭矩,则

$$\lambda A\cos\lambda l_1-\lambda B\sin\lambda l_1+\frac{p}{V}=\lambda F\cos\lambda l_1+\frac{p}{V}$$

由此解出

$$\left.\begin{aligned}&A=-\frac{p}{V}\frac{1}{\lambda\cos\lambda l}+K\beta\cos\lambda l_1\tan\lambda l\\&B=K\beta\cos\lambda l_1\\&F=A-K\beta\sin\lambda l_1\\&D=0\end{aligned}\right\}\tag{7.60}$$

把这些常数代入式(7.59),经过整理,得

$$\theta(y)=\frac{pl}{V}C_2(y)+\beta C_1(y)\tag{7.61}$$

式中

$$C_1(y)=-K\left[1_a(y)(1-\cos\lambda(y-l_1))-\frac{\sin\lambda(l-l_1)}{\cos\lambda l}\sin\lambda y\right]$$

$$C_2(y)=\frac{y}{l}-\frac{\sin\lambda y}{\lambda l\cos\lambda l}$$

把式(7.61)代入式(7.55),可得副翼偏角 β 与滚转角速度 p 的关系。当 p 为稳定值($\dot{p}=0$)时,则有

$$\begin{aligned}M_x=2\int_0^l L(y)y\,\mathrm{d}y=2\int_0^l qC\left\{\frac{\partial C_L}{\partial\alpha}\left[\frac{pl}{V}C_2(y)+\beta C_1(y)-\frac{py}{V}\right]+\frac{\partial C_L}{\partial\beta}\beta 1_a(y)\right\}y\,\mathrm{d}y=\\2\int_0^l qC\frac{\partial C_L}{\partial\alpha}\frac{pl}{V}\left[C_2(y)-\frac{y}{l}\right]y\,\mathrm{d}y+2\int_0^l qC\frac{\partial C_L}{\partial\alpha}\beta\left[C_1(y)+\frac{\partial C_L/\partial\beta}{\partial C_L/\partial\alpha}1_a(y)\right]y\,\mathrm{d}y=0\end{aligned}\tag{7.62}$$

这里副翼的操纵效率用$\partial(pl/V)/\partial\beta$ 来衡量,pl/V 表示飞机做等速滚转时的翼尖螺旋角。$(pl/V)/\beta$ 就是单位副翼偏角所引起的翼尖螺旋角。依据式(7.62),假定 C 为常值,可得副翼操纵效率

$$\eta_a=\frac{\partial\left(\dfrac{pl}{V}\right)}{\partial\beta}=\frac{\displaystyle\int_0^l\left[C_1(y)+\frac{\partial C_L/\partial\beta}{\partial C_L/\partial\alpha}1_a(y)\right]y\,\mathrm{d}y}{\displaystyle-\int_0^l\left[C_2(y)-\frac{y}{l}\right]y\,\mathrm{d}y}\tag{7.63}$$

由上式可得,当机翼(含副翼)的构造及气动参数确定后,操纵效率 η_a 将随 λl(它显含于

$C_1(y)$和$C_2(y)$)变化，而 λl 的变化即反映了动压的变化。图 7.13 表示了这种关系，图中假定

$$\left(\frac{\partial C_L}{\partial \beta}\Big/\frac{\partial C_L}{\partial \alpha}\right)=0.5,\quad \left(\frac{C}{e}\right)\left(\frac{\partial C_{m0}}{\partial \beta}\Big/\frac{\partial C_L}{\partial \alpha}\right)=-0.6,\quad \frac{l_1}{l}=0.6$$

图 7.13 表明：λl（动压）增大，则由于弹性变形而产生的负滚转力矩将逐渐加大，所以净滚转力矩势必减小。当动压增大到某个临界值 q_R 时，净滚转力矩降至零。动压再增大，则净滚转力矩转化为负值，使飞机出现操纵反效的现象。当动压 $q=q_R$ 时，效率 $\eta_a=0$ 。从图中可以确定 $\lambda l=1.44$ 时，$\eta_a=0$，由此求得 q_R。

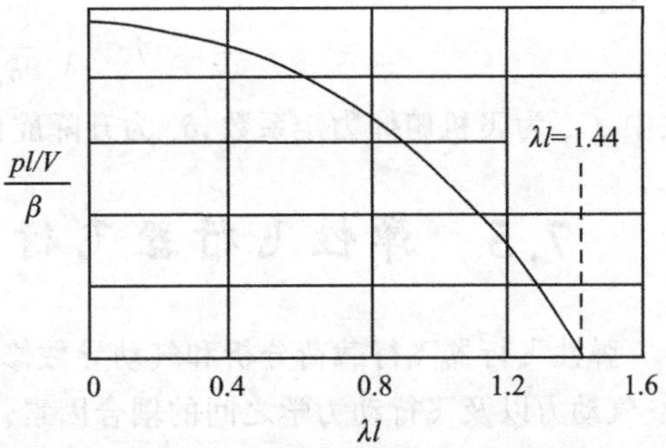

图 7.13　操纵效率与动压的关系

令式(7.63)的分子为零，并利用式(7.61)，则有

$$\int_0^l \left[C_1(y)+\frac{\partial C_L/\partial \beta}{\partial C_L/\partial \alpha}1_a(y)\right]y\mathrm{d}y=\frac{\partial C_L}{\partial \beta}\left(\frac{\cos \lambda l_1}{\cos \lambda l}-1\right)+\frac{C}{e}\frac{\partial C_{m0}}{\partial \beta}\left(\frac{\cos \lambda l_1}{\cos \lambda l}-1-\frac{\lambda^2 l^2-\lambda^2 l_1^2}{2}\right)=0$$

即

$$\left(\frac{\partial C_L}{\partial \beta}+\frac{C}{e}\frac{\partial C_{m0}}{\partial \beta}\right)(\cos \lambda l-\cos \lambda l_1)+\frac{\lambda^2 l^2-\lambda^2 l_1^2}{2}\frac{C}{e}\frac{\partial C_{m0}}{\partial \beta}\cos \lambda l=0 \tag{7.64}$$

这是一个超越方程。求得满足上式的最小 λl，把它记作 $\lambda_R l$，然后再由式(7.58)求出反效动压

$$q_R=\frac{GJ}{eC\dfrac{\partial C_L}{\partial \alpha}}\lambda_R^2 \tag{7.65}$$

因为从式(7.55)导出 η_a 时，引用了条件 $\dot{p}=0$，而后又由 $\eta_a=0$ 导出反效动压 q_R 时，实际又必定是 $p=0$。所以总的来说，可以认为操纵反效的条件是

$$p=0,\quad \dot{p}=0 \tag{7.66}$$

应当指出，对于较复杂的机翼，求出解析解是不可能的，一般需借助数值方法求解。

实际上，飞机通常有多个副翼，这些副翼可以联合使用，经常用来减小机动飞行时的翼根弯矩，也可用于阵风载荷减缓系统。在实际飞行中，需要操纵面的小调整来维持平衡，即副翼/方向舵进行横侧向配平，升降舵进行纵向配平。当接近反效速度时，操纵面在操纵飞机和调整配平方面的效率都会下降，而使得飞机在反效之前就失去了配平的能力。使用多操纵面就意味着一个操纵面达到反效，但这些操纵面的联合还会有一定的效率。

7.4.3　操纵效率的一般表述方式

操纵效率通常用偏转舵面所产生的气动力矩随动压的变化来表示。如副翼效率通常用偏转副翼所产生的滚转力矩随动压的变化来表示，平尾效率通常用偏转平尾或升降舵所产生的俯仰力矩随动压的变化来表示。实践证明，操纵效率不仅与动压有关，往往还与迎角和舵偏角有关，通常会随这几个参数的增加而减小。

用以表示操纵效率的公式有多种形式，以下列出副翼效率和平尾效率的常用公式。

定义副翼效率为

$$\eta_a = \left(\frac{\partial C_l}{\partial \delta_a}\right)_e \Big/ \left(\frac{\partial C_l}{\partial \delta_a}\right)_r \tag{7.67}$$

式中,C_l 为飞机滚转力矩系数,δ_a 为副翼偏度,下标“e”表示弹性,下标“r”表示刚性。

定义平尾效率为

$$\eta_e = \left(\frac{\partial C_m}{\partial \delta_e}\right)_e \Big/ \left(\frac{\partial C_m}{\partial \delta_e}\right)_r \tag{7.68}$$

式中,C_m 为飞机俯仰力矩系数,δ_e 为升降舵偏度。

7.5 弹性飞行器飞行载荷分析与气动导数修正

弹性飞行器飞行载荷分析和气动导数修正是多学科、多专业的综合工作,必须考虑结构弹性、气动力以及飞行动力学之间的耦合因素。传统设计中,由于在飞行器设计中忽略结构和气动之间的耦合,弹性效应往往只能在设计的晚期才能被确定和定量化,因此常导致机构质量增加、气动性能降低和昂贵的再设计。随着现代飞行器对大速度和轻质量等性能要求不断提高,轻质结构的柔性变形不断增大,考虑气动弹性效应后的飞行载荷和气动导数精确计算就显得更加重要了。这里所需要考虑的气动弹性影响主要是由于静气动弹性变形引起的。

在进行弹性飞行器飞行载荷分析和气动导数修正时,其中的结构分析一般采用较为成熟的结构有限元方法,气动分析则包括片条理论、小扰动速度势、CFD 等方法。图 7.14 描述了气动和结构模型的发展,虽然精度不断提高,但计算耗费也随之急剧增加,应根据飞机各设计阶段的具体要求来选择最为适合的分析方法。

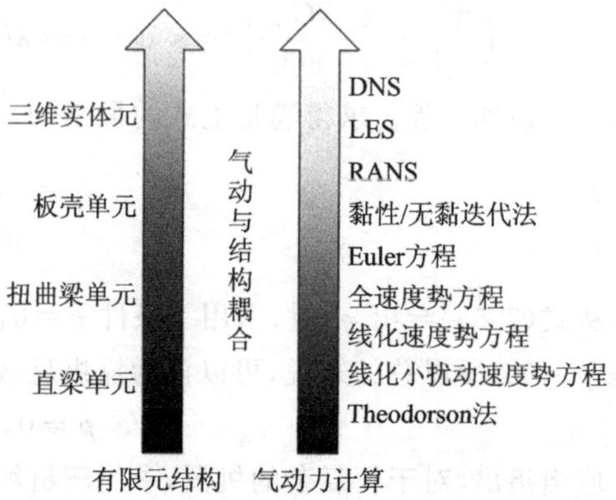

图 7.14 气动/结构耦合中的模型及演变

面元法是比较常用的线性气动力分析方法,分为低阶面元法和高阶面元法。低阶面元法与线性结构有限元相结合,可构建一体化的静气动弹性方程,只需要求解线性方程组就可以得到弹性飞行载荷,其分析方法具有易实现、鲁棒性好、计算耗费低等特点,使得其在如今的气动弹性分析、设计领域内依旧扮演着举足轻重的作用,也是商业软件 MSC.NASTRAN 所采用的气动弹性分析方法,被工业界广泛认可。高阶面元法提高了气动力的分析精度,通过与结构耦合求解静气动弹性响应和飞行载荷,进一步提高了响应精度,是商业软件 ZONAIR 常用的分析方法。由于线性气动力计算方法的局限性,使得基于面元法的飞行载荷分析方法只适用于小迎角、无黏和非跨声速等非线性特征不明显的飞行条件下。为了提高计算精度并保持较高的计算效率,同时适用于较大迎角的状态,发展了以面元法为基础的准非线性方法,该方法以引入的外部高精度非线性刚体气动力作为基准状态,通过面元法等线性气动力方法进行弹性变形的修正,从而提高飞行载荷的分析精度,是现在工程上比较常用的方法。

基于 CFD/CSD 耦合的计算气动弹性力学适用于跨声速、大迎角、较强气流分离等高度非线性飞行载荷的条件，可求解如抖振等负载的气动弹性现象，但计算花费巨大，并且需要高质量的空间网格，高效、准确、鲁棒的流固耦合数据插值方法，以及流体计算网格变形技术。该方法由于建模复杂、计算耗费巨大的原因，通常用于典型状态的计算校核。

当结构具有大柔性的特征时，线性结构有限元分析会存在较大的误差，因此要采用几何非线性结构有限元方法。在考虑几何非线性效应的分析中，结构刚度阵随位移变化不断更新，因此，无论采用何种气动力分析方法，都需要迭代求解气动弹性响应。

在飞行载荷和气动导数修正分析中，结构分析除了用基于有限元的柔度法，还可以采用模态法。该方法采用模态降阶的方法，通常取前若干阶模态来表示结构的位移和静变形，计算耗费较小；由于模态法不需要有具体结构模型，只需要结构模态，有利于技术专业部门之间协调和数据传递。

7.5.1 低阶面元分析方法

(1) 气动力影响系数

根据气动力分析位移向量集，j - set 下的控制点下洗速度向量 $\boldsymbol{w}_j$ 与压力点位移 $\boldsymbol{u}_k$ 及飞行参数 $\boldsymbol{u}_x$ 之间的关系为

$$\boldsymbol{w}_j = \boldsymbol{D}_{jk}\boldsymbol{u}_k + \boldsymbol{D}_{jx}\boldsymbol{u}_x + \bar{\boldsymbol{w}}_j \tag{7.69}$$

式中，$\boldsymbol{D}_{jk}$ 和 $\boldsymbol{D}_{jx}$ 分别为气动压力点和额外气动点的本征导数矩阵；$\bar{\boldsymbol{w}}_j$ 为由网格初始迎角、弯度和扭转引起的下洗。

在 j - set 下，控制点的压力分布为

$$\Delta\boldsymbol{p}_j = \bar{q}\boldsymbol{Q}_{jj}\boldsymbol{w}_j \tag{7.70}$$

为了求得气动单元上的气动力与气动力矩，还需要对单元上的气动力进行积分，即

$$\Delta\boldsymbol{p}_k = \boldsymbol{S}_{kj}\Delta\boldsymbol{p}_j \tag{7.71}$$

式中，$\boldsymbol{S}_{kj}$ 为综合矩阵，由气动网格的面积和插值矩阵组成。

因此，气动力影响系数矩阵可表示为

$$\left.\begin{aligned}\boldsymbol{Q}_{kk} &= \boldsymbol{S}_{kj}\boldsymbol{Q}_{jj}\boldsymbol{D}_{jk}\\ \boldsymbol{Q}_{kx} &= \boldsymbol{S}_{kj}\boldsymbol{Q}_{jj}\boldsymbol{D}_{jx}\end{aligned}\right\} \tag{7.72}$$

实际应用中，通常需要加入经验修正因子矩阵以及经验压力系数向量做进一步的修正，使气动力分析结果更加精确。

(2) 线性方法

基本的静气动弹性响应方程通常在 a - set 写为

$$(\boldsymbol{K}_{aa} - \bar{q}\boldsymbol{Q}_{aa})\boldsymbol{u}_a + \boldsymbol{M}_{aa}\ddot{\boldsymbol{u}}_a = \bar{q}\boldsymbol{Q}_{ax}\boldsymbol{u}_x + \boldsymbol{P}_a \tag{7.73}$$

式中，$\bar{q}\boldsymbol{Q}_{aa}\boldsymbol{u}_a$ 表示由结构的弹性变形所引起的气动力；$\bar{q}\boldsymbol{Q}_{ax}\boldsymbol{u}_x$ 表示迎角或舵面偏转等飞行参数所产生的气动力。

在上式的求解中，通常分为无支持和有支持两种情况，其区别在于处理刚体参考自由度位移的方式。无支持情况对应于自由飞行状态，可以用于飞行测试的分析，它在求解时必须使用刚体运动和弹性变形之间的正交关系。有支持情况可以用于飞行模拟器或吹风模型的分析。限于篇幅，在此不作赘述。

(3) 准非线性方法

将式(7.73)等号右侧的线性方法替换成刚性气动力数据库插值的方法：

$$(\boldsymbol{K}_{aa}-\bar{q}\boldsymbol{Q}_{aa})\boldsymbol{u}_a+\boldsymbol{M}_{aa}\ddot{\boldsymbol{u}}_a=\exists\lfloor\langle\bar{q}\boldsymbol{Q}_{av}\,|\,\boldsymbol{u}_{xv}\rangle\leftarrow(\boldsymbol{u}_x)\rfloor+\boldsymbol{P}_a \tag{7.74}$$

式中,变量 v 代表外部刚性载荷数据库的工况编号;$\boldsymbol{u}_{xv}$ 表示数据库中第 v 个工况的飞行参数向量;$\bar{q}\boldsymbol{Q}_{av}$ 表示数据库中第 v 个工况的刚性气动力。

在使用二维飞行载荷求解气动弹性响应时需进行矩阵运算,而矩阵运算的本质则是线性叠加,因此式(7.73)等号右侧的刚性气动力可看作各个单位飞行参数工况的叠加,其中未知的叠加系数则是待求的飞行参数。计算所使用的刚度矩阵、质量矩阵、AIC 矩阵以及与气动网格形状相关的各类转换矩阵保持不变,刚性气动力与飞行参数之间呈线性关系,因此各工况下的位移和加速度满足线性叠加原理。将叠加方法扩展到式(7.74),刚性气动力数据库与飞行参数间呈非线性的关系,各工况下的位移和加速度也采用相同的非线性函数进行叠加。

7.5.2 高阶面元分析方法

这里介绍的高阶面元分析方法是基于气动开源代码 PANAIR 和 MSC. NASTRAN 静力模块耦合求解的,可进行飞行动力学的弹性配平和刚性配平的分析。配平是在飞行动力学意义上的配平,指飞行器不受干扰的情况下,在空中维持定常直线平飞、定常盘旋以及各类机动时,飞行器整体的飞行姿态角和所需操作面偏转量;包括常规情况的定常直线平飞的配平,也包括机动情况下的广义配平。刚性配平属于传统刚体飞行动力学范畴,在此不做介绍,着重介绍弹性飞行载荷的分析和求解过程。

(1) 弹性配平

弹性配平实际上也分基于外部气动力引入和高阶面元法两种,但这两者的区别不在于弹性配平的求解过程,而只在于使用了两种不同的方法去进行刚性气动力的计算,因而在此不做细分。弹性配平的简要流程如图 7.15 所示。

整个弹性配平过程由两个循环构成,即内循环和外循环。内循环计算中涉及的理论包括插值分析方法、静力学分析方法(基于 MSC. NASTRAN 软件)、弹性载荷修正方法、静气动弹性收敛判据。外循环计算涉及的理论包括配平变量修正方法、力平衡方程收敛判据。

(2) 弹性载荷修正方法

弹性载荷修正是指在原有刚性载荷的基础上考虑结构弹性变形引起的压力系数变化而得到的载荷分布变化。可用公式表示为

$$\left.\begin{aligned}C_{p_{\text{flex}}}&=C_{p_{\text{rigid}}}+DC_p\Delta\boldsymbol{n}\\ \Delta\boldsymbol{n}&=\boldsymbol{G}\boldsymbol{u}\end{aligned}\right\} \tag{7.75}$$

式中,DC_p 为弹性修正载荷,它与气动网格单元的法向量变化量 $\Delta\boldsymbol{n}$ 有关;而 $\Delta\boldsymbol{n}$ 可由转换矩阵 $\boldsymbol{G}$ 与气动网格点的位移 $\boldsymbol{u}$ 的乘积得到;初始气动网格一旦给定,转换矩阵 $\boldsymbol{G}$ 在弹性配平过程中是假定不变的。

(3) 静气动弹性收敛判据

静气动弹性收敛是指在给定的飞行姿态下,结构弹性变形的内力和与之引起的变化后的气动力达到平衡的状态。一般通过比较迭代前后的位移变化来判断是否收敛。常用的判据为

$$\left|\frac{W_{n+1}-W_n}{W_n}\right|\leqslant\varepsilon_1 \tag{7.76}$$

式中,ε_1 表示静气动弹性收敛因子,W_n 表示选定的结构结点在第 n 次迭代中的位移。当式(7.76)等号左侧的值小于等于静气动弹性收敛因子时,静气动弹性计算收敛。

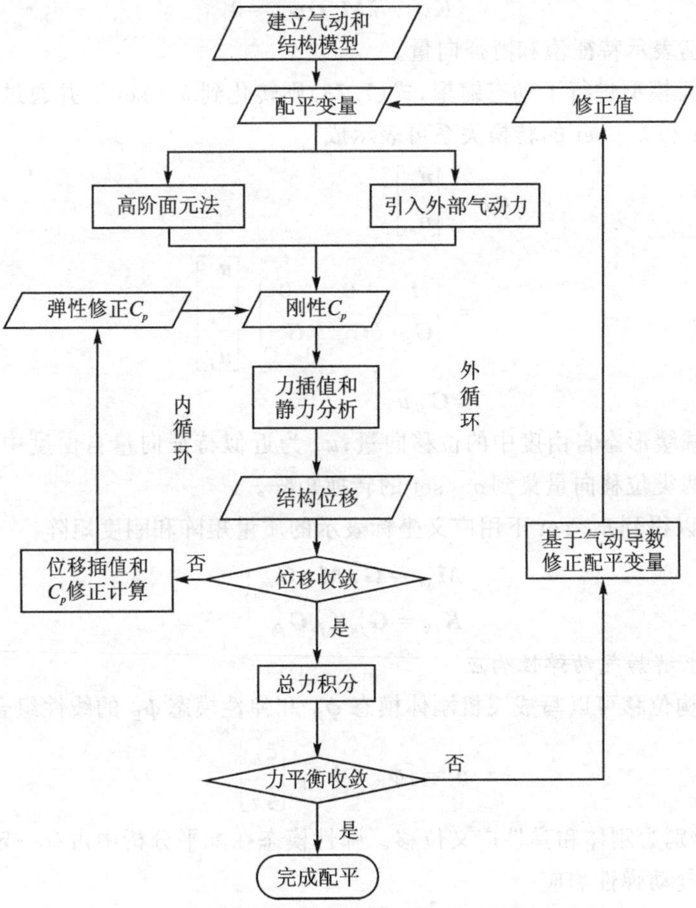

图 7.15　飞行器弹性配平简要流程

(4) 力平衡方程收敛判据

当静气动弹性收敛后，配平工况中给定的过载方向将被用于力平衡方程收敛的评估。通过比较给定的过载与积分所有气动网格得到的过载，来判定力平衡方程是否收敛，其表达式为

$$\mathrm{MAX}(|\mathbf{URDD}_{\mathrm{cal}} - \mathbf{URDD}_{\mathrm{fixed}}|) \leqslant \varepsilon_2 \tag{7.77}$$

式中，ε_2 表示力平衡方程收敛因子，$\mathbf{URDD}_{\mathrm{fixed}}$ 表示各个给定方向的过载，$\mathbf{URDD}_{\mathrm{cal}}$ 为对应方向积分得到的过载。当式(7.77)等号左侧的值小于等于力平衡方程收敛因子时，配平收敛。

7.5.3　模态法飞行载荷分析方法

柔度法是通过结构有限元模型的刚度阵（或柔度阵）和外部载荷列阵求解结点位移的方法，结果精确，但对于复杂结构的飞行器，求解矩阵会变得庞大，计算耗费也随之变大。模态法采用模态降阶方法，通常取前若干阶模态来表示结构的刚度和质量特性，相比柔度法计算耗费较小。

(1) 结构模态分析

如果结构有限元模型没有进行动态缩聚，则在 a - set 下分析模型的模态，将静力平衡方程等号右边的外部载荷设置为零，即可求出结构的固有频率和模态：

$$(\boldsymbol{K}_{aa}-\lambda\boldsymbol{M}_{aa})\boldsymbol{\varphi}_a=0 \tag{7.78}$$

式中,λ 和 $\boldsymbol{\varphi}_a$ 分别表示特征值和特征向量。

如果对有限元模型进行了动态缩聚,式(7.78)则转化到 h - set 下并通过广义坐标分析模型的模态,f - set 和 h - set 的转换关系可表示成

$$\begin{aligned}\boldsymbol{u}_f&=\begin{bmatrix}\boldsymbol{u}_a\\ \boldsymbol{u}_o\end{bmatrix}\\ &=\begin{bmatrix}\boldsymbol{I} & 0 & 0\\ \boldsymbol{G}_{oa} & \boldsymbol{G}_{ok} & \boldsymbol{G}_{oj}\end{bmatrix}\begin{bmatrix}\boldsymbol{u}_a\\ \boldsymbol{u}_k\\ \boldsymbol{u}_j\end{bmatrix}\\ &=\boldsymbol{G}_{fh}\boldsymbol{u}_h\end{aligned} \tag{7.79}$$

式中,$\boldsymbol{u}_k$ 为惯性减缓形态自由度中的位移向量;$\boldsymbol{u}_j$ 为近似特征向量自由度中的位移向量;$\boldsymbol{G}_{ok}$ 和 $\boldsymbol{G}_{oj}$ 分别是这两类位移向量集到 o - set 的转换矩阵。

通过 $\boldsymbol{G}_{fh}$ 可以得到 h - set 下用广义坐标表示的质量矩阵和刚度矩阵:

$$\left.\begin{aligned}\boldsymbol{M}_{hh}&=\boldsymbol{G}_{fh}^{\mathrm{T}}\boldsymbol{M}_{ff}\boldsymbol{G}_{fh}\\ \boldsymbol{K}_{hh}&=\boldsymbol{G}_{fh}^{\mathrm{T}}\boldsymbol{K}_{ff}\boldsymbol{G}_{fh}\end{aligned}\right\} \tag{7.80}$$

(2) 模态法求解静气动弹性响应

模态法中结构位移可以写成飞机刚体模态 $\boldsymbol{\phi}_R$ 和弹性模态 $\boldsymbol{\phi}_E$ 的线性组合:

$$\boldsymbol{u}=[\boldsymbol{\phi}_R\quad \boldsymbol{\phi}_E]\begin{bmatrix}\boldsymbol{\xi}_R\\ \boldsymbol{\xi}_E\end{bmatrix} \tag{7.81}$$

式中,$\boldsymbol{\xi}_R$ 和 $\boldsymbol{\xi}_E$ 分别为刚体和弹性广义位移。弹性模态在配平分析中占有一定的数量。

由于飞机静气动弹性响应

$$\boldsymbol{K}\boldsymbol{u}+\boldsymbol{M}\boldsymbol{\phi}_R\ddot{\boldsymbol{u}}_R=\boldsymbol{F}_{AR}+\boldsymbol{F}_{AE} \tag{7.82}$$

式中,$\boldsymbol{K}$ 为结构刚度矩阵;$\boldsymbol{u}$ 为结构位移矢量;$\boldsymbol{M}$ 为结构质量矩阵;$\ddot{\boldsymbol{u}}_R$ 为刚体运动的加速度;$\boldsymbol{F}_{AR}$ 为飞行器刚体气动力;$\boldsymbol{F}_{AE}$ 为结构变形引起的附加弹性气动力。

在广义坐标下,该式可改写为

$$\begin{bmatrix}\boldsymbol{K}_{RR} & \boldsymbol{K}_{RE}\\ \boldsymbol{K}_{ER} & \boldsymbol{K}_{EE}\end{bmatrix}\begin{Bmatrix}\boldsymbol{\xi}_R\\ \boldsymbol{\xi}_E\end{Bmatrix}+\begin{bmatrix}\boldsymbol{M}_{RR} & \boldsymbol{M}_{RE}\\ \boldsymbol{M}_{ER} & \boldsymbol{M}_{EE}\end{bmatrix}\begin{Bmatrix}\ddot{\boldsymbol{\xi}}_R\\ \ddot{\boldsymbol{\xi}}_E\end{Bmatrix}=\begin{Bmatrix}\overline{\boldsymbol{F}}_{AR}\\ \overline{\boldsymbol{F}}_{AE}\end{Bmatrix} \tag{7.83}$$

式中

$$\boldsymbol{M}_{RR}=\boldsymbol{\phi}_R^{\mathrm{T}}\boldsymbol{M}\boldsymbol{\phi}_R,\quad \boldsymbol{M}_{EE}=\boldsymbol{\phi}_E^{\mathrm{T}}\boldsymbol{M}\boldsymbol{\phi}_E,\quad \boldsymbol{M}_{ER}=\boldsymbol{M}_{RE}^{\mathrm{T}}=\boldsymbol{\phi}_E^{\mathrm{T}}\boldsymbol{M}\boldsymbol{\phi}_R$$

$$\boldsymbol{K}_{RR}=\boldsymbol{\phi}_R^{\mathrm{T}}\boldsymbol{K}\boldsymbol{\phi}_R,\quad \boldsymbol{K}_{EE}=\boldsymbol{\phi}_E^{\mathrm{T}}\boldsymbol{K}\boldsymbol{\phi}_E,\quad \boldsymbol{K}_{ER}=\boldsymbol{K}_{RE}^{\mathrm{T}}=\boldsymbol{\phi}_E^{\mathrm{T}}\boldsymbol{K}\boldsymbol{\phi}_R$$

$$\overline{\boldsymbol{F}}_{AR}=\boldsymbol{\phi}_R\boldsymbol{F}_A,\quad \overline{\boldsymbol{F}}_{AE}=\boldsymbol{\phi}_E^{\mathrm{T}}\boldsymbol{F}_A$$

由于飞机的刚体运动与弹性模态存在正交性,有 $\boldsymbol{M}_{ER}=\boldsymbol{M}_{RE}^{\mathrm{T}}=0$,$\boldsymbol{K}_{RR}=0$,$\boldsymbol{K}_{ER}=\boldsymbol{K}_{RE}^{\mathrm{T}}=0$;同时,相比刚体机动加速度可以忽略弹性加速度,则 $\boldsymbol{M}_{EE}\ddot{\boldsymbol{\xi}}=0$,因此,飞机的静气动弹性平衡方程可写为两个独立的等式方程,一个是关于刚体运动的,另一个是关于弹性运动的。

$$\boldsymbol{M}_{RR}\ddot{\boldsymbol{\xi}}_R=\overline{\boldsymbol{F}}_{AR} \tag{7.84}$$

$$\boldsymbol{M}_{EE}\ddot{\boldsymbol{\xi}}_E=\overline{\boldsymbol{F}}_{AE} \tag{7.85}$$

式(7.84)用来求解气动力配平参数，如迎角、侧滑角、操纵面偏角、滚转速率。弹性变形影响也包含在广义力矢量 $\bar{\boldsymbol{F}}_{AR}$ 中。式(7.85)用来求解相关气动力参数和设定飞行条件下的弹性变形。在进行分析时可以利用风洞试验数据修正，以获得更精确的结果。

7.5.4　气动力导数

气动力导数与飞行力学性能和控制系统设计密切相关。在前面的静气动弹性响应即飞行载荷分析方程的基础上，可以通过定义单位迎角、单位侧滑角、单位舵偏角的方法求出气动力和气动力力矩对于这些参数的导数。如果在分析中忽略弹性的影响，则所得到的为刚性气动力导数，如果考虑了弹性影响，则为弹性气动力导数。气动力导数通常是针对线性气动力而言的，在这种气动力情况下气动力导数与迎角、舵偏角无关，这通常能在小迎角下得到满足。而在非线性气动力中，使用导数就很不方便，因为此时不同迎角和舵偏角情况下的气动力导数都不一样。

飞行力学分析中通常使用图 7.16 所示的体轴坐标系。气动力系数的正方向与该坐标轴相同，气动力矩系数的正方向按右手法则确定。侧向力、法向力分别指 y 轴和 z 轴的气动力，这里不考虑沿 x 轴的气动力。滚转力矩、俯仰力矩和偏航力矩分别指绕 x 轴、y 轴和 z 轴的气动力矩。通常规定副翼偏角以左副翼后缘向下、右副翼后缘向上为正。方向舵偏角以后缘向右为正。升降舵偏角都以后缘向上为正。该坐标原点通常位于重心处，x 轴指向机头，与来流平行；y 轴沿翼展方向向右；z 轴垂直向下。

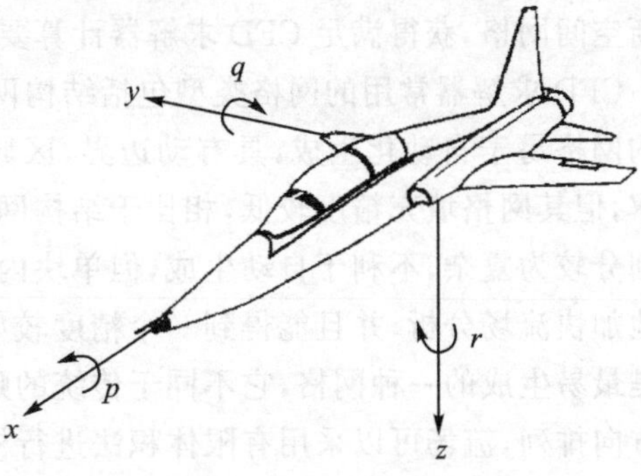

图 7.16　体轴坐标系

对于结构对称的飞行器，在线性假设的条件(如小扰动、小变形、小迎角和小侧滑角等)下，纵向气动力导数和横、航向气动力导数之间可以认为是相互不耦合的。这样，在不考虑阻力系数和采用线性气动力的情况下，考虑弹性影响的飞行器的气动力系数、气动力矩系数和气动力导数之间的关系一般可以用如下方程表示：

$$\boldsymbol{C}_z=\boldsymbol{C}_{z_0}+\boldsymbol{C}_{z_\alpha}\alpha+\boldsymbol{C}_{z_{\delta_e}}\delta_e+\boldsymbol{C}_{z_{\frac{q\bar{c}}{2V}}}\frac{q\bar{c}}{2V}+\boldsymbol{C}_{z_{\frac{\ddot{z}}{g}}}\frac{\ddot{z}}{g}+\boldsymbol{C}_{z_{\frac{\dot{q}\bar{c}}{2g}}}\frac{\dot{q}\bar{c}}{2g}\tag{7.86}$$

$$\boldsymbol{C}_m=\boldsymbol{C}_{m_0}+\boldsymbol{C}_{m_\alpha}\alpha+\boldsymbol{C}_{m_{\delta_e}}\delta_e+\boldsymbol{C}_{m_{\frac{q\bar{c}}{2V}}}\frac{q\bar{c}}{2V}+\boldsymbol{C}_{m_{\frac{\ddot{z}}{g}}}\frac{\ddot{z}}{g}+\boldsymbol{C}_{m_{\frac{\dot{q}\bar{c}}{2g}}}\frac{\dot{q}\bar{c}}{2g}\tag{7.87}$$

$$\boldsymbol{C}_y=\boldsymbol{C}_{y_\beta}\beta+\boldsymbol{C}_{y_{\delta_a}}\delta_a+\boldsymbol{C}_{y_{\delta_r}}\delta_r+\boldsymbol{C}_{y_{\frac{pl}{2V}}}\frac{pl}{2V}+\boldsymbol{C}_{y_{\frac{rl}{2V}}}\frac{rl}{2V}+\boldsymbol{C}_{y_{\frac{\ddot{y}}{g}}}\frac{\ddot{y}}{g}+\boldsymbol{C}_{y_{\frac{\dot{p}l}{2g}}}\frac{\dot{p}l}{2g}+\boldsymbol{C}_{y_{\frac{\dot{r}l}{2g}}}\frac{\dot{r}l}{2g}\tag{7.88}$$

$$\boldsymbol{C}_l=\boldsymbol{C}_{l_\beta}\beta+\boldsymbol{C}_{l_{\delta_a}}\delta_a+\boldsymbol{C}_{l_{\delta_r}}\delta_r+\boldsymbol{C}_{l_{\frac{pl}{2V}}}\frac{pl}{2V}+\boldsymbol{C}_{l_{\frac{rl}{2V}}}\frac{rl}{2V}+\boldsymbol{C}_{l_{\frac{\ddot{y}}{g}}}\frac{\ddot{y}}{g}+\boldsymbol{C}_{l_{\frac{\dot{p}l}{2g}}}\frac{\dot{p}l}{2g}+\boldsymbol{C}_{l_{\frac{\dot{r}l}{2g}}}\frac{\dot{r}l}{2g}\tag{7.89}$$

$$\boldsymbol{C}_n=\boldsymbol{C}_{n_\beta}\beta+\boldsymbol{C}_{n_{\delta_a}}\delta_a+\boldsymbol{C}_{n_{\delta_r}}\delta_r+\boldsymbol{C}_{n_{\frac{pl}{2V}}}\frac{pl}{2V}+\boldsymbol{C}_{n_{\frac{rl}{2V}}}\frac{rl}{2V}+\boldsymbol{C}_{n_{\frac{\ddot{y}}{g}}}\frac{\ddot{y}}{g}+\boldsymbol{C}_{n_{\frac{\dot{p}l}{2g}}}\frac{\dot{p}l}{2g}+\boldsymbol{C}_{n_{\frac{\dot{r}l}{2g}}}\frac{\dot{r}l}{2g}\tag{7.90}$$

其中,式(7.86)为法向力系数方程,式(7.87)为俯仰力矩系数方程,式(7.88)为侧力系数方程,式(7.89)为滚转力矩系数方程,式(7.90)为偏航力矩系数方程。这些公式的具体形式和气动力计算方法有关,通常可以忽略与加速度相关的项。

7.5.5 基于CFD/CSD耦合的计算气动弹性

为了获得更为精确的气动弹性分析结果,需要采用精度更高的气动力模型,比如欧拉或Navier - Stokes方程与结构模型进行耦合求解,即CFD/CSD耦合。为了提高分析效率,耦合求解中结构分析也往往使用模态法以便于迭代求解。对气动和结构学科而言,由于基于各自的物理分析模型,采用不同的建模方式,故在进行流固耦合迭代计算时需要采用流固耦合插值方法实现气动载荷和结构变形信息在界面上的传递。除此之外,当采用诸如N - S方程这类依赖空间计算网格的气动力模型时,还需要借助动网格技术利用气动表面网格的变形信息来更新空间网格,获得满足CFD求解器计算要求的高质量的计算网格。

CFD求解器常用的网格类型包括结构网格、非结构网格以及Cartesian(笛卡儿)网格,非结构网格易于自动化生成,具有动边界,区域自适应加密等优点,通常适用于CFD/CSD耦合求解,但其网格填充精度较低,相比于结构网格通常需要更多的网格数量。高质量的结构网格的划分较为复杂,不利于自动生成,但单块内空间拓扑结构简单,方向明晰,逻辑直观,可以极大地加快流场分析,并且能得到一个精度较好的结果。笛卡儿网格是CFD计算中最早使用、也是最易生成的一种网格,它不同于传统的贴体网格,笛卡儿网格中的单元基本按照笛卡儿坐标方向排列,流场可以采用有限体积法进行模拟计算,在与模型表面相交的单元处需要给出局部加密等特殊的处理。

动网格技术按照数学原理基本可以分为基于代数运算的动网格技术、基于线性或者非线性方程组求解的动网格技术以及混合动网格技术,当前最具代表的常用的动网格技术有弹簧法、无限插值动网格(Transfinite Interpolation, TFI)、RBF动网格技术、Delaunay图映射方法和基于逆距离权重插值(Inverse Distance Weighting Interpolation, IDW)动网格等。

计算气动弹性的耗费过大,静气动弹性耦合分析流程通常如图7.17所示。CFD求解器、CSD求解器以及插值方法可根据具体问题的需要进行选择。

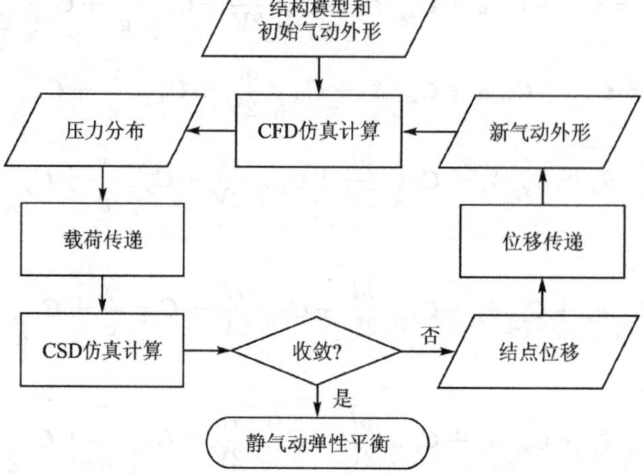

图7.17 CFD/CSD松耦合静气动弹性分析流程图

具体步骤说明如下：

① 给定翼面初始气动外形和边界条件，计算得到机翼表面网格中心点的压力分布，根据翼面气动网格单元外法向矢量、面积及动压将压力分布转换为气动载荷；

② 将上述气动载荷分解到结构结点上并由结构静平衡方程计算变形，得到弹性机翼变形后的新位置，记此时各展向剖面前后缘最大位移分别为 $W_i(n)$ 和 $W_j(n)$；

③ 针对变形后的机翼更新气动模型再次进行气动力计算，得出新外形对应的气动载荷；

④ 将新一轮气动载荷传递到结构上计算变形，得到各剖面前后缘最大位移分别为 $W_i(n+1)$ 和 $W_j(n+1)$。判断 $\max\left\{\left|\dfrac{W_i(n+1)-W_i(n)}{W_i(1)}\right|,\left|\dfrac{W_j(n+1)-W_j(n)}{W_j(1)}\right|\right\}\leqslant\varepsilon$，即相对位移变化是否达到收敛精度。若满足，则停止计算，此时的机翼外形即弹性变形后达到平衡状态的外形；若不满足，则返回③继续迭代计算。

在迭代分析中，为加快收敛速度，可对下一轮的位移变形量进行松弛处理，绝大部分的时间都用于 CFD 流场分析，而数据交换、网格变形以及结构响应分析都耗时很短。

7.6 热效应对气动弹性的影响

飞行器以超声速或高超声速飞行时，空气受到强烈的压缩和剧烈的摩擦作用，大部分动能转化为热能，致使飞行器周围的空气温度急剧升高。此高温气体和飞行器表面之间产生很大的温差，部分热能迅速向物面传递，这种热能传递方式称为气动加热。当飞行马赫数超过 3.0 以后，热效应随着马赫数的增大而加剧，在进行气动弹性静力学和动力学分析中需要考虑热效应的影响。这一点对于高超声速飞行器这类气动加热比较严重的飞行器来说尤为重要，热气动弹性问题直接影响飞行器的总体性能甚至是飞行的成败，需要开展气动热和气动弹性的耦合分析。本节重点讨论热效应对气动弹性静力学的影响。

7.6.1 气动热与气动弹性的耦合关系

气动热与气动弹性之间的耦合通常用图 7.18 表示，其中有些耦合认为是弱耦合，在分析求解中可以忽略；有些耦合认为是强耦合，在求解中需要加以考虑。气动热和气动弹性之间的这种强耦合主要有两个方面：

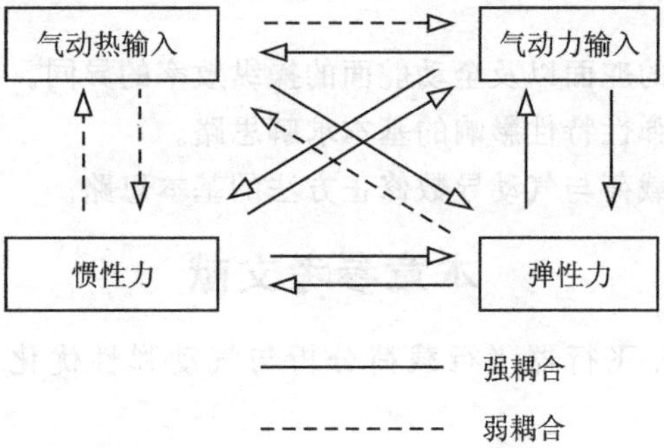

图 7.18　热气动弹性耦合的关系

① 气动加热使得结构温度升高，并产生不均匀的温度场，这将一方面引起结构材料弹性

模量的变化,另外一方面引起结构内应力从而导致结构刚度的变化。

② 结构在气动力和气动热的作用下产生变形,这种变形所引起的气动力分布的变化,也将引起气动热流的变化。

在求解气动热和气动弹性的上述耦合关系时,通常采用不同的方法进行。在初步分析中通常可以忽略结构变形对于气动热的影响,而着重考虑气动热对于结构的影响,即采用气动—热—结构三者单向耦合的分析方法。而在详细设计中就既要考虑气动热对于结构的影响,又要考虑结构变形对于气动热的影响,即采用气动—热—结构三者双向耦合的分析方法。

7.6.2 高超声速气动热的计算方法

气动加热现象极为复杂,既与飞行器的飞行速度、高度、大气黏性有关,又牵涉到激波与黏性干扰、激波与激波的干扰等问题。物理现象的复杂性,使得预测气动热成为一个极其困难的问题。

在第2章介绍了高超声速气动力计算的一些方法。这些方法所计算出来的气动力压力分布,也是计算气动热的基础,与气动热密切相关。对于气动热的计算,与气动力计算一样,可以分为数值计算方法和工程估算方法两大类。

对于数值计算方法,通常采用隐式时间推进求解N-S方程,这已在飞行器的设计中取得了许多满意的结果。

而工程方法在求解简单外形的气动热方面具有很大的优势,它的计算效率很高,精确度也有一定保证,往往能够得到工程上满意的结果。其中对于边界层外的气流参数,有无黏流数值求解和工程方法求解两类。而对边界层内的计算,则均采用工程方法,其中参考焓与雷诺比拟是最为常见的方法。

思考与练习

7.1 简述发散工程分析方法的基本求解思路。

7.2 简述载荷重新分布和气动导数弹性修正的基本求解思路。

7.3 试证明书中三种发散工程分析方法的一致性。

7.4 试分析定常气动力在静气动弹性分析中的作用,并分析不同气动力的差异及其对静气动弹性特性的影响。

7.5 试分析有安定面支持的舵面以及全动舵面的操纵效率的异同。

7.6 简述热效应对于气动弹性特性影响的基本求解思路。

7.7 简述弹性飞行器飞行载荷与气动导数修正方法的基本思路。

本章参考文献

[1] 万志强,杨超,王晓喆. 飞行器飞行载荷分析与气动弹性优化. 北京:航空工业出版社,2021.

[2] 杨超,吴志刚,谢长川. 气动弹性设计基础. 3版. 北京:北京航空航天大学出版社,2021.

[3] 管德. 飞机气动弹性力学手册. 北京:航空工业出版社,1994.

[4] 伏欣 H W. 气动弹性力学原理. 沈克扬,译. 上海:上海科学技术文献出版社,1980.

[5] Bisplinghoff R L, Ashley H, Halfman R L. Aeroelasticity. Addison-wesley Publ, comp., Inc., 1957.

[6] Rodden W P, Johnson E H. MSC/Nastran aeroelastic analysis user's guide V68. Los Angeles: MSC Software Corporation, 1994: 44-65.

[7] MSC. Flight loads and dynamics version 2001 user's guide. Los Angeles, CA: MSC Software Corporation, 2001.

[8] Raveh D E, Karpel M. Structural optimization of flight vehicles with nonlinear aerodynamic loads. AIAA-98-4832, 1998.

[9] Raveh D E. Maneuverload analysis of overdetermined trim systems. Journal of Aircraft, 2008, 45(1): 119-129.

[10] ZONA Technology, Inc. ZONAIR users' manual. Scottsdale, AZ: ZONA Technology, Inc., 2010.

[11] ZONA Technology, Inc. ZAERO Version 8.2 Theoretical Manual. Scottsdale, AZ: ZONA Technology, Inc., 2008.

[12] Harder R L, Desmarais R N. Interpolation using surface spline. Journal of Aircraft, 1972, 9(2): 189-191.

[13] 万志强，邓立东，杨超，等. 基于非线性试验气动力的飞机静气动弹性响应分析. 航空学报，2005，26(4)：439-445.

[14] 万志强，唐长红，邹丛青. 柔性复合材料前掠翼飞机静气动弹性分析. 复合材料学报，2002，19(5)：118-124.

[15] 严德，杨超. 基于试验气动力的纵向机动飞行载荷分析. 北京航空航天大学学报，2007，33(3)：253-256.

[16] 邓立东，李天，薛晓春. 飞机非线性飞行载荷计算方法研究. 航空学报，2002，23(4)：317-320.

[17] 邓立东，李天. 柔性飞机的非线性飞行载荷计算研究. 飞行力学，2004，22(4)：85-88.

[18] 万志强，唐长红，杨超. 三种静气动弹性发散方法的一致性分析和验证. 航空学报，2002，23(4)：342-345.

[19] 邵珂，万志强，杨超. 基于试验气动力的弹性飞机舵面效率分析. 航空学报，2009，30(9)：1612-1617.

[20] 严德，杨超，万志强. 应用气动力修正技术的静气动弹性发散计算. 北京航空航天大学学报，2007，33(10).

第 8 章　气动弹性动稳定性

在气动弹性动力学的领域内，最令人关注的问题就是颤振。由于颤振对飞行安全具有重要的意义，因此促进了围绕颤振问题在各方面研究的开展。研究颤振的主要难点之一是它具有多种形态，其中的物理关系有时是相当深奥的。

第 1 章中把颤振问题分为经典颤振、非经典颤振两大类，具体定义和现象不再赘述。经典颤振又可称为线性颤振，可以采用线性化理论和方法进行分析、求解，这也是当前飞行器颤振设计中遇到的主要问题，是本章内容的重点。非经典颤振问题有些可以用线性方法处理（如壁板颤振），本章也有介绍；有些只能采取非线性方法处理（如大迎角失速颤振、跨声速颤振、嗡鸣等），这些问题也属于非线性气动弹性范畴，与其他非线性气动弹性问题一起，在第 10 章统一介绍。

计算颤振临界速度的问题，实际上是一个研究振动运动稳定性的问题，即在什么条件下飞机或其部件的振动变成简谐的。注意到这一点特别重要，因为它可以简化颤振分析的复杂性。此外，通常在飞机部件做微幅振动时，如果是动力稳定的，那么在做大振幅振动时，也会是稳定的。在操纵面的颤振中有时存在这种情况：当超过临界速度后，开始发生颤振，但当振幅增大到一定幅度后就停止增长做等幅振动。这种非线性作用的确切性质并不很清楚。所以在一般颤振分析中，往往只限于研究微幅振动运动的稳定性。在这个前提下，就可以应用线化理论。

颤振分析包括两个基础问题：一个是研究气动力作用下飞行器及其部件振动的稳定性问题；另一个则是确定机翼等升力面在气流中做振动运动时所产生的附加气动力。本章将着重讨论第一类问题。

考虑到本章所讨论经典颤振的复杂性，首先从颤振的最基本概念出发阐述颤振的机理和起因，从而加深对颤振现象物理本质的认识；然后讨论典型翼段的颤振理论，并展示基于不同气动力理论下的颤振分析，分别讨论颤振行列式的求解及影响颤振稳定性的参数、大展弦比和小展弦比翼面的颤振分析、操纵面颤振等；对壁板颤振作了简要介绍；从工程实际出发介绍了颤振设计的方法和主要内容。

8.1　颤振的机理

颤振是弹性结构动力学与非定常气动力耦合引发的气动弹性动不稳定。对颤振机理的理解有助于抓住问题的本质，建立准确的颤振分析方法，并提出有效的防颤振措施。从不同的角度对颤振机理的认识会有所不同。为了全面深入地认识颤振的机理，下面分别从振动、数学、能量和反馈这四个角度来进行讨论。

为了能清楚地说明问题，这里以一个具有俯仰和沉浮两个自由度的典型翼段为例来开展定性和定量的说明。典型翼段力学模型如图 8.1 所示，在不考虑外力干扰的情况下，其气动弹性运动方程为

$$\left.\begin{aligned} m\ddot{h}+S_\alpha\ddot{\alpha}+C_h\dot{h}+K_h h=Q_h \\ S_\alpha\ddot{h}+I_\alpha\ddot{\alpha}+C_\alpha\dot{\alpha}+K_\alpha\alpha=Q_\alpha \end{aligned}\right\} \tag{8.1}$$

式中，h 表示翼段的沉浮运动位移，向下为正；α 表示翼段绕刚心 E 的俯仰角，抬头为正；m 为翼段的质量，I_α 为翼段绕 E 的转动惯量；S_α 为翼段的质量静矩，其值为 $S_\alpha = mx_a$，质心 G 位于 E 之后时为正；C_h 和 C_α 分别为翼段的沉浮和俯仰阻尼系数；K_h 和 K_α 分别为翼段的沉浮和俯仰刚度；Q_h 和 Q_α 分别为对应的广义非定常气动力，采用第 6 章 Grossman 准定常理论，表达式为

$$Q_h = -\rho V^2 bLC_L^\alpha \left[\alpha + \frac{\dot{h}}{V} + \left(\frac{1}{2} - a\right) b \frac{\dot{\alpha}}{V}\right] \tag{8.2}$$

$$Q_\alpha = \left(\frac{1}{2} + a\right) \rho V^2 b^2 LC_L^\alpha \left[\alpha + \frac{\dot{h}}{V} + \left(\frac{1}{2} - a\right) b \frac{\dot{\alpha}}{V}\right] - \frac{1}{2}\pi\rho V b^3 L\dot{\alpha} \tag{8.3}$$

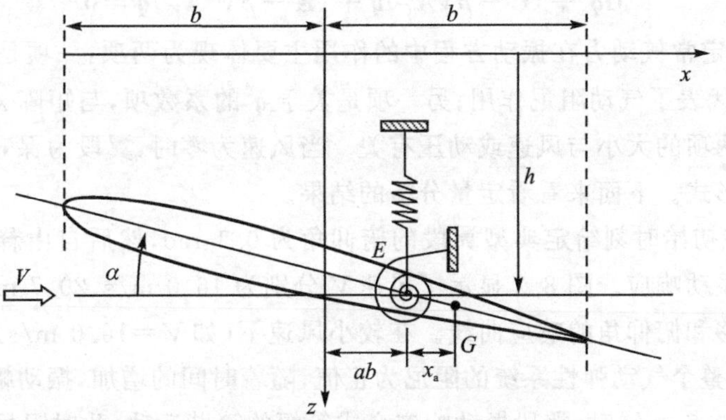

图 8.1　具有俯仰和沉浮的典型翼段力学模型

典型翼段的基本参数如表 8.1 所列，其中 a 为无量纲系数。

表 8.1　典型翼段基本参数

物理量	符　号	值	物理量	符　号	值
翼段半弦长	b	0.1 m	翼段展长	L	0.4 m
总质量	m	2.90 kg	绕刚心转动惯量	I_α	0.024 kg·m²
质心与刚心距离	x_a	0.01 m	刚心与翼段中心距离	ab	−0.025 m
沉浮刚度系数	K_h	2 372 N/m	俯仰刚度系数	K_α	35.5 N·m/rad
沉浮阻尼系数	C_h	3.32 kg/s	俯仰阻尼系数	C_α	0.04 N·m·s
大气密度	ρ	1.225 kg/m³	升力线斜率	C_L^α	6.283

8.1.1　振动的观点

式(8.1)描述的是一个二自由度动力学系统，它可以简记为矩阵的形式

$$\boldsymbol{M}\ddot{\boldsymbol{q}} + \boldsymbol{C}\dot{\boldsymbol{q}} + \boldsymbol{K}\boldsymbol{q} = \boldsymbol{f}(\boldsymbol{q}, \dot{\boldsymbol{q}}) \tag{8.4}$$

式中

$$\boldsymbol{M} = \begin{bmatrix} m & S_\alpha \\ S_\alpha & I_\alpha \end{bmatrix}, \quad \boldsymbol{C} = \begin{bmatrix} C_h & 0 \\ 0 & C_\alpha \end{bmatrix}, \quad \boldsymbol{K} = \begin{bmatrix} K_h & 0 \\ 0 & K_\alpha \end{bmatrix}$$

这里，$\boldsymbol{q} = [h \ \alpha]^{\mathrm{T}}$ 表示系统的坐标；$\boldsymbol{M}$、$\boldsymbol{C}$ 和 $\boldsymbol{K}$ 分别为结构的质量、阻尼和刚度矩阵；$\boldsymbol{f} = [Q_h \quad Q_\alpha]^{\mathrm{T}}$ 表示广义非定常气动力，它与系统的运动有关。按照振动的分类，式(8.4)表示的

力学问题实际上是一种自激振动。

根据 Grossman 准定常理论,非定常气动力可以表示成位移和速度的线性形式,即

$$\boldsymbol{f}=\rho V\boldsymbol{A}_{\mathrm{C}}\dot{\boldsymbol{q}}+\rho V^2\boldsymbol{A}_{\mathrm{K}}\boldsymbol{q} \tag{8.5}$$

式中

$$\boldsymbol{A}_{\mathrm{C}}=\begin{bmatrix}-bLC_L^{\alpha} & -\left(\frac{1}{2}-a\right)b^2LC_L^{\alpha}\\ \left(\frac{1}{2}+a\right)b^2LC_L^{\alpha} & \left[\left(\frac{1}{4}-a^2\right)C_L^{\alpha}-\frac{\pi}{2}\right]b^3L\end{bmatrix},\quad \boldsymbol{A}_{\mathrm{K}}=\begin{bmatrix}0 & -bLC_L^{\alpha}\\ 0 & \left(\frac{1}{2}+a\right)b^2LC_L^{\alpha}\end{bmatrix}$$

将式(8.5)代入式(8.4)中,整理得到

$$\boldsymbol{M}\ddot{\boldsymbol{q}}+(\boldsymbol{C}-\rho V\boldsymbol{A}_{\mathrm{C}})\dot{\boldsymbol{q}}+(\boldsymbol{K}-\rho V^2\boldsymbol{A}_{\mathrm{K}})\boldsymbol{q}=\boldsymbol{0} \tag{8.6}$$

可以看出,非定常气动力在振动方程中的作用主要体现为两项:一项是关于 $\dot{\boldsymbol{q}}$ 的系数项,与矩阵 $\boldsymbol{A}_C$ 相关,代表了气动阻尼作用;另一项是关于 $\boldsymbol{q}$ 的系数项,与矩阵 $\boldsymbol{A}_K$ 相关,代表了气动刚度作用。这两项的大小与风速或动压有关。当风速为零时,翼段为保守系统,方程退化为固有振动方程的形式。下面来看看定量分析的结果。

【例 8.1】 在初始时刻给定典型翼段的俯仰角为 0.1 rad,然后自由释放,研究翼段在不同风速情况下的振动响应。图 8.2 显示了风速 V 分别为 16.0 m/s、20.7 m/s 和 24.0 m/s 情况下翼段沉浮位移和俯仰角的响应曲线。在较小风速下(如 $V=16.0$ m/s),翼段的振动响应是衰减的,这说明整个气动弹性系统的阻尼为正值,随着时间的增加,振动幅值趋于零,系统是稳定的。在 $V=20.7$ m/s 时,翼段振动响应变成等幅的简谐运动,此时阻尼值为零,系统处于临界稳定状态。当风速超过这个临界值后(如 $V=24.0$ m/s),翼段的振动响应随时间的增加呈振荡发散,系统失去稳定性。

因此,从振动的观点看,颤振是一种自激振动,非定常气动力在振动中起了两种作用,一部分是阻尼作用,另一部分是刚度作用,且阻尼和刚度的大小与风速或动压有关。当风速为零时,翼段为保守系统,是动力学稳定的;随着风速的增大,系统的阻尼和刚度特性发生了变化,在一定范围内,气动阻尼和气动刚度的作用是使振动衰减;当风速超过某一临界值时,气动阻尼和气动刚度使振动响应发散,引起颤振。

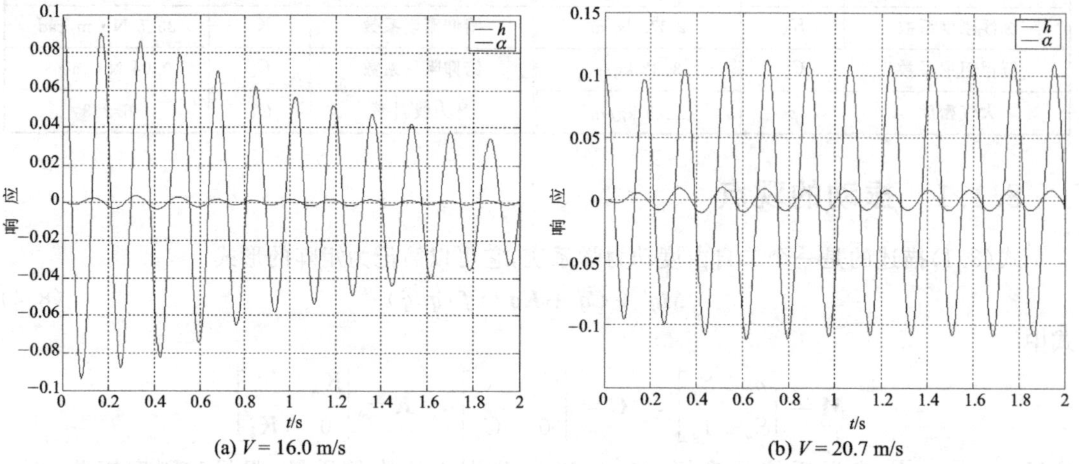

图 8.2 不同风速下的翼段自由释放振动响应

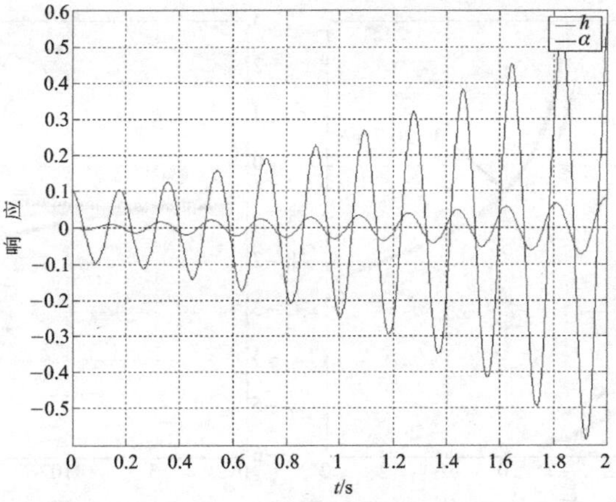

(c) $V=24.0$ m/s

图 8.2　不同风速下的翼段自由释放振动响应(续)

8.1.2　数学的观点

典型翼段动力学系统的数学描述由运动方程(8.4)和气动力表达式(8.5)构成,这里将其表示为状态空间的形式

$$\begin{bmatrix}\dot{\boldsymbol{q}}\\ \ddot{\boldsymbol{q}}\end{bmatrix}=\begin{bmatrix}\boldsymbol{0} & \boldsymbol{I}\\ \boldsymbol{M}^{-1}(\rho V\boldsymbol{A}_{\mathrm{K}}-\boldsymbol{K}) & \boldsymbol{M}^{-1}(\rho V\boldsymbol{A}_{\mathrm{C}}-\boldsymbol{C})\end{bmatrix}\begin{bmatrix}\boldsymbol{q}\\ \dot{\boldsymbol{q}}\end{bmatrix}\tag{8.7}$$

即

$$\dot{\boldsymbol{x}}=\boldsymbol{A}\boldsymbol{x}\tag{8.8}$$

式中

$$\boldsymbol{x}=(h,\alpha,\dot{h},\dot{\alpha})^{\mathrm{T}}$$

表示系统的状态向量,式(8.7)表示的是一个线性状态空间方程。根据线性系统理论,线性时不变系统渐近稳定的充分必要条件是:系统状态矩阵 $\boldsymbol{A}$ 的全部特征值均位于复平面左半部,即

$$\mathrm{Re}[\lambda_j(\boldsymbol{A})]<0,\quad j=1,2,\cdots,n\tag{8.9}$$

这说明气动弹性系统的稳定性可以根据状态矩阵 $\boldsymbol{A}$ 的特征值来判定。注意到矩阵 $\boldsymbol{A}$ 中的元素与风速 V 有关,因此可以判断,在不同的风速 V 情况下,系统的稳定性可能发生变化。

【例 8.2】　研究不同风速情况下的翼段气动弹性系统状态矩阵的特征值。将不同速度下的特征值绘制在同一个复平面上,由此构成根轨迹图,如图 8.3 所示。这里的状态矩阵为 4×4 阶的实矩阵,因此有 2 对共轭复根。为清楚起见,这里只显示了 2 个虚部为正的特征根的轨迹。图 8.3 表明:在较小风速下,系统特征值均位于复平面左半部,系统是稳定的;在 $V=20.7$ m/s 时,有一个特征根变成纯虚根 35.31i,这正对应于频率为 5.62 Hz 的简谐运动,此时系统处于临界稳定状态;当风速超过这个临界值后,系统失去稳定性。

从数学的观点看,颤振是一种动力学系统的失稳,对线性气动弹性系统而言,颤振即表明系统状态矩阵的特征根至少有一个不在复平面左半部。若以风速为参数,颤振问题可以看作是变参矩阵的特征值问题。当风速由小增大到一定值时,出现一个系统特征根的实部由负变

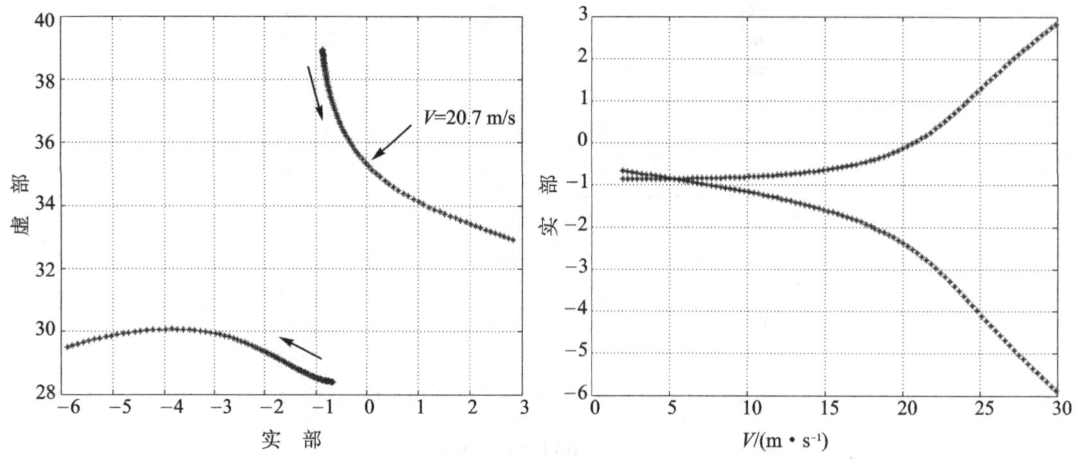

图 8.3　翼段系统特征值随风速的变化

正的状态,当特征根实部为零时,为临界状态,此时对应的风速为颤振速度,特征根的虚部即为简谐振动的角频率,称为颤振频率。

8.1.3　能量的观点

这里以翼段结构为研究对象,分析其能量在振动过程中的变化。翼段的能量包括动能和势能,当不考虑结构阻尼引起的能量耗散,且没有外力做功时,系统是一个保守系统,其动能与势能之和为常值。若考虑结构阻尼引起的能量耗散,则翼段能量在振动过程中会逐渐降低为零,因此系统是稳定的。若气动力对翼段结构做正功,且大于阻尼耗损的能量,则翼段能量就会在振动过程中逐渐累积,导致振动响应的无限扩大,从而引发失稳。

首先以一个简单的模型来定性说明翼段在振动过程中的能量变化。如图 8.4(a)所示,在一个振动周期内,翼段的沉浮运动与俯仰运动具有相同的相位。为简单起见,图中的气动力仅考虑了由迎角引起的升力。通过分析可知,在一个周期内气动力对翼段做的总功为零,因此在这种情况下不可能引起振动响应的发散。图 8.4(b)显示的情况有所不同,此时翼段沉浮运动与俯仰运动的相位差为 90°。在这种情况下,气动力始终对翼段做正功,若该正功大于结构阻尼耗散能,则翼段能量就会随着振动无限增加,即发生颤振失稳。

以上定性分析说明,颤振与自由振动不同,它是在有气流输入能量情况下产生的。颤振与强迫振动也不同,它是由于翼段的沉浮和俯仰运动耦合形成的一种换能器,源源不断地将能量从空气转化到结构中。颤振一般需要系统具有两个或两个以上的自由度,且这些自由度之间应满足一定的相位差关系。

下面定量地来讨论翼段发生颤振的沉浮和俯仰自由度的相位差关系。设翼段以角频率 ω 做简谐运动,即

$$h = \bar{h}_0 b \sin \omega t \tag{8.10}$$

$$\alpha = \bar{\alpha}_0 \sin(\omega t + \phi) \tag{8.11}$$

式中,ϕ 表示沉浮和俯仰自由度的相位差。

空气动力在一个振动周期 T 内对翼段所做的功为

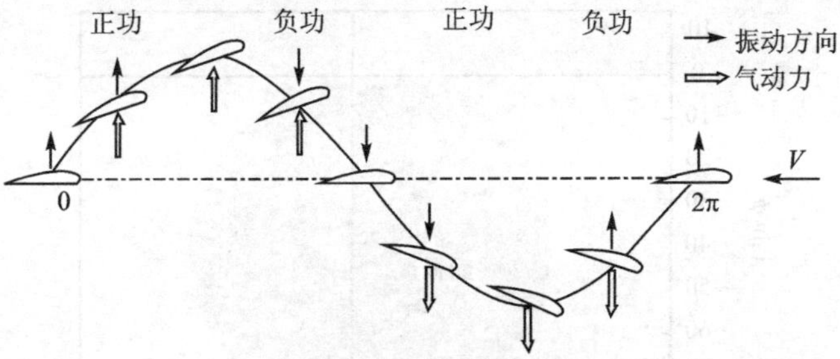

(a) 相位差为0°，总功为零

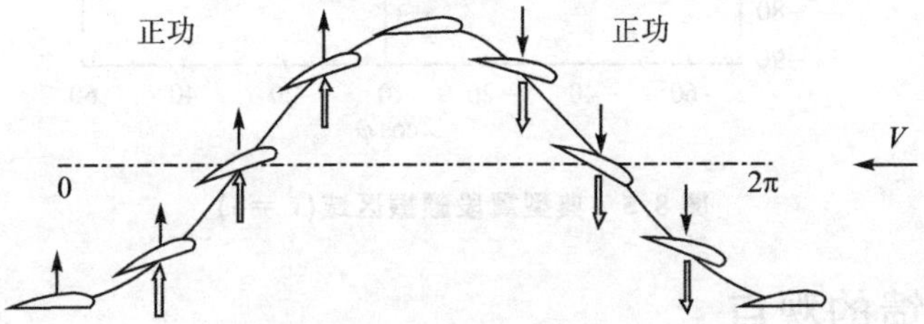

(b) 相位差为90°，总功为正值

图 8.4　典型翼段在一个振动周期内的气动力做功

$$W_A = \int_t^{t+T} (Q_h \dot{h} + Q_\alpha \dot{\alpha})\,\mathrm{d}t \tag{8.12}$$

采用如式(8.2)和式(8.3)所示的 Grossman 气动力理论，并将式(8.10)和式(8.11)代入式(8.12)中，得到

$$W_A = -\frac{1}{2}\rho V^3 bLC_L^\alpha k^2 \bar{h}_0^2 T(1 + \bar{v}\lambda\sin\phi + a^2\lambda^2 - 2a\lambda\cos\phi) \tag{8.13}$$

式中，$k = \omega b/V$ 表示无量纲频率，$\bar{v} = 1/k = V/\omega b$ 表示无量纲速度，$\lambda = \bar{\alpha}_0/\bar{h}_0$ 表示俯仰与沉浮的振幅比。

若不考虑结构阻尼引起的能量耗散，则颤振的条件为空气动力对翼段所做的正功，即

$$W_A > 0 \tag{8.14}$$

根据式(8.13)，颤振条件即化为

$$1 + \bar{v}\lambda\sin\phi + a^2\lambda^2 - 2a\lambda\cos\phi < 0 \tag{8.15}$$

令

$$x = \lambda\cos\phi \tag{8.16}$$

$$y = \lambda\sin\phi \tag{8.17}$$

则式(8.15)可化为

$$\left(x - \frac{1}{a}\right)^2 + \left(y + \frac{\bar{v}}{2a^2}\right)^2 < \left(\frac{\bar{v}}{2a^2}\right)^2 \tag{8.18}$$

式(8.18)表示颤振区域是一个圆。从该式可以看出，颤振区域与无量纲速度是相关的。事实上，随着速度的变化，俯仰运动与沉浮运动的振幅比和相位差也发生变化。

【例 8.3】　对于表 8.1 所列的翼段模型，当 $\bar{v} = 5$ 时，在相平面上将颤振区域绘制出来，如图 8.5 所示。

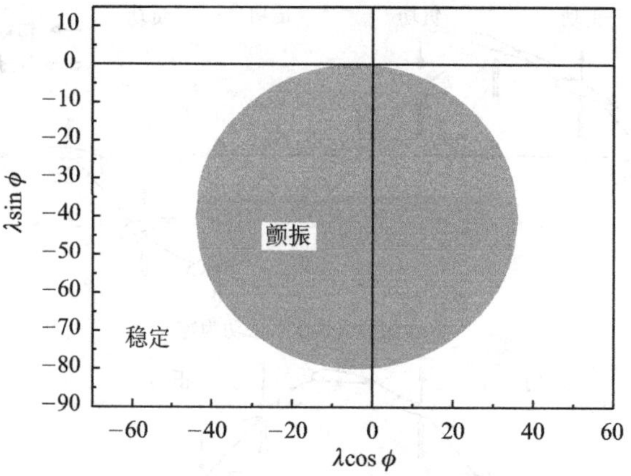

图 8.5 典型翼段颤振区域($\bar{v}=5$)

8.1.4 反馈的观点

气动弹性系统可以看作是结构动力子系统与空气动力子系统耦合作用而成的。根据式(8.4),结构动力子系统的方程表示为

$$\boldsymbol{M}\ddot{\boldsymbol{q}}+\boldsymbol{C}\dot{\boldsymbol{q}}+\boldsymbol{K}\boldsymbol{q}=\boldsymbol{f} \tag{8.19}$$

对式(8.19)进行拉普拉斯变换,得到

$$(s^2\boldsymbol{M}+s\boldsymbol{C}+\boldsymbol{K})\boldsymbol{q}(s)=\boldsymbol{f}(s) \tag{8.20}$$

进一步有

$$\boldsymbol{q}(s)=\boldsymbol{E}(s)\boldsymbol{f}(s) \tag{8.21}$$

式中

$$\boldsymbol{E}(s)=(s^2\boldsymbol{M}+s\boldsymbol{C}+\boldsymbol{K})^{-1} \tag{8.22}$$

根据式(8.21)可知,结构动力子系统可以看作是一个线性系统,其输入为力 $\boldsymbol{f}$,输出为位移 $\boldsymbol{q}$,$\boldsymbol{E}(s)$表示结构动力子系统传递函数,该子系统可以采用如图8.6所示的框图来表示。

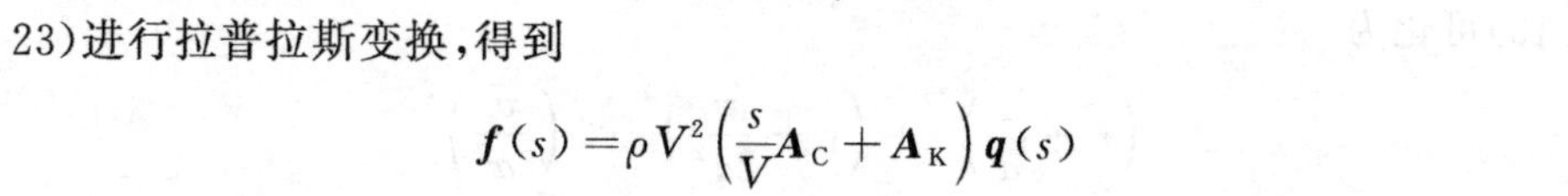

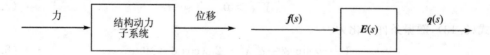

图 8.6 结构动力子系统框图

对于空气动力子系统,若采用 Grossman 准定常理论,则其方程表述为

$$\boldsymbol{f}=\rho V\boldsymbol{A}_{\mathrm{C}}\dot{\boldsymbol{q}}+\rho V^2\boldsymbol{A}_{\mathrm{K}}\boldsymbol{q} \tag{8.23}$$

对式(8.23)进行拉普拉斯变换,得到

$$\boldsymbol{f}(s)=\rho V^2\left(\frac{s}{V}\boldsymbol{A}_{\mathrm{C}}+\boldsymbol{A}_{\mathrm{K}}\right)\boldsymbol{q}(s) \tag{8.24}$$

这可简记为

$$\boldsymbol{f}(s)=\rho V^2\boldsymbol{A}(s)\boldsymbol{q}(s) \tag{8.25}$$

式中

$$\boldsymbol{A}(s)=\frac{s}{V}\boldsymbol{A}_{\mathrm{C}}+\boldsymbol{A}_{\mathrm{K}} \tag{8.26}$$

根据式(8.25)可知，空气动力子系统也是一个线性系统，其输入为位移 $\boldsymbol{q}$，输出为力 $\boldsymbol{f}$，$\boldsymbol{A}(s)$ 表示空气动力子系统的传递函数，该子系统可以采用如图 8.7 所示的框图来表示。

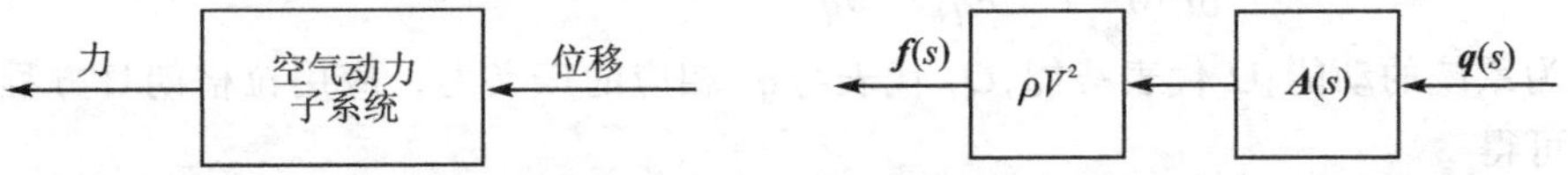

图 8.7　空气动力子系统框图

在不考虑其他外力的情况下，气动弹性系统可以用式(8.19)和式(8.23)联立表示。根据子系统耦合的关系，气动弹性系统实际上是一个由结构动力子系统和空气动力子系统组成的反馈系统，可用如图 8.8 所示的框图来表示。

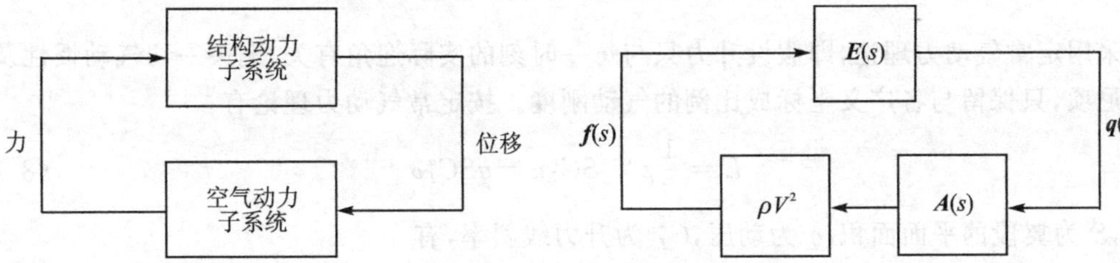

图 8.8　气动弹性系统框图

根据控制理论的知识，一个反馈系统可能存在着动力失稳的问题。在图 8.8 中，ρV^2 可以看作是一个反馈增益，对反馈系统的稳定性起着重要的影响作用。当 ρV^2 为零时，表示系统开环，结构动力子系统与空气动力子系统不发生耦合；当 ρV^2 在一定范围之内时，系统可保持稳定；而当 ρV^2 超过某一临界值时，反馈系统可能发生失稳。因此从反馈的观点看，颤振就是由结构动力子系统和空气动力子系统组成的反馈系统在一定的反馈增益作用下发生的动力失稳。

最后要提及的是关于气动弹性的非线性效应。本书所讨论的气动弹性模型大多数是基于线性假设的，而实际上，非线性特性有可能在气动弹性系统的结构、气动力和控制系统中存在。当气动、结构、控制等系统中的一个或多个存在非线性时，这时的气动弹性特性呈现出非线性特征，称之为非线性气动弹性问题，上述关于颤振的机理的解释依然是可以借鉴和参考的。有关这方面的介绍请参见第 10 章。

8.2　典型翼段的颤振理论

二元翼段颤振理论是研究飞行器颤振问题的重要基础。它能引导读者深入了解经典颤振问题的数学和物理关系，并进一步认识某些重要参数变化对颤振的影响。本节讨论的问题也将构成以后三元颤振问题讨论的基础。

二元翼段的模型可以看作是有限展长机翼上的一个典型剖面(例如，我们所关心的 75% 半翼展处的典型剖面)。此时，弹簧将分别模拟机翼结构的弯曲和扭转刚度，弹簧的作用点通常选择在机翼的弹性轴上。本节所讨论的模型示于图 8.1 中，其弦长为 $2b$，分别由一个线弹簧及盘旋弹簧支持在弹性轴 E 点，弹簧常数分别为 K_h 和 K_α。两个自由度分别为沉浮(弯曲) h(在弹性轴处测量，向下为正)及绕弹性轴的转动 α(前缘向上为正)。

引用拉格朗日方程,对于一个具有 n 个广义坐标的系统有

$$\frac{\mathrm{d}}{\mathrm{d}t}\left(\frac{\partial T}{\partial \dot{q}_i}\right)-\frac{\partial T}{\partial q_i}+\frac{\partial U}{\partial q_i}=Q_i,\quad i=1,2,\cdots,n \tag{8.27}$$

式中,T 为系统的动能;U 代表势能;Q_i 代表与 q_i 相应的广义力。应用拉格朗日方程,不考虑阻尼项,可得

$$\left.\begin{aligned} m\ddot{h}+S_\alpha\ddot{\alpha}+K_h h&=Q_h \\ S_\alpha\ddot{h}+I_\alpha\ddot{\alpha}+K_\alpha\alpha&=Q_\alpha \end{aligned}\right\} \tag{8.28}$$

式中,m 是单位展长翼段质量;S_α 是翼段对刚心的质量静矩;I_α 是翼段对刚心的惯性矩。

8.2.1 基于定常气动力理论的颤振计算

采用定常气动力理论,即假设升力只与每一时刻的实际迎角有关,删去一切气动惯性及气动阻尼项,只保留与各广义坐标成比例的气动刚度。按定常气动力理论有

$$L=\frac{1}{2}\rho V^2 SC_L^\alpha\alpha=qSC_L^\alpha\alpha \tag{8.29}$$

式中,S 为翼段的平面面积,q 为动压,C_L^α 为升力线斜率,有

$$q=\frac{1}{2}\rho V^2$$

则运动方程为

$$\left.\begin{aligned} m\ddot{h}+S_\alpha\ddot{\alpha}+K_h h+qSC_L^\alpha\alpha&=0 \\ S_\alpha\ddot{h}+I_\alpha\ddot{\alpha}+K_\alpha\alpha-qSeC_L^\alpha\alpha&=0 \end{aligned}\right\} \tag{8.30}$$

式中,e 为气动中心到刚心的距离。为求解式(8.30),可设

$$\left.\begin{aligned} h&=h_0\mathrm{e}^{\lambda t} \\ \alpha&=\alpha_0\mathrm{e}^{\lambda t} \end{aligned}\right\} \tag{8.31}$$

式中,λ 是待求的常数,可能是复数,$\lambda=\zeta+\mathrm{i}\omega$,其中 ζ 和 ω 都是实数。

现在把式(8.31)代入到式(8.30),消去 $\mathrm{e}^{\lambda t}$,得

$$\begin{bmatrix} m\lambda^2+K_h & S_\alpha\lambda^2+qSC_L^\alpha \\ S_\alpha\lambda^2 & I_\alpha\lambda^2+K_\alpha-qSeC_L^\alpha \end{bmatrix}\begin{bmatrix} h_0 \\ \alpha_0 \end{bmatrix}=0 \tag{8.32}$$

由式(8.32)得到它的特征方程是

$$A\lambda^4+B\lambda^2+C=0 \tag{8.33}$$

式中

$$\left.\begin{aligned} A&=mI_\alpha-S_\alpha^2 \\ B&=mK_\alpha+I_\alpha K_h-(me+S_\alpha)qSC_L^\alpha \\ C&=K_h(K_\alpha-qSeC_L^\alpha) \end{aligned}\right\} \tag{8.34}$$

由此可解得

$$\lambda^2=\frac{-B\pm\sqrt{B^2-4AC}}{2A} \tag{8.35}$$

通过对式(8.35)的分析可知,当翼段处于静止状态时,动压 $q=0$,则 $B>0$,$B^2-4AC>0$。上式算出的 λ^2 是两个负实数,$\lambda=\mathrm{i}\omega$ 是纯虚数。由此求得翼段的两个固有频率。当有气流流

过时，如果仍能满足 $B^2-4AC>0$，则还是两个振动频率。随着流速的增加，B^2-4AC 将越来越小，因而系统的固有频率差距也将减小，最后当 V 达到某一个临界值时，$B^2-4AC=0$，于是两个固有频率重合一致。当 V 再进一步增加时，$B^2-4AC<0$，并开始出现复根，意味着系统将做发散性振动运动，即失去了稳定性。

由此可见，"频率一致"是系统由动力稳定变为动力不稳定的临界条件。根据这个条件可以确定颤振动压 q_F，即

$$Dq_F^2+Eq_F+F=0$$

$$q_F=\frac{-E\pm\sqrt{E^2-4DF}}{2D} \tag{8.36}$$

式中

$$D=[(me+S_\alpha)SC_L^\alpha]^2$$

$$E=[-2(me+S_\alpha)(mK_\alpha+K_hI_\alpha)+4(mI_\alpha-S_\alpha^2)eK_h]SC_L^\alpha$$

$$F=(mK_\alpha+K_hI_\alpha)^2-4(mI_\alpha-S_\alpha^2)K_hK_\alpha$$

由式(8.36)给出的颤振速度值一般都不可定量应用，但它却给出了一个重要的结论，即两个固有频率越接近，颤振速度越低。所以，飞机设计人员常应用这个结论尽量使颤振的两个主模态的固有频率越远离越好，并称之为"频率分离"原则。

8.2.2　基于准定常气动力理论的颤振计算

为了定性地分析非定常效应，可使用准定常气动力理论进行颤振计算。准定常理论考虑了翼剖面运动以及该运动对气流方向和时变迎角的影响。

引用第 6 章的 Grossman 准定常气动力公式，L 及 M_E 可表示为

$$L=-C_L^\alpha\rho V^2b\left[\alpha+\frac{\dot h}{V}+\left(\frac{1}{2}-a\right)b\frac{\dot\alpha}{V}\right]$$

$$M_E=C_L^\alpha\rho V^2b^2\left(\frac{1}{2}+a\right)\left[\alpha+\frac{\dot h}{V}+\left(\frac{1}{2}-a\right)b\frac{\dot\alpha}{V}\right]-\frac{1}{4}C_L^\alpha\rho Vb^3\dot\alpha$$

写成矩阵形式为

$$\boldsymbol{Q}=\begin{bmatrix}L\\M_E\end{bmatrix}=-C_L^\alpha\rho Vb\begin{bmatrix}V\alpha+\dot h+\left(\frac{1}{2}-a\right)b\dot\alpha\\-\left(\frac{1}{2}+a\right)Vb\alpha-\left(\frac{1}{2}+a\right)b\dot h+a^2b^2\dot\alpha\end{bmatrix}=$$

$$-C_L^\alpha\rho Vb\left\{\begin{bmatrix}0&V\\0&-\left(\frac{1}{2}+a\right)bV\end{bmatrix}\begin{bmatrix}h\\\alpha\end{bmatrix}+\begin{bmatrix}1&\left(\frac{1}{2}-a\right)b\\-\left(\frac{1}{2}+a\right)b&a^2b^2\end{bmatrix}\begin{bmatrix}\dot h\\\dot\alpha\end{bmatrix}\right\}=$$

$$-\boldsymbol{Q}_G\boldsymbol{q}-\boldsymbol{Q}_Z\dot{\boldsymbol{q}} \tag{8.37}$$

式中，$\boldsymbol{Q}_G$ 称为气动刚度矩阵；$\boldsymbol{Q}_Z$ 称为气动阻尼矩阵。运动方程的矩阵形式是

$$\boldsymbol{M}\ddot{\boldsymbol{q}}+\boldsymbol{Q}_Z\dot{\boldsymbol{q}}+(\boldsymbol{K}+\boldsymbol{Q}_G)\boldsymbol{q}=\boldsymbol{0} \tag{8.38}$$

考虑颤振临界状态，这时机翼做简谐运动，即

$$h=h_0e^{i\omega t}$$

$$\alpha = \alpha_0 e^{i\omega t}$$

代入到颤振运动方程(8.28),经整理后得

$$\left.\begin{aligned}
&-m\omega^2 h_0 - S_\alpha \omega^2 \alpha_0 + K_h h_0 + C_L^\alpha \rho V^2 b\left[\alpha_0 + i\omega\frac{h_0}{V} + \left(\frac{1}{2}-a\right)bi\omega\frac{\alpha_0}{V}\right] = 0\\
&-S_\alpha\omega^2 h_0 - I_\alpha\omega^2\alpha_0 + K_\alpha\alpha_0 - C_L^\alpha\rho V^2 b^2\left(\frac{1}{2}+a\right)\cdot\\
&\left[\alpha_0 + i\omega\frac{h_0}{V} + \left(\frac{1}{2}-a\right)bi\omega\frac{\alpha_0}{V}\right] + \frac{1}{4}C_L^\alpha\rho Vb^3 i\omega\alpha_0 = 0
\end{aligned}\right\} \tag{8.39}$$

现引入以下符号

$$c_{11}=m,\quad c_{12}=c_{21}=-S_\alpha,\quad c_{22}=I_\alpha$$
$$a_{11}=K_h,\quad a_{22}=K_\alpha,$$
$$b_{12}=-C_L^\alpha\rho b,\quad b_{22}=-C_L^\alpha\rho b^2\left(\frac{1}{2}+a\right)$$
$$d_{11}=C_L^\alpha\rho b,\quad d_{12}=-C_L^\alpha\rho b^2\left(\frac{1}{2}-a\right)$$
$$d_{21}=C_L^\alpha\rho b^2\left(\frac{1}{2}+a\right),\quad d_{22}=C_L^\alpha\rho b^3 a^2$$

代入到式(8.39),得

$$\left.\begin{aligned}
&(a_{11}-c_{11}\omega^2+i\omega Vd_{11})h_0+(c_{12}\omega^2-b_{12}V^2-i\omega Vd_{12})\alpha_0=0\\
&(c_{21}\omega-i\omega Vd_{21})h_0+(a_{22}-c_{22}\omega^2+b_{22}V^2+i\omega Vd_{22})\alpha_0=0
\end{aligned}\right\} \tag{8.40}$$

方程(8.40)具有非零解的条件是系数行列式等于零,即

$$\begin{vmatrix} a_{11}-c_{11}\omega^2+i\omega Vd_{11} & c_{12}\omega^2-b_{12}V^2-i\omega Vd_{12}\\ c_{21}\omega^2-i\omega Vd_{21} & a_{22}-c_{22}\omega^2+b_{22}V^2+i\omega Vd_{22}\end{vmatrix}=0 \tag{8.41}$$

行列式(8.41)称为“颤振行列式”。注意到,它和自由振动时的固有频率方程不同,式(8.41)是一个复数方程,展开后得到代数方程式,它包含实部和虚部两个方程,且仅含有频率 ω 及速度 V 两个未知数。

实部方程

$$A_1\omega^4-(C_1+C_2V^2)\omega^2+(E_1+E_2V^2)=0 \tag{8.42}$$

虚部方程

$$-B_1\omega^2+(D_1+D_2V^2)=0 \tag{8.43}$$

式中

$$\left.\begin{aligned}
A_1&=c_{11}c_{22}-c_{12}c_{21}\\
B_1&=d_{11}c_{22}+c_{11}d_{22}-c_{12}d_{21}-c_{21}d_{12}\\
C_1&=a_{11}c_{22}+c_{11}a_{22}\\
C_2&=c_{11}b_{22}+b_{12}c_{21}+d_{11}d_{22}-d_{12}d_{21}\\
D_1&=d_{11}a_{22}+a_{11}d_{22}\\
D_2&=d_{11}b_{22}-b_{12}d_{21}=0\\
E_1&=a_{11}a_{22}\\
E_2&=a_{11}b_{22}
\end{aligned}\right\} \tag{8.44}$$

由虚部方程(8.43)解得

$$\omega^2 = \frac{D_1}{B_1} \tag{8.45}$$

代入到实部方程(8.42),得

$$MV^2 + N = 0 \tag{8.46}$$

式中

$$\left.\begin{aligned} M &= B_1C_2D_1 - B_1^2E_2 \\ N &= B_1C_1D_1 - B_1^2E_1 - D_1^2A_1 \end{aligned}\right\} \tag{8.47}$$

对式(8.46)应用二次代数方程求根的公式,即求得颤振速度的封闭解

$$V_F^2 = \frac{N}{M} \tag{8.48}$$

取两个根中较小的正实根,即为颤振速度 V_F。较大的正实根称为上临界速度,在这个速度下,机翼的运动又恢复稳定,它在工程上没有实际意义。在求得 V_F 之后,代回式(8.45),即可得到颤振频率 ω_F。在求得 V_F 及 ω_F 之后,代回式(8.40)中的任意一个,可得到颤振模态

$$\frac{h}{\alpha} = \frac{c_{12}\omega_F^2 - b_{12}V_F - \mathrm{i}\omega_F V_F d_{12}}{a_{11} - c_{11}\omega_F^2 + \mathrm{i}\omega_F V_F d_{11}} \tag{8.49}$$

这个比值是复数。它表明 h 和 α 虽然都是简谐振动,但它们之间在颤振时存在相位差,与速度为零时翼段固有振动时的情况不同,二者有根本的差异。

准定常气动力理论并不限于机翼做简谐振动的情况,所以也可以用来分析小于颤振速度的亚临界状态和大于颤振速度的超临界状态。

由准定常气动力理论可以得到比定常气动力理论更加精确的结果,但对真实情况的描述还不够充分。例如,机翼的运动对气流有干扰,后缘的尾涡会脱落,该旋涡产生的下洗会影响机翼上的气流,这是准定常气动力理论所没有考虑的。

8.2.3　基于非定常气动力理论的颤振计算

在非定常理论中,考虑了自由涡的作用。因此,在二元流动的范围内,非定常气动力理论是准确的理论。

关于机翼做简谐振动的情况,完整的解答首先是 Theodorson 发表在 NACA - TR - 496 上的文章 *General Theory of Aerodynamic Instability and Mechanism of Flutter* 中给出的,这里将直接引用其结果并代入到不可压二元平板机翼的运动方程,可得

$$\left.\begin{aligned} & -m\omega^2h - S_\alpha\omega^2\alpha + K_hh - \pi\rho b^3\omega^2\left\{L_h\frac{h}{b} + \left[L_\alpha - \left(\frac{1}{2}+a\right)L_h\right]\alpha\right\} = 0 \\ & -S_\alpha\omega^2h - I_\alpha\omega^2\alpha + K_\alpha\alpha - \pi\rho b^4\omega^2\left\{\left[M_h - \left(\frac{1}{2}+a\right)L_h\right]\frac{h}{b} + \right. \\ & \left.\left[M_\alpha - \left(\frac{1}{2}+a\right)(L_\alpha + M_h) + \left(\frac{1}{2}+a\right)^2L_h\right]\alpha\right\} = 0 \end{aligned}\right\} \tag{8.50}$$

式中,L_h、L_α、M_h、M_α 都是无量纲减缩频率 k 的函数,其随 k 值变化的情况都已制成表格,可供查用。但必须注意到,这些数值表的理论基础仅适用于简谐振动,因此它们只能用于临界颤振的情况。

临界颤振时的简谐振动是 $h=h_0 e^{i\omega t}$ 和 $\alpha=\alpha_0 e^{i\omega t}$，把它们代入到式(8.50)，由于气动力及气动力矩都是由含 h_0 和 α_0 的项组成的，故式(8.50)仍是齐次代数方程。h_0、α_0 有非零解的充分必要条件是系数行列式等于零，由此可得到颤振行列式

$$\begin{vmatrix} \dfrac{m}{\pi\rho b^2}\left[1-\left(\dfrac{\omega_h}{\omega_\alpha}\right)^2\left(\dfrac{\omega_\alpha}{\omega}\right)^2\right]+L_h & \dfrac{m}{\pi\rho b^2}x_\alpha+L_\alpha-\left(\dfrac{1}{2}+a\right)L_h \\ \dfrac{m}{\pi\rho b^2}x_\alpha+M_h-\left(\dfrac{1}{2}+a\right)L_h & \dfrac{m}{\pi\rho b^2}r_\alpha^2\left[1-\left(\dfrac{\omega_\alpha}{\omega}\right)^2\right]+M_\alpha-\left(\dfrac{1}{2}+a\right)(L_\alpha+M_h)+\left(\dfrac{1}{2}+a\right)^2 L_h \end{vmatrix}=0 \tag{8.51}$$

式中

$$\omega_h^2=\frac{K_h}{m} \tag{8.52}$$

$$\omega_\alpha^2=\frac{K_\alpha}{I_\alpha} \tag{8.53}$$

$$S_\alpha=m(x_\alpha b) \tag{8.54}$$

$$I_\alpha=m(r_\alpha b)^2 \tag{8.55}$$

x_α 和 r_α 都是无量纲几何参数。问题在于如何求解方程(8.51)，求出 ω_α/ω 及 k 的未知量。由于 k 是隐含在各气动力系数内的，而通常各气动力系数与 k 的关系是以数值表的形式给出的，因此在这个复数方程中并没有表现出来未知量的个数。以下将分别介绍两种应用最广的方法。

8.3 影响颤振稳定性的参数

在二元翼段颤振理论分析的基础上，为进一步了解弹性系统的颤振特性，本节将简单分析在弹性升力面设计中影响颤振的因素。这些因素大多也适用于三元机翼的设计，所以具有一定的普遍意义。但由于所做假设的限制，诸如对流体是不可压缩的假设等，所以也要注意以下的讨论(本节讨论的因素主要来自结构和气动力两方面)：

① 刚度弯扭及频率比的影响。由图8.9可见，频率比的变化显著地影响颤振特性。当频率比小于1且增大时，V_F 将减小，而且在 ω_h/ω_α 接近1时达到极小值。当频率比大于1且继续增大时，颤振速度则不断增大。这个规律反映了刚度分布对颤振速度的影响很大，需要在飞行器机翼设计时认真考虑。

对于全金属常规机翼，弯曲刚度一般小于扭转刚度，频率比小于1。弯曲刚度的增加意味着结构重量的增加；同时由于金属机翼结构材料各向同性的固有属性，弯曲刚度增加也会相应地引起扭转刚度的增加，造成频率比变化不明显，因此增加弯曲刚度一般是需要慎重考虑的。对于金属机翼来说，在保持结构重量基本不变的情况下(弯曲刚度基本不变)，多数情况下可以通过翼剖面结构构型、骨架位置等局部调整来增加扭转刚度，从而降低频率比，提高颤振速度。

对于复合材料机翼，频率比与颤振速度的关系规律依然是存在的。但需要根据具体复合材料铺层情况进行刚度、颤振速度变化的分析。有些复合材料机翼仍具有金属机翼的性质，有些则差异很大，如刚度分布虽然变化，但频率比改变不大，颤振速度提高困难，尤其要引起关注。

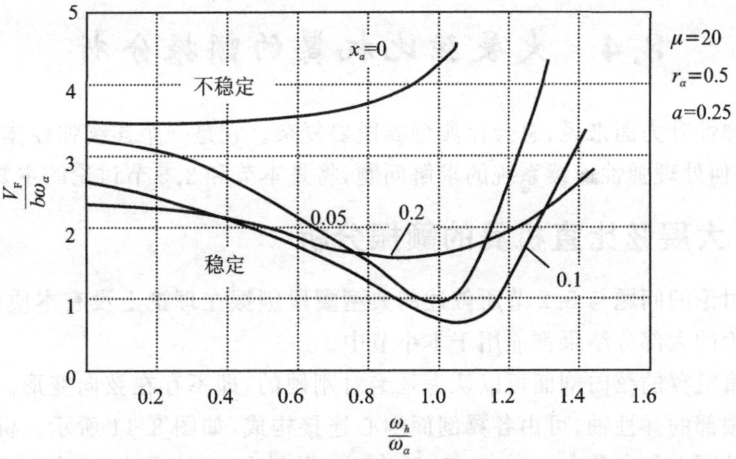

图 8.9　弯扭频率比、质心位置对颤振特性的影响

② 质心位置的影响。由图 8.9 可知，对于全金属机翼工程实际的频率范围（ω_h/ω_α 在 1/3 左右），使质心前移，即减小 x_α 可使颤振速度提高，且越是在 x_α 接近于零的情况下，V_F 对 x_α 的变化也越敏感。当质心位置位于刚心前面时，甚至可以防止颤振的发生。由于质心位置对颤振临界速度影响显著，所以在前缘放置配重使机翼质心前移来提高颤振速度，已成为工程上广泛采用的一种有效的方法。

③ 刚心位置的影响。在保持质心位置不变的条件下，使刚心趋于气动中心，均可稍微提高颤振速度。

④ 在气动方面，主要是空气密度（飞行高度）的影响和空气压缩性效应。前者主要指随着飞行高度的增加，大气密度 ρ 减小，而在速压相同的情况下，就有

$$V_{FH}=V_{F0}\sqrt{\frac{\rho_0}{\rho_H}} \tag{8.56}$$

式中，V_{F0} 是海平面上的颤振速度；ρ_0 是海平面上的大气密度。

空气压缩性的效应大约在马赫数 $Ma>0.5$ 以后就会逐渐显现出来。但在亚声速和低超声速的情况下，空气压缩性对颤振速度 V_F 的影响并不很大，一般从理论计算和试验的数据都表明，V_F 的变化在 10%～15% 的范围内。如图 8.10 所示，当马赫数在 1 附近时，V_F 下降较多，并出现 V_F 的最小值，以后随马赫数的增加，V_F 逐渐增加，这就是通常所说的跨声速凹坑。

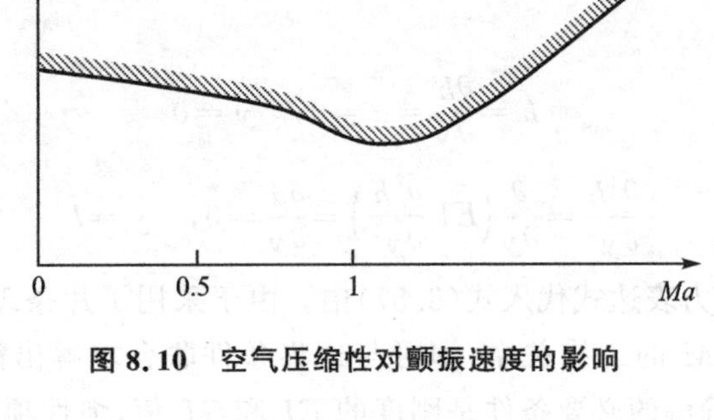

图 8.10　空气压缩性对颤振速度的影响

8.4 大展弦比机翼的颤振分析

对于一个弹性升力面来说,总会比典型翼段要复杂。它是一个连续弹性体,有无限多个自由度。因而,如何处理弹性连续系统的求解问题,将是本节和8.5节讨论的主要内容。

8.4.1 大展弦比直机翼的颤振分析

本小节所讨论的问题与8.2节所叙述的典型翼段颤振在理论上没有本质区别,所以对于典型翼段所讨论的大部分结果都能用于本小节中。

大展弦比直机翼的弦向剖面可以认为是绝对刚硬的,即不存在弦向变形。通常它具有一根近似垂直于根部的弹性轴,可由各翼剖面刚心连接构成,如图8.11所示。机翼的变形可用偏离平衡位置的刚心的位移 h(向上为正)及绕刚心的转角 α(抬头为正)来表示。质心离弹性轴的距离为 σ,质心在后时为正。刚心距前缘的距离是 x_0。其主要特征是,所有参数都是该系统纵向坐标 y 的函数。在弹性力学的特性上与梁是完全一致的。

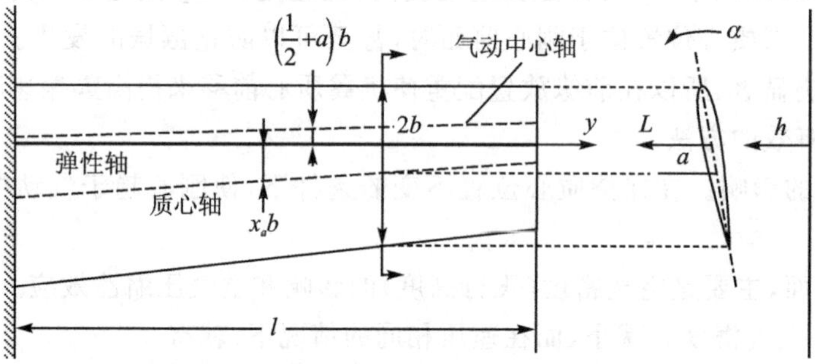

图8.11 大展弦比机翼的弹性轴示意图

采用准定常气动力理论来计算气动力时,得到运动方程

$$\left.\begin{aligned}&\frac{\partial^2}{\partial y^2}\left(EI\,\frac{\partial^2 h}{\partial y^2}\right)+m\,\frac{\partial^2 h}{\partial t^2}-mx_a b\,\frac{\partial^2\alpha}{\partial t^2}-L=0\\&-\frac{\partial}{\partial y}\left(GJ\,\frac{\partial\alpha}{\partial y}\right)+I_\alpha\,\frac{\partial^2\alpha}{\partial t^2}-mx_a b\,\frac{\partial^2 h}{\partial t^2}-M_e=0\end{aligned}\right\}\tag{8.57}$$

式中,EI 为弯曲刚度;GJ 为扭转刚度;m 为机翼单位展长质量;I_α 为机翼单位展长绕刚心的转动惯量;L 为作用在单位展长机翼的升力;M_e 为作用在单位展长机翼绕刚轴的力矩。

边界条件是

$$h=\frac{\partial h}{\partial y}=\alpha=0,\quad y=0\tag{8.58}$$

$$\frac{\partial^2 h}{\partial y^2}=\frac{\partial}{\partial y}\left(EI\,\frac{\partial^2 h}{\partial y^2}\right)=\frac{\partial\alpha}{\partial y}=0,\quad y=l\tag{8.59}$$

现在只需把非定常气动力表达式代入式(8.57)中。由于采用了片条理论,忽略了展向气动效应,所以只需代入 L 和 M 的二维关系,即可与边界条件联合求解出颤振稳定性。但要注意到,求解方程(8.57)精确解的必要条件是刚度的 EI 和 GJ 值,惯性项 m、I 和 S_α 以及翼弦的长度都要保持常值。这就使其在工程上失去了现实意义，而只能应用于估算以及关于解的性质的研究，但最终必须依靠数值解。

由于大展弦比金属机翼有一根直的弹性轴，所以可以把它当作度量机翼挠度的参考线。展向某一剖面在时间 t 时的变形可表示为 $h(y,t)$ 和 $\alpha(y,t)$。如果需要完全描述任意函数，则需要一系列的广义坐标。但为了求解颤振速度，通常只用少量的广义坐标就足以描述颤振机翼，设

$$h(y,t)=h_0(t)f(y) \tag{8.60}$$

$$\alpha(y,t)=\alpha_0(t)\varphi(y) \tag{8.61}$$

式中，$f(y)$ 和 $\varphi(y)$ 是根据具体情况来确定的函数。例如，可以选取机翼自由振动的纯弯曲和纯扭转振型，也可以选择近似于纯弯曲和纯扭转振型；甚至于为了便捷而选取一些初等函数，但必须满足边界条件。

除了上述方法以外，更为可靠的方法是采用机翼自由振动的固有振型。固有振型是一个自然的广义坐标系。利用这个坐标系可以写出一个弹性力学系统运动方程的广义形式。

采用固有振型为模态的广义坐标（主坐标）的颤振分析方法具有很多的优点，它不仅反映了机翼的质量和刚度特性，还在方程中的广义质量和广义刚度矩阵中表现出对角矩阵的特点。更重要的是，对于没有明显弹性轴的复杂机翼，这就是唯一的分析方法。

大展弦比直机翼可采用气动力的"片条理论"，即在机翼任一弦向剖面的气动力可按二元机翼理论计算。假设已知按二元理论计算的单位展长机翼上的升力为 $L(y,t)$ 及对弹性轴的力矩为 $M(y,t)$，则由广义力的定义，当有虚位移 δh 时，气动力所做的虚功为

$$\delta W_e=\int_0^l L(y,t)f(y)\delta h\,\mathrm{d}y=Q_h\cdot\delta h \tag{8.62}$$

式中

$$Q_h=\int_0^l L(y,t)f(y)\mathrm{d}y \tag{8.63}$$

同理可得

$$Q_\alpha=\int_0^l M(y,t)\varphi(y)\mathrm{d}y \tag{8.64}$$

以上可以根据实际情况的需要，选择二元准定常气动力理论或二元非定常气动力理论来计算广义气动力。

8.4.2　大展弦比后掠机翼的颤振分析

对于后掠机翼的颤振分析，一般仍可假设它具有一根直的弹性轴的梁，该梁与机身相交成一个角度，如图 8.12 所示。与直机翼的颤振相比较，后掠式机翼就颤振而言，具有两个显著的特点：首先从振动来看，即使把机翼的振动人为地分为弯曲振动与扭转振动，但由于机身振动的关系，也会把二者联合起来。所以在分析计算时应考虑整架飞机，而不能简单地把机翼作为悬臂梁处理；其次从气动方面来考虑，由于气流与前缘构成一个角度，故应考虑气动力的后掠效应。气流可分解为垂直于前缘的垂直分量 $V_n=V\cos\Lambda$，以及平行于前缘的切线分量 $V_{切}=V\sin\Lambda$，其中 Λ 为后掠角。经验表明，当 $\Lambda<45°$ 时可以采用"侧滑机翼"的假设，即仅考虑垂直分量的作用，略去切线分量的作用。这时，在计算气动力时就可以应用前面所导出的全部公式。但当 $\Lambda>45°$ 时，就不能再略去切线分量了，而必须考虑切线分量 $V\sin\Lambda$ 的影响。

为了说明切线流速分量的影响,下面列出一些用准定常气动力理论研究悬臂后掠机翼弯曲-扭转颤振时的结果。

设用 V_n^* 来表示不计切线分量时,以垂直分量 V_n 为基准所得到的颤振速度;而用 V_n^T 来表示计及切线分量时,以垂直分量 V_n 为基准计算的颤振速度,把它们除以 $\cos\Lambda$ 后即得到顺气流方向对应的颤振速度。这两个结果的比较示于图 8.13 中。可见,计及切线分量后,颤振速度降低一些。在图中两条曲线中间的一条,是根据实验结果修正后得出的修正曲线,其中当 $\Lambda<45°$ 时,取 $\beta=1.2$;当 $\Lambda>45°$ 时,取 $\beta=1.1$。这个结果对于机翼上有大的集中质量时不一定正确,因为这时机翼有可能以第二阶扭转模态发生颤振。

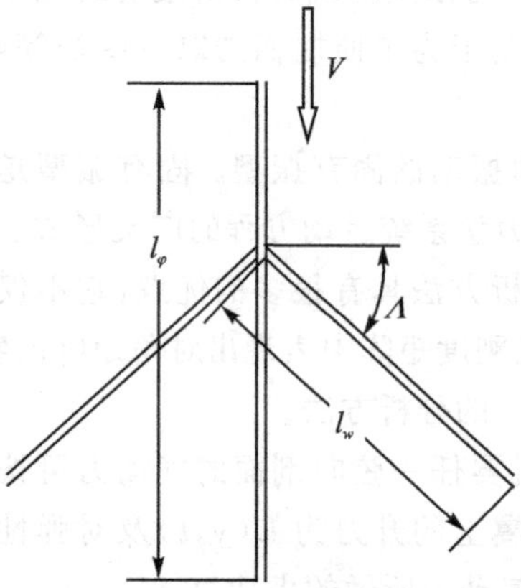

图 8.12 大展弦比机翼的弹性轴示意图

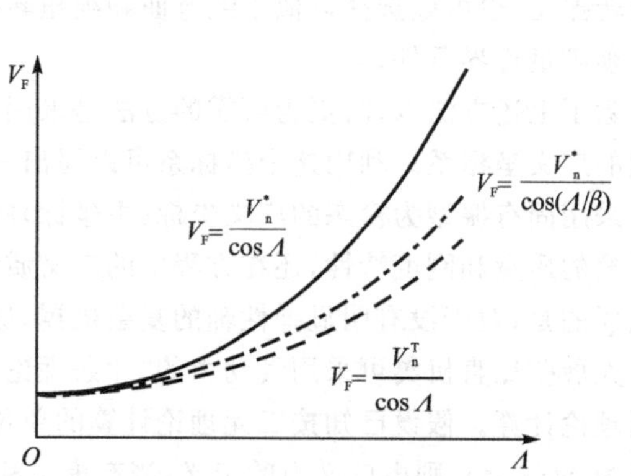

图 8.13 切线流速分量影响示意图

是否计及切线分量产生的影响与质心位置有关。质心越前,不计及切线分量所带来的误差越大。

图 8.14 表示在一个后掠式尾翼上增加配重对颤振速度的影响。由图可见,当不计及切线分量时,配重增加到一定程度就可能避免发生颤振。但当计及切线分量时,虽然随着配重的增加能提高颤振速度,但是不能杜绝发生颤振,两者是有本质差异的。

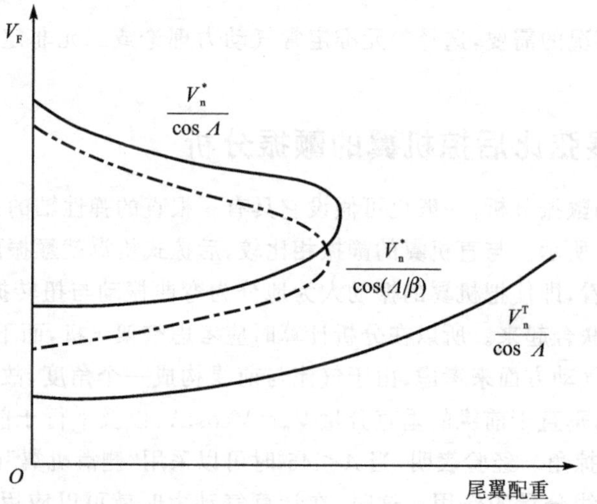

图 8.14 后掠式尾翼对计及和不计及切线分量及改变配重对颤振速度的影响

8.5 小展弦比翼面的颤振分析

小展弦比翼面类似板式的结构，在颤振问题的处理上，比前面所讨论的大展弦比直机翼的处理还要复杂些。首先，剖面的变形不容忽略，不再会出现典型的弯曲-扭转颤振。其次，三维空气动力效应也不能忽略，所以片条理论不再适用，而是以升力面理论来计算气动力，只是在超声速范围内可采用“活塞理论”来求解颤振。

8.5.1 小展弦比翼面的颤振运动方程

小展弦比翼面变形的描述，通常采用模态叠加的概念。用有限 n 个固有模态来描述机翼变形，即

$$Z(x,y,t)=\sum_{j=1}^{n} f_j(x,y)\cdot q_j(t) \tag{8.65}$$

式中，$q_j(t)$是随时间变化的广义坐标。若结构离散化后具有 N 个节点，则显然 $n<N$。由于 f 是固有振型，故满足自由振动运动方程，且按振动理论，固有振型具有正交性，引用这个条件写出机翼的动能为

$$T=\frac{1}{2}\sum_{j=1}^{n} M_j \dot{q}_j^2 \tag{8.66}$$

式中，M_j 是第 j 阶固有振型相应的广义质量。机翼结构变形的势能为

$$U=\frac{1}{2}\sum_{j=1}^{n} M_j \omega_j^2 q_j^2 \tag{8.67}$$

若机翼上的压力分布是 $p(x,y,t)$，则按广义力定义，当机翼有虚位移 δq_j 时，系统做虚功

$$\delta W_e=\iint_S p(x,y,t) f_j(x,y)\delta q_j \mathrm{d}x\mathrm{d}y=Q_j\delta q_j$$

则广义力为

$$Q_j=\iint_S p(x,y,t) f_j(x,y)\mathrm{d}x\mathrm{d}y \tag{8.68}$$

将式(8.66)～式(8.68)代入到拉格朗日方程，得到颤振运动方程

$$M_j\ddot{q}_j+M_j\omega_j^2 q_j=Q_j,\quad j=1,2,\cdots,n \tag{8.69}$$

8.5.2 小展弦比机翼的颤振计算

为计算方程(8.69)中的广义气动力 Q_i，就要计算压力分布 $p(x,y,t)$。在亚声速范围，可以采用偶极子格网法或核函数法。有关亚声速偶极子格网法的原理已在第 6 章中讲述，本节所关心的是在该法中广义气动力的表达式。

由式(8.68)，写出其矩阵形式为

$$\boldsymbol{Q}_i=\boldsymbol{f}_i^{\mathrm{T}}\Delta\boldsymbol{S}\boldsymbol{P}=\frac{1}{2}\rho V^2\boldsymbol{f}_i^{\mathrm{T}}\Delta\boldsymbol{S}\boldsymbol{D}^{-1}\cdot\sum_{j=1}^{n}\left(\frac{\partial \boldsymbol{f}_j}{\partial x}+\frac{\mathrm{i}\omega}{V}\boldsymbol{f}_j\right)\boldsymbol{q}_j \tag{8.70}$$

式中，$\Delta\boldsymbol{S}=\mathrm{diag}(\Delta S_1,\cdots,\Delta S_m)$，表示各面元的面积。$f_i$ 和 f_j 表示第 i 阶和第 j 阶模态，但需注意，它与由振动计算并表示在式(8.65)中的 f_j 是有区别的。问题在于气动力计算结点和

计算固有模态所选的结构结点二者是不同的。在式(8.70)的计算中,先要对原来的固有模态通过插值方法变换到按气动力计算结点相应位移表示的固有模态。于是,式(8.70)可表示为

$$\boldsymbol{Q}_i=\sum_{j=1}^{n}\boldsymbol{Q}_{ij}\boldsymbol{q}_j \tag{8.71}$$

式中

$$\boldsymbol{Q}_{ij}=\frac{1}{2}\rho V^2\boldsymbol{f}_i^{\mathrm{T}}\Delta\boldsymbol{S}\boldsymbol{D}^{-1}\left(\frac{\partial\boldsymbol{f}_j}{\partial x}+\frac{\mathrm{i}\omega}{V}\boldsymbol{f}_j\right) \tag{8.72}$$

对于高超声速飞行的情况,可以采用“活塞理论”来分析颤振。它是一种简化的气动力理论。其中心思想是:当飞行速度很高时(通常指马赫数 $Ma>2.5$),翼面所产生的扰动近似地沿物体表面的法线方向传播,物体表面各点间的相互影响很小。若把翼面表面上各点的相互影响略去不计,并假设机翼表面各点扰动沿该点法线方向传播,则这种扰动的传播类似于汽缸中活塞所产生的扰动传播,即扰动沿垂直活塞的方向传播,且局限于与活塞垂直的空间范围内。把活塞扰动传播的规律用于高超声速气流,就形成了“活塞理论”。

这里直接引用6.5.4节的结果,由式(6.66),即

$$\Delta P(x,y,t)=-2\rho a\sum_{j=1}^{n}\left[1+G\frac{\partial}{\partial x}H(x,y)\right]\left[V\frac{\partial}{\partial x}f_j(x,y)q_j(t)+f_j(x,y)\dot{q}_j(t)\right]$$

于是广义气动力

$$\begin{aligned}Q_i=&\iint_S\Delta P(x,y,t)f_i(x,y)\mathrm{d}x\,\mathrm{d}y=\\&-2\rho a\sum_{j=1}^{n}\iint_S\left[1+G\frac{\partial}{\partial x}H(x,y)\right]\left[V\frac{\partial}{\partial x}f_j(x,y)q_j(t)+f_j(x,y)\dot{q}_j(t)\right]f_i(x,y)\mathrm{d}x\,\mathrm{d}y=\\&-2\rho a\sum_{j=1}^{n}[V(A_{ij}+GC_{ij})q_j(t)+(B_{ij}+GD_{ij})\dot{q}_j(t)]\end{aligned} \tag{8.73}$$

式中

$$A_{ij}=\iint_S\frac{\partial}{\partial x}f_j(x,y)f_i(x,y)\mathrm{d}x\,\mathrm{d}y$$

$$B_{ij}=\iint_S f_j(x,y)f_i(x,y)\mathrm{d}x\,\mathrm{d}y$$

$$C_{ij}=\iint_S\frac{\partial}{\partial x}H(x,y)\frac{\partial}{\partial x}f_j(x,y)f_i(x,y)\mathrm{d}x\,\mathrm{d}y$$

$$D_{ij}=\iint_S\frac{\partial}{\partial x}H(x,y)f_j(x,y)f_i(x,y)\mathrm{d}x\,\mathrm{d}y$$

这些常数都取决于所选的位移函数及翼型的厚度函数。

在算出翼面的动能和势能以后,利用上述导出的广义力,就可把它们代入到拉格朗日方程中,从而得到颤振运动方程

$$M_i\ddot{q}_i+M_i\omega_i^2q_i=-2\rho a\sum_{j=1}^{n}[V(A_{ij}+GC_{ij})q_j+(B_{ij}+GD_{ij})q_j],\quad i=1,2,\cdots,n \tag{8.74}$$

应用活塞理论计算颤振临界速度,在一定范围内,其结果的准确程度随马赫数 Ma 的增大

而增加。此外，一些实验的结果表明，对于三角形机翼，应用活塞理论所得的结果要比非削尖的后掠机翼存在很大的翼稍效应，特别是在低马赫数下格外显著，而在活塞理论中是根本不考虑这些效应的。

8.6　操纵面颤振

操纵面颤振在所有飞行速度上都可能发生，并在历史上成为最普遍的飞行器颤振类型。操纵面的颤振分析对于确定质量平衡和刚度要求设计都是必要的。

操纵面颤振会出现多种形式，诸如飞机的机翼弯曲-副翼型、机翼扭转-副翼型、机翼弯曲和扭转-副翼型、平尾-升降舵型、后机身垂直弯曲-平尾-升降舵、垂尾-方向舵等。本节作为举例，只介绍上述的一种颤振型，即机翼-副翼的颤振分析。依据同样的原理，也可分析上述涉及的升降舵和方向舵的颤振。

机翼-副翼发生颤振时要包含机翼弯曲、机翼扭转和副翼偏转三个自由度。有时因为机翼的扭转变形很小，往往略去不计。这样就只计算机翼弯曲和副翼偏转型颤振，同时假设副翼可以按照同一方向偏转，也可按照不同的方向偏转。当副翼按同一方向偏转时，副翼的操纵系统要发生弹性变形，同时机翼做对称的振动。当副翼按不同方向偏转时，机翼做反对称的振动。参照图 8.15，当采用准定常理论时，机翼弯曲和副翼偏转的运动方程可以直接列写出来。在求解该式时可以采用迦辽金方法，设

$$h = h_0 f(y) e^{i\omega t}, \quad \beta = \beta_0 e^{i\omega t} \tag{8.75}$$

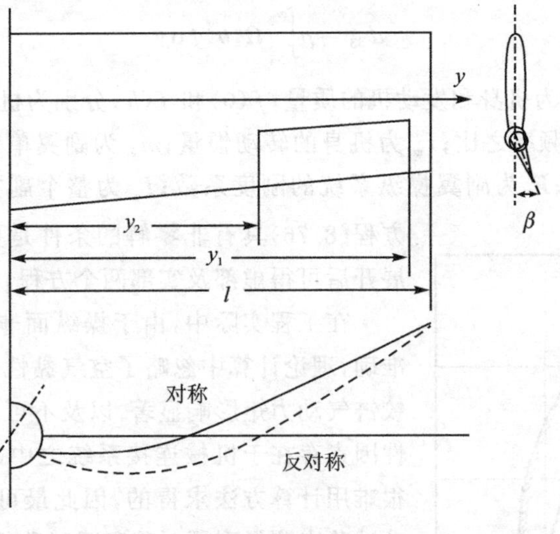

图 8.15　机翼-副翼颤振示意图

式中，$f(y)$是机翼的弯曲模态。将其代入机翼-副翼的运动方程消去 $e^{i\omega t}$，然后将机翼的方程乘以 $f(y)dy$，并对整个机翼积分，得到

$$\left.\begin{aligned}(a_{11} - c_{11}\omega^2 + i\omega d_{11} V) h_0 + (-c_{13}\omega^2 + i\omega d_{13} V + b_{13} V^2)\beta_0 = 0 \\ (-c_{31}\omega^2 + i\omega d_{31} V) h_0 + (a_{33} - c_{33}\omega^2 + i\omega d_{33} V + b_{33} V^2)\beta_0 = 0\end{aligned}\right\} \tag{8.76}$$

式中

$$\left.\begin{aligned}
&c_{11}=\begin{cases}\displaystyle\int_0^l mf^2\,\mathrm{d}y+M_{\mathrm{m}}f^2(h)+\frac{1}{2}M_{\varphi}f^2(0) & (\text{对称颤振})\\ \displaystyle\int_0^l mf^2\,\mathrm{d}y+M_{\mathrm{m}}f^2(h)+\frac{1}{2}I_{\varphi}f'^2(0) & (\text{反对称颤振})\end{cases}\\
&c_{33}=I_{\mathrm{e}}\\
&c_{13}=c_{31}=-\int_{y_1}^{y_2}m_{\mathrm{e}}\sigma_{\mathrm{e}}f\,\mathrm{d}y\\
&a_{11}=\int_0^l EI(f'')^2\,\mathrm{d}y=c_{11}\omega_h^2\\
&a_{33}=R=\Omega^2\frac{a_{11}}{c_{11}}c_{33}\\
&b_{13}=-\frac{1}{2}\rho C_y^{\alpha}\int_{y_2}^{y_2}Gbf\,\mathrm{d}y\\
&b_{33}=\rho\int_{y_1}^{y_2}\Omega_3 b^2\,\mathrm{d}y\\
&d_{11}=\frac{1}{2}\rho C_y^{\alpha}\int_0^l bf^2\,\mathrm{d}y\\
&d_{13}=-\frac{1}{2}\rho C_y^{\alpha}\int_{y_1}^{y_2}Hb^2f\,\mathrm{d}y\\
&d_{31}=\rho\int_{y_1}^{y_2}\Omega_5 b^2f\,\mathrm{d}y\\
&d_{33}=\rho\int_{y_1}^{y_2}\Omega_4 b^3f\,\mathrm{d}y
\end{aligned}\right\}\tag{8.77}$$

式中,M_{φ} 和 M_{m} 分别为机身和发动机的质量;$f(0)$ 和 $f(h)$ 分别为机身和发动机处的模态值;Ω 为副翼频率与机翼频率之比;I_{φ} 为机身的转动惯量;m_{e} 为副翼单位长度的质量;σ_{e} 为副翼重心至铰链轴的距离;R 为副翼操纵系统的刚度系数;I_{e} 为整个副翼绕铰链轴的转动惯量。

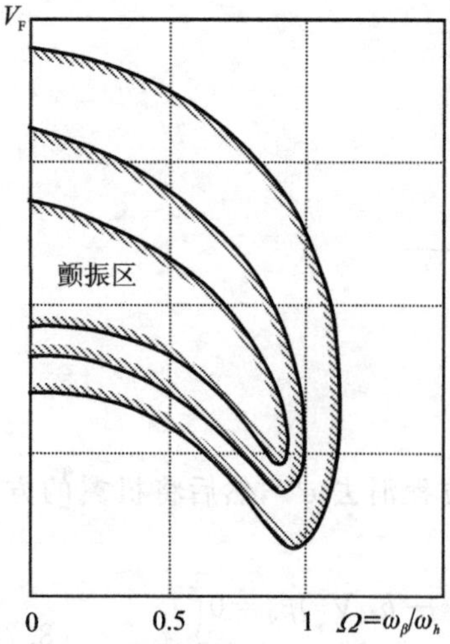

图 8.16 $\Omega-V_{\mathrm{F}}$ 曲线

方程(8.76)具有非零解的条件是要求其系数行列式为零,展开后可得虚部及实部两个方程,由此可求得颤振速度。

在工程实际中,由于操纵面非定常气动力理论计算不准确,理论计算中忽略了空气黏性,而黏性效应对操纵面的铰链气动力矩影响显著,以及不可避免有间隙、摩擦等非线性因素存在于机械连接系统之中,加之操纵系统的刚度是很难用计算方法求得的,因此最可靠的方法是通过地面振动试验来测量副翼对称和反对称振动时的频率。但在计算时还没有可供试验用的飞机,所以只能在假设一系列的 Ω 值的基础上,计算对应于每一个 Ω 值的颤振速度,并作出 $\Omega-V_{\mathrm{F}}$ 曲线。一旦根据振动试验测出副翼频率后,就可立刻从该曲线上查出真正的颤振速度。图 8.16 表示了颤振速度和 ω_β/ω_h 的曲线关系。

在 8.4 节机翼弯扭颤振中,曾指出过质心位置对颤振速度有着重要的影响。实际上，质心位置决定了弯曲与扭转之间的惯性耦合的大小。这就表明减小惯性耦合有利于颤振速度的提高，这对于机翼弯曲-副翼偏转型的颤振来说也是正确的。这里，惯性耦合是用如下系数来表示的，即

$$c_{13}=c_{31}=-\int_{y_1}^{y_2} m_e \sigma_e f \mathrm{d}y \tag{8.78}$$

该系数对于颤振速度也有很大影响。采用加装配重的办法很容易改变它的大小，从而可以控制副翼的颤振问题，这就是所谓的“质量平衡”的概念。在飞机设计的实践中，针对操纵面颤振设计采用的有效办法就是质量平衡，即在操纵面上设置配重，使操纵面质心前移，通常使质心移到铰链轴线之前，达到超平衡状态。

质量平衡又有所谓的“动平衡”与“静平衡”之分。静平衡度说明操纵面质心相对于铰链轴的位置，可以用系数 c_{13} 来表示，其中

$$c_{13静}=-\int_{y_1}^{y_2} m_e \sigma_e f \mathrm{d}y \tag{8.79}$$

动平衡度说明了在给定的操纵面模态与给定的机翼模态之间惯性耦合的大小，可由式(8.78)定义的 c_{13} 来表示。当 $c_{13}<0$ 时，称操纵面是未平衡的；当 $c_{13}=0$ 时，称操纵面是完全平衡的；当 $c_{13}>0$ 时，称操纵面是超平衡的。

如图8.16所示，对应较小的 Ω 值，可以解出两个正的颤振速度，其中较小的一个为发生颤振的临界速度，较大的一个是停止颤振的临界速度。当 Ω 足够大时，就不再发生颤振。图8.16中三条曲线表示了三种不同的静平衡度。随着静平衡度的增加，颤振区缩小，不发生颤振的操纵刚度范围增大。当配重达到一定程度使操纵面超平衡时，有可能不发生副翼颤振。注意到，动平衡度是对应某一特定模态而言的，它表示副翼偏转和机翼弯、扭间惯性耦合的程度。

配置配重时，既要考虑静平衡，又要考虑动平衡。有时由于配重配置不当，虽然消除了一种形态的颤振，而对另一种形态的颤振却有不利的影响。

质量平衡至今广泛应用于操纵系统的设计中。但从原理上来说，质量平衡仅对颤振模态中涉及主翼面弯曲振型的颤振最为有效，这时配重使质心移到转轴之前，从而消除了操纵面旋转与主翼面弯曲两种模态的惯性耦合。这就是颤振设计中的模态解耦原则。

8.7 壁板颤振

飞行器的壁板和蒙皮是二维弹性系统的一种特殊形式。就弹性力学特性而言，它和板的处理方法没有太大区别，只是其一面处于静止的条件，而另一面则暴露于高速气流之中。所谓壁板颤振，就是指暴露于高速气流中壁板结构发生的一种自激振动现象。壁板颤振和经典的颤振有两点显著的区别：一是壁板颤振通常只发生在超声速气流中，因此是典型的超声速现象；二是壁板颤振所引发的振动一般不会导致严重的飞行事故，但对飞行器结构的疲劳寿命或者飞行性能则会产生不利的影响。

最早有记录的壁板颤振是在第二次世界大战期间德国的V-2导弹发生飞行故障。20世纪50—60年代，高速飞行的发展，使得壁板颤振的研究有了很大的进步。目前，结构振动的非线性效应、曲面壁板的颤振分析以及由于飞行气动加热而产生的热应力和热刚度损失都成为

研究的热点,同时由于壁板颤振而引起的相关效应也得到了广泛的关注。

在马赫数比较大的超声速和高超声速壁板颤振研究中,通常要考虑气动加热的影响。随着温度的升高,壁板颤振临界动压降低。在气动加热的情况下,弹性力、惯性力、气动力和热载荷的耦合作用,使结构、材料和气动力等方面的非线性效应非常突出。这时,必须采用非线性的颤振理论来开展研究。

与经典颤振的相同之处是:壁板颤振也主要包括弹性体变形和振动,以及振动气动力等方面的问题。壁板是比较简单的结构,其弹性变形的规律已有较为简单而又精确的数学表达式,因此给振动及颤振分析提供了有利的条件。前面已经提到,壁板颤振在工程实际中多发生在超声速气流中,因此壁板颤振所用气动力仅限于超声速的范围,采用活塞理论来计算壁板的气动力可以求得相对精确的解,同时也可以进行必要的参数研究。

影响壁板颤振的因素很多,除了几何和结构参数之外,还有相关的气动力参数。前者主要指壁板的几何外形、展弦比、边界条件以及由温度影响所产生的预应力等;后者主要指外表面的来流方向、动压和马赫数等。

在工程实用中,由于壁板在飞行器上都是与一些横向及纵向元件相连接的,因此变形受到一定限制。再者,由于气动加热,会使结构在热载荷作用下产生热应力,以及结构材料的弹性模量发生变化。此外,壁板结构的内外压差,也会使壁板结构受到力载荷的作用。所有这一切都需要考虑有限变形的影响,这就引出了结构非线性问题。

采用线性壁板颤振理论,是基于结构小挠度变形的假设,它可以得到壁板发生颤振时的颤振速度和颤振频率。但线性壁板颤振理论不能分析任意来流速度下壁板振动的幅值和应力。

以下通过一个简单的二维模型来说明壁板颤振的求解。这个超声速壁板模型选自 *Introduction to Aircraft Aeroelasticity and Loads* 一书中的第11章。如图8.17所示的弹性平板,长为L、宽为h,单位长度质量为m,其弯曲刚度为EI,受到平行于表面且速度为V的超声速气流的作用,马赫数为Ma,空气密度为ρ。平板在$x=0$和L处简支,平行于x轴的边缘自由。

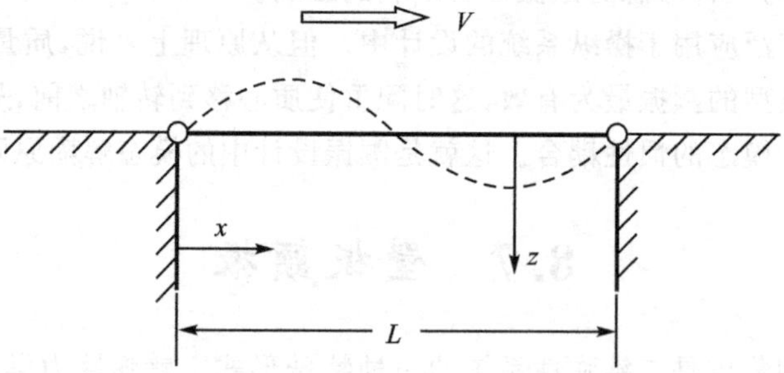

图8.17 超声速作用下的弹性平板

假设平板的面外位移为

$$z(x,t)=\sin\left(\frac{\pi x}{L}\right)q_1(t)+\sin\left(\frac{2\pi x}{L}\right)q_2(t) \tag{8.80}$$

正弦曲线都满足边界条件。由活塞理论,挠度z引起的作用在壁板上的压力为

$$p=\frac{\rho V^2}{Ma}\frac{\mathrm{d}z}{\mathrm{d}x}=\frac{\rho V^2}{Ma}\left[\frac{\pi}{L}\cos\left(\frac{\pi x}{L}\right)q_1+\frac{2\pi}{L}\cos\left(\frac{2\pi x}{L}\right)q_2\right] \tag{8.81}$$

此处忽略了引起气动阻尼的速度项。引用拉格朗日方程,壁板的动能为

$$T=\frac{1}{2}\int_0^L m\left[\sin\left(\frac{\pi x}{L}\right)\dot{q}_1+\sin\left(\frac{2\pi x}{L}\right)\dot{q}_2\right]^2\mathrm{d}x \tag{8.82}$$

应变能为

$$U=\frac{1}{2}\int_0^L EI\left(\frac{\partial^2 z}{\partial x^2}\right)^2\mathrm{d}x=\frac{1}{2}\int_0^L EI\left[-\frac{\pi^2}{L^2}\sin\left(\frac{\pi x}{L}\right)q_1-\frac{4\pi^2}{L^2}\sin\left(\frac{2\pi x}{L}\right)q_2\right]^2\mathrm{d}x \tag{8.83}$$

气动力对平板所做的虚功为

$$\delta W=\int_0^L\frac{\rho V^2}{Ma}\left[\frac{\pi}{L}\cos\left(\frac{\pi x}{L}\right)q_1+\frac{2\pi}{L}\cos\left(\frac{2\pi x}{L}\right)q_2\right]\left[\sin\left(\frac{\pi x}{L}\right)\delta q_1+\sin\left(\frac{2\pi x}{L}\right)\delta q_2\right]h\,\mathrm{d}x \tag{8.84}$$

故广义气动力为

$$\frac{\partial(\delta W)}{\partial(\delta q_1)}=\int_0^L\frac{\rho V^2}{Ma}\left[\frac{\pi}{L}\cos\left(\frac{\pi x}{L}\right)q_1+\frac{2\pi}{L}\cos\left(\frac{2\pi x}{L}\right)q_2\right]\sin\left(\frac{\pi x}{L}\right)h\,\mathrm{d}x=-\frac{4\rho V^2 h}{3Ma}q_2 \tag{8.85}$$

$$\frac{\partial(\delta W)}{\partial(\delta q_2)}=\int_0^L\frac{\rho V^2}{Ma}\left[\frac{\pi}{L}\cos\left(\frac{\pi x}{L}\right)q_1+\frac{2\pi}{L}\cos\left(\frac{2\pi x}{L}\right)q_2\right]\sin\left(\frac{2\pi x}{L}\right)h\,\mathrm{d}x=\frac{4\rho V^2 h}{3Ma}q_1 \tag{8.86}$$

应用拉格朗日方程,得到

$$\begin{bmatrix}\dfrac{mL}{2} & 0\\ 0 & \dfrac{mL}{2}\end{bmatrix}\begin{bmatrix}\ddot{q}_1\\ \ddot{q}_2\end{bmatrix}+\begin{bmatrix}\dfrac{EI\pi^4}{2L^3} & -\dfrac{4\rho V^2 h}{3Ma}\\ \dfrac{4\rho V^2 h}{3Ma} & \dfrac{8EI\pi^4}{L^3}\end{bmatrix}\begin{bmatrix}q_1\\ q_2\end{bmatrix}=\begin{bmatrix}0\\ 0\end{bmatrix} \tag{8.87}$$

上式可看作是一个无阻尼振动系统,且刚度矩阵中存在由气动力决定的非对角项。

假设解的形式为 $q=q_0\sin(\omega t)$,并由非零解的条件,得

$$\begin{vmatrix}-\omega^2+A & -B\\ B & -\omega^2+16A\end{vmatrix}=0 \tag{8.88}$$

式中

$$A=\frac{\pi^4 EI}{mL^4},\quad B=\frac{8\rho V^2 h}{3Ma\,mL}$$

展开上式得到关于 ω^2 的二次方程,则无阻尼振动的频率为

$$\omega^2=\frac{17A}{2}\pm\frac{\sqrt{289A^2-4(16A^2+B^2)}}{2} \tag{8.89}$$

当两个频率解相等时达到临界条件。该壁板的临界频率和临界速度可写成

$$\omega=\sqrt{\frac{17A}{2}},\quad 225A^2-4B^2=0\Rightarrow V_{\mathrm{crit}}=\sqrt{\frac{45\pi^4 Ma\,EI}{16\rho L^3 L}} \tag{8.90}$$

再返回无阻尼振动系统的运动方程,得到临界模态的振型,即

$$\left(-\frac{17A}{2}+A\right)q_1=Bq_2\Rightarrow\frac{q_2}{q_1}=-1 \tag{8.91}$$

8.8　颤振求解方法

本节讨论多自由度系统气动弹性系统颤振求解的一般方法。对于由 n 个广义坐标描述的气动弹性系统,若忽略结构阻尼和外部激励力,其颤振方程可以写为

$$\boldsymbol{M}\ddot{\boldsymbol{q}}+\boldsymbol{K}\boldsymbol{q}=\boldsymbol{f}_A(\boldsymbol{q},\dot{\boldsymbol{q}},\ddot{\boldsymbol{q}}) \tag{8.92}$$

其中,$\boldsymbol{q}$ 为广义坐标向量,$\boldsymbol{M}$、$\boldsymbol{K}$ 为广义质量、广义刚度矩阵,$\boldsymbol{f}_A(\boldsymbol{q},\dot{\boldsymbol{q}},\ddot{\boldsymbol{q}})$表示与广义坐标位移、速度、加速度有关的广义非定常气动力向量。按照第6章所述的非定常气动力理论,在线性假设基础上,可以得到广义非定常气动力的频域表示形式:

$$\boldsymbol{f}_A=\frac{1}{2}\rho V^2\boldsymbol{A}(k)\boldsymbol{q} \tag{8.93}$$

其中,ρ 为空气密度;V 为空速;$\boldsymbol{A}$ 为广义非定常气动力影响系数(GAIC)矩阵,其元素是与减缩频率 $k=\omega b/V$ 有关的复数。将式(8.93)代入式(8.92),得到

$$\underbrace{\boldsymbol{M}\ddot{\boldsymbol{q}}+\boldsymbol{K}\boldsymbol{q}}_{\text{时域形式}}=\underbrace{\frac{1}{2}\rho V^2\boldsymbol{A}(k)\boldsymbol{q}}_{\text{频域形式}} \tag{8.94}$$

需要注意的是,在方程(8.94)中,等号左边是时域形式,等号右边是频域形式,二者只有在简谐振动时才严格相等。而且,矩阵 $\boldsymbol{A}$ 是隐含 V 的复数矩阵。为了找到使系统处于临界稳定的 V,需要某些特殊的求解方法及技巧,这里介绍几种常用的方法:根轨迹法、$V-g$ 法、$p-k$ 法。

1. 根轨迹法

根轨迹法实际上是一种时域颤振求解方法,它的思路是:先将方程(8.93)等号右端的广义气动力从频域形式转化成时域形式,然后将整个颤振方法改写成状态空间形式;最后根据线性系统稳定性理论,通过系统状态矩阵的特征根来求临界颤振速度。

6.7节介绍了非定常气动力的时域建模,采用最小二乘法可以建立广义非定常的时域形式:

$$\dot{\boldsymbol{x}}_j=-\frac{V}{b}r_j\boldsymbol{x}_j+\boldsymbol{E}_j\dot{\boldsymbol{q}},\quad j=1,2,\cdots,m \tag{8.95}$$

$$\boldsymbol{f}_A(t)=\frac{1}{2}\rho V^2\boldsymbol{A}_0\boldsymbol{q}+\frac{1}{2}\rho bV\boldsymbol{A}_1\dot{\boldsymbol{q}}+\frac{1}{2}\rho b^2\boldsymbol{A}_2\ddot{\boldsymbol{q}}+\frac{1}{2}\rho V^2\sum_{j=1}^{m}\dot{\boldsymbol{x}}_j \tag{8.96}$$

其中,$\boldsymbol{x}_j(j=1,2,\cdots,m)$为 m 个气动力增广状态向量,$\boldsymbol{A}_0$、$\boldsymbol{A}_1$、$\boldsymbol{A}_2$ 和 $\boldsymbol{E}_j(j=1,2,\cdots,m)$为有理函数拟合得到的系数矩阵。将式(8.95)和式(8.96)代入式(8.94)中,可以得到

$$\begin{bmatrix}\dot{\boldsymbol{q}}\\ \ddot{\boldsymbol{q}}\\ \dot{\boldsymbol{x}}_1\\ \vdots\\ \dot{\boldsymbol{x}}_m\end{bmatrix}=\begin{bmatrix}\boldsymbol{0} & \boldsymbol{I} & \boldsymbol{0} & \boldsymbol{0} & \boldsymbol{0}\\ \overline{\boldsymbol{M}}^{-1}\left(\frac{1}{2}\rho V^2\boldsymbol{A}_0-\boldsymbol{K}\right) & \frac{1}{2}\rho bV\overline{\boldsymbol{M}}^{-1}\boldsymbol{A}_1 & \frac{1}{2}\rho V^2\overline{\boldsymbol{M}}^{-1} & \frac{1}{2}\rho V^2\overline{\boldsymbol{M}}^{-1} & \frac{1}{2}\rho V^2\overline{\boldsymbol{M}}^{-1}\\ \boldsymbol{0} & \boldsymbol{E}_1 & -\frac{V}{b}r_1\boldsymbol{I} & \boldsymbol{0} & \boldsymbol{0}\\ \vdots & \vdots & \vdots & \ddots & \vdots\\ \boldsymbol{0} & \boldsymbol{E}_m & \boldsymbol{0} & \boldsymbol{0} & -\frac{V}{b}r_m\boldsymbol{I}\end{bmatrix}\begin{bmatrix}\boldsymbol{q}\\ \dot{\boldsymbol{q}}\\ \boldsymbol{x}_1\\ \vdots\\ \boldsymbol{x}_m\end{bmatrix} \tag{8.97}$$

其中,$\overline{\boldsymbol{M}}=\boldsymbol{M}-\frac{1}{2}\rho V^2\boldsymbol{A}_0$。

式(8.97)实际上是无输入的线性系统状态空间方程的标准形式,可以简记为

$$\dot{\boldsymbol{u}}=\boldsymbol{P}\boldsymbol{u} \tag{8.98}$$

其中，$\boldsymbol{P}$ 称为系统的状态矩阵。根据线性系统理论，该系统渐近稳定的充分必要条件是：矩阵 $\boldsymbol{P}$ 的所有特征值均位于复平面左半平面（即所有特征值实部均小于 0）。将风速由小逐渐增大，可以画出系统状态矩阵特征值在复平面上的轨迹（即根轨迹）。若有一个特征根的轨迹穿越虚轴，则表明系统出现了颤振，穿越虚轴时对应的风速即为临界颤振速度，此时该特征值为纯虚数，其虚部即为颤振频率（单位：rad/s）。事实上，8.1.2 节采用的就是这种方法。

下面给出应用根轨迹法求解颤振的算法步骤：

① 读入 ρ、b 和矩阵 $\boldsymbol{M}$、$\boldsymbol{K}$ 及 $\boldsymbol{A}(k_l)$，$l=1,2,\cdots,L$ 等数据；

② 通过气动力有理函数拟合，获得系数矩阵 $\boldsymbol{A}_0$、$\boldsymbol{A}_1$、$\boldsymbol{A}_2$ 和 $\boldsymbol{E}_j\ (j=1,2,\cdots,m)$；

③ 给定风速 V，按照式(8.97)构建系统状态矩阵 $\boldsymbol{P}$，并计算其特征值；

④ 若所有特征值实部均小于 0，则令 $V \leftarrow (V+\Delta V)$，重复②③；若出现有 1 个特征值实部大于 0，则停止循环。

根轨迹法的思路容易理解，算法也较简单，但美中不足的是：由于要用到气动力有理函数拟合，会引入气动力的拟合误差，这会对颤振求解的精度造成一定影响。

2. V-g 法

前面所述的根轨迹法是在时域方程上求解颤振，与之不同的是，V-g 是一种频域求解方法。由于方程(8.94)等号左端反映的结构振动是任意运动的，为了使得结构处于简谐振动状态，需要引入一种虚拟的结构阻尼力。这种结构阻尼力与弹性力成正比，且与弹性力的相位相差 90°，则在简谐振动状态下这种阻尼力可以写为 $\mathrm{i}g\boldsymbol{Kq}$，这里 g 为人工阻尼系数。假设引入这种阻尼力后，整个气动弹性系统就处于简谐振动状态（实际就是临界稳定状态），则方程(8.94)写成频域形式为

$$-\omega^2\boldsymbol{Mq}+\mathrm{i}g\boldsymbol{Kq}+\boldsymbol{Kq}=\frac{1}{2}\rho V^2\boldsymbol{A}(k)\boldsymbol{q} \tag{8.99}$$

上式可化为

$$\boldsymbol{Kq}=\frac{V^2}{1+\mathrm{i}g}\left[\left(\frac{k}{b}\right)^2\boldsymbol{M}+\frac{1}{2}\rho\boldsymbol{A}(k)\right]\boldsymbol{q} \tag{8.100}$$

记

$$\lambda=\frac{V^2}{1+\mathrm{i}g}=\frac{V^2}{1+g^2}-\mathrm{i}\frac{gV^2}{1+g^2} \tag{8.101}$$

$$\overline{\boldsymbol{M}}=\left(\frac{k}{b}\right)^2\boldsymbol{M}+\frac{1}{2}\rho\boldsymbol{A}(k) \tag{8.102}$$

于是，式(8.100)可以记为

$$\boldsymbol{Kq}=\lambda\overline{\boldsymbol{M}}\boldsymbol{q} \tag{8.103}$$

式(8.103)所描述的数学问题实际上是关于矩阵 $\boldsymbol{K}$ 和 $\overline{\boldsymbol{M}}$ 的广义特征值问题，λ 即为特征值。需要注意的是，$\overline{\boldsymbol{M}}$ 是与 k 有关的复数矩阵。在求解时，首先需要给定一系列的减缩频率值，即 $k_l\,(l=1,2,\cdots,L)$，对于给定的 k_l，可求得的 n 个复特征值为

$$\lambda_{lj}=\lambda_{lj}^{\mathrm{R}}+\mathrm{i}\lambda_{lj}^{\mathrm{I}},\quad j=1,2,\cdots,n$$

利用式(8.104)可以求得

$$g_{lj}=-\frac{\lambda_{lj}^{\mathrm{I}}}{\lambda_{lj}^{\mathrm{R}}},\quad V_{lj}=\sqrt{\lambda_{lj}^{\mathrm{R}}+\frac{(\lambda_{lj}^{\mathrm{I}})^2}{\lambda_{lj}^{\mathrm{R}}}},\quad \omega_{lj}=\frac{k_lV_{lj}}{b},\quad j=1,2,\cdots,n \tag{8.104}$$

因此,对于一个给定的 k_l,就可以得到 n 个数据对 $(V_{lj}, g_{lj}, \omega_{lj})$, $j=1,2,\cdots,n$。

对所有的 $k_l(l=1,2,\cdots,L)$ 进行这个操作,就可以得到 n 条 $V-g$ 曲线和 n 条 $V-\omega$ 曲线,称为 $V-g$ 图和 $V-\omega$ 图,如图 8.18 所示。注意到虚拟结构阻尼力的含义,它是指维持系统保持简谐振动所需的阻尼力,因此 $g<0$ 表示实际系统运动是收敛的(稳定);而 $g>0$ 表示实际系统运动是发散的(失稳);而 $g=0$ 则表示实际系统刚好处于临界稳定状态。所以,从 $V-g$ 图上可以得到 $g=0$ 所对应的空速 V,即为临界颤振速度。

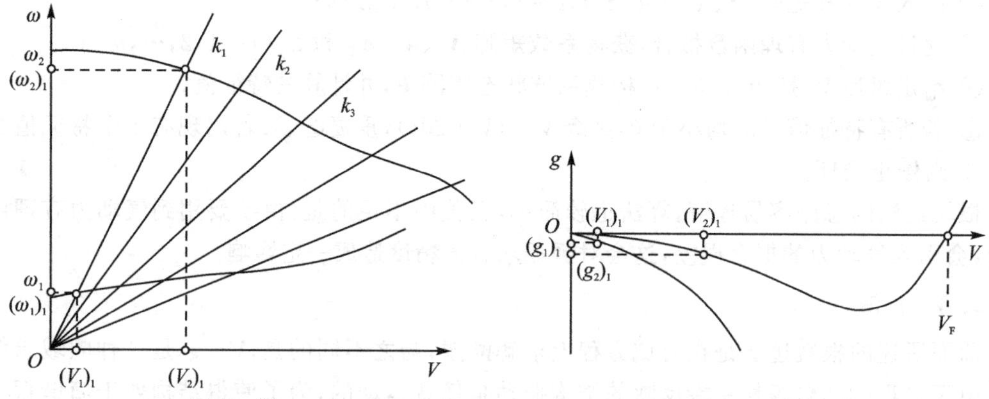

(a) $V-\omega$图　　(b) $V-g$图

图 8.18　$V-g$ 法颤振求解的结果

应用 $V-g$ 法求解颤振的算法步骤如下:

① 读入 ρ、b 和矩阵 $\boldsymbol{M}$、$\boldsymbol{K}$ 及 $\boldsymbol{A}(k_l)$, $l=1,2,\cdots,L$ 等数据;

② $l \leftarrow 1$;

③ 对于给定的 k_l,按照式(8.102)计算矩阵 $\overline{\boldsymbol{M}}$;

④ 求解关于矩阵 $\boldsymbol{K}$ 和 $\overline{\boldsymbol{M}}$ 的广义特征值问题,得到 n 个复特征值 $\lambda_{lj}(j=1,2,\cdots,n)$;

⑤ 按照式(8.104)计算得到 n 个数据对 $(V_{lj}, g_{lj}, \omega_{lj})$, $j=1,2,\cdots,n$;

⑥ 将 n 个数据对 $(V_{lj}, g_{lj}, \omega_{lj})$ 分别画在 $V-g$ 图和 $V-\omega$ 图中;

⑦ $l \leftarrow l+1$,重复③④⑤⑥,直至 $l=L$;

⑧ 在 $V-g$ 图和 $V-\omega$ 图中各得到 n 条曲线,若存在某条 $V-g$ 曲线穿越 $g=0$,则表明出现颤振,插值求得 $g=0$ 对应的空速 V,即为颤振速度。

$V-g$ 图和 $V-\omega$ 图分别反映了系统各阶模态的阻尼系数 g 和频率 ω 随空速 V 是如何变化的。需要说明的是,由于 $V-g$ 法的前提条件是结构做简谐振动,在 $V-g$ 图和 $V-\omega$ 图中,只有临界颤振状态($g=0$)所对应的数据点是有意义的,其他状态(包括亚临界和过临界状态)的数据点信息是不真实的。$V-g$ 算法实现起来也较容易,但在某些情况下(如减缩频率小于 0.3 时),可能出现 $\lambda_{lj}^{R}<0$ 的情况,这会导致数据对 $(V_{lj}, g_{lj}, \omega_{lj})$ 计算失败。

3. $p-k$ 法

$p-k$ 法是目前工程中较常用的颤振求解方法,它实际上是一种在拉普拉斯域中求解颤振的方法,不需要简谐振动的前提条件,可以考虑任意的系统运动,但在非定常气动力方面又做了一定的近似处理,因此该方法得到的 $V-g$ 曲线和 $V-\omega$ 曲线可以一定程度地反映系统在亚临界状态的特性。

设气动弹性系统的运动是任意的，即设

$$\boldsymbol{q}=\bar{\boldsymbol{q}}\mathrm{e}^{pt} \tag{8.105}$$

其中，$p=\gamma\omega+\mathrm{i}\omega$，这里 ω 表示运动频率，γ 是系统振动衰减特性的系数，且与上节的阻尼系数 g 有以下关系：$g=2\gamma$。显然，如果 $\gamma=0$，则系统做简谐运动；如果 $\gamma<0$，则系统的运动是衰减的（稳定）；如果 $\gamma>0$，则系统的运动是发散的（失稳）。

将式(8.105)代入方程(8.94)的等号左端，则有

$$\underbrace{(p^2\boldsymbol{M}+\boldsymbol{K})\boldsymbol{q}}_{\text{拉氏域形式}}=\underbrace{\frac{1}{2}\rho V^2\boldsymbol{A}(k)\boldsymbol{q}}_{\text{频域形式}} \tag{8.106}$$

为了让方程(8.106)等号两边的形式统一，下面还需要将等号右端的广义气动力从频域形式延拓至拉氏域。注意以下变换及近似处理：

$$\begin{aligned}\frac{1}{2}\rho V^2\boldsymbol{A}(k)\boldsymbol{q}&=\frac{1}{2}\rho V^2\left[\mathrm{Re}[\boldsymbol{A}(k)]+\mathrm{i}\,\mathrm{Im}[\boldsymbol{A}(k)]\right]\boldsymbol{q}\\&=\frac{1}{2}\rho V^2\mathrm{Re}[\boldsymbol{A}(k)]\boldsymbol{q}+\frac{1}{2}\rho bV\frac{\mathrm{Im}[\boldsymbol{A}(k)]}{k}\cdot\mathrm{i}\omega\boldsymbol{q}\\&\approx\frac{1}{2}\rho V^2\mathrm{Re}[\boldsymbol{A}(k)]\boldsymbol{q}+\frac{1}{2}\rho bV\frac{\mathrm{Im}[\boldsymbol{A}(k)]}{k}\cdot(\gamma\omega+\mathrm{i}\omega)\boldsymbol{q}\\&=\frac{1}{2}\rho V^2\mathrm{Re}[\boldsymbol{A}(k)]\boldsymbol{q}+\frac{1}{2}\rho bV\frac{\mathrm{Im}[\boldsymbol{A}(k)]}{k}\cdot p\boldsymbol{q}\end{aligned} \tag{8.107}$$

将式(8.107)代入方程(8.106)中，于是有

$$\left[p^2\boldsymbol{M}-p\cdot\frac{1}{2}\rho bV\frac{\mathrm{Im}[\boldsymbol{A}(k)]}{k}+\left(\boldsymbol{K}-\frac{1}{2}\rho V^2\mathrm{Re}[\boldsymbol{A}(k)]\right)\right]\boldsymbol{q}=\boldsymbol{0} \tag{8.108}$$

要使方程(8.108)有非零解，需使得方程等号左端的系数矩阵行列式为 0，即

$$\left|p^2\boldsymbol{M}-p\cdot\frac{1}{2}\rho bV\frac{\mathrm{Im}[\boldsymbol{A}(k)]}{k}+\left(\boldsymbol{K}-\frac{1}{2}\rho V^2\mathrm{Re}[\boldsymbol{A}(k)]\right)\right|=0 \tag{8.109}$$

上述方程的根 p 实际上是以下矩阵 $\boldsymbol{S}$ 的特征值：

$$\boldsymbol{S}=\begin{bmatrix}\boldsymbol{0} & \boldsymbol{I}\\ \boldsymbol{M}^{-1}\left(\frac{1}{2}\rho V^2\mathrm{Re}[\boldsymbol{A}(k)]-\boldsymbol{K}\right) & \frac{1}{2}\rho bV\mathrm{Im}[\boldsymbol{A}(k)]/k\end{bmatrix} \tag{8.110}$$

通过求解矩阵 $\boldsymbol{S}$ 的特征值问题获得 p 后，则可根据其实部是否大于 0 来判断是否发生颤振。需要注意的是，为构建 $\boldsymbol{S}$，首先得给定 k，但 k 又与 p 的虚部有关，$k=b\mathrm{Im}[p]/V$。因此在实际求解过程中需要反复迭代。

下面给出应用 p-k 法求解颤振的算法步骤：

① 读入 ρ、b 和矩阵 $\boldsymbol{M}$、$\boldsymbol{K}$ 及 $\boldsymbol{A}(k_l)$，$l=1,2,\cdots,L$ 等数据，给定一系列的风速值 V_i ($i=1,2,\cdots,N$)；

② 根据各阶模态固有频率 ω_{j0} ($j=1,2,\cdots,n$)，计算 $k_{j0}=\omega_{j0}b/V_i$；

③ $i\leftarrow 1$；

④ $j\leftarrow 1$，$V=V_i$；

⑤ 利用 $\boldsymbol{A}(k_l)$，$l=1,2,\cdots,L$ 插值计算 $\boldsymbol{A}(k_{j0})$；

⑥ 按照式(8.110)构建矩阵 $\boldsymbol{S}$，求解特征值问题得到 n 对共轭复根，取其中虚部为正的根，并按虚部从小到大排序，记为 p_{k1} ($k=1,2,\cdots,n$)；

⑦ 取第 j 个根来计算减缩频率,即 $k_{j1}=b\mathrm{Im}[p_{j1}]/V_i$;

⑧ 比较 k_{j1} 与 k_{j0} 是否接近,若 $|k_{j1}-k_{j0}|>\varepsilon$,则 $k_{j0}\leftarrow k_{j1}$,重复⑤⑥⑦;若 $|k_{j1}-k_{j0}|\leqslant\varepsilon$,则计算 $\omega_{ij}=\mathrm{Im}[p_{j1}]$,$g_{ij}=2\mathrm{Re}[p_{j1}]/\mathrm{Im}[p_{j1}]$;

⑨ $j\leftarrow j+1$,重复⑤⑥⑦⑧,直至 $j=n$;

⑩ $i\leftarrow i+1$,重复④⑤⑥⑦⑧⑨,直至 $i=N$。

计算结束后,可以根据结果数据对$(V_i, g_{ij}, \omega_{ij})$画出 $V-g$ 图和 $V-\omega$ 图,如图 8.19 所示。若存在某条 $V-g$ 曲线穿越 $g=0$,则表明出现颤振,插值求得 $g=0$ 对应的空速 V,即为颤振速度。

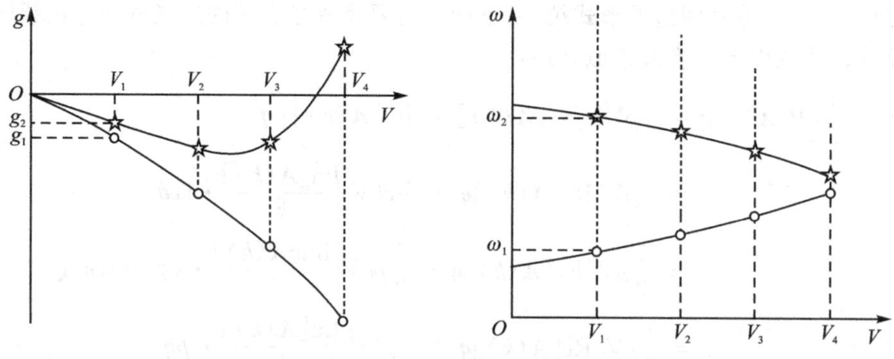

图 8.19 $p-k$ 法颤振求解的结果

相较于 $V-g$ 法,$p-k$ 法算法稍复杂,包含三重循环,且需要对非定常气动力系数矩阵进行插值。由于没有简谐振动的假设条件,$p-k$ 法得到的 $V-g$ 曲线和 $V-\omega$ 曲线在亚临界小阻尼情况下是可以反映系统的实际特性的。

8.9 飞行器的防颤振设计

由于颤振的危险性,防止颤振问题成为飞行器设计的重要内容。本节将重点介绍为防止颤振发生的一般设计程序和要求。

8.9.1 防颤振设计概要

气动弹性在很大程度上会影响飞行器的设计过程。在设计飞行包线内,必须保证不会发生颤振和发散。因此,防止飞行器发生颤振就成为飞行器设计中的一个重要内容。

理论上,一个成功的气动弹性设计,并不需要在结构上增加过多材料就可以保证飞行器的气动弹性稳定性。

为了保证飞机在设计速度范围内不发生颤振,通常要遵循以下原则:

① 提供足够的刚度,从而提高颤振临界速度,以保证飞行器在设计速度范围内是稳定的。

② 提供良好的空气动力设计。对于需要有气动力的结构,应使其在使用条件下,保持气流不分离。而对于不希望产生空气动力的结构,如对于桥梁,就应该设法使结构的空气动力效率降低,从而减少升力和阻力。减少阻力对失速颤振的情况格外有利。

③ 消除惯性耦合和空气动力耦合,通常可以由以下的四种途径来实现:

- 恰当安排质量和刚度的分布，使弹性轴、惯性轴和空气动力中心线尽可能靠近。
- 利用配重来达到质量的动平衡。
- 通过调整结构质量和刚度分布，调整低阶振型的节点。
- 配备伺服机构来控制运动各分量之间的相位关系。

由上述的各种途径可以看到，当其他因素保持不变时，防止颤振的根本保证是结构刚度。虽然刚度也取决于结构的布置形式，但通常还在于结构所使用的材料。现在大量使用的复合材料，具有比金属材料更好的刚度可设计性，可以通过复合材料气动弹性优化的手段进行结构的刚度分布设计，往往可以提高颤振速度，且不增加（甚至降低）结构质量。

要注意到，弹性轴与质心位置对颤振速度的影响在机翼设计中是至关重要的。一些资料中的数字说明，若质心向后移动 1%，则需要增加 6%的机翼刚度。此外，固有频率的间隔对颤振速度也具有重要影响，因为频率间隔会直接引发颤振的耦合。一般来说，固有频率越接近，模态间的耦合就会越快发生，而且颤振速度会降低。设计者通常要采用改变质量分布或者提高刚度等手段来提高模态间的频率间隔，以提高颤振速度。但是对全机而言，必须慎重调整频率间隔，以确保在解决一个问题的同时，不会产生新的颤振类型。

一般来说，防颤振设计有两个重要的原则，即模态解耦原则及频率分离原则。质量平衡的配重使质心移到转轴之前，从而消除了操纵面旋转与主翼面弯曲两种模态之间的惯性耦合，这就是防颤振设计中的模态解耦原则。另外一个防颤振设计原则是频率分离原则。经验表明，若操纵面旋转频率高于主翼面危险振型频率的若干倍，则可以大大提高颤振速度。但增加配重往往降低了操纵面的旋转频率，使上述条件很难满足。所以应该注意到，在所设计的构型中，如果主要依靠提高操纵回路的刚度作为防颤振措施，就尽量不要再采用配重（质量平衡）方式的构型。一些发生颤振的实例表明：过分集中式的配重，往往由于结构设计的变化，改变了原设计阶段估计的颤振模态，使集中配重不但没有起解耦的作用，反而加强了耦合作用。所以要尽可能采用分布式配重，也是防颤振设计的一种半经验准则。

气动弹性问题贯穿于飞行器设计的全过程。飞行器的气动弹性性能会影响到气动品质、操控品质和飞行器控制系统设计等。

通常飞行器设计都要经历概念设计阶段、详细设计阶段以及最后的定型阶段。其中每一个阶段都贯穿着大量的气动弹性的分析和试验工作。为了切实做到防止颤振设计，就必须要遵循既定的指导原则，尽可能避免在设计后期因不能满足气动弹性要求而对飞行器做大的修改。

8.9.2　基本的飞机颤振分析

1. 防颤振设计的一般步骤

① 概念设计阶段。这时可用的飞行器气动、结构等数据很少，主要依靠理论分析手段，甚至完全依赖经验数据和判别式，或参考同系列飞行器的数据。分析的目的在于排除那些在气动弹性上不合格的方案，例如确定发动机在机翼展向、弦向的位置等。

② 初步设计阶段。初步设计阶段是从概念设计阶段向更为严格细致的主流设计方法转变的过程。这时，必须投入很大的精力进行气动弹性设计的可靠性分析，以确保满足颤振边界。同时也要确保在整个设计包线内，操纵面有足够的静态操纵效率，以满足所需的操纵品质和可控性等。

③ 详细设计阶段。在该阶段,由于对质量特性、气动力、刚度和系统等了解程度的深入,更加完善了气动弹性特性的数学模型,并开始考虑在设计中它的影响因素,同时致力于解决在设计中出现的任何气动弹性问题。这个设计过程是个反复迭代的过程,随着可用信息的不断增加,用来进行气动弹性分析的模型的可信度也不断提高,可以获取更为精确的颤振边界。该阶段将对飞行器最终的成功起重要的作用。

④ 定型阶段。该阶段飞行器已经加工完成,并用于地面试验和飞行试验,以便确认气动弹性模型的正确性。飞行颤振试验是检验飞机设计中满足气动弹性要求的最终环节,要通过飞行颤振试验以证实飞机没有气动弹性不稳定性。导弹、火箭弹等无人飞行器一般没有专门的飞行颤振试验,但需要充分的地面试验、仿真设计等作为飞行试验的依据,确保飞行中不发生颤振。

2. 必要的颤振分析

对于一种新设计的飞行器或因改型而影响了颤振特性的飞行器,都要进行全面的颤振分析,这些分析包含:

① 基本的颤振分析。应对整个飞机进行颤振分析,这种分析可以基于半翼展或全翼展动态数学模型。在半翼展动态模型分析时,对称和反对称边界条件的模态都应包含在颤振分析中。在分析中所选定的高度,至少应包含最大设计马赫数的最小高度、最大设计动压的最小高度以及跨声速效应的最小高度。分析时,应注意采用适合于规定马赫数范围的气动力理论公式,有时还应考虑瞬态和稳态的加热效应。

② 操纵面和调整片的颤振分析。防止操纵面颤振的影响因素有:质量平衡、助力器刚度、间隙及操纵面展向位置等。需要注意的是,采用理论的操纵面气动力系数时,它是马赫数的函数,通常是非线性的。不论飞机的限制速度如何,即使都用了质量平衡,也应对全部弹簧调整片进行颤振分析。

③ 嗡鸣分析。嗡鸣会危及操纵面结构的完整性,并降低操纵面助力器、铰链和轴承的使用寿命。但采用分析的方法来预测嗡鸣很困难,目前经常使用的是基于操纵面在跨声速区的某一最小减缩频率值的经验设计准则。

④ 带外挂的颤振分析。质量变化和可变质量件质心位置变化的影响应在分析中予以考虑。对于外挂油箱的分析,除空油和满油情况外,还应包括半满前重心和半满后重心的情况。此外,当对带外挂飞机进行变参数颤振分析时,其分析范围包括全部质量特性的变化。在机翼/外挂颤振分析中,可不计及翼下外挂的气动力,但对于翼尖外挂物的机翼应计及翼尖外挂气动力。

⑤ 壁板颤振分析。壁板颤振发生在暴露在超声速气流中的壁板上。当壁板可能承受不论是由于飞机机动飞行还是由于气动加热所造成的面内压缩应力时,如果不能对压缩应力及其对壁板颤振的影响作出精确预计,则应该假设一个屈曲或接近屈曲的状态,取二者中最严重的一个状态。

⑥ 气动伺服弹性稳定性分析。对于带有飞行控制系统的飞行器,必须保证它不会与结构发生不利耦合而导致气动伺服弹性不稳定性。除了对结构/控制系统要作理论分析外,还要对其数学表达式与气动伺服弹性地面试验的结果作对比验证。

8.9.3 飞机结构强度规范中防颤振设计的内容

飞机结构强度规范是国家制定的在飞机设计上的指令性文件，是在飞机设计过程中必须要遵守的法则。导弹设计中也有相关的防颤振设计规范，如导弹结构完整性规范、各行业制定的不同类型导弹的相关规范。本节主要介绍飞机领域。

各航空工业大国都有自己的强度规范。美国有 1960 年发布的、军用规范代号为 MIL-A-8860 系列的《飞机强度和刚度规范》；1985 年发布的、代号为 MIL-A-87221 的《飞机结构通用规范》；1987 年发布的、代号为 MIL-A-8860B(AS)系列的《飞机强度与刚度规范》。俄罗斯把飞机强度规范作为内部文件，没有对国外公开。

我国于 1985 年 12 月发布了中华人民共和国国家军用标准——《军用飞机强度和刚度规范》，采用分册编写的形式。其中第 7 册代号为 GJB 67.7—85 的《气动弹性不稳定性》主要针对气动弹性颤振和发散等。经修订于 2008 年 10 月发布的《军用飞机结构强度规范》，仍采用分册形式编写，气动弹性仍在第 7 册。

对于商用飞机，要满足适航条例 FAR(《联邦航空条例》)，其中 FAR-23 是轻型飞机适航标准，FAR-25 是运输类飞机适航标准。飞行器认证是一个复杂的过程，它取决于飞行器制造地、购买地与使用地。美国的认证机构是“联邦航空管理局”(FAA)，欧洲的认证机构是“欧洲航空安全局”(EASA)。我国发布的是《中国民用航空条例》，对应的轻型飞机和运输类飞机的适航标准分别是 CCRA-23 和 CCRA-25，有专门的气动弹性的适航条款。任何一个飞行器都需要制造商所在地的适航机构进行型号认证，这也是主要认证。如果出售到世界其他地区，就需要相关机构的二级认证。对于导弹，美国有导弹结构完整性规范；我国有翼导弹部门有行业性质的气动弹性规范，对气动弹性设计有专门的条款。其主要内容及原则与飞机类似或一致。

我国的《军用飞机结构强度规范》第 7 部分——《气动弹性》，其正文基本上包括两方面的内容：

① 对气动弹性稳定性的要求；

② 为保证达到气动弹性稳定性要求所需进行的分析计算及试验工作。

在规范(或适航条例)中，就其总体内容来说，对飞行器设计的一般要求是：飞行器及其部件在其飞行环境内应具有足够的速度和阻尼安全余量，以防止颤振、嗡鸣、发散、气动热弹性、气动伺服弹性、持续有限幅值振荡或其他动态气动弹性的不稳定性。

为了确保飞行安全，分析或试验或者两者同时应证明：

① 在等马赫数和等高线上，所得到的飞机飞行限制速度(V_L)或限制马赫数(Ma_L)包线的所有点上，当量空速(V_{EQU})提高 15%不会发生颤振，如图 8.20 所示。

② 在所有高度上，飞行速度从最低巡航速度直到飞行限制速度，任何临界颤振模态或任何显著的动态响应模态，其阻尼系数(包括气动和结构阻尼两部分)至少应为 0.03，如图 8.21 所示。

对于带有主动控制系统的飞行器，应保证在控制系统接通和断开时也满足上述两点要求。

颤振速度 V_F 与限制速度 V_L 的关系为

$$V_F \geqslant f_C \cdot f_S \cdot f_L \tag{8.111}$$

式中，f_C 为空气压缩性修正系数，它的确定方法是利用工程型号的跨声速颤振模型进行风洞

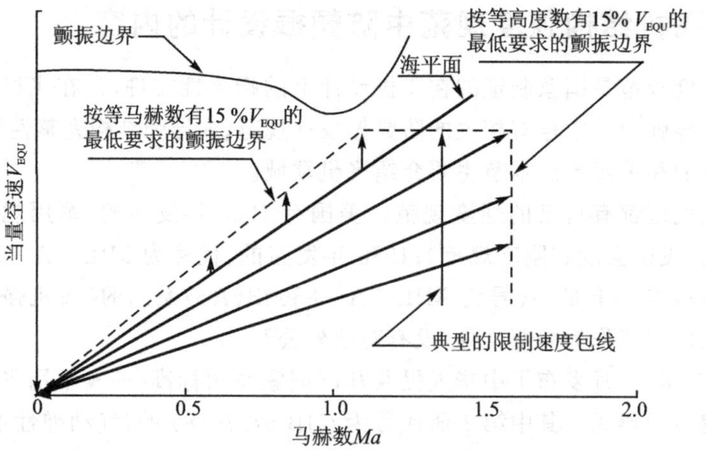

图 8.20　最低要求的颤振余量图示

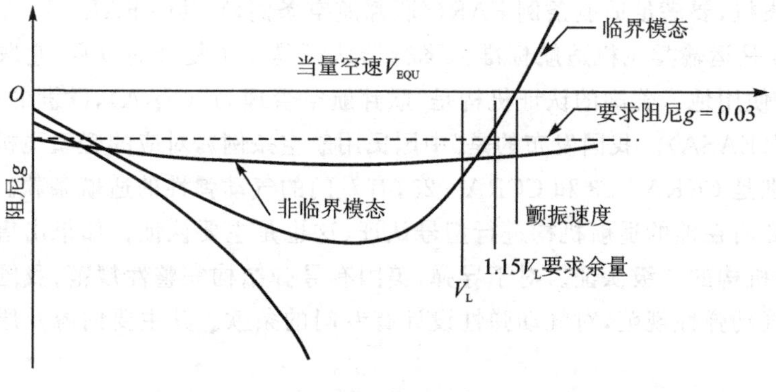

图 8.21　所要求的阻尼图示

试验,或按经验确定。f_S 为颤振余量,在美国和中国的飞机及导弹的结构强度规范中已明确规定为 1.15;俄罗斯等其他国家也有规定,为 1.15～1.20。

除此之外,相对于被动地防颤振设计方法,颤振主动抑制的概念,即通过控制系统的设计来驱动舵面偏转以提供动力补偿,从而改变系统的临界稳定性是当前研究的一个热点方向,其有关概念将在本章后续章节作介绍。

思考与练习

8.1 在如题图 8.1 所示的典型剖面中,试用定常气动力理论分析其稳定性,并作有关稳定性的参数分析。

8.2 在题图 8.1 中,已知下列数据:

$$\frac{\partial C_L}{\partial \alpha}=2\pi,\quad \frac{m}{\pi\rho bs}=5,\quad \frac{S_\alpha}{mb}=0.25,\quad \frac{I_\alpha}{mb^2}=0.5,\quad \frac{e}{b}=0.4,\quad \frac{\omega_h}{\omega_\alpha}=0.5$$

其中,b 是参考长度,等于半弦长。试求翼段在静止气流中的振动频率,并按频率重合理论求出颤振速度。

8.3 在题图 8.1 中,试把准定常气动理论简化为只考虑扭心速度引起的气动阻尼力,即

$$L=\frac{1}{2}\rho V^2 S\frac{\partial C_L}{\partial\alpha}\left(\alpha+\frac{\dot{h}}{V}\right)$$

$$M_E=eL$$

试写出其运动方程，并求其颤振速度。

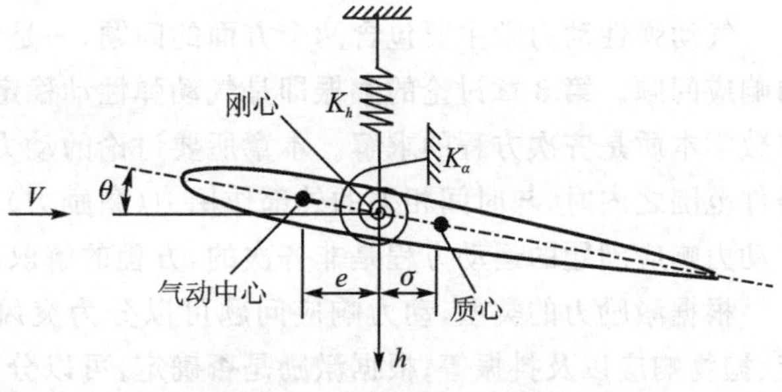

题图 8.1　典型的二元翼段

8.4 分析 $V-g$ 法和 $p-k$ 法在原理上及计算方法上的主要差异。

8.5 在颤振分析中，小展弦比机翼在颤振分析上与大展弦比机翼相比有哪些特点？

8.6 试考虑操纵面的颤振分析所具有的特点，并论述操纵面颤振分析的重要性及难点。

8.7 什么是频率重合理论？试解释防颤振设计中的频率分离原则，并说明用质量平衡防颤振措施的原理。

8.8 试讨论影响颤振稳定性的参数。

8.9 试述"质量平衡"的概念。静平衡及动平衡表征的含义分别是什么？

8.10 在飞行器设计中，应遵循哪些防颤振措施？

8.11 列举在飞机设计过程中必要的颤振分析项目。

本章参考文献

[1] *Fung Y C*. 空气弹性力学引论. 冯钟越，管德，译. 北京：国防工业出版社，1963.

[2] 伏欣 *H W*. 气动弹性力学原理. 沈克扬，译. 上海：上海科学技术文献出版社，1982.

[3] 诸德超，陈桂彬，邹丛青. 气动弹性力学. 航空工业部教材编审室，1986.

[4] *Donham R E, Watts G A. Flutter Prevention Handbook. AD-A328059/1/XAB*，1997.

[5] 总装备部. 军用飞机结构强度规范：第 7 部分　气动弹性：*GJB* 67.7*A*—2008. 北京：总装备部军标出版发行部，2008.

[6] 管德. 飞机气动弹性力学手册. 北京：航空工业出版社，1994.

[7] 道尔 *E H*，小柯蒂斯 *H C*，斯坎伦 *R H*. 气动弹性力学现代教程. 陈文俊，尹传家，译. 北京：宇航出版社，1991.

[8] *Scanlan R H, Rosenbaum R. Introduction to the Study of Aircraft Vibration and Flutter. The Macmillan Company, New York*, 1951.

[9] 杨智春，夏巍，孙浩. 高速飞行器壁板颤振的分析模型和分析方法. 应用力学学报. 2006，23(4).

[10] *Wright Jan R, Cooper Jonathan E. Introduction to Aircraft Aeroelasticity and Loads. John Wiley&Sons, Ltd*, 2007.

[11] *Lind R. Flight-Testing Evaluation of Flutter Prediction Methods. Journal of Aircraft*, 2003, 40(5)：964-970.

[12] *Lind R, Brenner M. Robust Aeroservoelastic Stability Analysis：Flight Test Applications. Springer Verlag London*, 1999.

[13] 杨超，吴志刚，谢长川. 气动弹性设计基础. 3 版. 北京：北京航空航天大学出版社，2021.

第9章　气动弹性动力响应

气动弹性动力学主要包含两个方面的问题，一是气动弹性动稳定性问题，二是气动弹性动力响应问题。第8章讨论的颤振即是气动弹性动稳定性问题，它是气动弹性系统本身的特性，其数学本质是齐次方程的求解。本章所要讨论的动力响应问题是，当气动弹性系统处于稳定条件范围之内时，与时间相关的外部作用力（激励力）对该系统产生怎样的响应。描述气动弹性动力响应问题的运动方程是非齐次的，方程的解取决于外力特性和初始条件。

根据激励力的类型，动力响应问题可以分为突风响应、大气紊流响应、机动响应、着陆响应、抛物响应以及抖振等；根据激励是否确定，可以分为确定型动力响应（如机动响应）和随机型动力响应（如大气紊流响应和抖振）。本章主要讨论在离散突风和大气紊流激励下的飞行器大气扰动响应分析方法，以及操纵面偏转指令作用下的飞行器动态机动动力响应分析方法。本章仍在线性范围内讨论分析方法，有关非线性气动弹性动力响应，分析方法将在第10章讨论。

9.1　气动弹性动力响应分析的一般方程

飞行器气动弹性动力响应分析的一般运动方程可以写为

$$\boldsymbol{M}\ddot{\boldsymbol{q}}+\boldsymbol{C}\dot{\boldsymbol{q}}+\boldsymbol{K}\boldsymbol{q}=\boldsymbol{f}(t,\boldsymbol{q},\dot{\boldsymbol{q}},\ddot{\boldsymbol{q}},\cdots)+\boldsymbol{p}(t) \tag{9.1}$$

式中，$\boldsymbol{q}$ 为飞行器的广义模态坐标，$\boldsymbol{M}$、$\boldsymbol{C}$ 和 $\boldsymbol{K}$ 分别为广义质量矩阵、广义阻尼矩阵和广义刚度矩阵，$\boldsymbol{f}(t,\boldsymbol{q},\dot{\boldsymbol{q}},\ddot{\boldsymbol{q}},\cdots)$ 表示由飞行器运动（包括刚体运动和弹性运动）引起的广义气动力；$\boldsymbol{p}(t)$ 表示外部作用力，它与时间相关，但与飞行器运动的位移、速度和加速度等无关。在飞行器的飞行过程中，常见的外部作用力（激励）包括以下几种：

① 由大气紊流产生的随机型气动激励力，或离散突风产生的确定型气动力；

② 由飞行员或自动驾驶仪操纵操纵面偏转产生的控制力；

③ 由着陆碰撞、外挂物投放以及武器发散等引起的脉冲型激励力；

④ 由于机翼、发动机等部件后面的尾流，以及与跨声速范围的激波有关的流动分离所引起的随机型激振作用，即所谓的抖振。

9.2　动力响应问题的一般解法

本节主要介绍动力响应问题的一般解法。首先简要讲述脉冲激励、阶跃激励和简谐激励的响应，这些激励-响应关系实际上反映了线性时不变系统的动力特性。在此基础上，给出任意非周期激励的响应计算方法。最后介绍随机振动的基本概念、响应的统计特性和求解方法。这些内容在大多数振动和结构动力学方面的书籍中均有介绍，它们是气动弹性动力响应分析的基础。

9.2.1　脉冲响应与阶跃响应

单位脉冲可以利用 Dirac 函数 $\delta(t)$ 来表示，它也称为脉冲函数，它仅在 $t=0$ 的极小邻域

$[-\varepsilon,\varepsilon]$内定义，其冲量为单位 1，即

$$\left.\begin{aligned}\delta(t)=0,\quad t\neq 0\\ \lim_{\varepsilon\to 0}\int_{-\varepsilon}^{\varepsilon}\delta(t)\mathrm{d}t=1\end{aligned}\right\}\tag{9.2}$$

对于初始处于静止状态的线性时不变系统，在 $t=0$ 时刻受到单位脉冲作用后产生的响应 $h(t)$，称为脉冲响应函数。由于系统在脉冲作用之前是静止的，因此当 $t<0$ 时，有 $h(t)=0$。

考虑单自由度有阻尼系统在单位脉冲激励下的响应问题，其运动方程写为

$$m\ddot{x}+c\dot{x}+kx=\delta(t)\tag{9.3}$$

并有初始条件：当 $t<0$ 时，$x(t)=\dot{x}(t)=0$。脉冲结束后的瞬时，由于单位冲量的作用，系统产生速度增量 $1/m$，而位移还来不及改变，即 $x(0_+)=0,\dot{x}(0_+)=1/m$。在此之后，系统以此为初始条件做自由振动。因此，方程(9.3)的解为

$$x(t)=\frac{1}{m\omega_{\mathrm{d}}}\mathrm{e}^{-\xi\omega_0 t}\sin\omega_{\mathrm{d}}t,\quad t\geqslant 0\tag{9.4}$$

式中，$\xi=c/2\sqrt{mk}$ 为阻尼比，$\omega_0=\sqrt{k/m}$ 为无阻尼系统的固有频率，$\omega_{\mathrm{d}}=\omega_0\sqrt{1-\xi^2}$ 为有阻尼系统的固有频率。因此，单自由度有阻尼系统的脉冲响应函数为

$$h(t)=\begin{cases}0, & t<0\\ \dfrac{1}{m\omega_{\mathrm{d}}}\mathrm{e}^{-\xi\omega_0 t}\sin\omega_{\mathrm{d}}t, & t\geqslant 0\end{cases}\tag{9.5}$$

若单位脉冲的作用时刻为 $t=\tau$，则系统脉冲响应延迟时间 τ 后发生，此时脉冲响应函数为

$$h(t-\tau)=\begin{cases}0, & t<\tau\\ \dfrac{1}{m\omega_{\mathrm{d}}}\mathrm{e}^{-\xi\omega_0(t-\tau)}\sin\omega_{\mathrm{d}}(t-\tau), & t\geqslant\tau\end{cases}\tag{9.6}$$

现在来讨论阶跃响应。单位阶跃函数记作 $1(t)$，其定义如下：

$$1(t)=\begin{cases}0, & t<0\\ 1/2, & t=0\\ 1, & t>0\end{cases}\tag{9.7}$$

单位阶跃函数与单位脉冲函数具有如下关系：阶跃函数等于脉冲函数的积分；反过来，脉冲函数等于阶跃函数的微分，即

$$\int_{-\infty}^{t}\delta(\tau)\mathrm{d}\tau=1(t)\tag{9.8}$$

$$\delta(t)=\frac{\mathrm{d}}{\mathrm{d}t}1(t)\tag{9.9}$$

对于初始处于静止状态的线性时不变系统，在 $t=0$ 时刻受到单位阶跃激励后产生的响应 $A(t)$，称为阶跃响应函数，也称为过渡导纳。由于系统在激励作用之前是静止的，因此当 $t<0$ 时，有 $A(t)=0$，但 $A(0)$有可能不为 0。

单自由度有阻尼系统在单位阶跃激励下的运动方程写为

$$m\ddot{x}+c\dot{x}+kx=1(t)\tag{9.10}$$

并有初始条件：当 $t<0$ 时，$x(t)=\dot{x}(t)=0$。为了求解这个方程，这里采用拉普拉斯变换方法。对方程(9.10)等号两边作拉普拉斯变换，考虑到 $\mathscr{L}[1(t)]=1/s$，则有

$$X(s)=\frac{1}{s(ms^2+cs+k)} \tag{9.11}$$

再对 $X(s)$ 作拉普拉斯反变换,得到系统的时域响应为

$$x(t)=\frac{1}{m\omega_0^2}\left[1-\mathrm{e}^{-\xi\omega_0 t}\left(\frac{\xi}{\sqrt{1-\xi^2}}\sin\omega_\mathrm{d}t+\cos\omega_\mathrm{d}t\right)\right],\quad t\geqslant 0 \tag{9.12}$$

因此,单自由度有阻尼系统的阶跃响应函数(过渡导纳)为

$$A(t)=\begin{cases}0, & t<0\\ \dfrac{1}{m\omega_0^2}\left[1-\mathrm{e}^{-\xi\omega_0 t}\left(\dfrac{\xi}{\sqrt{1-\xi^2}}\sin\omega_\mathrm{d}t+\cos\omega_\mathrm{d}t\right)\right], & t\geqslant 0\end{cases} \tag{9.13}$$

对于一般的线性时不变系统(包括多自由度系统和连续系统),其脉冲响应函数 $h(t)$ 与过渡导纳 $A(t)$ 均反映了系统的动力特性,且二者之间有如下转换关系:

$$A(t)=\int_0^t h(\tau)\mathrm{d}\tau \tag{9.14}$$

$$h(t)=A(0)\delta(t)+\frac{\mathrm{d}A(t)}{\mathrm{d}t} \tag{9.15}$$

9.2.2 简谐激励的响应

我们知道,线性时不变系统在简谐激励的作用下,系统的稳态输出也一定是相同频率的简谐函数,只是幅值和相位有所变化。设系统的输入 $u(t)$ 是幅值为 1 的简谐函数,即

$$u(t)=\mathrm{e}^{\mathrm{i}\omega t} \tag{9.16}$$

则系统的稳态输出 $x(t)$ 可以表示为

$$x(t)=H(\omega)\mathrm{e}^{\mathrm{i}\omega t} \tag{9.17}$$

式中,$H(\omega)$ 称为频率响应函数(FRF),它也可写成复指数的形式:

$$H(\omega)=|H(\omega)|\mathrm{e}^{\mathrm{i}\varphi} \tag{9.18}$$

式中,幅值 $|H(\omega)|$ 和相角 φ 即表示输出与输入的幅值比和相位差,它们确定了系统在频率 ω 处的传递特性。如果在整个频带上确定了这一传递特性,那么也就确定了系统的动力特性。

当已知任意非周期的输入 $u(t)$ 及系统输出 $x(t)$ 时,可以利用输出与输入的傅里叶变换之比来计算系统的频率响应函数 $H(\omega)$,即

$$H(\omega)=\frac{\mathscr{F}[x(t)]}{\mathscr{F}[u(t)]}=\frac{\int_{-\infty}^{\infty}x(t)\mathrm{e}^{-\mathrm{i}\omega t}\mathrm{d}t}{\int_{-\infty}^{\infty}u(t)\mathrm{e}^{-\mathrm{i}\omega t}\mathrm{d}t} \tag{9.19}$$

式中,$\mathscr{F}[\,]$ 表示傅里叶变换。需要注意的是,傅里叶变换存在的充分条件是在无限区间内满足绝对可积条件。考虑到 $\mathscr{F}[\delta(t)]=1$,由式(9.19)容易得出频率响应函数 $H(\omega)$ 与脉冲响应函数 $h(t)$ 之间的关系:

$$H(\omega)=\mathscr{F}[h(t)]=\int_{-\infty}^{\infty}h(t)\mathrm{e}^{-\mathrm{i}\omega t}\mathrm{d}t \tag{9.20}$$

【例 9.1】 单自由度有阻尼系统的受迫振动方程为

$$m\ddot{x}+c\dot{x}+kx=f(t) \tag{9.21}$$

式中,$m=1.0$,$c=2.0$,$k=100.0$。对式(9.21)等号两边作傅里叶变换,得到频率响应函

数为

$$H(\omega)=\frac{X(\omega)}{F(\omega)}=\frac{1}{k-\omega^2 m+\mathrm{i}\omega c} \tag{9.22}$$

式中，$X(\omega)$和 $F(\omega)$分别为位移和激励力的傅里叶变换。分别采用式(9.22)和式(9.20)得到的频率响应函数幅频曲线和相频曲线如图 9.1 所示。

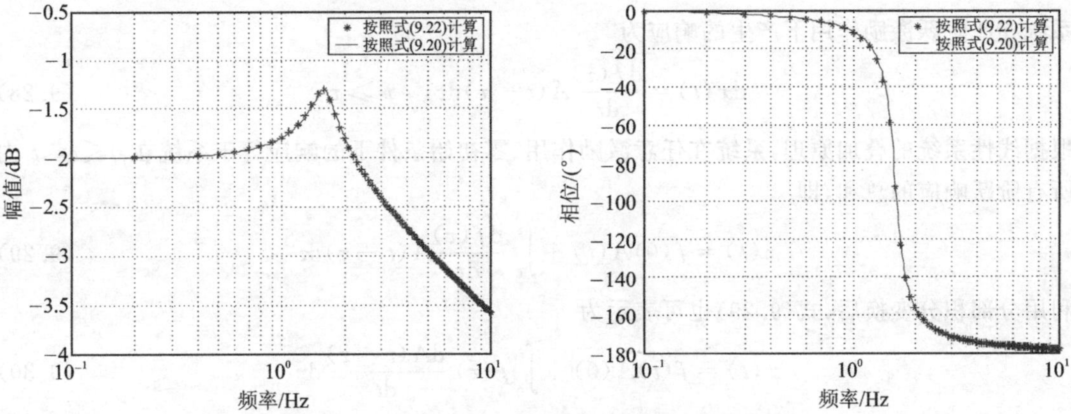

图 9.1　例 9.1 单自由度有阻尼系统的频响函数

9.2.3　任意非周期激励的响应

求解系统受到任意非周期激励 $f(t)$的响应的方法有：数值积分法、卷积积分法、傅里叶变换法和拉普拉斯变换法等。关于数值积分法和拉普拉斯变换法的应用可以参见数值分析和积分变换方面的书籍。这里仅介绍卷积积分法和傅里叶变换法，它们与前面所述的脉冲响应函数、过渡导纳和频率响应函数紧密相关。

1. 卷积积分法

可以将任意非周期激励 $f(t)$看作是一系列脉冲激励的叠加，在 $t=\tau$ 至 $\tau+\mathrm{d}\tau$ 的微小时间间隔内激励力产生的脉冲冲量为 $f(\tau)\mathrm{d}\tau$，利用 9.1.1 节的内容，系统在此脉冲作用下产生的响应为

$$\mathrm{d}x(t)=f(\tau)h(t-\tau)\mathrm{d}\tau,\quad t\geqslant\tau \tag{9.23}$$

根据线性系统的叠加原理，系统在任意激励作用、零初始条件下的响应等于系统在 $0\leqslant\tau\leqslant t$ 内所有脉冲响应的总和，即

$$x(t)=\int_0^t f(\tau)h(t-\tau)\mathrm{d}\tau \tag{9.24}$$

上式在数学上称为 $f(t)$与 $h(t)$的卷积，可记为

$$x(t)=f(t)\otimes h(t) \tag{9.25}$$

根据卷积运算的交换律，式(9.24)也可表示为

$$x(t)=h(t)\otimes f(t)=\int_0^t f(t-\tau)h(\tau)\mathrm{d}\tau \tag{9.26}$$

也可以将任意激励 $f(t)$看作是一系列阶跃激励的叠加。任意一个连续可导的 $f(t)$可以用积分的形式表示为

$$f(t)=f(0)+\int_0^t \frac{\mathrm{d}f(\tau)}{\mathrm{d}\tau}\mathrm{d}\tau=$$

$$f(0)\cdot 1(t)+\int_0^t \frac{\mathrm{d}f(\tau)}{\mathrm{d}\tau}\cdot 1(t-\tau)\mathrm{d}\tau \tag{9.27}$$

在 $t=\tau$ 至 $\tau+\mathrm{d}\tau$ 的微小时间间隔内的阶跃激励为 $\frac{\mathrm{d}f(\tau)}{\mathrm{d}\tau}\cdot 1(t-\tau)\mathrm{d}\tau$，利用 9.1.1 节的内容，系统在此阶跃激励作用下产生的响应为

$$\mathrm{d}x(t)=\frac{\mathrm{d}f(\tau)}{\mathrm{d}\tau}A(t-\tau)\mathrm{d}\tau,\quad t\geqslant\tau \tag{9.28}$$

根据线性系统的叠加原理，系统在任意激励作用、零初始条件下的响应等于系统在 $0\leqslant\tau\leqslant t$ 内所有阶跃响应的总和，即

$$x(t)=f(0)A(t)+\int_0^t \frac{\mathrm{d}f(\tau)}{\mathrm{d}\tau}A(t-\tau)\mathrm{d}\tau \tag{9.29}$$

利用分部积分变换后，式(9.29)也可表示为

$$x(t)=f(t)A(0)+\int_0^t f(\tau)\frac{\mathrm{d}A(t-\tau)}{\mathrm{d}t}\mathrm{d}\tau \tag{9.30}$$

式(9.24)、式(9.26)和式(9.29)、式(9.30)也称为 Duhamel 积分。图 9.2 形象地解释了采用卷积积分法求解任意激励作用下响应的含义。

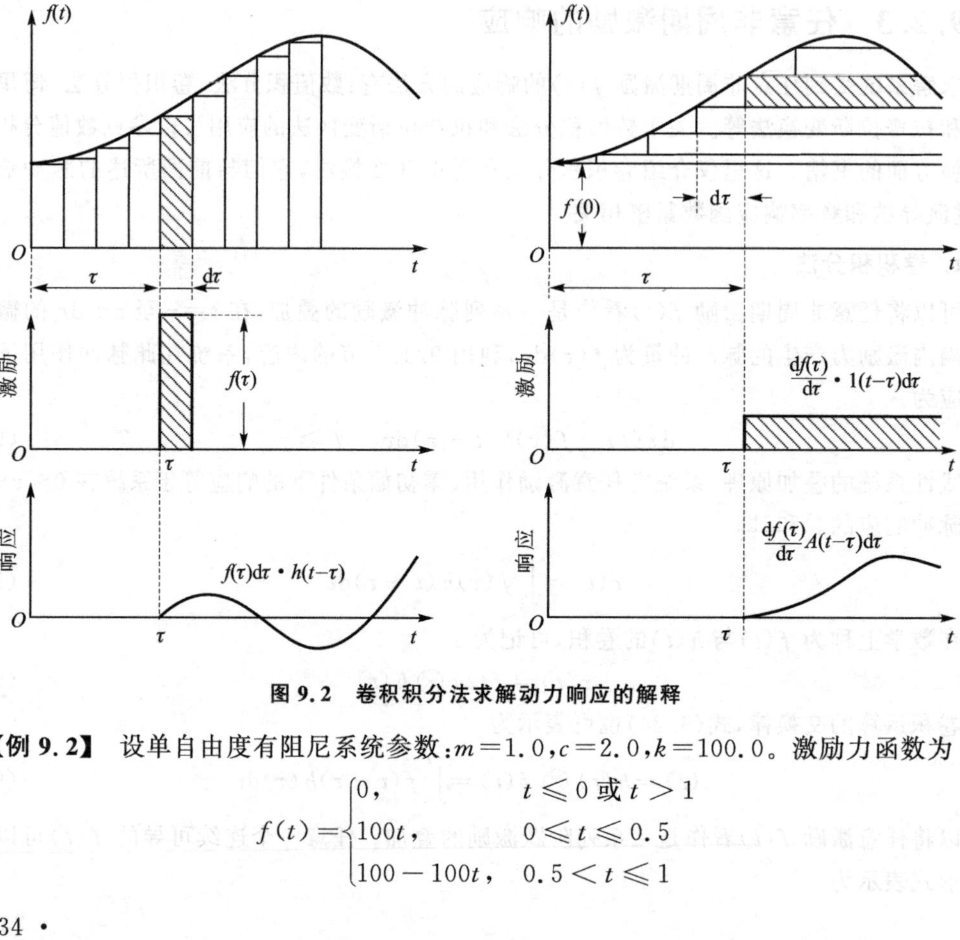

图 9.2　卷积积分法求解动力响应的解释

【例 9.2】　设单自由度有阻尼系统参数：$m=1.0, c=2.0, k=100.0$。激励力函数为

$$f(t)=\begin{cases}0, & t\leqslant 0 \text{ 或 } t>1\\ 100t, & 0\leqslant t\leqslant 0.5\\ 100-100t, & 0.5<t\leqslant 1\end{cases}$$

采用卷积积分法计算系统的位移响应，并与数值积分法的结果对比。应用式(9.24)的卷积积分法结果与应用 Runge - Kutta 积分法的结果对比如图 9.3 所示。

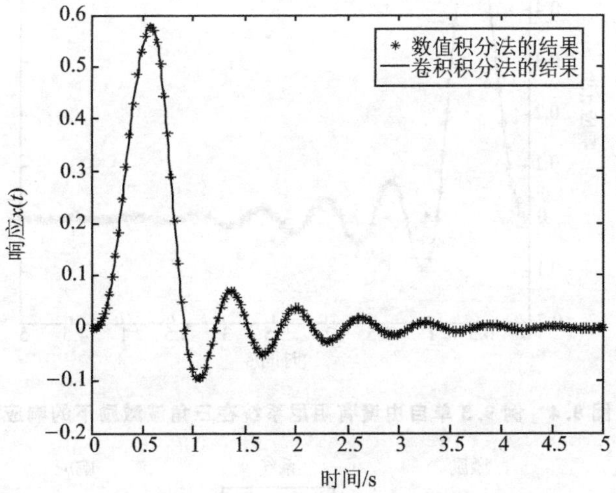

图 9.3　例 9.2 单自由度有阻尼系统在三角波激励下的响应

2. 傅里叶变换法

将任意非周期激励 $f(t)$ 看作是周期 T 趋于无穷大的周期函数。对于在无限区间内满足绝对可积条件的 $f(t)$，有傅里叶变换和反变换的关系：

$$F(\omega)=\mathscr{F}[f(t)]=\int_{-\infty}^{\infty} f(t)\mathrm{e}^{-\mathrm{i}\omega t}\mathrm{d}t \tag{9.31}$$

$$f(t)=\mathscr{F}^{-1}[F(\omega)]=\frac{1}{2\pi}\int_{-\infty}^{\infty} F(\omega)\mathrm{e}^{\mathrm{i}\omega t}\mathrm{d}\omega \tag{9.32}$$

设线性时不变系统的频率响应函数为 $H(\omega)$，则可求得系统输出的频域形式

$$X(\omega)=H(\omega)F(\omega) \tag{9.33}$$

再对式(9.33)等号两边进行傅里叶反变换，得到系统输出的时域形式

$$x(t)=\frac{1}{2\pi}\int_{-\infty}^{\infty} H(\omega)F(\omega)\mathrm{e}^{\mathrm{i}\omega t}\mathrm{d}\omega \tag{9.34}$$

【例 9.3】　对于例 9.2 中受到外部激励力的单自由度有阻尼系统，应用式(9.34)的傅里叶变换法的结果与应用 Runge - Kutta 积分法的结果对比如图 9.4 所示。

应用卷积积分法计算线性系统的动力响应时，激励力和脉冲响应函数、阶跃响应函数均是时域的形式，因此这种方法也称为时域求解。相应地，应用傅里叶变换法计算动力响应时，需要将激励力转换为频域的形式，再利用频率响应函数获得输出的频域形式，最后再转化为时域，因此这种方法称为频域求解。图 9.5 给出了动力响应时域和频域求解的关系。在大多数情况下，采用任何一条途径均可求解系统的响应，但以下特殊情况除外：

① 当激励力在无限区间内不满足绝对可积条件时，傅里叶变换法可能失效；

② 当激励函数 $f(t)$ 在区间$[0,t]$内不是处处可导时，卷积积分法的式(9.29)失效；

③ 当系统初始条件不为零时，首先需要作零化处理，再应用时域或频域求解方法。

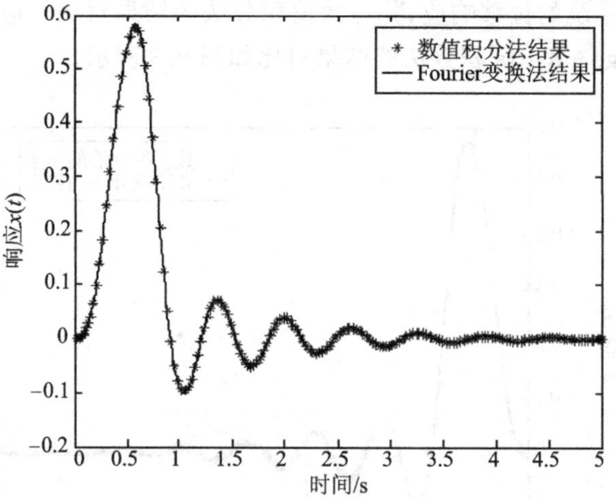

图 9.4 例 9.3 单自由度有阻尼系统在三角波激励下的响应

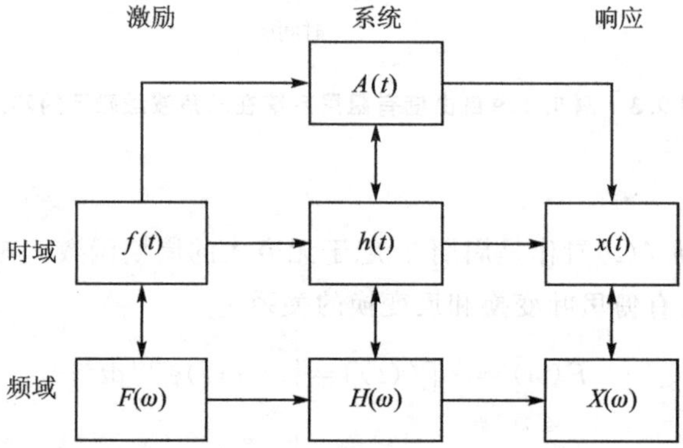

图 9.5 动力响应时域和频域求解的关系

9.2.4 随机振动及统计特性

在自然界和工程中有一类振动现象,如飞机在紊流中的结构振动、车辆在不平路面上行驶时的颠簸,以及船舶在风浪中的摇摆等,这些振动的激励和响应都不能用时间的确定函数来描述,但是又具有一定的统计规律。这类振动称为随机振动。

如一架飞机在相同条件(高度、速度、地点和气象条件)下进行 n 次飞行,记录下飞机质心加速度的时间历程 $x_k(t),k=1,2,\cdots,n$。每次记录称为一个样本,当 n 很大时,随机过程就是所有样本的集合,记作 $X(t)$。对于随机现象,感兴趣的往往不是各个样本本身,而是从这些样本得出总体的统计特性。对于任一固定时刻 t_1,各个样本在时刻 t_1 的值 $x_1(t_1),x_2(t_1),\cdots$ 构成一个随机变量,记作 $X(t_1)$,其集合平均值为

$$\mu_x(t_1)=E[X(t_1)]=\lim_{n\to\infty}\frac{1}{n}\sum_{k=1}^{n}x_k(t_1) \tag{9.35}$$

$\mu_x(t_1)$ 一般与时刻 t_1 有关。$X(t)$ 在时刻 t_1 和 $t_1+\tau$ 分别构成两个随机变量 $X(t_1)$ 和 $X(t_1+\tau)$,对它们样本的乘积求集合平均,得到

$$R_{xx}(t_1,t_1+\tau)=E[X(t_1)X(t_1+\tau)]=\lim_{n\to\infty}\frac{1}{n}\sum_{k=1}^{n}x_k(t_1)x_k(t_1+\tau) \tag{9.36}$$

$R_{xx}(t_1,t_1+\tau)$称为随机过程 $X(t)$在时刻 t_1 和 $t_1+\tau$ 的自相关函数。

如果随机过程的集合平均值和自相关函数与时刻 t_1 无关，则该随机过程称为平稳过程。对于平稳随机过程，集合平均值为常数，即

$$\mu_x(t_1)=\mu_x \tag{9.37}$$

自相关函数仅依赖于时间差 τ，即

$$R_{xx}(t_1,t_1+\tau)=R_{xx}(\tau) \tag{9.38}$$

如果平稳随机过程的集合平均值和自相关函数可以用任何一个充分长的样本函数的时间平均值来计算，即

$$\mu_x=\lim_{T\to\infty}\frac{1}{2T}\int_{-T}^{T}x_k(t)\mathrm{d}t \tag{9.39}$$

$$R_{xx}(\tau)=\lim_{T\to\infty}\frac{1}{2T}\int_{-T}^{T}x_k(t)x_k(t+\tau)\mathrm{d}t \tag{9.40}$$

则此平稳过程称为各态历经过程。利用各态历经的性质，在研究中只需要考察随机过程的任一个样本，用时间平均特性来取代集合平均特性，使得数据处理变得较为容易。

若有两个平稳随机过程 $X(t)$和 $Y(t)$，则它们之间相隔时差 τ 的相关性可由互相关函数来描述，即

$$R_{xy}(\tau)=E[X(t)Y(t+\tau)] \tag{9.41}$$

$$R_{yx}(\tau)=E[Y(t)X(t+\tau)] \tag{9.42}$$

相关函数给出了随机过程在时域内的统计特性。当相关函数在无限区间内满足绝对可积条件时，将相关函数作傅里叶变换，得到自功率谱密度函数(简称自谱)：

$$S_{xx}(\omega)=\mathscr{F}[R_{xx}(\tau)]=\int_{-\infty}^{\infty}R_{xx}(\tau)\mathrm{e}^{-\mathrm{i}\omega\tau}\mathrm{d}\tau \tag{9.43}$$

和互功率谱密度函数(简称互谱)：

$$S_{xy}(\omega)=\mathscr{F}[R_{xy}(\tau)]=\int_{-\infty}^{\infty}R_{xy}(\tau)\mathrm{e}^{-\mathrm{i}\omega\tau}\mathrm{d}\tau \tag{9.44}$$

$$S_{yx}(\omega)=\mathscr{F}[R_{yx}(\tau)]=\int_{-\infty}^{\infty}R_{yx}(\tau)\mathrm{e}^{-\mathrm{i}\omega\tau}\mathrm{d}\tau \tag{9.45}$$

功率谱密度(PSD)函数表示的是随机过程在各频率成分上的统计特性。

若某个随机过程在无限宽频带范围内的自谱为常数，即

$$S_{xx}(\omega)=S_0,\quad -\infty<\omega<\infty \tag{9.46}$$

则称为理想白噪声。

考虑线性系统对单个随机激励的响应，若激励 $f(t)$为平稳随机过程，则稳态响应也是平稳随机过程。设激励的均值为 μ_f，自功率谱为 $S_{ff}(\omega)$，则响应的均值为

$$\mu_x=\mu_f\int_{-\infty}^{\infty}h(\tau)\mathrm{d}\tau=H(0)\mu_f \tag{9.47}$$

响应的自谱为

$$S_{xx}(\omega)=|H(\omega)|^2S_{ff}(\omega) \tag{9.48}$$

激励与响应的互谱为

$$S_{fx}(\omega)=H(\omega)S_{ff}(\omega) \tag{9.49}$$

式中，$h(t)$为该线性系统的脉冲响应函数，$H(\omega)$为系统的频率响应函数。

当随机过程响应量的均值为0时,其方差可以利用下式计算,即

$$\sigma_x^2 = R_{xx}(0) = \frac{1}{2\pi}\int_{-\infty}^{\infty} S_{xx}(\omega)\mathrm{d}\omega \tag{9.50}$$

式中,σ_x 称为均方根值,它反映了响应的强烈程度。

【例9.4】 设单自由度有阻尼系统运动方程为 $m\ddot{x}+c\dot{x}+kx=f(t)$,式中 $f(t)$ 是均值为零、自谱为 S_0 的理想白噪声的激励,求响应的自谱、均方根值以及激励与响应的互谱。

根据例9.1的结果,单自由度有阻尼系统的频率响应函数为

$$H(\omega)=\frac{1}{k-\omega^2 m+\mathrm{i}\omega c}$$

利用式(9.48),可求得响应的自谱为

$$S_{xx}(\omega)=|H(\omega)|^2 S_{ff}(\omega)=\frac{S_0}{(k-\omega^2 m)^2+\omega^2 c^2}$$

利用式(9.49),可求得激励与响应的互谱为

$$S_{fx}(\omega)=H(\omega)S_{ff}(\omega)=\frac{S_0}{k-\omega^2 m+\mathrm{i}\omega c}$$

利用式(9.50),可求得响应的均方根值为

$$\sigma_x=\sqrt{\frac{1}{2\pi}\int_{-\infty}^{\infty} S_{xx}(\omega)\mathrm{d}\omega}=\sqrt{\frac{S_0}{2kc}}$$

9.3 大气扰动:紊流与离散突风

飞行器所处的大气环境并不是一个理想的静止大气环境,由于各种天气现象(云、雨、雪、雷暴等)、地形地貌(山川、平原、峡谷等)和地表建筑物等的影响,大气呈现出复杂且不规则的运动特性。突风(gust)是大气扰动的一种形式,我们关心运动空气团的风速特性。图9.6显示了一个典型的突风速度剖面(风速的空间或时间变化曲线),它通常是连续和不规则的,称之为紊流或连续突风。产生紊流的原因比较复杂,主要原因来自于风切变和大气对流。

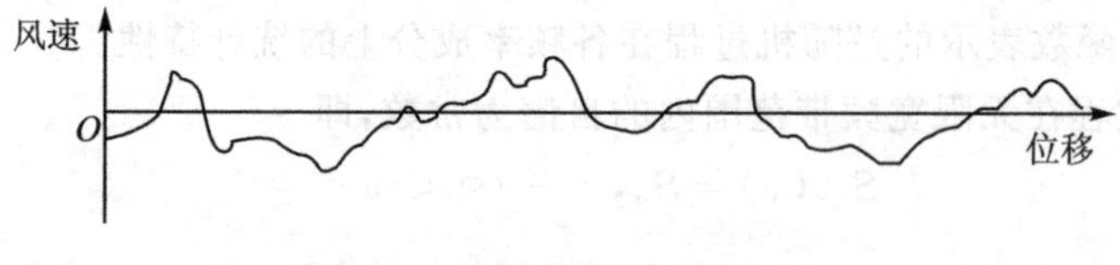

图9.6 连续突风(紊流)剖面

在实际的工程处理中,突风剖面也可被不太严格地看作为由一系列单个确定性的突风组成,这种单个突风称为离散突风,如图9.7所示。

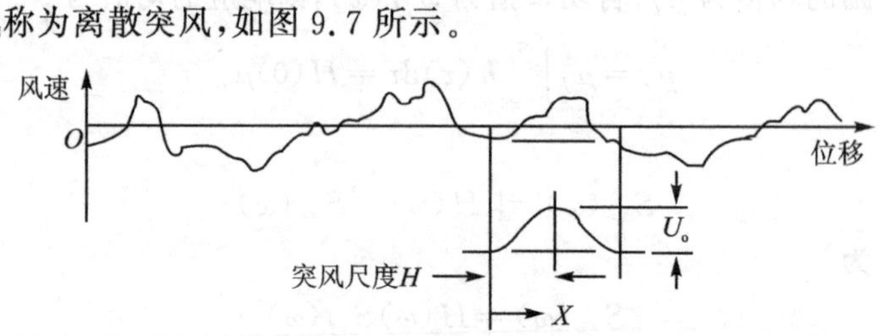

图9.7 离散突风剖面

9.3.1 紊　流

紊流实质上是一种随机过程，其特征是突风扰动速度在其平均值附近的脉动。工程上为简化起见，认为紊流是一个各态历经的平稳高斯随机过程。因此一般采用自功率谱密度来描述紊流（连续突风）的特性。根据大量统计结果的研究，连续突风的自谱函数一般可采用以下两种模型：一种是 Dryden 谱，另一种是 von Karman 谱。

对于垂直或侧向突风（突风速度方向与飞行速度方向垂直），采用 Dryden 模型的突风速度功率谱密度（PSD）函数为

$$\Phi_g(\omega)=\sigma_g^2\frac{L}{\pi V}\frac{1+3(\omega L/V)^2}{[1+(\omega L/V)^2]^2} \tag{9.51}$$

采用 von Karman 模型的突风速度功率谱密度函数为

$$\Phi_g(\omega)=\sigma_g^2\frac{L}{\pi V}\frac{1+\frac{8}{3}(1.339\omega L/V)^2}{[1+(1.339\omega L/V)^2]^{11/6}} \tag{9.52}$$

在以上两式中，σ_g 为突风速度的均方根值（m/s），L 为突风尺度（m），V 为飞行速度（m/s），ω 为角频率（rad/s）。需要说明的是，这里的突风速度均方根值采用如下公式计算，即

$$\sigma_g^2=\int_0^\infty \Phi_g(\omega)\mathrm{d}\omega \tag{9.53}$$

注意到式（9.53）的积分范围为 0～+∞，它与式（9.50）之间相差一个因子 π，这是由于傅里叶变换定义的不统一造成的。

图 9.8 显示了连续突风 Dryden 谱和 Von Karman 谱的对比，图中横坐标采用的是无量纲频率 $\omega L/V$。通过大量的测量及计算，人们普遍认为 Von Karman 谱高频的渐近线斜率与实际较为吻合，而从振动的角度来看，具有结构弹性振动的高频段正是人们比较感兴趣的。

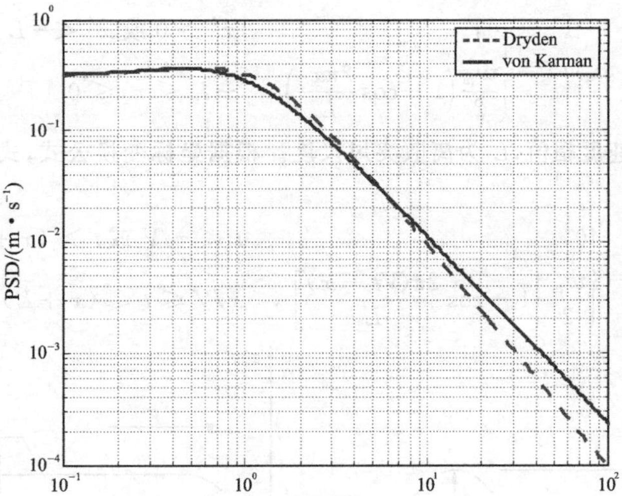

图 9.8　连续突风的 Dryden 谱和 von Karman 谱（$\sigma_g=1$ m/s）

9.3.2 离散突风

离散突风表现为确定性的扰动风速变化。最简单的离散突风模型是陡沿突风(sharp edge gust)模型,如图9.9所示。

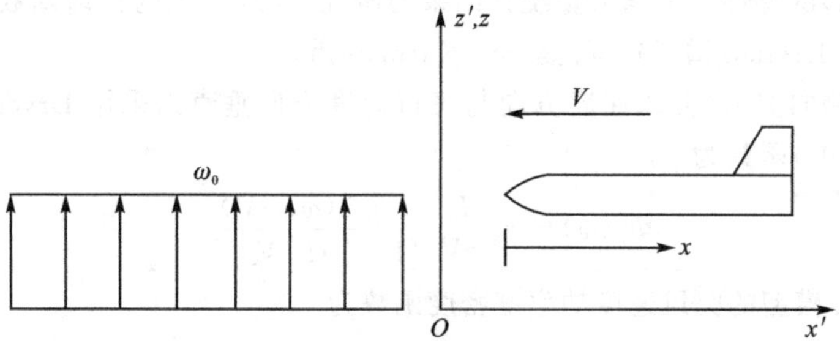

图9.9 陡沿突风模型

设坐标系 xOz 固联于飞行器上,坐标系 $x'O'z'$ 固联于大地上,假定两个坐标系在 $t=0$ 时重合,即有 $x'=x$。于是,在固联于飞行器的坐标系 xOz 中,坐标为 x 的任意一点在坐标系 $x'O'z'$ 中的坐标可表示为 $x'=x-Vt$。陡沿突风速度的函数可表示为

$$w_g(t)=\begin{cases}0, & x'>0\\ w_0, & x'<0\end{cases} \tag{9.54}$$

式中,w_0 表示突风速度幅值。根据坐标变换公式,陡沿突风速度可表示为时间 t 的函数:

$$w_g(t)=\begin{cases}0, & t<x/V\\ w_0, & t>x/V\end{cases} \tag{9.55}$$

更常用的一种离散突风模型是1-cos型突风,如图9.10所示。它是将突风速度理想化为1-cos函数,其数学表达式为

$$w_g(t)=\begin{cases}0, & x'>0 \text{ 或 } x'<-L\\ \dfrac{w_m}{2}\left(1-\cos\dfrac{2\pi x'}{L}\right), & -L\leqslant x'\leqslant 0\end{cases} \tag{9.56}$$

式中,w_m 表示突风速度幅值,L 为离散突风尺度。根据坐标变换公式,式(9.56)可表示为时间 t 的函数:

$$w_g(t)=\begin{cases}0, & t<x/V \text{ 或 } t>(x+L)/V\\ \dfrac{w_m}{2}\left[1-\cos\dfrac{2\pi(Vt-x)}{L}\right], & x/V\leqslant t\leqslant (x+L)/V\end{cases} \tag{9.57}$$

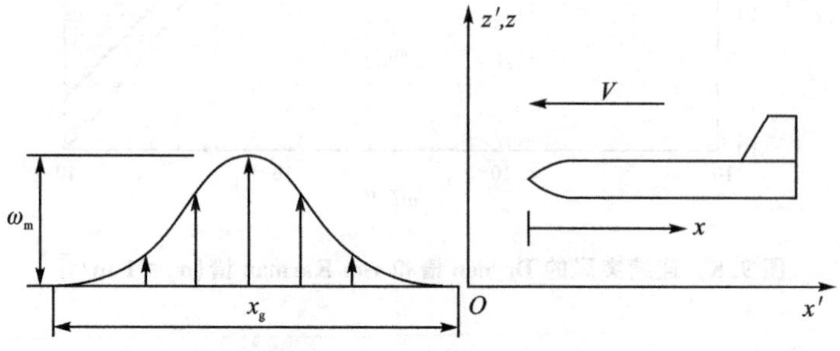

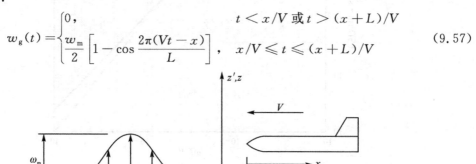

图9.10 1-cos突风模型

9.4　任意运动和突风引起的非定常气动力

大气扰动引起飞行器升力面上的诱导速度变化,从而产生气动激振力。在进行突风响应分析之前,首先需要解决任意运动和突风引起的非定常气动力问题。第 6 章已经介绍了谐振荡运动假设下的非定常气动力计算方法,为了清楚起见,这里仍然以谐振荡非定常气动力理论为基础,给出任意运动和突风引起的非定常气动力的计算方法。

9.4.1　简谐运动引起的非定常气动力:Theodorsen 函数

这里以如图 9.11 所示的二自由度典型翼段为研究对象,在不可压气流中,做简谐运动的翼段引起的非定常气动力可以写为

$$L=\underbrace{\pi\rho b^2(\ddot{h}+V\dot{\alpha}-ba\ddot{\alpha})}_{\text{非环量部分}}+\underbrace{2\pi\rho VbC(k)\left[\dot{h}+V\alpha+b\left(\frac{1}{2}-a\right)\dot{\alpha}\right]}_{\text{环量部分}} \tag{9.58}$$

$$\begin{aligned}M=&\underbrace{\pi\rho b^2\left[ba\ddot{h}-Vb\left(\frac{1}{2}-a\right)\dot{\alpha}-b^2\left(\frac{1}{8}+a^2\right)\ddot{\alpha}\right]}_{\text{非环量部分}}+\\&\underbrace{2\pi\rho Vb^2\left(a+\frac{1}{2}\right)C(k)\left[\dot{h}+V\alpha+b\left(\frac{1}{2}-a\right)\dot{\alpha}\right]}_{\text{环量部分}}\end{aligned} \tag{9.59}$$

式(9.58)和式(9.59)表明:非定常气动力可以分成两部分,一部分是非环量部分,它们实际上是质量的惯性作用,与翼段的运动方式无关;另一部分是环量部分,它们是由翼段上的附着涡和尾迹中的自由涡引起的,与翼段的运动方式有关。

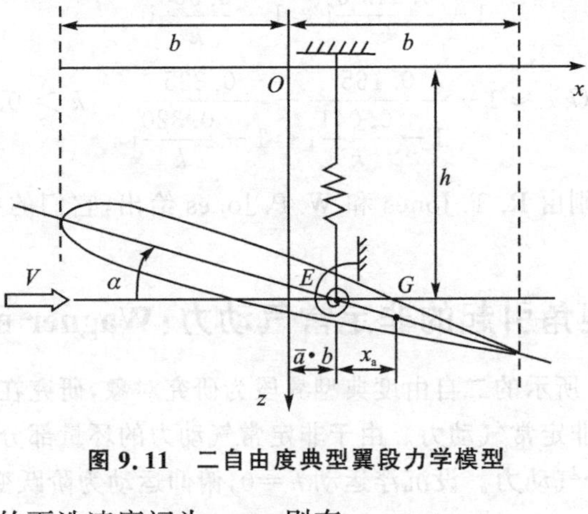

图 9.11　二自由度典型翼段力学模型

将翼段 3/4 弦长处的下洗速度记为 $w_{3/4}$,则有

$$w_{3/4}(t)=-\left[\dot{h}+V\alpha+b\left(\frac{1}{2}-a\right)\dot{\alpha}\right] \tag{9.60}$$

于是,简谐运动引起的非定常气动力可重新表示为

$$L=\pi\rho b^2(\ddot{h}+V\dot{\alpha}-ba\ddot{\alpha})+L_C \tag{9.61}$$

$$M=\pi\rho b^2\left[ba\ddot{h}-Vb\left(\frac{1}{2}-a\right)\dot{\alpha}-b^2\left(\frac{1}{8}+a^2\right)\ddot{\alpha}\right]+M_C \tag{9.62}$$

式中，L_C 和 M_C 表示升力和力矩的环量部分，它们在频域内的表达式为

$$L_C(\omega)=-2\pi\rho VbC(k)W(\omega) \tag{9.63}$$

$$M_C(\omega)=-2\pi\rho Vb^2\left(a+\frac{1}{2}\right)C(k)W(\omega) \tag{9.64}$$

式中，$W(\omega)$为下洗速度 $w_{3/4}$ 的傅里叶变换，即

$$W(\omega)=\int_{-\infty}^{\infty}w_{3/4}(t)\mathrm{e}^{-\mathrm{i}\omega t}\mathrm{d}\omega=\mathrm{i}\omega\bar{h}+V\bar{\alpha}+\mathrm{i}\omega b\left(\frac{1}{2}-a\right)\bar{\alpha} \tag{9.65}$$

式中，$\bar{h}$ 和 $\bar{\alpha}$ 分别为翼段的沉浮和俯仰简谐运动的幅值。从式(9.63)和式(9.64)可以看出，非定常气动力的环量部分与3/4弦长处的下洗速度成正比，气动力的作用点为1/4弦长处。与准定常气动力理论相比，非定常气动力的环量部分多了一个与减缩频率 $k=\omega b/V$ 相关的修正因子 $C(k)$，这称为 Theodorsen 函数。

Theodorsen 函数 $C(k)$的解析表达式为

$$C(k)=\frac{K_1(\mathrm{i}k)}{K_0(\mathrm{i}k)+K_1(\mathrm{i}k)} \tag{9.66}$$

式中，$-\infty<k<\infty$，$K_0(\mathrm{i}k)$和 $K_1(\mathrm{i}k)$为第二类修正 Bessel 函数。当 $k\geqslant 0$ 时，$C(k)$可化为

$$C(k)=\frac{J_1(J_1+Y_0)+Y_1(Y_1-J_0)}{(J_1+Y_0)^2+(Y_1-J_0)^2}-\mathrm{i}\frac{Y_1Y_0+J_1J_0}{(J_1+Y_0)^2+(Y_1-J_0)^2} \tag{9.67}$$

式中，J_0 和 J_1 是关于 k 的第一类标准 Bessel 函数，Y_0 和 Y_1 是关于 k 的第二类标准 Bessel 函数。根据式(9.66)或式(9.67)，应用标准数学程序库可以很容易计算出 $C(k)$的值。但在有些场合使用以下近似公式更方便：

$$C(k)\approx 1-\frac{0.165}{1-\dfrac{0.0455}{k}\mathrm{i}}-\frac{0.335}{1-\dfrac{0.300}{k}\mathrm{i}},\quad 0\leqslant k\leqslant 0.5 \tag{9.68}$$

$$C(k)\approx 1-\frac{0.165}{1-\dfrac{0.041}{k}\mathrm{i}}-\frac{0.335}{1-\dfrac{0.320}{k}\mathrm{i}},\quad k>0.5 \tag{9.69}$$

式(9.68)和式(9.69)分别由 R. T. Jones 和 W. P. Jones 给出，它们的好处是容易进行拉普拉斯变换。

9.4.2 阶跃迎角引起的非定常气动力：Wagner 函数

这里仍以如图9.11所示的二自由度典型翼段为研究对象，研究在不可压气流中翼段迎角发生阶跃变化后引起的非定常气动力。由于非定常气动力的环量部分与翼段的运动方式是相关的，因此先考虑这部分气动力。设沉浮运动 $h=0$，俯仰运动为阶跃变化，即

$$\alpha=\begin{cases}0, & t<0\\ \alpha_0, & t>0\end{cases} \tag{9.70}$$

根据式(9.60)可知，翼段3/4弦长处的下洗速度为

$$w_{3/4}(t)=\begin{cases}0, & t<0\\ -V\alpha_0, & t>0\end{cases} \tag{9.71}$$

为了计算阶跃迎角引起的非定常气动力，这里采用5.1.3节中的频域分析方法。对翼段3/4弦长处下洗速度作傅里叶变换，得到

$$W(\omega)=\int_{-\infty}^{\infty} w_{3/4}(t)\mathrm{e}^{-\mathrm{i}\omega t}\mathrm{d}t=-V\alpha_0\int_0^{\infty}\mathrm{e}^{-\mathrm{i}\omega t}\mathrm{d}t=-\frac{V\alpha_0}{\mathrm{i}\omega} \tag{9.72}$$

根据式(9.34)，非定常气动力的环量部分为

$$L_{\mathrm{C}}(t)=\frac{1}{2\pi}\int_{-\infty}^{\infty}-2\pi\rho VbC(k)W(\omega)\mathrm{e}^{\mathrm{i}\omega t}\mathrm{d}\omega \tag{9.73}$$

$$M_{\mathrm{C}}(t)=\frac{1}{2\pi}\int_{-\infty}^{\infty}-2\pi\rho Vb^2\left(a+\frac{1}{2}\right)C(k)W(\omega)\mathrm{e}^{\mathrm{i}\omega t}\mathrm{d}\omega \tag{9.74}$$

将式(9.72)代入式(9.73)和式(9.74)中，可以得到

$$L_{\mathrm{C}}(t)=2\pi\rho V^2b\alpha_0\Phi(t) \tag{9.75}$$

$$M_{\mathrm{C}}(t)=2\pi\rho V^2b^2\left(a+\frac{1}{2}\right)\alpha_0\Phi(t) \tag{9.76}$$

式中

$$\Phi(t)=\frac{1}{2\pi}\int_{-\infty}^{\infty}\frac{C(k)}{\mathrm{i}\omega}\mathrm{e}^{\mathrm{i}\omega t}\mathrm{d}\omega \tag{9.77}$$

引入无量纲时间 $\tau=Vt/b$，则式(9.77)可化为

$$\Phi(\tau)=\frac{1}{2\pi}\int_{-\infty}^{\infty}\frac{C(k)}{ik}\mathrm{e}^{ik\tau}\mathrm{d}k=\frac{1}{2\pi\mathrm{i}}\int_{-\infty}^{\infty}\frac{C(k)}{k}\mathrm{e}^{ik\tau}\mathrm{d}k \tag{9.78}$$

这里的 $\Phi(\tau)$ 称为 Wagner 函数，它实际上是 $C(k)/ik$ 的反傅里叶变换。$\Phi(\tau)$ 反映的是突然在翼段上增加一个均匀分布的下洗而引起的翼型环量的增量。

由于 $C(k)/ik$ 的奇异性，直接利用式(9.78)无法得到 Wagner 函数 $\Phi(\tau)$ 的值。为了计算 $\Phi(\tau)$ 的值，可以把 $C(k)$ 分解成实部和虚部，即 $C(k)=F(k)+\mathrm{i}G(k)$，代入到式(9.78)中，利用 $F(k)$ 和 $G(k)$ 的奇偶特性，经过化简可以得到

$$\Phi(\tau)=\begin{cases}1/2, & \tau=0\\ \dfrac{2}{\pi}\displaystyle\int_0^{\infty}F(k)\frac{\sin k\tau}{k}\mathrm{d}k, & \tau>0\end{cases} \tag{9.79}$$

利用式(9.79)进行数值积分可以得到 $\Phi(\tau)$ 的值。在一般情况下，也可使用 R. T. Jones 和 W. P. Jones 给出的近似公式：

$$\Phi(\tau)\approx 1-0.165\mathrm{e}^{-0.0455\tau}-0.335\mathrm{e}^{-0.300\tau} \tag{9.80}$$

$$\Phi(\tau)\approx 1-0.165\mathrm{e}^{-0.041\tau}-0.335\mathrm{e}^{-0.320\tau} \tag{9.81}$$

根据 9.1.3 节所述的 Duhamel 积分，并考虑与运动方式无关的非定常气动力非环量部分，可以求得翼段任意运动引起的非定常气动力：

$$\begin{aligned}L=&\pi\rho b^2(\ddot{h}+V\dot{\alpha}-ba\ddot{\alpha})-\\&2\pi\rho Vb\left[w_{3/4}(0)\Phi(\tau)+\int_0^{\tau}\Phi(\tau-\sigma)\frac{\mathrm{d}w_{3/4}(\sigma)}{\mathrm{d}\sigma}\mathrm{d}\sigma\right]\end{aligned} \tag{9.82}$$

$$\begin{aligned}M=&\pi\rho b^2\left[ba\ddot{h}-Vb\left(\frac{1}{2}-a\right)\dot{\alpha}-b^2\left(\frac{1}{8}+a^2\right)\ddot{\alpha}\right]-\\&2\pi\rho Vb^2\left(a+\frac{1}{2}\right)\left[w_{3/4}(0)\Phi(\tau)+\int_0^{\tau}\Phi(\tau-\sigma)\frac{\mathrm{d}w_{3/4}(\sigma)}{\mathrm{d}\sigma}\mathrm{d}\sigma\right]\end{aligned} \tag{9.83}$$

式中，$w_{3/4}(t)$ 由式(9.60)计算得到。

9.4.3 正弦突风引起的非定常气动力:Sears 函数

为了计算任意突风引起的非定常气动力,我们首先来考虑一种简单的情况,即正弦突风。如图9.12所示,弦长 $2b$、以空速 V 运动的典型翼段遭遇正弦突风,则固联于翼段的坐标系 xOz 中坐标为 x 的任意一点处的突风速度可以表示为

$$w_g(t)=w_{g0}\sin\omega(t-x/V) \tag{9.84}$$

为方便起见,将式(9.84)写成指数形式为

$$w_g(t)=w_{g0}e^{i\omega(t-x/V)} \tag{9.85}$$

则作用于翼段1/4弦长处的升力可以表示为

$$L=2\pi\rho VbS(k)w_{g0}e^{i\omega t} \tag{9.86}$$

式中,$S(k)$称为Sears函数,其数学上的定义为

$$S(k)=[J_0(k)-iJ_1(k)]C(k)+iJ_1(k) \tag{9.87}$$

式中,$J_0(k)$和 $J_1(k)$为第一类标准Bessel函数。

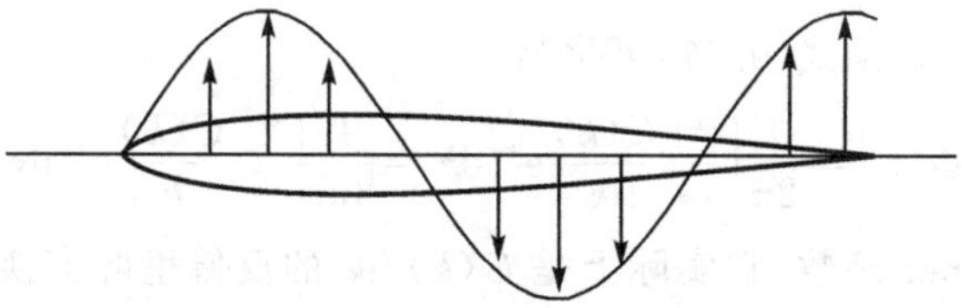

图 9.12　正弦突风场中的典型翼段

9.4.4 陡沿突风引起的非定常气动力:Küssner 函数

考虑弦长 $2b$、以空速 V 运动的典型翼段遭遇如图9.9所示的陡沿突风,则固联于翼段坐标系 xOz 中坐标为 x 的任意一点处的突风速度可以表示为

$$w_g(t)=\begin{cases}0, & t<x/V\\ w_0, & t>x/V\end{cases} \tag{9.88}$$

式中,w_0 表示突风速度幅值。引入无量纲时间 $\tau=Vt/b$,突风速度可写成 τ 的函数:

$$w_g(\tau)=\begin{cases}0, & \tau<x/b\\ w_0, & \tau>x/b\end{cases} \tag{9.89}$$

根据非定常气动力理论,则作用于翼段1/4弦长处的升力表示为

$$L=2\pi\rho Vbw_0\Psi(\tau) \tag{9.90}$$

这里的 $\Psi(\tau)$称为Küssner函数,它与Theodorsen函数 $C(k)$和Sears函数 $S(k)$有如下关系:

$$\Psi(\tau)=\frac{1}{2\pi i}\int_{-\infty}^{+\infty}\frac{[J_0(k)-iJ_1(k)]C(k)+iJ_1(k)}{k}e^{ik(\tau-1)}dk=\frac{1}{2\pi}\int_{-\infty}^{+\infty}\frac{S(k)}{ik}e^{ik(\tau-1)}dk \tag{9.91}$$

Küssner函数 $\Psi(\tau)$的计算较为复杂,在一般情况下,可以使用以下两个近似公式:

$$\Psi(\tau)\approx 1-0.500e^{-0.130\tau}-0.500e^{-\tau} \tag{9.92}$$

$$\Psi(\tau)\approx\frac{\tau^2+\tau}{\tau^2+2.82\tau+0.80} \tag{9.93}$$

典型翼段遭遇陡沿突风所产生的非定常气动力可以看成是一个过渡导纳,根据5.1.3节

所述的 Duhamel 积分，则任意突风引起的非定常气动力可表示为

$$L = 2\pi\rho Vb\left[w_g(0)\Psi(\tau) + \int_0^\tau \Psi(\tau-\sigma)\frac{dw_g(\sigma)}{d\sigma}d\sigma\right] \tag{9.94}$$

$$M = 2\pi\rho Vb^2\left(a+\frac{1}{2}\right)\left[w_g(0)\Psi(\tau) + \int_0^\tau \Psi(\tau-\sigma)\frac{dw_g(\sigma)}{d\sigma}d\sigma\right] \tag{9.95}$$

式中，$w_g(t)$为任意突风的垂直速度。

9.4.5　一般升力面的突风非定常气动力

前面几节介绍的非定常气动力计算方法仅适用于二维不可压流中的典型翼段，对于可压流中的一般升力面就不适用了。本书第 6 章介绍了适用于一般升力面非定常气动力计算的偶极子格网法，它可用于计算升力面做简谐运动时的非定常气动力。这里介绍利用偶极子格网法计算正弦突风引起的非定常气动力。

首先作如下假设：① 突风速度与翼弦平面垂直，突风速度远小于飞行器的飞行速度，因此突风引起的迎角变化量是一个小量。② 突风速度沿弦向呈正弦变化，沿展向不变，即突风速度仅是顺气流方向 x 坐标的正弦函数。③ 正弦突风参考点（即突风波阵面）位于 x_0，升力面气动网格控制点距波阵面的距离为 $x-x_0$，如图 9.13 所示。

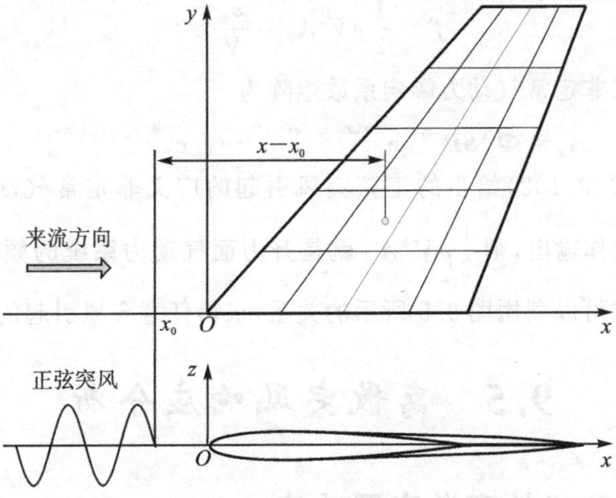

图 9.13　升力面气动网格与正弦突风

设来流风速为 V，则固联于升力面的坐标系 xOz 中坐标为 x 的任意一点处的突风速度可以表示为

$$w_g(x,t) = w_{g0}\sin\omega[t-(x-x_0)/V] \tag{9.96}$$

则该点处的下洗速度即为

$$w(x,t) = \frac{w_{g0}}{V}\sin\omega[t-(x-x_0)/V] \tag{9.97}$$

为方便起见，将式(9.97)写成指数形式为

$$w(x,t) = \frac{w_{g0}}{V}e^{-ik(x-x_0)/b}e^{i\omega t} \tag{9.98}$$

式中，b 为参考半弦长，$k=\omega b/V$ 为无量纲减缩频率。将升力面各个气动网格控制点的下洗速

度写成列阵形式为

$$\boldsymbol{w}=\bar{\boldsymbol{w}}\mathrm{e}^{\mathrm{i}\omega t}=[\mathrm{e}^{-\mathrm{i}k(x_1-x_0)/b} \quad \cdots \quad \mathrm{e}^{-\mathrm{i}k(x_n-x_0)/b}]^{\mathrm{T}}\cdot\frac{w_{\mathrm{g}0}}{V}\mathrm{e}^{\mathrm{i}\omega t} \tag{9.99}$$

式中,$x_i(i=1,2,\cdots,n)$表示各个气动网格控制点的 x 坐标。式(9.99)表示下洗速度列阵 $\boldsymbol{w}$ 可以看作是幅值为 $\bar{\boldsymbol{w}}$ 的简谐函数。

根据第6章所述的偶极子格网法,升力面各气动网格的压力分布列阵为

$$\Delta\boldsymbol{p}=\Delta\bar{\boldsymbol{p}}\mathrm{e}^{\mathrm{i}\omega t}=\frac{1}{2}\rho V^2\boldsymbol{D}^{-1}\boldsymbol{w} \tag{9.100}$$

式中,$\boldsymbol{D}$ 为非定常气动力影响系数,它是减缩频率 k 和马赫数 Ma 的函数。

如果升力面结构采用模态坐标 $\boldsymbol{q}=[q_1 \quad \cdots \quad q_m]^{\mathrm{T}}$ 来表示,则突风引起的广义非定常气动力可以采用以下公式计算:

$$\boldsymbol{f}=\boldsymbol{\Phi}^{\mathrm{T}}\boldsymbol{S}\Delta\boldsymbol{p} \tag{9.101}$$

式中,$\boldsymbol{f}=[f_1 \quad \cdots \quad f_m]^{\mathrm{T}}$ 为广义气动力列阵;$\boldsymbol{S}=\mathrm{diag}(\Delta S_1,\cdots,\Delta S_n)$为面积加权阵,对角项为各气动网格的面积;$\boldsymbol{\Phi}$ 为气动网格压力点处的振型矩阵,其元素 ϕ_{ij} 表示第 i 个气动网格压力点处的第 j 阶模态振型。

将式(9.99)和式(9.100)代入式(9.101)中,得到正弦突风引起的广义非定常气动力为

$$\boldsymbol{f}=\frac{1}{2}\rho V^2\boldsymbol{A}_{\mathrm{g}}\cdot\frac{w_{\mathrm{g}0}}{V}\mathrm{e}^{\mathrm{i}\omega t} \tag{9.102}$$

式中,突风对应的广义非定常气动力影响系数矩阵为

$$\boldsymbol{A}_{\mathrm{g}}=\boldsymbol{\Phi}^{\mathrm{T}}\boldsymbol{S}\boldsymbol{D}^{-1}[\mathrm{e}^{-\mathrm{i}k(x_1-x_0)/b} \quad \cdots \quad \mathrm{e}^{-\mathrm{i}k(x_n-x_0)/b}]^{\mathrm{T}} \tag{9.103}$$

需要指出的是,式(9.102)给出的正弦突风引起的广义非定常气动力计算公式,如果将 $w_{\mathrm{g}0}$ 看作输入,将 $\boldsymbol{f}$ 看作输出,则$\frac{1}{2}\rho V^2\boldsymbol{A}_{\mathrm{g}}$ 就是升力面气动力系统的频率响应函数。一旦获得了频率响应函数,就可以利用图9.5所示的关系,求得任意突风引起的时域非定常气动力。

9.5 离散突风响应分析

9.5.1 刚性飞机的离散突风响应

作为最简单的情况,本节首先研究刚性飞机对离散突风的动态响应。本节研究方法同样适用于其他刚性飞行器。这里考虑以下假设:

① 飞机是刚性的,无弹性变形与振动;

② 在受到突风扰动前,飞机以速度 V 做水平直线飞行;

③ 突风速度垂直于飞行轨迹,且在展向是均匀的;

④ 扰动运动对称于飞机的纵向对称平面,且忽略飞机的俯仰运动;

⑤ 飞机飞行速度的变化可以忽略。

1. 准定常气动力

在这种情况下,认为突风速度在弦向的分布是一个常数,且等于翼弦中点处的突风速度。由于飞机只有一个沉浮自由度,因此其运动方程为

$$m\ddot{z}=L \tag{9.104}$$

根据准定常气动力理论，升力的表达式可以写为

$$L=\frac{1}{2}\rho V^2 SC_L^\alpha\left(\frac{w_g(t)}{V}-\frac{\dot{z}}{V}\right) \tag{9.105}$$

将式(9.105)代入式(9.104)中，并引入无量纲时间 $\tau=Vt/b$ 和无量纲质量 $\mu=2m/\rho SbC_L^\alpha$，式(9.104)可化为

$$z''+\frac{1}{\mu}z'=\frac{b}{\mu V}w_g \tag{9.106}$$

式中，$(\ )'=\mathrm{d}(\ )/\mathrm{d}\tau$，表示对无量纲时间 τ 求导。

(1) 陡沿突风

下面求该方程在初始条件 $z(0)=z'(0)=0$ 下的解，这里采用拉普拉斯变换方法是比较方便的。对式(9.106)两边进行拉普拉斯变换，有

$$\mathscr{L}(z'')=p^2Z(p)-pz(0)-z'(0)=p^2Z(p) \tag{9.107}$$

$$\mathscr{L}\left(\frac{1}{\mu}z'\right)=\frac{p}{\mu}Z(p)-\frac{1}{\mu}z(0)=\frac{p}{\mu}Z(p) \tag{9.108}$$

$$\mathscr{L}\left(\frac{b}{\mu V}w_g\right)=\frac{bw_{g0}}{\mu V}\frac{1}{p} \tag{9.109}$$

将式(9.107)～式(9.109)代入式(9.106)中，得到

$$Z(p)=\frac{bw_{g0}}{\mu V}\frac{1}{p^2(p+1/\mu)} \tag{9.110}$$

于是，得到

$$z''=\mathscr{L}^{-1}[p^2Z(p)]=\mathscr{L}^{-1}\left[\frac{bw_{g0}}{\mu V}\frac{1}{(p+1/\mu)}\right]=\frac{bw_{g0}}{\mu V}\mathrm{e}^{-\tau/\mu} \tag{9.111}$$

式(9.111)表明：当 $\tau=0$ 时，z'' 达到最大值 $bw_{g0}/\mu V$。进一步，可以得到刚性飞机遭遇陡沿突风时的过载增量为

$$\Delta n=\frac{\ddot{z}_{\max}}{g}=\frac{V^2}{b^2}\frac{z''_{\max}}{g}=\frac{Vw_{g0}}{\mu bg}=\frac{\rho VC_L^\alpha w_{g0}}{2mg/S} \tag{9.112}$$

(2) 1－cos 型突风

已知飞机在陡沿突风下的加速度响应，现在利用 Duhamel 积分来计算其他突风情况下的响应。根据式(9.111)可知，过渡导纳为

$$A(\tau)=\frac{b}{\mu V}\mathrm{e}^{-\tau/\mu} \tag{9.113}$$

则飞机在任意突风下的加速度响应为

$$z''(\tau)=w_g(0)A(\tau)+\int_0^\tau A(\tau-\sigma)\frac{\mathrm{d}w_g(\sigma)}{\mathrm{d}\sigma}\mathrm{d}\sigma \tag{9.114}$$

这里考虑 1－cos 型突风，其垂直速度的函数为

$$w_g(t)=\begin{cases}0, & t<0 \text{ 或 } t>H/V\\ \dfrac{w_{g0}}{2}\left(1-\cos\dfrac{2\pi Vt}{H}\right), & 0\leqslant s\leqslant H/V\end{cases} \tag{9.115}$$

式中，H 为突风尺度。将式(9.115)化为无量纲时间 τ 的函数为

$$w_g(\tau)=\begin{cases}0, & \tau<0 \text{ 或 } \tau>H/b \\ \dfrac{w_{g0}}{2}\left(1-\cos\dfrac{2\pi\tau}{H/b}\right), & 0\leqslant\tau\leqslant H/b\end{cases} \tag{9.116}$$

将式(9.113)和式(9.116)代入式(9.114)中,可以得到刚性飞机在1-cos型突风下的加速度响应

$$z''(\tau)=\int_0^\tau \frac{b}{\mu V}e^{-(\tau-\sigma)/\mu}\frac{dw_g(\sigma)}{d\sigma}d\sigma \tag{9.117}$$

由式(9.117)可以解得

$$z''(\tau)=\frac{bw_{g0}}{\mu V}\cdot B(\tau) \tag{9.118}$$

式中

$$B(\tau)=\begin{cases}\dfrac{1}{2}\cdot\dfrac{(2\pi b/H)^2}{(1/\mu)^2+(2\pi b/H)^2}\left(\dfrac{H}{2\pi b\mu}\sin\dfrac{2\pi\tau}{H/b}-\cos\dfrac{2\pi\tau}{H/b}+e^{-\tau/\mu}\right), & 0\leqslant\tau\leqslant H/b \\ \dfrac{1}{2}\cdot\dfrac{(2\pi b/H)^2}{(1/\mu)^2+(2\pi b/H)^2}(1-e^{H/b\mu})e^{-\tau/\mu}, & \tau>H/b\end{cases} \tag{9.119}$$

图9.14给出了$H/b=50$时不同μ值的加速度响应。从图中可以看出,当H/b一定时,飞机的加速度峰值与达到峰值的时间与无量纲质量μ有关。

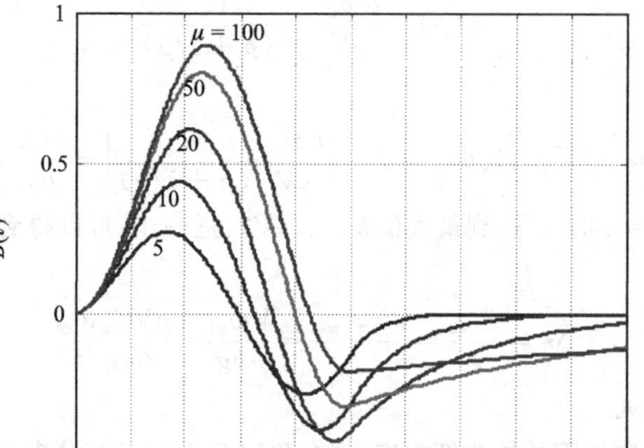

图9.14 刚性飞机遭遇1-cos突风时的加速度响应(准定常假设)

为了与陡沿突风的响应相比较,将飞机的过载增量写成如下形式:

$$\Delta n=\frac{\ddot{z}_{max}}{g}=\frac{V^2}{b^2}\frac{z''_{max}}{g}=K_g\frac{Vw_{g0}}{\mu bg}=K_g\frac{\rho VC_L^\alpha w_{g0}}{2mg/S} \tag{9.120}$$

这里的K_g即为$B(\tau)$在整个时间段上的最大值,它与H/b和μ有关。通过数值计算,可以给出当$H/b=50$时K_g与μ的近似关系式:

$$K_g=\frac{1.003\mu}{\mu+12.76} \tag{9.121}$$

从图9.15可以看出,一般情况K_g的值介于0和1之间,K_g通常称为突风载荷减缓

系数。

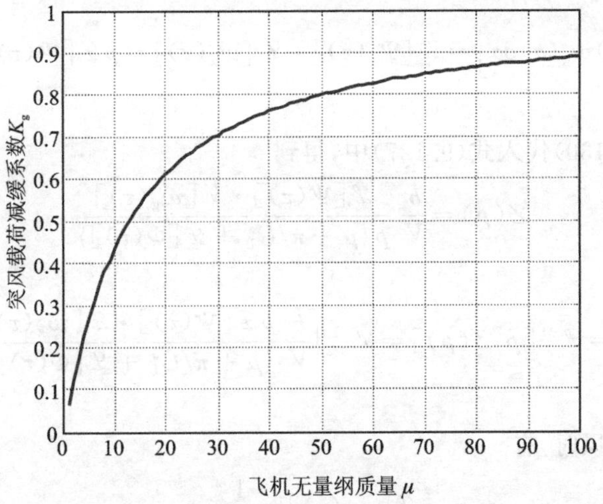

图 9.15　K_g 与 μ 的关系(1 - cos 突风,准定常假设,$H/b=50$)

2. 非定常气动力

运动方程仍然是式(9.104),但根据非定常气动力理论,升力的表达式可以写为

$$L=L_M+L_G \tag{9.122}$$

式中,L_M 表示飞机运动产生的气动力,L_G 表示突风产生的气动力。

根据 9.3.2 节的分析,飞机沉浮运动产生的非定常气动力为

$$L_M=-\frac{1}{2}\pi\rho V^2 S\,\frac{1}{b}z''-\frac{1}{2}\rho V^2 SC_L^\alpha\,\frac{1}{b}\left[z'(0)\Phi(\tau)+\int_0^\tau \Phi(\tau-\sigma)z''(\sigma)\mathrm{d}\sigma\right] \tag{9.123}$$

注意到 $z'(0)=0$,则有

$$L_M=-\frac{1}{2}\rho V^2 SC_L^\alpha\,\frac{1}{b}\left[\frac{\pi}{C_L^\alpha}z''+\int_0^\tau \Phi(\tau-\sigma)z''(\sigma)\mathrm{d}\sigma\right] \tag{9.124}$$

根据 9.4.4 节的分析,突风产生的非定常气动力为

$$L_G=\frac{1}{2}\rho VSC_L^\alpha\left[w_g(0)\Psi(\tau)+\int_0^\tau \Psi(\tau-\sigma)w'_g(\sigma)\mathrm{d}\sigma\right]=$$

$$\frac{1}{2}\rho VSC_L^\alpha\left[w_g(\tau)\Psi(0)+\int_0^\tau \Psi'(\tau-\sigma)w_g(\sigma)\mathrm{d}\sigma\right] \tag{9.125}$$

注意到 $\Psi(0)=0$,则有

$$L_G=\frac{1}{2}\rho VSC_L^\alpha\int_0^\tau \Psi'(\tau-\sigma)w_g(\sigma)\mathrm{d}\sigma \tag{9.126}$$

将式(9.123)和式(9.126)代入方程(9.104)中,引入无量纲质量 $\mu=2m/\rho SbC_L^\alpha$,得到

$$\left(\mu+\frac{\pi}{C_L^\alpha}\right)z''+\int_0^\tau \Phi(\tau-\sigma)z''(\sigma)\mathrm{d}\sigma=\frac{b}{V}\int_0^\tau \Psi'(\tau-\sigma)w_g(\sigma)\mathrm{d}\sigma \tag{9.127}$$

为了求解方程(5.127),仍然采用拉普拉斯变换方法。对式(9.127)等号两边进行拉普拉斯变换,有

$$\mathscr{L}[z''(\tau)]=p^2Z(p)-pz(0)-z'(0)=p^2Z(p) \tag{9.128}$$

$$\mathscr{L}\left[\int_0^\tau \Phi(\tau-\sigma)z''(\sigma)\mathrm{d}\sigma\right]=\mathscr{L}[\Phi(\tau)]\cdot\mathscr{L}[z''(\tau)]=p^2Z(p)\cdot\mathscr{L}[\Phi(\tau)] \quad (9.129)$$

$$\mathscr{L}\left[\int_0^\tau \Psi'(\tau-\sigma)w_g(\sigma)\mathrm{d}\sigma\right]=\mathscr{L}[\Psi'(\tau)]\cdot\mathscr{L}[w_g(\tau)]=p\mathscr{L}[\Psi(\tau)]\cdot\mathscr{L}[w_g(\tau)] \quad (9.130)$$

将式(9.128)~式(9.130)代入式(9.127)中,得到

$$Z(p)=\frac{b}{V}\frac{\mathscr{L}[\Psi(\tau)]\cdot\mathscr{L}[w_g(\tau)]}{p\{\mu+\pi/C_L^\alpha+\mathscr{L}[\Phi(\tau)]\}} \quad (9.131)$$

于是,得到

$$z''=\mathscr{L}^{-1}[p^2Z(p)]=\mathscr{L}^{-1}\left[\frac{b}{V}\frac{p\mathscr{L}[\Psi(\tau)]\cdot\mathscr{L}[w_g(\tau)]}{\{\mu+\pi/C_L^\alpha+\mathscr{L}[\Phi(\tau)]\}}\right] \quad (9.132)$$

(1) 陡沿突风

当突风为陡沿突风时,有

$$\mathscr{L}[w_g(\tau)]=\frac{1}{p}w_{g0} \quad (9.133)$$

应用 Wagner 函数和 Küssner 函数的近似表达式,它们的拉普拉斯变换为

$$\mathscr{L}[\Phi(\tau)]=\frac{1}{p}-\frac{0.165}{p+0.045\,5}-\frac{0.335}{p+0.300} \quad (9.134)$$

$$\mathscr{L}[\Psi(\tau)]=\frac{1}{p}-\frac{0.500}{p+0.130}-\frac{0.500}{p+1} \quad (9.135)$$

将式(9.133)~式(9.135)代入式(9.132)中,并设 $C_L^\alpha=2\pi$,得到

$$z''=\frac{bw_{g0}}{\mu V}\cdot\frac{0.565\mu}{\mu+0.5}\cdot\mathscr{L}^{-1}\left[\frac{p^3+0.575\,5p+0.093\,1p+0.003\,14}{(p+0.130)(p+1)(p^3+a_1p^2+a_2p+a_3)}\right] \quad (9.136)$$

式中

$$a_1=\frac{0.345\,5\mu+0.672\,7}{\mu+0.5},\quad a_2=\frac{0.013\,65\mu+0.287\,6}{\mu+0.5},\quad a_3=\frac{0.013\,65}{\mu+0.5}$$

对式(9.136)中的有理分式作 Heaviside 分解,可以化为

$$z''=\frac{bw_{g0}}{\mu V}\cdot\frac{0.565\mu}{\mu+0.5}\cdot\mathscr{L}^{-1}\left(\frac{b_1}{p+0.130}+\frac{b_2}{p+1}+\frac{b_3}{p-r_1}+\frac{b_4}{p-r_2}+\frac{b_5}{p-r_3}\right) \quad (9.137)$$

式中,r_1、r_2 和 r_3 是方程 $p^3+a_1p^2+a_2p+a_3=0$ 的根。式(9.137)可进一步化为

$$z''(\tau)=\frac{bw_{g0}}{\mu V}\cdot B(\tau) \quad (9.138)$$

式中

$$B(\tau)=\frac{0.565\mu}{\mu+0.5}(b_1\mathrm{e}^{-0.130\tau}+b_2\mathrm{e}^{-\tau}+b_3\mathrm{e}^{r_1\tau}+b_4\mathrm{e}^{r_2\tau}+b_5\mathrm{e}^{r_3\tau}) \quad (9.139)$$

图 9.16 给出了不同 μ 值的加速度响应。从图中可以看出,飞机的加速度峰值与达到峰值的时间与无量纲质量 μ 有关。与准定常理论相比,考虑非定常气动力理论时,飞机在遭遇突风时的加速度响应最大值较小。

(2) 1 - cos 突风

现在来考虑 1 - cos 突风的情况。为了求解突风响应,有两种做法。

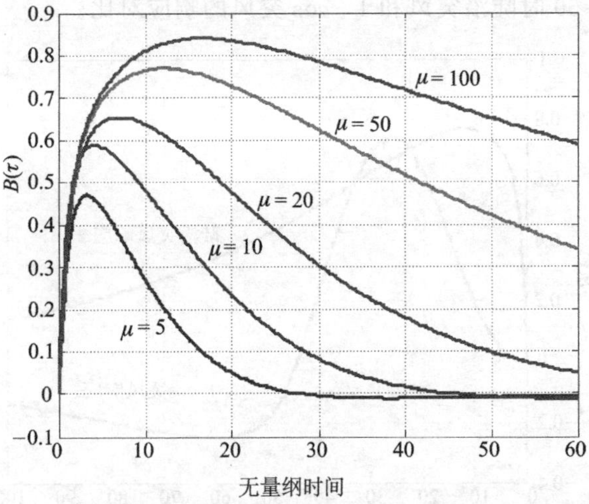

图 9.16　刚性飞机遭遇陡沿突风时的加速度响应(非定常假设)

第一种做法是应用过渡导纳。已经求得了飞机对于陡沿突风的响应为

$$z''(\tau)=\frac{bw_{g0}}{\mu V}\cdot B(\tau) \tag{9.140}$$

令 $w_{g0}=1$,则 $b/\mu V\cdot B(\tau)$可看作是过渡导纳。利用 Duhmel 积分,则有飞机在任意突风下的加速度响应为

$$z''(\tau)=\frac{b}{\mu V}\left[w_g(0)B(\tau)+\int_0^{\tau}B(\tau-\sigma)\frac{\mathrm{d}w_g(\sigma)}{\mathrm{d}\sigma}\mathrm{d}\sigma\right] \tag{9.141}$$

这里考虑 1－cos 型突风,其垂直速度的函数为

$$w_g(t)=\begin{cases}0, & t<0\text{ 或 }t>H/V\\ \dfrac{w_{g0}}{2}\left(1-\cos\dfrac{2\pi Vt}{H}\right), & 0\leqslant s\leqslant H/V\end{cases} \tag{9.142}$$

式中,H 为突风尺度。将式(9.142)化为无量纲时间 τ 的函数,且对 τ 求导为

$$\frac{\mathrm{d}w_g(\tau)}{\mathrm{d}\tau}=\begin{cases}0, & \tau<0\text{ 或 }\tau>H/b\\ \dfrac{\pi w_{g0}}{H/b}\sin\dfrac{2\pi\tau}{H/b}, & 0\leqslant\tau\leqslant H/b\end{cases} \tag{9.143}$$

利用式(9.143)和式(9.141),可以求得刚性飞机在 1－cos 型突风下的加速度响应。

【例 9.5】　设 $H/b=50$,$\mu=50$,利用 Duhmel 积分法计算刚性飞机在 1－cos 型突风下的加速度响应。

当 $\mu=50$ 时,可以求得式(9.139)中的各个常系数为

$$r_1=-0.023\,9,\quad r_2=-0.038\,7,\quad r_3=-0.291\,9$$

$$b_1=-1.051\,8,\quad b_2=-0.890\,0,\quad b_3=2.987\,6,\quad b_4=-1.029\,3,\quad b_5=-0.016\,6$$

于是,有

$$B(\tau)=0.559\,4(b_1\mathrm{e}^{-0.130\tau}+b_2\mathrm{e}^{-\tau}+b_3\mathrm{e}^{r_1\tau}+b_4\mathrm{e}^{r_2\tau}+b_5\mathrm{e}^{r_3\tau}) \tag{9.144}$$

利用 Duhmel 积分法可求得加速度响应为

$$z''(\tau)=\frac{bw_{g0}}{\mu V}B_2(\tau)$$

图 9.17 给出了 $H/b=50$ 时陡沿突风和 1 - cos 突风的响应对比。

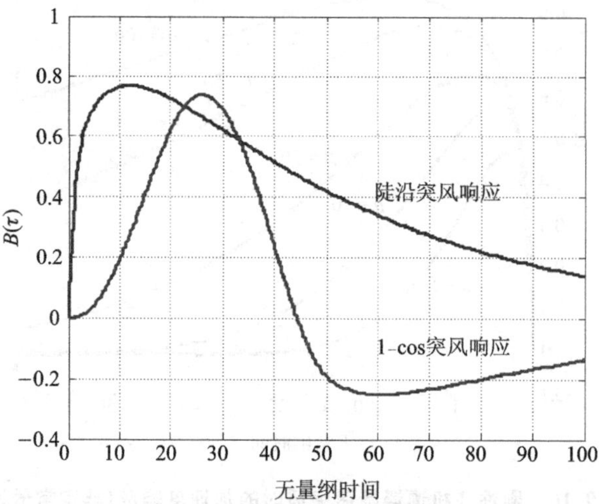

图 9.17 刚性飞机遭遇突风时的加速度响应(非定常假设)

第二种做法是时间推进数值积分。回到以下方程

$$\left(\mu+\frac{\pi}{C_L^\alpha}\right)z''+\int_0^\tau \Phi(\tau-\sigma)z''(\sigma)\mathrm{d}\sigma=\frac{b}{V}\int_0^\tau \Psi'(\tau-\sigma)w_g(\sigma)\mathrm{d}\sigma \tag{9.145}$$

在这个方程中,$z''(\tau)$是待求的未知函数,而$\Phi(\tau)$、$\Psi(\tau)$和$w_g(\tau)$均是已知量。由于方程中有函数积分,故只能通过数值积分求解。将各量按照时间步长$\Delta\tau$离散,记作

$$z''(k)=z''(k\cdot\Delta\tau) \tag{9.146}$$

已知$z''(k)$、$\Phi(k)$、$\Psi(k)$和$w_g(k)$,在$\tau=(k+1)\cdot\Delta\tau$时刻,有离散方程

$$\left(\mu+\frac{\pi}{C_L^\alpha}\right)z''(k+1)+\Delta\tau\cdot\sum_{j=0}^{k+1}\Phi(k+1-j)z''(j)=\frac{b}{V}\Delta\tau\cdot\sum_{j=0}^{k+1}\Psi(k+1-j)w_g'(j) \tag{9.147}$$

由方程(9.147)可以解得

$$z''(k+1)=\frac{1}{\dfrac{\mu+\pi/C_L^\alpha}{\Delta\tau}+\Phi(0)}\left[\frac{b}{V}\sum_{j=0}^{k+1}\Psi(k+1-j)w_g'(j)-\sum_{j=0}^{k}\Phi(k+1-j)z''(j)\right] \tag{9.148}$$

利用以上递推公式,可求出加速度响应。图 9.18 给出了 $H/b=50$、$\mu=50$ 时两种计算方法的对比。

为了与陡沿突风的响应相比较,将飞机的过载增量写成如下形式:

$$\Delta n=\frac{\ddot{z}_{\max}}{g}=\frac{V^2}{b^2}\frac{z''_{\max}}{g}=K_g\frac{Vw_{g0}}{\mu bg}=K_g\frac{\rho VC_L^\alpha w_{g0}}{2mg/S} \tag{9.149}$$

这里的K_g即为$B(\tau)$在整个时间段上的最大值,它与H/b和μ有关。通过数值计算,可以给出当$H/b=50$时突风载荷减缓系数K_g与μ的近似关系式:

$$K_g=\frac{0.905\mu}{\mu+11.505} \tag{9.150}$$

需要说明的是,F. M. Hoblit 在文献 *Gust Loads on Aircraft: Concepts and Applications* 中给

出减缓系数为 $K_g = 0.88\mu/(\mu+10.6)$，这二者之间的差异来源于 Küssner 函数的近似。

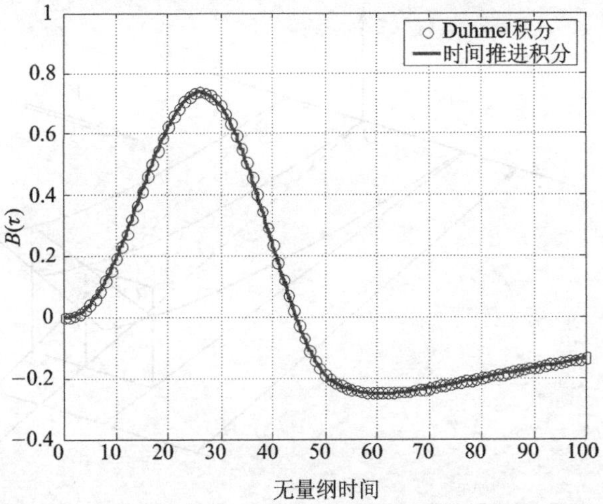

图 9.18 刚性飞机遭遇突风时的加速度响应(非定常假设)

图 9.19 为 K_g 与 μ 的近似关系。

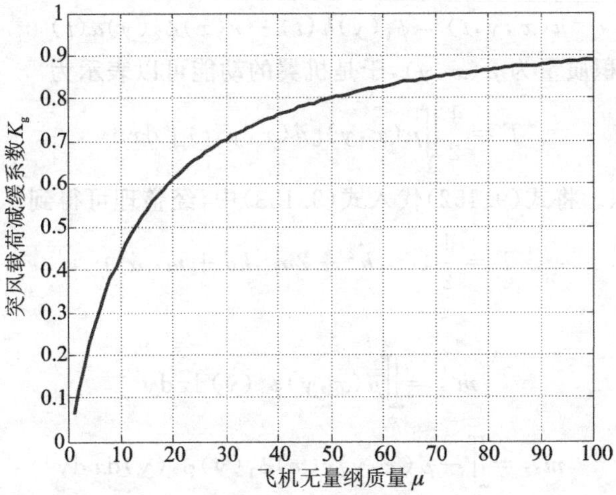

图 9.19 K_g 与 μ 的近似关系(1 - cos 突风,非定常理论,$H/b=50$)

9.5.2 长直机翼的离散突风响应

1. 气动弹性运动方程

考虑一个在陡沿突风作用下的弹性长直机翼，如图 9.20 所示，机翼展长为 l，半弦长随展向的分布函数为 $b(y)$。对于大展弦比的长直机翼，可以认为机翼的弦向剖面是刚性的，且各剖面的刚心连成一条直线，称为弹性轴。因此，机翼的变形可以用弹性轴的弯曲 $h(y,t)$ 和弦向剖面绕弹性轴的扭转 $\alpha(y,t)$ 来表示：

$$u(x,y,t)=h(y,t)-r(x)\alpha(y,t) \tag{9.151}$$

式中，u 表示机翼任意一点的垂直位移，向上为正；r 表示从弹性轴量起的弦向距离，以顺气流方向为正;h 以向上为正,α 以前缘抬头为正。

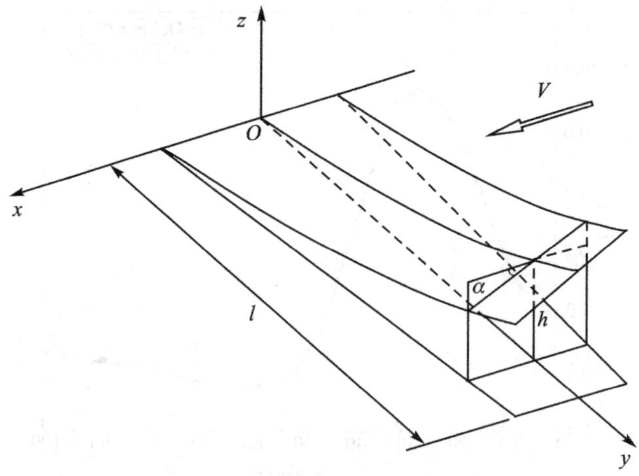

图 9.20 悬臂长直机翼示意图

为简单起见,这里仅考虑机翼的一阶纯弯曲模态和一阶纯扭转模态,其广义坐标分别记为 $h(t)$ 和 $\alpha(t)$,并设弯曲和扭转模态的形函数为 $\phi_1(y)$ 和 $\phi_2(y)$,于是有

$$u(x,y,t)=\phi_1(y)h(t)-r(x)\phi_2(y)\alpha(t) \tag{9.152}$$

设机翼的单位面积质量为 $\mu(x,y)$,于是机翼的动能可以表示为

$$T=\frac{1}{2}\iint_S \mu(x,y)[\dot{u}(x,y,t)]^2 \mathrm{d}x\mathrm{d}y \tag{9.153}$$

式中,S 为机翼的面积。将式(9.152)代入式(9.153)中,经整理可得到

$$T=\frac{1}{2}(m_{11}\dot{h}^2+2m_{12}\dot{h}\dot{\alpha}+m_{22}\dot{\alpha}^2) \tag{9.154}$$

式中

$$m_{11}=\iint_S \mu(x,y)\phi_1^2(y)\mathrm{d}x\mathrm{d}y \tag{9.155}$$

$$m_{12}=\iint_S -\mu(x,y)r(x)\phi_1(y)\phi_2(y)\mathrm{d}x\mathrm{d}y \tag{9.156}$$

$$m_{22}=\iint_S \mu(x,y)r^2(x)\phi_2^2(y)\mathrm{d}x\mathrm{d}y \tag{9.157}$$

根据弹性梁理论,机翼的势能可以写为

$$U=\frac{1}{2}\int_0^l EI(y)(\phi_1'')^2h^2\mathrm{d}y+\frac{1}{2}\int_0^l GJ(y)(\phi_2')^2\alpha^2\mathrm{d}y \tag{9.158}$$

这里,$(\ )'=\mathrm{d}(\ )/\mathrm{d}y$,表示对变量 y 求导,$EI(y)$ 和 $GJ(y)$ 分别表示机翼弯曲刚度和扭转刚度沿展向的分布函数。经整理,上式可写为

$$U=\frac{1}{2}(k_{11}h^2+k_{22}\alpha^2) \tag{9.159}$$

式中

$$k_{11}=\int_0^l EI(y)(\phi_1'')^2\mathrm{d}y \tag{9.160}$$

$$k_{22}=\int_0^l GJ(y)(\phi_2')^2\mathrm{d}y \tag{9.161}$$

将以上的动能和势能表达式(9.154)和式(9.159)代入拉格朗日方程中,可以得到

$$\left.\begin{aligned} m_{11}\ddot{h}+m_{12}\ddot{\alpha}+k_{11}h=Q_h \\ m_{12}\ddot{h}+m_{22}\ddot{\alpha}+k_{22}\alpha=Q_\alpha \end{aligned}\right\} \tag{9.162}$$

式中,Q_h 和 Q_α 分别为对应于广义坐标 h 和 α 的广义非定常气动力。

2. 广义非定常气动力

对于大展弦比长直机翼,可以采用片条假设,即认为机翼任意弦向剖面上的气动力可按二元翼段来计算。为简化起见,这里采用准定常气动力理论。取宽度为 $\mathrm{d}y$ 的片条,考虑突风 $w_g(t)$ 和机翼振动的作用,其升力 $\mathrm{d}L$ 可表示为

$$\mathrm{d}L=\rho V^2C_L^\alpha b(y)\left\{\frac{w_g(t)}{V}-\frac{\phi_1(y)}{V}\dot{h}+\phi_2(y)\alpha+\left[\frac{1}{2}-a(y)\right]\frac{b(y)\phi_2(y)}{V}\dot{\alpha}\right\}\mathrm{d}y \tag{9.163}$$

式中,$a(y)b(y)$ 表示沿展向各剖面上弹性轴在翼弦中点后的距离。于是,广义力 Q_h 为

$$Q_h=\int_0^l\phi_1(y)\mathrm{d}L \tag{9.164}$$

同样地,作用在片条刚心处的气动力矩 $\mathrm{d}M$ 表示为

$$\begin{aligned}\mathrm{d}M=\rho V^2C_L^\alpha b^2(y)\left[\frac{1}{2}+a(y)\right]\left\{\frac{w_g(t)}{V}-\frac{\phi_1(y)}{V}\dot{h}+\phi_2(y)\alpha+\right.\\ \left.\left[\frac{1}{2}-a(y)\right]\frac{b(y)\phi_2(y)}{V}\dot{\alpha}\right\}\mathrm{d}y-\frac{1}{2}\pi\rho Vb^3(y)\phi_2(y)\dot{\alpha}\mathrm{d}y\end{aligned} \tag{9.165}$$

于是,广义力 Q_α 为

$$Q_\alpha=\int_0^l\phi_2(y)\mathrm{d}M \tag{9.166}$$

将式(9.163)和式(9.165)分别代入式(9.164)和式(9.166)中,经整理得到

$$\left.\begin{aligned} Q_h=b_{12}\alpha+c_{11}\dot{h}+c_{12}\dot{\alpha}+d_1w_g(t) \\ Q_\alpha=b_{22}\alpha+c_{21}\dot{h}+c_{22}\dot{\alpha}+d_2w_g(t) \end{aligned}\right\} \tag{9.167}$$

式中

$$b_{12}=\rho V^2C_L^\alpha\int_0^l b(y)\phi_1(y)\phi_2(y)\mathrm{d}y \tag{9.168}$$

$$b_{22}=\rho V^2C_L^\alpha\int_0^l\left[\frac{1}{2}+a(y)\right]b^2(y)\phi_2^2(y)\mathrm{d}y \tag{9.169}$$

$$c_{11}=-\rho VC_L^\alpha\int_0^l b(y)\phi_1^2(y)\mathrm{d}y \tag{9.170}$$

$$c_{12}=\rho VC_L^\alpha\int_0^l\left[\frac{1}{2}-a(y)\right]b^2(y)\phi_1(y)\phi_2(y)\mathrm{d}y \tag{9.171}$$

$$c_{21}=-\rho VC_L^\alpha\int_0^l\left[\frac{1}{2}+a(y)\right]b^2(y)\phi_1(y)\phi_2(y)\mathrm{d}y \tag{9.172}$$

$$c_{22}=\rho V\int_0^l\left\{\left[\frac{1}{4}-a^2(y)\right]C_L^\alpha-\frac{\pi}{2}\right\}b^3(y)\phi_2^2(y)\mathrm{d}y \tag{9.173}$$

$$d_1=\rho VC_L^\alpha\int_0^l b(y)\phi_1(y)\mathrm{d}y \tag{9.174}$$

$$d_2=\rho VC_L^\alpha\int_0^l\left[\frac{1}{2}+a(y)\right]b^2(y)\phi_2(y)\mathrm{d}y \tag{9.175}$$

3. 加速度与载荷响应函数

现在采用拉普拉斯变换法来求解运动方程(9.162)。对方程等号两边作拉普拉斯变换,考虑到陡沿突风条件,并假设初始条件为零,可以得到

$$\boldsymbol{D}\begin{bmatrix}\mathscr{L}\,[h(t)]\\ \mathscr{L}\,[\alpha(t)]\end{bmatrix}=\frac{w_{g0}}{s}\begin{bmatrix}d_1\\ d_2\end{bmatrix} \tag{9.176}$$

式中

$$\boldsymbol{D}=\begin{bmatrix}m_{11}s^2-c_{11}s+k_{11} & m_{12}s^2-c_{12}s-b_{12}\\ m_{12}s^2-c_{21}s & m_{22}s^2-c_{22}s+k_{22}-b_{22}\end{bmatrix} \tag{9.177}$$

由式(9.176)和式(9.152)可以求得机翼任意一点位移 $u(x,y,t)$ 和加速度 $\ddot{u}(x,y,t)$ 的拉普拉斯变换为

$$\mathscr{L}[u(x,y,t)]=\frac{w_{g0}}{s}[\phi_1(y)\quad -r(x)\phi_2(y)]\cdot\boldsymbol{D}^{-1}\cdot\begin{bmatrix}d_1\\ d_2\end{bmatrix} \tag{9.178}$$

$$\mathscr{L}[\ddot{u}(x,y,t)]=w_{g0}s\,[\phi_1(y)\quad -r(x)\phi_2(y)]\cdot\boldsymbol{D}^{-1}\cdot\begin{bmatrix}d_1\\ d_2\end{bmatrix} \tag{9.179}$$

根据弹性梁理论,机翼在任意展向位置处的弯矩 $F_B(y,t)$ 和扭矩 $F_T(y,t)$ 的拉普拉斯变换为

$$\mathscr{L}\,[F_B(y,t)]=\frac{w_{g0}}{s}[EI(y)\phi_1''\quad 0]\cdot\boldsymbol{D}^{-1}\cdot\begin{bmatrix}d_1\\ d_2\end{bmatrix} \tag{9.180}$$

$$\mathscr{L}\,[F_T(y,t)]=\frac{w_{g0}}{s}[0\quad GJ(y)\phi_2']\cdot\boldsymbol{D}^{-1}\cdot\begin{bmatrix}d_1\\ d_2\end{bmatrix} \tag{9.181}$$

在求得以上结果后,通过反拉普拉斯变换可以得到各物理量的时间响应函数。

【例 9.6】 设有一个悬臂的矩形平板机翼,其半展长为 1.0 m,半弦长为 0.1 m,单位长度的质量为 2.0 kg/m,单位长度绕质心线的转动惯量为 0.01 kg · m。机翼的弹性轴和质心线均位于 35%弦线处,弯曲刚度和扭转刚度均为常数,$EI=100\ \mathrm{N\cdot m^2}$,$GJ=30\ \mathrm{N\cdot m^2}$。取气流密度为 1.225 kg/m^3,升力线斜率为 $2\pi\ \mathrm{rad^{-1}}$,陡沿突风速度幅值为 1 m/s,初始条件为零。计算机翼以飞行速度 20 m/s 进入陡沿突风后的前缘翼尖加速度响应和翼根的弯矩、扭矩。

这里取满足边界条件的假设振型函数为

$$f_1(y)=6\left(\frac{y}{l}\right)^2-4\left(\frac{y}{l}\right)^3+\left(\frac{y}{l}\right)^4,\quad f_2(y)=\sin\left(\frac{\pi y}{2l}\right)$$

采用 Mathematica 计算得到各参数为

$$m_{11}=4.622,\quad m_{12}=0,\quad m_{22}=0.005,\quad k_{11}=2880,\quad k_{22}=37.01$$

$$b_{12}=318.54,\quad b_{22}=3.08,\quad d_1=18.47,\quad d_2=0.49$$

$$c_{11}=-35.577,\quad c_{12}=1.274,\quad c_{21}=-0.318,\quad c_{22}=-0.0069$$

进而可求得模态坐标的响应函数为

$$h(t)=0.008+e^{-4.188t}(-0.001\ 14\sin 24.56t-0.008\ 16\cos 24.56t)+e^{-0.353t}(-0.000\ 073\sin 82.53t+0.000\ 15\cos 82.53t)$$

$$\alpha(t)=0.014\ 44+e^{-4.188t}(-0.002\ 11\sin 24.56t-0.000\ 12\cos 24.56t)+e^{-0.353t}(0.000\ 56\sin 82.53t-0.014\ 32\cos 82.53t)$$

$$\ddot{h}(t)=e^{-4.188t}(-1.008\ 6\sin 24.56t+5.016\ 2\cos 24.56t)+e^{-0.353t}(0.505\sin 82.53t-1.019\ 7\cos 82.53t)$$

$$\ddot{h}(\alpha)=e^{-4.188t}(1.209\ 6\sin 24.56t+0.504\ 3\cos 24.56t)+e^{-0.353t}(-4.647\sin 82.53t+97.50\cos 82.53t)$$

由此，可得到前缘翼尖加速度、翼根弯矩和翼根扭矩的响应函数为

$$\ddot{u}_{\text{前缘翼尖}}=3\ddot{h}(t)-0.07\ddot{\alpha}(t),\quad F_{B\text{翼根}}=1\ 200h(t),\quad F_{T\text{翼根}}=15\pi\alpha(t)$$

它们的时域响应曲线如图 9.21 所示。

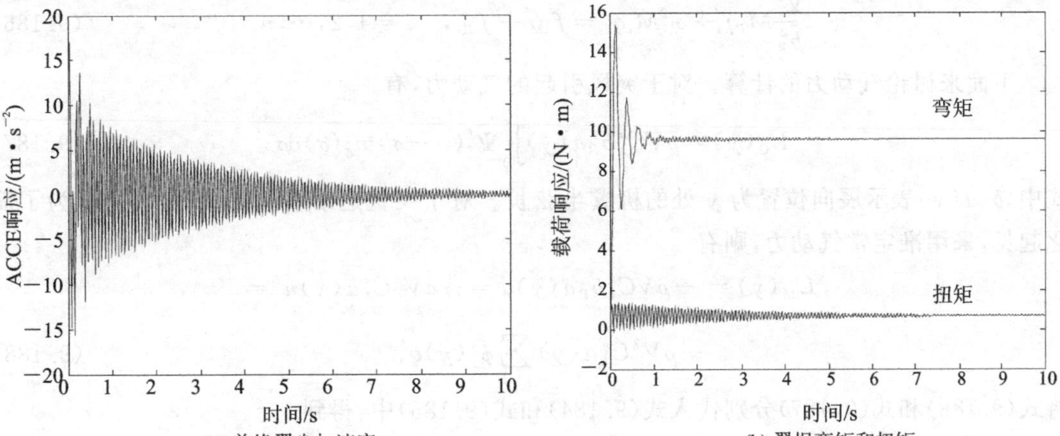

(a) 前缘翼尖加速度　　(b) 翼根弯矩和扭矩

图 9.21　陡沿突风作用下的长直机翼运动及载荷响应

9.5.3　弹性飞行器的离散突风响应

1. 简化飞机模型

本节首先以一个带有弹性机翼的简化飞机模型为例来展示离散突风响应分析的过程。如图 9.22 所示，飞机具有沉浮自由度，长直机翼具有弯曲变形，但忽略扭转变形。选取广义坐标 $q_1, q_2, \cdots, q_n$ 来描述飞机的运动及变形，其中 q_1 表示飞机的刚体沉浮运动，$q_2, \cdots, q_n$ 表示机翼的一阶及高阶弯曲模态。

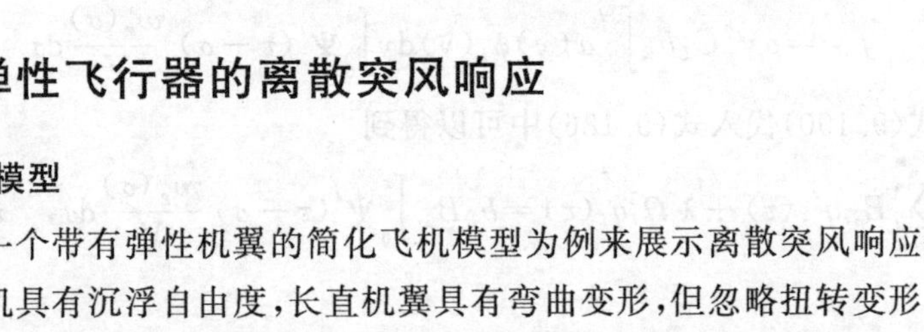

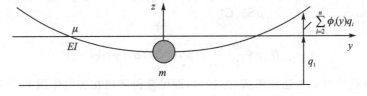

图 9.22　带有弹性机翼的简化飞机模型示意图

于是,飞机任一展向位置点处的垂直位移可表示为

$$u(y)=\sum_{i=1}^{n}\phi_i(y)q_i=q_1+\sum_{i=2}^{n}\phi_i(y)q_i \tag{9.182}$$

利用拉格朗日方程,可以写出系统的运动方程:

$$M_i\ddot{q}_i+\omega_i^2M_iq_i=f_{iM}+f_{iG},\quad i=1,2,\cdots,n \tag{9.183}$$

式中,M_i 为对应于第 i 阶广义坐标的广义质量;ω_i 为第 i 阶模态的频率,$\omega_i=0$;f_{iM} 和 f_{iG} 分别表示由飞机运动和突风引起的广义气动力,其计算公式为

$$f_{iM}=\int_{-l}^{+l}L_M(y)\phi_i(y)\mathrm{d}y \tag{9.184}$$

$$f_{iG}=\int_{-l}^{+l}L_G(y)\phi_i(y)\mathrm{d}y \tag{9.185}$$

式中,l 表示飞机的半展长,L_M 和 L_G 分别表示由飞机运动和突风引起的单位展长上的升力。设 b_R 为参考半弦长,引入无量纲时间 $\tau=Vt/b_R$,则方程(9.183)化为

$$\frac{V^2}{b_R^2}M_iq_i''+\omega_i^2M_iq_i=f_{iM}+f_{iG},\quad i=1,2,\cdots,n \tag{9.186}$$

下面来讨论气动力的计算。对于突风引起的气动力,有

$$L_G(y)=\rho VC_L^{\alpha}b_Ra(y)\int_0^{\tau}\Psi'(\tau-\sigma)w_g(\sigma)\mathrm{d}\sigma \tag{9.187}$$

式中,$b_Ra(y)$表示展向位置为 y 处的机翼半弦长。对于飞机运动引起的气动力,这里为了简化起见,采用准定常气动力,则有

$$L_M(y)=-\rho VC_L^{\alpha}b_Ra(y)\dot{u}=-\rho V^2C_L^{\alpha}a(y)u'=$$
$$-\rho V^2C_L^{\alpha}a(y)\sum_{j=1}^{n}\phi_j(y)q_j' \tag{9.188}$$

将式(9.188)和式(9.187)分别代入式(9.184)和式(9.185)中,得到

$$f_{iM}=-\rho V^2C_L^{\alpha}\sum_{j=1}^{n}q_j'\int_{-l}^{+l}a(y)\phi_i(y)\phi_j(y)\mathrm{d}y \tag{9.189}$$

$$f_{iG}=\rho V^2C_L^{\alpha}b_R\int_{-l}^{+l}a(y)\phi_i(y)\mathrm{d}y\int_0^{\tau}\Psi'(\tau-\sigma)\frac{w_g(\sigma)}{V}\mathrm{d}\sigma \tag{9.190}$$

将式(9.189)和式(9.190)代入式(9.186)中可以得到

$$\lambda_iq_i''(\tau)+\sum_{j=1}^{n}B_{ij}q'_i(\tau)+\lambda_i\Omega_i^2q_i(\tau)=b_RB_{1i}\int_0^{\tau}\Psi'(\tau-\sigma)\frac{w_g(\sigma)}{V}\mathrm{d}\sigma,\quad i=1,2,\cdots,n \tag{9.191}$$

式中

$$\lambda_i=\frac{M_i}{\frac{1}{2}\rho Sb_RC_L^{\alpha}},\quad \Omega_i=\frac{\omega_ib_R}{V},\quad S=4b_Rl$$

$$B_{ij}=\frac{2b_R}{S}\int_{-l}^{+l}a(y)\phi_i(y)\phi_j(y)\mathrm{d}y$$

采用拉普拉斯变换或数值方法求解式(9.191),即可获得飞机在突风作用下的响应。由突风引起的附加机身加速度和机翼根部弯矩可采用如下公式计算:

$$\ddot{u}(0)=\sum_{i=1}^{n}\phi_i(0)\ddot{q}_i=\frac{V^2}{b_R^2}\sum_{i=1}^{n}\phi_i(0)q_i''(\tau) \tag{9.192}$$

$$M_B=\int_0^l\left[L_G(y)+L_M(y)-\frac{V^2}{b_R^2}\mu(y)\sum_{i=1}^{n}\phi_i(y)q_i''(\tau)\right]y\mathrm{d}y \tag{9.193}$$

式中，$\mu(y)$表示单位长度的机翼质量。

2. 一般弹性飞行器

对于一般情况下的弹性飞行器，其运动方程可以表示为

$$\boldsymbol{M}_{qq}\ddot{\boldsymbol{q}}+\boldsymbol{C}_{qq}\dot{\boldsymbol{q}}+\boldsymbol{K}_{qq}\boldsymbol{q}=\boldsymbol{f}_q+\boldsymbol{f}_g \tag{9.194}$$

式中，$\boldsymbol{q}$ 为弹性飞行器的广义模态坐标，它包含了飞行器的刚体运动和弹性振动模态；$\boldsymbol{M}_{qq}$、$\boldsymbol{C}_{qq}$ 和 $\boldsymbol{K}_{qq}$ 分别为对应于广义坐标 $\boldsymbol{q}$ 的广义质量矩阵、广义阻尼矩阵和广义刚度矩阵；$\boldsymbol{f}_q$ 和 $\boldsymbol{f}_g$ 分别表示由飞行器运动和突风引起的广义非定常气动力，对于一般升力面，它们可以采用偶极子格网法等得到频域形式的气动力影响系数矩阵。

在方程(9.194)中，等号左边是时域形式，而等号右边在大多数情况下是频域形式，因此在方程求解之前需要进行相应的处理。先来看 $\boldsymbol{f}_q$，它有如下形式：

$$\boldsymbol{f}_q=\frac{1}{2}\rho V^2\boldsymbol{A}_q\boldsymbol{q} \tag{9.195}$$

式中，$\boldsymbol{A}_q$ 表示广义气动力影响系数矩阵。利用 MS 法有理函数拟合技术，有

$$\boldsymbol{A}_q=\boldsymbol{A}_{q0}+\left(\frac{bs}{V}\right)\boldsymbol{A}_{q1}+\left(\frac{bs}{V}\right)^2\boldsymbol{A}_{q2}+s\boldsymbol{D}\left(s\boldsymbol{I}-\frac{V}{b}\boldsymbol{R}\right)^{-1}\boldsymbol{E} \tag{9.196}$$

式中，s 为拉普拉斯变量，$\boldsymbol{R}$ 为气动力滞后项对角矩阵，$\boldsymbol{I}$ 为单位矩阵，$\boldsymbol{A}_{q0}$、$\boldsymbol{A}_{q1}$、$\boldsymbol{A}_{q2}$ 和 $\boldsymbol{D}$、$\boldsymbol{E}$ 为拟合有理式系数矩阵。引入气动力滞后状态向量 $\boldsymbol{x}_a$，可将式(9.195)化为

$$\dot{\boldsymbol{x}}_a=\frac{V}{b}\boldsymbol{R}\boldsymbol{x}_a+\frac{1}{2}\rho V^2\boldsymbol{E}\dot{\boldsymbol{q}} \tag{9.197}$$

$$\boldsymbol{f}_q=\boldsymbol{D}\boldsymbol{x}_a+\frac{1}{2}\rho V^2\left[\boldsymbol{A}_{q0}\boldsymbol{q}+\left(\frac{b}{V}\right)\boldsymbol{A}_{q1}\dot{\boldsymbol{q}}+\left(\frac{b}{V}\right)^2\boldsymbol{A}_{q2}\ddot{\boldsymbol{q}}\right] \tag{9.198}$$

将式(9.197)和式(9.198)代入式(9.194)，转化为状态空间方程：

$$\begin{bmatrix}\dot{\boldsymbol{q}}\\ \ddot{\boldsymbol{q}}\\ \dot{\boldsymbol{x}}_a\end{bmatrix}=\begin{bmatrix}\boldsymbol{0} & \boldsymbol{I} & \boldsymbol{0}\\ \overline{\boldsymbol{M}}^{-1}\overline{\boldsymbol{K}} & \overline{\boldsymbol{M}}^{-1}\overline{\boldsymbol{C}} & \overline{\boldsymbol{M}}^{-1}\boldsymbol{D}\\ \boldsymbol{0} & \frac{1}{2}\rho V^2\boldsymbol{E} & \frac{V}{b}\boldsymbol{R}\end{bmatrix}\begin{bmatrix}\boldsymbol{q}\\ \dot{\boldsymbol{q}}\\ \boldsymbol{x}_a\end{bmatrix}+\begin{bmatrix}\boldsymbol{0}\\ \boldsymbol{f}_g\\ \boldsymbol{0}\end{bmatrix} \tag{9.199}$$

式中

$$\overline{\boldsymbol{M}}=\boldsymbol{M}_{qq}-\frac{1}{2}\rho b^2\boldsymbol{A}_{q2} \tag{9.200}$$

$$\overline{\boldsymbol{C}}=\frac{1}{2}\rho Vb\boldsymbol{A}_{q1}-\boldsymbol{C}_{qq} \tag{9.201}$$

$$\overline{\boldsymbol{K}}=\frac{1}{2}\rho V^2\boldsymbol{A}_{q0}-\boldsymbol{K}_{qq} \tag{9.202}$$

在式(9.199)中，由于 $\boldsymbol{f}_g$ 不是时域形式，所以不能直接求解，接下来需要处理 $\boldsymbol{f}_g$。在 9.3.5 节中已经介绍了突风对应的广义非定常气动力影响系数矩阵 $\boldsymbol{A}_g$ 的计算，利用 9.1.3 节所述的傅里叶变换法，有

$$\boldsymbol{f}_{\mathrm{g}}(t)=\frac{1}{2\pi}\int_{-\infty}^{\infty}\frac{1}{2}\rho V^{2}\boldsymbol{A}_{\mathrm{g}}(\omega)\mathscr{F}\left[w_{\mathrm{g}}(t)/V\right]\mathrm{e}^{\mathrm{i}\omega t}\mathrm{d}\omega \tag{9.203}$$

式中,$\mathscr{F}[w_{\mathrm{g}}(t)/V]$表示突风下洗角 $w_{\mathrm{g}}(t)/V$ 的傅里叶变换。

当给定突风速度 $w_{\mathrm{g}}(t)$后,利用式(9.203)可得到时域形式的广义突风气动力向量,再利用数值方法求解常微分方程组(9.199),即可获得飞行器在突风作用下的运动响应。需要提出的是,采用傅里叶变换法求解离散突风响应是建立在零初始条件的假设基础上的。

【例 9.7】 一架具有大展弦比机翼、正常式布局的飞机,机身长度为 4 400 mm,机翼翼展为 8 000 mm,机翼弦长为 400 mm,全机总质量为 361.4 kg,绕质心的俯仰转动惯量为 5.078×10^{8} kg·mm^{2}。飞机有限元模型如图 9.23 所示,机翼和平尾采用板壳单元模拟,具有分布质量;机身采用梁单元模拟,机身结点具有集中质量。

应用 NASTRAN 软件进行模态特性分析,得到飞机前若干阶模态特性。表 9.1 显示了主要对称模态的频率,图 9.24 显示了主要对称模态的振型。

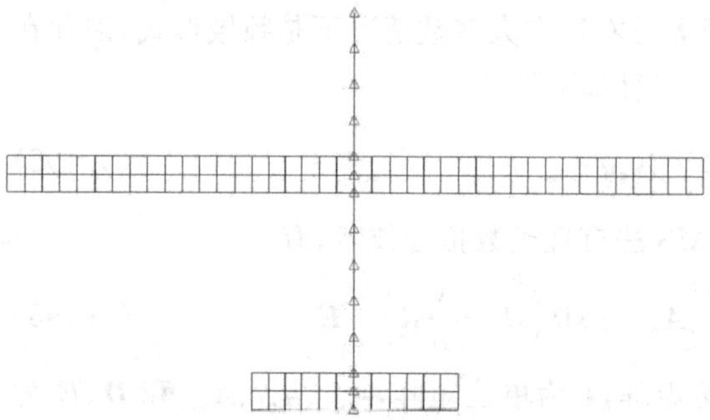

图 9.23 具有大展弦比机翼的正常式布局飞机有限元模型

表 9.1 前若干阶对称模态的频率

阶 数	频率/Hz	模态名称
1～6	0.000	刚体模态
7	0.705	机翼对称一弯
9	4.095	机翼对称二弯
12	7.143	机身垂直一弯
13	9.030	平尾对称一弯
16	10.21	机翼对称一扭
18	11.67	机翼对称三弯

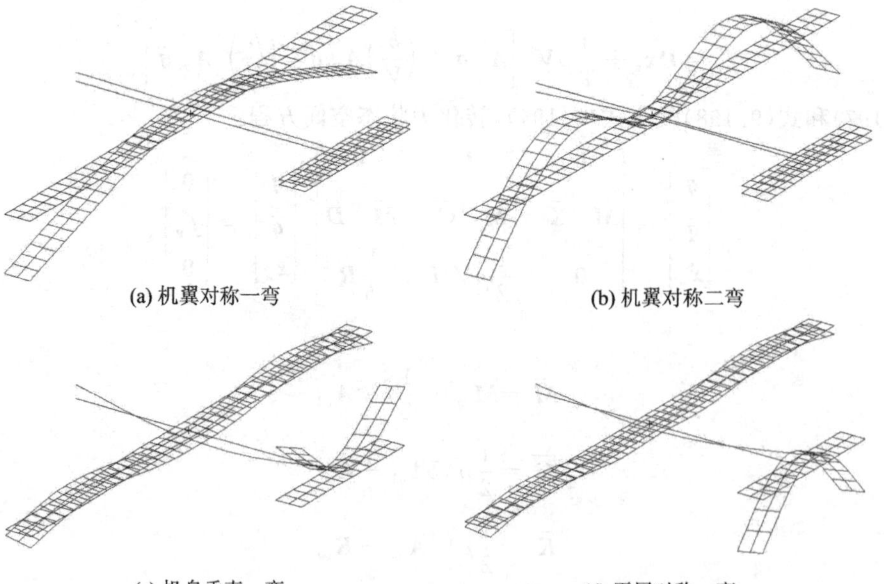

(a) 机翼对称一弯　(b) 机翼对称二弯

(c) 机身垂直一弯　(d) 平尾对称一弯

图 9.24 前若干阶对称模态的振型

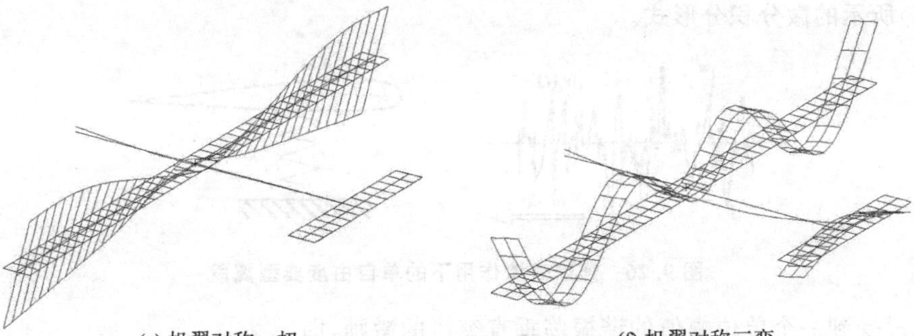

(e) 机翼对称一扭　　(f) 机翼对称三弯

图 9.24　前若干阶对称模态的振型(续)

飞机的飞行速度为 $V=20\times10^3$ mm/s，大气密度为 $\rho=1.225\times10^{-9}$ kg/mm^3。考虑 1 - cos 离散突风的作用，突风尺度为 10×10^3 mm，突风强度为 4×10^3 mm/s，突风参考点位于机身顶点。采用本节所述傅里叶变换方法计算离散突风响应。图 9.25 显示了机翼翼尖加速度和 50%展长处弯矩的时域响应。

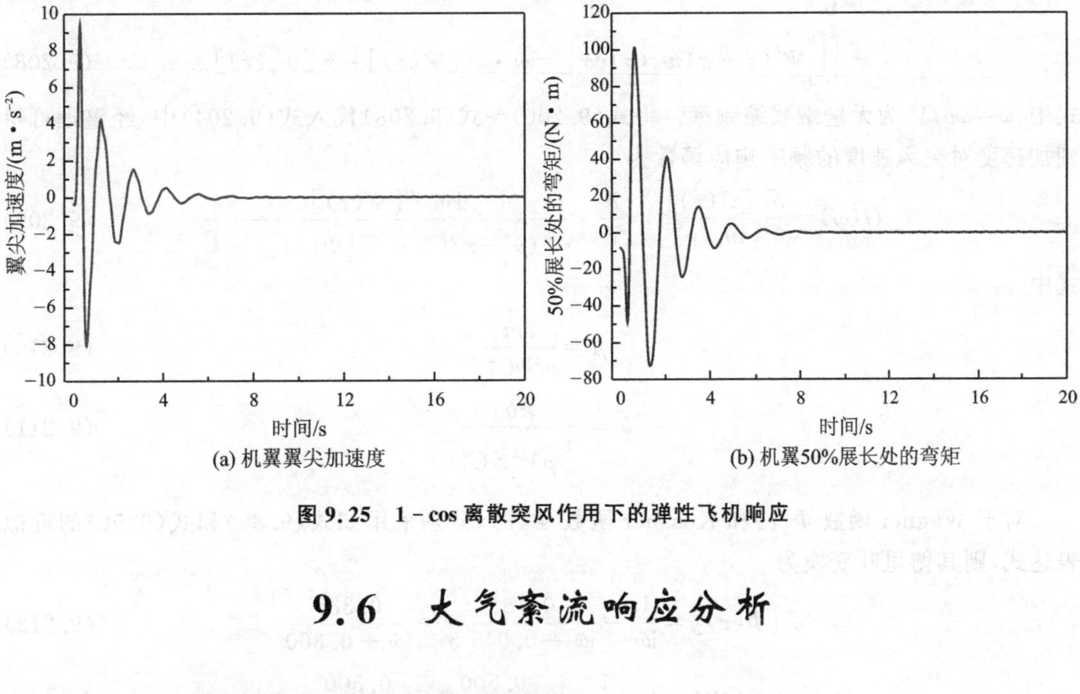

(a) 机翼翼尖加速度　　(b) 机翼50%展长处的弯矩

图 9.25　1 - cos 离散突风作用下的弹性飞机响应

9.6　大气紊流响应分析

9.6.1　典型翼段的大气紊流响应

考虑如图 9.26 所示的问题：具有沉浮自由度的典型翼段在连续紊流作用下的加速度响应功率谱的分析。设 m 为翼段的质量，$z(t)$为垂直位移，向上为正，k 为沉浮弹簧的刚度系数，则典型翼段的扰动运动方程可以写为

$$\frac{V^2}{b^2}mz''(\tau)+kz(\tau)=L_{\mathrm{M}}(\tau)+L_{\mathrm{G}}(\tau) \tag{9.204}$$

式中，$\tau=Vt/b$，$(\ )'=\mathrm{d}(\ )/\mathrm{d}\tau$ 表示对无量纲时间 τ 求导，$L_{\mathrm{M}}(\tau)$和 $L_{\mathrm{G}}(\tau)$分别表示由翼段沉浮运动和突风引起的非定常气动力。根据非定常气动力理论，它们可分别写成如式(9.124)和

式(9.126)所示的微分积分形式。

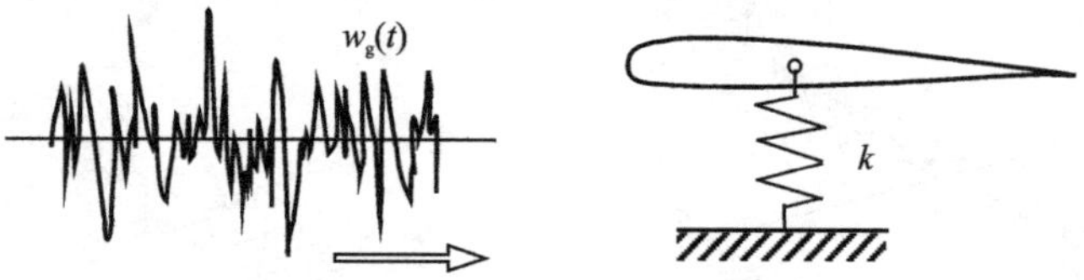

图 9.26　连续紊流作用下的单自由度典型翼段

设翼段受到一个单位幅值的谐振荡垂直突风的激励,即

$$w_g(t)=e^{i\omega t} \tag{9.205}$$

根据线性系统理论可知,由翼段的沉浮运动和突风引起的非定常气动力均是谐振荡的。为求出由突风输入到翼段加速度输出的频率响应函数,这里采用傅里叶变换法。对方程(9.204)等号两边作傅里叶变换,并利用以下条件

$$\mathscr{F}\left[z''(\tau)\right]=-\bar{\omega}^2\mathscr{F}\left[z(\tau)\right] \tag{9.206}$$

$$\mathscr{F}\left[\int_0^\tau \Phi(\tau-\sigma)z''(\sigma)\mathrm{d}\sigma\right]=-\bar{\omega}^2\cdot\mathscr{F}\left[\Phi(\tau)\right]\cdot\mathscr{F}\left[z(\tau)\right] \tag{9.207}$$

$$\mathscr{F}\left[\int_0^\tau \Psi'(\tau-\sigma)w_g(\sigma)\mathrm{d}\sigma\right]=i\bar{\omega}\cdot\mathscr{F}\left[\Psi(\tau)\right]\cdot\mathscr{F}\left[w_g(\tau)\right] \tag{9.208}$$

式中,$\bar{\omega}=\omega b/V$ 为无量纲减缩频率。将式(9.206)~式(9.208)代入式(9.204)中,经整理可得到加速度对突风速度的频率响应函数为

$$G(\bar{\omega})=\frac{\mathscr{F}\left[z''(\tau)\right]}{\mathscr{F}\left[w_g(\tau)\right]}=\frac{b}{V}\cdot\frac{i\bar{\omega}^3\mathscr{F}\left[\Psi(\tau)\right]}{\bar{\omega}^2(\mu+\pi/C_L^\alpha+\mathscr{F}\left[\Phi(\tau)\right])-\bar{k}} \tag{9.209}$$

式中

$$\mu=\frac{2m}{\rho SbC_L^\alpha} \tag{9.210}$$

$$\bar{k}=\frac{kb}{\frac{1}{2}\rho V^2SC_L^\alpha} \tag{9.211}$$

对于 Wagner 函数 $\Phi(\tau)$和 Küssner 函数 $\Psi(\tau)$,分别采用如式(9.80)和式(9.92)的近似表达式,则其傅里叶变换为

$$\mathscr{F}\left[\Phi(\tau)\right]=\frac{1}{i\bar{\omega}}-\frac{0.165}{i\bar{\omega}+0.0455}-\frac{0.335}{i\bar{\omega}+0.300} \tag{9.212}$$

$$\mathscr{F}\left[\Psi(\tau)\right]=\frac{1}{i\bar{\omega}}-\frac{0.500}{i\bar{\omega}+0.130}-\frac{0.500}{i\bar{\omega}+1} \tag{9.213}$$

将式(9.212)和式(9.213)代入式(9.209)中,可以得到加速度的频率响应函数 $G(i\bar{\omega})$。若将 $\bar{\omega}=\omega b/V$ 代入 $G(i\bar{\omega})$中,则可得到关于角频率 ω 的频率响应函数 $G(\omega)$。若已知紊流的功率谱密度为 $\Phi_g(\omega)$,则加速度响应的功率谱密度为

$$\Phi_y(\omega)=|G(\omega)|^2\Phi_g(\omega) \tag{9.214}$$

加速度响应的均方根值可根据式(9.50)计算。

【例 9.8】 已知具有沉浮自由度的典型翼段,半弦长为 0.5 m,质量为 10 kg,沉浮弹簧刚度系数为 10 000 N/m。取气流密度为 1.225 kg/m³,升力线斜率为 2π/rad,紊流速度均方值

为 1.0 m/s，紊流尺度为 100 m。采用 von Karman 紊流模型，计算气流速度为 60 m/s 时翼段的加速度功率谱密度。

计算得到的加速度响应功率谱密度曲线如图 9.27 所示，利用数值积分计算曲线下部的面积可求得加速度均方根为 3.25×10^{-4} m/s^2。从图中可以看出，加速度响应的峰值频率约为 32 rad/s，这正对应于翼段的沉浮运动频率。

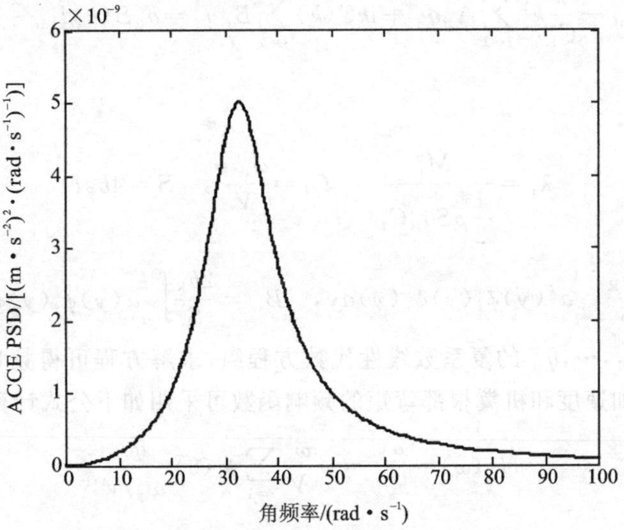

图 9.27　连续紊流作用下的典型翼段加速度功率谱密度

9.6.2　弹性飞行器的大气紊流响应

1. 简化飞机模型

先以图 9.22 所示的简化飞机模型为对象来讨论紊流响应分析。首先考虑在简谐突风 $w_g=\bar{w}_g e^{ik\tau}$ 下飞机的广义坐标，也可写成简谐形式

$$q_i=\bar{q}_i e^{ik\tau} \tag{9.215}$$

式中，$k=\omega b_R/V$ 为无量纲减缩频率，$\tau=Vt/b_R$ 为无量纲时间。可以写出系统运动方程：

$$-\frac{V^2}{b_R^2}M_i k^2\bar{q}_i e^{ik\tau}+\omega_i^2 M_i\bar{q}_i e^{ik\tau}=f_{iM}+f_{iG},\quad i=1,2,\cdots,n \tag{9.216}$$

式中，M_i 为对应于第 i 阶广义坐标的广义质量；ω_i 为第 i 阶模态的频率，$\omega_1=0$；f_{iM} 和 f_{iG} 分别表示由飞机运动和突风引起的广义气动力，其计算公式为

$$f_{iM}=\int_{-l}^{+l}L_M(y)\phi_i(y)\mathrm{d}y \tag{9.217}$$

$$f_{iG}=\int_{-l}^{+l}L_G(y)\phi_i(y)\mathrm{d}y \tag{9.218}$$

式中，l 表示飞机的半展长，L_M 和 L_G 分别表示由飞机运动和突风引起的单位展长上的升力。在简谐情况下，对于突风引起的气动力，有

$$L_G(y)=\rho VC_L^{\alpha}b_R a(y)S(k)\bar{w}_g e^{ik\tau} \tag{9.219}$$

对于飞机运动引起的气动力,采用 Theodorsen 非定常理论,有

$$L_{\mathrm{M}}(y)=\rho V^2 C_L^{\alpha}\left[\frac{\pi}{C_L^{\alpha}}a^2(y)k^2-a(y)\mathrm{i}kC(k)\right]\sum_{j=1}^{n}\phi_j(y)\bar{q}_j\mathrm{e}^{\mathrm{i}k\tau} \tag{9.220}$$

式(9.219)和式(9.220)中,$S(k)$和 $C(k)$分别为 Sears 函数和 Theodorsen 函数。

利用式(9.217)~式(9.220),方程(9.216)可以化为

$$-\lambda_i k^2\bar{q}_i+\lambda_i\Omega_i^2\bar{q}_i-\frac{\pi}{C_L^{\alpha}}k^2\sum_{j=1}^{n}A_{ij}\bar{q}_j+\mathrm{i}kC(k)\sum_{j=1}^{n}B_{ij}\bar{q}_i=b_{\mathrm{R}}S(k)B_{1i}\frac{\bar{w}_{\mathrm{g}}}{V},\quad i=1,2,\cdots,n \tag{9.221}$$

式中

$$\lambda_i=\frac{M_i}{\frac{1}{2}\rho S b_{\mathrm{R}}C_L^{\alpha}},\quad \Omega_i=\frac{\omega_i b_{\mathrm{R}}}{V},\quad S=4b_{\mathrm{R}}l$$

$$A_{ij}=\frac{2b_{\mathrm{R}}}{S}\int_{-l}^{+l}a^2(y)\phi_i(y)\phi_j(y)\mathrm{d}y,\quad B_{ij}=\frac{2b_{\mathrm{R}}}{S}\int_{-l}^{+l}a(y)\phi_i(y)\phi_j(y)\mathrm{d}y$$

式(9.221)是关于 $\bar{q}_1,\cdots,\bar{q}_n$ 的复系数线性代数方程组,求解方程可得频响函数 $\bar{q}_i/(\bar{w}_{\mathrm{g}}/V)$,由突风引起的机身加速度和机翼根部弯矩的频响函数可采用如下公式计算:

$$H_1(\omega)=\frac{\bar{a}_{\mathrm{F}}}{\bar{w}_{\mathrm{g}}}=-\frac{\omega^2}{V}\sum_{i=1}^{n}\phi_i(0)\frac{\bar{q}_i}{\bar{w}_{\mathrm{g}}/V} \tag{9.222}$$

$$\begin{aligned}H_2(\omega)=\frac{\bar{M}_{\mathrm{B}}}{\bar{w}_{\mathrm{g}}}=\rho VC_L^{\alpha}\Bigg[b_{\mathrm{R}}S(k)\int_0^l a(y)y\mathrm{d}y+\frac{\pi}{C_L^{\alpha}}k^2\sum_{i=1}^{n}\frac{\bar{q}_i}{w_{\mathrm{g}}/V}\int_0^l a^2(y)\phi_i(y)y\mathrm{d}y-\\ \mathrm{i}kC(k)\sum_{i=1}^{n}\frac{\bar{q}_i}{w_{\mathrm{g}}/V}\int_0^l a(y)\phi_i(y)y\mathrm{d}y\Bigg]+\frac{\omega^2}{V}\sum_{i=1}^{n}\frac{\bar{q}_i}{w_{\mathrm{g}}/V}\int_0^l\mu(y)\phi_i(y)y\mathrm{d}y\end{aligned} \tag{9.223}$$

一旦得到响应量对于简谐突风的频响函数,就可以利用式(9.214)计算响应量的功率谱密度。

2. 一般弹性飞行器

对于一般情况下的弹性飞行器,其运动方程可以表示为

$$\boldsymbol{M}_{qq}\ddot{\boldsymbol{q}}+\boldsymbol{C}_{qq}\dot{\boldsymbol{q}}+\boldsymbol{K}_{qq}\boldsymbol{q}=\boldsymbol{f}_q+\boldsymbol{f}_{\mathrm{g}} \tag{9.224}$$

式中,$\boldsymbol{q}$ 为弹性飞行器的广义模态坐标,它包含了飞行器的刚体运动和弹性振动模态;$\boldsymbol{M}_{qq}$、$\boldsymbol{C}_{qq}$ 和 $\boldsymbol{K}_{qq}$ 分别为对应于广义坐标 $\boldsymbol{q}$ 的广义质量矩阵、广义阻尼矩阵和广义刚度矩阵;$\boldsymbol{f}_q$ 和 $\boldsymbol{f}_{\mathrm{g}}$ 分别表示由飞行器运动和突风引起的广义非定常气动力,对于一般升力面,它们可以采用偶极子格网法等得到频域形式的气动力影响系数矩阵。

将式(9.224)化成频域形式,有

$$(-\omega^2\boldsymbol{M}_{qq}+\mathrm{i}\omega\boldsymbol{C}_{qq}+\boldsymbol{K}_{qq})\bar{\boldsymbol{q}}\mathrm{e}^{\mathrm{i}\omega t}=\frac{1}{2}\rho V^2\boldsymbol{A}_q\bar{\boldsymbol{q}}\mathrm{e}^{\mathrm{i}\omega t}+\frac{1}{2}\rho V^2\boldsymbol{A}_{\mathrm{g}}\frac{\bar{w}_{\mathrm{g}}}{V}\mathrm{e}^{\mathrm{i}\omega t} \tag{9.225}$$

式中,$\boldsymbol{A}_q$ 和 $\boldsymbol{A}_{\mathrm{g}}$ 为气动力影响系数矩阵。于是,可以得到广义坐标的频响函数

$$\frac{\bar{\boldsymbol{q}}}{\bar{w}_{\mathrm{g}}}=\frac{1}{2}\rho V\left(-\omega^2\boldsymbol{M}_{qq}+\mathrm{i}\omega\boldsymbol{C}_{qq}+\boldsymbol{K}_{qq}-\frac{1}{2}\rho V w_{\mathrm{g}}{}^2\boldsymbol{A}_q\right)^{-1}\boldsymbol{A}_{\mathrm{g}} \tag{9.226}$$

根据模态叠加原理，可以求得任意结点位移的频响函数

$$H_d(\omega)=\frac{\bar{u}}{\bar{w}_g}=\sum_{i=1}^{n}\phi_i\frac{\bar{q}_i}{\bar{w}_g}=\Phi\frac{\bar{q}}{\bar{w}_g} \tag{9.227}$$

式中，ϕ_i 表示结构结点的第 i 阶模态振型。根据需要，在 $H_d(\omega)$ 的基础上乘以因子 $i\omega$ 或 $-\omega^2$，则可得到结点速度、加速度的频响函数。

为了计算飞行器某个位置处的内力载荷（如剪力、弯矩和扭矩），需要将从该位置到飞行器自由端之间的所有结点惯性力和所有气动网格气动力叠加起来，图 9.28 显示了内力载荷计算的示意图。一旦求得内力载荷的频响函数，则可以利用式(9.48)～式(9.50)求得载荷的统计特性。

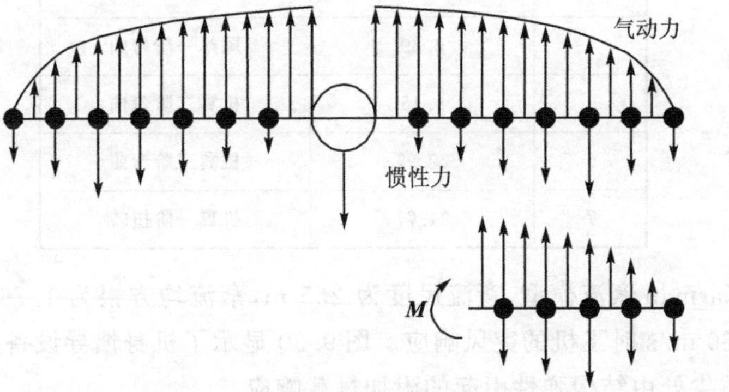

图 9.28　飞行器内力载荷计算的示意图

【例 9.9】　某大展弦比双尾撑飞机的结构有限元模型和气动网格模型如图 9.29 所示，分析该飞机在海平面高度、飞行速度 60 m/s 时的连续紊流响应。

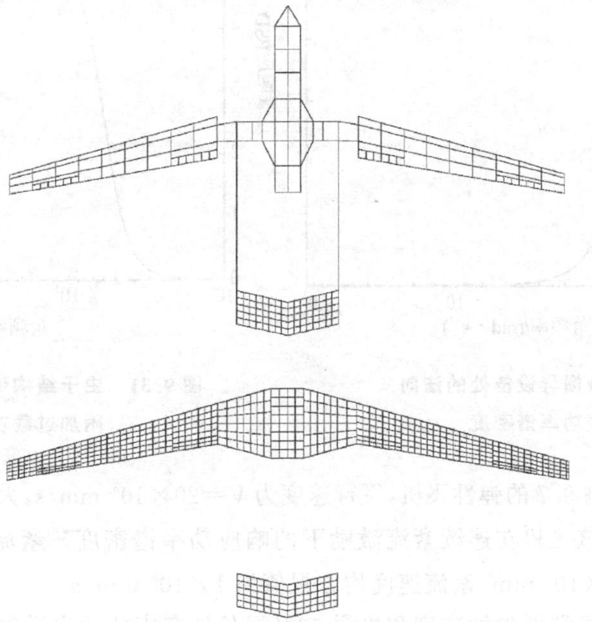

图 9.29　某大展弦比飞机结构有限元模型和气动网格模型

首先采用 MSC. NASTRAN 软件计算该飞机在自由-自由状态下的固有振动特性。表 9.2 列出了全机对称状态的前 7 阶模态及其频率(含刚体运动模态)。对于该飞机而言,这 7 阶模态对于突风响应分析是够用的。

表 9.2　全机对称状态的固有模态及频率

阶　数	频率/Hz	模态名称
1	0.00	刚体沉浮
2	0.00	刚体俯仰
3	2.66	机翼一阶弯曲
4	6.89	尾撑一阶弯曲
5	9.15	机翼二阶弯曲
6	20.97	机翼三阶弯曲
7	24.71	机翼一阶扭转

采用 Von Karman 紊流模型,紊流尺度为 265 m,紊流均方根为 1.766 m/s,计算海平面高度、飞行速度 60 m/s 时飞机的突风响应。图 9.30 显示了机身惯导设备处的法向过载响应,图 9.31 显示了翼尖处由结构弹性引起的附加过载响应。

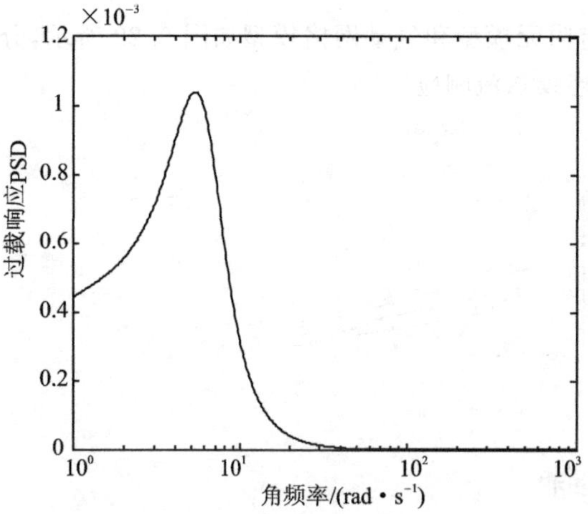

图 9.30　机身惯导设备处的法向过载功率谱密度

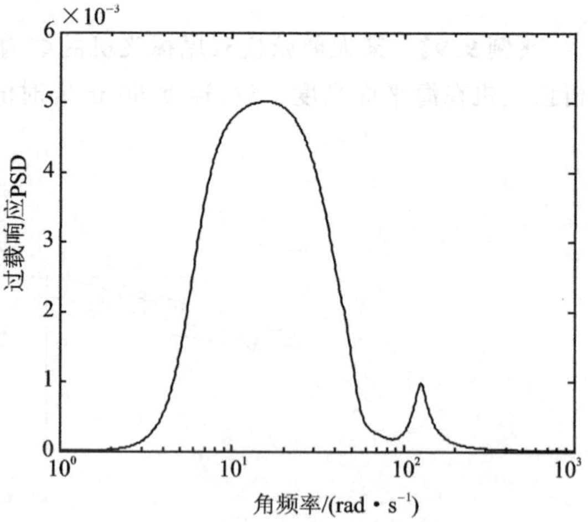

图 9.31　由于结构弹性引起的翼尖处附加过载功率谱密度

【例 9.10】 如例 9.7 的弹性飞机,飞行速度为 $V=20\times10^3$ mm/s,大气密度为 $\rho=1.225\times10^{-9}$ kg/mm^3,计算该飞机在连续紊流激励下的响应功率谱密度。紊流采用 von Karman 模型,紊流尺度为 150×10^3 mm,紊流速度均方根值为 1×10^3 mm/s。

图 9.32 显示了机翼翼尖加速度和机翼 50%展长处弯矩的功率谱密度曲线。从计算结果可以看出,飞机在机翼对称一弯和机翼对称二弯这两阶模态频率处具有较大的响应。

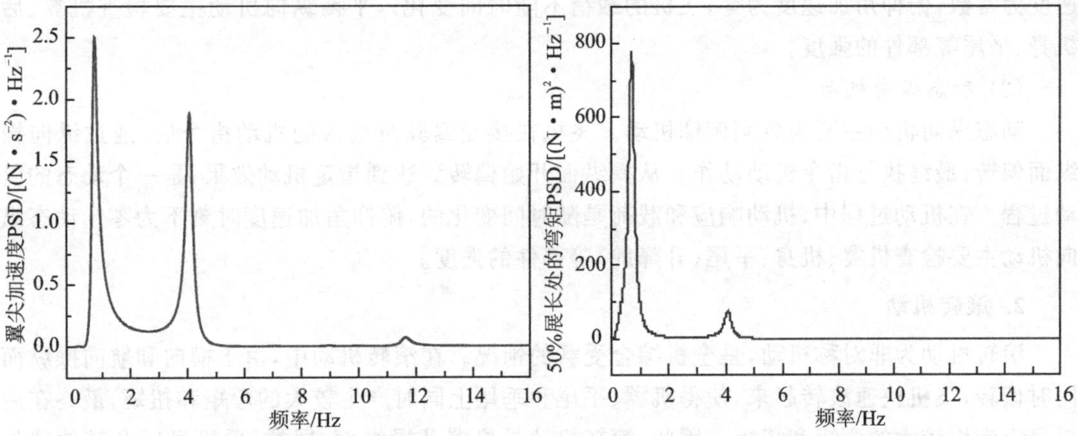

(a) 机翼翼尖加速度　　(b) 机翼50%展长处的弯矩

图 9.32　连续紊流突风作用下的弹性飞机响应功率谱密度

9.7　弹性飞机动态机动响应分析

飞行状态(速度、高度和飞行方向)随时间变化的飞行动作,称为机动。在一定时间内改变飞行状态的能力称为机动性,飞行状态改变的范围越大,改变状态所需的时间越短,飞行器的机动性就越好。机动性是评价军用飞行器性能优劣的重要指标之一。

为了在较短的时间内改变飞行器的运动状态,就需要使飞行器产生较大的气动力以获得较大的加速度。因此飞行器的机动性越好,所要求承受的载荷越大。对于以空中格斗为主要作战模式的战斗机来说,机动载荷是飞机结构强度分析与设计中最重要的载荷类型。

现代飞行器日益追求高速度、轻质量和高机动性,飞行器结构柔性越大,使得气动弹性对机动响应的影响越加突出。这主要表现在两个方面:一是静气动弹性效应使得气动力分布改变和操纵面操纵效率下降,从而影响机动响应和载荷;二是机动过程引起非定常气动力和结构弹性振动,从而产生附加的动态机动载荷。第一个问题属于平衡机动的范畴,这在第 7 章有过介绍;第二个问题属于动态机动的范畴,本节主要讨论这个问题。

9.7.1　机动过程与机动载荷

飞行器的机动过程一般有两种分类方法:根据飞行器机动动作是否关于机身纵向剖面对称,将其分为对称机动和非对称机动。对称机动主要为纵向机动,非对称机动包括滚转机动和侧滑机动。根据机动过程中响应和载荷是否随时间变化,将其分为平衡机动(稳态机动)和动态机动(非稳态机动)。下面以飞机为例介绍几种主要机动过程的定义和特点。

1. 纵向机动

纵向机动是飞机在铅垂平面内的对称飞行,它是机翼和平尾的严重载荷情况之一,也是一些次要部件的严重载荷情况。

(1) 平衡纵向机动

平衡纵向机动主要为稳定俯仰机动。在稳定俯仰机动过程中,飞机的飞行速度和俯仰角速度为常数,俯仰角加速度为零,飞机的载荷不随时间变化。平衡纵向机动主要检查机翼、后机身、平尾等部件的强度。

(2) 动态纵向机动

动态纵向机动主要为急剧俯仰机动。飞机在接受驾驶员输入的机动指令后,通过纵向操纵面偏转,最终执行指令机动动作。从操纵面开始偏转到达到指定机动效果,是一个动态的机动过程。在机动过程中,机动响应和载荷是随时间变化的,俯仰角加速度时刻不为零。动态纵向机动主要检查机翼、机身、平尾(升降舵)等部件的强度。

2. 滚转机动

滚转机动为非对称机动,是全机综合受载的情况。在滚转机动中,由于横向和航向操纵面同时偏转,飞机快速滚转起来,使得机翼、平尾和垂尾上同时产生较大的弯矩和扭矩,最终在后机身上产生较大的弯矩和扭矩。因此,滚转机动是机翼及操纵面、尾翼、后机身以及其他部件严重受载等情况之一。

(1) 平飞滚转

初始过载系数为1.0。飞机从水平飞行开始,完成360°滚转机动飞行。纵向操纵面的位置应固定在滚转前保持平飞所需的配平位置上。

(2) 180°滚转

飞机初始做水平飞行,然后滚转180°。飞机的过载系数应为−1.0～+1.0范围内的所有值。根据滚转加速度是否为0,可以分为平衡/定常180°滚转和动力学180°滚转。

3. 侧滑和偏航机动

侧滑和偏航机动基本上是无明显耦合滚转的平面机动,为非对称机动。除高速急蹬方向舵和反蹬方向舵的倾斜角不超过5°外,其余各项的座舱横向操纵应使机翼保持水平状态。

(1) 稳定侧滑

飞机在极限速度范围内,缓慢地施加方向操纵,直至飞机达到稳定的最大侧滑角。

(2) 急蹬方向舵

飞机在规定速度范围内,在规定时间内施加一定的方向操纵力,使座舱航向操纵移动至可达到的最大位移。在达到最大超调侧滑角并直至飞机达到稳定侧滑时,座舱操纵位移一直保持不变。在规定时间内将航向操纵位移减小到零,使飞机改出侧滑。这是一种动态机动。

9.7.2 动态机动响应分析方法

以飞行器稳定机动状态为平衡状态,在此基础上对弹性飞行器运动方程进行小扰动线化,可以得到弹性飞行器的小扰动线化运动方程:

$$\begin{bmatrix} \boldsymbol{M}_{qq} & \boldsymbol{M}_{q\delta} \end{bmatrix} \begin{bmatrix} \ddot{\boldsymbol{q}} \\ \ddot{\boldsymbol{\delta}} \end{bmatrix} + \begin{bmatrix} \boldsymbol{C}_{qq} & \boldsymbol{0} \end{bmatrix} \begin{bmatrix} \dot{\boldsymbol{q}} \\ \dot{\boldsymbol{\delta}} \end{bmatrix} + \begin{bmatrix} \boldsymbol{K}_{qq} & \boldsymbol{0} \end{bmatrix} \begin{bmatrix} \boldsymbol{q} \\ \boldsymbol{\delta} \end{bmatrix} = \boldsymbol{f}_{\mathrm{A}} \tag{9.228}$$

式中,$\boldsymbol{q}^{\mathrm{T}} = [\boldsymbol{q}_r^{\mathrm{T}} \quad \boldsymbol{q}_e^{\mathrm{T}}]$为弹性飞行器的广义模态坐标,它包含了飞行器的刚体运动模态$\bar{q}_r$和弹性振动模态$\boldsymbol{q}_e$,$\boldsymbol{\delta}$表示飞行器操纵面偏转模态坐标;$\boldsymbol{M}_{qq}$、$\boldsymbol{C}_{qq}$和$\boldsymbol{K}_{qq}$分别为对应于广义坐标$\boldsymbol{q}$的广义质量矩阵、广义阻尼矩阵和广义刚度矩阵,$\boldsymbol{M}_{q\delta}$为弹性飞行器模态与操纵面偏转模态的耦合惯性质量;$\boldsymbol{f}_{\mathrm{A}}$表示系统受到的广义力,在这里主要考虑由飞行器运动和操纵面偏转引起的气动力。根据气动力理论,在线性小扰动情况下,有

$$\boldsymbol{f}_{\mathrm{A}}=\frac{1}{2}\rho V^{2}\left[\boldsymbol{A}_{q}\quad\boldsymbol{A}_{\delta}\right]\begin{bmatrix}\boldsymbol{q}\\ \boldsymbol{\delta}\end{bmatrix} \tag{9.229}$$

式中，$\boldsymbol{A}_q$ 和 $\boldsymbol{A}_\delta$ 表示广义气动力影响系数矩阵，一般是减缩频率 $k=\omega b/V$ 的复数矩阵。

为了对式(9.228)进行时域求解，需要将式(9.228)转化成时域的形式。这里仍然采用 MS 法有理函数拟合技术，引入气动力滞后状态向量 $\boldsymbol{x}_{\mathrm{a}}$，式(9.229)可化为

$$\dot{\boldsymbol{x}}_{\mathrm{a}}=\frac{V}{b}\boldsymbol{R}\boldsymbol{x}_{\mathrm{a}}+\frac{1}{2}\rho V^{2}\boldsymbol{E}_{q}\dot{\boldsymbol{q}}+\frac{1}{2}\rho V^{2}\boldsymbol{E}_{\delta}\dot{\boldsymbol{\delta}} \tag{9.230}$$

$$\boldsymbol{f}_{\mathrm{A}}=\boldsymbol{D}\boldsymbol{x}_{\mathrm{a}}+\frac{1}{2}\rho V^{2}\left[\boldsymbol{A}_{q0}\boldsymbol{q}+\left(\frac{b}{V}\right)\boldsymbol{A}_{q1}\dot{\boldsymbol{q}}+\left(\frac{b}{V}\right)^{2}\boldsymbol{A}_{q2}\ddot{\boldsymbol{q}}\right]+$$
$$\frac{1}{2}\rho V^{2}\left[\boldsymbol{A}_{\delta0}\boldsymbol{\delta}+\left(\frac{b}{V}\right)\boldsymbol{A}_{\delta1}\dot{\boldsymbol{\delta}}+\left(\frac{b}{V}\right)^{2}\boldsymbol{A}_{\delta2}\ddot{\boldsymbol{\delta}}\right] \tag{9.231}$$

式中，$\boldsymbol{R}$ 为气动力滞后项对角阵，$\boldsymbol{A}_{q0}$、$\boldsymbol{A}_{q1}$、$\boldsymbol{A}_{q2}$、$\boldsymbol{A}_{\delta0}$、$\boldsymbol{A}_{\delta1}$、$\boldsymbol{A}_{\delta2}$ 和 $\boldsymbol{D}$、$\boldsymbol{E}_q$、$\boldsymbol{E}_\delta$ 均为拟合有理式系数矩阵。将式(9.230)和式(9.231)代入式(9.228)，可得到状态方程：

$$\begin{bmatrix}\dot{\boldsymbol{q}}\\ \ddot{\boldsymbol{q}}\\ \dot{\boldsymbol{x}}_{\mathrm{a}}\end{bmatrix}=\begin{bmatrix}\boldsymbol{0} & \boldsymbol{I} & \boldsymbol{0}\\ \overline{\boldsymbol{M}}_{\mathrm{S}}^{-1}\overline{\boldsymbol{K}}_{\mathrm{S}} & \overline{\boldsymbol{M}}_{\mathrm{S}}^{-1}\overline{\boldsymbol{C}}_{\mathrm{S}} & \overline{\boldsymbol{M}}_{\mathrm{S}}^{-1}\boldsymbol{D}\\ \boldsymbol{0} & \frac{1}{2}\rho V^{2}\boldsymbol{E}_{q} & \frac{V}{b}\boldsymbol{R}\end{bmatrix}\begin{bmatrix}\boldsymbol{q}\\ \dot{\boldsymbol{q}}\\ \boldsymbol{x}_{\mathrm{a}}\end{bmatrix}+\begin{bmatrix}\boldsymbol{0} & \boldsymbol{0} & \boldsymbol{0}\\ \overline{\boldsymbol{M}}_{\mathrm{S}}^{-1}\overline{\boldsymbol{K}}_{\mathrm{C}} & \overline{\boldsymbol{M}}_{\mathrm{S}}^{-1}\overline{\boldsymbol{C}}_{\mathrm{C}} & \overline{\boldsymbol{M}}_{\mathrm{S}}^{-1}\overline{\boldsymbol{M}}_{\mathrm{C}}\\ \boldsymbol{0} & \frac{1}{2}\rho V^{2}\boldsymbol{E}_{\delta} & \boldsymbol{0}\end{bmatrix}\begin{bmatrix}\boldsymbol{\delta}\\ \dot{\boldsymbol{\delta}}\\ \ddot{\boldsymbol{\delta}}\end{bmatrix} \tag{9.232}$$

式中

$$\overline{\boldsymbol{M}}_{\mathrm{S}}=\boldsymbol{M}_{qq}-\frac{1}{2}\rho b^{2}\boldsymbol{A}_{q2} \tag{9.233}$$

$$\overline{\boldsymbol{C}}_{\mathrm{S}}=\frac{1}{2}\rho Vb\boldsymbol{A}_{q1}-\boldsymbol{C}_{qq} \tag{9.234}$$

$$\overline{\boldsymbol{K}}_{\mathrm{S}}=\frac{1}{2}\rho V^{2}\boldsymbol{A}_{q0}-\boldsymbol{K}_{qq} \tag{9.235}$$

$$\overline{\boldsymbol{M}}_{\mathrm{C}}=-\boldsymbol{M}_{q\delta}+\frac{1}{2}\rho b^{2}\boldsymbol{A}_{\delta2} \tag{9.236}$$

$$\overline{\boldsymbol{C}}_{\mathrm{C}}=\frac{1}{2}\rho Vb\boldsymbol{A}_{\delta1} \tag{9.237}$$

$$\overline{\boldsymbol{K}}_{\mathrm{C}}=\frac{1}{2}\rho V^{2}\boldsymbol{A}_{\delta0} \tag{9.238}$$

若关心弹性飞行器结构结点的位移、速度或加速度，则它们的表示式为

$$\begin{bmatrix}\boldsymbol{y}\\ \dot{\boldsymbol{y}}\\ \ddot{\boldsymbol{y}}\end{bmatrix}=\begin{bmatrix}\boldsymbol{\Phi} & \boldsymbol{0} & \boldsymbol{0}\\ \boldsymbol{0} & \boldsymbol{\Phi} & \boldsymbol{0}\\ \boldsymbol{\Phi}\overline{\boldsymbol{M}}_{\mathrm{S}}^{-1}\overline{\boldsymbol{K}}_{\mathrm{S}} & \boldsymbol{\Phi}\overline{\boldsymbol{M}}_{\mathrm{S}}^{-1}\overline{\boldsymbol{C}}_{\mathrm{S}} & \boldsymbol{\Phi}\overline{\boldsymbol{M}}_{\mathrm{S}}^{-1}\boldsymbol{D}\end{bmatrix}\begin{bmatrix}\boldsymbol{q}\\ \dot{\boldsymbol{q}}\\ \boldsymbol{x}_{\mathrm{a}}\end{bmatrix}+\begin{bmatrix}\boldsymbol{0} & \boldsymbol{0} & \boldsymbol{0}\\ \boldsymbol{0} & \boldsymbol{0} & \boldsymbol{0}\\ \boldsymbol{\Phi}\overline{\boldsymbol{M}}_{\mathrm{S}}^{-1}\overline{\boldsymbol{K}}_{\mathrm{C}} & \boldsymbol{\Phi}\overline{\boldsymbol{M}}_{\mathrm{S}}^{-1}\overline{\boldsymbol{C}}_{\mathrm{C}} & \boldsymbol{\Phi}\overline{\boldsymbol{M}}_{\mathrm{S}}^{-1}\overline{\boldsymbol{M}}_{\mathrm{C}}\end{bmatrix}\begin{bmatrix}\boldsymbol{\delta}\\ \dot{\boldsymbol{\delta}}\\ \ddot{\boldsymbol{\delta}}\end{bmatrix} \tag{9.239}$$

式中，$\boldsymbol{y}$ 表示感兴趣结点的位移向量，$\boldsymbol{\Phi}$ 表示感兴趣结点的振型矩阵。同样，如果关心某结点的转角或角速度，$\boldsymbol{\Phi}$ 中的元素只需选取相应的振型转动分量即可。

式(9.232)和式(9.239)合起来可以写成标准的状态空间方程的形式，记为

$$\left.\begin{aligned}\dot{\boldsymbol{x}}_P &= \boldsymbol{A}_P\boldsymbol{x}_P + \boldsymbol{B}_P\boldsymbol{u}_P \\ \boldsymbol{y}_P &= \boldsymbol{C}_P\boldsymbol{x}_P + \boldsymbol{D}_P\boldsymbol{u}_P\end{aligned}\right\} \tag{9.240}$$

式中

$$\boldsymbol{x}_P = \begin{bmatrix}\boldsymbol{q}\\ \dot{\boldsymbol{q}}\\ \boldsymbol{x}_a\end{bmatrix},\quad \boldsymbol{u}_P = \begin{bmatrix}\boldsymbol{\delta}\\ \dot{\boldsymbol{\delta}}\\ \ddot{\boldsymbol{\delta}}\end{bmatrix},\quad \boldsymbol{y}_P = \begin{bmatrix}\boldsymbol{y}\\ \dot{\boldsymbol{y}}\\ \ddot{\boldsymbol{y}}\end{bmatrix}$$

式(9.240)表示了弹性飞行器机体环节的动力学特性。

事实上，飞行器是一个受自动控制系统作用的对象，其动力学特性还与控制系统、作动器动力学等有关，我们所关心的机动响应分析系统可以用如图9.33所示的框图来表示。

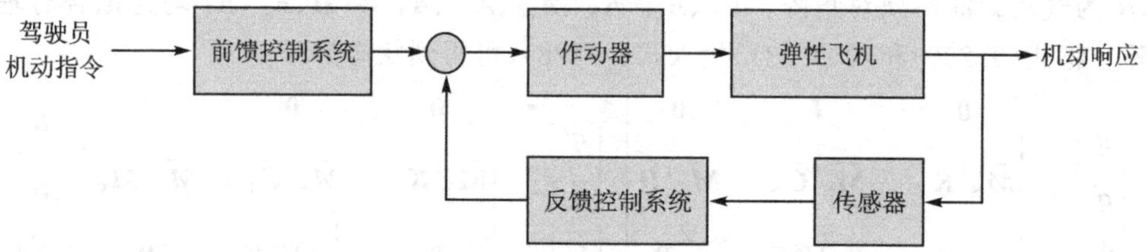

图9.33　连续紊流突风作用下的弹性飞行器响应功率谱密度

传感器模型可以采用二阶传递函数来表示，即

$$G_S(s) = \frac{c_0}{s^2 + c_1 s + c_0} \tag{9.241}$$

可以将式(9.241)转化成时域的形式，用状态空间模型来描述传感器的特性：

$$\left.\begin{aligned}\dot{\boldsymbol{x}}_S &= \boldsymbol{A}_S\boldsymbol{x}_S + \boldsymbol{B}_S\boldsymbol{y}_P \\ \boldsymbol{y}_S &= \boldsymbol{C}_S\boldsymbol{x}_S\end{aligned}\right\} \tag{9.242}$$

作动器模型一般可以采用三阶传递函数来表示，即

$$G_A(s) = \frac{b_0}{s^3 + a_2 s^2 + a_1 s + a_0} \tag{9.243}$$

同样，转换成时域状态空间模型为

$$\left.\begin{aligned}\dot{\boldsymbol{x}}_A &= \boldsymbol{A}_A\boldsymbol{x}_A + \boldsymbol{B}_A\boldsymbol{u}_A \\ \boldsymbol{u}_P &= \boldsymbol{C}_A\boldsymbol{x}_A\end{aligned}\right\} \tag{9.244}$$

飞行控制系统的前馈通道和反馈通道也可分别用状态空间模型来表示，有

$$\left.\begin{aligned}\dot{\boldsymbol{x}}_F &= \boldsymbol{A}_F\boldsymbol{x}_F + \boldsymbol{B}_F\boldsymbol{u}_F \\ \boldsymbol{y}_F &= \boldsymbol{C}_F\boldsymbol{x}_F\end{aligned}\right\} \tag{9.245}$$

$$\left.\begin{aligned}\dot{\boldsymbol{x}}_B &= \boldsymbol{A}_B\boldsymbol{x}_B + \boldsymbol{B}_B\boldsymbol{y}_S \\ \boldsymbol{y}_B &= \boldsymbol{C}_B\boldsymbol{x}_B\end{aligned}\right\} \tag{9.246}$$

根据图9.33所示的关系，综合式(9.240)、式(9.242)、式(9.244)、式(9.245)和式(9.246)，并考虑到有 $\boldsymbol{u}_A = \boldsymbol{y}_F + \boldsymbol{y}_B$，经整理可以得到整个闭环系统的状态空间方程：

$$\left.\begin{aligned}\begin{bmatrix}\dot{\boldsymbol{x}}_{\mathrm{P}}\\ \dot{\boldsymbol{x}}_{\mathrm{S}}\\ \dot{\boldsymbol{x}}_{\mathrm{A}}\\ \dot{\boldsymbol{x}}_{\mathrm{B}}\\ \dot{\boldsymbol{x}}_{\mathrm{F}}\end{bmatrix}&=\begin{bmatrix}\boldsymbol{A}_{\mathrm{P}} & \boldsymbol{0} & \boldsymbol{B}_{\mathrm{P}}\boldsymbol{C}_{\mathrm{A}} & \boldsymbol{0} & \boldsymbol{0}\\ \boldsymbol{B}_{\mathrm{S}}\boldsymbol{C}_{\mathrm{P}} & \boldsymbol{A}_{\mathrm{S}} & \boldsymbol{B}_{\mathrm{S}}\boldsymbol{D}_{\mathrm{P}}\boldsymbol{C}_{\mathrm{A}} & \boldsymbol{0} & \boldsymbol{0}\\ \boldsymbol{0} & \boldsymbol{0} & \boldsymbol{A}_{\mathrm{A}} & \boldsymbol{B}_{\mathrm{A}}\boldsymbol{C}_{\mathrm{B}} & \boldsymbol{B}_{\mathrm{A}}\boldsymbol{C}_{\mathrm{F}}\\ \boldsymbol{0} & \boldsymbol{B}_{\mathrm{B}}\boldsymbol{C}_{\mathrm{S}} & \boldsymbol{0} & \boldsymbol{A}_{\mathrm{B}} & \boldsymbol{0}\\ \boldsymbol{0} & \boldsymbol{0} & \boldsymbol{0} & \boldsymbol{0} & \boldsymbol{A}_{\mathrm{F}}\end{bmatrix}\begin{bmatrix}\boldsymbol{x}_{\mathrm{P}}\\ \boldsymbol{x}_{\mathrm{S}}\\ \boldsymbol{x}_{\mathrm{A}}\\ \boldsymbol{x}_{\mathrm{B}}\\ \boldsymbol{x}_{\mathrm{F}}\end{bmatrix}+\begin{bmatrix}\boldsymbol{0}\\ \boldsymbol{0}\\ \boldsymbol{0}\\ \boldsymbol{0}\\ \boldsymbol{B}_{\mathrm{F}}\end{bmatrix}\boldsymbol{u}_{\mathrm{F}}\\ \boldsymbol{y}_{\mathrm{P}}&=\begin{bmatrix}\boldsymbol{C}_{\mathrm{P}} & \boldsymbol{0} & \boldsymbol{D}_{\mathrm{P}}\boldsymbol{C}_{\mathrm{A}} & \boldsymbol{0} & \boldsymbol{0}\end{bmatrix}\begin{bmatrix}\boldsymbol{x}_{\mathrm{P}}\\ \boldsymbol{x}_{\mathrm{S}}\\ \boldsymbol{x}_{\mathrm{A}}\\ \boldsymbol{x}_{\mathrm{B}}\\ \boldsymbol{x}_{\mathrm{F}}\end{bmatrix}\end{aligned}\right\}\tag{9.247}$$

式(9.247)表示系统的输入为驾驶员机动指令 $\boldsymbol{u}_{\mathrm{F}}$，输出为飞机机动响应 $\boldsymbol{y}_{\mathrm{P}}$。当给定机动指令 $\boldsymbol{u}_{\mathrm{F}}$ 的时域波形时，通过数值方法求解式(9.247)，可以得到机动响应 $\boldsymbol{y}_{\mathrm{P}}$。需要注意的是，由于方程(9.228)是基于平衡状态的小扰动方程，因此在求解式(9.247)时，初始条件为 0，所得到的机动响应表示在平衡状态基础上的增量。

为获得机动引起的动态载荷，需要将结点惯性力和气动网格气动力叠加起来得到感兴趣位置处的内力载荷(剪力、弯矩和扭矩)，这与突风载荷的处理方法是类似的，这里不再赘述。

9.7.3　动态机动响应分析实例

【例 9.11】　仿大型运输机构型的纵向机动响应分析。该飞机结构有限元模型如图 9.34 所示。采用 MSC. NASTRAN 进行结构固有动力学特性分析，设结构第 1 阶弹性模态的频率为 f_1，得到前 12 阶对称模态的振型及其频率(以 f_1 倍频的形式表示)，如表 9.3 所列。

表 9.3　某仿大型运输机构型的对称状态的固有模态及频率

阶　数	频率 (f_1 的倍频)/Hz	模态名称
1	0.00	刚体沉浮
2	0.00	刚体俯仰
3	1.00	机翼对称一弯
4	1.91	机身垂直一弯
5	2.44	发动机模态
6	2.92	机翼对称二弯
7	3.44	平尾对称一弯
8	5.68	机翼对称三弯
9	7.45	机翼一阶扭转
10	9.06	机身二阶弯曲
11	11.88	副翼偏转模态
12	14.64	平尾对称一扭

根据军用飞机强度规范，选用梯形操纵输入(见图 9.35)作为驾驶员机动指令进行机动响应和载荷分析。假设从 1 s 开始机动，选择 $t_1=0.3$ s，操纵位移 δ_z 和保持时间 t_2 应刚好推杆使机动结束时达到最大正过载，取 $t_2=0.4$ s，$\delta_z=-9.8^{\circ}$。

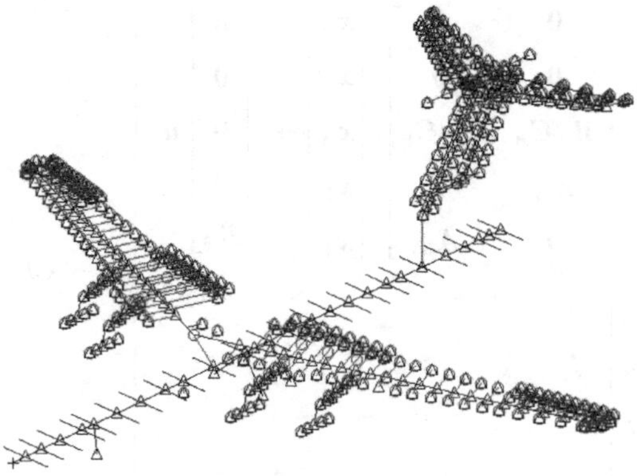

图 9.34　仿大型运输机构型的结构有限元模型

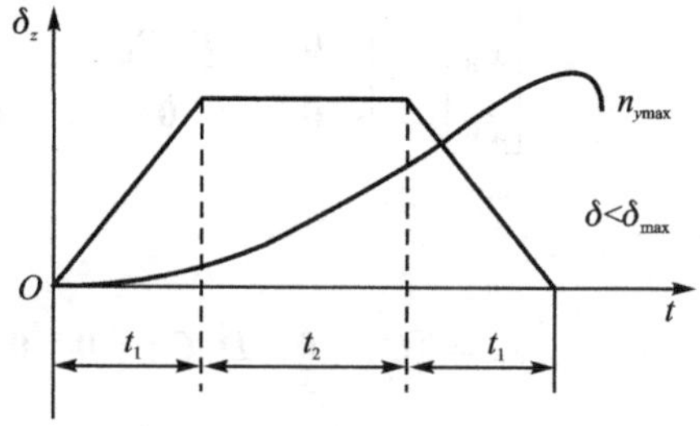

图 9.35　梯形操纵输入

飞机在驾驶员机动指令输入下的运动响应计算结果如图 9.36 和图 9.37 所示，这里给出

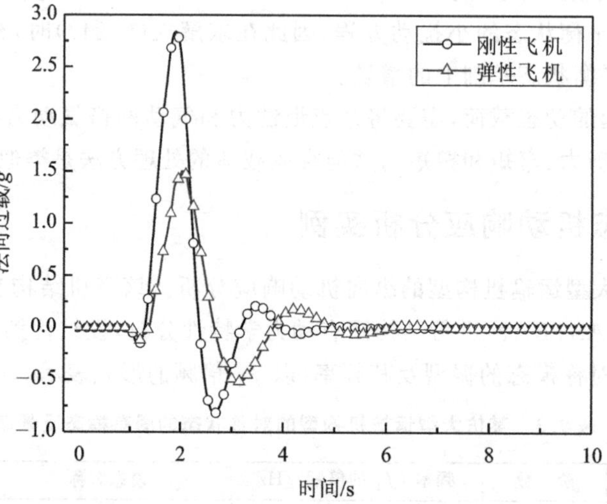

图 9.36　梯形操纵输入下的法向过载增量响应

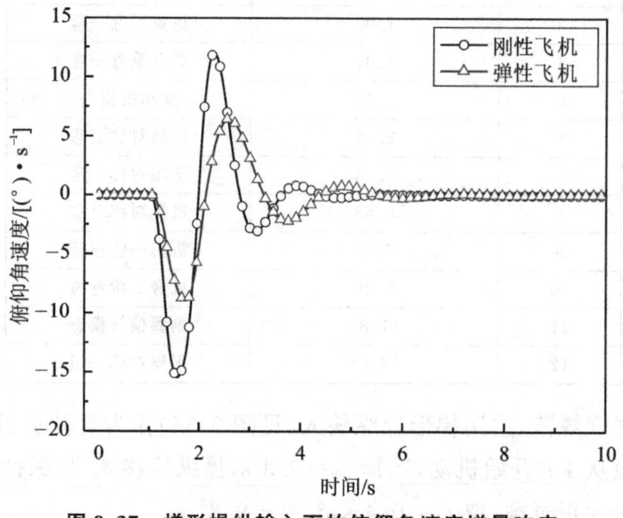

图 9.37　梯形操纵输入下的俯仰角速度增量响应

了弹性飞机与刚性飞机计算结果的对比。需要说明的是，对于刚性飞机，为了使得机动结束时刚好达到最大正过载，操纵位移 δ_z 和保持时间 t_2 与弹性飞机是不一样的。从曲线对比情况来看，弹性飞机比刚性飞机的机动响应峰值要小很多。

【例 9.12】 本例为某仿战斗机构型风洞缩比模型的滚转机动响应分析。风洞缩比模型的结构有限元模型如图 9.38 所示，每侧机翼含有前缘内侧（LEI）、前缘外侧（LEO）、内侧后缘（TEI）和外侧后缘（TEO）4 个操纵面。采用 MSC. NASTRAN 进行结构固有动力学特性分析，设结构第 1 阶弹性模态的频率为 f_1。表 9.4 列出了刚体滚转模态及前 6 阶弹性模态的固有频率（以 f_1 倍频的形式列出）。

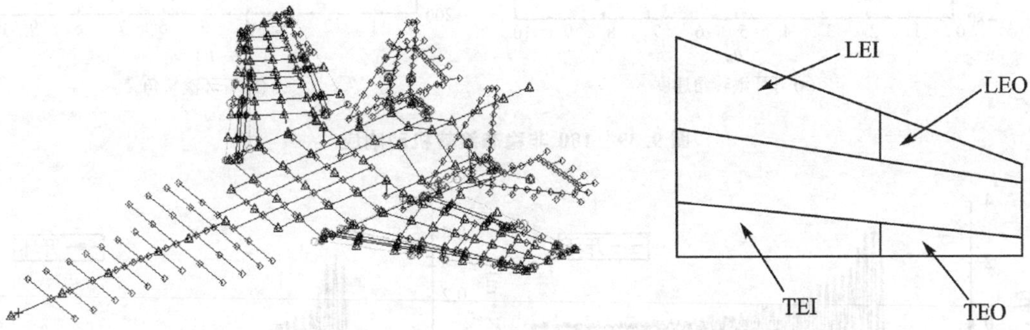

图 9.38　仿战斗机构型风洞缩比模型的结构有限元模型和操纵面布置

表 9.4　仿战斗机构型缩比模型的固有模态及频率

阶　数	频率（f_1 的倍频）/Hz	模态名称
1	0.00	刚体滚转
2	1.00	机翼反对称一弯
3	1.98	机翼反对称一扭
4	3.25	机身侧向一弯
5	3.48	机翼反对称二弯
6	3.91	飞机反对称模态
7	4.64	飞机反对称模态

这里研究采用 TEO 操纵面差动偏转实现 180°非稳态滚转机动时的飞机响应和结构载荷。TEO 操纵面的驾驶员输入指令与例 9.11 中的纵向机动指令类似，并取 $t_1=0.1$ s，$t_2=1.8$ s，$\delta_x=-15°$。设初始飞机处于稳定平飞状态，滚转角为零。图 9.39 给出了无控情况下飞机的 180°非稳态滚转机动响应。

图 9.40 显示了飞机在 180°非稳态滚转机动时的机翼翼根和外侧弯矩的时域响应，这里的弯矩结果机动过程产生的附加载荷，不包括机动前的定常配平载荷。由图可知，飞机的机动激发了结构的弹性振动，使得载荷时域曲线出现高频振荡（大约为 4 Hz，对应于机翼反对称一弯模态）；机动结束后，载荷曲线趋于稳态值。

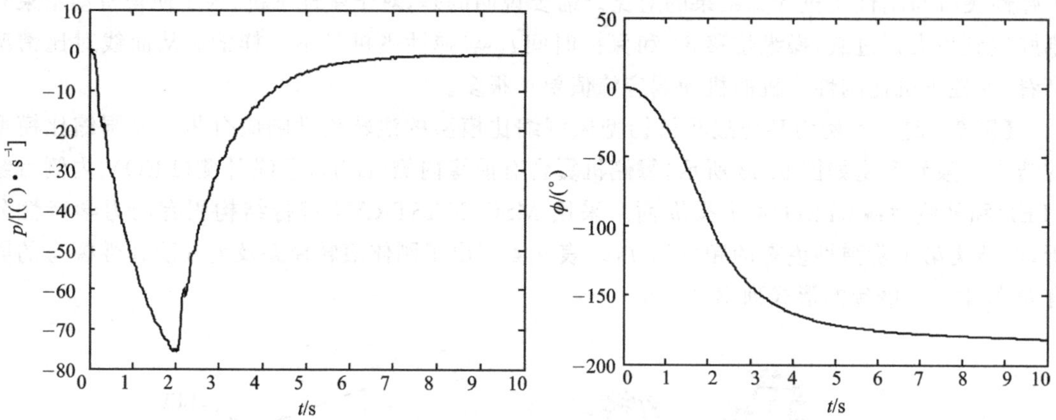

(a) 开环滚转角速度　　(b) 开环滚转角

图 9.39　180°非稳态滚转机动响应

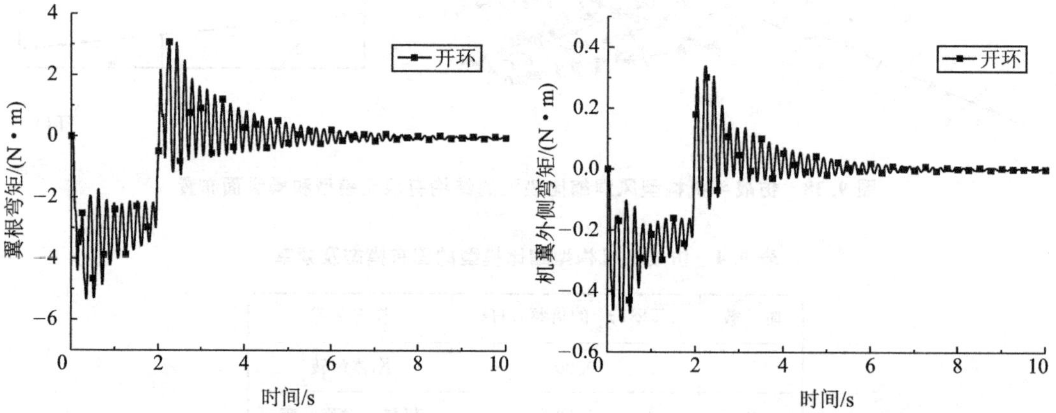

(a) 翼根弯矩　　(b) 机翼外侧弯矩

图 9.40　180°非稳态滚转机动时的机翼内外侧弯矩

思考与练习

9.1 以单自由度有阻尼系统为例,验证脉冲响应函数与过渡导纳之间的关系。

9.2 频率响应函数与过渡导纳之间有什么关系?以单自由度有阻尼系统为例,尝试用数值方法来验证。如果数值方法失败,思考是什么原因导致的。

9.3 尝试利用单自由度有阻尼系统的过渡导纳和卷积积分法求解例 9.2。如果数值结果与例 9.2 的结果有偏差,仔细思考是什么原因造成的。

9.4 气动弹性动力学中,动稳定性问题和动力响应问题各有什么特点?

9.5 在飞行器的飞行过程中,引起弹性振动的随时间变化的外力有哪些?

9.6 如题图 9.1 所示,设具有俯仰自由度的典型翼段,半弦长为 0.5 m,绕转轴的转动惯量为 5 kg·m^2,扭转弹簧刚度系数为 10 000 N·m/rad。取气流密度为 1.225 kg/m^3,升力线斜率为 2π/rad,垂直突风速度均方值为 1.0 m/s,突风尺度为 100 m。采用 Dryden 突风模型，计算气流速度为 50 m/s 时翼段的俯仰角速度功率谱密度和均方根值。

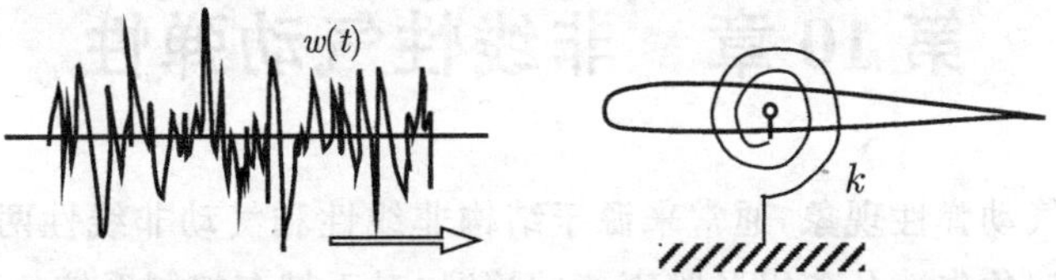

题图 9.1　连续突风作用下的单自由度翼段

9.7 考虑刚体运动和弹性振动自由度，试采用准定常气动力方法推导水平直线飞行的细长体火箭在受到垂直突风干扰下的动力响应问题。

9.8 对于图 9.22 中的简化飞机模型，如果采用非定常理论来计算飞机运动和突风引起的气动力，突风响应结果会有多大变化？请推导突风响应运动方程。

本章参考文献

[1] 季文美，方同，陈松淇. 机械振动. 北京：科学出版社，1985.

[2] 刘延柱，陈文良，陈立群. 振动力学. 北京：高等教育出版社，1998.

[3] 诸德超，邢誉峰. 工程振动基础. 北京：北京航空航天大学出版社，2004.

[4] 克拉夫 R，彭津 J. 结构动力学. 北京：高等教育出版社，2006.

[5] Hoblit F M. Gust Loads on Aircraft: Concepts and Applications. American Institute of Aeronautics and Astronautics, Inc., 1988.

[6] 肖业伦，金长江. 大气扰动中的飞行原理. 北京：国防工业出版社，1993.

[7] Bisplinghoff R L, Ashley H, Halfman R L. Aeroelasticity. Addison-Wesley Publishing Company, 1955.

[8] Fung Y C. An Introduction to the Theory of Aeroelasticity. John Wiley & Sons, 1955.

[9] 伏欣 H W. 气动弹性力学原理. 沈克扬，译. 上海：上海科学技术文献出版社，1982.

[10] Dowell E H. A Modern Course in Aeroelasticity. [S. l.]: Kluwer Academic Publishers, 2004.

[11] Wright J R, Cooper J E. Introduction to Aircraft Aeroelasticity and Loads. [S. l.]: John Wiley & Sons Ltd, 2007.

第 10 章　非线性气动弹性

飞行器非线性气动弹性现象，通常来源于结构非线性和气动非线性两方面。较为常见的气动非线性包括大迎角失速分离以及跨声速的情况；对于带有控制系统的飞行器，也可能出现控制环节或控制律的非线性。本章仅针对结构非线性和气动非线性引起的气动弹性问题进行初步介绍。

结构非线性包括两大类型，即所谓集中参数非线性和分布参数非线性。常见的集中参数非线性有：立方刚度（软弹簧/硬弹簧）、间隙、干摩擦等；常见的分布参数非线性有：几何非线性、接触非线性、材料本构非线性等。本章前几节重点讨论立方刚度、间隙、干摩擦等集中参数结构非线性气动弹性问题，以及几何非线性气动弹性问题，也分析了工程上的处理方法。对特定的非线性系统，一旦建立了相应的数学模型，那么本章所涉及的分析和计算方法就具有一定的普遍意义。

一定条件下，流体动力学中存在大量的复杂流动现象，如湍流运动、激波运动、边界层分离流动等，使得非定常气动力显现出明显的非线性效应，在与结构弹性运动相互作用时表现出非线性气动弹性现象。非线性气动力的存在使得经典的线性化气动力理论假设不再满足。随着计算流体力学（computational fluid dynamics，CFD）的发展和计算机性能的提高，CFD/CSD（computational structural dynamics）耦合计算方法成为一种求解非线性气动力引起的气动弹性问题的重要方法。本章最后一节简单介绍几种典型的非线性气动力引起的气动弹性问题（即失速颤振、跨声速颤振、嗡鸣及抖振）及有关时域计算方法，更为复杂的基于非线性气动力的非线性气动弹性计算方法可参考相关专著和论文。

10.1　概　述

多年来，由于线性系统理论的完备性，在飞行器设计中总是极力避免非线性的情况，以免造成这些无法准确评估的因素给飞行器强度、变形、气动及性能等带来不利影响或设计失败。事实上，非线性现象无处不在，只是大多数工程问题中线性部分起到了主导作用，非线性效应很小，线性理论就成为合理的数学抽象模型。然而，某些情况下非线性效应却相当重要，甚至起到了关键的作用，即使非线性项是小参数，也可能引起力学机理和运动形式的差异。例如在超声速壁板颤振问题中，按照线性理论，壁板发生颤振后，位移将趋于无穷大，结构必然破坏。但实际情况是，壁板仅会出现幅值并不大的周期振荡，即所谓极限环运动，此时能通过非线性理论对极限环振幅及频率进行分析计算，确保结构不会出现强度和疲劳问题。

飞行器的结构非线性气动弹性研究已有几十年的历史，最早受到关注并开展系统研究的问题是壁板非线性颤振问题。Dowell 在 20 世纪 70 年代总结了当时壁板颤振的研究工作，在其专著中系统介绍了该问题的线性模型、非线性模型及其颤振与气动弹性响应问题的求解方法。20 世纪 70 年代，英国一批导弹在飞行时发生振荡，事后的气动弹性分析中发现全动舵面连接与传动机构中的间隙非线性是产生振荡的原因。20 世纪 80 年代，美国 F－18 舰载飞机在飞行中也出现了极限环振荡，不但影响了飞行员对飞机的操纵，而且减少了结构疲劳寿命，影响了飞行安全，相关的气动弹性分析也指出机翼的折叠间隙是造成极限环振荡的重要原因。1997 年 9 月 14 日，美国一架 F－117 飞机在飞行表演中发生颤振事故坠毁，事故调查发现是由于升降舵一颗紧固螺栓丢失产生非线性问题，导致颤振临界速度降低，造成升降舵脱落并引发全机解体。21 世纪初，超大展弦比机翼和全机考虑大变形几何非线性的气动弹性问题受到美国研究部门和大学的关注，然而 2003 年 6 月 26 日，美国"太阳神"号高空长航时无人机仍然在飞行中遭遇突风产生大变形，紧接着进入不稳定运动状态，最终导致结构破坏坠落于太平洋。同一时期，美国与欧洲都推出了新一代宽体客机 B787 和 A380，巡航状态下这两种飞机的机翼都会产生相当大的弯曲变形。有报告指出，B787 在巡航状态下翼尖变形达到机翼全展长的 7%，极限载荷情况更是达到 15%以上，可见下一代宽体客机必然也会在设计中考察几何非线性气动弹性特性。

气动力模型可以分为三类：① 线性模型。即研究对象的静态和动态气动力均与结构变形和运动成正比，符合线性特征。② 静态非线性、动态线性模型。即研究对象的静态气动力与结构变形不成正比，流动在空间上为非线性；而动态气动力与结构运动近似成正比，在时间上可认为服从线性关系。③ 非线性模型。静态及动态气动力均不再与结构变形和运动成正比，小扰动假设失效。

位于定常流场中的翼型，升力随着迎角的增大而增加，但是当迎角达到某临界值时，翼型表面的流动发生分离导致升力不升反降，这种现象称为静态失速，对应的临界迎角为静态失速迎角。而动态失速是一种非定常流动现象，指俯仰振荡的升力面在超过其临界迎角时，绕流流场发生非定常分离和失速的现象，对应的临界迎角为动态失速迎角。图 10.1 给出了静态失速和动态失速下的气动力随迎角变化曲线，从图中可知，动态失速迎角一般大于静态失速迎角。

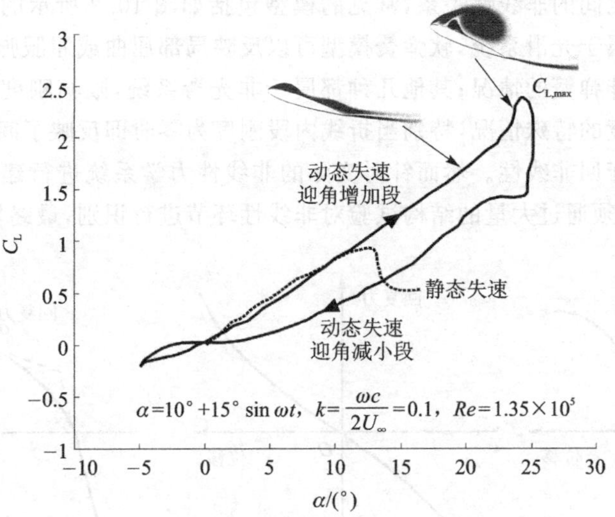

图 10.1　NACA 0012 翼型静态失速和动态失速

从流体动力学的角度，跨声速流动中的激波和分离流是动态非线性过程。但是激波和分离流形成后，可将该流动看作静态非线性问题，利用非线性静平衡状态的线性动力学摄动理论进行分析，这种气动力模型又称为时间线性化模型。时间线性化模型的基本概念是首先计算非线性定常流场,以该定常流场为基础流场,考虑流动的动态小扰动。对于动态扰动仅保留线性项,使得动态扰动控制方程保持线性,其中动态未知量的系数由定常流场来确定。

本节将对两类结构非线性问题所涉及的相关数学知识进行简要介绍,主要包括集中参数与分布参数非线性系统的基本方程形式,另外介绍系统稳定性的定义、可线性化系统的稳定性判据、极限环与混沌运动的基本概念以及求解非线性方程特解的数值积分方法等,对气动弹性涉及的气动非线性内容只做简略说明。

10.1.1 集中参数非线性

集中参数系统是指具有有限多个自由度的物理系统,即可以使用有限个参数描述一个物理系统在每一瞬时的状态。从数学模型的角度看,就是能够采用常微分方程组来描述其运动规律的系统,该方程组写成标准的一阶状态变量形式也称为系统的状态方程,如下式:

$$\dot{\boldsymbol{x}} = \boldsymbol{f}(t, \boldsymbol{x}) \tag{10.1}$$

集中参数系统每一时刻的状态是一个有限维向量,状态空间是向量空间——有限维空间,主要的理论研究工具是线性代数、常微分方程、动力系统理论等。

非线性系统是指描述系统的方程中存在状态变量的非线性项,即式(10.1)中的$\boldsymbol{f}(t,\boldsymbol{x})$是$\boldsymbol{x}$的非线性函数。与线性系统不同之处在于,此时方程的解通常不满足叠加原理,除数值计算方法外,方程没有一般性的通用求解手段。非线性系统又进一步区分为光滑系统及非光滑系统两类,其中光滑系统是指$\boldsymbol{f}(t,\boldsymbol{x})$连续可微的情况,例如立方刚度系统,传统动力系统理论针对该类系统;非光滑系统指$\boldsymbol{f}(t,\boldsymbol{x})$不可微甚至不连续的情况,例如间隙、碰撞、干摩擦及分段光滑系统,该类系统往往不能通过光滑动力系统理论来处理。

集中参数非线性系统主要表现为对系统刚度的影响,通常将其非线性环节抽象为简单的回复力和广义位移之间的非线性关系,常见的模型包括如图10.2所示的几种类型。其中,软弹簧与硬弹簧模型属于光滑系统,软弹簧模型可以反映局部屈曲或屈服弹簧的情况,硬弹簧模型可以反映过度拉伸弹簧的情况;其他几种都属于非光滑系统,限幅刚度、库仑摩擦及间隙非线性都属于折线刚度的特殊情况,特别当折线内段刚度为零时即反映了间隙非线性;静摩擦模型则表现为典型的滞回非线性。然而针对实际的非线性力学系统进行建模时,往往难以先验得到非线性参数,必须通过大量的结构试验对非线性环节进行识别,最终依赖于试验数据建立

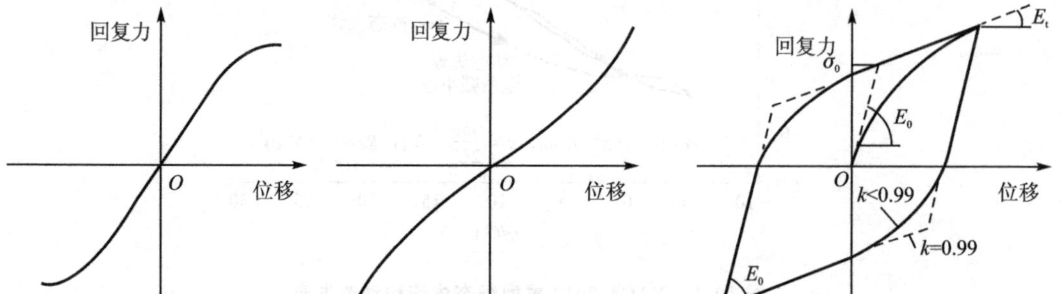

(a) 软弹簧模型　(b) 硬弹簧模型　(c) 静摩擦模型

图10.2　几种集中参数非线性模型示意图

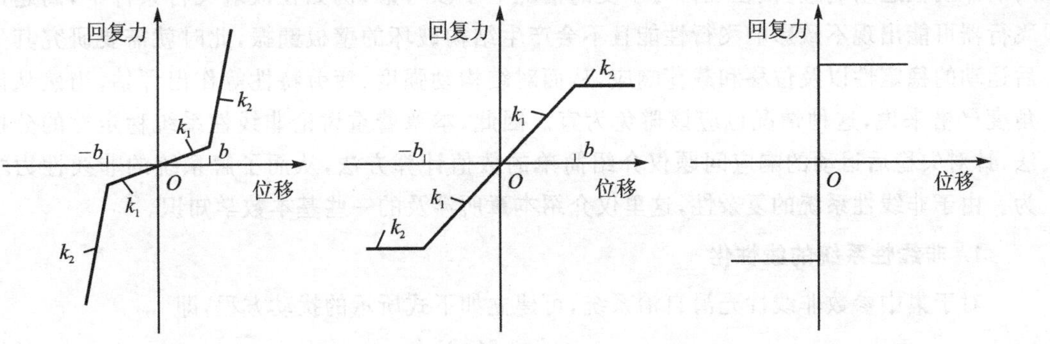

图 10.2　几种集中参数非线性模型示意图(续)

系统的非线性方程。

10.1.2　分布参数非线性

分布参数系统是指具有无限多个自由度的物理系统,用数学语言来讲,就是需要采用偏微分、偏微分-积分或积分方程及方程组来描述其运动规律的系统。分布参数系统每一时刻的状态就是一个函数,状态空间是函数空间——无限维空间,主要的理论研究工具是泛函分析、偏微分方程和积分方程理论。

$$\left.\begin{aligned}\frac{\partial \boldsymbol{u}}{\partial t}&=\boldsymbol{T}(t,\boldsymbol{x},\boldsymbol{u})\\ \boldsymbol{u}(t_0,\boldsymbol{x})&=\psi(\boldsymbol{x})\end{aligned}\right\} \tag{10.2}$$

$$D(\boldsymbol{T})=\{\boldsymbol{u}(\boldsymbol{x})\mid \text{微分}/\text{积分条件},\text{边界条件}\} \tag{10.3}$$

分布参数系统通常可写为偏微分算子的形式,与集中参数系统状态方程类似,也将时间导数写成一阶形式,如式(10.2)及式(10.3)。其中,式(10.2)第一式中 $\boldsymbol{T}$ 为一般的偏微分算子,t 为时间变量,$\boldsymbol{x}$ 通常为 n 维空间变量,$\boldsymbol{u}$ 为系统状态函数,第二式给出系统状态的初值条件;式(10.3)给出了算子 $\boldsymbol{T}$ 的定义域,它通常包含了状态函数在空间域内及边界上的微分与积分条件,以及状态函数在边界的取值。需要注意的是,同样的算子形式在不同的定义域下给出不同的微分算子,从偏微分方程一般理论中也可以知道,同样的偏微分方程在不同的边界条件下有可能得到形式完全不同的解。

与采用常微分描述的集中参数非线性系统一样,非线性的分布参数系统解也不满足叠加原理,而且由于偏微分方程理论的固有复杂性,其定性理论本身都还很不完备,使得此类问题更加难以求解,通常只能借助于数值方法进行近似计算。非线性的分布参数系统也同样可做光滑和非光滑的区分,典型的光滑非线性有几何非线性、材料非线性等;间隙、碰撞、干摩擦及分段光滑也属于非光滑系统问题;接触问题则既可能是光滑的,也可能是非光滑的。

10.1.3　相关数学知识

在当前飞行器的气动弹性设计中,必须严格避免系统失稳。此时,即使对于非线性系统,首要关心的仍然是气动弹性稳定边界,即要确定气动部件或全机的颤振临界速度;而系统失稳后的非线性运动响应,仅在飞行可承受的情况下予以考虑,例如在极端飞行条件下,高超声速飞行器可能出现不致影响飞行性能且不会产生结构破坏的壁板颤振,此时就需要研究其失稳后运动的稳定性以及位移和载荷响应,从而对结构动强度、疲劳特性等作出评估,当然从设计角度严格来说,这种情况也应该避免为宜。因此,本章着重讨论非线性系统稳定性的分析方法,针对失稳后运动的响应问题仅介绍简单的数值计算方法,从而了解系统的非线性力学行为。由于非线性系统的复杂性,这里仅介绍本章所涉及的一些基本数学知识。

1. 非线性系统的线性化

对于集中参数非线性光滑自治系统,可建立如下式所示的扰动方程,即

$$\dot{\boldsymbol{x}} = \boldsymbol{f}(\boldsymbol{x}) \tag{10.4}$$

此时系统原点 $\boldsymbol{x}=\boldsymbol{0}$ 是方程的稳态解,即扰动方程有零解。向量场 $\boldsymbol{f}$ 可微,即其一阶各偏导数 $\partial \boldsymbol{f}_i/\partial x_j(i,j=1,\cdots,n)$ 存在且连续。定义原点邻域内的导算子如下:

$$\boldsymbol{A} = \mathrm{D}\boldsymbol{f}(0) = [\partial \boldsymbol{f}_i/\partial x_j]_{x=0} \tag{10.5}$$

则系统(10.4)在原点邻域内可写为

$$\dot{\boldsymbol{x}} = \boldsymbol{A}\boldsymbol{x} + \boldsymbol{g}(\boldsymbol{x}) \tag{10.6}$$

若高阶项满足

$$\lim_{\|\boldsymbol{x}\|\to 0} \frac{\|\boldsymbol{g}(\boldsymbol{x})\|}{\|\boldsymbol{x}\|} = 0 \tag{10.7}$$

则称线性自治系统

$$\dot{\boldsymbol{x}} = \boldsymbol{A}\boldsymbol{x} \tag{10.8}$$

为原系统在原点处的线性近似系统(第一近似方程、变分方程)。该过程即通常所说的系统线性化,是局部化过程,依赖于静态解的选取。

非线性系统稳定性的线性化定理(Lyapunov 第一近似理论) 若线性近似系统(10.8)的系数矩阵 $\boldsymbol{A}$ 所有特征值都有负实部,则非线性系统(10.6)的零解渐进稳定;若 $\boldsymbol{A}$ 至少有一个特征值实部为正,则非线性系统(10.6)的零解不稳定;若 $\boldsymbol{A}$ 无实部为正的特征值,但有实部为零的特征值,则非线性系统(10.6)的零解稳定性由高阶项 $\boldsymbol{g}(\boldsymbol{x})$ 决定。

该定理的前两条称为非临界情况,此时线性化有效,能够对非线性系统零解稳定或不稳定做出充分性判断;第三条称为临界情况,线性化失效,需要依据具体问题对系统的高阶非线性项进行分析,可见非线性系统的严格线性化是有条件的。此外需要注意的是,Lyapunov 稳定性定理是动力学稳定判据,它必然包含静力学稳定性,即系统零解动力学稳定则其必然也静力学稳定,反之则不然。静力学问题可以看作动力学问题的特殊情况,即动力系统具有特征值虚部为零的解,若实部非负则静力学不稳定。

2. 分布参数系统稳定性

20 世纪 60 年代,苏联学者 Zubov 和 Movchan 将 Lyapunov 稳定性定义和 Lyapunov 直接法成功地推广到了连续系统,从而为研究连续介质系统的稳定性问题提供了理论基础。在理论研究领域,这一理论体系已经用于波动、颤振、屈曲等问题当中,成为泛函分析在力学中应用的一个重要方面,通过该理论可以对连续系统的稳定性给出定性的估计。

从理论研究角度,推广的 Lyapunov 直接法通过构造连续系统的 Movchan - Lyapunov 泛函来判断系统的稳定性,但是该方法与离散系统中的问题类似,不能给出一般的统一方法来构

造泛函,也就不便于对复杂系统进行计算。诸多的工程问题以自治系统为主,并且仅关注系统的失稳临界条件,系统失稳后往往就不再能实现系统的设计功能。因此,对于复杂的非线性系统,通过 Lyapunov 第一近似理论即线性化方法建立与原系统具有同样稳定性的线性系统就能够很方便地判断原系统的稳定性,并且由线性系统的完备理论作保障就能够方便地进行数值计算。当然,研究系统失稳后的运动形式能够深入地探讨工程结构的破坏形式,甚至于在对过稳定运动充分了解的基础上还能够将其利用来实现特殊的功能。

设系统(10.2)和系统(10.3)是自治系统,在静态解 $\boldsymbol{u}_0$ 处对其进行线性化,扰动变量为 $\tilde{\boldsymbol{u}}$,则 $\boldsymbol{u}=\boldsymbol{u}_0+\tilde{\boldsymbol{u}}$,略去非线性项,则系统化为

$$\left.\begin{aligned}\frac{\partial \tilde{\boldsymbol{u}}}{\partial t}&=\boldsymbol{L}(\boldsymbol{x},\tilde{\boldsymbol{u}})\\ \tilde{\boldsymbol{u}}(\boldsymbol{0},\boldsymbol{x})&=\boldsymbol{0}\end{aligned}\right\} \tag{10.9}$$

$$D(\boldsymbol{L})=\{\boldsymbol{u}(\boldsymbol{x})\mid \text{微分 / 积分条件,边界条件}\} \tag{10.10}$$

式中,$\boldsymbol{L}=\dfrac{\partial \boldsymbol{T}}{\partial \boldsymbol{u}}(\boldsymbol{u}_0)$是原系统算子 $\boldsymbol{T}$ 的切映射或切算子,是一个线性算子;该算子的定义域为 $D(\boldsymbol{L})$,它是 $D(\boldsymbol{T})$的线性化。此时称系统(10.9)和系统(10.10)为原系统在 $\boldsymbol{u}=\boldsymbol{u}_0$ 处的线性近似系统(第一近似系统或变分系统),两者的稳定性存在相关性。

分布参数系统稳定性定理(Zubov - Movchan 推广)　如果线性近似系统(10.9)和系统(10.10)的算子 $\boldsymbol{L}$ 的谱集都位于复平面的左半平面,且算子 $\boldsymbol{L}$ 在右半平面的预解式范数有界,即

$$\sup\{\parallel R(\mu,\boldsymbol{L})\parallel=\parallel(\mu\boldsymbol{I}-\boldsymbol{L})^{-1}\parallel \mid \mathrm{Re}(\mu)\geqslant 0\}<+\infty$$

则线性近似系统的零解指数稳定,且原非线性系统(10.2)和系统(10.3)的静态解 $\boldsymbol{u}_0$ 也是指数稳定的;若 $\boldsymbol{L}$ 存在位于右半平面的谱集,则线性近似系统的零解不稳定,且原非线性系统的静态解 $\boldsymbol{u}_0$ 也不稳定。

关于偏微分算子的谱集定义和计算方法涉及的理论较为复杂,这里不进行详细讨论,对应线性集中参数系统而言,大多数线性分布参数系统也具有特征值,它是算子谱集的一种特殊类型,尤其大多数工程问题属于此类情况。此外,偏微分算子谱集还可能包括连续谱以及剩余谱。

在工程结构分析中,通常对系统进行有限元离散化和线性化来近似描述其力学特征,这就使得问题转化为有限自由度的集中参数系统。对时不变的自治系统,其稳定性准则也退化为 Lyapunov 第一方法,即通过系统矩阵的特征值来判断。对于一些简单的连续系统,直接使用分布参数系统的稳定性准则具有重要的理论意义;然而,比较连续系统和离散系统的稳定性定理可以看出,两者并不完全对应,有限元离散有可能丢失系统的稳定性信息,因此有限元离散也是有条件的。理所当然,分布参数系统的动稳定性也同样涵盖了静稳定性。

3. 非光滑系统

对于非光滑系统,其状态方程等号的右端项即系统的向量场是非光滑或非连续函数,对自治系统有

$$\dot{\boldsymbol{x}}=\boldsymbol{f}(\boldsymbol{x})=\begin{cases}\boldsymbol{f}_-(\boldsymbol{x}), & x\in\Omega_-\\ \boldsymbol{f}_\Sigma(\boldsymbol{x}), & x\in\Sigma\\ \boldsymbol{f}_+(\boldsymbol{x}), & x\in\Omega_+\end{cases} \tag{10.11}$$

式中，Σ 为系统向量场的非光滑或非连续界面，通常在状态空间中构成一可定向曲面；Ω_- 和 Ω_+ 分别为状态空间被分界面 Σ 分割成的两个区域；若 $f_\Sigma(x)=f_-(x\to\Sigma)=f_+(x\to\Sigma)$，则系统为连续非光滑系统，即系统的向量场连续但其切映射不连续，例如间隙情况或分段线性系统都属于此类；否则为非连续非光滑系统，例如干摩擦系统属于此类。

非光滑系统的运动形式极为复杂，按照运动轨线与分界面的关系可分为4种基本形式：

① 轨线与分界面不相交；

② 轨线与分界面横截相交并穿过分界面；

③ 轨线与分界面相交于一点但不穿过分界面；

④ 轨线在分界面上滞留一段时间。

第①种情况下，系统轨线始终与分界面不相交，则系统退化为光滑系统。第②种情况下，轨线于一点与界面相交后穿过界面，但系统随参数变化的分叉结构仍然连续，并不涉及非光滑系统特有的属性。第③种情况下，若分界面光滑，则轨线与界面相切，称为擦边轨线；若分界面非光滑，则称该轨线为角点碰撞轨线。第④种情况下，系统最为复杂，此时称系统轨线为滑动轨线。

4. 极限环与混沌

系统状态方程在给定初值条件下有 $t\in[0,+\infty)$ 的解，它在状态空间形成一条曲线，也称为轨线。若极限环是状态空间中的一条闭轨线，其邻域内的其他轨线都沿 t 的正向或负向无限逼近该轨线，则称其为极限环。若所有轨线都沿 t 的正向向其逼近，则称该轨线为稳定极限环；若所有轨线都沿 t 的负向向其逼近，则称该轨线为不稳定极限环；若存在某些轨线沿 t 的正向向其逼近，而其他轨线都沿 t 的负向向其逼近，则称其为半稳定极限环。需要说明的是，极限环是一种孤立周期解，它与弹簧振子平衡点邻域内的周期解不同。弹簧振子的周期解在受扰后得到一个新的振幅和周期都可能不同的另一个周期解，而极限环这种周期解在受扰后要么又趋向于原来的周期解(稳定极限环)，要么使原来的周期解消失(不稳定极限环)。极限环的稳定性问题属于周期解的稳定性，Lyapunov 意义下的稳定性概念不再适用，通过简单的变换和线性近似处理，可以化为线性齐次周期系数系统的零解稳定性问题来研究。

系统在其稳定性参数变化时，从稳定的平衡态过渡到出现不稳定平衡态并产生极限环运动，属于非线性动力系统的一种动态分叉(Hopf 分叉)现象；稳定参数进一步变化有可能出现系列的动态分叉现象，例如2倍周期分叉、3倍周期分叉等；如此无限分裂下去，将会出现一种看似杂乱无章的有界且振荡的运动现象，称为非线性系统的混沌运动。混沌运动具有随机过程的某些特征，但又与之非常不同，混沌是由非线性系统参数完全确定的，它是确定性的运动；它对系统初值极端敏感，初值的微小改变可以使运动产生本质差异。首次明确的混沌研究于20世纪60年代末被日本学者田腕亮在对某非线性方程进行数值计算时发现，并于1973年发表了相关研究报告。混沌的发现使人们认识到确定性的非线性系统也会产生看似不确定的随机运动形式，这为人类进一步认识服从确定性物理规律的自然界何以产生随机现象打开了一扇大门。

然而，现实中的非线性现象包括极限环和混沌是极其复杂的，目前仅对于二维平面系统存在的比较完备的理论方法予以研究，高维系统甚至无限维系统还没有形成统一的行之有效的研究方法，故如何判断高维系统极限环的存在性和稳定性都还是非常困难的课题。

5. 数值积分法

由于非线性动力系统在理论研究上的难度，以及实际应用需求的推动，大多数应用研究者不得不借助于数值计算方法来得到系统在给定初始条件下的运动，进一步再通过大量的数值计算获得非线性系统的全局运动特征。在各种采用数值积分求解非线性常微分方程的方法中，以四阶 Runge－Kutta 方法最为经典和基础。该方法具有多项优点。首先，在进行 t_{k+1} 时刻推进时不依赖于 t_k 时刻之前的解，因此能够方便地进行变步长计算；其次，该方法易于编程实现且具有较高的计算精度，在此基础上还能够构造更为稳定的数值计算方法。此外，该方法具有保守结构特征，例如针对保守系统采用该方法进行数值积分不会产生数值耗散。

对非线性方程 $\dot{\boldsymbol{x}}=\boldsymbol{f}(t,\boldsymbol{x})$，标准的四阶 Runge－Kutta 法可写为如下的形式：

$$\left.\begin{aligned}
\boldsymbol{x}_{k+1} &= \boldsymbol{x}_k + \frac{1}{6}(\boldsymbol{y}_1 + 2\boldsymbol{y}_2 + 2\boldsymbol{y}_3 + \boldsymbol{y}_4) \\
\boldsymbol{y}_1 &= \boldsymbol{f}(t_k, \boldsymbol{x}_k) \\
\boldsymbol{y}_2 &= \boldsymbol{f}(t_k + h_k/2, \boldsymbol{x}_k + h_k\boldsymbol{y}_1/2) \\
\boldsymbol{y}_3 &= \boldsymbol{f}(t_k + h_k/2, \boldsymbol{x}_k + h_k\boldsymbol{y}_2/2) \\
\boldsymbol{y}_4 &= \boldsymbol{f}(t_k + h_k, \boldsymbol{x}_k + h_k\boldsymbol{y}_3)
\end{aligned}\right\} \tag{10.12}$$

从初始时刻 t_0 开始，逐步递推得到所关心时间范围内方程的解轨线。

6. CFD/CSD 耦合计算方法

在气动弹性研究方法中，CFD/CSD 耦合计算方法是考虑非线性气动力的气动弹性分析重要手段之一。目前，CFD/CSD 耦合进行气动弹性数值模拟一般采用 CFD 和 CSD 各自求解并在流固交界面进行数据交换的时域推进方法，这种方法主要涉及耦合求解方式、流固耦合界面插值方法和动网格方法等关键技术。

依据控制方程耦合求解方式，CFD/CSD 耦合计算方法可以分为强耦合和弱耦合。在强耦合方式中，流体和结构的控制方程构造为单一方程，对形成的单场进行统一离散后进行流体和结构变量的共同求解。尽管该方法具有极高的同步推进精度，但是强耦合需要融合流固两个物理场在物理特性上的极大差异，增加了分析的复杂度且不易于继承已有的流体和结构求解器。弱耦合方法中流体和结构单独求解，通过适当的交错算法实现两场计算的耦合。这就降低了时间步积分的复杂性、简化了显/隐式处理、易于建模子物理场的各种非线性并保持程序的模块化，因而成为当前流固耦合计算的通用方法。如图 10.3 所示，根据是否包含时间步

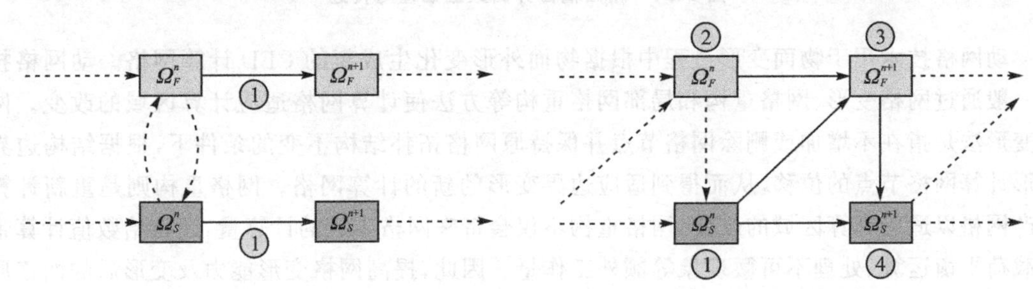

(a) 紧耦合方法　　(b) 松耦合方法

图 10.3　紧耦合和松耦合计算流程对比

内的交错迭代,分区耦合可区分为紧耦合和松耦合。通过流固界面多次交错迭代,紧耦合方法能够降低耦合响应的时间延迟,提高耦合分析的时间精度。显然,这也带来了计算量的显著增加。松耦合方法只采用一次界面数据迭代,不降低流固耦合计算的空间精度,但是流体与结构控制方程无论采用多高精度的时间离散方法,整体时间精度只有一阶。

流固耦合界面插值技术用于流固域交界面之间的数据交换,是CFD/CSD耦合计算的关键环节。如图10.4所示,CFD计算的气动载荷需要插值到结构网格上,插值过程中保证力和力矩等效。反过来,结构变形也需要插值到CFD网格节点上,形成物面形状及速度边界。目前比较成熟的界面插值技术有常体积转换(constant volume tetrahedron, CVT)、无限平板样条(infinite plate spline, IPS)和薄板样条(thin plate spline, TPS)等,CVT在曲率较大表面插值效果较好,IPS和TPS在平板机翼的界面插值中得到广泛应用。IPS方法是基于无限平板的偏微分平衡方程的叠加结果,其插值函数形式为

$$W(x,y)=a_0+a_1x+a_2y+\sum_{i=1}^{N}F_i r_i^2 \ln r_i^2 \tag{10.13}$$

其中,$r_i^2=(x-x_i)^2+(y-y_i)^2$。首先通过已知网格上的数据,求解式(10.13)得到未知系数a_0、a_1、a_2和F_i的值,将另一个网格节点坐标代入式(10.13)即可完成两个网格间的数据插值和传递。

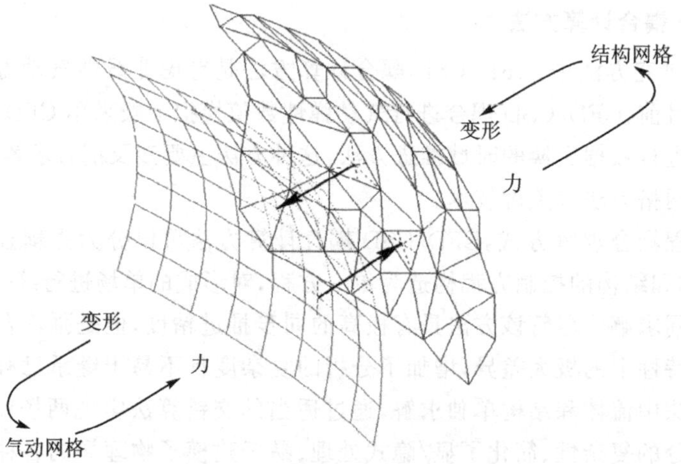

图10.4　流固耦合界面数据插值与传递

动网格技术用于物面变形过程中根据物面外形变化生成新的CFD计算网格。动网格技术一般通过网格变形、网格重构和局部网格重构等方法使计算网格适应计算区域的改变。网格变形法是指在不增加或删除网格节点并保持原网格拓扑结构不变的条件下,根据结构边界变形计算网格节点的位移,从而得到适应边界变形的新的计算网格。网格重构则是重新计算生产网格以适应计算区域的改变,网格重构不仅会带来网格生成的计算量,还将给数值计算带来载荷平衡运算、处理不可微现象等额外工作量。因此,提高网格变形能力及变形后的网格质量、减少网格重构次数并提高数值解精度是目前动网格技术研究的重点。目前网格变形的主要方法有虚拟结构法、偏微分方程法和代数法。

10.2 立方刚度非线性

立方刚度非线性构成了最为简单的一类非线性气动弹性研究对象。例如，对于薄机翼，随着扭角增加，刚度变大，表现出立方硬弹簧特性；壁板及大展弦比机翼在较大变形时也表现出刚度提高的立方硬弹簧形式。该类非线性气动弹性系统的稳定性可以直接进行线性化，按照第一近似理论进行处理，从而判断颤振临界速度；而失稳后系统的非线性响应，则需要通过数值积分方法来计算。

立方硬弹簧的作用使得系统在失稳后并不会立刻产生发散的不稳定运动，而是会产生有限幅值的极限环振荡，在实际飞行和风洞试验中都能够观察到这种现象。但是这种系统动态失稳的演化形式通常会出现两种情况，如图 10.5 所示，其横坐标为来流速度，纵坐标为系统稳态轨线的幅值。对气动弹性系统而言，图 10.5(a)的情况称为超临界颤振，此时系统的颤振速度能够通过线性化的方法得到；当来流速度小于颤振速度时系统稳定，任何扰动结束后，系统都将回复到其平衡状态；来流速度大于颤振速度后，系统出现稳定的极限环运动，且振荡幅值随流速增大而增加，同一流速下，非线性刚度越大，振动幅值越小。图 10.5(b)的情况称为亚临界颤振，此时通过线性化方法也能够得到一个颤振临界速度 V_F，当流速从小到大变化并达到该速度时，系统会突然从零幅值的平衡态跃升为有限幅值的稳定极限环运动，增大流速，极限环幅值增大；此时若开始减小流速，极限环仍然稳定且幅值会减小，但流速减小到线性颤振速度时极限环运动不会消失，进一步减小流速至 V^*，则系统突然回复到该速度对应的平衡态，图 10.5(b)中 bc 段即为稳定的极限环。通常为区分这两个运动形式转换的临界速度，也将 V_F 称为起振速度，而将 V^* 称为止振速度。事实上，在 V^* 和 V_F 之间还存在一个不稳定的极限环幅值曲线 ab，由于它的不稳定性，在实际系统中或数值积分计算中都无法得到该运动轨线，只能通过相应的定性方法来确定其存在性。需要进一步说明的是，此时系统线性化的颤振临界速度仅描述了系统在承受小扰动情况下的稳定边界。所谓小扰动，在流速小于止振速度时可以是任意幅值的扰动；而流速在 V^* 和 V_F 之间时，小扰动则是指它不应大于不稳定极限环的幅值，曲线 bc 上的 $a'b$ 段也有可能是单边稳定的极限环。从频率角度来看，通常极限环运动幅值越大，则振荡频率越小。

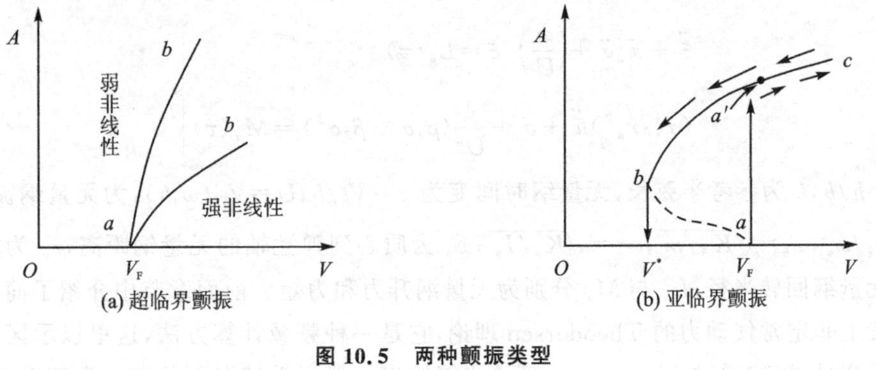

图 10.5　两种颤振类型

可见，即使对于最为简单的具有立方硬弹簧非线性的气动弹性系统，也可能存在非常复杂的非线性运动行为，而且必须从理论分析和数值计算两个方面入手，才有可能完整地描述其运动特性。

本节以具有立方扭转刚度的二元翼段为对象分析其颤振特性,并简要介绍系统失稳后的非线性运动形式。

10.2.1 二元翼段模型及其线性化

采用与第 8 章图 8.1 相同的二元翼段模型,但此处引入三次俯仰力矩函数,即

$$M_\alpha(\alpha)=\beta_0+\beta_1\alpha+\beta_2\alpha^2+\beta_3\alpha^3 \tag{10.14}$$

通常零次幂和偶次幂系数均为零,即 $\beta_0=\beta_2=0$,$\beta_1=K_\alpha$ 即为线性刚度系数,β_3 为立方刚度系数,对硬弹簧其值大于零。二元翼段非线性气动弹性运动方程则成为

$$\left.\begin{aligned} m\ddot{h}+S_\alpha\ddot{\alpha}+K_h h=L_\alpha \\ S_\alpha\ddot{h}+I_\alpha\ddot{\alpha}+M_\alpha(\alpha)=M_\alpha \end{aligned}\right\} \tag{10.15}$$

式中,L_α 和 M_α 分别为气动力和气动力矩,包括了定常部分和非定常部分;其他参数含义与前文相同。需要明确的是,二元翼段线性模型的全量运动方程与扰动方程形式相同,但非线性模型并不如此。例如在流速 $V_0<V_F$ 的情况下对系统进行线性化,对应弹性平衡扭角 α_0 小于翼型的失速迎角,此时气动力仍满足线性关系。设扭角扰动解 $\tilde{\alpha}$ 为小量,则扭矩函数成为

$$\begin{aligned} M_\alpha(\alpha_0+\tilde{\alpha})=K_\alpha(\alpha_0+\tilde{\alpha})+\beta_3(\alpha_0+\tilde{\alpha})^3= \\ (K_\alpha\alpha_0+\beta_3\alpha_0{}^3)+(K_\alpha+3\beta_3\alpha_0{}^2)\tilde{\alpha}+3\beta_3\alpha_0\tilde{\alpha}^2+\beta_3\tilde{\alpha}^3 \end{aligned}$$

稳态项与定常气动力平衡,扰动方程中扭转运动的线性化刚度为

$$K_{\alpha L}=K_\alpha+3\beta_3\alpha_0{}^2 \tag{10.16}$$

将线性化扭转刚度代入方程(10.15)即可通过非线性系统稳定性的第一近似理论判断平衡解 α_0 的稳定性,显然这与线性模型所得颤振速度不会相同。当然,线性化方法判断的稳定性已引入了小扰动条件。对硬弹簧而言,非线性静平衡位置处的扭转刚度增加了,微幅扭转振动频率也会提高,但扭转频率的提高却不一定会使颤振速度大于线性模型的颤振速度,这还取决于扭转频率与弯曲频率的相对关系。

为便于分析立方刚度对气动弹性响应的影响并简化非线性计算,假设方程(10.15)已经是扰动方程,忽略阻尼和定常气动力作用。进一步对方程做无量纲化,

$$\left.\begin{aligned} \ddot{\xi}+\bar{x}_a\ddot{\alpha}+\left(\frac{\bar{\omega}}{U}\right)^2\xi=L_\alpha(\tau) \\ (\bar{x}_a/r_\alpha{}^2)\ddot{h}+\ddot{\alpha}+\frac{1}{U^2}(\beta_1\alpha+\beta_3\alpha^3)=M_\alpha(\tau) \end{aligned}\right\} \tag{10.17}$$

式中,$\xi=h/b$,b 为参考半弦长,无量纲时间变为 $\tau=Vt/b$;$U=V/(\omega_\alpha b)$,为无量纲流速;频率比 $\bar{\omega}=\omega_\xi/\omega_\alpha$,$\omega_\xi=\sqrt{K_h/m}$,$\omega_\alpha=\sqrt{K_\alpha/I_\alpha}$;$\bar{x}_a$ 为质心到弹性轴的无量纲距离,r_α 为翼段绕弹性轴的无量纲回转半径;L_α 与 M_α 分别为无量纲升力和力矩。前面章节中介绍了简谐振荡的二元翼段上非定常气动力的 Theodorsen 理论,它是一种频域计算方法,这里以示区分特意给出了时间变量,当然通过 Theodorsen 理论也能给出一般运动情况下的非定常气动力,但其计算较为复杂且有一定的适用范围,本节简要介绍一种能够适用于二元翼段一般运动的非定常气动力时域推进计算方法,即非定常涡方法。

10.2.2　非定常涡方法

考虑二维无旋不可压理想流体，此时流体具有全速度势 Φ，流体在空间任意点的流速是速度势函数的梯度，而速度势函数满足二维拉普拉斯方程

$$\Delta\Phi=\frac{\partial^2\Phi}{\partial x^2}+\frac{\partial^2\Phi}{\partial y^2}=0 \tag{10.18}$$

这是一个线性偏微分方程，由数理方程的知识可知该方程有基本解，如源、汇、涡、偶极子等，由于这些基本解都具有扰动衰减的特性，它们也自然满足远场无扰动的边界条件。通过近场物面边界条件，可以确定基本解的强度，从而得到方程的特解。

之前章节中提到的 Theodorsen 理论在小扰动薄翼假设下，即采用沿弦线分布的非定常涡模拟平板翼型，并考虑尾涡的非定常干扰，给出了谐振荡翼型非定常气动力的频域解析形式。非定常涡方法也采用相同的物理模型，通过附着涡模拟翼型流动，采用自由尾涡考虑非定常干扰。所谓自由尾涡是指尾涡的瞬时移动速度由全场瞬时诱导速度确定。该方法直接考虑全速度势方程，因此可以不引入小扰动假设，从而能够考虑大运动的情况。此外，在得到涡强分布后直接通过非定常 Bernoulli 方程给出翼型压强分布，该过程本质上是非线性的，能够在层流的限制下考虑必要的非线性作用，适用的迎角范围也较大。进一步对翼型上的附着涡及自由尾涡进行离散化，能够方便地进行时域非定常气动力的计算。

考虑弦长为 c 的平板翼型，x 方向是翼型前进速度 V 的负方向，向上为 z 正向，该坐标系固联于未扰动大气。如图 10.6 所示，将翼型离散化为 m 个线段单元，在距前点 1/4 线段长处布置点涡，3/4 线段长处作为控制点，使翼型后缘流动满足 Kutta 条件；尾涡由翼型后缘依次脱出涡单元，第 i 时间步共脱出 i 个尾涡，单元长度 d 与选取的计算时间步长相关，$d=|\boldsymbol{V}_{\rm loc}|\Delta t$，$\boldsymbol{V}_{\rm loc}$ 为自由涡位置每一瞬时的当地流速。作为自由涡处理时，尾涡是一条曲线。考虑到计算效率以及尾涡对附着涡的影响随距离增加而递减，通常将尾涡进行截断，可选择不小于 20 倍翼型弦长的尾涡进行计算，必要时还应对被截断涡的影响进行修正处理。

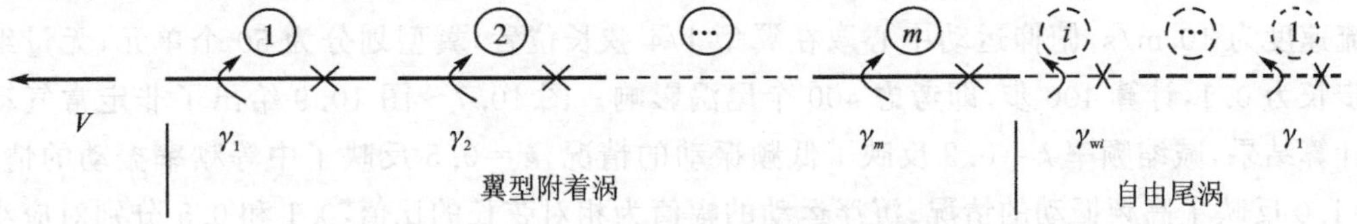

图 10.6　二元平板翼型非定常涡模型

记翼面附着涡总环量为 $\Gamma(t)$，自由尾涡总环量为 $\Gamma_{\rm w}(t)$，当不考虑尾涡耗散时，由 Kelvin 条件，全场总环量变化率应为零，即

$$\frac{{\rm d}\Gamma(t)}{{\rm d}t}+\frac{{\rm d}\Gamma_{\rm w}(t)}{{\rm d}t}=0 \tag{10.19}$$

由此可建立附着涡与尾涡对离散时间的递推关系，在时间起点 t 时刻即第一个时间步，此时仅脱出一个尾涡，满足如下关系：

$$\Gamma(t)+\gamma_{\rm w1}=0$$

第 i 时间步时

$$\gamma_{wi} = -[\Gamma(t_i) - \Gamma(t_{i-1})] \tag{10.20}$$

在每一时间步,通过翼型单元控制点处满足不穿透条件确定附着涡环量,即

$$(\nabla\Phi_c - \boldsymbol{V}_c)\boldsymbol{n}_c = \boldsymbol{0} \tag{10.21}$$

$\nabla\Phi$ 即为流体速度,$\boldsymbol{V}$ 为翼型运动速度,$\boldsymbol{n}$ 为翼型法向量,下标 c 表示各量在控制点处取值。每一计算时刻,上式中的未知量为 m 个附着涡环量,在 m 个控制点满足边界条件形成 m 阶方程组,从而求解各环量。

各点涡环量在控制点的诱导速度可进行如下计算,设平面上任意点(x_0,z_0)位置处具有环量 γ 的点涡对空间点(x,z)的诱导速度为

$$u = \frac{\gamma}{2\pi}\frac{(z-z_0)}{(x-x_0)^2+(z-z_0)^2},\quad w = \frac{-\gamma}{2\pi}\frac{(x-x_0)}{(x-x_0)^2+(z-z_0)^2}$$

或可写成矩阵形式更方便计算,即

$$\begin{bmatrix} u \\ w \end{bmatrix} = \frac{\gamma}{2\pi r^2}\begin{bmatrix} 0 & 1 \\ -1 & 0 \end{bmatrix}\begin{bmatrix} x-x_0 \\ z-z_0 \end{bmatrix} \tag{10.22}$$

式中,$r^2=(x-x_0)^2+(z-z_0)^2$。

得到翼型上附着涡环量后,通过非定常 Bernoulli 方程计算涡作用点即单元压心处的压强,平板翼型上表面压强记为 p_u,下表面压强记为 p_l,压强差为 Δp,大气密度为 ρ,Q 为翼型表面流速的大小,则有

$$\frac{\Delta p}{\rho} = \frac{p_u - p_l}{\rho} = \left(\frac{Q^2}{2}\right)_u - \left(\frac{Q^2}{2}\right)_l + \left(\frac{\partial\Phi}{\partial t}\right)_u - \left(\frac{\partial\Phi}{\partial t}\right)_l \tag{10.23}$$

由此可以得到翼型上作用的气动力。这里所介绍的是二维流动情形,将其推广到三维机翼,将点涡单元改为涡环单元即形成所谓三维非定常涡格法(unsteady vortex lattice method, UVLM)。

针对做沉浮与俯仰简谐运动的二元翼段问题,分别采用非定常涡方法和 Theodorsen 理论计算翼段受到的气动力,来考察两者的精度关系和各自的适用范围。考虑单位弦长平板翼型,来流速度为 10 m/s,俯仰运动中心取在翼型 1/4 弦长位置,翼型划分为 50 个单元,无量纲时间步长为 0.1,计算 400 步,即考虑 400 个尾涡影响。图 10.7～图 10.9 给出了非定常气动力的计算结果,减缩频率 $k=0.2$ 反映了低频振动的情况,$k=0.5$ 反映了中等频率振动的情况,$k=1.0$ 反映了高频振动的情况;沉浮运动的幅值为相对弦长的比值,0.1 和 0.5 分别对应小振幅和大振幅的情况;俯仰的幅值单位为(°),0.5°、3°和 5°分别对应小振幅、中等振幅和大振幅的情况。

图 10.7 中 UVLM 为非定常涡方法的计算结果,在计算初始的一段时间,其数值与 Theodorsen 结果稍有差异,这是由于 Theodorsen 理论是稳态振动解;而非定常涡方法则会产生气动涡效应,给出的是瞬态响应过程,在尾涡影响稳定后才能得到稳态解,即图中 1 s 后的计算数据才有可比性。当然,能够给出瞬态响应也是非定常涡方法的优势之一。图 10.7 中的小减缩频率情况下,两种计算结果符合度很高,小幅值振荡比中等幅值与大幅值情况具有更好的一致性,这也恰好反映了 Theodorsen 理论基于小扰动速度势进行求解的事实。

从图 10.8 中的等减缩频率下大幅值振荡的气动力响应已能够看出两种计算结果的差异;图 10.9 给出了高减缩频率下的大幅值振荡气动力响应,其数值结果体现出明显的差异。

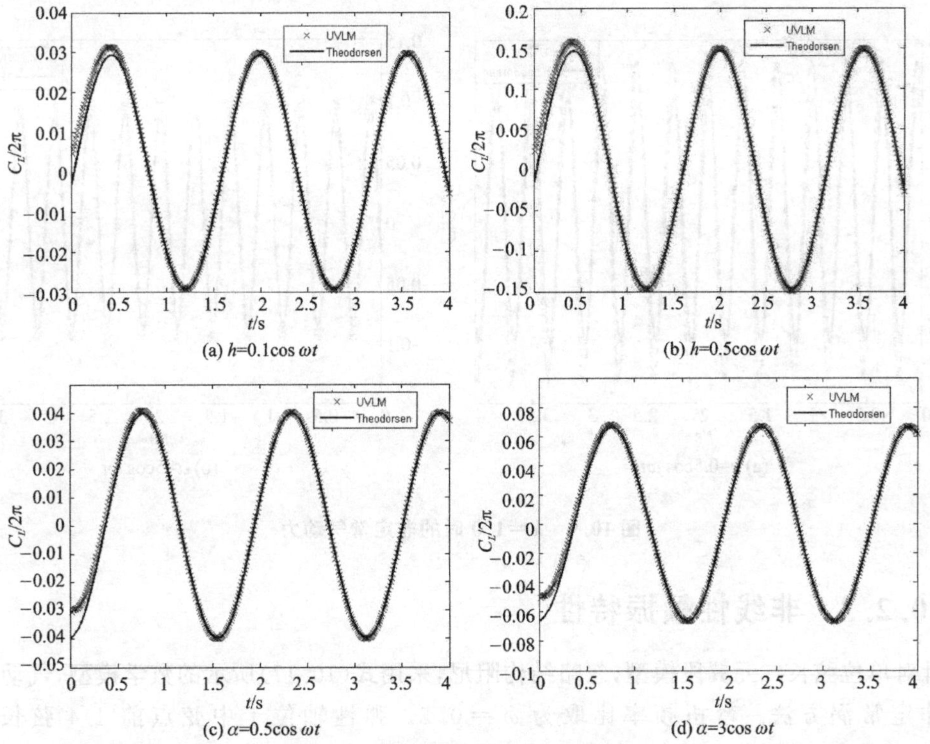

(a) h=0.1cos ωt　(b) h=0.5cos ωt

(c) α=0.5cos ωt　(d) α=3cos ωt

图 10.7　k＝0.2 时的非定常气动力

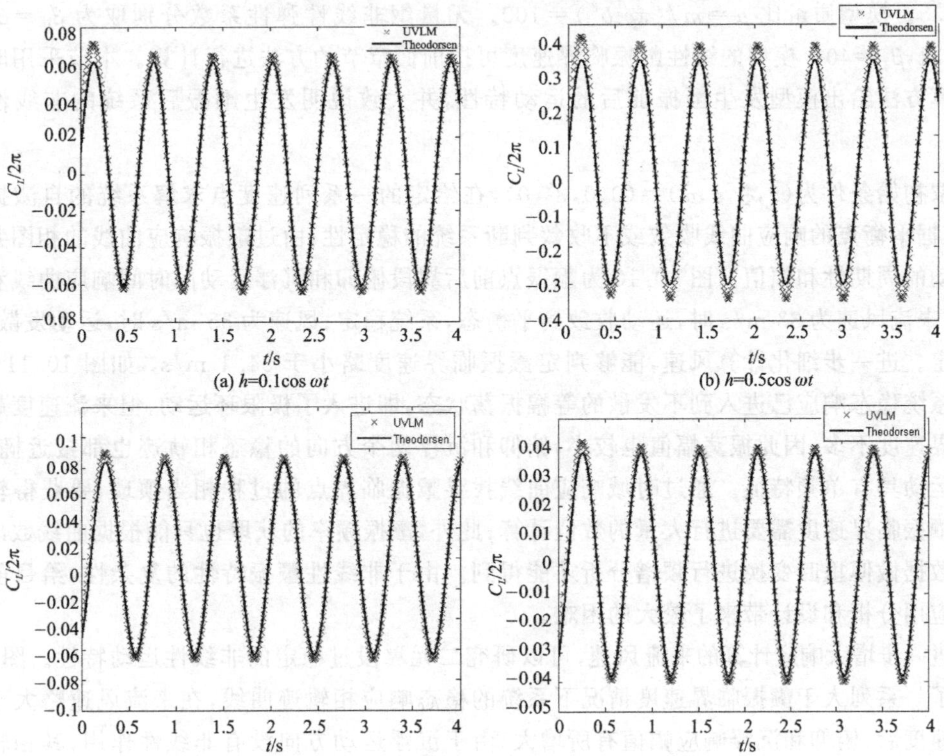

(a) h=0.1cos ωt　(b) h=0.5cos ωt

(c) α=0.5cos ωt　(d) α=3cos ωt

图 10.8　k＝0.5 时的非定常气动力

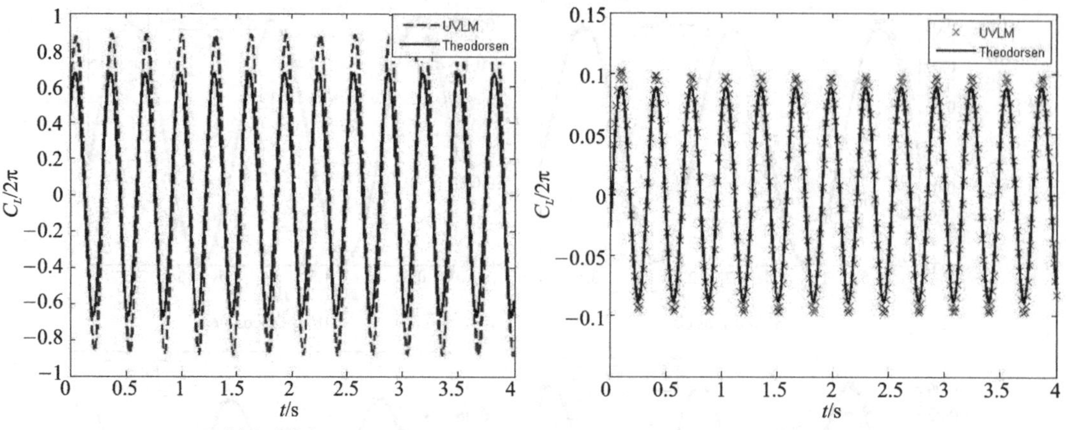

(a) $h=0.5\cos\omega t$　　(b) $\alpha=5\cos\omega t$

图 10.9　$k=1.0$ 时的非定常气动力

10.2.3　非线性颤振特性

针对单位弦长二元翼段模型，忽略结构阻尼，采用式(10.17)所示的数学模型，气动力计算采用非定常涡方法。弯扭频率比取为 $\bar{\omega}=0.2$。弹性轴位于中弦点前 1/4 弦长处，即 $\bar{a}=-0.5$。质心位于弹性轴后 1/8 弦长处，即 $\bar{x}_a=0.25$。模型绕弹性轴的无量纲回转半径 $r_a=0.5$。模型质量比 $\mu=m/(\pi\rho_a b^2)=100$。无量纲非线性弹性系数分别取为 $\beta_0=\beta_2=0$，$\beta_1=0.1$，$\beta_3=40$。模型的线性颤振临界速度可按前面章节的方法进行计算。本节采用时域响应计算方法给出模型发生颤振前后的运动特性，并大致说明发生颤振后系统的非线性运动特点。

取初始条件为$(\xi,\dot{\xi},\alpha,\dot{\alpha})=(0,0,3°,0)$，在给定的一系列速度点求解系统的自激振动响应，依据平衡点的响应曲线收敛或不收敛判断系统的稳定性；由过颤振响应曲线的相图判断系统运动的周期性和幅值。图 10.10 为颤振点前后翼段俯仰和沉浮运动的时间响应曲线和相轨迹，在来流风速为 33 m/s 时，运动收敛到平衡态，系统稳定；风速为 35 m/s 时，运动发散，系统不稳定。进一步细化计算风速，能够判定颤振临界速度略小于 34.1 m/s，如图 10.11 所示。此时系统稳态响应已进入到不发散的等幅振荡状态，即进入了极限环运动，但来流速度超出稳定临界速度不多，因此振荡幅值也较小，俯仰和沉浮两个方向的稳态相轨迹也都接近椭圆形，说明运动具有单频特征。通过时域响应曲线找寻颤振临界点的过程相当烦琐，要获得较为准确的颤振临界速度需要进行大量的数值计算；此外，颤振频率的获取也只能根据曲线数出周期或对数据做傅里叶变换进行频谱分析才能得到。由于非线性颤振特性的复杂性，给目前实际工程应用分析和设计带来了较大的困难。

进一步增大响应计算的来流风速，可以研究二元翼段过稳定的非线性运动特性。图 10.12 给出了一系列大于颤振临界速度情况下系统的稳态响应相轨迹曲线，在来流风速略大于颤振临界速度后，俯仰和沉浮响应幅值有所增大，由于沉浮运动方向没有非线性作用，其相轨迹还基本保持较为简单的椭圆形式，俯仰运动相轨迹曲线逐渐发生畸变偏离了椭圆形状，如图 10.12(a)中 43 m/s 的情况，这说明系统运动不再符合单频特征。进一步增大计算风速，俯

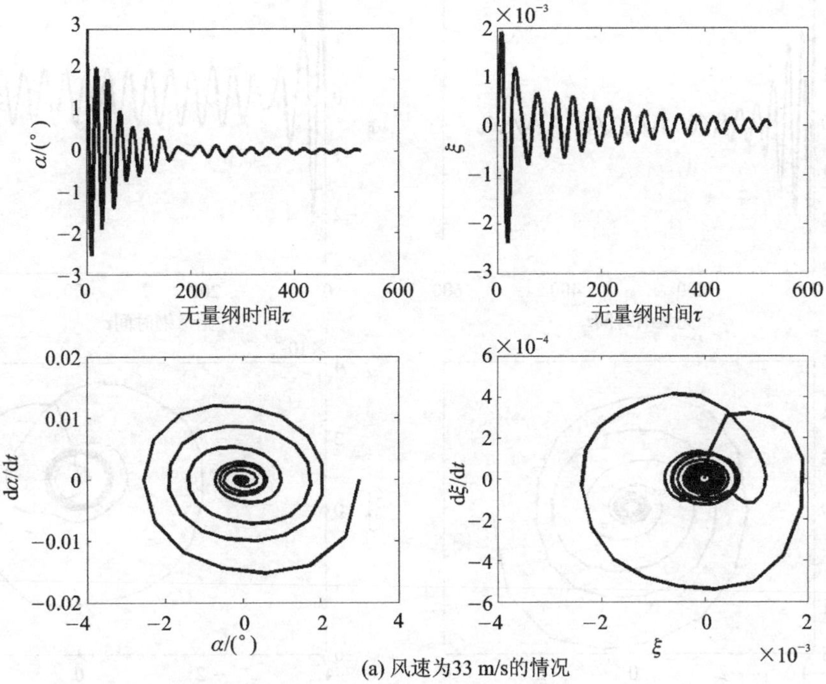

(a) 风速为33 m/s的情况

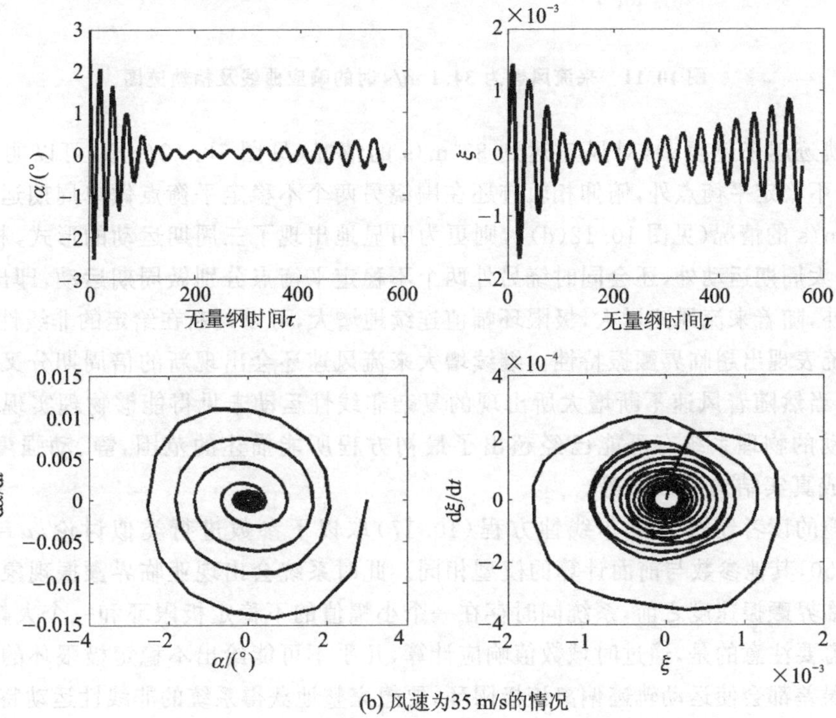

(b) 风速为35 m/s的情况

图 10.10　颤振临界点前后的响应曲线及相轨迹图

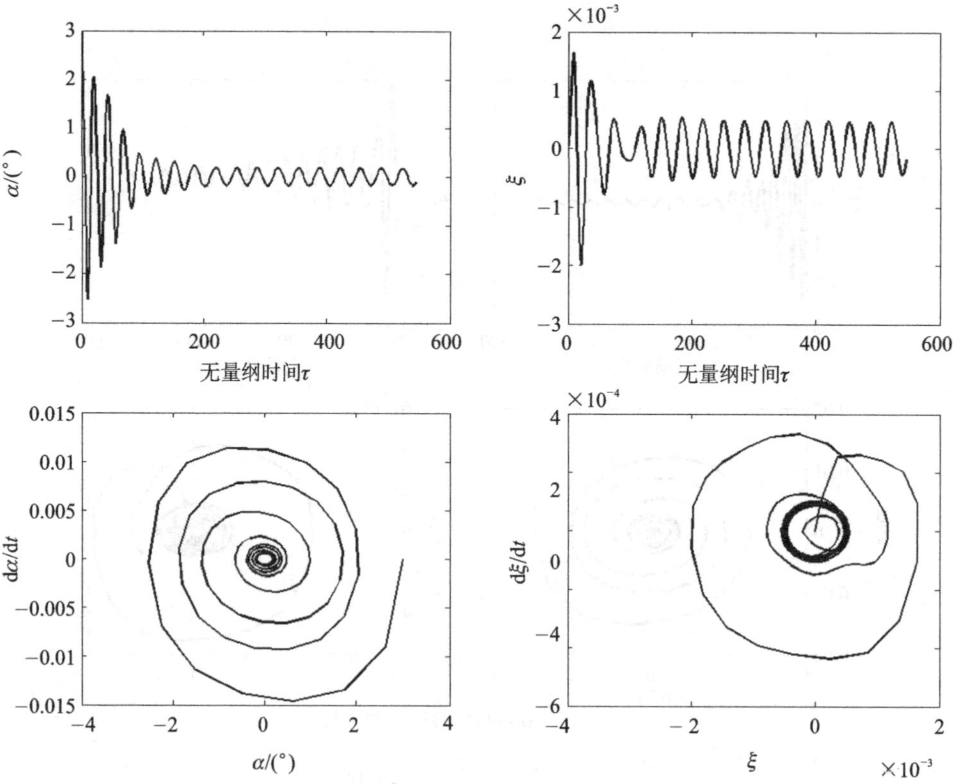

图 10.11 来流风速为 34.1 m/s 时的响应曲线及相轨迹图

仰运动相轨迹越来越复杂,对风速达到 83 m/s 的情况(见图 10.12(c)),可以明显看出,除(0,0)这个不稳定平衡点外,俯仰相轨迹还在围绕另两个不稳定平衡点做单周期运动;对风速达到 117 m/s 的情况(见图 10.12(d)),则更为明显地出现了三周期运动的形式,相轨迹除绕(0,0)做较大周期运动外,还会同时绕另外两个不稳定平衡点分别做周期运动,即出现了叉形分叉。此外,随着来流风速增大,极限环幅值连续地增大,可以判断在给定的非线性参数下,二元翼段系统表现出超临界颤振特性。继续增大来流风速还会出现新的倍周期分叉,直至出现混沌运动,当然随着风速不断增大所出现的复杂非线性运动未见得能够物理实现,例如以更大幅值运动的物理系统有可能已经超出了最初方程所能描述的范围,静、动强度的限制也有可能造成真实结构的破坏等。

有兴趣的读者还可以对非线性方程(10.17)取以下参数进行类似讨论,$\mu=200$,$\beta_1=0.01$,$\beta_3=50$,其他参数与前面计算的模型相同。此时系统会出现亚临界颤振现象,即在线性化系统的临界颤振速度之前,系统同时存在一个小幅值的不稳定极限环和一个大幅值的稳定极限环。需要注意的是,通过时域数值响应计算,几乎不可能给出不稳定极限环的响应曲线,任何数值误差都会使运动轨迹偏离该极限环,要想完整地获得系统的非线性运动特性,必须结合定性分析的方法来讨论,这里不再深入介绍。

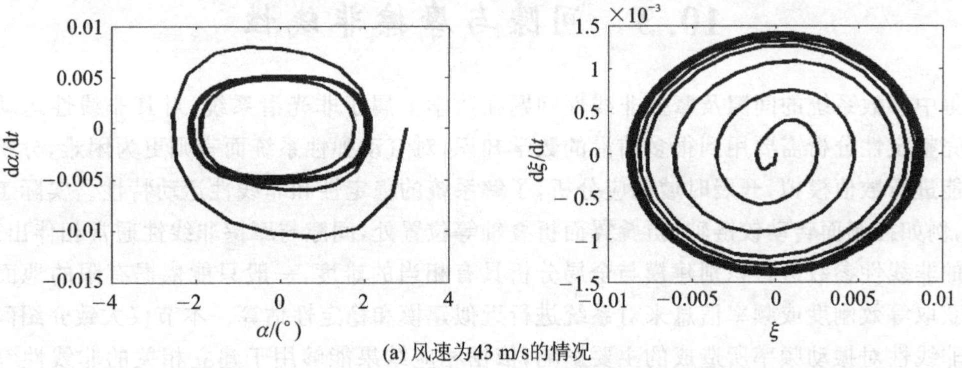

(a) 风速为43 m/s的情况

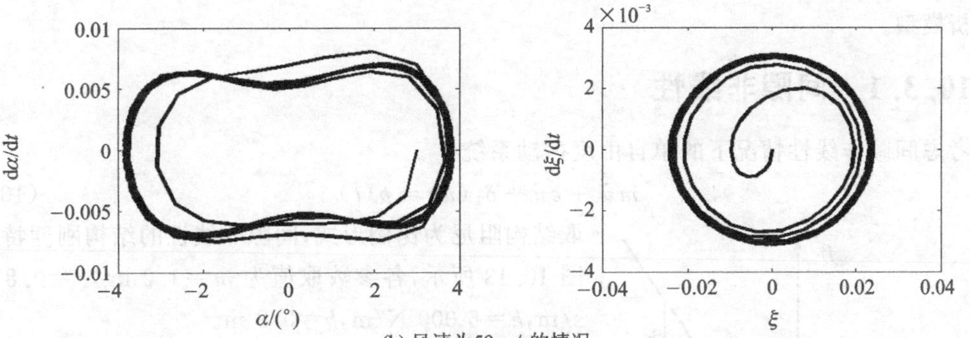

(b) 风速为59 m/s的情况

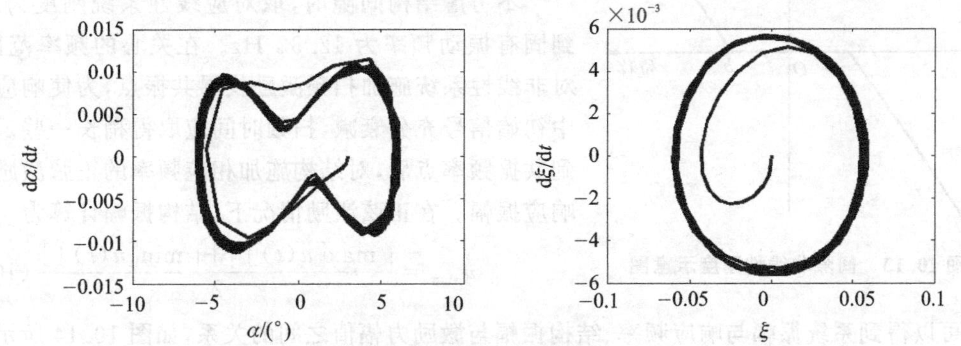

(c) 风速为83 m/s的情况

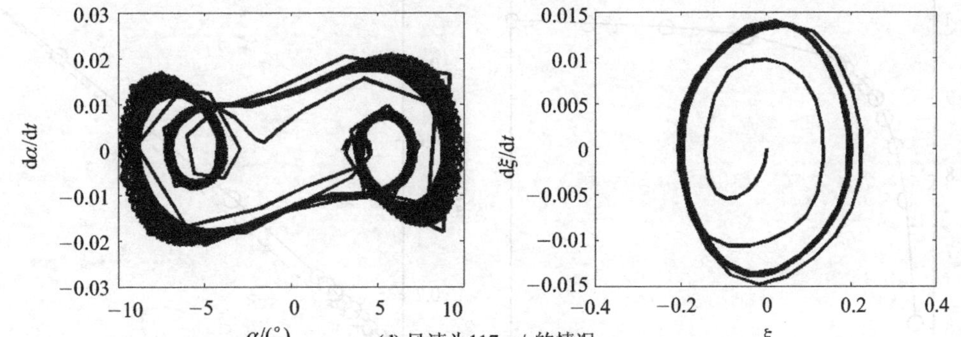

(d) 风速为117 m/s的情况

图 10.12　非线性二元翼段过颤振运动的相轨迹图

10.3 间隙与摩擦非线性

集中参数系统的间隙及摩擦非线性问题在数学上属于非光滑系统，对其非线性运动特性进行完整定性分析需要用到很多前沿的数学知识，对气动弹性系统而言则更为困难，分析时往往只能进行数值模拟，开展时域响应分析，了解系统的稳定性和非线性运动特性。实际工程结构中，例如控制面转动铰链轴、折叠翼面折叠轴等位置处，间隙与摩擦非线性通常相伴出现，对系统的非线性参数进行识别建模与全局分析具有相当的难度，一般只能依据有限的地面振动试验获取等效刚度或频率信息来对系统进行近似建模和稳定性估算。本节仅大致介绍间隙与摩擦非线性对振动频率所造成的主要影响，依据相应结果能够用于建立相关的非线性气动弹性分析模型。

10.3.1 间隙非线性

考虑间隙非线性情况下的单自由度振动系统

$$m\ddot{u}+c\dot{u}+\delta_k(u)=p(t) \tag{10.24}$$

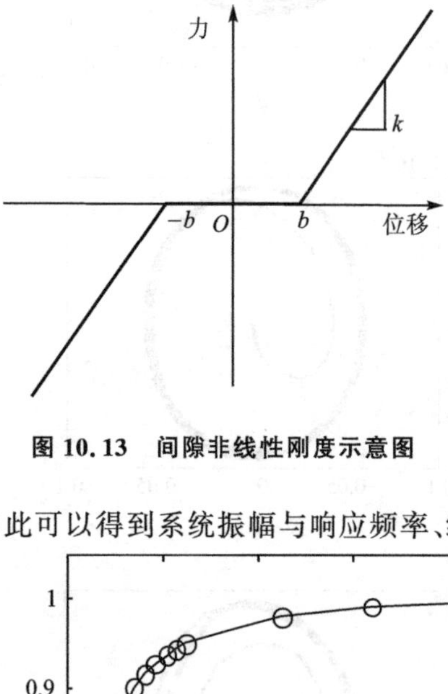

图 10.13 间隙非线性刚度示意图

取结构阻尼为比例形式，间隙非线性的结构刚度特性如图 10.13 所示，各参数取值为 $m=1.0$ kg，$c=0.8$ N·s/m，$k=6\ 000$ N/m，$b=0.2$ m。

不考虑结构间隙时，取对应线性系统刚度为 k，得到固有振动频率为 12.32 Hz。在关心的频率范围内，对非线性系统施加扫频激励找寻共振点，为使响应过程中初始信号充分衰减，扫频时间应取得稍长一些。在得到共振频率点后，对结构施加相应频率的正弦激励得到响应振幅。在正弦激励情况下，结构振幅计算为

$$u_{\text{amp}}=\frac{|\max[u(t)]|+|\min[u(t)]|}{2} \tag{10.25}$$

由此可以得到系统振幅与响应频率、结构振幅与激励力幅值之间的关系，如图 10.14 所示。其

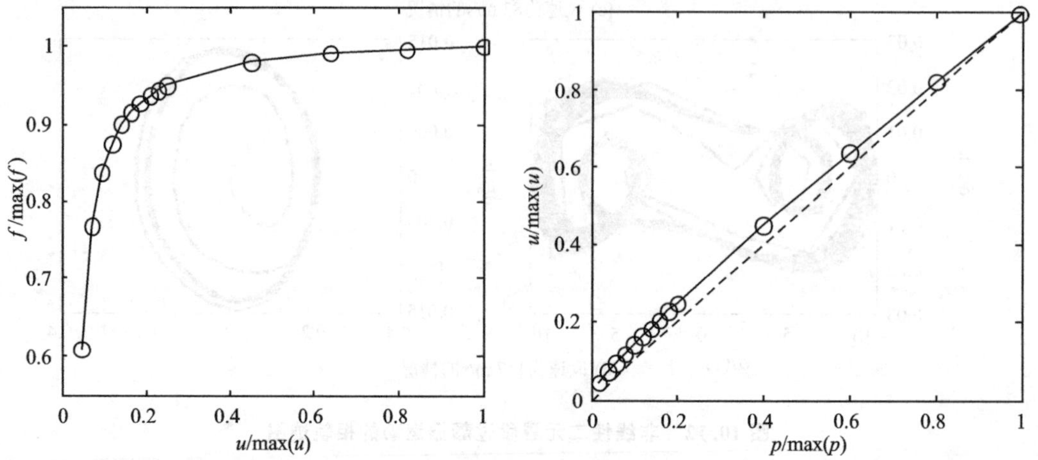

图 10.14 间隙非线性刚度振动特性

中，响应频率取相对于线性固有振动频率的无量纲值，响应幅值及激励力均按对应的最大值进行无量纲化。激励力-振幅关系图中，虚线为对应线性系统的变化关系。可以看到，在考虑间隙非线性时，系统共振频率随着振幅或激励力的增加而增加，并逐渐趋近于线性刚度情况下的共振频率，相应的激励力-振幅曲线也会偏离线性的情况。

10.3.2 库仑摩擦

库仑摩擦是动摩擦的简化数学模型，反映具有相对运动的接触面之间阻滞运动速度的力。库仑模型近似认为，除与相对速度成正比的摩擦力之外，另一部分摩擦力与接触面之间的正压力成正比，而与速度的大小无关，仅与其正负同号。对单自由度振动系统，通常将其写在阻尼项当中：

$$m\ddot{u}+\delta_c(\dot{u})+ku=p(t) \tag{10.26}$$

系统刚度仍为线性刚度，库仑摩擦可以表示为分段阻尼的形式，如图10.15所示，数学形式可写为

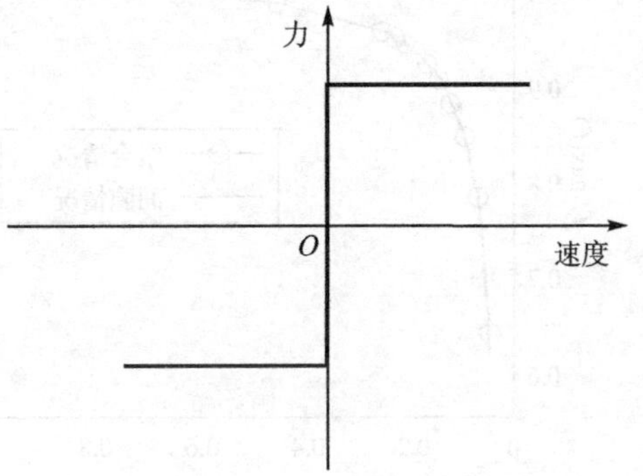

图10.15 库仑摩擦示意图

$$\delta_c(\dot{u})=c\dot{u}+\mu N_f\,\mathrm{sign}(\dot{u}) \tag{10.27}$$

分别取模型参数值为：$m=1.0$ kg，$c=0.8$ N·s/m，$k=6\ 000$ N/m，μ 代表摩擦系数，N_f 代表摩擦面的法向压力，μN_f 取值为0.85。采用类似之前间隙非线性中所用的激励方式进行仿真计算，得到系统振幅与响应频率、振幅与激励力幅值之间的关系，如图10.16所示。可以看到，除小激励力小幅值运动区域内振动特性略有偏离线性情况之外，库仑摩擦对系统共振频率影响很小，从力-幅值关系来看仍然可以近似为线性关系。

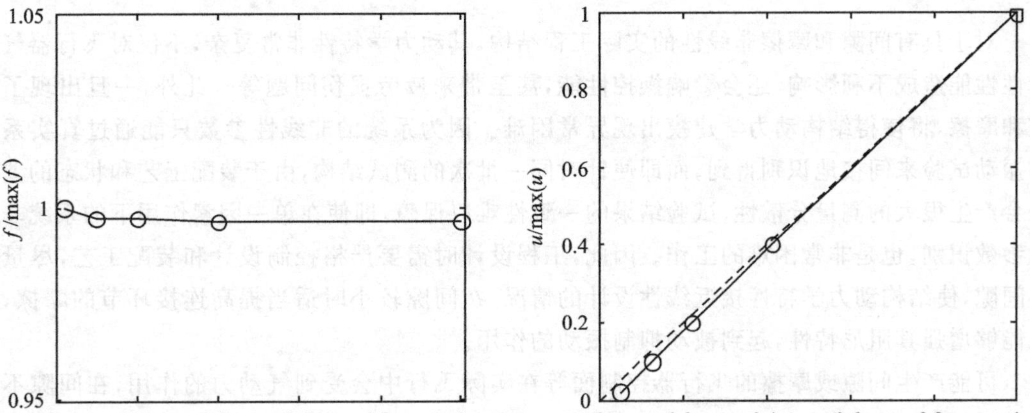

图10.16 库仑摩擦系统振动特性

10.3.3 库仑摩擦间隙

当结构同时出现间隙非线性和库仑摩擦时，单自由度系统振动方程可表示为

$$m\ddot{u}+\delta_c(\dot{u})+\delta_k(u)=p(t) \tag{10.28}$$

其中阻尼项表现为库仑摩擦,刚度项表现为间隙非线性,各个参数取值与前面计算相同。仿真计算可得系统振幅与响应频率,结构振幅与激励力幅值之间的关系如图10.17所示。从计算结果可知,库仑摩擦对结构共振频率影响很小,系统共振频率表现出以间隙非线性为主的振动特性。

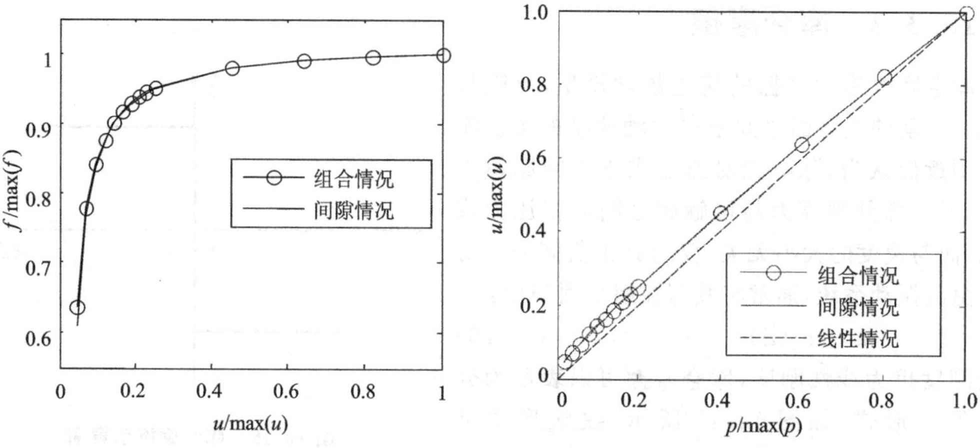

图10.17　间隙非线性刚度与库仑摩擦组合的振动特性

事实上,飞行器控制面铰链轴等位置往往还会出现静摩擦,静摩擦力的作用表现出系统位移与回复力的滞回非线性;摩擦力的数学模型按照其复杂程度也有很多种类型,库仑摩擦仅是描述滑动摩擦或干摩擦情况中最为简单的一种数学模型。这里不再详述其他摩擦问题及其数学模型,相应的运动幅值-共振频率以及激励力-运动幅值关系也可仿照前述分析得到。

10.3.4　工程分析的考虑

对于具有间隙和摩擦非线性的实际工程结构,其动力学特性非常复杂,不仅对飞行器气动弹性性能造成不利影响,还会影响操控性能,甚至带来疲劳损伤问题等。此外,一旦出现了间隙和摩擦,将使得结构动力学建模出现异常困难。因为系统的非线性参数只能通过真实系统的振动试验来间接地识别得到,而即便针对同一批次的测试结构,由于装配工艺和状态的差异也会产生很大的测量分散性,试验结果的一致性难以保障,即使在单一因素作用下的系统非线性参数识别,也是非常困难的工作。因此,工程设计时需要严格控制设计和装配工艺,尽量减小间隙,使结构动力学特性接近线性设计的情况,在间隙较小时适当提高连接环节的摩擦,往往能够增强其阻尼特性,起到被动抑制振动的作用。

可能产生间隙或摩擦的飞行器控制面等在实际飞行中会受到气动力的作用,在间隙不大的情况下,定常气动力能起到克服间隙的作用,使得动力学特性表现出近似线性的特征;从前面的分析也可以看到,当作为系统激励的非定常气动力较大时,系统动力学特性也会表现出近似线性的特征。

在考虑气动弹性问题时,首先要对需要带间隙及摩擦的控制面进行抽样,使试验样本能够充分反映可能的工艺状态,尤其在设计试制初期需要较大的试验样本。针对这些样本开展在不同静预载和激励力幅值组合下的固有振动试验,从而对系统的线性度作出评估。若所测得系统的主要固有振动频率随预载和激振力变化较小,不同试验样本的分散度也较小,则说明分析对象的线性度较好，可以依据试验刚度特性建立线性模型进行气动弹性分析，必要时再开展小范围的刚度或频率拉偏分析，得到保守的颤振边界。若所测得系统的主要固有振动频率随预载和激振力变化较大，则可以对实际飞行状态的定常和非定常载荷进行评估，判断实际工况是否能够克服间隙和摩擦的影响，若可行，则也可以依据试验刚度特性建立线性模型进行气动弹性分析，此时必须开展大范围的刚度或频率变参分析得到保守的颤振边界；若无法对飞行状态进行评估，则需要综合考察装配工艺设计指标、生产工艺标准等环节，甚至需要衡量其他如传动环节设计、操纵效率要求等专业的设计要求，必要时还应考虑气动弹性配平概念、增加结构配重等手段，针对气动弹性问题进行综合治理，尽可能地使系统动力学特性符合线性设计的目标。

当然，在迫不得已的情况下，只能通过摩擦间隙非线性的气动弹性时域响应分析，来判断颤振临界速度等主要的气动弹性特性，具体方法可参照前节中的时域计算手段，这里不再详述。但从目前工程技术发展的现状来看，不论是从振动试验方法、非线性参数识别技术、非线性气动弹性分析手段，还是从数值计算效率来说，完全的非线性分析都不能满足当前工程设计的需要，只能起到校核验证以及为改进设计提供指导性方向的作用。

10.4　大变形机翼的气动弹性

在 20 世纪 90 年代末，由于国际上高空长航时飞机的发展需求，一类新的非线性问题在气动弹性领域被提出来，即采用轻质材料定翼机的大变形几何非线性气动弹性问题。然而当时并未对该问题的基本原理有清楚的认识，也没有形成可靠的分析工具，而工程设计部门也没有足够重视飞行器大变形给气动弹性乃至飞行动力学特性带来的不利影响。最为著名的实例是美国“Helios 太阳神”号，该飞机平飞时翼尖静变形可以达到半展长的 20%。然而不幸的是，2003 年该飞机试飞失事，因而引起 NASA 的高度重视。事故调查结果表明，飞机设计时缺乏足够的非线性分析，使得飞机结构对阵风扰动敏感并最终破坏，同时提出多学科（结构、气动弹性、飞行力学、控制、材料）时域仿真分析对此类具有几何非线性特点的柔性飞机的必要性。此外，对以 A380、B787 为代表的超大容量运输机（ultra high capacity aircraft，UHCA）也存在潜在的大变形问题。从公布的资料看，B787 飞机巡航状态翼尖变形达到 12%半展长，然而据了解，该飞机在设计时并未考虑结构几何非线性问题，静力试验达到翼尖变形 38%半展长而机翼未破坏，也说明机翼结构承载效率还有待提高。欧洲空中客车公司于 2012 年发布的 2050 规划，其中明确提出大柔性机翼设计技术提升飞机的经济性和环保性。

目前，几何非线性气动弹性问题得到主要航空大国的重视，从基本的现象机理研究、分析手段的建立、设计与控制等诸多方面开展了大量研究，时至今日也还没有形成此类飞行器完整的分析理论和设计手段。本节以大展弦比、大变形机翼部件为对象，简要介绍几何非线性气动弹性的主要特点。

10.4.1　结构大变形

所谓大变形从变形量的角度来讲，通常指结构横向变形达到结构纵向尺度的 5%以上甚至更大的情况；然而更重要的则是从力学本质的角度来认识“大变形”的含义，这是指结构的力学平衡关系必须建立在其变形后的构型之上，而不能忽略变形引起的结构力学特性的改变，但机翼结构的材料远没有超出弹性范围,应力应变的本构关系仍然满足线性关系,这就形成了典型的结构几何非线性问题。

这里不妨先从一个简单对象来说明大变形非线性梁与线性计算的差异。考虑一个各向同性材料均匀剖面的平面欧拉梁,一端固支,另一端受到集中定向力的作用,如图 10.18 所示。

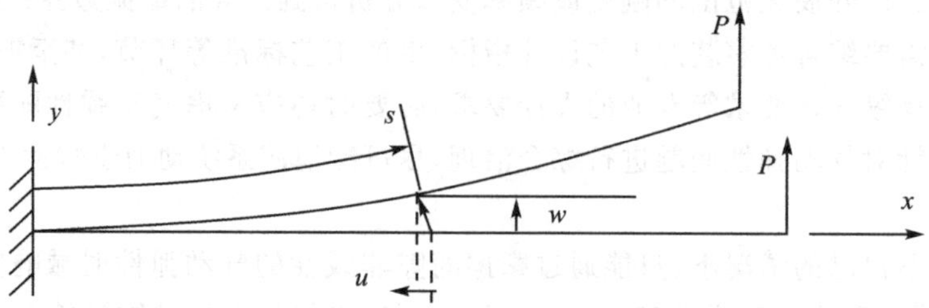

图 10.18　一端受垂直定向载荷的悬臂欧拉梁

未变形梁沿坐标 x 向,长度为 L,忽略轴力引起的梁长度的变化,引入弧长坐标 s,剖面弯曲刚度为 EI,自由端作用始终沿坐标 y 向的集中力 P,剖面弯矩为 M,由欧拉梁内力平衡的基本假设可得如下方程:

$$EI\frac{1}{\rho}=EI\kappa=EI\frac{\mathrm{d}\theta}{\mathrm{d}s}=M$$

除忽略梁长度的伸缩外,该方程并未引入任何小变形的假设。设梁轴线法平面内的剖面剪力为 Q,则有

$$\frac{\mathrm{d}M}{\mathrm{d}s}=Q=P\cos\theta$$

从而得到梁弯曲角满足的微分方程

$$EI\frac{\mathrm{d}^2\theta}{\mathrm{d}s^2}=P\cos\theta \tag{10.29}$$

满足边界条件

$$\theta(0)=0,\quad \theta'(l)=0 \tag{10.30}$$

从而构成非线性微分方程的两点边值问题,这是一个非线性的分布参数系统,该系统可通过椭圆函数进行解析求解,其形式较为复杂,这里不再详述。求得 $\theta(s)$后,通过下式确定梁变形后曲线形状的参数表达式,即

$$x(s)=\int_0^s\cos\theta(s)\mathrm{d}s,\quad y(s)=\int_0^s\sin\theta(s)\mathrm{d}s \tag{10.31}$$

图 10.19 给出了该悬臂梁在不同载荷系数下的变形曲线,定义无量纲载荷系数 PL^2/EI,可以看到随载荷系数的增大,按以上非线性方程求得的解与线性结果偏离越来越大,并且线性梁变形理论中忽略了梁沿坐标 x 方向的位移导致变形后的梁长度比原长度要大,而非线性理论得到的梁长度则仍为 L。图 10.20 给出了梁最大挠度即自由端 y 向位移随载荷系数的变化关系,由于线性理论的挠度与外加载荷为线性正比关系,外力无限大时最大挠度也会成为无限大,这显然不符合实际情况,非线性理论得到的最大挠度则始终是有限值,从非线性结果可以明显看出大变形非线性引起的刚化作用,在一定载荷范围内近似认为最大 y 向挠度与集中力大小表现出三次刚度特性。

另一个在几何非线性问题中必须引起重视的问题是所谓“随动载荷”效应,即外载荷是变

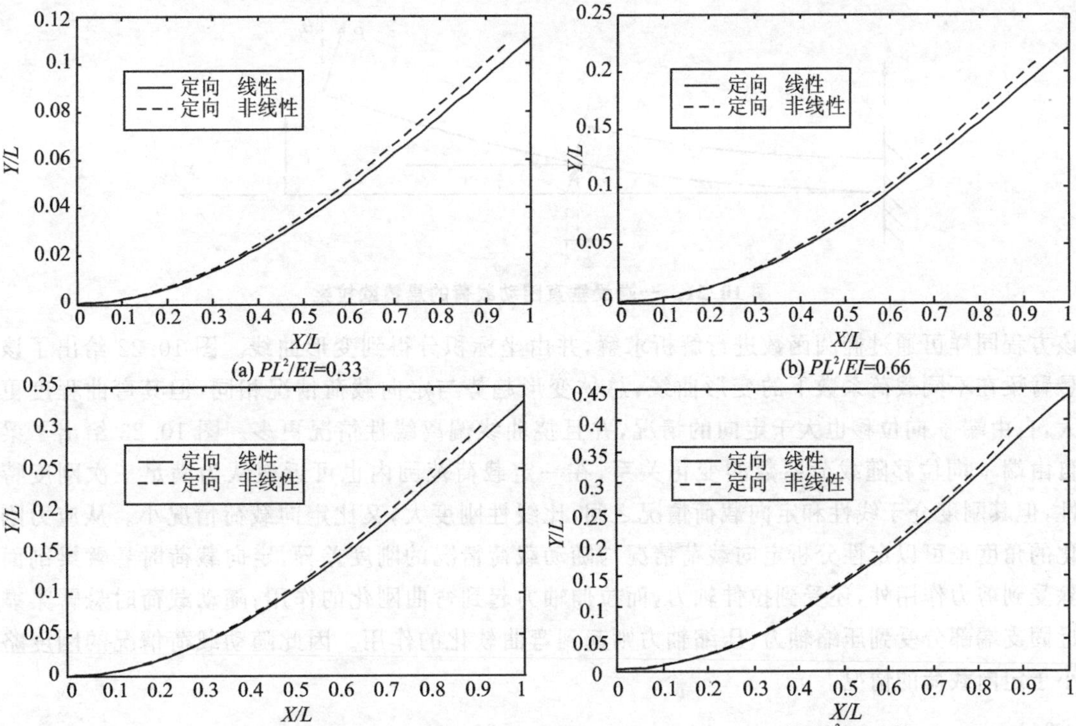

(a) $PL^2/EI=0.33$　(b) $PL^2/EI=0.66$

(c) $PL^2/EI=0.99$　(d) $PL^2/EI=1.33$

图 10.19　不同载荷系数下线性与非线性梁的变形曲线

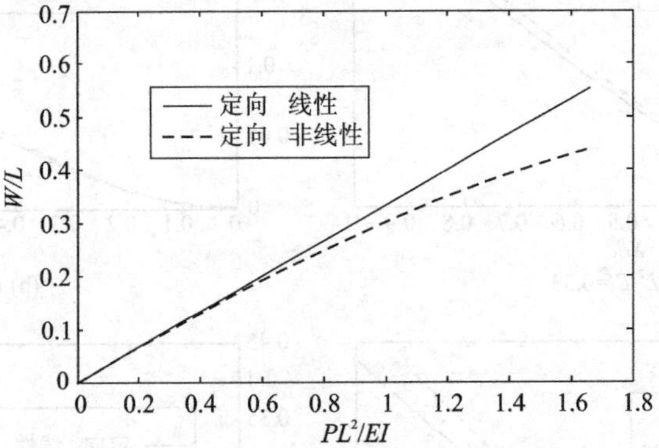

图 10.20　梁最大挠度随载荷系数的变化

形的函数，尤其表现在其作用方向会随着变形一起改变。如图 10.21 所示，考虑一端受随动集中力作用的平面悬臂欧拉梁，该作用力始终在自由端的法平面内，其方向始终与弹性轴垂直，其大小保持不变，这是最简单的随动载荷模型。

设梁自由端弯曲角为 θ_1，则该悬臂梁微分方程为

$$EI\ \frac{d^2\theta}{ds^2}=P\cos(\theta_1-\theta) \tag{10.32}$$

满足边界条件

$$\theta(0)=0,\quad \theta'(l)=0 \tag{10.33}$$

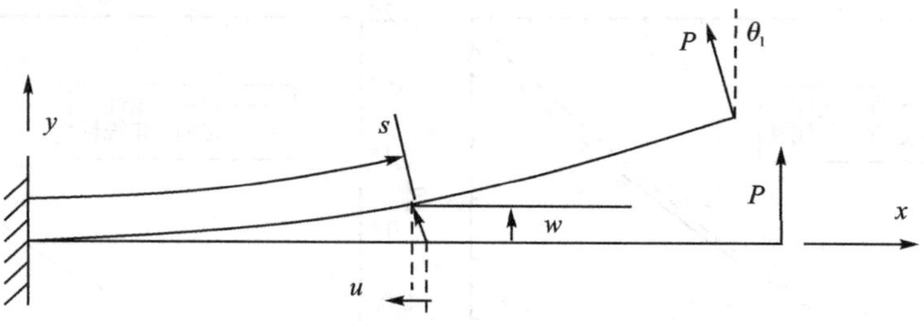

图 10.21　一端受垂直随动载荷的悬臂欧拉梁

该方程同样可通过椭圆函数进行解析求解,并由坐标积分得到变形曲线。图 10.22 给出了该悬臂梁在不同载荷系数下的变形曲线,总体变形趋势与定向载荷情况相同,但其弯曲程度更大,自由端 y 向位移也大于定向的情况,并且挠曲线偏离线性情况更多。图 10.23 给出了梁自由端 y 向位移随载荷系数的变化关系,在一定载荷范围内也可近似认为满足三次刚度特性,但其刚度介于线性和定向载荷情况之间,比线性刚度大,又比定向载荷情况小。从应力刚化的角度也可以定性分析定向载荷情况与随动载荷情况的刚度差异,定向载荷时悬臂梁剖面除受到剪力作用外,还受到拉伸轴力,而拉伸轴力起到弯曲刚化的作用;随动载荷时悬臂梁靠近固支端部分受到压缩轴力,压缩轴力则起到弯曲软化的作用。因此随动载荷情况的刚度略小于定向载荷的情况。

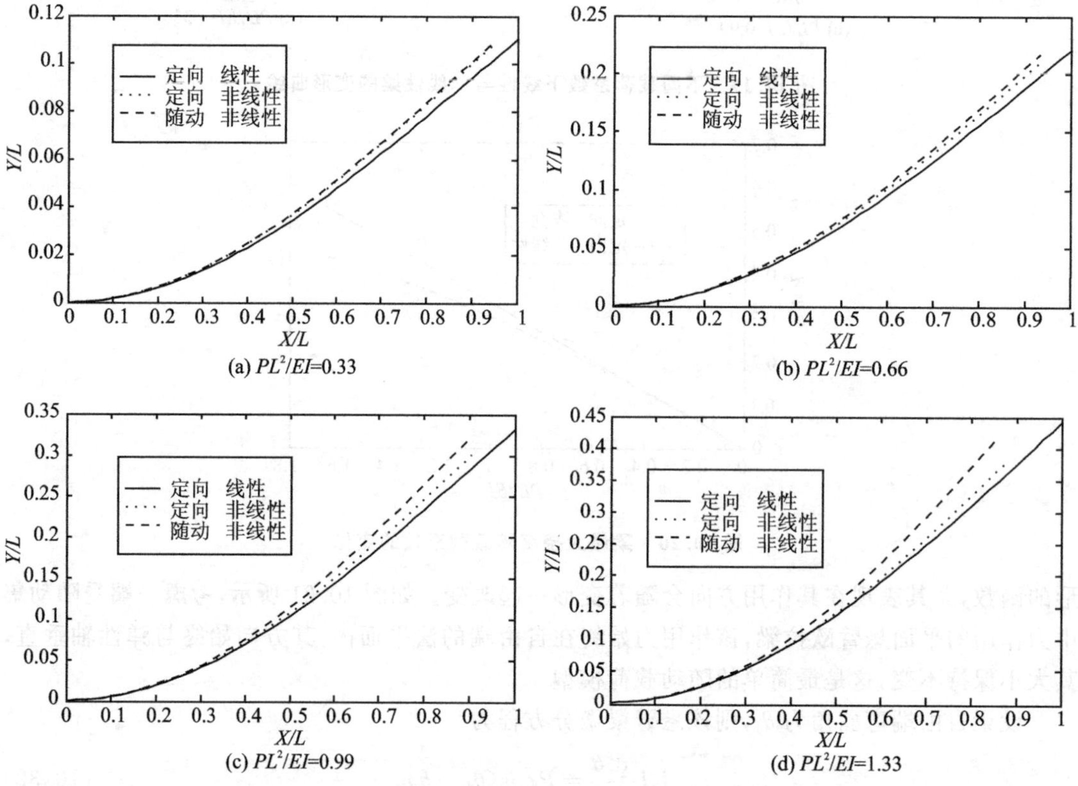

图 10.22　不同载荷系数下定向与随动载荷情况的变形曲线

从气动弹性分析的角度来看,将气动力当作定向载荷还是随动载荷处理将给机翼的静气

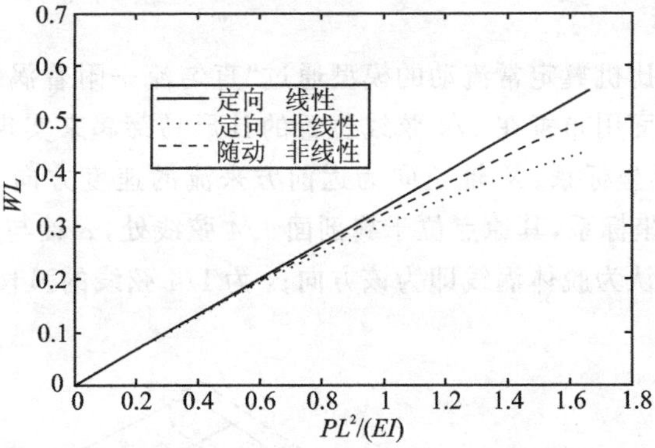

图 10.23　定向与随动载荷情况梁最大挠度随载荷系数的变化

动弹性变形和动力学特性带来一定差异，从而造成气动弹性分析结果的不同；另一方面，对于在无黏流中的大展弦比机翼，作用在其上的气动力始终沿气动面法向，作为随动载荷来处理也更为合理。

当然，大多数的非线性分布参数系统无法解析求解，对于复杂结构尤其如此。通过非线性有限元法对复杂结构进行空间离散，可以将问题转化为非线性常微分方程的问题进行求解。下面给出结构几何非线性有限元的一般数学描述，具体理论需要读者参考相关书籍。通过非线性有限元法可以建立一般结构按迭代步推进的非线性矩阵方程：

$$(\boldsymbol{K}_{\mathrm{L}}^{n}+\boldsymbol{K}_{\mathrm{NL}}^{n})\boldsymbol{u}=\boldsymbol{Q}^{n+1}-\boldsymbol{F}^{n} \tag{10.34}$$

式中，$\boldsymbol{K}_{\mathrm{L}}^{n}$ 为第 n 迭代步的线性刚度矩阵；$\boldsymbol{K}_{\mathrm{NL}}^{n}$ 为第 n 迭代步的非线性刚度矩阵，它依赖于结构当前的位移以及内力状态；$\boldsymbol{u}$ 为结构结点位移；$\boldsymbol{F}^{n}$ 为第 n 迭代步的内载荷；$\boldsymbol{Q}^{n+1}$ 为新迭代步的外载荷增量。相应的时间推进动力学方程可写为

$$\boldsymbol{M}^{t}\ddot{\boldsymbol{u}}^{t+\Delta t}+(\boldsymbol{K}_{\mathrm{L}}^{t}+\boldsymbol{K}_{\mathrm{NL}}^{t})\boldsymbol{u}=\boldsymbol{Q}^{t+\Delta t}-\boldsymbol{F}^{t} \tag{10.35}$$

对微幅振动的动力学问题有

$$\boldsymbol{u}=\bar{\boldsymbol{u}}+\boldsymbol{x} \tag{10.36}$$

式中，$\bar{\boldsymbol{u}}$ 为结构大变形的平衡位移，按式(10.34)求解；$\boldsymbol{x}$ 为微幅振动位移，根据式(10.35)及平衡条件，有

$$\boldsymbol{M}_{\mathrm{T}}\ddot{\boldsymbol{x}}+\boldsymbol{K}_{\mathrm{T}}\boldsymbol{x}=\boldsymbol{0} \tag{10.37}$$

式中，$\boldsymbol{M}_{\mathrm{T}}$ 为结构变形后平衡位置的质量矩阵，$\boldsymbol{K}_{\mathrm{T}}$ 为结构变形后平衡位置的刚度矩阵。对该式进行特征值和特征向量计算，得到系统承载变形后微幅振动的固有振动频率及固有振型。

10.4.2　曲面气动力

从前面结构几何非线性的简单介绍可以看到，大变形机翼的动力学特性依赖其静力学变形和应力状态，在进行气动弹性分析时就不能像传统线性方法那样严格区分为静气动弹性和动气动弹性问题。为适用于机翼大变形几何非线性静气动弹性计算和颤振分析，采用的气动力方法需要考虑三维曲面的情况，这里分别简要介绍定常气动力计算的曲面升力线方法和非定常气动力计算的曲面 Theodorsen 方法。当然相应地可以考虑更复杂的面元法，有兴趣的读者可以自行查阅文献进行研究。

1. 曲面升力线方法

气流绕曲面大展弦比机翼定常流动的模型通过“直匀流＋附着涡线＋自由涡面”来模拟，其中附着涡线和自由涡面用布置在 1/4 弦线位置的Ⅱ形马蹄涡来实现，如图 10.24 所示。坐标系 $OXYZ$ 为总体气动坐标系，X 轴正向为远前方来流的速度方向，Y 为机体展向，向右为正。$O'xsn$ 为局部气动坐标系，其原点位于翼剖面 1/4 弦线处，x 轴与远前方来流速度方向一致，当迎角不大时，近似认为脱体涡线即为该方向；s 为 1/4 弦线的弧长坐标，向右为正；n 为曲面机翼的局部法向。

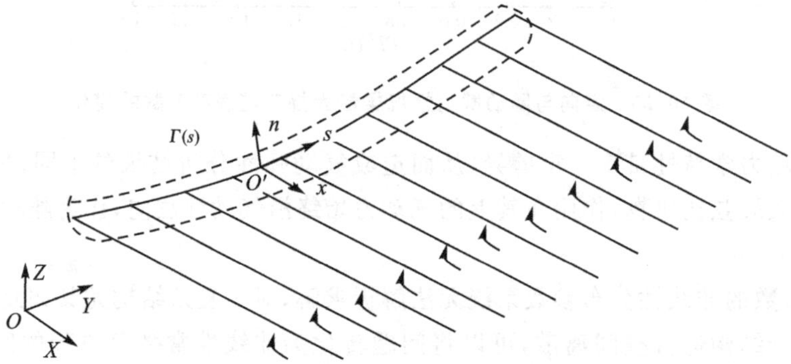

图 10.24 曲面机翼升力线法示意图

设附着涡涡强为 $\Gamma(s)$，沿 s 轴为正，它模拟了细长机翼上的空气流动，由广义的三维涡升力定律可以计算作用在机翼上的气动力：

$$\mathrm{d}\boldsymbol{F}=\rho\Gamma\boldsymbol{V}\times\mathrm{d}\boldsymbol{l} \tag{10.38}$$

式中，$\mathrm{d}\boldsymbol{F}$ 为作用在涡线微段 $\mathrm{d}\boldsymbol{l}$ 上的气动力；$\boldsymbol{V}$ 为局部流速。将 Prandtl 升力线假设推广到三维情况，即有限展长机翼剖面升力特性与和该剖面几何相同的无限展长翼在有效迎角情况下升力特性相同，则有

$$|\mathrm{d}\boldsymbol{F}|=|\rho\Gamma\boldsymbol{V}\times\mathrm{d}\boldsymbol{l}|=\frac{1}{2}\rho V_\infty^2 C_l^\alpha \alpha_e b\,\mathrm{d}l \tag{10.39}$$

式中，V_∞ 为远前方来流速度；C_l^α 为升力线斜率，可根据实际翼型和迎角情况来取值，这样也能够在一定程度上考虑定常气动力的非线性；b 为局部弦长；α_e 为有效迎角。该式中涡强分布和有效迎角均为未知数，通过建立涡强分布和有效迎角的数学关系，就可以根据式(10.39)确定涡强分布、有效迎角以及作用在涡线上的气动力，进一步还可以得到机翼上的有效升力和诱导阻力。值得注意的是，由于考虑机翼展向弯曲的效应，故对整个机翼还会存在侧向力的作用。

当附着涡强为 $\Gamma(s)$ 时，脱体涡强则为 $\mathrm{d}\Gamma(s)$，由 Biot－Savart 定律计算马蹄涡在 η 剖面 3/4 弦长点的诱导速度 $\boldsymbol{w}(\eta)$，则

$$\mathrm{d}\boldsymbol{w}(\eta)=\frac{\mathrm{d}\Gamma(s)}{4\pi|\overline{\boldsymbol{X}}\times\boldsymbol{r}(\eta)|}\left[\frac{\overline{\boldsymbol{X}}\cdot\boldsymbol{r}(\eta)}{r(\eta)}+1\right]\frac{\overline{\boldsymbol{X}}\times\boldsymbol{r}(\eta)}{r(\eta)}+\frac{\mathrm{d}\Gamma(s)}{4\pi}\frac{\overline{\boldsymbol{s}}(s)\times\boldsymbol{r}(\eta)}{r^3(\eta)} \tag{10.40}$$

式中，$\boldsymbol{r}(\eta)$为相对位矢，由 η 处的 3/4 弦长点指向 s 处的 1/4 弦长点；$\overline{\boldsymbol{X}}$ 为 X 轴的单位向量即远前方来流速度方向的单位向量；$\overline{\boldsymbol{s}}(s)$为局部坐标系 s 轴的单位向量。该式表示了 s 位置的涡线在 η 剖面诱导的速度，等号右边第一项为脱体涡引起的诱导速度，第二项为附着涡引起的

诱导速度。由于涡面是曲面，因此不同 s 位置的涡系在 η 剖面 3/4 弦长点所诱导的速度方向并不相同，对上式进行积分是曲面上的矢量积分问题。

应用 Prandtl 升力线假设计算机翼剖面在法平面内的有效迎角，忽略弦向的诱导速度，则剖面有效迎角可写为

$$\alpha_e(s)=\alpha_g(s)-\alpha_d(s)=\alpha_g(s)+\boldsymbol{w}(s)\cdot\boldsymbol{n}(s)/V_\infty \tag{10.41}$$

式中，$\alpha_g(s)$为剖面的几何迎角，包含了零升迎角；$\alpha_d(s)$称为法洗角。

将式(10.41)与式(10.40)代入式(10.39)，即可求解大变形曲面机翼的定常气动力，这种推广的升力线方法不但可以考虑升力面的展向弯曲效应，同时也能考虑上反角和后掠角，以及翼型气动力的非线性。在实际的数值计算过程中，通常采用“配置法”将升力线模型进行离散化，即将升力面沿展向划分为顺流向的若干片条，在每个片条上布置一个常值的马蹄涡，从而将对式(10.40)的积分计算离散化，从而得到诱导速度，进一步应用式(10.41)计算有效迎角，再代入式(10.39)来确定涡分布，这样会形成以涡分布为未知量的代数方程，具体解法这里不再详细讨论。

2. 曲面 Theodorsen 方法

前面章节中已介绍了二元翼段非定常气动力的 Theodorsen 理论，在中等减缩频率和小振幅情况下，能够有效地应用于大展弦比机翼非定常气动力的计算。在考虑颤振这样的稳定性问题时，小扰动线性化是合理的数学假设，Theodorsen 理论对大展弦比机翼仍然是很好的线性化非定常气动力模型；但针对具有较大变形的大展弦比机翼对象时，需要将其应用在机翼发生稳态变形后的曲面构型之上。此时，仍可将曲面机翼沿展向划分为若干片条，然后确定每一片条的气动、几何以及运动参数，再通过 Theodorsen 理论的气动力和力矩表达式进行计算。

气动力片条须在静变形后的位置上定义，并建立片条局部坐标系，如图 10.25 所示。由结构分析得到的变形以及所有的气动力参数都从未变形机翼的总体坐标系 $OXYZ$ 变换到变形后的片条局部坐标系 $Oxyz$ 中。

设由坐标系 $OXYZ$ 到 $Oxyz$ 的坐标变换矩阵为 $\boldsymbol{T}$，则远前方来流变换为

$$\boldsymbol{V}'_\infty=[v_x \quad v_y \quad v_z]=\boldsymbol{T}\boldsymbol{V}_\infty \tag{10.42}$$

式中，$\boldsymbol{V}_\infty$为坐标系 $OXYZ$ 中的远前方来流的速度矢量，$\boldsymbol{V}'_\infty=[v_x \quad v_y \quad v_z]$为片条坐标系中的来流速度矢量。

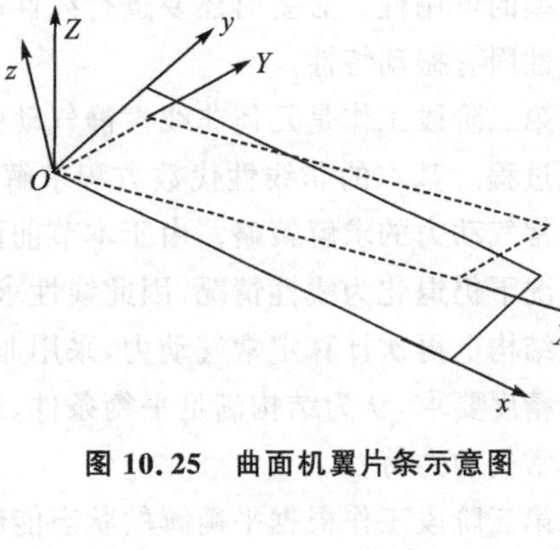

图 10.25　曲面机翼片条示意图

按动力学线化理论，设气动片条的微幅振动也可通过一定承载变形情况下的有限阶模态来描述，总体坐标系下片条微幅振动为

$$u=\sum_{i=1}^{N}\boldsymbol{\Phi}_i(\boldsymbol{X})q_i(t) \tag{10.43}$$

式中，Φ_i 为总体坐标系下第 i 阶的振动模态；$\boldsymbol{X}$ 为总体坐标系下的片条坐标。由坐标系 $OXYZ$ 到 $Oxyz$ 的坐标变换矩阵为$\boldsymbol{T}$，则片条坐标系下片条气动控制点即 3/4 弦长点 H 的模态为

$$\varphi_{iH}(\boldsymbol{x})=\boldsymbol{T}\boldsymbol{\Phi}_{iH}(\boldsymbol{X}) \tag{10.44}$$

则片条弦剖面即曲面气动面的法平面内垂直弦线的位移为 φ_{iH}^z，片条在弦平面内的迎角则为

$$\alpha_{iH}(\boldsymbol{x})=\partial\varphi_{iH}^{z}(\boldsymbol{x})/\partial\boldsymbol{x} \tag{10.45}$$

将运动参数代入 Theodorsen 理论的计算公式,就得到每一片条上作用的非定常法向气动力和弦剖面内的力矩。

10.4.3 气动弹性分析方法

依据结构动力学的小扰动线性化方法,以及弯曲机翼的定常和非定常气动力计算方法,即可以进行飞行器气动弹性分析。首先是要进行结构的几何非线性静气动弹性求解,得到非线性平衡态,在该平衡态建立系统的气动弹性动力学线性化运动方程,从而构成飞行器几何非线性气动弹性的静/动力学耦合分析体系。

飞行器结构在静力学变形构型上进行线性化得到的气动弹性运动方程为

$$\boldsymbol{O}_{\mathrm{s}}(\bar{\boldsymbol{u}})=\boldsymbol{Q}_{\mathrm{s}}(\bar{\boldsymbol{u}},V_{\infty}) \tag{10.46}$$

$$\boldsymbol{M}_{\mathrm{T}}\ddot{\boldsymbol{x}}+\boldsymbol{K}_{\mathrm{T}}\boldsymbol{x}=\frac{1}{2}\rho V_{\infty}^{2}\boldsymbol{Q}_{\mathrm{u}}\boldsymbol{x} \tag{10.47}$$

式(10.46)是系统非线性静力学方程,可以考虑静气动弹性问题,用于确定系统静变形和变形后的构型;$\bar{\boldsymbol{u}}$ 是结构非线性静态位移;V_{∞} 是远前方来流速度;$\boldsymbol{O}_{\mathrm{s}}$ 是非线性的结构算子;$\boldsymbol{Q}_{\mathrm{s}}$ 是非线性外载荷算子,包括了非线性的定常气动力等外部载荷。式(10.47)即为在变形后构型上的线性化动力学方程,$\boldsymbol{x}$ 是结构在静平衡态下的微幅振动位移;$\boldsymbol{Q}_{\mathrm{u}}$ 为非定常气动力系数矩阵;$\boldsymbol{M}_{\mathrm{T}}$ 和 $\boldsymbol{K}_{\mathrm{T}}$ 分别是结构切线质量矩阵和切线刚度矩阵。将式(10.47)按模态坐标展开得到系统的广义化动力学方程,仍可以采用经典的 $p-k$ 法分析系统的稳定性。

为求解以上两式并得到动力学方程中的各系数矩阵,可以建立如图 10.26 所示的分析流程。将气动弹性静/动耦合分析分为三个阶段。

第一阶段工作仍将线性气动弹性分析作为基础,该部分工作一方面能够给出系统的线性静变形和静气动弹性特性作为非线性分析的参考,另一方面也可以通过线性分析来校验有限元模型的可用性。必要时还要进行线性动力学计算来校验结构动力学模型,并获得系统基本的线性固有振动特性。

第二阶段工作是几何非线性静气动弹性分析,就是要求解方程(10.46),这是一个复杂的迭代过程。基本的非线性代数方程求解可以使用常规的 Newton 法,并在此基础上构造非线性定常气动力的求解策略。由于本节前面介绍的非线性定常气动力计算方法在结构初始未变形情况下仍退化为线性情况,因此线性求解也可作为非线性迭代过程的第一次循环。在变形后的结构上再次计算定常气动力,采用非线性结构求解器计算新的变形,如此迭代直到满足一定的精度要求,认为结构满足平衡条件,从而得到非线性静平衡态,此时可以给出系统的变形和定常气动力特性。

第三阶段工作根据平衡解的状态能够得到系统动力学线性化的方程各系数矩阵,就可以进入几何非线性动气动弹性分析过程。首先求解线性化系统的固有振动得到各阶模态振型和频率,然后计算频域非定常气动力,通过采用模态坐标对线性化的气动弹性方程进行广义化和降阶,然后判断系统的稳定性。然而,这一分析流程仅能给出所求解的静平衡态的气动弹性稳定性,给出预测颤振速度,而无法给出确切的颤振临界速度,这是因为动力学线性化方程是依赖于线性化平衡态的,它仅描述了平衡态的微幅振动特性,而来流速度不同的系统的平衡态就发生了变化。因此,要确定系统的颤振临界速度还必须完成整个图 10.26 所示的非线性气动

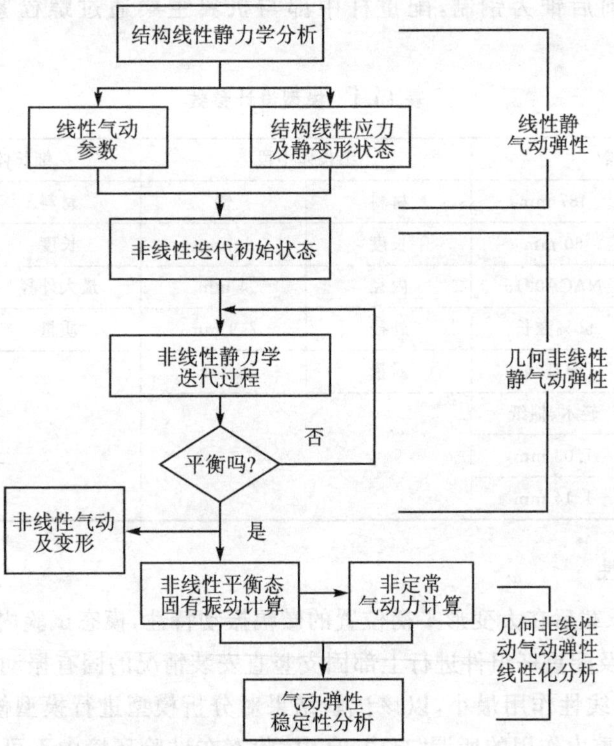

图 10.26　机翼部件气动弹性静/动耦合分析流程

弹性求解过程的大循环，直到给出颤振速度。

10.4.4　算例研究

针对如图 10.27 所示的一个金属单梁式大展弦比机翼风洞模型，分析大变形非线性静气动弹性和稳定性。模型由矩形无扭转机翼和翼尖配重杆两部分组成，矩形机翼刚度由沿 50% 弦线的钢材料主梁提供，主梁外伸段长度为 487 mm，剖面为矩形；机翼形状由 12 个轻木翼盒组成，翼盒之间留有 2 mm 的缝隙，采用 NACA0015 翼型，每一翼盒与主梁单点连接，蒙皮为棉纸，除附加质量外，翼盒对模型刚度影响降至最低；配重杆总长为 150 mm，由中段和前后锥

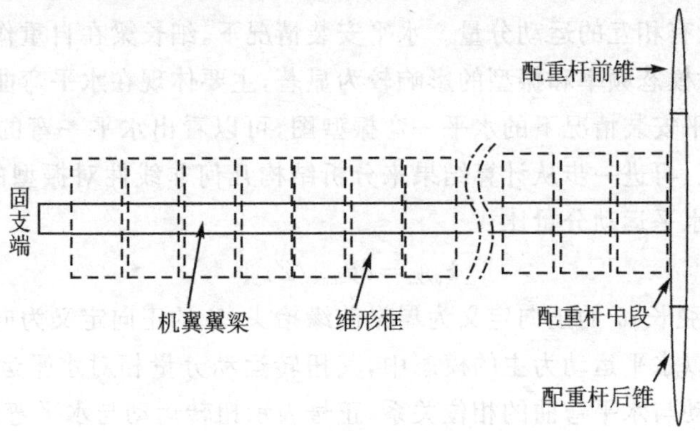

图 10.27　单梁机翼模型示意图

组成,中段为铝制,前后锥为钢制,配重杆中部与机翼主梁通过螺栓紧固,具体参数列于表10.1。

表10.1 模型设计参数

总体参数		细长体中段		细长体前锥、后锥	
展长	487 mm	材料	铝	材料	钢
弦长	60 mm	长度	90 mm	长度	30 mm
翼型	NACA0015	内径	4 mm	最大外径	7.9 mm
弹性轴	50%弦长	外径	7.9 mm	质量	11.8 g
主梁材料	弹簧钢	质量	8.9 g		
维形材料	轻木、棉纸				
模型主梁宽	7.03 mm				
模型主梁高	1.14 mm				

1. 固有振动特性

首先分析结构承载后在大变形平衡位置的微幅振动特性,模态试验内容分为两部分:

① 对机翼主梁及配重杆组件进行上部固支竖直安装情况的固有振动特性试验,该状态下翼梁受轴向拉伸,非线性作用最小,以该试验结果对分析模型进行模型修正。对于大柔性结构,理论分析中忽略重力作用的所谓“自由-自由”状态在试验环境中不可能实现,因此进行修正的分析模型中应考虑重力的作用。

② 对机翼主梁及配重杆组件进行一端固支水平安装情况的固有振动特性试验,此时金属梁在重力作用下具有较大的弯曲变形,结构几何非线性的效应比较显著,对结构进行微幅激励,测试其固有振动频率和振型,从而验证几何非线性结构动力学线化理论计算的可靠性和精确性。

竖直和水平安装条件下的固有振动测试频率结果列于表10.2中,其中也给出了线性振动计算的结果作为对比。若将矩形剖面梁看成薄板,垂直弯曲就是指垂直于该薄板的变形;水平弯曲则是与其垂直的变形。竖直安装时其振型与常规线性梁固有振动情况接近,主梁轴向重力为定向载荷,仅使得各阶弯曲频率略有提高,加之结构剖面对称,弯扭运动之间不存在刚度耦合,其振型也就没有相互的运动分量。水平安装情况下,细长梁在自重作用下具有较大弯曲变形,几何非线性对模态频率和振型的影响较为显著,主要体现在水平弯曲和扭转模态的差异上。图10.28为水平安装情况下的水平一弯振型图,可以看出水平一弯的垂直分量表现出明显的扭转运动形式。再进一步从计算结果来分析结构几何非线性对振型的影响,可以定义水平一弯振型扭转与水平运动分量比:

$$k_{\theta/Z} = c\theta_{\max}/Z_{\max} \tag{10.48}$$

式中,c 为模型气动弦长;θ 的正向定义为翼梁前缘抬头;Z 的正向定义为向前缘弯曲。分量比的绝对值表示了在以水平运动为主的模态中,其扭转运动分量相对水平运动分量的大小。正负号表示了扭转运动与水平弯曲的相位关系,正号表示扭转运动与水平弯曲同相,即向前弯曲时前缘抬头;负号表示两者反相。对于具有对称剖面的细长梁,其线性模态的分量比为零。线性化模态计算得到的振型分量比达到了0.59,可见水平模态的扭转运动分量已达到了非常大的比例。

表 10.2　模型固有振动频率试验结果

模态名称	竖直安装			水平安装			线性计算/Hz
	试验值/Hz	计算值/Hz	误差/%	试验值/Hz	计算值/Hz	误差/%	
垂直一弯	2.00	1.94	−3.00	1.88	1.81	−3.72	1.76
水平一弯	10.56	10.51	−0.47	9.00	8.68	−3.56	10.47
垂直二弯	13.13	12.83	−2.28	14.38	14.33	−0.35	12.83
垂直三弯	19.00	18.75	−1.32	18.38	17.96	−2.29	18.50
垂直四弯	59.13	58.10	−1.74	58.13	57.53	−1.03	57.82
水平二弯	88.75	88.96	0.24	87.50	87.44	−0.07	88.93
一阶扭转	121.3	119.3	−1.65	119.3	116.6	−2.26	119.00

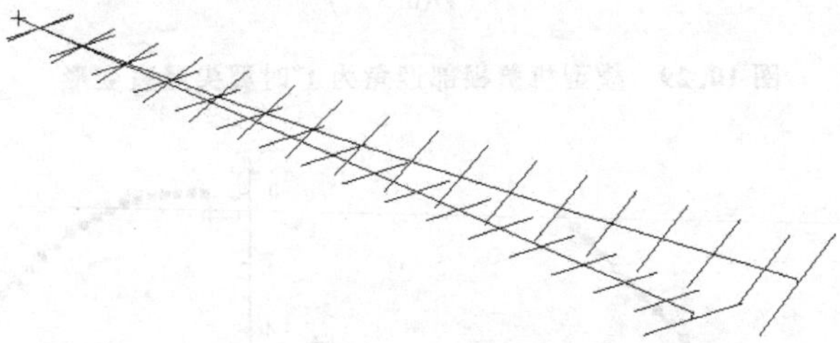

图 10.28　模型机翼水平一弯模态振型图

同样可以定义一阶扭转振型的水平与扭转运动分量比：

$$k_{Z/\theta}=Z_{\max}/c\theta_{\max} \tag{10.49}$$

线性化模态计算得到的振型分量比达到了−0.36，可见扭转模态的水平运动分量也达到了较大的比例。

2. 静气动弹性特性

图 10.29 为模型机翼根部安装迎角为 1°时翼尖竖直方向位移随风速变化的曲线，图中分别给出了线性计算值以及采用曲面升力线方法的非线性计算值。当风速为 34.42 m/s 时，翼尖位移试验值约为 20.4 cm，而线性计算的位移约为 59.3 cm，比试验结果大约 2.9 倍；而事实上机翼总长也仅为 48 cm，可见线性计算结果完全偏离了物理事实。从非线性计算结果还可看到，当风速小于 34 m/s 时，翼尖位移对来流风速的增长率不断增大；风速进一步增大时，该斜率开始减小，而翼尖的水平展向位移会显著增大，这种变形趋势是几何非线性的重要体现，而线性计算无法给出机翼的展向和弦向位移。当线性分析中位移对来流风速或动压曲线的斜率趋于无穷大时，给出系统线性临界失稳风速或动压的逼近值，而试验曲线中不存在斜率趋向无穷大的趋势，因此给不出系统静态失稳的临界风速。

图 10.30 给出了风速为 32 m/s 时机翼在三个方向上的变形情况，从中可以看出机翼模型除垂直弯曲方向的挠度外，会产生显著的展向位移，并且还会产生一定的水平面内弦向位移。图 10.31 则给出了该风速下对应三个方向的气动力展向分布，尤其是侧向载荷在线性计算中无法得到，在进行机翼强度计算时不能忽略侧向载荷的作用。

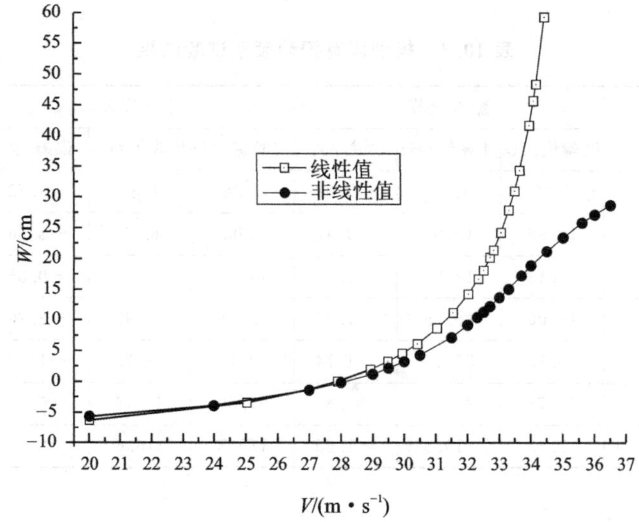

图 10.29　模型机翼根部迎角为 1°时翼尖竖直变形

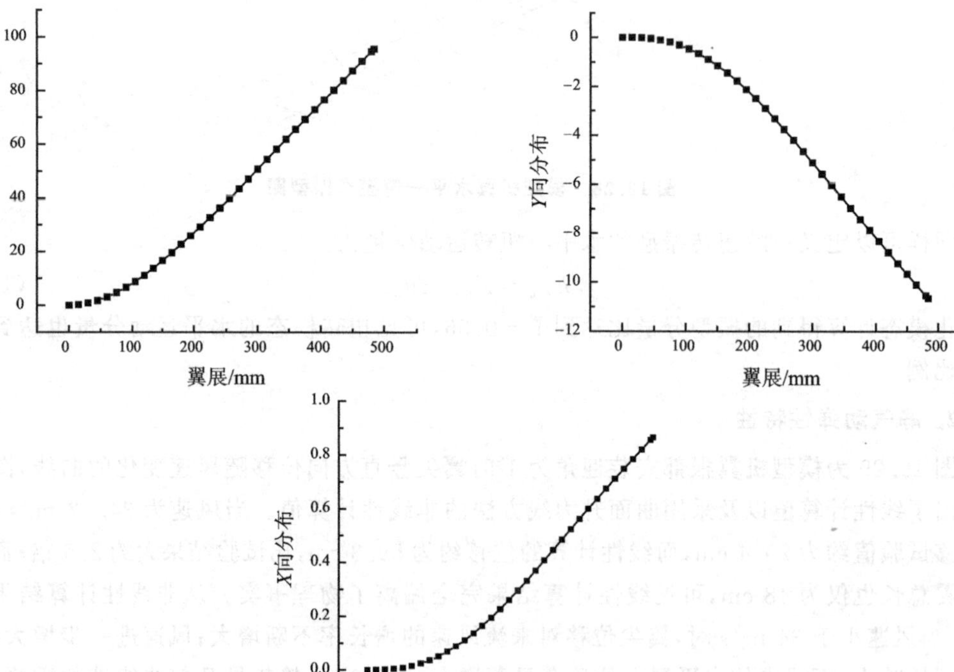

图 10.30　机翼位移展向分布(风速为 32 m/s)

3. 颤振特性

后续动力学计算和气动弹性稳定性分析都以非线性静气动弹性计算作为基础，讨论系统在一定风载作用下的振动和颤振特性。图 10.32 给出了模型在安装迎角为 1°时，结构受定常风载情况下前四阶固有振动模态的频率随风速的变化关系。从图中可以看出，在定常载荷作

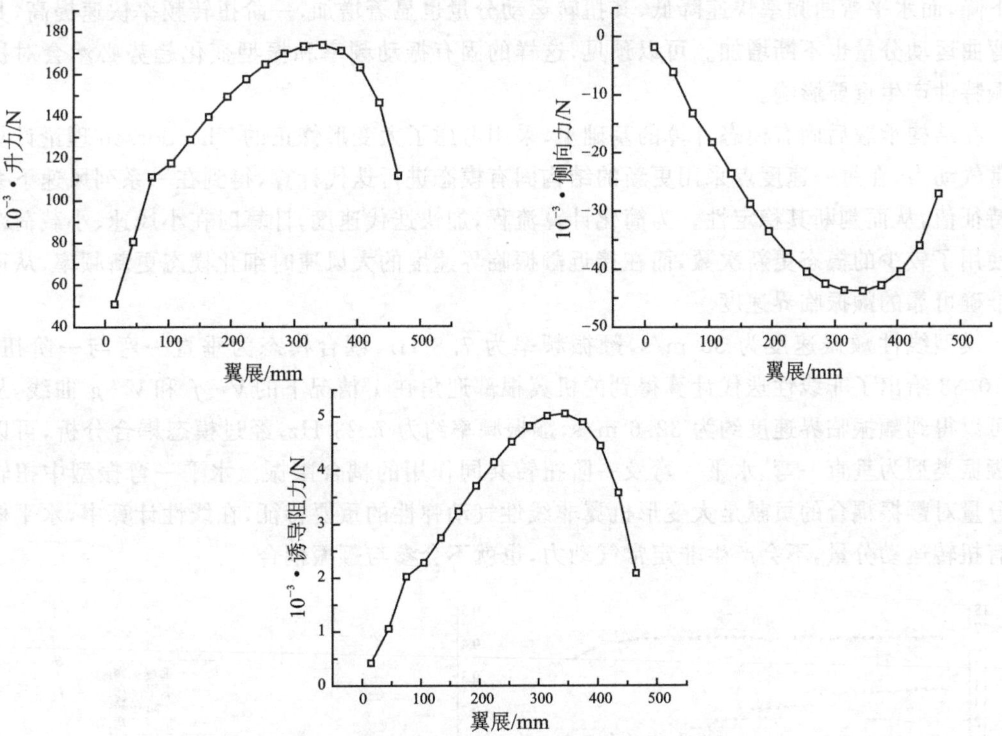

图 10.31　机翼气动力升力线法展向分布(风速为 32 m/s)

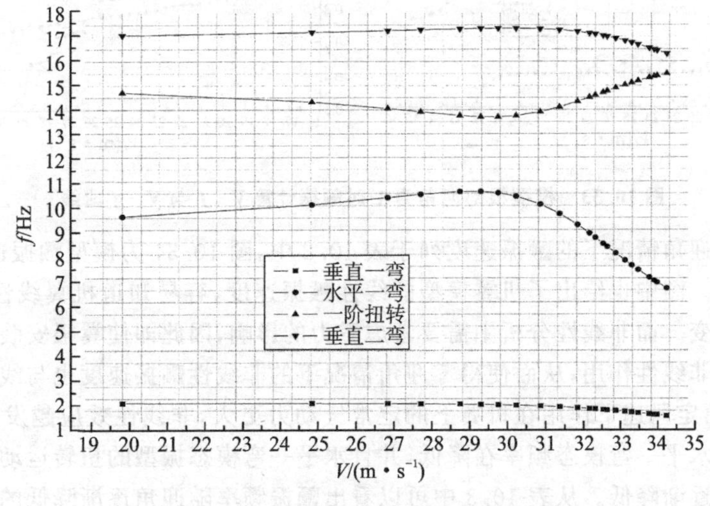

图 10.32　定常风载下结构模态频率曲线

用下,模型机翼水平弯曲与扭转存在显著的刚度耦合。在低风速时,气动力不断增大,逐渐克服重力的作用,随风速增加,结构应力水平逐渐降低,翼尖变形量由负值逐渐趋于零,此时水平弯曲频率逐渐提高,而扭转频率逐渐降低,水平弯曲模态的扭转分量以及扭转模态中的水平弯曲分量也逐渐减少;由于总体来看结构应力水平低,变形量不大,所以垂直一弯和二弯频率变化不明显。当风速进一步提高时,载荷增加,结构应力水平增大,变形量增大,垂直弯曲频率明显下降,而水平弯曲频率快速降低,其扭转运动分量也显著增加,一阶扭转频率快速提高,其水平弯曲运动分量也不断增加。可以预见,这样的固有振动频率和振型变化趋势必然会对机翼颤振特性产生重要影响。

在结构承载后固有模态计算的基础上,采用考虑了大变形修正的Theodorsen理论计算非定常气动力,在每一速度点采用更新的结构固有模态进行迭代计算,得到在一系列风速下系统的特征值,从而判断其稳定性。为简化计算流程,加快迭代速度,计算时在小风速、小载荷范围仅使用了较少的模态更新次数,而在接近颤振临界速度的大风速时细化模态更新频率,从而得到准确可靠的颤振临界速度。

模型线性颤振速度为35 m/s,颤振频率为7.8 Hz,耦合模态为垂直一弯与一阶扭转。图10.33给出了非线性迭代计算得到的机翼根部迎角在1°情况下的$V-f$和$V-g$曲线,从图中可以得到颤振临界速度约为32.6 m/s,颤振频率约为7.23 Hz,经过模态耦合分析,可以判断颤振类型为垂直一弯、水平一弯及一阶扭转共同作用的耦合颤振。水平一弯振型中扭转运动分量对颤振耦合的贡献是大变形机翼非线性气动弹性的重要特征,在线性计算中,水平模态没有扭转运动分量,不会产生非定常气动力,也就不会参与颤振耦合。

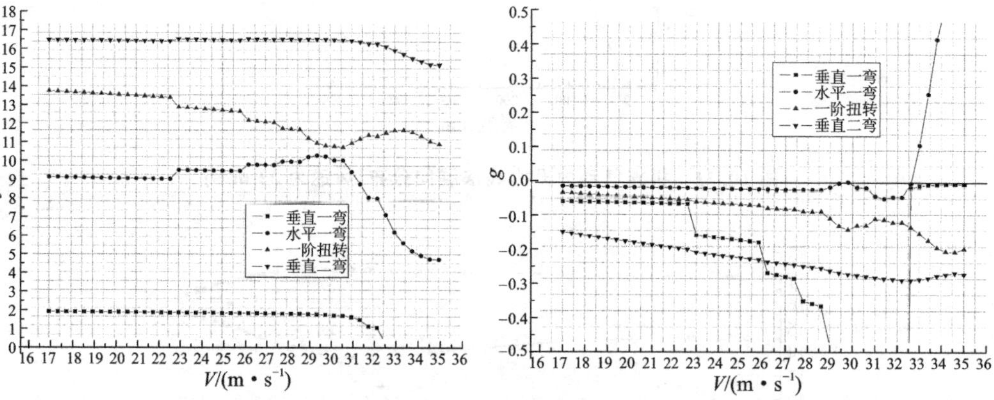

图10.33 模型根部迎角为1°时颤振计算$V-f$与$V-g$曲线

模型在其他迎角情况下的颤振速度列于表10.2中,图10.34为模型颤振速度随翼根安装迎角的变化情况。图中也给出了机翼模型的线性颤振速度,容易知道机翼线性颤振速度不随结构变形状态改变。而非线性分析中需要考虑重力的影响,因此即使翼根安装迎角为零,重力也会对系统产生非线性作用,从而使得零迎角情况下的非线性颤振速度也与线性情况有差异;随着迎角增大,给定风速下作用在机翼上的定常气动力更大,非线性效应越发显著,对颤振特性起主导作用的水平一弯模态频率在降低,并且水平一弯模态振型的扭转运动分量也增大,从而使得颤振速度逐渐降低。从表10.3中可以看出颤振频率随迎角逐渐降低的趋势。

表10.3 不同迎角下的颤振特性

安装迎角/(°)	0	1.0	1.5	2.0	线性
颤振速度/(m·s^{-1})	33.8	32.6	30.6	29.2	35.0
颤振频率/Hz	7.28	7.23	6.18	5.68	7.80
不稳定分支	水平一弯				一阶扭转

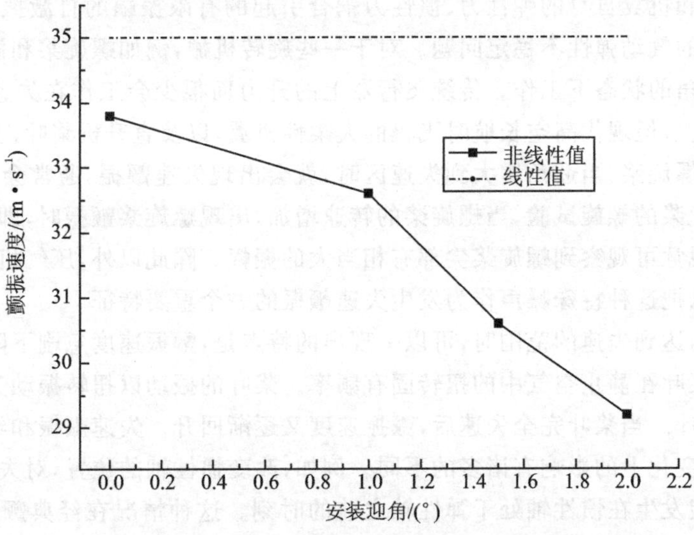

图 10.34　不同迎角情况下颤振速度变化的趋势

本节对大展弦比机翼大变形情况下的静气动弹性和颤振特性进行了分析，计算结果展示了几何非线性对大柔性机翼部件载荷、静变形和颤振的主要影响。当然，这里的分析计算在结构动力学和气动力两方面都采用了线性化假设，若有必要考虑翼尖扭转角较大时所产生的动态失速作用以及结构大幅值运动的动态非线性问题，则只能通过时域响应计算来得到机翼的动气动弹性特性。时域响应分析诚然具有重要的科学意义和理论价值，然而从飞行器设计的实际工程需要来说，静、动态失速和过颤振状态飞行都是飞行器正常飞行力求避免的情况，至少在可以预见的未来，情况也都将如此。目前来看，大柔性飞机几何非线性气动弹性理论与计算方法正处在初期发展阶段，还很不完善，有兴趣的读者可以查阅相关文献资料，进行深入研究。

10.5　气动非线性引起的气动弹性问题

精确的流体力学总是具有非线性特征，受到飞行器几何外形、工作状态、速度范围、流体特性等诸多因素影响，完全非线性计算从目前工程分析与设计的角度来看仍存在非常突出的困难。流体的非线性往往造成设计对象气动力性能显著恶化且预测不准确，控制系统实现困难等问题，因而在飞行器工程设计中总希望尽量避免非线性特征明显的非线性工作区域，例如不应在大迎角失速状态下巡航，但低速飞行器遭遇阵风时又难以避免大迎角状态；超声速飞机则应快速通过跨声速区域，但现代民机又竭力提高巡航速度不断逼近跨声速区域。从技术发展的角度来看，气动弹性分析中的气动非线性状态作为危险工况校核分析已成为不可回避的设计环节。本节简要介绍失速颤振、跨声速颤振、嗡鸣及抖振这几种气动非线性居于主导因素的气动弹性现象及其特征。

10.5.1　失速颤振

失速颤振是升力面处于失速迎角附近时发生的气动弹性自激振动。是由动态失速所产生的非线性气动力和机翼自身的弹性力、惯性力耦合引起的有限振幅的自激振荡现象。失速颤振也是一种严重的气动弹性不稳定问题。对于一些旋转机械,例如螺旋桨和涡轮叶片等,有时会在接近失速迎角的状态下工作。传统飞行器上的升力面很少会工作在失速迎角范围,所以很少遇到失速颤振,但现代高空长航时飞机的大柔性机翼,以及直升机桨叶则需要予以考虑。

正在旋转的螺旋桨,当迎角增大到失速区时,就会出现失速颤振,通常会伴随声音的强烈变化。例如,螺旋桨的螺旋试验,当螺旋桨的转速增加,出现螺旋桨颤振时,即伴随有一种特殊噪声,同时凭借视觉可观察到螺旋桨尖部有相当大的振幅。除此以外,压气机的叶片也有同样的现象,因而可以把这种特殊噪声作为发生失速颤振的一个重要特征。

通常,当迎角达到失速的范围时,可以呈现出的特点是:颤振速度急剧下降,颤振频率逐渐增加,并趋近于桨叶在静止空气中的扭转固有频率。桨叶的振动以扭转振动为主,弯曲振动的振幅可以略去不计。当桨叶完全失速后,颤振速度又逐渐回升。失速颤振和经典颤振,二者在对翼型结构特性变化上的影响有诸多的不同。例如,改变惯性轴的位置,对失速颤振的影响甚微,甚至于有可能发生在惯性轴处于弹性轴之前的时刻。这种情况在经典颤振中是不可能发生的。又如非耦合弯曲与扭转频率比值的大小对失速颤振也几乎没有影响。

影响失速颤振的因素很多,首先看到失速颤振主要呈现出扭转振动,所以可近似认为颤振频率与扭转固有频率相当。所以,当提高扭转固有频率或减小质量转动惯量时,可以提高失速颤振的临界速度。再者,选择适当的翼型切面,防止翼型的失速,也能延迟甚至避免失速颤振。此外,增强结构阻尼,也能消除或降低失速颤振的危险。减小展弦比,一般能使颤振区缩小。由于边界层分离条件与雷诺数密切相关,因此提高雷诺数会使不稳定颤振区明显缩小。

螺旋桨的发散速度必须和失速颤振一起考虑,它是一个重要的参数。如果螺旋桨的转速很高,致使相对风速接近临界发散速度,则桨叶就会大幅度扭转,其迎角可能超过失速角,从而引起失速颤振。

对于高速飞机的失速颤振问题,除了有空气压缩性的影响之外,还常常与高速机翼设计的几何因素有关,即小展弦比、薄机翼切面、后掠角以及大的附加于机翼上的质量等的影响,使问题更加复杂化了。如何确定这些因素对机翼失速颤振特性的影响,就成为需要进一步讨论的重要课题。

对于具有大展弦比机翼构型的飞机,失速颤振现象不仅会降低飞行器的气动效率,而且会导致结构的疲劳甚至破坏,威胁飞行器的飞行安全。失速颤振主要表现为扭转(俯仰)振动而非弯曲(沉浮)振动。在机翼的振动过程中,伴随着升力面上大面积动态流动分离以及再附现象,此时升力面处于失速迎角附近,气动力的非线性很强。与经典颤振相比,能量从气流中传输到振动机翼上的机理,既不依赖于两阶模态的弹性耦合,也不依赖于位移与其气动力响应之间的相位滞后,而与动态失速和分离流动密切相关。

在工程应用方面,国际上提出了众多失速状态下非定常气动力模型。Peters 等人基于 Glauert 分解方法发展了非定常气动力的有限状态入流理论,该方法具有时域表达形式,可以加入动态失速修正项考虑非线性气动力,具有较强的工程实用性,在直升机旋翼气动力计算中广泛使用该方法。另外,ONERA 动态失速模型和 Leishman - Beddoes(L - B)模型等一些较为成熟的半经验动态失速的气动力模型在工程中也广泛应用。基于 L - B 模型计算的二维 NACA 0012 翼型失速颤振的俯仰分岔图和极限环振荡曲线与风洞试验结果的对比如图 10.35 所示。可以看出,L - B 模型能够较为准确地预测失速颤振的物理特性。

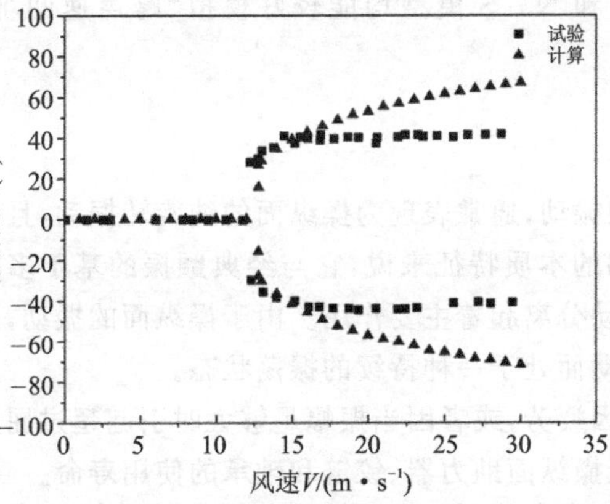

(a) 俯仰分岔图

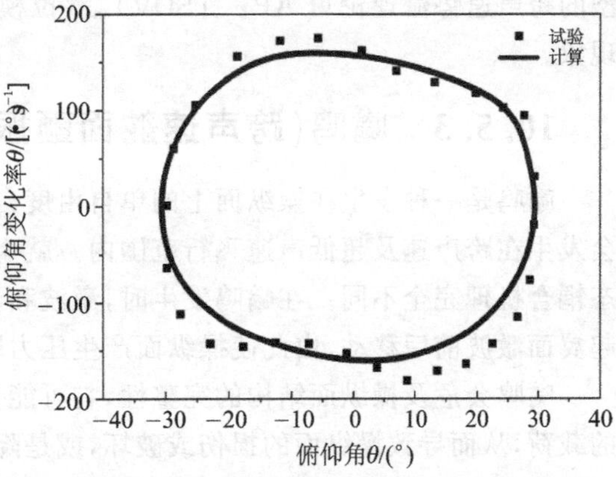

(b) 俯仰自由度响应相图

图 10.35　失速颤振的俯仰分岔图和极限环振荡曲线

10.5.2　跨声速颤振

跨声速颤振是一种动态不稳定现象，跨声速气动力的非线性使得跨声速气动弹性表现出许多独特的现象。与经典颤振类似，表现为结构模态间的耦合失稳，但是相较于亚声速状态，跨声速区的颤振速度随着马赫数的增加而显著降低，在马赫数为 1 附近达到最低；随后颤振速度随着马赫数的增加而增大，即颤振边界的“跨声速凹坑”现象。完全的非线性求解需要采用基于欧拉方程或 N－S 方程的 CFD 方法与 CSD 方法进行耦合求解，但对于判断稳定性临界条件而言，扰动引起的动态项可引入小扰动假设。此时，引入速度势函数能够有效简化流体力学方程，并在一定精度内满足工程分析的需要。6.2.2 节已经推导并给出了跨声速小扰动速度势方程，见式(6.5)。这里不再重复。

NASA 兰利研究中心统计了不同方法得到的 AGARD 445.6 的跨声速颤振结果，图 10.36 给出了基于 S－A 湍流模型的 CFD 方法在不同马赫数下计算得到的无量纲颤振速度，并与试验结果进行了对比。目前，不考虑边界层模型的跨声速势流理论(CAP－TSD)、考虑边界层模

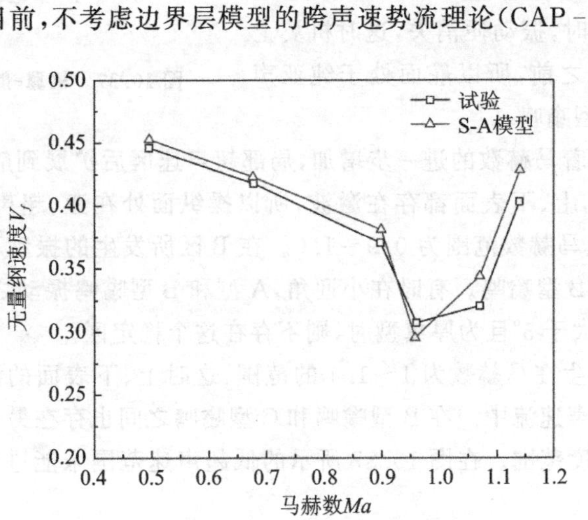

图 10.36　无量纲颤振速度随马赫数变化的曲线

型的跨声速势流理论(CAP - TSDV)、欧拉模型和 N - S 模型均能较好模拟“跨声速凹坑”现象。

10.5.3 嗡鸣(跨声速舵面颤振)

嗡鸣是一种发生在操纵面上的单自由度自激振动,通常表现为操纵面的纯旋转振动,且仅会发生在跨声速及超低声速飞行范围内。就嗡鸣的本质特征来说,它与经典颤振的基于多模态耦合机理完全不同。在嗡鸣发生时,激波和流动分离起着主要作用。由于操纵面的振动,引起翼面激波前后移动,由此使操纵面产生压力脉动而处于一种持续的振荡状态。

嗡鸣会危及操纵面结构的完整性,它可能会因疲劳,或者因当振幅足够大时引起超过屈服的载荷,从而导致操纵面的损伤或破坏,或是降低操纵面助力器、铰链和轴承的使用寿命。

按照文献 ARC - R&M - 3364 中的风洞试验,N. C. Lambournce 对超过临界马赫数 Ma 而发生的颤振进行了广泛的研究,其典型特性如图 10.37 所示。按照这种特性区分,出现了三种嗡鸣区,并把这三种跨声速舵面颤振分别称为 A 型、B 型和 C 型嗡鸣。三种嗡鸣类型的激励机理也有所不同,主要取决于马赫数。同时也是对于厚翼型($\delta=10\ \%$)才能明确区分这三种嗡鸣类型,而对于薄翼型($\delta<5\ \%$)一般没有稳定的中间嗡鸣区。

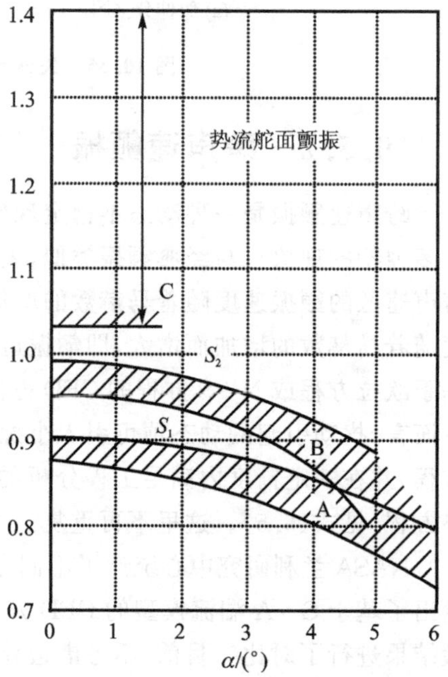

图 10.37 机翼-舵面的嗡鸣区示意图

① A 型嗡鸣。小迎角时,若马赫数比翼剖面临界马赫数稍高,便发生嗡鸣。激波诱导分离同时出现在上、下表面,激波位置在机翼表面,而不在操纵面上,如图 10.37 中的 A 区所示。其马赫数范围是 0.75~0.9,它具有有限的极限振幅,当速度低于临界马赫数时,振动便消失,这时机翼上的激波位于舵面转轴之前,所以舵面处于纯亚声速流中,即所谓的 A 型嗡鸣。

② B 型嗡鸣。随着马赫数的进一步增加,局部超声速区后扩展到舵的表面。在操纵面转轴到操纵面后缘之间,上、下表面都存在激波,所以操纵面处在亚、超声速混合流之中。如图 10.37 中 B 区所示,其马赫数范围为 0.9~1.0。在 B 区所发生的振动不再是和谐的,而是随机的。这就是所谓的 B 型嗡鸣。有时在小迎角,A 型和 B 型嗡鸣振动之间存在一个稳定的速度范围 S_1,但在迎角大于 5°且为厚翼型时,则不存在这个稳定区。

③ C 型嗡鸣。发生在马赫数为 1~1.4 的范围,这时上、下表面的激波都位于舵面后缘,机翼和舵面都处于超声速流中。在 B 型嗡鸣和 C 型嗡鸣之间也存在另一个稳定区 S_2,但通常不能唯一地确定此速度范围。在图 10.37 所示的低超声速范围未能进行试验,所以未能给出 C 型嗡鸣的上界。

从 20 世纪 40 年代后期到 50 年代中期,操纵面嗡鸣一直是常见的气动弹性不稳定的形式之一。然而,近代飞机大多都有足够的助力器刚度,有效地防止了操纵面嗡鸣的发生。所以,并非所有操纵面都会发生嗡鸣。

由于嗡鸣涉及激波和边界层相互作用，气动力情况复杂，所以至今还没有预测嗡鸣的可靠方法。然而，在工程上有着一系列防止嗡鸣发生的经验准则。例如，用足够的操纵回路刚度降低绕铰链轴的惯性矩以及安装阻尼器，都可以防止嗡鸣的发生。此外，在气动外形上，增大铰链轴线的后掠角、减小升力面的展弦比以及采用有利的翼剖面形式，都可以减弱激波强度，推迟或减弱嗡鸣。剖面厚度对嗡鸣也是一个重要影响因素。A 型嗡鸣一般只在剖面厚度 $\delta > 8\%$ 时才发生。而 B 型嗡鸣不论在什么剖面厚度，甚至在薄翼型上都会发生。在防止嗡鸣的措施中，舵面质量平衡对嗡鸣的发生几乎没有作用。

10.5.4　抖　振

抖振是由于紊流分离，使飞机部件或整架飞机发生不规则的振动，属于气动弹性响应问题。应该注意到抖振和颤振之间的区别。抖振发生时，作为激励力的气动力和抖振本身的运动无关，它是强迫振动，属于气动弹性动力学响应问题。而颤振发生时，作为激励力的气动力是由于颤振本身运动引起的，它是自激振动，属于气动弹性动力学稳定性问题。抖振振动基本上是随机振动。

抖振的概念出现于 20 世纪 30 年代初，起因于一架 Junkers 13 型商业飞机在英国失事，促使英国和德国科学家对这次事故开展了研究，从而取得了一系列关于扰动抖振的成果，并对这次飞机的失事做了确切的解释。

飞机的抖振主要发生在大迎角飞行和跨声速飞行时。对于前一种情况指的是尾翼落在机翼的尾流中，从而在尾翼观测到抖振振动；后一种情况所指的是，由于跨声速而出现了与机翼上的激波及其产生的流动分离和压力脉动相关的抖振问题。

抖振是弹性飞机对扰动气流的响应，所以是一个随机过程。这里需要注意区分两种不同的处理情况。当已知扰流速度很小，翼面振幅也很小，且翼面也在扰流抖振过程中未曾失速时，则在计算抖振载荷强度时可以沿用阵风响应的计算方法。而若出现了失速，或许只在一部分时间出现过，则升力、扰流波动和机翼运动之间的关系成为非线性，抖振载荷强度的计算变得十分困难。在对抖振现象的研究中，很多学者都是通过风洞试验进行的。这些试验给出了在不可压缩流中平板或翼面后部尾流的主要频率的实测数值，比较一致的结果是：在小迎角情况下，减缩频率 $(nc\sin\alpha)/V$（式中 c 是弦长；α 是迎角；V 是流动的平均速度，这里特征尺寸取翼弦垂直于流动方向的投影，即 $c\sin\alpha$；n 是涡旋中的波数）的数值比较分散。在迎角大于 30°后，功率谱出现主要巅峰处的减缩频率近于常数，而不再随迎角变化。

为了要测定抖振的边界，首先要给出在不同迎角下的升力系数对马赫数的曲线。在每一个迎角下，升力系数随马赫数的增大而增大，直至达到某一最大值为止。以后随着速度进一步增加，到某一时刻升力系数猛烈下降。下降的起因不外乎是强激波的出现，或是流动分离。翼型升力系数迅速下降时称为激波失速。

在较低马赫数下，达到最大升力系数的迎角称为失速迎角。现在把大迎角失速和激波失速界限画在一起，就得到升力系数边界图，超过这个边界后，就会产生失速现象。

对于给定的飞机，可以在升力系数对马赫数的曲线上确定一条边界，这个边界把可能产生尾翼扰流抖振的区域与光滑的位流区域分开。

抖振并不完全发生在上述情况的尾翼上，在高速飞行时还存在另一种扰流抖振。在机翼上,特别是在激波区域里,存在强烈的压力脉动的潜在因素。当迎角足够大时,这种压力脉动成为不规则的。机翼的这种运动,其性质介乎于前述扰流抖振和失速颤振之间,其运动时而带有随机性,时而又很规则,有时又是二者的混合。通常,随机运动呈弯曲振动,而多少有些规则的正弦运动则呈扭转。或者说把它看成是扰流抖振和失速颤振的混合物。为了区别以前所讲的抖振现象,在有些文献上也称它为"扰动抖振颤振",特别在跨声速区域,必须认真对待这种抖振,它同样也会引起机翼和副翼的破坏。

现在以迎角为纵坐标,以马赫数为横坐标,同时也画出失速颤振边界,就可以得到如图10.38所示的结果。这两种边界的相对位置取决于机翼平面形状和翼型切面等。如图10.38所示,这两个边界彼此相交。在扰流抖振边界之上,机翼运动的振幅和频率都是随机的,且以弯曲为主,扭转运动很小。当达到失速颤振边界时,具有扭转运动的振幅和频率就会或多或少地产生。这时,弯曲的随机运动可能继续存在。

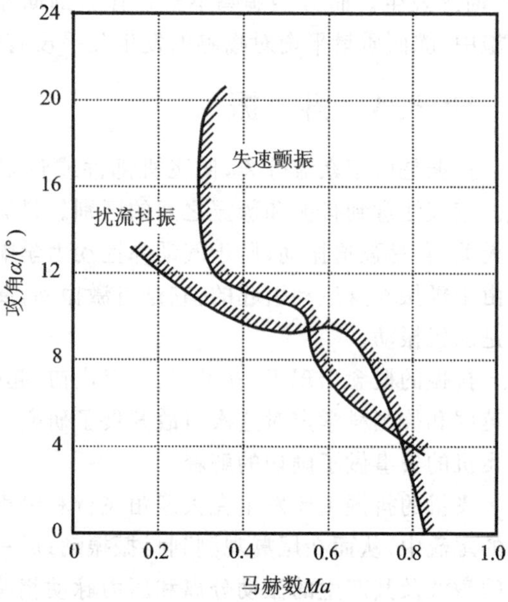

图10.38 机翼的扰流抖振颤振

至此已经讨论了失速、扰流抖振和扰流抖振颤振三种现象,这三种现象的基本起因是相同的,所以就很难有明确的区分方法,只是为了工程上的目的有着不同的描述方法,即扰流抖振表征运动的不规则性;失速颤振表征或多或少的规则振动;而扰流抖振颤振则表征这两种运动在不同自由度中的混合。

扰流抖振、失速颤振和扰流抖振颤振三者的物理现象都相当深奥,至今还缺少充分的数学分析。

最后还要提及的是关于抖振的模型风洞试验,它是研究和处理抖振问题的重要手段。

在抖振边界的确定上,尽管近年来用理论计算确定抖振边界的方法已得到很大的发展,但目前抖振边界主要还是由风洞试验或飞行试验来确定。抖振边界的测量有很多方法可行,诸如翼根均方根弯矩切交法、后缘压力发散法、加速度测量法以及升力线拐点法,这些方法在使用时各具特点。通常认为,用翼根均方根弯矩切交法求得的抖振边界与飞行试验的结果趋势相当一致。当然,在抖振边界测量中同时采用几种方法,会得到更为可靠的结果。

除了上述抖振边界的测量以外,抖振载荷的测量也是模型风洞试验的一个重要项目。进入抖振区,由于气流分离,飞机发生强烈的振动。这种振动引起飞机承受额外的载荷,称为抖振载荷。抖振载荷在尾翼上的体现比较严重。就目前的状态,预测抖振载荷也都是以风洞试验为基础的。为了得到飞机抖振载荷,仅仅知道均方根载荷的最大值是不够的,还要知道抖振载荷的分布概率,因为它对结构强度和疲劳寿命的影响是重要的。

抖振载荷的预估可以由风洞试验直接测量。在模型根部贴上应变片,直接测出抖振引起的弯矩,但要对均方根值进行标定,以便换算成翼根弯矩。把模型的试验结果转化为实物的数据时,需经过换算。目前已经有很多近似方法,可供工程应用选择。

思考与练习

10.1 简述集中参数非线性与分布参数非线性的含义及异同。

10.2 在气动弹性工程问题中，面对间隙和摩擦两类非线性因素，都有哪些处理和考虑办法？

10.3 试述结构大变形状态带来的几何非线性问题，相对常规的线性气动弹性分析流程带来了哪些新问题？

10.4 从线性和非线性区分的角度，气动力理论模型有哪几个类型？各有什么特点？

本章参考文献

[1] 杨超，吴志刚，谢长川. 气动弹性设计基础. 3版. 北京：北京航空航天大学出版社，2021.

[2] 伏欣 H W. 气动弹性力学原理. 沈克扬，译. 上海：上海科学技术文献出版社，1980.

[3] 赵永辉. 气动弹性力学与控制. 北京：科学出版社，2007.

[4] 叶正寅，张伟伟，史爱明. 流固耦合力学基础及其应用. 哈尔滨：哈尔滨工业大学出版社，2010.

[5] 管德. 非定常空气动力计算. 北京：北京航空航天大学出版社，1991.

[6] Joseph Katz, Allen Plotkin. Low - Speed Aerodynamics from Wing Theory to Panel Methods. New York：McGraw - Hill, Inc. ,1991.

[7] 武际可，苏先樾. 弹性系统的稳定性. 北京：科学出版社，1994.

[8] 鲍洛金 V V. 弹性体系的动力稳定性. 林砚田，译. 北京：科学出版社，1994.

[9] 王康宁. 分布参数控制系统. 北京：科学出版社，1986.

[10] 王勖成，邵敏. 有限单元法基本原理和数值方法. 2版. 北京：清华大学出版社，1997.

[11] Liu L P. Mathematical Analysis in Nonlinear Aeroelasticity. Alberta：University of Alberta, 2002.

[12] 杨宁. 集中参数非线性结构的气动弹性建模与分析. 北京：北京航空航天大学，2014.

[13] Patil Mayuresh J, Hodges Dewey H. On the Importance of Aerodynamics and Structral Geometrical Nonlinearities in Aeroelastic Behavior of High-Aspect-Ratio Wings. 41st AIAA/ASME/ASCE/AHS/ ASC Structures. Structural Dynamics, and Material Conference and Exhibit, Atlanta, GA, April 3-6, 2000.

[14] Patil M J. Nonlinear Aeroelastic Analysis, Flight Dynamics, and Control of a Complete Aircraft. Atlanta, GA：Georgia Institute of Technology, 1999.

[15] 谢长川. 飞行器气动弹性稳定性静/动耦合理论与试验研究. 北京：北京航空航天大学，2009.

[16] Dowell E H, Curtiss H C, Scanlan R H, et al. A Modern Course in Aeroelasticity [S. l.]：Springer, 2021.

[17] 高传强. 跨音速复杂气动弹性问题的诱发机理及控制研究. 西安：西北工业大学，2018.

[18] 李国俊，白俊强，唐长红，等. 分离流动诱发的失速颤振和锁频现象研究. 振动与冲击，2018, 37(19)：97-103.

[19] 孙皓. 风力机翼型失速颤振的实验与数值模拟研究. 武汉：华中科技大学，2019.

[20] 梁佳骅，白俊强，李国俊. 基于 Peters - ONERA 模型的失速颤振特性研究. 西北工业大学学报，2018，36(5)：875.
[21] 崔鹏. 基于 CFD/CSD 的机翼气动弹性计算研究. 南京：南京航空航天大学，2011.
[22] 杨国伟. 计算气动弹性若干研究进展. 力学进展，2009，39(4)：406-420.
[23] 周璇，李水乡，孙树立，等. 非结构网格变形方法研究进展. 力学进展，2011，41(5)：547-561.
[24] Carr L W，Mcalister K W，Mccroskey W J . Analysis of the development of dynamic stall based on oscillating airfoil experiments. 1977.
[25] 王清. 旋翼动态失速力学机理及气动外形优化研究. 南京:南京航空航天大学,2017.
[26] Yates E C. AGARD standard aeroelastic configuration for dynamic response. candidate configuration I-Wing 445. 6，NASA TM-100492，1987.

第 11 章　气动伺服弹性力学

随着航空航天技术的发展，现代飞机、导弹、火箭等飞行器普遍使用了自动驾驶和增稳控制系统，特别是电传操纵系统的日益广泛应用，为现代飞机的操稳控制带来新变革，同时也引发了气动弹性与飞行控制系统的耦合现象，称之为气动伺服弹性力学问题，简称 ASE。

气动伺服弹性力学是气动弹性研究的重要分支。本章将经典的气动弹性问题与控制理论相结合，介绍气动伺服弹性问题的基本概念内涵，阐述其运动方程和基本原理，重点介绍气动伺服弹性分析的经典问题与方法。这些内容都带有浓厚的工程应用背景，本章专门从工程角度阐述一些常见问题和解决思路。最后，结合近年来气动弹性领域的发展脉络，面向前沿技术发展，介绍气动弹性领域的新技术、新发展。

11.1　气动伺服弹性概念及内涵

11.1.1　气动伺服弹性问题的由来

气动伺服弹性在现代飞行器设计中变得越来越重要，因为它将气动力与柔性结构之间的气动弹性耦合扩展为气动力、柔性结构与控制系统之间的耦合。引入伺服控制系统后，可能使原本颤振稳定的系统变为不稳定。这种类型的不稳定就称为气动伺服弹性不稳定。所以，在飞行器设计中，只考虑单独飞行器的气动弹性的稳定性是不够的，还必须考虑弹性飞行器与伺服控制系统相互作用下的气动弹性问题。

“伺服”一词来源于英文“Servo”音译，本意带有控制、传动，以小幅运动或信号产生大功率驱动效果的含义。伺服控制系统在气动弹性领域泛指利用控制律和伺服执行机构驱动操纵舵面产生偏转运动的飞行控制系统。随着飞行器的发展，伺服控制系统也在不断发展。最初它只是一种装有助力器的操纵系统，用它来推动舵面偏转，至今发展到几乎所有飞行器都会使用不同形式的飞行控制系统来改善整个飞行包线内的操稳特性、飞行性能和乘坐品质以及降低载荷，提高使用寿命。对于民用飞机的飞行控制系统，除了包含满足基本操纵要求的控制系统外，还可能会有阵风和/或机动载荷减缓系统。对于军用飞机，有时为了提高机动能力，可以在降低开环静稳定性或者是开环静不稳定性的情况下飞行，这时只有使用了飞行控制系统才能飞行。所有这些使得在分析结构与控制的耦合时，必须包含有伺服传动的动力学特点。

在前面的章节内容中，已经介绍了飞行器的气动弹性系统，它与伺服控制系统是两类不同的系统，但它们之间存在直接的传递关系。飞行器的运动信号通过传感器输入控制系统，通过控制系统产生控制信号又输入到舵面，引起舵面偏转，并产生舵面控制力，最终回输到飞行器。这个过程可以用图 11.1 所示的闭合回路来说明。由于飞行器是弹性体，所以在飞行中受到干扰后所发生的运动，除了含有飞机的刚体运动外，还包含了弹性振动，这两种运动同时被传感器所接收。只要伺服控制系统的频带能覆盖飞行器的主要固有频率，控制系统通过伺服传动施加于舵面的偏转$\Delta\beta$就增加了一部分频率较高的运动，从而也就增加了一部分舵面非定常气动力和惯性力。这就是由控制系统反馈而额外产生的控制力。这部分控制力将会影响到飞行器的运动。所以,把飞行器当作弹性体考虑时,图 11.1 所示的闭合回路就是典型的气动伺服弹性系统。通常也可以把气动伺服弹性系统定义为一个具有反馈控制的气动弹性系统。

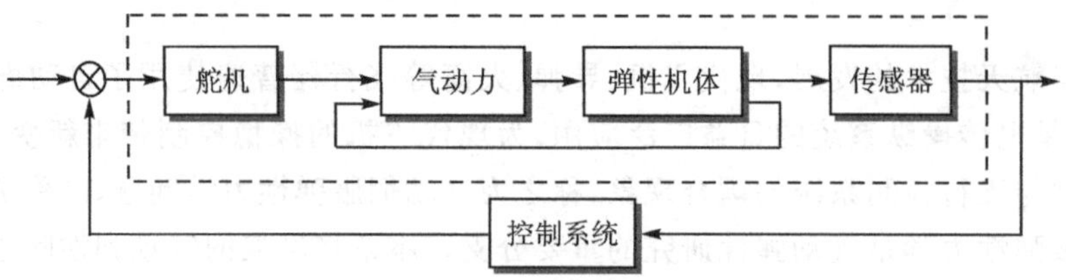

图 11.1　典型的气动伺服弹性系统框图

弹性飞行器与伺服控制系统之间是互为反馈的。当弹性飞行器作为闭环系统的正向回路时,控制系统就是闭环回路的反馈回路。通常会出现的问题是:单独的弹性飞行器是动力稳定的(即不会发生颤振),单独的伺服控制系统的设计也是稳定的,而形成闭合回路以后,其稳定性显著改变,甚至于变为气动伺服弹性不稳定的。这种气动伺服弹性效应,或有时称作"结构耦合",能造成严重的结构破坏,这种破坏由气动弹性系统和飞行控制系统耦合的颤振引起,但也可能导致疲劳损伤和降低操纵面舵机的性能。在军用飞机、民用飞机、有翼导弹的相关规范和适航条例中,有专门的条款要求飞行器的气动弹性与飞控系统耦合必须稳定,且有足够的稳定裕度。它不仅告诫人们在飞行器设计中必须重视耦合效应,也同时提示了在控制系统的设计中,必须视飞行器为弹性体。现代飞行器严格的性能指标和结构的大柔性,使得气动伺服弹性稳定性分析愈加重要。传统上的气动弹性问题,如颤振问题,也可以归纳在气动伺服弹性范畴内,列为子问题。但由于它们相关的机理不同,所以二者需要分别考虑。

11.1.2　气动伺服弹性力学的分类

(1) 气动伺服弹性力学四面体

气动伺服弹性力学的定义可以叙述如下:它是一门涉及弹性力、气动力、惯性力以及飞行控制系统产生的操纵面控制力相互耦合作用的力学。为了进一步划分研究范围,可以在图 1.1 所示的气动弹性力三角形基础上增加一个操纵面控制力角点(用字母 S 表示),构成图 11.2 所示的气动伺服弹性力四面体来说明。

气动力/弹性力/惯性力(AEI):三者耦合构成经典的气动弹性力学基本问题和基本现象,是气动伺服弹性力学问题的基础。这里不再赘述。

控制力/惯性力/弹性力(SIE):三者耦合构成伺服机械系统,由于它不考虑气动力,故是一种地面问题。

控制力/气动力/惯性力(SAI):三者耦合构成气动伺服动力学,它不考虑结构的弹性,研究对象是具有伺服控制系统的刚性飞机。

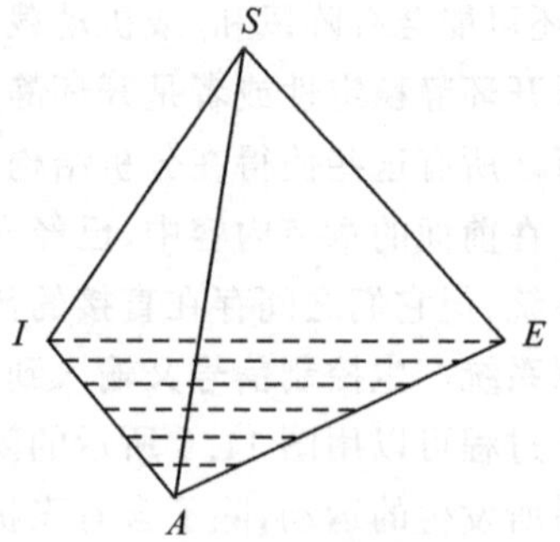

图 11.2　气动伺服弹性力四面体

控制力/气动力/弹性力(SAE):三者耦合构成气动伺服弹性静力学问题。这是定常气动力、结构静力学与操纵面定常控制力的耦合力学问题;所谓的定常控制力,可以包含慢变的操纵面偏转过程,即操纵面控制力频率较低。此问题在现实飞行器设计中涉及较少。

控制力/气动力/弹性力/惯性力(*SAEI*):四者耦合构成气动伺服弹性动力学问题,这是非定常气动力、结构动力学与操纵面非定常控制力的耦合力学问题。此问题是现实飞行器设计中涉及的主要问题,也是 ASE 问题的主体,甚至提到 ASE 问题,自然就认为是气动伺服弹性动力学问题。

下面重点就气动伺服弹性动力学问题展开进一步的讨论。

(2) 气动伺服弹性动力学问题分类

气动伺服弹性动力学问题在飞行器控制系统过程设计中非常重要。下面就这类问题的分类和现象以及在设计中需要考虑的问题进行分析,以便读者产生更清晰的图画,方便与气动弹性动力学问题区别。

图 11.3 为气动伺服弹性动力学力三角形。既然是动力学问题,惯性力自然是考虑的,惯性力与弹性力在"结构动力学"这一角点中综合反映,同时"结构动力学"与"非定常空气动力学"耦合的气动弹性动力学可以涵盖刚体飞行动力学的内容;这里,定常气动力可以看成非定常气动力的特例,刚体动力学可以看成结构动力学的特例。

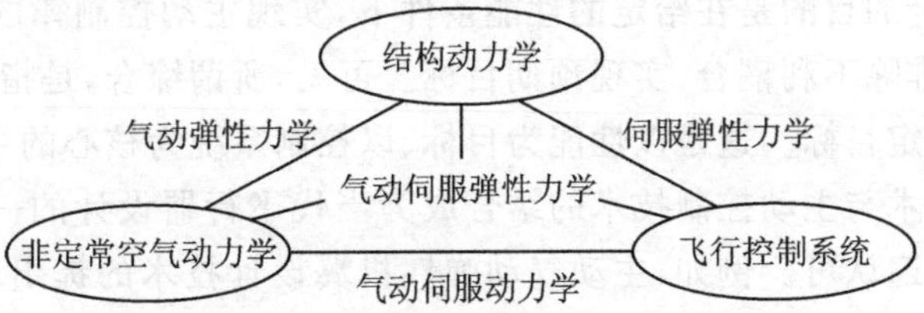

图 11.3　气动伺服弹性动力学力三角形

对照图 11.3,可以把 ASE 问题分成几类:

① 结构动力学/非定常气动力:构成常规的气动弹性动力学问题,包含刚体飞行动力学耦合。

② 结构动力学/飞行控制系统:构成伺服弹性动力学问题,包含刚体飞行动力学耦合。该问题不含气动力耦合,也存在稳定性和动响应两类问题。该问题常常作为飞行器飞行试验前的重要分析和试验科目,在地面开展真实飞行器实物的伺服弹性试验,检查飞行控制系统在各种空中飞行状态下与弹性飞行器的耦合情况。具体研究时,控制系统可考虑开环和闭环两种情况。

③ 非定常气动力/飞行控制系统:构成气动伺服动力学问题。这个问题由于不涉及弹性结构,可以理解为不同飞行状态下,刚体飞行器与刚体/弹性从低到高频率非定常气动力的耦合现象。当弹性频率较低时,有现实的研究意义。

④ 结构动力学/非定常气动力/飞行控制系统:构成气动伺服弹性动力学问题,包含刚体飞行动力学耦合,也存在稳定性和动响应两类问题。控制与结构、气动三部分互为反馈,就形成了典型的 ASE 系统,因此也改变了以无控情况为基础的气动弹性稳定性和动响应的特性。飞行控制系统有开环和闭环两种情况,开环情况对应的是飞行控制系统断开(无控)情况,此时的 ASE 问题就是传统的气动弹性动力学问题。

在气动伺服弹性问题中,还可以根据系统上是否作用了与飞行器运动无关的外部扰动,与气动弹性问题类似,把它区分为两类。凡不存在外部扰动的,称为气动伺服弹性稳定性问题;

反之,就构成气动伺服弹性响应问题。

气动伺服弹性在其发展中,就其对飞行器设计而言,可分为两类问题:一类是气动伺服弹性分析的问题,另一类是气动伺服弹性的综合问题。

11.1.3 气动伺服弹性的分析与综合

气动伺服弹性的分析是指:对于已经给定的柔性飞行器结构、质量分布以及飞行控制系统,检查其在规定的飞行条件下,闭环系统气动弹性稳定性或动响应特性。该分析可以通过计算或试验来完成。在这个过程中,可对系统的某些参数进行局部补偿和修改,以消除不利影响,从而改善闭环系统的气动弹性特性。可见,所谓分析,通常是属于飞行器设计中直接面对的、最基本的任务。

气动伺服弹性的综合则是指:对于给定的飞行器(一项或多项)先进的气动弹性性能,以此为目标,设计相应的控制律,以此作为闭环系统的反馈回路,从而实现预期的性能目标。现代飞行器的设计中,由于主动控制技术的发展,已经出现了针对某些功能的控制系统,例如,放宽静稳定度、直接力控制、阵风载荷减缓等;更先进的,还把颤振主动抑制应用在气动伺服弹性的综合之中。总之,综合的目的是在给定的性能条件下,实现主动控制律的设计,并与飞行器组合成闭环,用以主动排除不利耦合,实现预期目标。可见,所谓综合,是指飞行器设计中如何借助于控制系统实现既定目标。这是以性能为目标、以控制系统为核心的主动控制的设计模式。

气动伺服弹性技术与主动控制技术的结合成为当代飞行器设计的一种主流理念,为科研人员和航空工程师普遍认可。例如,主动气动弹性机翼设计技术的提出就是这种设计理念的完美诠释,其最大的特点是主动利用气动弹性效应,借助主动控制系统驱动控制面,形成气动伺服弹性的闭环,从而使设计达到性能优化、质量最轻,也正是气动伺服弹性综合技术的延伸和深化,更加体现出气动伺服弹性综合的重要意义。

11.1.4 气动伺服弹性的工程性与地位

气动伺服弹性问题来自于工程,与飞行器研制实践密不可分。特别是对于我国的气动伺服弹性问题研究,是伴随着我国航空工业发展逐步认知和发展起来的。早在20世纪80年代,我国国产飞机研制多以仿制国外机型或改型设计为主,就曾因飞行增稳控制回路中的结构滤波器问题,影响了飞机的研制进程。由于认识不足,早期的飞行控制系统结构滤波器参数照搬国外机型,而国产机型的结构动力学特性与国外机型存在不同,因而出现了气动伺服弹性问题。后来技术人员搞清楚了气动伺服弹性问题的本质,针对国产机型的结构动力学特性重新设计了结构滤波器参数,气动伺服弹性问题迎刃而解。如今,结构滤波器设计已被气动弹性、飞行控制等专业人员所熟知,相应的建模、分析与试验方法已列入设计规范,成为飞机、导弹等型号工程研制必不可少的环节,这是气动伺服弹性工程性的一个缩影。

与飞行器气动伺服弹性问题有关的物理现象,多带有很强的工程实践性质。例如前面提到的气动伺服弹性稳定性问题,它是由于增稳控制系统参与了气动弹性系统的动力学耦合,引起闭环系统的不稳定。而且这种耦合发生的速度边界往往低于开环颤振速度,使飞行器系统的闭环稳定性变差。当气动伺服弹性达到失稳状态时,与颤振现象极为相似,因此工程上又称作“伺服颤振”。

在早期的气动伺服弹性工程实践中,自主控制的导弹最先遇到气动伺服弹性稳定性的问题。后来更多问题出现在其他航空器对象设计中,特别是带有电传操纵系统的先进战斗机。先进飞行器不断追求更高性能,结构采用轻质化设计,结构刚度、弹性频率相对较低,同时高增益电传操纵系统和宽频带舵机系统大量引入,均为气动伺服弹性不稳定现象的发生提供了条件。

近 20 年来,无人机技术得到了突飞猛进的发展。无人机采用自主控制实现飞行平台操稳控制,控制系统的集成化程度更高,飞行控制处理器与惯组元器件、传感器经常是集成在一起的,机载布置有其自身的特点,且控制器的结构/架构更为复杂。以上特点使得无人机系统气动伺服弹性问题相比有人机问题更为突显,有时也更为复杂。

整体而言,无论有人机还是无人机,现代航空器结构频率较低,结构弹性模态密集,是气动伺服弹性问题研究的主要对象。近几年来,随着空天工程领域新构型飞行器不断涌现,空天领域逐步融合,越来越多的空天飞行器在研制过程中也不得不考虑气动伺服弹性因素,如各类导弹、高超声速飞行器、再入式飞行器等,都是采用无人自主方式飞行,且在大气中飞行阶段经历高速大动压飞行和高超声速气动加热复杂热环境问题,这些都给气动伺服弹性研究提出严峻挑战。气动伺服弹性问题研究是伴随着航空航天工程技术进步,不断创新发展的专业分支,时至今日仍充满活力。

气动伺服弹性的工程性还体现在它与飞行器的试验实践密不可分。气动伺服弹性系统由飞行器的多个子系统、环节组成,例如飞行器的结构、控制系统等。其中结构动力学模型构成气动伺服弹性的主要传递环节,以及控制律传递函数、舵机子系统传递函数、传感器等,均是气动伺服弹性模型的重要组成部分。上述环节模型的建立与校准均需要依赖于试验测试。飞行器结构的地面振动试验、舵机系统的扫频试验,以及在地面将各系统、环节集成测试开展的地面结构模态耦合试验等,都是现代飞行器研制过程中必不可少的试验科目。在工程实践过程中,还需要跨专业协调、密切配合,方能完成气动伺服弹性系统级的试验任务。

最后,因气动伺服弹性问题往往涉及稳定性和飞行安全,而安全性是在工程中首要保障的基本条件,所以气动伺服弹性在工程研制中处于重要地位,它贯穿于飞行器研制从详细设计到定型试飞全过程。在国内外的现有飞行器研制规范和设计流程中,气动伺服弹性稳定与颤振稳定同等重要,是飞行器在首飞前必须得到有效分析与验证并获得明确结论的重要科目之一,也是飞行器首飞前需满足的基本条件之一。

11.1.5　气动伺服弹性研究的特点

气动伺服弹性力学从属于气动弹性力学研究,是气动弹性领域的重要分支。顾名思义,它与飞行器的控制系统关联密切。在伺服控制系统引入气动弹性的物理耦合之后,相较于经典气动弹性增加了新的元素和特点。在经典气动弹性问题的分析与处理中,往往从结构自身的固有特性出发,通过改变结构的质量或刚度来影响气动弹性特性。因此,经典气动弹性问题的解决往往带有"被动抑制"的特点。气动伺服弹性由于引入了飞行控制系统,使得气动伺服弹性的分析与应对多带有"主动设计"的特征。例如结构陷幅滤波器的设计,又如主动气动弹性机翼概念的提出等,都体现了这一特征。气动伺服弹性的技术手段通常不直接改变飞行器的结构,多是从控制系统或非飞行器本体(如舵机、传感器等)的其他环节入手,间接地发挥作用。因此,相较于经典的气动弹性设计手段,通常不会额外增加系统重量。

在气动伺服弹性的诸多传递环节中,伺服舵机系统往往成为气动伺服弹性的关键环节。

无论是工程实际问题还是学术研究，有效地刻画气动伺服弹性现象，需要有效、合理的舵机环节。舵机的动态特性是气动伺服弹性的重要传递环节。在工程领域，为了准确获得舵机的传递特性，需要在气动伺服弹性建模之前，开展舵系统(包含舵面结构)扫频试验，获得舵系统真实传递函数。在开展气动弹性主动控制的研究中，舵机的选型需要考虑舵系统的动态跟随能力，选择具有合适带宽的舵机，并且在进行主动控制律设计之前同样需要开展舵系统的扫频试验。

气动伺服弹性系统本质上仍是力学耦合问题，也有线性系统和非线性系统之分。现有工程分析方法中仍以线性系统方法为主，建模、分析多采用自动控制原理、线性系统理论等理论方法，这也是本节讨论的重点。对于传统飞行器而言，特别是处理工程问题的时候，经典控制理论奈奎斯特判据是气动伺服弹性稳定性分析的主要方法。因此，对于多数飞行器对象，其气动伺服弹性系统的建模与分析多从频域角度入手，将动力学方程表述为传递函数形式；与之相应的非定常气动力、控制律、舵系统等环节均为传递函数形式。在学习这部分内容之时，需要以自动控制原理为先导课程，建立经典控制理论基本概念。近年来，尽管现代控制理论时域状态空间方法在气动伺服弹性领域也得到应用与拓展，经典控制理论的方法和判据仍然是目前气动伺服弹性工程领域的主流，它的建模、分析及验证是目前业内普遍认同和执行的标准。

最后，气动伺服弹性系统涉及多个学科之间的耦合作用，气动伺服弹性问题是一个综合性的问题，在面临复杂的工程实际问题时，它的分析与处理往往需要多个学科专业人员进行“会诊”，多系统协调联动开展工作。例如前面提到的结构相关专业、飞行控制专业、测控专业、舵机系统的配套单位、飞控设备及传感器的供应商等，都有可能成为气动伺服弹性“疑难杂症”的突破口。气动弹性专业在这个过程中主要进行组织和协调，从各个专业、系统获取数据信息，分析现象寻找问题的源头，制定解决方案。最终问题的解决往往落实到某个具体的学科和系统或环节。

11.2 气动伺服弹性系统的组成与建模

11.2.1 气动伺服弹性系统

从系统组成来看，无外界扰动的气动伺服弹性系统包含弹性机体、非定常气动力、舵机与传感器，以及控制系统等几大环节。各环节之间通过一定的物理关系连接在一起，并构成闭环系统。典型的气动伺服弹性系统框图如图11.1所示。

若仅考虑气动力环节与弹性机体环节所构成的系统，则图11.1所代表的气动伺服弹性系统将退化为经典的气动弹性系统。该系统曾在第9章中出现，并进行过讨论。

11.2.2 气动伺服弹性运动方程概述

可由式(9.1)得到气动弹性一般运动方程

$$\boldsymbol{M}\ddot{\boldsymbol{q}}+\boldsymbol{C}\dot{\boldsymbol{q}}+\boldsymbol{K}\boldsymbol{q}=\boldsymbol{f} \tag{11.1}$$

式中，选取 $\boldsymbol{q}$ 为广义模态坐标，则 $\boldsymbol{M}$ 为系统的广义质量矩阵，$\boldsymbol{C}$ 为系统的广义结构阻尼矩阵，$\boldsymbol{K}$ 为系统的广义刚度矩阵，$\boldsymbol{f}$ 为广义非定常气动力列向量。采用适用于工程的非定常气动力方法(如偶极子格网法)计算广义非定常气动力，不难得出 $\boldsymbol{f}$ 的一般形式：

$$\boldsymbol{f}=\frac{1}{2}\rho V^2\boldsymbol{A}\boldsymbol{q} \tag{11.2}$$

式(11.2)适用于一类非定常气动力计算方法的表达形式，具有一般性。其中，$\boldsymbol{A}$ 称为广义非定常气动力影响系数矩阵，通常为减缩频率 k 和计算参考马赫数 Ma 的函数，在经典的气动弹性分析与气动伺服弹性研究中，具有重要意义。

气动伺服弹性系统是在经典的气动弹性系统中增加了控制反馈环节而扩展形成的系统。从控制理论发展的角度，气动伺服弹性稳定性分析可分为经典控制理论和现代控制理论两类方法，对应的模型分别为经典传递函数模型和时域状态空间模型。从气动伺服弹性分析的角度，对应所采用的方法也可以称作经典频域方法和时域状态空间方法。无论采用何种方法，所包含的气动弹性系统的运动方程都是一致的，出发方程均为式(11.1)。而控制系统则根据不同的控制理论方法，具有不同的形式。气动伺服弹性系统的运动方程对于经典频域方法和时域状态空间方法而言，推导建立的过程有所不同。

以下 11.3 节和 11.4 节将分别针对经典频域方法和时域状态空间方法的模型特点，阐述气动伺服弹性系统的建模过程，介绍气动伺服弹性的分析方法。

11.3　经典气动伺服弹性分析方法

本节从经典控制理论频域分析的角度出发，介绍工程设计中常用的经典气动伺服弹性的数学模型和一般频域分析方法。

11.3.1　气动伺服弹性系统的频域分析模型

1. 弹性机体与气动力环节

如前文所述，气动伺服弹性系统是建立在气动弹性一般运动方程的基础之上的。有关气动弹性一般运动方程和气动伺服弹性系统运动方程的阐述，参见第 9 章和本章 11.2.2 节。以下针对频域方法进行必要的推导。为满足气动伺服弹性研究的需要，应定义系统的输入变量，以便与控制系统的反馈信号连接，构成互为反馈的耦合机制。通常，选取飞行器的常用控制面作为输入端，定义输入变量(例如，升降舵、副翼等舵面的输入指令)。于是，在系统广义模态坐标向量中增加了控制舵偏自由度 $\boldsymbol{\delta}$，形如

$$\boldsymbol{q}=[\boldsymbol{q}_s\quad \boldsymbol{\delta}]^{\mathrm{T}}$$

将经典气动弹性运动方程式(11.1)与非定常气动力式(11.2)联立，略去控制自由度的阻尼项和刚度项，再引入控制舵偏自由度，得到含有控制舵偏自由度的一般运动方程

$$\boldsymbol{M}_s\ddot{\boldsymbol{q}}_s+\boldsymbol{C}_s\dot{\boldsymbol{q}}_s+\boldsymbol{K}_s\boldsymbol{q}_s=\frac{1}{2}\rho V^2\boldsymbol{A}_s\boldsymbol{q}_s-\boldsymbol{M}_\delta\ddot{\boldsymbol{\delta}}+\frac{1}{2}\rho V^2\boldsymbol{A}_\delta\boldsymbol{\delta} \tag{11.3}$$

采用频域方法，仿照经典控制理论的做法，对式(11.3)做拉普拉斯变换，可得到

$$s^2\boldsymbol{M}_s\boldsymbol{q}_s(s)+sC_s\boldsymbol{q}_s(s)+\boldsymbol{K}_s\boldsymbol{q}_s(s)=\frac{1}{2}\rho V^2\boldsymbol{A}_s\boldsymbol{q}_s(s)-s^2\boldsymbol{M}_\delta\boldsymbol{\delta}(s)+\frac{1}{2}\rho V^2\boldsymbol{A}_\delta\boldsymbol{\delta}(s) \tag{11.4}$$

则结构广义坐标对控制舵偏输入的传递函数关系为

$$\boldsymbol{q}_s(s)=\left(s^2\boldsymbol{M}_s+s\boldsymbol{C}_s+\boldsymbol{K}_s-\frac{1}{2}\rho V^2\boldsymbol{A}_s\right)^{-1}\left(-s^2\boldsymbol{M}_\delta+\frac{1}{2}\rho V^2\boldsymbol{A}_\delta\right)\boldsymbol{\delta}(s) \tag{11.5}$$

式(11.5)是建立气动力/弹性机体环节传递函数的关键,该式确定了飞行器的舵面偏转 $\boldsymbol{\delta}$ 与结构广义模态坐标向量 $\boldsymbol{q}$ 之间的直接传递关系。由结构动力学知识可知,广义模态坐标向量是构成结构变形的一组正交基底,可以表达结构任意一点处的位移,系数即为该点处的模态向量。而结构上任意位置处的模态向量总是可以通过插值算法,由能够表征结构宏观模态运动特征的一组结点模态列阵插值得到。将结构的弹性振动视为系统的输出,以运动加速度过载为例,则有

$$a(t)=\ddot{z}(t)=\boldsymbol{\phi}^{\mathrm{T}}\ddot{\boldsymbol{q}}(t) \tag{11.6}$$

式中,a 为结构上某点处的加速度;$\boldsymbol{\phi}$ 为该点处的模态列向量;z 为运动方向的位移。若考虑结构上多点位置处的运动输出,则系统的输出变量构成向量,模态向量构成模态矩阵。仿照式(11.6)的形式做拉普拉斯变换,可得到系统的输出传递关系

$$\boldsymbol{y}(s)=\boldsymbol{n}(s)=\frac{1}{g}s^2\boldsymbol{\Phi}\boldsymbol{q}_{\mathrm{s}}(s) \tag{11.7}$$

式中,$\boldsymbol{n}$ 将运动的加速度表示为过载形式;$\boldsymbol{\Phi}$ 为输出位置模态向量组成的模态矩阵;$\boldsymbol{y}$ 表示系统的输出向量。将式(11.5)与式(11.7)联立,即可建立从系统的输入(舵面偏转)到系统的输出(结构运动)之间气动力/弹性机体环节的传递函数:

$$\boldsymbol{G}_{\mathrm{s}}(s)=\frac{1}{g}s^2\boldsymbol{\Phi}\left(s^2\boldsymbol{M}_{\mathrm{s}}+s\boldsymbol{C}_{\mathrm{s}}+\boldsymbol{K}_{\mathrm{s}}-\frac{1}{2}\rho V^2\boldsymbol{A}_{\mathrm{s}}\right)^{-1}\left(-s^2\boldsymbol{M}_{\delta}+\frac{1}{2}\rho V^2\boldsymbol{A}_{\delta}\right) \tag{11.8}$$

2. 舵机及传感器环节

舵机是气动伺服弹性系统中的执行机构,它将舵面的控制指令信号转化为舵面的运动,从而驱动舵面偏转产生控制力。传感器是气动伺服弹性系统中的敏感元件,通常为布置在飞行器结构上的加速度计或角速度计,用于感知弹性机体的运动。它们都是气动伺服弹性系统中必不可少的组成部分。忽略非线性影响,舵机传递函数一般可用三阶有理式表示:

$$G_{\mathrm{c}}(s)=\frac{\delta(s)}{u_{\mathrm{c}}(s)}=\frac{b_0}{s^3+a_2s^2+a_1s+a_0} \tag{11.9}$$

式中,u_{c} 为舵机控制指令输入,δ 为控制面偏转位置,各参数 a_0、a_1、a_2、b_0 由舵机物理方程推导而得,也可由频率响应试验曲线拟合得到。传感器的频带与结构模态频率相比,通常具有足够高的带宽,故可以近似为纯增益比例环节。

3. 系统广义受控对象

广义受控对象是从控制的角度提出的。控制系统与受控对象互为反馈,指令信号由控制系统产生并输入给受控系统,经对象物理响应再以系统输出的形式返回至控制系统输入,其间经历的环节称为广义受控对象。气动伺服弹性系统的广义受控对象由舵机环节、气动力/弹性机体耦合系统、传感器三个部分的传递函数依次串联构成,如图11.1所示。舵机环节的输入端为舵面偏转指令,是广义受控对象的输入,传感器感知的弹性机体运动信号为广义受控对象的输出。

4. 气动伺服弹性闭环系统

控制系统与气动弹性广义受控对象互为反馈,两者耦合在一起构成气动弹性闭环系统。在气动伺服弹性分析中,控制系统一般从飞行器飞行控制系统中获得,通过闭环系统的特征属性来分析控制系统乃至整个闭环系统的性能;在气动伺服弹性综合问题中,控制系统是待设计

环节，即针对特定的广义受控对象，采用适当的控制理论方法设计控制系统的控制律，提高闭环系统的性能。

将图 11.1 所示的气动伺服弹性闭环系统描述为控制系统框图的形式，如图 11.4 所示。

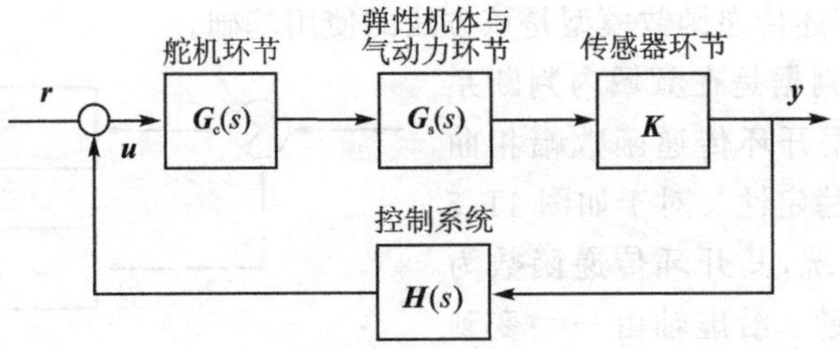

图 11.4　气动伺服弹性系统闭环控制框图

图 11.4 中，$\boldsymbol{H}(s)$表示控制系统的传递函数，由经典控制理论的基本推导可得到闭环系统的传递函数矩阵

$$\boldsymbol{G}_{\text{close}}(s)=[\boldsymbol{I}+K\boldsymbol{G}_{\text{s}}(s)\boldsymbol{G}_{\text{c}}(s)\boldsymbol{H}(s)]^{-1}K\boldsymbol{G}_{\text{s}}(s)\boldsymbol{G}_{\text{c}}(s) \tag{11.10}$$

当系统为单输入/单输出时，式(11.10)即退化为经典的闭环传递函数，形式如下：

$$G_{\text{close}}(s)=\frac{KG_{\text{s}}(s)G_{\text{c}}(s)}{1+KG_{\text{s}}(s)G_{\text{c}}(s)H(s)} \tag{11.11}$$

经典控制理论的传递函数分析方法，可以用于分析闭环系统的性能。

11.3.2　频域稳定性分析

控制系统或动力系统理论告诉我们，如果系统受到外界扰动偏离了平衡位置，当扰动消失后系统仍然能恢复到原平衡状态，则称系统是稳定的或具有稳定性。从动力系统理论的角度，Lyapunov 对系统的稳定性做了很好的分类，对于各种类型的稳定性都有严格的数学意义上的证明。从工程的角度，我们往往更加关注于系统是否具有稳定性，如何分析系统的稳定性，用何种手段来改善系统的稳定性。对于气动弹性系统而言，需要了解系统的稳定性与哪些因素有关系，它的物理含义是什么，在工程中的具体表现是什么。而这些都需要借助数学手段加以模拟、分析和求解。

系统的稳定性本质上反映的是系统的特征属性，数学上与动力系统的特征值密切相关。具体到气动弹性系统，如前面章节所述，对于经典的气动、结构耦合动力学系统而言，系统的稳定性即为气动弹性力学中的颤振问题，系统的特征值对应于气动弹性系统的阻尼和频率。对于气动伺服弹性系统而言，研究的是包含控制回路在内的气动、结构、控制三者耦合的闭环系统，闭环系统的特征值决定了气动伺服弹性系统的稳定性。因此，有一种气动伺服弹性稳定性分析方法，就是将气动伺服弹性系统转化为类似于经典颤振求解的特征方程来进行求解，从而得到闭环系统的稳定性。

认识系统稳定性的实质，对于建立气动伺服弹性工程分析方法和概念来说是重要的。例如，气动伺服弹性系统动态响应分析的前提是，系统必须是稳定的。因此，当我们分析诸如飞机在有控状态下的阵风响应时，就需要首先进行气动伺服弹性稳定性分析，确保在分析的速度状态下系统是稳定的。

1. 奈奎斯特方法

对于单输入/单输出系统,工程上广泛采用经典控制理论中的奈奎斯特判据进行稳定性分析。奈奎斯特方法是一种频域分析方法,它根据系统开环传递函数的频率特性来判断闭环系统的稳定性。因此,前述传递函数模型是该方法的使用基础。

奈奎斯特稳定性判据是在频域内判断系统稳定性的准则,根据开环传递函数幅相曲线来判断闭环系统的稳定性。对于如图11.5所示的负反馈控制系统,其开环传递函数为$H(s)G(s)$。当复变量s沿虚轴由$-\infty$变到$+\infty$时,$H(s)G(s)$在复平面上的轨迹称为开环奈氏曲线。

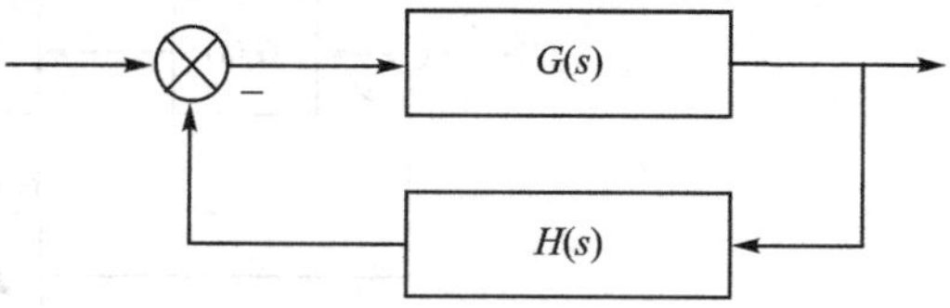

图 11.5　负反馈系统框图

奈奎斯特稳定性判据可叙述为:反馈控制系统稳定的充分必要条件是,开环奈氏曲线顺时针包围临界点$(-1,0)$的圈数R等于开环传递函数右半平面的极点数P,即$R=P$;当开环传递函数没有右半s平面的极点时,闭环系统稳定的充分必要条件为奈氏曲线不包围临界点$(-1,0)$。如果R不等于P,则闭环不稳定。

对于飞机和控制回路组成的系统,在气动伺服弹性稳定性分析条件下,飞机弹性系统是稳定的,控制回路开环是稳定的,所以$P=0$,因此奈氏判据就变为:闭环系统稳定的充分必要条件是奈奎斯特曲线不包围临界点。在实际分析中,可以只绘制频率由0到$+\infty$的开环奈氏曲线,如曲线不包围$(-1,0)$点,则系统是稳定的,否则系统不稳定。

稳定裕度是衡量闭环系统稳定程度的指标,常用的指标有两个:幅值裕度L和相位裕度γ,这表示了系统距临界点(等幅振荡)的远近程度。幅值裕度L,即开环奈氏曲线与负实轴相交点模值的倒数,一般取分贝(dB)作单位。在伯德图上,即相当于相位为$-\pi$时,幅值的绝对值

$$L=20\lg\frac{1}{|HG|} \tag{11.12}$$

相位裕度γ,即开环奈氏曲线上模值等于1的矢量负实轴的夹角,在伯德图上相当于幅值裕度为零时的相位与$-\pi$的差值,如图11.6所示。

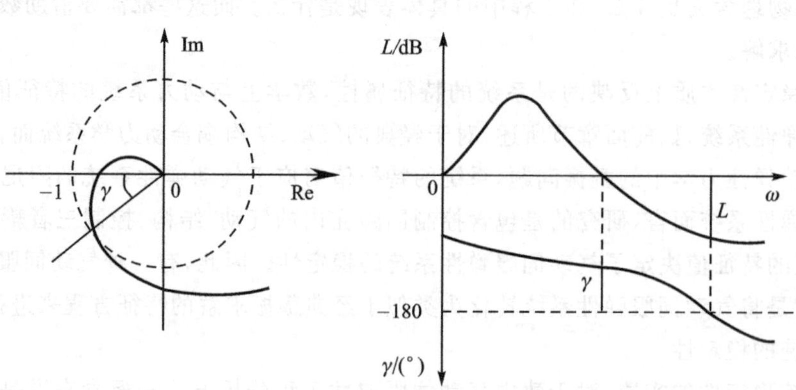

图 11.6　频域方法稳定裕度示意图

飞机、导弹的结构强度规范及适航条例中均规定,气动伺服弹性系统必须稳定,且满足幅值裕度6 dB、相位裕度±60°(有人驾驶飞机)或±45°(导弹和无人机)的稳定裕度要求。此外,

在部分情况下或在一些研究机构中，为确保系统具有足够的安全性和可靠性，亦会适度提高气动伺服弹性稳定性的要求，例如提出幅值裕度 8 dB、相位裕度±180°(全相位稳定)的要求。

奈奎斯特原理还可应用于气动伺服弹性系统的试验验证，如“地面伺服弹性试验”，在工程中也常称作“结构模态耦合试验”。这项试验的主旨是在地面无空速状态下，在气动伺服弹性系统的输入端加入已知动态信号，从飞行器增稳回路的输出端测量输出信号，通过两者时域信号傅里叶变换的比值，测得系统的开环传递函数(如图 11.7 所示)，进而可以应用奈奎斯特判据判断闭环稳定性。地面伺服弹性试验主要有两个目的：① 验证气动伺服弹性系统在低速段的闭环稳定性；② 验证和测量系统无空速状态的开环传递函数(即验证弹性结构和增稳控制环节，可用于校核系统低速段的状态空间模型的有效性)。除此之外，还可以通过系统的频响特性大致判断系统的稳定裕度。

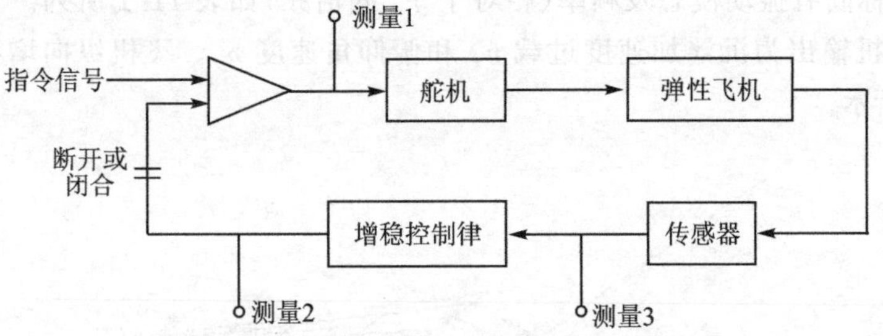

图 11.7　地面伺服弹性试验原理示意图

2. 最小奇异值法

经典的奈奎斯特方法仅适用于单输入/单输出系统，对于多输入/多输出系统则可通过系统的奇异值获得稳定性信息。首先给出系统奇异值的定义，对于矩阵 $\boldsymbol{A}(\mathrm{rank}\ \boldsymbol{A}=r)$，记 $\sigma_i\ (i=1,2,\cdots,r)$ 为矩阵的汉克尔奇异值，则有

$$\sigma_i(\boldsymbol{A})=\sqrt{\lambda_i(\boldsymbol{A}\boldsymbol{A}^{\mathrm{H}})}=\sqrt{\lambda_i(\boldsymbol{A}^{\mathrm{H}}\boldsymbol{A})} \tag{11.13}$$

受乘法摄动的闭环控制系统如图 11.8 所示。其中，$\boldsymbol{H}(s)$ 是控制系统，$\boldsymbol{G}(s)$ 表示标称对象，$\boldsymbol{L}$ 是在输入点处施加的乘法摄动，对于标称系统，有 $\boldsymbol{L}=\boldsymbol{I}$。受乘法摄动的闭环控制系统，标称系统的回差矩阵为

$$\boldsymbol{W}=\boldsymbol{I}+\boldsymbol{H}(s)\boldsymbol{G}(s) \tag{11.14}$$

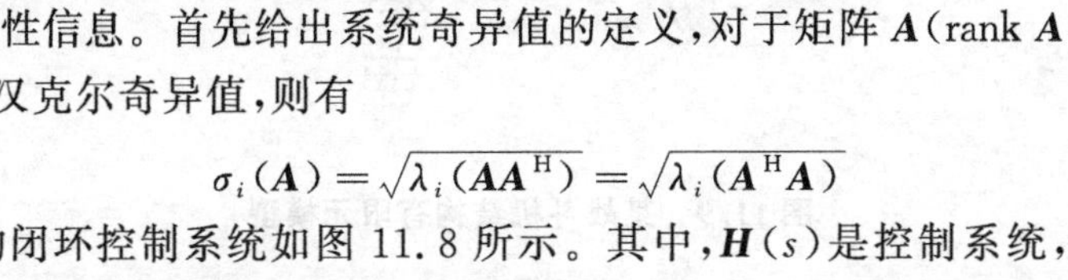

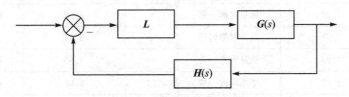

图 11.8　反馈系统乘法摄动框图

系统回差矩阵的最小奇异值 σ_{m} 是一个与系统稳定裕度相关联的量，它同样可以折算成幅值裕度 K_{n} 和相位裕度 φ_{n}。最小奇异值与稳定裕度之间有如下关系：

$$\sigma_{\mathrm{m}}^2=\left(1-\frac{1}{K_{\mathrm{n}}}\right)^2+\frac{2}{K_{\mathrm{n}}}(1-\cos\varphi_{\mathrm{n}}) \tag{11.15}$$

若给定幅值裕度 K_n 的取值,则相位裕度为

$$\varphi_n = \arccos\left\{1 - \left[\sigma_m^2 - \left(1 - \frac{1}{K_n}\right)^2\right]\frac{K_n}{2}\right\} \tag{11.16}$$

若给定相位裕度 φ_n 的取值,则幅值裕度为

$$\frac{1}{K_n} = \cos\varphi_n - \sqrt{\cos^2\varphi_n - 1 + \sigma_m^2} \tag{11.17}$$

当系统为单输入/单输出系统时,由最小奇异值法可得到与奈奎斯特方法相对应的稳定裕度信息。通常,最小奇异值法得到的稳定裕度,与奈奎斯特方法相比偏保守。

【例 11.1】 以某战斗机为例,对其纵向通道进行气动伺服弹性稳定性分析。飞机结构有限元动力模型如图 11.9 所示。全机第 1 阶弹性模态振型为机翼对称一弯,假设其频率为 f_1,全机前 13 阶对称固有振动模态及频率(相对于 f_1 的倍频)如表 11.1 所列。飞机纵向输入为升降舵舵偏,飞机输出为沉浮加速度过载 n_z 和俯仰角速度 ω_y。飞机纵向增稳系统的控制框图如图 11.10 所示。

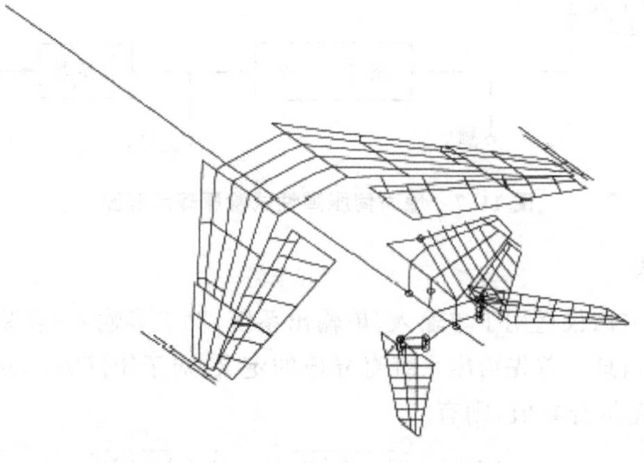

图 11.9 某战斗机结构有限元模型

该算例仅用于说明气动伺服弹性分析方法,给出主要结果,不对计算过程作过多叙述。

表 11.1 飞机全机前 13 阶对称模态频率

阶 次	频率(f_1 倍频)/Hz	模态名称	阶 次	频率(f_1 倍频)/Hz	模态名称
1	1.00	机翼对称一弯	8	6.06	机翼对称一扭
2	2.01	翼尖对称俯仰	9	6.74	副翼对称偏转
3	2.03	机身垂直一弯	10	7.60	襟翼对称偏转
4	2.37	平尾对称一弯	11	8.06	机身垂直三弯
5	3.28	机翼对称二弯	12	8.68	翼尖弹垂直弯曲
6	4.81	平尾对称偏转	13	10.36	平尾对称二弯
7	5.20	机身垂直二弯			

尽管控制系统具有两个输入,但是飞机纵向通道是单输入的,且闭环系统的开环传递函数也是单输入/单输出的,因此,该飞机纵向气动伺服弹性系统仍然可以使用奈奎斯特方法分析

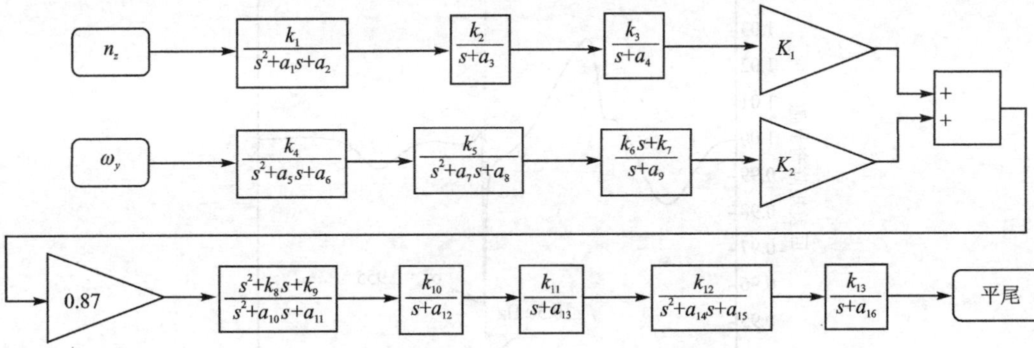

图 11.10　飞机纵向增稳控制系统示意图

稳定性。

假设该飞机纵向通道的开环颤振速度为 V_f。使用奈奎斯特方法分析闭环稳定性，开环系统需是稳定的。留 15%～20%的余量，可取 $V_f/0.15$ 为气动伺服弹性稳定性分析的参考速度。纵向通道的奈奎斯特曲线如图 11.11 所示。

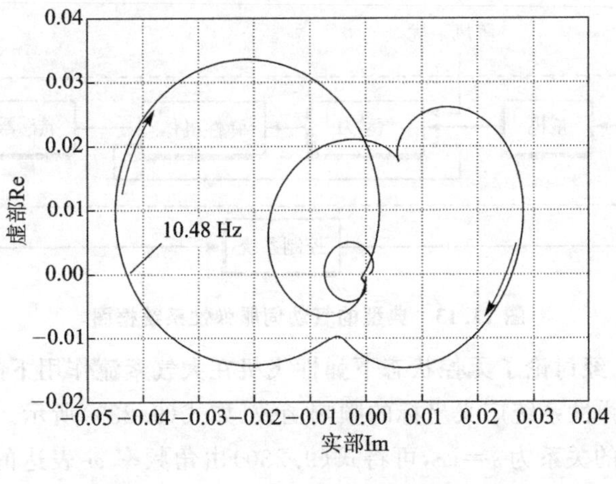

图 11.11　飞机纵向通道奈奎斯特曲线

从图 11.11 可见，系统奈奎斯特曲线顺时针不包围(−1,0)点，因此闭环系统是稳定的。经计算，奈奎斯特曲线穿越 $-\pi$ 相位点时的频域值为 10.48 Hz。按式(11.12)计算该频率值处的开环传递函数值，可以得出系统的幅值裕度约为 28 dB。由于奈奎斯特曲线与单位圆没有交点，由相位裕度的定义可知，相位裕度为 180°。

采用最小奇异值法同样可以分析系统的稳定性，计算系统回差矩阵的最小奇异值随频率变化的曲线如图 11.12 所示。

全频域最小奇异值约为 0.955，对应该奇异值的频率值为 10.5 Hz。全频域最小奇异值能够反映系统的稳定性，代入式(11.16)、式(11.17)计算，可以得到类似于奈奎斯特方法的幅值裕度和相位裕度，分别为 26.9 dB 和 57°。最小奇异值方法得到的稳定裕度是偏保守的。尽管是针对具体算例得出的结果，但该结论具有一般性。

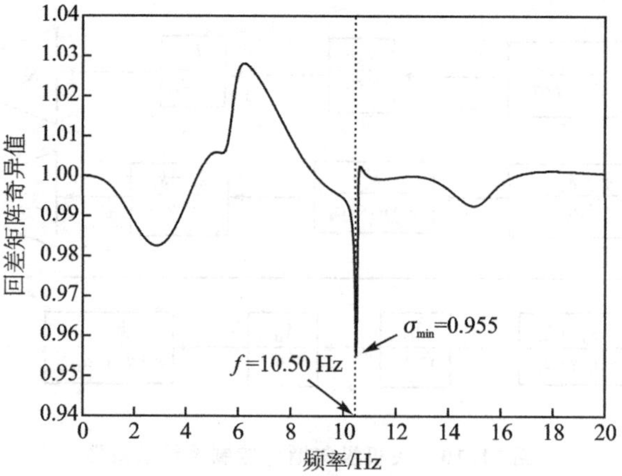

图 11.12　飞机纵向通道最小奇异值曲线

11.3.3　频域连续阵风响应分析

在气动伺服弹性系统框图 11.1 的基础上，气动力环节加入阵风扰动，得到如图 11.13 所示的带有阵风输入的典型气动伺服弹性闭环系统。

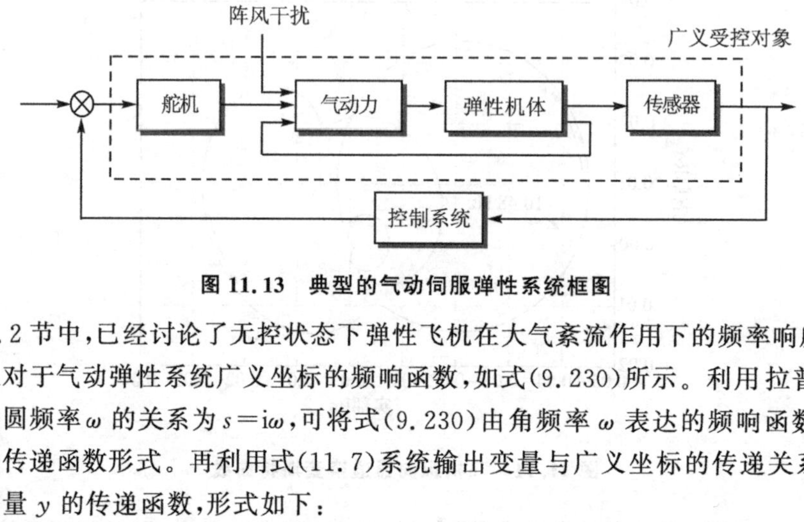

图 11.13　典型的气动伺服弹性系统框图

在 9.6.2 节中，已经讨论了无控状态下弹性飞机在大气紊流作用下的频率响应，建立了阵风扰动输入对于气动弹性系统广义坐标的频响函数，如式(9.230)所示。利用拉普拉斯变量 s 与简谐振动圆频率 ω 的关系为 $s=\mathrm{i}\omega$，可将式(9.230)由角频率 ω 表达的频响函数延拓至由 s 变量表达的传递函数形式。再利用式(11.7)系统输出变量与广义坐标的传递关系，可以得到系统输出向量 y 的传递函数，形式如下：

$$\boldsymbol{G}_{\mathrm{g}}(s)=\frac{1}{2g}\rho V s^2\boldsymbol{\Phi}\left(s^2\boldsymbol{M}_{\mathrm{s}}+s\boldsymbol{C}_{\mathrm{s}}+\boldsymbol{K}_{\mathrm{s}}-\frac{1}{2}\rho V^2\boldsymbol{A}_{\mathrm{s}}\right)^{-1}\boldsymbol{A}_{\mathrm{g}} \tag{11.18}$$

有阵风干扰的气动伺服弹性闭环系统框图如图 11.14 所示。

根据图 11.14 的传递关系，可以得到

$$\boldsymbol{y}(s)=\boldsymbol{G}_{\mathrm{s}}(s)\boldsymbol{\delta}(s)+\boldsymbol{G}_{\mathrm{g}}(s)w_{\mathrm{g}}(s) \tag{11.19}$$

考虑系统自治，则有

$$\boldsymbol{u}_{\mathrm{c}}(s)=-\boldsymbol{H}(s)\boldsymbol{y}(s),\quad \boldsymbol{\delta}(s)=\boldsymbol{G}_{\mathrm{c}}(s)\boldsymbol{u}_{\mathrm{c}}(s)$$

代入式(11.19)中，可以得到阵风下洗 w_{g} 与飞行器运动信号输出之间的关系：

$$\boldsymbol{y}(s)=[\boldsymbol{I}+\boldsymbol{G}_{\mathrm{s}}(s)\boldsymbol{G}_{\mathrm{c}}(s)\boldsymbol{H}(s)]^{-1}\boldsymbol{G}_{\mathrm{g}}(s)w_{\mathrm{g}}(s) \tag{11.20}$$

将从 w_{g} 到某一输出分量的传递函数记为 R_{w}。根据随机理论，飞行器阵风响应的功率谱密度

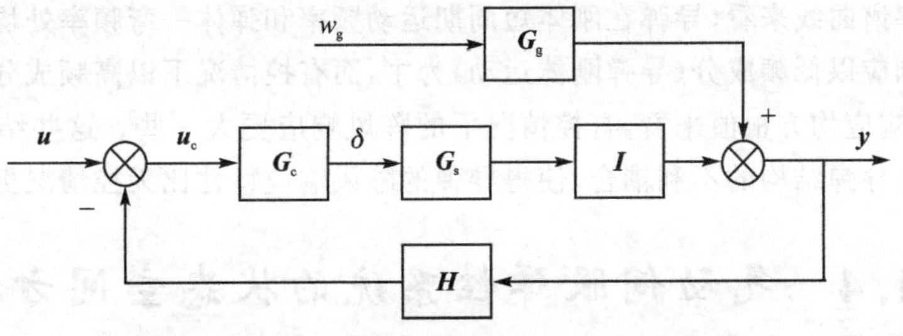

图 11.14　有阵风干扰时的气动伺服弹性系统框图

和均方根值可由以下公式求得,即

$$\Omega_y(\omega)=\left| R_w(\omega)\right|^2\Omega_g(\omega) \tag{11.21}$$

$$\sigma_y=\sqrt{\int_0^{\omega_c}\Omega_y(\omega)\mathrm{d}\omega} \tag{11.22}$$

式中,ω_c 为截止频率,$\Omega_g(\omega)$为连续阵风功率谱密度,一般采用 von Karman 连续阵风模型,其功率谱密度函数为

$$\Omega_g(\omega)=\sigma_w^2\frac{L}{\pi V}\frac{1+\frac{8}{3}(1.339\omega L/V)^2}{\left[1+(1.339\omega L/V)^2\right]^{\frac{11}{6}}} \tag{11.23}$$

式中,σ_w 为连续阵风均方根值,L 为阵风尺度。

【例 11.2】　这里以一个带有小展弦比翼面的导弹为例。弹体动力学特性包含三阶模态,前两阶是弹体的刚体沉浮与俯仰模态,弹性模态为弹体的一阶弯曲模态,其频率为 35.0 Hz。导弹的广义气动力系数矩阵可由气动导数法求得。下面对在海平面高度、$Ma=0.85$ 状态下的纵向通道进行连续阵风响应分析。

在海平面高度,取连续阵风尺度 $L=150$ m,阵风均方根值 $\sigma_w=1.0$ m/s,计算导弹在无控和有控情况下的连续阵风响应。两种情况的加速度响应均方根值分别为 0.737 m/s^2 和 0.788 m/s^2,加速度响应的功率谱密度曲线如图 11.15 所示。

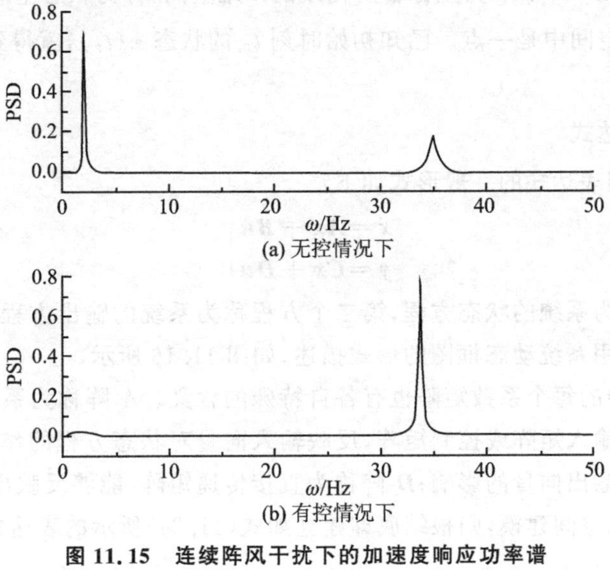

图 11.15　连续阵风干扰下的加速度响应功率谱

从响应功率谱曲线来看,导弹在刚体短周期运动频率和弹体一弯频率处均有响应峰值,无控情况下阵风响应以低频成分(导弹刚体运动)为主,而有控情况下以高频成分(弹体一阶弯曲振动)为主。从响应均方根值来看,有控情况下的阵风响应更大一些。这些结果均表明,由于飞控系统与弹性导弹结构的不利耦合,使得导弹的阵风响应特性比无控情况更加恶化。

11.4 气动伺服弹性系统的状态空间方法

11.4.1 状态空间方法概述

状态空间方法是现代控制理论发展出的一套时域微分方程描述方法,可用于气动弹性的分析和综合。本节仅讨论其在气动伺服弹性分析中的应用。气动弹性领域引入该方法,完全是由于先进的气动弹性设计的不断深化,以致于使传统的频域方法不再适用,例如,后文将要涉及的多输入/多输出系统气动伺服弹性综合技术,以及多输入/多输出系统鲁棒稳定性分析技术等。多输入/多输出系统的适用性是引入现代控制状态空间方法的主要原因之一。可见,时域状态空间方法是为了解决特定的需要才应用的。首先介绍状态空间方法的几个基本定义。

1. 状态变量与状态向量

状态变量,是指足以表征系统运动状态的最小个数的一组变量。状态变量中“状态”是指系统的运动状态。一个用 n 阶微分方程描述的系统,就有 n 个独立变量,当这 n 个独立变量的时间响应都求得时,系统的运动状态也就确定了。因此,可以说该系统的状态变量就是 n 阶系统的 n 个独立变量。如果 n 个状态变量用 $x_1(t),x_2(t),\cdots,x_n(t)$ 表示,并把这些状态变量看作是向量 $\boldsymbol{x}(t)$ 的分量,则 $\boldsymbol{x}(t)$ 就称为状态向量,记作

$$\boldsymbol{x}(t)^{\mathrm{T}}=[x_1(t)\quad x_2(t)\quad \cdots\quad x_n(t)]$$

2. 状态空间

以状态变量 $x_1,x_2,\cdots,x_n$ 为坐标轴所构成的 n 维空间,称为状态空间。在特定时刻 t,状态向量 $x(t)$ 在状态空间中是一点。已知初始时刻 t_0 的状态 $x(t_0)$,就得到状态空间中的一个初始点。

3. 状态空间表达式

系统的状态空间表达式的一般形式如下:

$$\left.\begin{aligned}\dot{\boldsymbol{x}}&=\boldsymbol{A}\boldsymbol{x}+\boldsymbol{B}\boldsymbol{u}\\ \boldsymbol{y}&=\boldsymbol{C}\boldsymbol{x}+\boldsymbol{D}\boldsymbol{u}\end{aligned}\right\} \tag{11.24}$$

式中,第一个方程称为系统的状态方程,第二个方程称为系统的输出方程。式(11.24)称为系统的动态方程,可以用系统动态框图的形式描述,如图 11.16 所示。

系统动态方程中的每个系数矩阵也有各自特殊的含义。$\boldsymbol{A}$ 阵称为系统矩阵,反映系统的特征属性;$\boldsymbol{B}$ 阵称为输入矩阵或控制矩阵,反映输入向量对状态方程的作用;$\boldsymbol{C}$ 阵称为输出矩阵,反映状态变量对输出向量的影响;$\boldsymbol{D}$ 阵称为直接传递矩阵,能够反映出控制面输入对输出的影响。系统的状态空间建模,归根结底即建立如式(11.24)所示的表达式,关键在于确定 $\boldsymbol{A}$、$\boldsymbol{B}$、$\boldsymbol{C}$、$\boldsymbol{D}$ 四个矩阵。

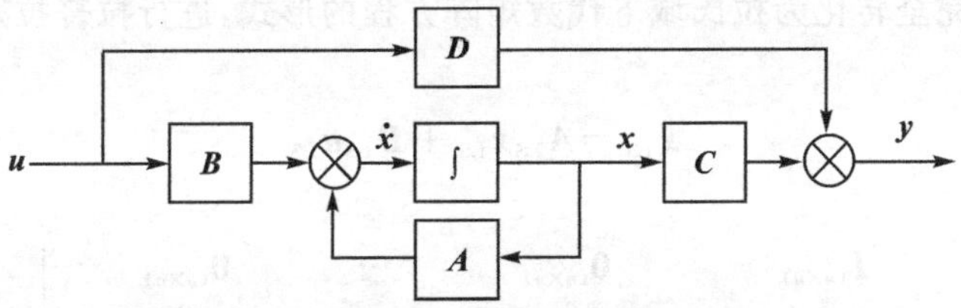

图 11.16　系统状态空间动态方程的框图表示

11.4.2　气动伺服弹性系统的状态空间模型

气动伺服弹性系统状态空间建模的目的，是要将气动弹性系统的运动微分方程描述为如式(11.24)形式的时域一阶微分方程组。11.2 节曾给出了包含非定常气动力项的气动弹性一般运动方程，见式(11.3)。该方程蕴含了气动/结构耦合系统的运动规律，是气动弹性系统状态空间建模的主要对象。观察式(11.3)，尽管方程的形式上为时域微分方程，然而方程等号右端项中的非定常气动力影响系数矩阵 $\boldsymbol{A}$ 却是非常系数矩阵，它是减缩频率的隐函数矩阵。这个问题源自于用于气动弹性工程求解的非定常气动力算法。正如第 6 章所述，工程中最为常用的非定常气动力计算方法(如偶极子格网法)得到的气动力 $\boldsymbol{A}$ 矩阵是频域中的离散矩阵形式，是减缩频率 k 的离散表达式。这使得要将式(11.3)改写为时域状态空间方程变得非常困难。第 6 章第 6.7 节介绍的线性非定常气动力近似方法，为解决该问题提供了思路。这类方法是通过有理函数拟合，将气动力延拓至拉普拉斯变量函数域，进而通过拉普拉斯反变换，得到运动方程时域状态空间的形式。

为了便于阐述，这里再次引入第 6 章非定常气动力有理函数近似表达式。对于最小二乘(LS)法(也称为 Roger 法)，有

$$\boldsymbol{A}_{\mathrm{ap}}(p)=\boldsymbol{A}_0+\boldsymbol{A}_1 p+\boldsymbol{A}_2 p^2+\sum_{m=1}^{N}\frac{\boldsymbol{E}_m p}{p+r_m} \tag{11.25}$$

对于最小状态(MS)法，有

$$\boldsymbol{A}_{\mathrm{ap}}(p)=\boldsymbol{A}_0+\boldsymbol{A}_1 p+\boldsymbol{A}_2 p^2+\sum_{m=1}^{N}\frac{\boldsymbol{d}_m \boldsymbol{e}_m^{\mathrm{T}} p}{p+r_m} \tag{11.26}$$

式中，p 为无量纲化的拉氏变量，是表达式中唯一的变量；r_m 为一组给定的实数取值，称为非定常气动力的滞后根；$\boldsymbol{A}_0$、$\boldsymbol{A}_1$、$\boldsymbol{A}_2$ 为待拟合的系数矩阵；$\boldsymbol{E}_m$ 为 LS 法与滞后根对应的滞后项矩阵；$\boldsymbol{d}_m$、$\boldsymbol{e}_m$ 为 MS 法与滞后根对应的一组滞后项向量。关于式(11.25)、式(11.26)的拟合求解已在第 6 章介绍，这里不再赘述，直接引用。下面从式(11.3)出发，以 LS 法有理函数表达式为例，建立气动伺服弹性系统的状态空间方程。

首先，对式(11.3)进行拉普拉斯变换，利用积分变换的性质可得到

$$s^2\boldsymbol{M}_{\mathrm{s}}\boldsymbol{q}_{\mathrm{s}}(s)+s\boldsymbol{C}_{\mathrm{s}}\boldsymbol{q}_{\mathrm{s}}(s)+\boldsymbol{K}_{\mathrm{s}}\boldsymbol{q}_{\mathrm{s}}(s)=\frac{1}{2}\rho V^2\boldsymbol{A}_{\mathrm{s}}\boldsymbol{q}_{\mathrm{s}}(s)-s^2\boldsymbol{M}_{\delta}\boldsymbol{\delta}(s)+\frac{1}{2}\rho V^2\boldsymbol{A}_{\delta}\boldsymbol{\delta}(s) \tag{11.27}$$

这样，非定常气动力影响系数矩阵 $\boldsymbol{A}_{\mathrm{s}}$ 与 $\boldsymbol{A}_{\delta}$ 项的有理函数近似式就与式(11.27)在数域和形式上协调。将式(11.25)代入式(11.27)，并引入气动力增广向量 $\boldsymbol{x}_{\mathrm{a},m}$，表达式如下：

$$\boldsymbol{x}_{\mathrm{a},m}=\frac{p}{p+r_m}\boldsymbol{E}_{\mathrm{s},m}\boldsymbol{q}+\frac{p}{p+r_m}\boldsymbol{E}_{\mathrm{c},m}\boldsymbol{\delta},\quad m=1,2,\cdots,N$$

至此,式(11.27)已完全转化为拉氏域下代数矩阵方程的形式,进行拉普拉斯反变换,整理即可得到

$$\dot{\boldsymbol{x}}_{\mathrm{LS}}=\boldsymbol{A}_{\mathrm{LS}}\boldsymbol{x}_{\mathrm{LS}}+\boldsymbol{B}_{\mathrm{LS}}\boldsymbol{u}_{\mathrm{LS}} \tag{11.28}$$

式中

$$\boldsymbol{A}_{\mathrm{LS}}=\begin{bmatrix}\boldsymbol{0}_{(n\times n)} & \boldsymbol{I}_{(n\times n)} & \boldsymbol{0}_{(n\times n)} & \cdots & \boldsymbol{0}_{(n\times n)}\\ -\overline{\boldsymbol{M}}_{\mathrm{s}}^{-1}\overline{\boldsymbol{K}}_{\mathrm{s}} & -\overline{\boldsymbol{M}}_{\mathrm{s}}^{-1}\overline{\boldsymbol{C}}_{\mathrm{s}} & \dfrac{1}{2}\rho V^2\overline{\boldsymbol{M}}_{\mathrm{s}}^{-1} & \cdots & \dfrac{1}{2}\rho V^2\overline{\boldsymbol{M}}_{\mathrm{s}}^{-1}\\ \boldsymbol{0}_{(n\times n)} & \boldsymbol{E}_{\mathrm{s},1} & -Vb^{-1}r_1\boldsymbol{I}_{(n\times n)} & \cdots & \boldsymbol{0}_{(n\times n)}\\ \vdots & \vdots & \vdots & & \vdots\\ \boldsymbol{0}_{(n\times n)} & \boldsymbol{E}_{s,N} & \boldsymbol{0}_{(n\times n)} & \cdots & -Vb^{-1}r_N\boldsymbol{I}_{(n\times n)}\end{bmatrix},\quad \boldsymbol{x}_{\mathrm{LS}}=\begin{Bmatrix}\boldsymbol{q}\\ \dot{\boldsymbol{q}}\\ \boldsymbol{x}_{\mathrm{a},1}\\ \vdots\\ \boldsymbol{x}_{\mathrm{a},N}\end{Bmatrix}$$

$$\boldsymbol{B}_{\mathrm{LS}}=\begin{bmatrix}\boldsymbol{0}_{(n\times m)} & \boldsymbol{0}_{(n\times m)} & \boldsymbol{0}_{(n\times m)}\\ \overline{\boldsymbol{M}}_{\mathrm{s}}^{-1}\overline{\boldsymbol{K}}_{\mathrm{c}} & \overline{\boldsymbol{M}}_{\mathrm{s}}^{-1}\overline{\boldsymbol{C}}_{\mathrm{c}} & \overline{\boldsymbol{M}}_{\mathrm{s}}^{-1}\overline{\boldsymbol{M}}_{\mathrm{c}}\\ \boldsymbol{0}_{(n\times m)} & \boldsymbol{E}_{\mathrm{c},1} & \boldsymbol{0}_{(n\times m)}\\ \vdots & \vdots & \vdots\\ \boldsymbol{0}_{(n\times m)} & \boldsymbol{E}_{\mathrm{c},N} & \boldsymbol{0}_{(n\times m)}\end{bmatrix},\quad \boldsymbol{u}_{\mathrm{LS}}=\begin{Bmatrix}\boldsymbol{\delta}\\ \dot{\boldsymbol{\delta}}\\ \ddot{\boldsymbol{\delta}}\end{Bmatrix}$$

且有

$$\overline{\boldsymbol{M}}_{\mathrm{s}}=\boldsymbol{M}_{\mathrm{s}}-\frac{1}{2}\rho b^2\boldsymbol{A}_{\mathrm{s},2},\quad \overline{\boldsymbol{C}}_{\mathrm{s}}=\boldsymbol{C}_{\mathrm{s}}-\frac{1}{2}\rho Vb\boldsymbol{A}_{\mathrm{s},1},\quad \overline{\boldsymbol{K}}_{\mathrm{s}}=\boldsymbol{K}_{\mathrm{s}}-\frac{1}{2}\rho V^2\boldsymbol{A}_{\mathrm{s},0}$$

$$\overline{\boldsymbol{M}}_{\mathrm{c}}=-\boldsymbol{M}_{\delta}+\frac{1}{2}\rho b^2\boldsymbol{A}_{\delta,2},\quad \overline{\boldsymbol{C}}_{\mathrm{c}}=\frac{1}{2}\rho Vb\boldsymbol{A}_{\delta,1},\quad \overline{\boldsymbol{K}}_{\mathrm{c}}=\frac{1}{2}\rho V^2\boldsymbol{A}_{\delta,0}$$

式中,$\boldsymbol{x}_{\mathrm{a},t}$ 为由气动力滞后根引入的气动力增广向量。

输出方程的形式取决于选择何种物理量作为输出,这与机体弹性运动信号的测量手段密切相关。航空航天领域以加速度计、角速度陀螺、应变片等敏感元件的使用最为常见。若取结构模型若干点处的加速度过载作为系统输出,则输出方程为

$$\boldsymbol{y}=\boldsymbol{n}_{\mathrm{z}}=\frac{1}{g}\boldsymbol{\Phi}\ddot{\boldsymbol{q}} \tag{11.29}$$

式中,$\boldsymbol{y}$ 为系统的输出向量;$\boldsymbol{\Phi}$ 为机体的弹性模态矩阵;g 为重力加速度。参考状态方程(11.28)的表达式形式,即可推导出机体环节的输出方程

$$\boldsymbol{y}_{\mathrm{LS}}=\boldsymbol{C}_{\mathrm{LS}}\boldsymbol{x}_{\mathrm{LS}}+\boldsymbol{D}_{\mathrm{LS}}\boldsymbol{u}_{\mathrm{LS}} \tag{11.30}$$

式中

$$\boldsymbol{C}_{\mathrm{LS}}=\frac{1}{g}\boldsymbol{F}\overline{\boldsymbol{M}}_{\mathrm{s}}^{-1}\begin{bmatrix}-\overline{\boldsymbol{K}}_{\mathrm{s}} & -\overline{\boldsymbol{C}}_{\mathrm{s}} & \dfrac{1}{2}\rho V^2 & \cdots & \dfrac{1}{2}\rho V^2\end{bmatrix}$$

$$\boldsymbol{D}_{\mathrm{LS}}=\frac{1}{g}\boldsymbol{\Phi}\overline{\boldsymbol{M}}_{\mathrm{s}}^{-1}\begin{bmatrix}\overline{\boldsymbol{K}}_{\mathrm{c}} & \overline{\boldsymbol{C}}_{\mathrm{c}} & \overline{\boldsymbol{M}}_{\mathrm{c}}\end{bmatrix}$$

值得注意的是,如采用不同的气动力近似方法,则气动力有理函数表达式有所不同,引起的气动力增阶以及式(11.28)系数矩阵的形式亦会有变化。若非定常气动力近似采用式(11.26)的形式,则有

$$\dot{\boldsymbol{x}}_{\mathrm{MS}}=\boldsymbol{A}_{\mathrm{MS}}x_{\mathrm{MS}}+\boldsymbol{B}_{\mathrm{MS}}\boldsymbol{u}_{\mathrm{MS}} \tag{11.31}$$

式中

$$\boldsymbol{A}_{\mathrm{MS}}=\begin{bmatrix}\boldsymbol{0}_{(n\times n)} & \boldsymbol{I}_{(n\times n)} & \boldsymbol{0}_{(n\times 1)} & \cdots & \boldsymbol{0}_{(n\times 1)}\\ -\overline{\boldsymbol{M}}_{\mathrm{s}}^{-1}\overline{\boldsymbol{K}}_{\mathrm{s}} & -\overline{\boldsymbol{M}}_{\mathrm{s}}^{-1}\overline{\boldsymbol{C}}_{\mathrm{s}} & \frac{1}{2}\rho V^{2}\overline{\boldsymbol{M}}_{\mathrm{s}}^{-1}\boldsymbol{d}_{1} & \cdots & \frac{1}{2}\rho V^{2}\overline{\boldsymbol{M}}_{\mathrm{s}}^{-1}\boldsymbol{d}_{N}\\ \boldsymbol{0}_{(1\times n)} & \boldsymbol{e}_{\mathrm{s},1}^{\mathrm{T}} & -Vb^{-1}r_{1} & \cdots & 0\\ \vdots & \vdots & \vdots & & \vdots\\ \boldsymbol{0}_{(1\times n)} & \boldsymbol{e}_{\mathrm{s},N}^{\mathrm{T}} & 0 & \cdots & -Vb^{-1}r_{N}\end{bmatrix},\quad \boldsymbol{x}_{\mathrm{MS}}=\begin{Bmatrix}\boldsymbol{q}\\ \dot{\boldsymbol{q}}\\ x_{\mathrm{a},1}\\ \vdots\\ x_{\mathrm{a},N}\end{Bmatrix}$$

$$\boldsymbol{B}_{\mathrm{MS}}=\begin{bmatrix}\boldsymbol{0}_{(n\times m)} & \boldsymbol{0}_{(n\times m)} & \boldsymbol{0}_{(n\times m)}\\ \overline{\boldsymbol{M}}_{\mathrm{s}}^{-1}\overline{\boldsymbol{K}}_{\mathrm{c}} & \overline{\boldsymbol{M}}_{\mathrm{s}}^{-1}\overline{\boldsymbol{C}}_{\mathrm{c}} & \overline{\boldsymbol{M}}_{\mathrm{s}}^{-1}\overline{\boldsymbol{M}}_{\mathrm{c}}\\ \boldsymbol{0}_{(1\times m)} & \boldsymbol{e}_{\mathrm{c},1}^{\mathrm{T}} & \boldsymbol{0}_{(1\times m)}\\ \vdots & \vdots & \vdots\\ \boldsymbol{0}_{(1\times m)} & \boldsymbol{e}_{\mathrm{c},N}^{\mathrm{T}} & \boldsymbol{0}_{(1\times m)}\end{bmatrix},\quad \boldsymbol{u}_{\mathrm{MS}}=\begin{Bmatrix}\boldsymbol{\delta}\\ \dot{\boldsymbol{\delta}}\\ \ddot{\boldsymbol{\delta}}\end{Bmatrix}$$

并且

$$\boldsymbol{y}=\boldsymbol{C}_{\mathrm{MS}}\boldsymbol{x}_{\mathrm{MS}}+\boldsymbol{D}_{\mathrm{MS}}\boldsymbol{u}_{\mathrm{MS}}\tag{11.32}$$

$$\boldsymbol{C}_{\mathrm{MS}}=\frac{1}{g}\boldsymbol{\Phi}\overline{\boldsymbol{M}}_{\mathrm{s}}^{-1}\begin{bmatrix}-\overline{\boldsymbol{K}}_{\mathrm{s}} & -\overline{\boldsymbol{C}}_{\mathrm{s}} & \frac{1}{2}\rho V^{2}\boldsymbol{d}_{1} & \cdots & \frac{1}{2}\rho V^{2}\boldsymbol{d}_{N}\end{bmatrix}$$

$$\boldsymbol{D}_{\mathrm{MS}}=\frac{1}{g}\boldsymbol{\Phi}\overline{\boldsymbol{M}}_{\mathrm{s}}^{-1}[\overline{\boldsymbol{K}}_{\mathrm{c}}\quad \overline{\boldsymbol{C}}_{\mathrm{c}}\quad \overline{\boldsymbol{M}}_{\mathrm{c}}]$$

为便于后文使用，将状态方程与输出方程联立在一起，得到弹性机体与气动力环节的状态空间方程，统一表示为

$$\left.\begin{aligned}\dot{\boldsymbol{x}}_{\mathrm{s}}&=\boldsymbol{A}_{\mathrm{s}}\boldsymbol{x}_{\mathrm{s}}+\boldsymbol{B}_{\mathrm{s}}\boldsymbol{u}_{\mathrm{s}}\\ \boldsymbol{y}&=\boldsymbol{C}_{\mathrm{s}}\boldsymbol{x}_{\mathrm{s}}+\boldsymbol{D}_{\mathrm{s}}\boldsymbol{u}_{\mathrm{s}}\end{aligned}\right\}\tag{11.33}$$

将舵机的动态环节式(11.9)亦改写为状态空间方程的形式

$$\left.\begin{aligned}\dot{\boldsymbol{x}}_{\mathrm{c}}&=\boldsymbol{A}_{\mathrm{c}}\boldsymbol{x}_{\mathrm{c}}+\boldsymbol{B}_{\mathrm{c}}\boldsymbol{u}\\ \boldsymbol{y}_{\mathrm{c}}&=\boldsymbol{C}_{\mathrm{c}}\boldsymbol{x}_{\mathrm{c}}=\boldsymbol{u}_{\mathrm{s}}\end{aligned}\right\}\tag{11.34}$$

将式(11.33)与式(11.34)联立，可得到前述图 11.1 所示的广义受控对象的状态空间方程

$$\left.\begin{aligned}\dot{\boldsymbol{x}}_{\mathrm{a}}&=\boldsymbol{A}_{\mathrm{a}}\boldsymbol{x}_{\mathrm{a}}+\boldsymbol{B}_{\mathrm{a}}\boldsymbol{u}\\ \boldsymbol{y}&=\boldsymbol{C}_{\mathrm{a}}\boldsymbol{x}_{\mathrm{a}}\end{aligned}\right\}\tag{11.35}$$

式中，$\boldsymbol{u}$ 为舵机控制输入指令向量。系数矩阵具体形式如下：

$$\boldsymbol{x}_{\mathrm{a}}^{\mathrm{T}}=\{\boldsymbol{x}_{\mathrm{s}}^{\mathrm{T}}\quad \boldsymbol{x}_{\mathrm{c}}^{\mathrm{T}}\}$$

$$\boldsymbol{A}_{\mathrm{a}}=\boldsymbol{A}_{\mathrm{open}}=\begin{bmatrix}\boldsymbol{A}_{\mathrm{s}} & \boldsymbol{B}_{\mathrm{s}}\boldsymbol{C}_{\mathrm{c}}\\ \boldsymbol{0} & \boldsymbol{A}_{\mathrm{c}}\end{bmatrix},\quad \boldsymbol{B}_{\mathrm{a}}=\begin{bmatrix}\boldsymbol{0}\\ \boldsymbol{B}_{\mathrm{c}}\end{bmatrix},\quad \boldsymbol{C}_{\mathrm{a}}=[\boldsymbol{C}_{\mathrm{s}}\quad \boldsymbol{D}_{\mathrm{s}}\boldsymbol{C}_{\mathrm{c}}]$$

式中，$\boldsymbol{A}_{\mathrm{open}}$ 表示广义受控对象无控状态的开环系统矩阵，由 11.4.1 节的内容可知，其特征值代表了系统开环状态的稳定性。

设式(11.10)中 $\boldsymbol{H}(s)$ 状态空间的形式为

$$\left.\begin{aligned}\dot{\boldsymbol{x}}_{\mathrm{k}}&=\boldsymbol{A}_{\mathrm{k}}\boldsymbol{x}_{\mathrm{k}}+\boldsymbol{B}_{\mathrm{k}}\boldsymbol{u}_{\mathrm{k}}\\ \boldsymbol{y}_{\mathrm{k}}&=\boldsymbol{C}_{\mathrm{k}}\boldsymbol{x}_{\mathrm{k}}+\boldsymbol{D}_{\mathrm{k}}\boldsymbol{u}_{\mathrm{k}}\end{aligned}\right\}\tag{11.36}$$

式中

$$\left.\begin{aligned}\boldsymbol{u}_{\mathrm{k}}&=\boldsymbol{y}\\ \boldsymbol{y}_{\mathrm{k}}&=\boldsymbol{u}-\boldsymbol{r}\end{aligned}\right\}\tag{11.37}$$

$\boldsymbol{r}$ 表示闭环系统参考输入。将式(11.35)与式(11.36)联立,得到气动伺服弹性系统的状态空间方程

$$\left.\begin{aligned}\begin{Bmatrix}\dot{\boldsymbol{x}}_a\\ \dot{\boldsymbol{x}}_k\end{Bmatrix}&=\begin{bmatrix}\boldsymbol{A}_a+\boldsymbol{B}_a\boldsymbol{D}_k\boldsymbol{C}_a & \boldsymbol{B}_a\boldsymbol{C}_k\\ \boldsymbol{B}_k\boldsymbol{C}_a & \boldsymbol{A}_k\end{bmatrix}\begin{Bmatrix}\boldsymbol{x}_a\\ \boldsymbol{x}_k\end{Bmatrix}+\begin{bmatrix}\boldsymbol{B}_a\\ \boldsymbol{0}\end{bmatrix}\boldsymbol{r}\\ \boldsymbol{y}&=[\boldsymbol{C}_a\quad \boldsymbol{0}]\begin{Bmatrix}\boldsymbol{x}_a\\ \boldsymbol{x}_k\end{Bmatrix}\end{aligned}\right\}\tag{11.38}$$

式(11.10)与式(11.38)均代表了气动伺服弹性闭环系统。式(11.10)为系统的传递函数形式,适用于经典控制理论方法,可用于奈奎斯特方法的闭环稳定性判据。式(11.38)为系统的状态空间形式。若给定初始状态,则式(11.38)可用于系统的闭环时域仿真分析。同时,式(11.38)系统矩阵特征值随速度参数的根轨迹亦可用于气动伺服弹性闭环系统的稳定性分析。

若研究阵风响应及主动减缓控制这类问题,则还需要在非定常气动力的表达式中补充阵风环节模型。阵风可采用 Dryden 谱,其传递函数为

$$\frac{w_g}{\eta}=\sigma_g\sqrt{\frac{L}{\pi V}}\frac{1+2\sqrt{3}\dfrac{L}{V}s}{\left(1+2\dfrac{L}{V}s\right)^2}=\frac{b_0+b_1 s}{s^2+a_1 s+a_0}\tag{11.39}$$

这里,η 为零均值白噪声信号,σ_g 为阵风强度,L 为阵风尺度。将式(11.39)改写为状态空间的形式:

$$\left.\begin{aligned}\dot{\boldsymbol{x}}_g&=\boldsymbol{A}_g\boldsymbol{x}_g+\boldsymbol{B}_g\eta\\ \boldsymbol{w}&=\boldsymbol{C}_g\boldsymbol{x}_g+\boldsymbol{D}_g\eta\end{aligned}\right\}\tag{11.40}$$

式中

$$\boldsymbol{A}_g=\begin{bmatrix}0 & 1\\ -a_0 & -a_1\end{bmatrix},\quad \boldsymbol{B}_g=\begin{bmatrix}0\\ 1\end{bmatrix},\quad \boldsymbol{C}_g=\begin{bmatrix}b_0 & b_1\\ -a_0 b_1 & b_0-a_1 b_1\end{bmatrix},\quad \boldsymbol{D}_g=\begin{bmatrix}0\\ b_1\end{bmatrix}$$

$$\boldsymbol{x}_g=[x_1\quad x_2]^{\mathrm{T}},\qquad \boldsymbol{w}=[w_g\quad \dot{w}_g]^{\mathrm{T}}$$

这里,$\boldsymbol{x}_g$ 为由阵风模型引入的状态变量,$\boldsymbol{w}$ 为阵风诱导的下洗速度向量。考虑阵风干扰模型,方程的推导仅需在式(11.3)等号右端补充阵风气动力项,即

$$\boldsymbol{M}_s\ddot{\boldsymbol{q}}_s+\boldsymbol{C}_s\dot{\boldsymbol{q}}_s+\boldsymbol{K}_s\boldsymbol{q}_s=-\boldsymbol{M}_\delta\ddot{\boldsymbol{\delta}}+\frac{1}{2}\rho V^2\left(\boldsymbol{A}_s\boldsymbol{q}_s+\boldsymbol{A}_\delta\boldsymbol{\delta}+\boldsymbol{A}_g\frac{w_g}{V}\right)\tag{11.41}$$

则弹性机体的运动方程式(11.33)扩展为

$$\left.\begin{aligned}\dot{\boldsymbol{x}}_s&=\boldsymbol{A}_s\boldsymbol{x}_s+\boldsymbol{B}_s\boldsymbol{u}_s+\boldsymbol{E}_s\boldsymbol{w}\\ \boldsymbol{y}&=\boldsymbol{C}_s\boldsymbol{x}_s+\boldsymbol{D}_s\boldsymbol{u}_s+\boldsymbol{F}_s\boldsymbol{w}\end{aligned}\right\}\tag{11.42}$$

广义受控对象的状态空间方程式(11.35)相应地扩展为

$$\left.\begin{aligned}\dot{\boldsymbol{x}}_a&=\boldsymbol{A}_a\boldsymbol{x}_a+\boldsymbol{B}_a\boldsymbol{u}+\boldsymbol{E}_a\eta\\ \boldsymbol{y}&=\boldsymbol{C}_a\boldsymbol{x}_a+\boldsymbol{F}_a\eta\end{aligned}\right\}\tag{11.43}$$

式中

$$\boldsymbol{x}_a^{\mathrm{T}}=\{\boldsymbol{x}_s^{\mathrm{T}}\quad \boldsymbol{x}_c^{\mathrm{T}}\quad \boldsymbol{x}_g^{\mathrm{T}}\}$$

$$\boldsymbol{A}_a=\begin{bmatrix}\boldsymbol{A}_s & \boldsymbol{B}_s\boldsymbol{C}_c & \boldsymbol{E}_s\boldsymbol{C}_g\\ \boldsymbol{0} & \boldsymbol{A}_c & \boldsymbol{0}\\ \boldsymbol{0} & \boldsymbol{0} & \boldsymbol{A}_g\end{bmatrix},\quad \boldsymbol{B}_a=\begin{bmatrix}\boldsymbol{0}\\ \boldsymbol{B}_c\\ \boldsymbol{0}\end{bmatrix},\quad \boldsymbol{E}_a=\begin{bmatrix}\boldsymbol{E}_s\boldsymbol{D}_g\\ \boldsymbol{0}\\ \boldsymbol{B}_g\end{bmatrix},$$

$$\boldsymbol{C}_s = [\boldsymbol{C}_s \quad \boldsymbol{D}_s\boldsymbol{C}_c \quad \boldsymbol{F}_s\boldsymbol{C}_g], \quad \boldsymbol{F}_a = \boldsymbol{F}_s\boldsymbol{D}_g$$

最终，考虑阵风干扰的气动伺服弹性闭环系统方程，可以表示为

$$\left.\begin{aligned} \begin{Bmatrix} \dot{\boldsymbol{x}}_a \\ \dot{\boldsymbol{x}}_k \end{Bmatrix} &= \begin{bmatrix} \boldsymbol{A}_a + \boldsymbol{B}_a\boldsymbol{D}_k\boldsymbol{C}_a & \boldsymbol{B}_a\boldsymbol{C}_k \\ \boldsymbol{B}_k\boldsymbol{C}_a & \boldsymbol{A}_k \end{bmatrix} \begin{Bmatrix} \boldsymbol{x}_a \\ \boldsymbol{x}_k \end{Bmatrix} + \begin{bmatrix} \boldsymbol{B}_a \\ \boldsymbol{0} \end{bmatrix} \boldsymbol{r} + \begin{bmatrix} \boldsymbol{B}_a\boldsymbol{D}_k\boldsymbol{F}_a + \boldsymbol{E}_a \\ \boldsymbol{B}_k\boldsymbol{F}_a \end{bmatrix} \eta \\ \boldsymbol{y} &= [\boldsymbol{C}_a \quad \boldsymbol{0}] \begin{Bmatrix} \boldsymbol{x}_a \\ \boldsymbol{x}_k \end{Bmatrix} + \begin{bmatrix} \boldsymbol{F}_a \\ \boldsymbol{D}_k\boldsymbol{F}_a \end{bmatrix} \eta \end{aligned}\right\} \tag{11.44}$$

广义受控对象式(11.43)可用于阵风响应主动减缓控制设计。式(11.44)可用于有阵风干扰时的闭环气动伺服弹性分析及时域响应仿真计算。

11.4.3　气动伺服弹性稳定性分析的根轨迹方法

前述章节提到，状态空间模型的系统矩阵 $\boldsymbol{A}$ 代表了系统的特征属性，借用矩阵 $\boldsymbol{A}$ 分析系统稳定性的方法通常称为根轨迹法。它既可以用来求解单独飞行器的颤振稳定性，也可以求解气动伺服弹性系统的稳定性，而且它对于飞机是否处于稳定的前提是无须考虑的。

首先讨论单独飞机的颤振。此时令状态方程 $\dot{\boldsymbol{x}} = \boldsymbol{A}\boldsymbol{x} + \boldsymbol{B}\boldsymbol{u}$ 中输入为零，即控制输入 $\boldsymbol{u} = \boldsymbol{0}$，其他输入也为零，从而状态方程为

$$\dot{\boldsymbol{x}} = \boldsymbol{A}\boldsymbol{x} \tag{11.45}$$

其特征方程为

$$|s\boldsymbol{I} - \boldsymbol{A}| = 0 \tag{11.46}$$

式中，s 为特征根 $s = \sigma + \mathrm{i}\omega$。

系统矩阵 $\boldsymbol{A}$ 随着动压 $q = (1/2)\rho V^2$（或速度 V）而变化。把不同动压（或速度）下的特征根绘制成 s 复平面上半域（正半虚轴）的轨迹，称为根轨迹图，如图 11.17 所示。图中每条曲线分别对应每个振动模态分支随着动压变化呈现的根轨迹，当动压为零时，各分支起始点位于虚轴的固有频率值处。随着动压逐级增大，某些分支（如图 11.17 中的第二分支）首先由 s 左半平面穿越虚轴至 s 右半平面，说明该分支的运动由稳定转为不稳定，临界速度 V_0 对应的穿越点即为颤振临界点，由此可确定颤振频率与颤振速度以及颤振危险（不稳定）模态分支。图中，略去了气动力增根的轨迹。

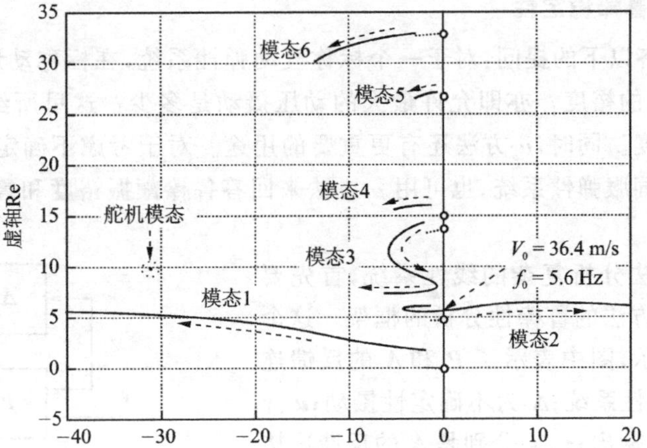

图 11.17　典型的飞行器根轨迹图

根轨迹法能较准确地反映非临界(非简谐)情况下的运动变化,这是因为它采用了任意运动的非定常气动力的拉氏域近似表达。但因状态矩阵 $\boldsymbol{A}$ 的阶数远高于自由度数,故计算量明显增大。实际上,单独飞机的颤振中,采用 $V-g$ 法、$P-k$ 法是简明和可靠的,而在气动伺服弹性稳定性问题中,需要比较有、无反馈控制时颤振点的改变,此时,根轨迹法才是常用的方法。

11.4.4 多输入/多输出系统的鲁棒稳定性

在气动伺服弹性系统中往往会遇到多输入、多输出(即多变量)的稳定性分析,例如飞机的偏航/横滚回路,以及多个控制面的主动气动弹性机翼设计等。此时,要应用到鲁棒性的概念。

1. 鲁棒稳定性

对于一个给定的气动伺服弹性系统,按理论假设的条件所建立的计算模型,称为标称模型。而实际系统会因为种种不确定的因素(诸如刚度、质量、气动力、振动特性、飞行条件、控制参数、工艺误差等扰动因素)的存在而与标称模型之间出现差别。设计者除了首先要保证标称系统设计稳定外,还应留有足够的裕度以抵抗各种不确定的扰动因素,使实际系统仍保持稳定,这一性质称为系统的鲁棒稳定性。在单变量系统中,这种能力可以从奈奎斯特图线中通过幅值、相位裕度准确地给出,即稳定裕度的概念。但它不能适用于多变量系统。在多变量系统中,鲁棒稳定性的强弱是通过系统对于稳定性判据或定理满足的程度来体现的。检验鲁棒稳定性的方法通常是:把真实系统(相对于标称)认定为在标称模型上附加摄动(或称为不确定性)的模型,然后对真实系统判断稳定性。

在现代控制理论中,鲁棒控制理论是一个重要内容。在 11.3.2 节的讨论中,曾经在频域分析方法的体系下引入最小奇异值理论,分析多输入/多输出系统在全频域内的最小奇异值,由此建立多输入/多输出系统的稳定裕度判别方法。这种方法即是频域下应用系统回差矩阵最小奇异值进行闭环鲁棒稳定裕度估算的分析方法。尽管该方法可用于多输入/多输出系统,但是得到的稳定裕度信息却是保守的。本节在现代控制理论状态空间方法体系下,将采用多输入/多输出系统的结构奇异值 μ 来计算开环、闭环的标称值及鲁棒稳定裕度。

2. μ 方法下的鲁棒稳定性

μ 方法可以回答以下的提问:对于一个标称气动弹性系统,在标称动压下,要保持系统稳定,还能有多少动压的裕度?亦即允许最大的动压摄动是多少?这里所给出的 μ 方法,是用动压来表示颤振裕度。同时,μ 方法还有更重要的用途。对于考虑不确定性的鲁棒气动弹性系统以及鲁棒气动伺服弹性系统,也可用 μ 方法来回答鲁棒颤振裕度和鲁棒气动伺服弹性稳定裕度。

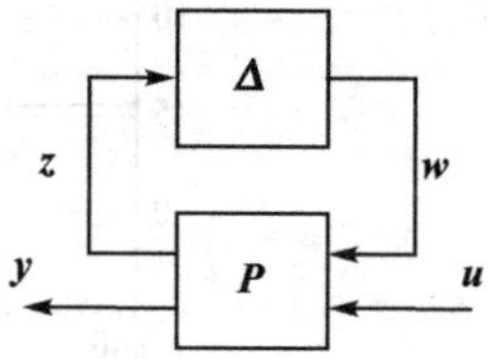

图 11.18 μ 方法进行鲁棒性分析的框架

为了要用 μ 方法分析复杂的线性系统,首先要给出一个适合于 μ 方法的鲁棒性分析的框架。这个框架如图 11.18 所示,图中表示了 $\boldsymbol{P}$ 和 $\boldsymbol{\Delta}$ 的反馈连接。其中,$\boldsymbol{P}$ 表示线性系统;$\boldsymbol{\Delta}$ 为不确定性摄动;$\boldsymbol{u}$、$\boldsymbol{y}$ 分别为系统的输入、输出;$\boldsymbol{z}$、$\boldsymbol{w}$ 分别是 $\boldsymbol{\Delta}$ 的反馈连接的输入、输出信号。如果把 $\boldsymbol{P}$ 分为四个分量

$$\boldsymbol{P}=\left[\begin{array}{c|c}\boldsymbol{P}_{11} & \boldsymbol{P}_{12}\\ \hline \boldsymbol{P}_{21} & \boldsymbol{P}_{22}\end{array}\right] \tag{11.47}$$

则由图 11.18 可知，输入 $\boldsymbol{u}$ 到输出 $\boldsymbol{y}$ 的传递关系，由下列变换表示：

$$\boldsymbol{y}=\boldsymbol{F}_{\mathrm{u}}(\boldsymbol{P},\boldsymbol{\Delta})\boldsymbol{u} \tag{11.48}$$

式中

$$\boldsymbol{F}_{\mathrm{u}}(\boldsymbol{P},\boldsymbol{\Delta})=\boldsymbol{P}_{22}+\boldsymbol{P}_{21}\boldsymbol{\Delta}[\boldsymbol{I}-\boldsymbol{P}_{11}\boldsymbol{\Delta}]^{-1}\boldsymbol{P}_{12} \tag{11.49}$$

上式称为线性分式变换。

可以证明，这种变换有一个重要特性：多个线性分式互相连接（串或并联）而成的复杂系统，总是可以表示为一个等效的单一线性分式变换。例如图 11.19 所示的系统，它由 $\boldsymbol{P}$、$\boldsymbol{Q}$ 两个模型组成，并分别与 $\boldsymbol{\Delta}_P$、$\boldsymbol{\Delta}_Q$ 构成闭环反馈连接。它可以重新化为（推导从略）一个单一的线性分式变换，这个新的线性分式变换中的算子由原先两个单独线性分式变换中的算子块结构组成，即有

$$\boldsymbol{y}=\boldsymbol{F}_{\mathrm{u}}(\boldsymbol{P},\boldsymbol{\Delta}_P)\boldsymbol{u}+\boldsymbol{F}_{\mathrm{u}}(\boldsymbol{Q},\boldsymbol{\Delta}_Q)\boldsymbol{u}=\boldsymbol{F}_{\mathrm{u}}(\boldsymbol{R},\boldsymbol{\Delta}_R)\boldsymbol{u} \tag{11.50}$$

式中

$$\boldsymbol{R}=\begin{bmatrix}\boldsymbol{P}_{11} & \boldsymbol{0} & \boldsymbol{P}_{12}\\ \boldsymbol{0} & \boldsymbol{Q}_{11} & \boldsymbol{Q}_{12}\\ \boldsymbol{P}_{21} & \boldsymbol{Q}_{21} & \boldsymbol{P}_{22}+\boldsymbol{Q}_{22}\end{bmatrix} \tag{11.51a}$$

$$\boldsymbol{\Delta}_R=\begin{bmatrix}\boldsymbol{\Delta}_P & \boldsymbol{0}\\ \boldsymbol{0} & \boldsymbol{\Delta}_Q\end{bmatrix} \tag{11.51b}$$

有了这一特性，联系到气动弹性（或气动伺服弹性）的鲁棒稳定性分析，系统就可以把引入的各种不确定性摄动与线性系统 $\boldsymbol{P}$ 用反馈关系联系起来，使任何复杂系统均可以归结为适用于 μ 方法的一般框架，如图 11.20 所示。图中 $\boldsymbol{P}(s)$ 应是气动弹性稳定的有理传递函数矩阵，Δ 为范数有界。

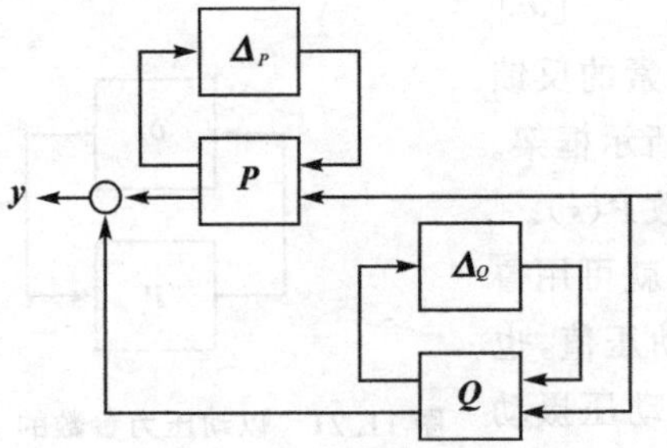

图 11.19　多个线性分式变换的连接

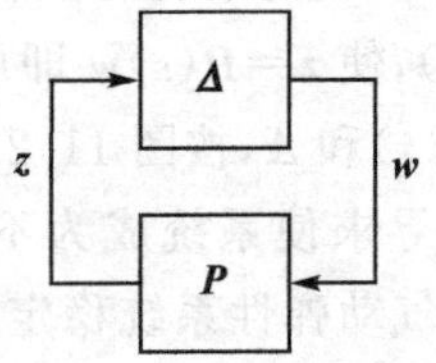

图 11.20　应用 μ 方法进行鲁棒稳定性分析的框架

【定义】　给定复传递函数矩阵 $\boldsymbol{P}$ 稳定，以及范数有界的不确定性集合 $\boldsymbol{\Delta}$。定义结构奇异值

$$\mu(\boldsymbol{P})=\begin{cases}0, & \text{不存在}\ \det(\boldsymbol{I}-\boldsymbol{P}\boldsymbol{\Delta})=0,\ \forall\boldsymbol{\Delta}\in\boldsymbol{\Delta}\\ \dfrac{1}{\min\limits_{\boldsymbol{\Delta}\in\boldsymbol{\Delta}}\{\bar{\sigma}(\boldsymbol{\Delta}):\det(\boldsymbol{I}-\boldsymbol{P}\boldsymbol{\Delta})=0\}}\end{cases} \tag{11.52}$$

根据结构奇异值 $\mu(\boldsymbol{P})$，有以下关于鲁棒稳定性的定理。

【定理1】 给定图11.20所示的系统，α 为实标量，对于所有的 $\boldsymbol{\Delta}(s)$ 满足范数有界 $\|\boldsymbol{\Delta}\|_\infty \leqslant \alpha$，则 $\boldsymbol{P}$ 对于不确定性集合 $\boldsymbol{\Delta}$ 是鲁棒稳定的，当且仅当 $\mu(\boldsymbol{P}) < 1/\alpha$。

通常对 $\boldsymbol{\Delta}$ 引入加权矩阵，从而使所有 $\boldsymbol{\Delta}$ 的范数 $\leqslant 1$，即

$$\boldsymbol{\Delta} = \{\boldsymbol{\Delta}: \|\boldsymbol{\Delta}\|_\infty \leqslant 1\} \tag{11.53}$$

于是还可以有以下定理。

【定理2】 叙述同上，只需把 α 改为1。

有了定理1和定理2，就可以用 $\mu(\boldsymbol{P})$ 值来判断形同图11.20的系统的鲁棒稳定性和临界稳定情况。因此，下一步只需要把气动弹性模型转化为图11.20所示的框架即可。

3. 标称气动弹性模型和标称颤振裕度

气动弹性系统的广义运动方程，可以表示为适合于在 μ 框架下计算标称颤振裕度的形式。一个最直接的方法，就是对飞行条件参数动压 $\bar{q}$ 引入摄动 $\boldsymbol{\delta}_{\bar{q}}$，然后求出引起不稳定的最小摄动。

对系统的动压加入一个加法摄动，作用于标称动压 $\bar{q}_0$，则

$$\bar{q} = \bar{q}_0 + \boldsymbol{\delta}_{\bar{q}} \tag{11.54}$$

代入运动方程中，把含有 $\boldsymbol{\delta}_{\bar{q}}$ 的项分离出来，列为单独项，写作 $\boldsymbol{\delta}_{\bar{q}}\boldsymbol{z}$。把 $\boldsymbol{z}$ 与 $\boldsymbol{w}$ 引入公式，使动压摄动与系统具有反馈连接，使之化为图11.20的形式，其中 $\boldsymbol{w}$ 与 $\boldsymbol{z}$ 由动压摄动相联系，即

$$\boldsymbol{w} = \boldsymbol{\delta}_{\bar{q}}\boldsymbol{z} \tag{11.55}$$

由运动方程和上列关系式，即可得到修正的气动弹性系统的状态空间式，其形如

$$\begin{bmatrix} \dot{q} \\ \ddot{q} \\ \dot{x} \\ \hline z \end{bmatrix} = \left[\begin{array}{c:c} \boldsymbol{A} & \boldsymbol{B} \\ \hdashline \boldsymbol{C} & \boldsymbol{D} \end{array}\right] \begin{bmatrix} q \\ \dot{q} \\ x \\ \hline w \end{bmatrix} \tag{11.56}$$

式中，不显含动压摄动 $\boldsymbol{\delta}_{\bar{q}}$，而是通过以 $\boldsymbol{\delta}_{\bar{q}}$ 为元素的反馈实标量矩阵，来实现对系统的影响，如图11.20所示框架。根据式(11.56)，使 $\boldsymbol{z} = \boldsymbol{P}(s)\boldsymbol{w}$ 即可求得传递函数 $\boldsymbol{P}(s)$。

确定了 $\boldsymbol{P}(s)$ 和 $\boldsymbol{\Delta}$，按图11.21所示的模型，就可用鲁棒稳定性定理寻求使系统成为不稳定的最小动压值，也就是保持标称气动弹性系统稳定所允许的最大动压摄动值，这个摄动值称为标称颤振裕度。

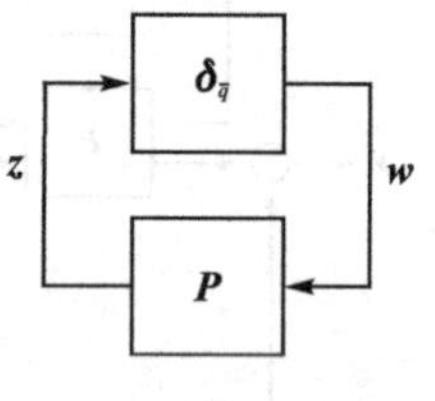

图11.21 以动压为参数的 μ 方法的标称气动弹性模型

4. 鲁棒气动弹性模型和鲁棒颤振裕度

μ 方法中分析气动弹性鲁棒稳定性时，除了仍然要包含动压摄动外，主要的特点就是增加了各种因素引起的不确定性 $\boldsymbol{\Delta}$。它可以是结构的或非结构的，所以必须对 $\boldsymbol{\Delta}$ 有合理的描述，它是模型潜在误差的指示器。

由于线性分式变换的性质，多个子系统模块及其对应的不确定性，可以最终表现为单独的模型及不确定性。这个单独不确定性中特意地把 $\boldsymbol{\delta}_{\bar{q}}$ 区分出来，以强调它是描述飞行条件的特殊摄动。

作为例子，下面再对刚度 $\boldsymbol{K}$ 也引入不确定性 $\boldsymbol{\Delta}_K$。同时引入关于 $\boldsymbol{\Delta}_K$ 的加权阵 $\boldsymbol{W}_K$，使不确定因素用所有 $\|\boldsymbol{\Delta}_K\| \leqslant 1$ 的 $\boldsymbol{\Delta}_K$ 来描述，即

$$\boldsymbol{K} = \boldsymbol{K}_0 + \boldsymbol{W}_K \boldsymbol{\Delta}_K \tag{11.57}$$

将式(11.54)、式(11.57)代入运动方程，并把含有 $\boldsymbol{\delta}_{\bar{q}}$ 的项和 $\boldsymbol{\Delta}_K$ 的项分别列为两个单独项，写作 $\boldsymbol{\delta}_{\bar{q}} \boldsymbol{z}_{\bar{q}} + \boldsymbol{\Delta}_K \boldsymbol{z}_K$。与上述"1. 鲁棒稳定性"中类同，信号 $\boldsymbol{z}_{\bar{q}}$ 和 $\boldsymbol{w}_{\bar{q}}$ 之间以 $\boldsymbol{\delta}_{\bar{q}}$ 与系统反馈连接，信号 $\boldsymbol{z}_K$ 和 $\boldsymbol{w}_K$ 之间以 $\boldsymbol{\Delta}_K$ 与系统反馈连接。

于是，可建立鲁棒气动弹性系统的状态空间式，其形如

$$\begin{bmatrix} \dot{q} \\ \ddot{q} \\ \dot{x} \\ \hline z_{\bar{q}} \\ z_K \end{bmatrix} = \left[\begin{array}{c|c} \boldsymbol{A} & \boldsymbol{B} \\ \hline \boldsymbol{C} & \boldsymbol{D} \end{array}\right] \begin{bmatrix} q \\ \dot{q} \\ x \\ \hline w_{\bar{q}} \\ w_K \end{bmatrix} \tag{11.58}$$

上式可用图 11.22 表示，这也是一个标准的 μ 方法的变换框图，其摄动不确定性 $\boldsymbol{\Delta}_K$ 和动压摄动以反馈方式与系统联系。同样，图中模型可用鲁棒稳定性定理寻求使系统成为不稳定的最小动压，该动压称为鲁棒颤振裕度。由于包含了不确定性 $\boldsymbol{\Delta}_K$，所以鲁棒颤振裕度不会大于标称颤振裕度。

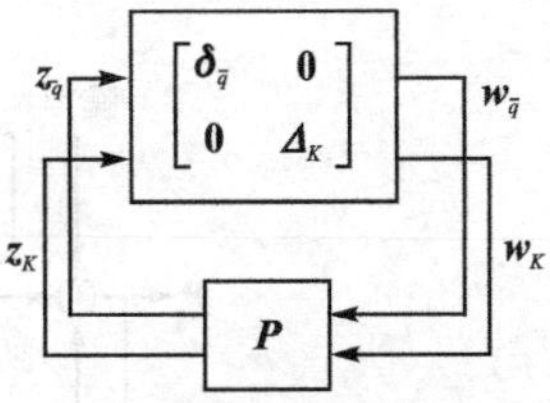

图 11.22　μ 方法的鲁棒气动弹性模型

以上的不确定性是以刚度为例，事实上，不确定性还可以是由非定常气动力、阻尼、振动特性、控制系统、非线性等模型引起的。同样地，也可以得到与图 11.22 类同的形式。

建立这一模型的直接方法是将图 11.22 中的开环模型与控制系统形成反馈闭合系统。控制系统中还附加了传感器和伺服助力器，它们都会带来显著的不确定性，并且都具有非线性特性，标称的线性模型不能准确描述真实系统。一个 μ 方法下的鲁棒气动伺服弹性稳定性分析如图 11.23 所示。图中 $\boldsymbol{A}$ 表示伺服助力器系统，$\boldsymbol{K}$ 表示控制器，$\boldsymbol{S}$ 表示传感器，相应的不确定性分别为 $\boldsymbol{\Delta}_A$、$\boldsymbol{\Delta}_K$ 和 $\boldsymbol{\Delta}_S$。

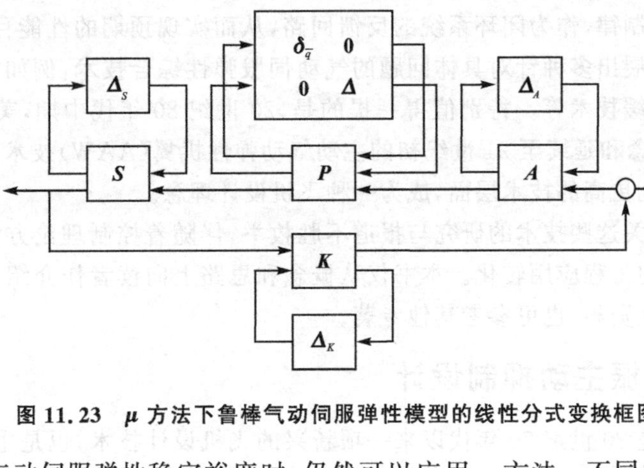

图 11.23　μ 方法下鲁棒气动伺服弹性模型的线性分式变换框图

在计算鲁棒气动伺服弹性稳定裕度时，仍然可以应用 μ 方法。不同的是对象不是开环，

而是闭环;同时,在不确定性建模上和算法上都带来了复杂性,可参见本章参考文献[1]。

【例 11.3】 在 F/A－18 战斗机上应用 μ 方法计算了它的气动弹性鲁棒稳定性和气动伺服弹性鲁棒稳定性。其稳定性框图分别如图 11.24 和图 11.25 所示。图中 $\boldsymbol{\Delta}_A$ 是实标量对角矩阵,可以影响状态矩阵的模态响应和时间延滞。$\boldsymbol{\Delta}_{\text{add}}$ 是输入上的复数不确定性,它涵盖了作动筒非线性和未模型化等多重不确定性。$\boldsymbol{\Delta}_{\text{add}}$ 用以考虑对象的响应幅值和相位的复数不确定性。

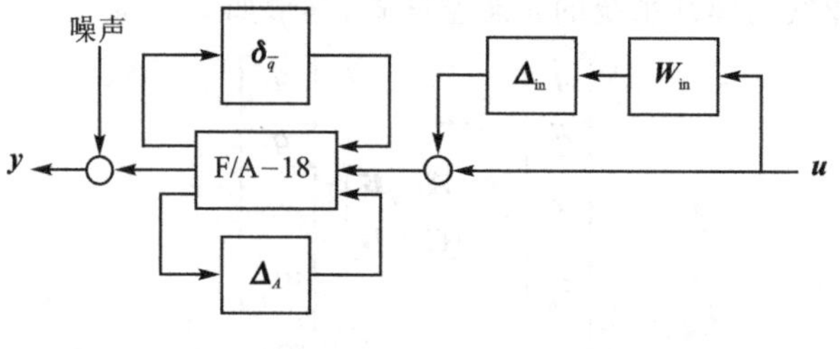

图 11.24 F/A－18 气动弹性鲁棒稳定性框图

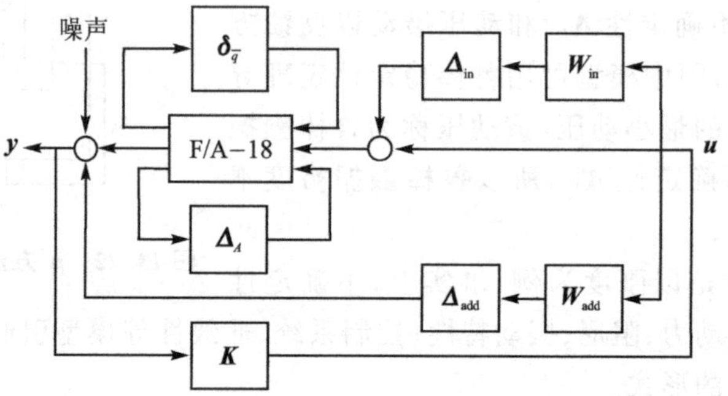

图 11.25 F/A－18HARV 闭环气动伺服弹性鲁棒稳定性框图

11.5 气动伺服弹性综合设计的典型问题

气动伺服弹性的综合是指:对于给定的飞行器(一项或多项)先进的气动弹性性能,以此为目标,设计相应的控制律,作为闭环系统的反馈回路,从而实现预期的性能目标。随着这项技术的发展,目前已发展出多种针对具体问题的气动伺服弹性综合技术,例如,颤振主动抑制技术、阵风响应主动减缓技术等。特别值得一提的是,20 世纪 80 年代中期,美国提出的主动柔性机翼(AFW)的概念和延续至 21 世纪初的主动气动弹性机翼(AAW)技术,更是将气动伺服弹性综合技术提升到更高的技术层面,成为一种飞机设计理念。

目前,国内外有关这些技术的研究与报道不胜枚举,伴随着控制理论方法的发展,技术也在不断革新并日益向工程应用转化。本书仅从概念和思路上向读者作介绍,感兴趣的读者可以关注近年来的文献资料,也可参考其他专著。

11.5.1 颤振主动抑制设计

颤振主动抑制是 20 世纪 70 年代以来一项新兴的飞机设计技术,也是主动控制技术中难度大、可靠性要求高的项目。伴随着航空航天技术的进步,颤振主动抑制技术的出现可以理解为：由于性能的要求，带来了飞行器结构刚度降低、质量减轻，致使飞行器本体结构的动力学特性不稳定，而必须依靠主动控制系统，借由操纵面运动产生的控制气动力，使包含控制系统在内的闭环系统重新具有稳定性。这种设计在物理上是真实、具体的，可以从气动弹性和控制理论分别加以认识。

回顾第 8 章颤振的产生机制，它是一种典型的气动弹性动力学不稳定现象。飞行器弹性结构的不同自由度运动模式（模态），受到流过飞行器表面的非定常气流的作用，当气流流速（或动压）达到某个临界状态时，弹性结构特定的运动模态就会与气流之间构成某种能量转化机制，使结构的弹性振动不断地积聚能量，运动的幅值不断扩大，直至结构的外形约束无法承受而导致破坏。颤振主动抑制技术出现之初，即是从探讨这种自激振荡现象展开的。颤振主动抑制可以理解为，通过控制系统的设计，有效地驱动操纵面偏转，产生舵面的控制气动力，来改变飞行器流场的非定常气动力分布，破坏原有运动模式自激振荡的耦合机制，使飞行器在弹性运动周期里向外散逸能量，最后达到颤振抑制，并具有一定的稳定裕度。这种思想形成了早期的气动能量法的颤振主动抑制设计。

从数学和线性系统理论的角度，颤振代表了系统的特征属性。状态空间模型系统矩阵的特征值在复平面形成的特征根轨迹可以表征气动弹性系统的稳定性。颤振主动抑制设计，即是采用某种设计方法（如经典控制理论的极点配置法、现代控制理论的二次型最优控制等），通过在复平面设计控制系统的特征根轨迹（控制律模态），从而改变整个系统的特征根轨迹运动趋势，提高气动弹性闭环系统的临界稳定速度。例如，前文曾给出某气动弹性系统状态空间模型的特征根轨迹（见图 11.17），采用某种控制律设计方法，可以在复平面内设计控制律模态，改变系统的特征根轨迹分布，从而提高闭环系统的稳定性，如图 11.26 所示。对比图 11.17 与图 11.26，可以看出图 11.26 在复平面增加了两阶控制律模态，影响了原系统的不稳定模态分支 2 的根轨迹趋势，使它变得稳定；而在更高的速度状态下，模态 3 成为该闭环系统的“关键”模态分支。这是颤振主动抑制控制律通常的作用效果。

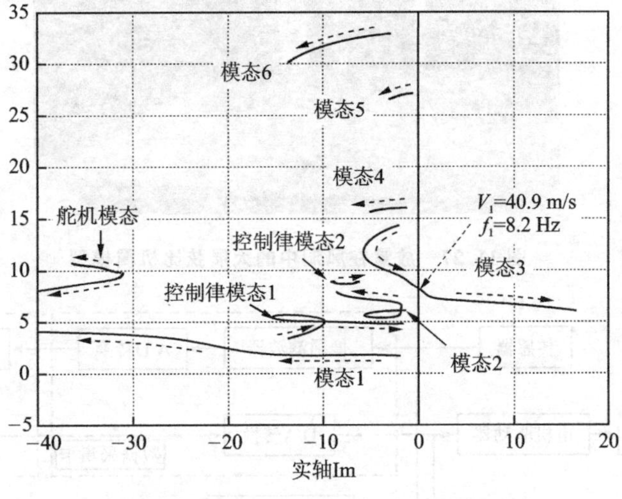

图 11.26　颤振主动抑制控制律在复平面的作用效果

此外，控制律的设计综合，不仅要以提高颤振速度为主要目标，而且还要注意到它的全面功能，例如，低速稳定性问题。应选择合理的颤振抑制的设计速度，避免高的设计速度引起低速不稳定。控制律的工程评估也是确定其性能优劣的指标之一。最后,还有参数不灵敏性,也是控制律设计中人们十分关心的问题,如果系统参数的微小偏差都会带来颤振主动抑制控制的失效,那么这种控制是不具有实用价值的。

11.5.2 阵风减缓主动控制设计

飞机在大气紊流场中飞行时会发生紊流颠簸,紊流颠簸会干扰驾驶员的正常操作、乘坐舒适性,增加翼根弯矩,缩短结构的疲劳寿命,影响飞行任务的完成,危及飞行安全。随着航空科学技术的不断发展,人们对大型飞机的性能要求不断提高,这就使大型飞机向减轻结构质量和柔性大的趋势发展,由此导致阵风对大型飞机的影响更加复杂化。因此,阵风响应分析以及减缓技术对提高大型飞机的性能具有重要的意义。

图11.27为某带有双后缘控制面的真实机翼风洞试验模型,用于阵风减缓主动控制律设计与试验验证。机翼来流前方为一组阵风发生器叶片,由电机驱动做恒定频率的周期运动,以产生连续的正弦阵风扰动。阵风频率随电机输入电压的变化,可以在一定范围内调节。试验监控系统如图11.28所示。在机翼表面布置有加速度传感器,用于感知机翼的运动信号。传感器信号经低通滤波器消去高频噪声,再由数据采集卡测得,传入测控计算机。设计出的阵风减缓控制律,经数字离散化处理,使用数采卡测得的实时数据,运算生成控制指令。最终,再经过数采卡输出给机翼舵面的舵机系统,驱动舵面偏转,达到主动抑制的目的。

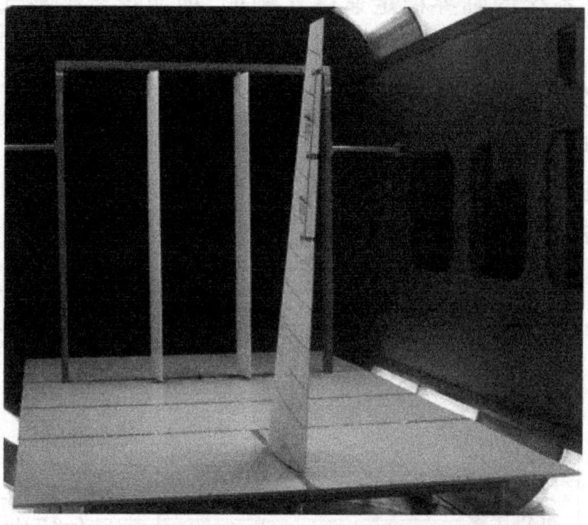

图11.27 放置在风洞中的大展弦比机翼模型

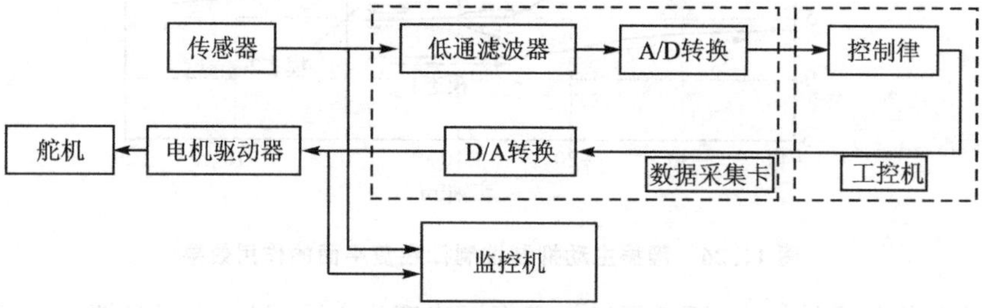

图11.28 数据采集与试验监控系统示意图

针对该机翼模型的阵风减缓控制律设计及试验研究结果表明：① 采用双控制面设计的控制律，其控制效果优于单控制面的情况。② 控制律的作用效果与风速状态及阵风扰动频率有关，综合来看，阵风加速度响应减缓效果可达 10%～40%。③ 阵风载荷减缓与阵风响应减缓有所不同，针对低频段的阵风响应进行主动抑制，可具有阵风载荷减缓的效果。

11.5.3　气动弹性主动控制律简介

1. 控制理论方法

颤振主动抑制的基础中，控制律设计及其物理实现是研究的核心问题之一。所谓控制律是指气动弹性系统的运动信号与操纵面输入指令之间的传递关系。它的设计伴随着控制理论的发展，经历着革新。

20 世纪 70 至 80 年代，颤振主动抑制技术刚刚兴起，正值航空航天工程领域经典控制理论占据主导地位，单输入/单输出系统、经典的奈奎斯特稳定性判据、控制系统的传递函数描述(至今对于飞行控制系统仍然具有重要意义)是颤振主动抑制控制律设计和气动伺服弹性分析的基本特征。这一时期，美国开展的 B52 - CCV 项目的颤振主动抑制设计与验证，以及 20 世纪 80 年代末开展的主动柔性机翼(AFW)项目的颤振主动抑制设计，均采用了基于经典控制理论的设计方法，如极点配置法(AFW 的颤振主动抑制控制律及系统框图见图 11.29)。这种设计方法的主旨是基于经典控制理论的参数根轨迹法，即在系统的特征平面内恰当地布置零、极点，这些零、极点及其待定的系数构成了控制律的传递函数环节。这种方法类似于前文提到的状态空间模型的特征根轨迹分析，所不同的是这里变化的参数是控制系统的增益。零、极点的布置使系统在设计速度(或动压)状态下具有稳定的根轨迹区间(即存在控制增益，使系统的所有特征根位于复平面的左半平面)。从稳定的区间中选定控制增益即确定了颤振主动抑制的控制律。这种方法在 AFW 项目中得以实现和验证。

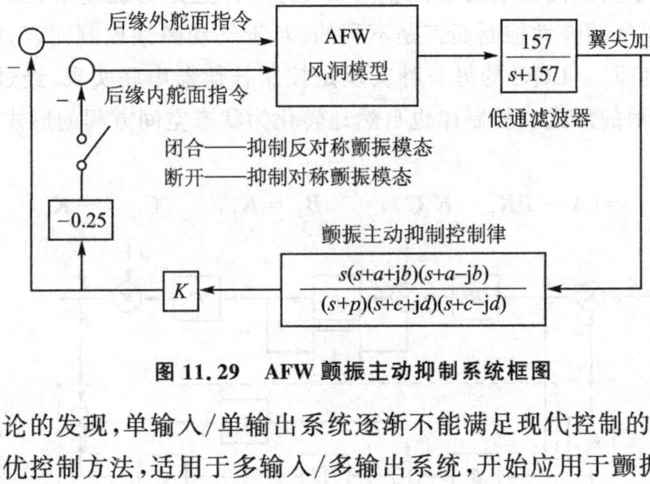

图 11.29　AFW 颤振主动抑制系统框图

随着控制理论的发现，单输入/单输出系统逐渐不能满足现代控制的需要。基于现代控制理论的二次型最优控制方法，适用于多输入/多输出系统，开始应用于颤振主动抑制的设计中。时至今日，国内外的颤振主动抑制研究仍在这个基础上发展。

二次型最优控制典型的方法，如线性二次型调节(LQR)法和线性二次型高斯(LQG)法。它们的共同特征是以无限时间二次型指标函数积分

$$J=\int_0^{\infty}[\boldsymbol{x}^{\mathrm{T}}\boldsymbol{Q}\boldsymbol{x}+\boldsymbol{u}^{\mathrm{T}}\boldsymbol{R}\boldsymbol{u}]\mathrm{d}t \tag{11.59}$$

为最优控制目标,其中包含了对系统稳定性的要求,因而适用于颤振主动抑制设计。上式中,$\boldsymbol{Q}$、$\boldsymbol{R}$ 分别为状态变量和输入向量的加权矩阵,需要结合气动弹性的物理背景预先设定。加权矩阵通常设定为对角阵,控制律的效果取决于 $\boldsymbol{Q}$ 与 $\boldsymbol{R}$ 对角元素的相对取值,它们的设定本身也是控制律设计的过程。从物理实现的角度,LQG 法的设计过程可分离为最优状态反馈设计和最优状态滤波器(Kalman 滤波器)设计问题。由于最优状态滤波器的存在,使得 LQG 控制律设计可以考虑随机噪声的影响,受控对象在式(11.35)的基础上,可以具有以下形式:

$$\left.\begin{aligned}\dot{\boldsymbol{x}}&=\boldsymbol{A}\boldsymbol{x}+\boldsymbol{B}\boldsymbol{u}+\boldsymbol{\varepsilon}\\\boldsymbol{y}&=\boldsymbol{C}\boldsymbol{x}+\boldsymbol{\theta}\end{aligned}\right\}\tag{11.60}$$

式中,$\boldsymbol{\varepsilon}$ 与 $\boldsymbol{\theta}$ 为不相关、零均值白噪声向量,且有

$$E\{\boldsymbol{\varepsilon}(t)\boldsymbol{\varepsilon}^{\mathrm{T}}(\tau)\}=\boldsymbol{\Xi}\,\delta(t-\tau)$$

$$E\{\boldsymbol{\theta}(t)\boldsymbol{\theta}^{\mathrm{T}}(\tau)\}=\boldsymbol{\Theta}\,\delta(t-\tau)$$

根据现代控制理论最优控制的研究成果,LQG 控制律的设计归结为两组代数黎卡提方程组的求解

$$\left.\begin{aligned}&\boldsymbol{A}^{\mathrm{T}}\boldsymbol{P}+\boldsymbol{P}\boldsymbol{A}+\boldsymbol{Q}-\boldsymbol{P}\boldsymbol{B}\boldsymbol{R}^{-1}\boldsymbol{B}^{\mathrm{T}}\boldsymbol{P}=\boldsymbol{0}\\&\boldsymbol{K}_{\mathrm{c}}=\boldsymbol{R}^{-1}\boldsymbol{B}^{\mathrm{T}}\boldsymbol{P}\end{aligned}\right\}\tag{11.61}$$

$$\left.\begin{aligned}&\boldsymbol{A}\boldsymbol{S}+\boldsymbol{S}\boldsymbol{A}^{\mathrm{T}}+\boldsymbol{\Xi}-\boldsymbol{S}\boldsymbol{C}^{\mathrm{T}}\boldsymbol{\Theta}^{-1}\boldsymbol{C}\boldsymbol{S}=\boldsymbol{0}\\&\boldsymbol{K}_{\mathrm{f}}=\boldsymbol{S}\boldsymbol{C}\boldsymbol{\Theta}^{-1}\end{aligned}\right\}\tag{11.62}$$

式中,$\boldsymbol{K}_{\mathrm{c}}$ 为最优状态反馈增益矩阵,$\boldsymbol{K}_{\mathrm{f}}$ 为最优滤波器增益矩阵。滤波器的一般形式为

$$\dot{\hat{\boldsymbol{x}}}=\boldsymbol{A}\hat{\boldsymbol{x}}+\boldsymbol{B}\boldsymbol{u}+\boldsymbol{K}_{\mathrm{f}}(\boldsymbol{y}-\boldsymbol{C}\hat{\boldsymbol{x}})\tag{11.63}$$

如图 11.30 所示,滤波器以系统的输出作为输入,估计出系统的状态变量 $\hat{\boldsymbol{x}}$,然后通过状态反馈控制实现控制的目的,这种方式也称作 LQG 的观测器反馈实现。该实现方式存在的主要问题是控制系统需要系统前向通道的输入信号 $\boldsymbol{u}$ 已知,并且是可测量的,控制系统不是完全的输出反馈形式,这对气动弹性控制而言是不利的(对于气动弹性控制而言,需要实时测量舵面的偏角,并引入控制律)。LQG 的另一种实现是控制补偿器串联实现,经过推导,控制结构转化为如图 11.31 所示的形式。控制律也自然地转化为状态空间方程的形式,其中,状态方程系数矩阵为

$$\boldsymbol{A}_{\mathrm{L}}=(\boldsymbol{A}-\boldsymbol{B}\boldsymbol{K}_{\mathrm{c}}-\boldsymbol{K}_{\mathrm{f}}\boldsymbol{C}),\quad \boldsymbol{B}_{\mathrm{L}}=\boldsymbol{K}_{\mathrm{f}},\quad \boldsymbol{C}_{\mathrm{L}}=-\boldsymbol{K}_{\mathrm{c}}$$

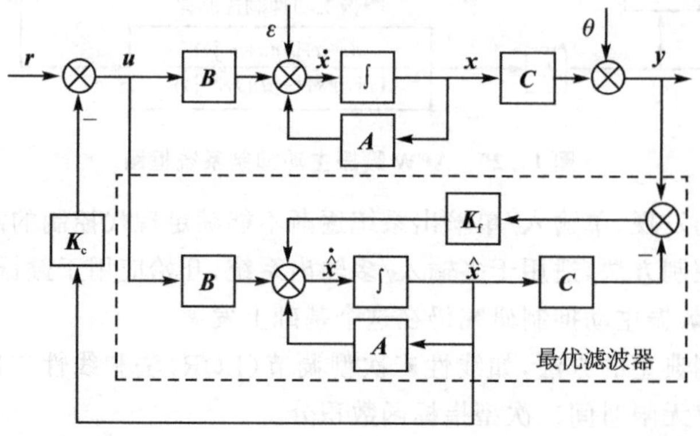

图 11.30 LQG 法的最优滤波器实现框图

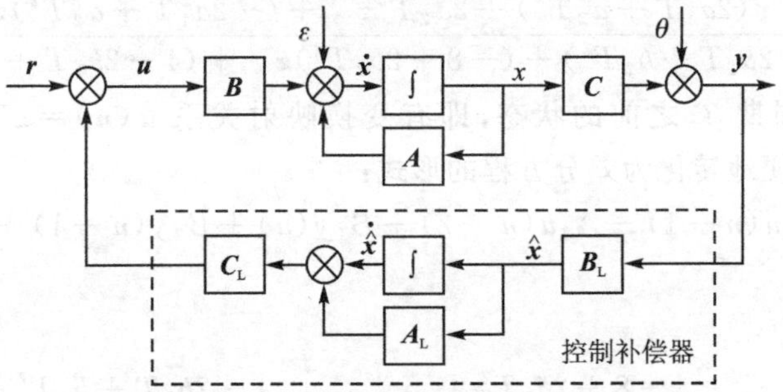

图 11.31 LQG 法的控制补偿器实现框图

2. 控制律的降阶

在应用现代控制理论最优控制原理和方法时，控制律的阶数问题十分突出。一方面，气动弹性系统运动方程的阶次主要取决于弹性模态的阶数，过于低阶的弹性系统无法有效刻画系统的动力学特性，非定常气动力在进行有理函数拟合以及状态空间建模时，又引入了额外的气动力滞后项增阶；另一方面，基于二次型的最优控制方法设计出的控制律与受控对象具有相同的阶次，这样，就造成了应用于气动弹性主动控制的控制律阶次很高，有时高达几十阶，以致于难以在计算机硬件上实现数字控制。于是，降阶方法配合最优控制方法使用，成为了此类方法的必要手段。

平衡截断法是适用于高阶状态空间模型降阶的一种方法。它是利用受控系统的可控性、可观性矩阵以及矩阵的奇异值分解，根据与系统可控性、可观性相关的矩阵奇异值来判断状态空间模型各阶模态的重要程度。该方法可以有依据地截去次要模态，将高阶控制律降为低阶控制，并且通常能够保证截断后系统的稳定性。有关平衡截断降阶方法，可参见现代控制理论相关资料及本章参考文献[2]。

通常，满阶的控制律经过降阶处理可能会影响控制律的效能，甚至会造成气动伺服弹性失稳。因此，必须对降阶后的控制律进行充分的气动伺服弹性分析，必要时对控制律环节加以适当的调整和改造，以提高稳定性。

3. 控制律的离散化

控制律实现相当于微分方程的数值求解，即把传递函数的输入视为已知量，传递函数的输出视为未知量的微分方程并求解。数字控制律实现的关键在于如何把控制律方程转化为离散的差分方程形式，工程中有成熟的方法可以直接应用。比较常用的方法如 Tustin 变换，可以直接把 s 域的传递函数变换到 z 域下，从而很方便地把连续的传递函数转化为差分方程。

Tustin 变换的 z 变量与 s 变量之间的关系式如下：

$$s=\frac{2}{T}\frac{z-1}{z+1} \tag{11.64}$$

式中，T 为计算机从传感器处采集信号的采样时间周期。下面以二阶传递函数为例，叙述一个连续的控制律数字离散化的过程。设二阶传递函数形式为

$$\frac{u}{y}=\frac{a_1 s+a_2}{s^2+b_1 s+b_2} \tag{11.65}$$

把式(11.60)代入式(11.61)，整理得到 z 域下的传递函数

$$\frac{u}{y}=\frac{(2a_1T+a_2T^2)+2a_2T^2z^{-1}+(-2a_1T+a_2T^2)z^{-2}}{(4+2b_1T+b_2T^2)+(-8+2b_2T^2)z^{-1}+(4-2b_1T+b_2T^2)z^{-2}} \tag{11.66}$$

z^{-1} 表示一个采样周期 T 之前的状态,即有变换映射关系 $u(n)=z^{-1}u(n-1)$。这样,式(11.66)可以很方便地转化为差分方程的形式:

$$u(n)=-A_1u(n-1)-A_2u(n-2)+B_1y(n)+B_2y(n-1)+B_3y(n-2) \tag{11.67}$$

式中

$$A_1=\frac{-8+2b_2T^2}{4+2b_1T+b_2T^2},\qquad A_2=\frac{4-2b_1T+b_2T^2}{4+2b_1T+b_2T^2},$$

$$B_1=\frac{2a_1T+a_2T^2}{4+2b_1T+b_2T^2},\qquad B_2=\frac{2a_2T^2}{4+2b_1T+b_2T^2},\qquad B_3=\frac{-2a_1T+a_2T^2}{4+2b_1T+b_2T^2}$$

将控制律系数的表达式 A_1、A_2、B_1、B_2、B_3 代入式(11.67),即可得到差分形式的控制律方程。

11.6 气动伺服弹性工程问题的一般思路

11.6.1 气动伺服弹性系统的频响特性

气动伺服弹性系统的固有特性往往可以从频域响应中体现出来,这是由气动伺服弹性系统的特征根性质所决定的。如前面章节所述,气动伺服弹性系统由各物理传递环节组成。比如飞行器机体传递函数中包含了结构动力学特征值信息,系统的开环传递函数幅频特性曲线就包含有结构模态频率对应的响应峰值。又如舵机传递环节,如果舵机系统以二阶或三阶传递函数模拟,在频响曲线中也会有所体现。利用气动伺服弹性系统的幅频特性,在工程和试验中可以用于检验系统各传递环节的动力学特性,对理论模型进行校验。

气动伺服弹性系统的地面扫频试验,有时也称作结构模态耦合试验,是气动伺服弹性稳定性的重要验证性试验。该试验在地面进行,与气动伺服弹性系统相比,只相差非定常气动力环节。飞机、导弹、火箭等航空器的工程型号在首飞前需要进行这项试验,该试验具有很强的工程属性。在进行气动伺服弹性地面扫频试验时,一个重要的关注点是舵面扫频试验数据辨识出的系统开环频响特性曲线。理论上真实物理系统的所有特征模态都会出现在频响曲线中,并且在试验前通过理论建模与频域仿真分析能够预判。通过理论与试验结果对比,可以对理论模型的有效性进行校核和判断。若在试验结果中发现了未知来源的频响峰值模态,则提示我们可能有重要的物理环节包含于系统之中被我们所忽略。利用系统的频响特性,可以帮助技术人员发现气动伺服弹性系统中的重要环节。问题有时来源于模型组成的不完备,有时来源于组成系统的设备中的隐含传递环节。

11.6.2 舵面系统的动态特性

舵面系统是气动伺服弹性分析模型的一个重要环节。气动伺服弹性系统的舵面环节既包含舵机自身的动力学特性,也包含舵面结构和传动系统对其动力学特性的影响,后者是气动弹性分析相比于单纯舵机系统动特性分析的主要区别。因为在真实使用场景下,舵面的惯量和传动系统刚度均影响从舵面指令输入到实际舵面偏角的频率响应。通常在工程气动伺服弹性分析之前，或气动伺服弹性的全系统集成试验之前，先开展舵系统的地面扫频试验，测出舵系统的频响数据，获取动力学特性。对于多数飞行器而言，其舵系统的动力学环节可由连续的拟合传递函数形式表征，阶次通常在二阶及以上。亦可通过频率响应的离散数据点，采用频域插值的方式用于气动伺服弹性分析。

在工程研制中，舵系统往往也是容易产生气动伺服弹性问题的一个环节。例如，各类飞行器通常为对称的布局形式，飞机具有左右对称的操纵面，弹箭类型的飞行器有时具有中心对称的 4 片操纵面。理论上这些对称操纵面安装有相同规格型号的舵机，应具有相同的动力学特性，而在工程中往往存在一定的分散性。即便经过参数调试，舵机的频响特性高度一致，由于安装结构的分散性，飞行器舵系统的动态特性仍然可能存在分散性差异。但通常舵机自身的动态特性差异是导致舵系统动力学分散的主要原因，在装机之前应充分调校参数。在工程中，一方面对分散性问题从设计层面应给出工程容忍度约束；另一方面从气动伺服弹性稳定性的角度，舵系统分散性导致的动力学特性差异，应在系统稳定性分析中予以充分考虑，确保飞行安全。

以上探讨的问题都是将舵机系统作为气动伺服弹性模型的基础数据，与飞行器本体动力学特性连接在一起，组成分析对象模型。事实上舵机自身也包含内在回路，连同舵面结构、传动机构等组合在一起构成的舵面系统，也是一个存在力电耦合关系的反馈系统。从气动伺服弹性角度，有时将舵机伺服环节与舵面结构、传动机构等组成的系统称作“小回路”的气动伺服弹性系统。该系统同样存在气动伺服弹性稳定性问题，建模和稳定性分析方法与飞行器“大回路”气动伺服弹性系统遵循同样的原理和方法。

11.6.3　飞行控制系统中伺服回路的选取与考虑

伺服控制系统是气动伺服弹性系统的重要组成部分，从设计角度该系统主要从属于飞行控制系统。气动伺服弹性研究主要关注闭环反馈控制回路与气动弹性系统的耦合，通常将伺服控制回路分为两类：一类是指令控制回路，主要为驾驶员(有人机)或操作手(无人机)为实现飞行器的姿态或轨迹改变所进行的控制指令输入；一类是自动驾驶仪(有人机)增稳控制回路或无人机的自主飞行控制回路，主要为确保飞行器的稳定飞行，由传感器感知飞行器的运动信号，并根据传感器信号自动解算出的控制指令输入。有时将飞行器外部控制指令回路称为外回路，将飞行器自身运动感知反馈的回路称为内回路。气动伺服弹性研究主要针对内回路，从飞行器的飞行控制架构中提取所需的回路及控制参数。

真实飞行器型号中的飞行控制回路通常是较为复杂的控制结构，在进行气动伺服弹性建模与分析之前，需要对伺服控制器进行分解和提取。常见做法是梳理从飞行控制系统传感器(如惯导组件)的输出信号(机体加速度、角速率等)到增稳控制律解算输出舵面控制指令之间的控制环节及传递函数，画出增稳控制律框图(示意图如图 11.32 所示)，结合控制律框图给出控制参数表。纵向通道通常与横侧向通道是解耦的，输入为纵向加速度过载和俯仰角速率，输出为升降舵指令；横航向通道的控制框图通常耦合在一起，输入为侧向过载、滚转角速度和偏航角速率，输出为副翼和方向舵指令。

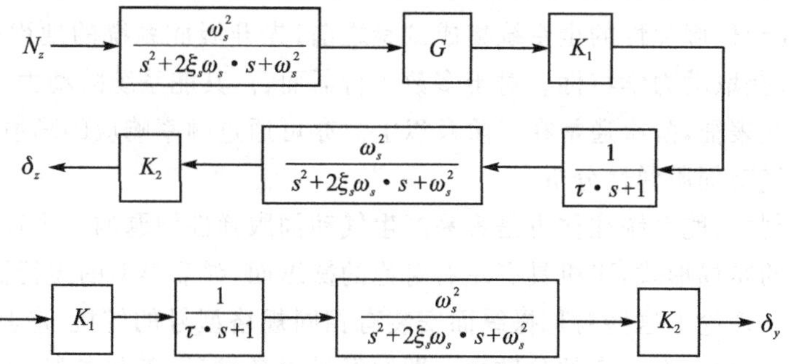

图 11.32 纵向增稳控制系统框图示意

11.6.4 地面伺服弹性试验结果的参考与使用

地面伺服弹性试验也称为结构模态耦合试验,其具体试验方法参见本书 12.4 节。该试验目的主要有两方面:① 验证飞行器无气动力作用的结构与飞行控制系统耦合的稳定性;② 测定回路中的相关传递函数,为气动伺服弹性分析计算模型的验证与修正提供依据。

地面伺服弹性试验一般包括开环频率响应试验和闭环脉冲激励试验两部分。从安全性角度考虑,通常先做开环试验再做闭环试验。

由于地面伺服弹性试验的研究对象与真实飞行器的气动伺服弹性模型相比,模型的差别仅为非定常气动力,其余环节均与真实飞机一致,因此该试验对飞机各个环节的考虑更为全面,参考试验数据对理论模型进行修正具有参考意义。

若系统开环传递函数与理论模型之间存在一定差异,则考虑对理论模型的频响数据进行修正,可在系统开环传递函数中串联一个修正环节,如图 11.33 所示。

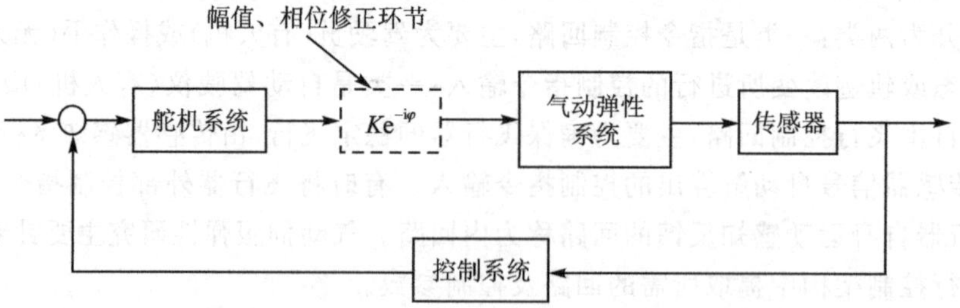

图 11.33 闭环系统整体频段幅值、相位修正示意

结构模态阻尼对于气动伺服弹性系统结构特征频率附近的幅值具有敏感性,因此可在理论模型中通过适当调节结构阻尼,实现局部幅值频响的修正。以某飞行器试验数据为例,幅值、相位修正前得到试验测试结果与理论模型计算得到的复平面频率响应对比如图 11.34 所示。可见,系统开环传递函数的相位存在一定偏差,结构第 2 个峰值幅值存在偏差。采用上述手段进行修正,得到理论分析结果与试验结果对比如图 11.35 所示。可见,经过修正可使理论分析模型与地面试验测试结果的一致性得到极大改善。

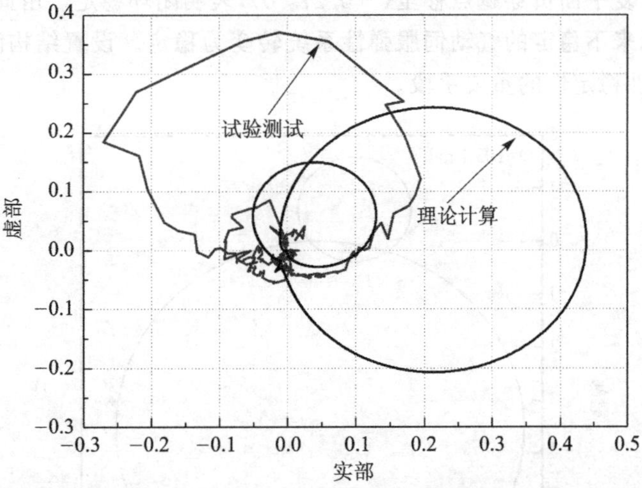

图 11.34　某飞行器阻尼修正前理论计算与试验的奈奎斯特曲线对比

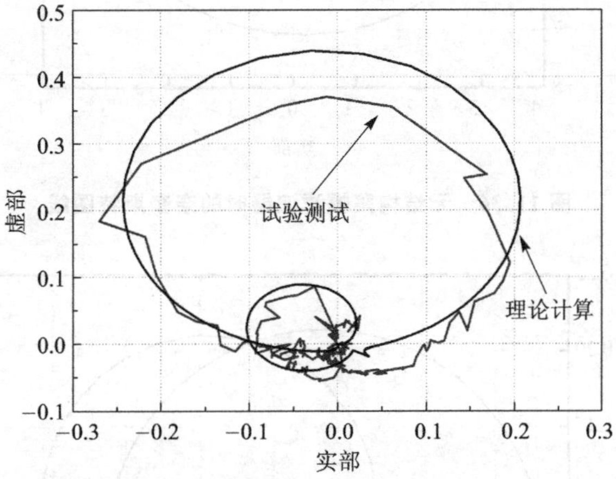

图 11.35　某飞行器阻尼修正后理论计算与试验的奈奎斯特曲线对比

11.6.5　结构陷幅滤波器的设计与使用

在反馈控制回路中设置结构陷幅滤波器也是解决气动伺服弹性不稳定的一种通常、可靠的方法。若气动伺服弹性响应中有某阶危险频率，在该频率附近其响应幅值急剧升高、相位不利，则陷幅滤波器可使系统在危险频率附近振幅迅速降低呈陷落状态，并产生合适的相移。一般地，陷幅滤波器的传递函数形式为

$$W_n = \frac{s^2 + 2\xi_1\omega_1 s + \omega_1^2}{s^2 + 2\xi_2\omega_2 s + \omega_2^2} \tag{11.68}$$

其中，ω_1、ω_2 接近陷幅频率，其参数选择应保证总开环传递函数的频率响应降至有 6 dB 的稳定裕度。有无结构陷幅滤波器在奈奎斯特图（或伯德图）上有明显区别（如图 11.36 和图 11.37 所示）。以某飞机为例，图 11.36 表示某速状态下无结构陷幅滤波器时的奈奎斯特图线，复平面实轴负穿越点为（−1.5，0），表明闭环系统不稳定；图 11.37 为有结构陷幅滤波器

时的奈奎斯特图线,复平面负穿越点移至(−0.27, 0),表明闭环稳定。由此可见,由于陷幅滤波器的设置,可使原来不稳定的气动伺服弹性系统转变为稳定。设置结构陷幅滤波器是工程中改善气动伺服弹性稳定性的重要手段。

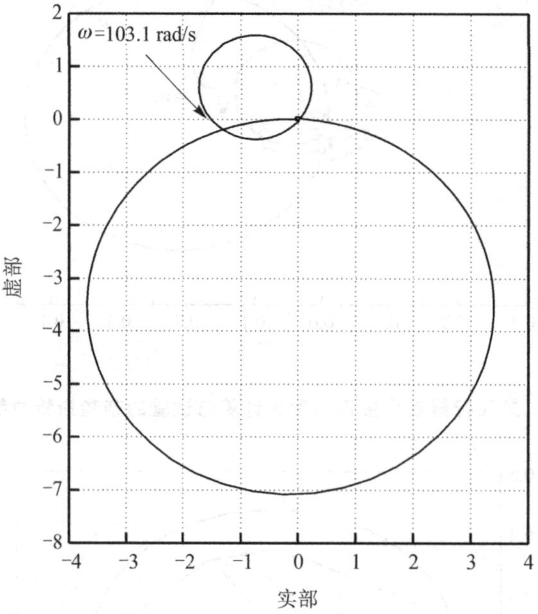

图11.36 无结构陷幅滤波器时的奈奎斯特图线

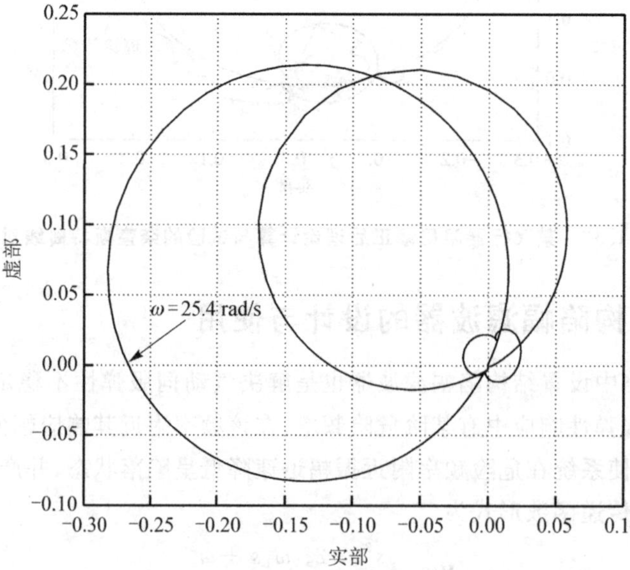

图11.37 带有结构陷幅滤波器时的奈奎斯特图线

此外,在工程中结构陷幅滤波器还经常与低通滤波器配合使用,以达到更好的滤波效果。结构陷幅滤波器及其参数设置也不是万能的,还需要与飞行控制专业密切沟通,与飞行控制品质评估综合在一起考量。因为当结构的敏感频率较低时,结构陷幅滤波器有时会对飞行控制系统的动态特性产生不利影响，存在设计矛盾。

11.6.6　气动伺服弹性不利因素的排除

为了减少发生气动伺服弹性失稳的可能性，可以采取如下的方法，去减弱甚至排除不利的耦合。

① 将传感器放在合适的位置，使它尽量减少感受到有关固有振型的弹性振动。例如，把垂直加速度传感器放在机身(或弹身)中心线上接近一阶弯曲模态的节线上。同理，可将俯仰角速度陀螺放在机身(或弹身)中心线接近机身一阶弯曲模态最大变形处，因为这一点的斜率是零。

② 飞控系统应选用带有低通滤波器的作动器。当频率落在零到某个截止频率范围时，作动器每接收偏转 1°的指令，将驱动控制面产生 1°的偏转。如果高于截止频率，作动器就会产生低于 1°的偏转，且随着频率的增加，偏转量将减小很多。

③ 飞行控制系统的控制律尽量选用低通滤波器，以衰减那些高于截止频率的频率反馈信号；或者选用陷波滤波器以减小在选定频率带中的反馈信号。

然而，尽管采取了以上这些预防措施，受结构固有振动模态激励的影响，飞行控制系统传感器中的一个或多个仍会产生一个幅值足够大、相位又相当的反馈信号，而引起气动伺服弹性失稳。

有时很难确定发生在飞行中的不稳定是由颤振引起的，还是由气动伺服弹性引起的。区分包含哪种失稳类型很重要，因为对不同形式的失稳所需要的改进设计方法不同。如果这种不稳定是由颤振引起的，就可能需要对结构、质量分布或气动外形进行改进。另一方面，如果这种不稳定形式属于气动伺服弹性失稳，则解决的方法通常是改变飞行控制系统或修正控制律。改变飞行控制系统或额外增加一个独立的控制系统，也可以大幅度提高颤振边界，甚至于不再发生颤振。在这种情况下，这些控制系统可称之为颤振抑制系统。

11.7　气动伺服弹性的前沿技术进展

11.7.1　主动气动弹性机翼技术

20 世纪 80 年代中期，Rockwell 公司提出并发展了主动柔性机翼(Active Flexible Wing, AFW)的概念，后来进一步发展为主动气动弹性机翼技术(Active Aeroelastic Wing, AAW)。这种概念是利用而不是回避机翼的柔性，以使得先进构型战斗机的质量得以减轻，并提高其气动力性能。

传统上飞机设计遵循了由强度准则进步到刚度准则的途径，这本身反映了对飞机设计在认识上的一大跨越。对刚度的足够重视，对提高飞机性能是有利的。要使飞机总体性能得到提高，一个永恒的目标就是使质量最轻。从减轻质量的角度看，又希望高性能的飞机柔性要大一些，这样一来气动弹性效应则随之增加。一般地，机翼(包括其他气动面)的气动弹性效应是一种负面影响。一个典型而又极具重要性的例子，就是后掠机翼滚转机动的控制面效率和反效。对于高动压的飞机，后掠翼操纵效率会构成一个设计的临界条件，万不得已时还可能推翻原定的方案而重新布局。由静气动弹性已知，常规的后缘控制面(副翼)偏转，在气动弹性效应下产生的气动扭转,正好与滚转机动所需的控制力反向,动压愈高,操纵效率愈低,甚至反效,此时,滚转机动能力荡然无存。为解决这一问题,传统的方法是提高机翼的扭转刚度,以便加大后缘控制面偏角,从而加大控制力。但这样做的后果是结构质量增加,而且翼型弯度增加还会使飞行阻力增加。类似的例子还有很多,例如飞行载荷、颤振、阵风响应等,气动弹性效应通常为不利影响,柔性愈大愈为严重。传统的解决办法都摆脱不了提高刚度这一点,以此来防止或减缓影响,而最直接的后果是增加飞机质量,降低飞机性能。在设计理念上,这种模式属于被动设计。

被动设计,对于飞机,特别是高性能战斗机,只能在刚度和性能之间取折中方案。这种设计理念认可设计缺陷。

传统上也采用优化方法,但多数只能在多学科之间独立地完成后反复迭代至最终结果。例如,气动力是通过气动设计变量(如扭转、弯度)设计最小阻力;结构是通过结构设计变量(如厚度)设计最小质量,同时通过约束来保持变形、稳定性等要求。这种优化是在各自约束下彼此串接式传递数据进行迭代,直至数据收敛。这就是说没有达到综合优化。

AAW技术在设计理念上有了全新的突破。对于AAW,它的最佳选择恰好是低的刚度并加上多个控制面。一般地,在左、右机翼上分别安排四个控制面,如图11.38所示。图上标明了前、后缘外侧和前、后缘内侧控制面。黑点表示传感器的位置,通过它们接收气动弹性信号。AAW的要点正是利用机翼在气动力作用(还可以有惯性力的共同作用)下产生的气动弹性变形或运动,由传感器接收信号,再通过主动控制系统按预定目的驱动并协调多个控制面的偏转或偏转运动反馈至机翼,从而使整个机翼产生所希望的变形或运动,从本质上提高整个机翼控制气流能量的能力,包括吸收或是散逸能量。由此可见,主动控制起到了机翼刚度所胜任不了的作用。而主动控制律则是一个关键设计,如果设计合理,则潜力是很大的。图11.39中显示了某架高性能战斗机,从低动压到高动压,为了保持高的滚转机动性(用滚转速率表征)和最小阻力,由AAW设计的控制面协调使用的例子。控制面偏角以下偏为正,上偏为负。注意到在所有动压下,每个控制面的偏角均小于5°,说明所需的偏角是很小的;前缘外侧控制面起了比较重要的作用;后缘控制面在进入反效区时将改变偏角方向。这个例子说明,AAW是利用控制面形成机翼的气动扭转,从而提供大的控制力并减小了气动阻力。显然,这样的设计中,机翼的刚度可以降低,从而使飞机质量减轻,总的机翼载荷就会相应地减小。由此例可以看出,AAW的设计中设计者不必为刚度所困扰,刚度的不足已经通过控制面的正确配置所弥补,而且还会更好。所以,这种设计模式是一种主动设计。

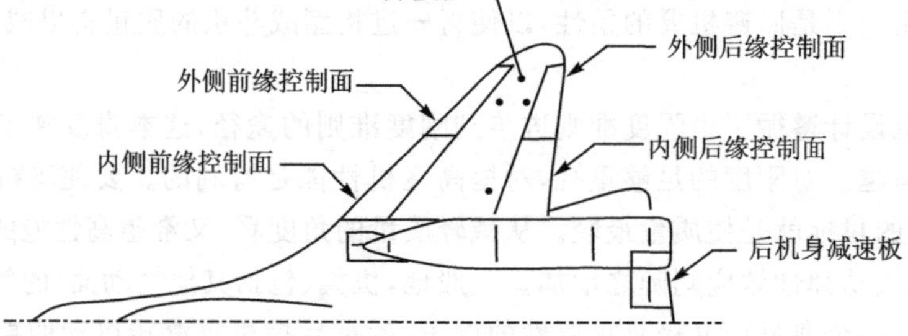

图11.38 AAW机翼模型的控制面与传感器

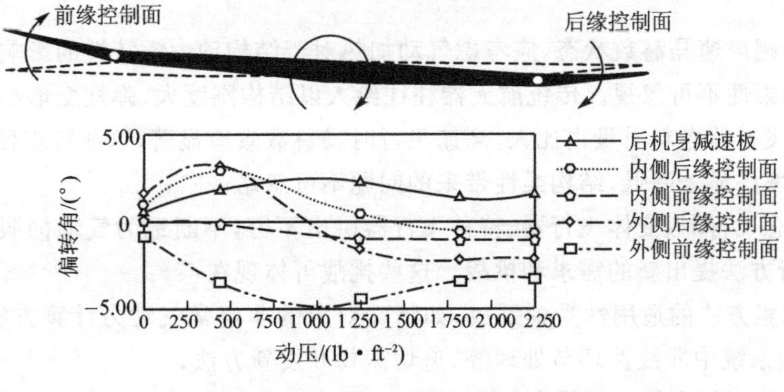

注：1 lb=0.453 kg，1 ft =0.304 m。

图 11.39　利用控制面协调偏转达到高机动滚转下阻力最小

由于 AAW 是借助多个控制面的主动控制来改变整个机翼的形态和气动力分布的，所以其效益是明显的，功能是多重的，可适应的飞行条件是多种的。经美国"AAW 工程"及有关风洞模型试验和验证机试验得到的结论是，AAW 技术能获得如下收益：① 显著增强控制能力，提高机动性能；② 在所有飞行范围内减小气动阻力；③ 减轻结构质量；④ 提高稳定性、主动抑制颤振；⑤ 机动载荷减小；⑥ 提高设计裕度。而这些优点，根据不同飞机所执行的任务不同，都可以折算为相应的起飞总质量的减轻和生产成本的降低。

尽管 AAW 技术是把气动力、结构、外部载荷、主动控制率等设计要求合在一起，以实现性能尽可能地提高而质量最轻，但在具体的实施方案中可以有各种目的与侧重。总的来说，有两种意义上的优化。第一种方法是针对已有的机翼设计主动控制系统(控制律)。这种设计中，仍保持飞机原有的结构限制，不做大的改动。主要是利用传感器接收的气动弹性信号而优化主动控制面的配置，即利用控制律达到机动性能、颤振稳定性能、载荷减缓等的最优。第二种方法是按 AAW 方法在标称机翼结构的基础上，耦合气动力、结构、控制系统，并在满足结构约束的条件下达到设计目标(通常是质量)的最优，由此设计一个全新的机翼。这种方法是更为完整意义上的 AAW。当然它的基础还必须加上多学科的综合优化。对于一个大型的优化命题，解决的方法必须建立在多级优化的理论上，采用分层、分解技术，完成结构控制一体化综合。

对比以上两个方法，第一种直接以 ASE 综合与 ACT 技术为基础，结合传统的优化方法，是可望达到的；第二种方法的技术难度明显增加，但设计潜力会更大。

11.7.2　气动伺服弹性研究的新特点

随着航空航天前沿技术领域发展，飞行器设计技术不断进步，气动伺服弹性研究呈现出新的特点。现代航空航天日趋融合，飞行器特征已发生变化，一类高超声速空天飞行器兼具传统航空器和航天器的气动布局形式和结构特征。对于此类飞行器对象，在开展气动伺服弹性研究时需要考虑以下问题：

① 空天飞行器的结构模型应偏重航空器的处理方式，建立三维板壳单元模型，传统航天器将弹身视为一维梁模型的建模方式对于空天飞行器对象有时过于简化；

② 工程非定常气动力应按照分布气动力处理，传统基于分段气动导数的做法可能产生较

大差异;

③ 对于高超声速马赫数状态,应考虑气动加热对于结构动力学特性的影响;

④ 结构的柔性不可忽视。传统航天器往往给人以结构刚度大、弹性变形小的印象。然而空天飞行器燃料质量占比大,高速飞行时马赫数效应显著,这些特点使得现代空天飞行器的结构频率已显著降低,结构柔性带来的问题不可忽略。

现代新概念飞行器、变体飞行器、特种飞行器层出不穷,不断地为气动伺服弹性带来新问题,对建模分析方法提出新的需求和挑战。这些挑战可体现在:

① 传统工程方法的适用性受到挑战,如特殊对象的非定常气动力计算方法、特殊结构形式的建模模拟、系统中非线性环节处理等,迫切需要开发新方法;

② 极端环境下的多物理场耦合问题求解;

③ 飞行器对象极端固有特性导致的气动弹性与气动伺服弹性新现象;

④ 新材料、智能材料、智能结构、智能机构、智能控制、人工智能等概念引入,带来的有效建模和综合建模问题;

⑤ 对于气动弹性与气动伺服弹性新问题,其作用机理、物理机制研究,以及提出有效的解决措施方案等。

在工程实践和前沿探索中遇到的新问题往往带有定制化的特点,有时需要跨学科领域寻求解决途径。

此外,当今新型飞行器的研制模式也在发生变化,从概念论证到型号立项研制,进程在加快,节奏更加紧凑,对气动伺服弹性的设计分析方法和流程提出新的要求。工程中面临适用于不同设计阶段的气动伺服弹性分析方法、参数化的建模分析方法与工具、高效率的代理模型方法等需求。这些都需要掌握气动伺服弹性基本概念方法的专业技术人员开展工作。

思考与练习

11.1 简述气动伺服弹性问题的成因及其定义。

11.2 分析气动伺服弹性不稳定性与颤振有何本质上的相同与不同。

11.3 气动伺服弹性在飞行器设计中有什么重要意义?

11.4 总结气动伺服弹性稳定性分析的频域方法的计算步骤。

11.5 评述用频域方法处理单回路和多回路气动伺服弹性稳定性的特点。

11.6 试推导建立如图11.1所示系统框图中,全动力与弹性机体环节的传递函数。

11.7 试述气动伺服弹性的分析与综合的含义。

11.8 试举例说明气动伺服弹性综合在主动控制技术上的应用。

11.9 试分析气动伺服弹性不稳定的因素并讨论其排除方法。

本章参考文献

[1] Lind R, Brenner M. Robust Aeroservoelastic Stability Analysis: Flight Test Application. Springer Verlag, London, 1999.

[2] 熊纲,杨超. 平衡截断方法在气动伺服弹性系统模型降阶中的应用. 航空学报,2001,22(3):168-170.

[3] 伏欣 H W. 气动弹性力学原理. 沈克扬，译. 上海：上海科学技术文献出版社，1982.
[4] 杨超，吴志刚，谢长川. 气动弹性设计基础. 3 版. 北京：北京航空航天大学出版社，2021.
[5] 邹丛青，陈桂彬. 飞机的伺服气动弹性稳定性. 航空学报，1987，8(3)：200-205.
[6] 杨超，吴志刚. 导弹气动伺服弹性稳定性分析. 飞行力学，2000，18(4)：1-5.
[7] 管德. 飞机气动弹性力学手册. 北京：航空工业出版社，1994.
[8] Lotze A，Sensburg O，Kuhn M. Flutter Investigations on a Combat Aircraft with a Command and Stability Augmentation System. European Physical Journal B，2013，47(1)：79-83.
[9] Peloubet R P. YF-16 Active-Control-System/Structrual Dynamics Interaction Instability. AIAA Paper No. 75-823，1975.
[10] Arthurs T D，Gallagher J T. Interactions Between Control Augmentation System and Airtrame Dynamics on the YF-17. AIAA Paper No. 75-824，1975.
[11] 陈宗基，张平. 民机飞行控制系统设计的理论与方法. 上海：上海交通大学出版社，2015.

第 12 章　气动弹性试验方法

与力学的其他学科类似，在气动弹性力学中，为了获得飞行器的气动弹性特性，主要采用数值计算和物理试验两大途径。数值计算需要对研究对象建立适当的数学模型，在建模过程中，需要对系统的结构、气动、控制等方面引入一定的假设和简化。物理试验主要包括地面试验、风洞试验和飞行试验。地面试验主要用于获得结构固有动力特性或伺服弹性系统的特性，没有考虑气动力的作用；风洞试验通常需要精心设计满足相似准则的缩比模型，且容易受到洞壁干扰、支架干扰等影响；飞行试验处于飞行器设计的最终环节，成本高，周期长，且风险大。数值计算和物理试验这两类方法相辅相成，共同为飞行器气动弹性设计服务。

在气动弹性设计工作中，气动弹性试验工作占有极为重要的地位。现代飞行器气动弹性设计的一些重要领域仍然要依据试验的验证，甚至主要依据试验的结果。

气动弹性试验大体上可分为两类：一类是为气动弹性分析取得原始数据的试验，如飞行器结构的刚度试验、结构地面振动试验以及地面伺服弹性试验等；另一类是为取得气动弹性特性的试验，如颤振风洞试验、颤振飞行试验以及发散风洞试验、抖振风洞试验等。

本章对气动弹性试验中的几个主要试验作简要介绍，主要包括地面振动试验、地面伺服弹性试验、静气动弹性试验、颤振风洞试验、颤振飞行试验、抖振风洞试验等。

12.1　地面振动试验

地面振动试验（Ground Vibration Test，GVT）的主要目的是测定飞行器结构的固有动力学特性，主要包括前若干阶模态的频率、振型、阻尼比和广义质量等，有时候也测试结构在某种特定激励下的振动响应。这些数据是飞行器结构动力特性的全面反映，可用来检验和修正结构有限元建模和模态分析结果，是颤振分析、气动伺服弹性分析等的基础，也是动力相似模型设计的基础。

地面振动试验在飞行器研制中具有非常重要的地位。通常，在飞机研制过程的第一批样机中，01 架机用于全机静力试验，02 架机则用于地面振动试验。地面振动试验也是新研制或改型飞机首飞前必做的三项重大试验之一。

12.1.1　试验系统组成

典型地面振动试验系统的组成如图 12.1 所示，主要包括样机（样件）、支持系统、激振系统、测量系统和测控与数据处理系统等。

(1) *样机或样件*

用于测试的样机或样件应该与理论研究对象具有相同的质量特性和刚度特性，一些对结构刚度影响不大的设备质量或商用载荷（如人员、货物）等可用质量模拟块代替。对于飞行过程中质量变化比较大的飞行器，应该对典型质量构型开展测试，如火箭或导弹的试验构型应包括满载（满药）和空载（空药）构型，大型商用飞机的试验构型包括 0%燃油＋0%商载、0%燃油＋50%商载、0%燃油＋100%商载、100%燃油＋100%商载等若干种构型，战斗机的试验构型

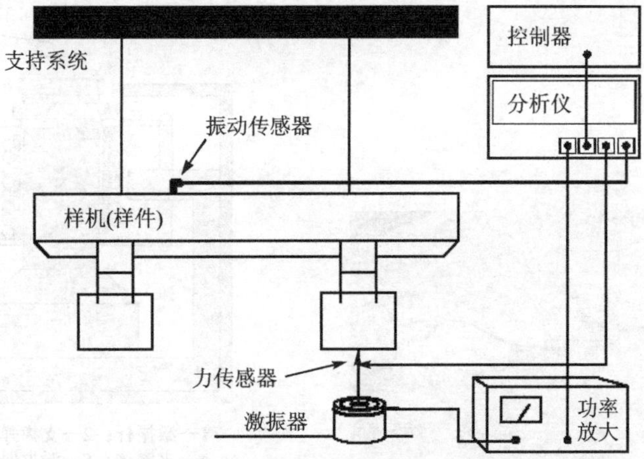

图 12.1　地面振动试验系统的组成

则包括干净构型及各种外挂组合构型。

(2) 支持系统

支持系统的作用是为测试样机(样件)提供支撑,并尽量模拟飞行器整机(或部件)工作状态的边界条件。例如:若测试对象为单独的机翼或弹翼时,支持系统应具有足够大的刚度,为机翼或弹翼提供翼根固支的边界条件;若测试对象为整机或整弹,一般需模拟空中飞行时的自由-自由状态,支持系统则应具有足够小的刚度,一般要求飞行器在弹性支持下的刚体运动频率小于最低阶弹性模态频率的 1/3,具体可采用气囊支持、橡皮绳悬挂和空气弹簧支持等。

(3) 激振系统

为了辨识飞行器结构的固有动力学特性,需要在结构的单点或多点施加某种激励力,以获得信噪比尽量高的振动响应。常用的激振设备有:

① 力锤,如图 12.2 所示,锤头安装有力传感器,可以采集激励力信号。力锤产生的激励力为类似于脉冲的短时冲击信号,其能量分布在较宽的频带范围内。力锤特别适合用于质量较轻、局部刚度较硬的结构(如航空发动机叶片等),具有无附加质量、无附加刚度的优点,但激励信号形式单一,且对试验人员的"敲锤水平"有较高要求。

② 电磁式激振器,其结构原理如图 12.3 所示,由激振杆、支撑弹簧、动圈、永磁体和壳体组成。动圈由支撑弹簧支持,当动圈通入电流时,会产生洛伦兹力,并通过与其相连的激振杆传递至结构上。在输入信号的作用下,激振器可以产生纯正弦、随机、猝发随机等多种形式的激励力,而且可实现多台激振器协调激振。

电磁式激振器在地面振动试验中应用非常广泛,这里有必要讨论一下激振器的力学模型。假设激振器固定在地面,激振杆与被测试件固连,被测试件简化为一个单自由度质量-弹簧结构。如图 12.4 所示,激振器动圈与试件组成一个双质点单自由度受迫振动系统,其中 M_s、M_e 分别为被测试件质量和激振器动圈质量;K_s、K_e 分别为被测试件的刚度和激振器动圈支撑弹簧的刚度;C_s、C_e 分别为被测试件阻尼和激振器动圈阻尼。F 为作用在激振器动圈上的洛伦兹力,f 为作用在被测试件上的激励力,x 为被测试件的位移响应。

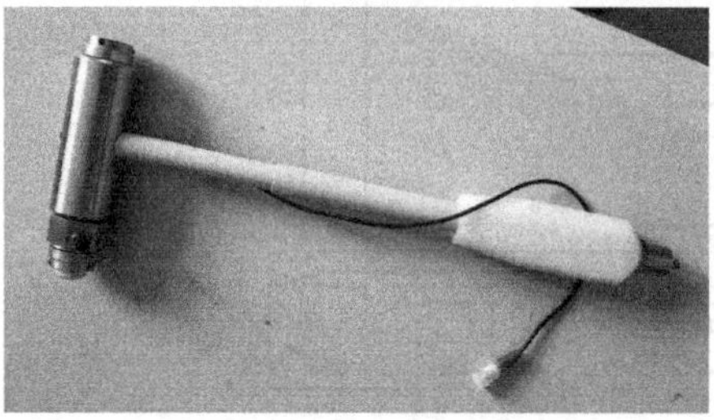

图 12.2 地面振动试验中的力锤

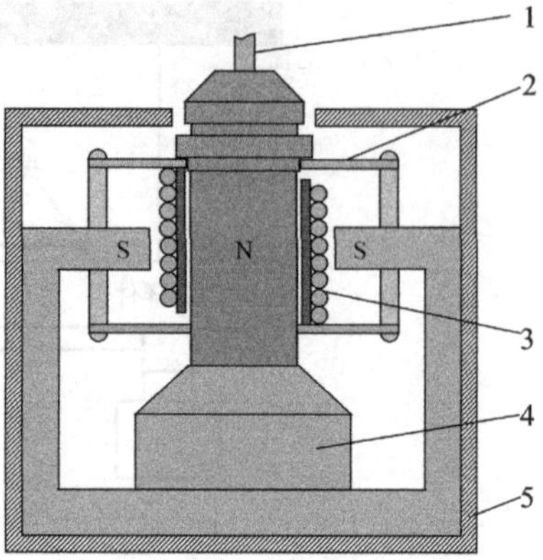

1—激振杆；2—支撑弹簧；3—动圈；
4—永磁体；5—激振器壳体。

图 12.3 电磁式激振器的构造

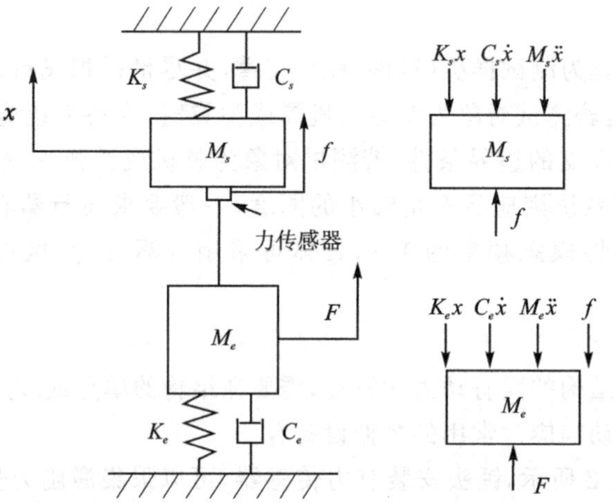

图 12.4 单激振器作用于试件的力学模型

分别对试件和激振器动圈列写平衡方程，得到以下微分方程：

$$\left.\begin{aligned} M_s\ddot{x}+C_s\dot{x}+K_s x=f \\ M_e\ddot{x}+C_e\dot{x}+K_e x=F-f \end{aligned}\right\} \tag{12.1}$$

考虑零初始条件，对式(12.1)作拉氏变换，可得到从 F 到 f 的传递函数：

$$H(s)=\frac{f(s)}{F(s)}=\frac{M_s s^2+C_s s+K_s}{(M_e+M_s)s^2+(C_e+C_s)s+(K_e+K_s)} \tag{12.2}$$

施加在动圈上的洛伦兹力 F 是无法测量的，但其与输入激振器的电流 I 成比例，即

$$F=K_\alpha I \tag{12.3}$$

其中，K_α 为电动力常数。通常，激振器的功率放大器工作在电流模式下，输入至功率放大器的电压控制信号 u 与功率放大器输出给动圈的电流 I 成正比，即

$$I=K_\beta u \tag{12.4}$$

其中，K_β 为功放增益常数。将式(12.3)和式(12.4)代入式(12.2)中得到从 u 到 f 的传递

函数：

$$\frac{f(s)}{u(s)}=G(s)=\frac{K_\alpha K_\beta(M_s s^2+C_s s+K_s)}{(M_e+M_s)s^2+(C_e+C_s)s+(K_e+K_s)} \tag{12.5}$$

式(12.5)表明，激振器的动圈质量、阻尼及支撑弹簧刚度对激振力输出特性具有较大影响，只有当 $M_e \ll M_s$，$C_e \ll C_s$ 和 $K_e \ll K_s$ 时，传递函数 $G(s)$ 才能近似为常数 $K_\alpha K_\beta$。

在实际测试中，可以通过力传感器采集作用在结构上的激励力 f。根据式(12.1)可以求得从 f 到 x 的传递函数：

$$\frac{x(s)}{f(s)}=P(s)=\frac{1}{M_s s^2+C_s s+K_s} \tag{12.6}$$

从式(12.6)可以看出，当在激振杆与试件之间安装力传感器，并以测得的激励力 f 作为参考时，传递函数 $P(s)$ 表征的就只是被测试件的特性，与动圈特性无关。

(4) 测量系统

测量系统用于获得振动试验中的激励和响应信号，感受信号的传感器主要有以下 4 类：① 力传感器，用于测量激振器(或力锤)施加在结构上的力信号；② 加速度传感器，目前广泛采用的是压电式加速度计，但需要注意其测量频率范围的下限；③ 速度传感器，目前在工程中应用的基于多普勒原理的激光测振仪就是一种非接触式的高精度速度测量仪；④ 位移传感器，除了传统的拉杆式直线位移传感器(LVDT)，目前也采用激光位移计，它是一种基于三角测量法的非接触式测量方案。

(5) 测控与数据处理系统

测控与数据处理系统用于为电磁式激振器发送控制信号、采集激振力和结构振动响应信号，以及数字信号处理及模态参数辨识等，有些情况下还需要实现对激振器的闭环控制，因此可以算是整个地面振动试验系统的“大脑”。下面简要介绍模态参数的辨识方法。

12.1.2　模态参数辨识方法

模态辨识的关键技术在于分离频率密集的固有模态，目前主要有两大类方法：一类是基于相位共振原理的适调多点激振法(也称为相位共振法或纯模态法)；另一类是基于系统辨识的模态参数辨识方法，包括时域方法和频域方法。

(1) 相位共振法

2.3.2 节中已经介绍过：对单自由度有阻尼系统施加正弦激励，若系统位移响应与激励力的相位相差 90°，则称为相位共振，此时激振力的频率正好等于系统的固有频率。因此结构模态试验最基本的方法就是利用该原理，采用单点正弦激振力来激励试件，变化激励频率，观测试件的响应，从而获得模态参数：模态频率通过相位共振频率来确定；振型通过在共振频率处测量多点的响应幅值来得到；阻尼比通过在共振点上突然停止激振，观测单点或多点响应的衰减率得到。

这个方法的适用条件为：振动系统表现为单自由度系统，且系统的模态频率在频域上分得很开。该方法在 20 世纪 40 年代就开始在航空上使用。当时的飞机多采用平直机翼，且为大展弦比，各阶模态频率分得较开。随着后掠翼、三角翼的出现，各阶模态频率相互靠近，此时用单点正弦激振分离各阶模态就变得困难。为此发展了适调多点激振法。

适调多点激振法是基于相位共振原理，合适调节多个激振力的分布和大小来补偿结构内部阻尼力,以激发出结构的等效无阻尼模态(即纯模态),此时所有结构点振动响应彼此之间的相位差为0°或180°。为实现纯模态,理论上要求激振力的个数等于系统的自由度数,且激振力的分布与阻尼力分布一致。对于自由度较小的离散系统,这个要求较容易满足。但实际飞行器是具有无限多自由度的结构,且阻尼力的分布事先无法确定,这个要求就难以满足。因此,实际系统不可能达到100%的纯模态,适调多点激振只是工程上的一种近似处理,多点激振的关键在于:如何选取合适的激振力个数和分布来满足一定的模态纯度。

适调多点激振法之所以至今仍广泛应用于大型飞机或航天器的模态测试,是因为其有以下突出优点:它是一种物理分离模态的方法,可以在试验现场直接观测模态响应;可以在试验现场得到全部模态信息,事后处理工作较少;可用于检测结构是否存在非线性。当然,它也有一些缺点:对于复杂结构,物理分离模态十分困难,可能会遗漏某些模态;激振器安装调整费时费力;激励力调节过程对试验人员要求较高;试验周期较长。

(2) 模态参数辨识时域方法

时域模态参数辨识的典型方法主要包括Ibrahim时域(ITD)法、最小二乘复指数(LSCE)法、随机子空间识别(SSI)法、ARMA时序法、特征系统实现(ERA)法等。其中,ITD和LSCE法直接使用自由响应或脉冲响应信号,ARMA时序法使用随机激励和响应信号,ERA使用脉冲响应函数矩阵。这里简要介绍较常用的最小二乘复指数(LSCE)法。

最小二乘复指数(LSCE)法又称为Prony多项式法。该方法的主要思想是从振动微分方程的模态叠加法出发,建立动力响应与模态参数之间的关系,通过对脉冲响应函数进行拟合可以得到完全的模态参数。以z变换因子表示脉冲响应,z变换因子中包含带辨识的复频率,构造Prony多项式,使其零点等于z变换因子的值。这样,将求解z变换因子转化为求解Prony多项式的系数。为了求解这组系数,构造脉冲响应数据序列的自回归(AR)模型,自回归系数即Prony多项式的系数将对脉冲响应模型中复频率的识别转化为与之等效的自回归模型中自回归系数的识别。

设一个多自由度系统中某个激振力引起拾振点位移的频响函数为

$$H(\omega)=\sum_{r=1}^{N}\left(\frac{A_r}{\mathrm{i}\omega-s_r}+\frac{A_r^*}{\mathrm{i}\omega-s_r^*}\right) \tag{12.7}$$

其中,N为系统自由度数;$*$表示复数的共轭;A_r表示第r阶模态对应的留数,与模态振型有关;s_r表示第r阶模态对应的极点,与模态频率ω_r和阻尼比ε_r有关,有

$$s_r=-\varepsilon_r\omega_r+\mathrm{i}\omega_r\sqrt{1-\varepsilon_r^2} \tag{12.8}$$

令$A_{r+N}=A_r^*$,$s_{r+N}=s_r^*$,式(12.7)可以简记为

$$H(\omega)=\sum_{r=1}^{2N}\frac{A_r}{\mathrm{i}\omega-s_r} \tag{12.9}$$

对式(12.9)进行傅里叶反变换,则得到对应的脉冲响应函数:

$$h(t)=\sum_{r=1}^{2N}A_r\mathrm{e}^{s_r t} \tag{12.10}$$

由于实际得到的脉冲响应函数是离散的时间序列,取时间间隔为Δt,则在$t_k=k\Delta t$时刻,脉冲响应函数可表示为

$$h_k=h(t_k)=\sum_{r=1}^{2N}A_r\mathrm{e}^{s_r k\Delta t},\quad k=0,1,2,\cdots,L \tag{12.11}$$

其中，$L+1$ 为脉冲响应函数的数据点个数。记 $V_r=\mathrm{e}^{s_r\Delta t}$，式(12.11)可以写成矩阵形式：

$$\begin{bmatrix} 1 & 1 & \cdots & 1 \\ V_1 & V_2 & \cdots & V_{2N} \\ \vdots & \vdots & \ddots & \vdots \\ V_1^L & V_2^L & \cdots & V_{2N}^L \end{bmatrix}_{(L+1)\times 2N} \begin{bmatrix} A_1 \\ A_2 \\ \vdots \\ A_{2N} \end{bmatrix}_{2N\times 1} = \begin{bmatrix} h_0 \\ h_1 \\ \vdots \\ h_L \end{bmatrix}_{(L+1)\times 1} \tag{12.12}$$

在式(12.12)中，$h_k(k=0,1,\cdots,L)$ 是已知的，A_r 和 V_r 是待求的未知量。

假设 $V_r=\mathrm{e}^{s_r\Delta t}$ 是如下 $2N$ 阶 Prony 多项式方程的根，即

$$\sum_{r=0}^{2N}\beta_r V^r=\prod_{r=1}^{N}(V-V_r)(V-V_r^*)=0 \tag{12.13}$$

在式(12.13)中，显然 $\beta_{2N}=1$，但其他系数 $\beta_r(r=0,1,\cdots,2N-1)$ 未知。为了求得 β_r，利用脉冲响应函数 $h_k(k=0,1,\cdots,L)$ 这 $L+1$ 个数据，并根据式(12.12)，可以推得

$$\sum_{r=0}^{2N-1}\beta_r h_k=h_{2N+k},\quad k=0,1,\cdots,L-2N \tag{12.14}$$

式(12.14)写成矩阵形式为

$$\begin{bmatrix} h_0 & h_1 & \cdots & h_{2N-1} \\ h_1 & h_2 & \cdots & h_{2N} \\ \vdots & \vdots & \ddots & \vdots \\ h_{L-2N} & h_{L-2N+1} & \ddots & h_{L-1} \end{bmatrix}_{(L-2N+1)\times 2N} \begin{bmatrix} \beta_0 \\ \beta_1 \\ \vdots \\ \beta_{2N-1} \end{bmatrix}_{2N\times 1} = \begin{bmatrix} h_{2N} \\ h_{2N+1} \\ \vdots \\ h_L \end{bmatrix}_{(L-2N+1)\times 1} \tag{12.15}$$

式(12.15)是一个超定方程，可简记为

$$\boldsymbol{H}\beta=\boldsymbol{h} \tag{12.16}$$

根据伪逆法可求得方程(12.16)的最小二乘解为

$$\beta=(\boldsymbol{H}^{\mathrm{T}}\boldsymbol{H})^{-1}\boldsymbol{H}^{\mathrm{T}}\boldsymbol{h} \tag{12.17}$$

一旦求得 $\beta_r(r=0,1,\cdots,2N-1)$，根据式(12.13)可知 $V_r(r=1,\cdots,N)$ 是以下方程的根：

$$\beta_0+\beta_1 V+\beta_2 V^2+\cdots+\beta_{2N-1}V^{2N-1}+V^{2N}=0 \tag{12.18}$$

求解该方程的根 $V_r(r=1,\cdots,2N)$，则可利用下式求得各阶模态的频率 ω_r 和阻尼比 ε_r：

$$\left.\begin{aligned} R_r&=\ln V_r \\ \omega_r&=\frac{|R_r|}{\Delta t} \\ \varepsilon_r&=\frac{-\mathrm{Re}[R_r]}{|R_r|} \end{aligned}\right\} \tag{12.19}$$

将求得的 $V_r(r=1,\cdots,2N)$ 代入式(12.12)中，再次求解一次超定方程，则可求得留数 A_r，作归一化处理即为模态振型。

(3) 模态参数辨识频域方法

模态参数辨识频域方法是以输入输出信号在频域中的关系为操作对象的方法，主要有峰值提取法、复模态指示函数、多项式拟合法、非线性最小二乘频域(LSFD)法等。这里简要介绍非线性最小二乘频域(LSFD)法的原理。

在所关心的频率范围内，激励点 k 和拾振点 j 之间的频响函数可近似写为

$$H_{jk}(\omega)=\sum_{r=1}^{m}\left(\frac{\Psi_{jr}L_{rk}}{\mathrm{i}\omega-s_r}+\frac{\Psi_{jr}^*L_{rk}^*}{\mathrm{i}\omega-s_r^*}\right)+UR_{jk}-\frac{LR_{jk}}{\omega^2} \tag{12.20}$$

其中，m 为模态个数，$*$ 表示复数的共轭，s_r 表示第 r 阶模态对应的极点，UR_{jk} 代表上剩余项，LR_{jk} 代表下剩余项。在式(12.20)中，s_r、Ψ_{jr}、L_{rk}、A_r、UR_{jk} 和 LR_{jk} 为待求的未知数。

设实测的频响函数记为 $G_{jk}(\omega)$，定义实测频响与拟合频响的差为

$$e_{jk}(\omega)=G_{jk}(\omega)-H_{jk}(\omega) \tag{12.21}$$

在所关心频率范围 $\omega_l(l=0,1,\cdots,N)$ 的方差则为

$$E_{jk}=\sum_{l=0}^{N}e_{jk}(\omega_l)e_{jk}^{*}(\omega_l) \tag{12.22}$$

若考虑 N_{i} 个激振点与 N_{o} 个拾振点之间的全部频响函数，则总方差为

$$E=\sum_{j=1}^{N_{\mathrm{o}}}\sum_{k=1}^{N_{\mathrm{i}}}E_{jk} \tag{12.23}$$

因此求解式(12.20)中未知数的问题，转化为使得 E 最小的非线性优化问题。

12.1.3 模态结果的验证

在完成模态参数辨识后，需要对辨识结果的质量进行评估，通常考虑以下指标：

(1) 频响函数综合

在获取模态参数后，就可以根据式(12.7)或式(12.20)重构频响函数，将重构得到的频响函数与测量得到的频响函数画在一幅图中对比，以对模态结果的正确性进行检查。

(2) 模态置信准则(MAC)

模态置信准则是用于比较两个向量的常用数学工具。设 $\boldsymbol{\Phi}_r$ 和 $\boldsymbol{\Phi}_s$ 为不同方法得到的两个模态向量，例如一个由理论分析得到，另一个由试验测得。那么 MAC 值定义为

$$\mathrm{MAC}=\frac{\left|\boldsymbol{\Phi}_r^{\mathrm{H}}\boldsymbol{\Phi}_s\right|^2}{(\boldsymbol{\Phi}_r^{\mathrm{H}}\boldsymbol{\Phi}_r)(\boldsymbol{\Phi}_s^{\mathrm{H}}\boldsymbol{\Phi}_s)} \tag{12.24}$$

若 $\boldsymbol{\Phi}_r$ 和 $\boldsymbol{\Phi}_s$ 本质上为同一模态，则有 $\mathrm{MAC}\approx1$；若 $\boldsymbol{\Phi}_r$ 和 $\boldsymbol{\Phi}_s$ 是两个不同的真实物理模态，则有 $\mathrm{MAC}\approx0$。

(3) 广义质量

利用模态的正交性，依据广义质量矩阵非对角项来判断各模态之间的耦合程度。这种方法需要有对应测量点的离散质量数据，以此形成测点质量矩阵 $\boldsymbol{M}$。设 $\boldsymbol{\Phi}_i$ 和 $\boldsymbol{\Phi}_j$ 分别为测得的第 i 阶和第 j 阶模态振型，则广义质量矩阵的第 i 行、第 j 列元素为

$$m_{ij}=\boldsymbol{\Phi}_i^{\mathrm{H}}\boldsymbol{M}\boldsymbol{\Phi}_j \tag{12.25}$$

通常要求广义质量矩阵各项元素满足 $m_{ij}/\sqrt{m_{ii}m_{jj}}\leqslant0.15$ 的要求，并以 m_{ij} 的大小检验各阶模态之间的耦合程度，以此判断模态的纯度。

12.2 地面伺服弹性试验

本书第11章讨论了气动伺服弹性问题。气动伺服弹性不稳定与颤振不同，它与飞行动压和飞控参数有密切关系，因此这种不稳定性可以发生在飞行包线内的任何状态(包括地面状态)。特别的，气动力为零时的不稳定性称为伺服弹性不稳定性。

地面伺服弹性试验也称作结构模态耦合试验，是带有飞行控制增稳系统的飞行器在首飞前应做的一项重要试验，该试验的目的在于：① 验证弹性飞行器结构与飞行控制系统形成的

闭环系统的稳定性，并测定稳定裕度；② 评估飞行器在低动压时的气动伺服弹性稳定性；③ 测定伺服弹性系统的传递函数，为气动伺服弹性理论分析提供模型修正的依据。

12.2.1　基本原理

地面伺服弹性试验包括开环频率响应试验和闭环耦合响应试验，试验中飞行器的支持条件与地面振动试验保持相同，试验原理图如图 12.5 所示。

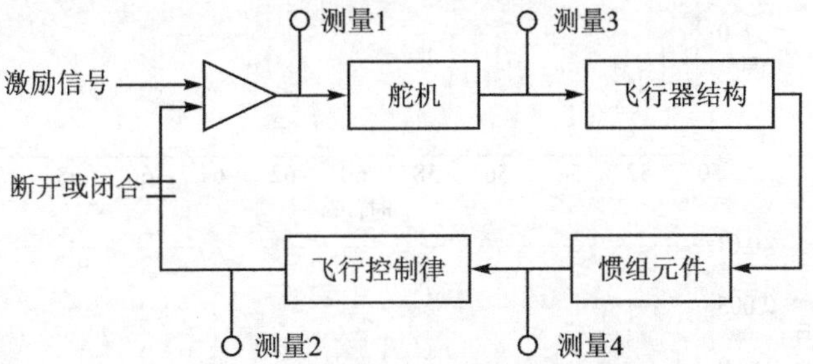

图 12.5　伺服弹性地面试验原理示意图

(1) 开环频率响应试验

在开环频率响应试验中，需要将飞控系统某一通道的控制律断开(或闭合)，在舵机指令测试输入端加入扫频激励信号，采集各测量口的输出信号，同时监测飞行器结构的振动情况，通过数据处理得到伺服弹性系统开环传递函数，根据经典控制理论中的 Nyquist 判据来判断闭环系统的稳定性，并评估稳定裕度。

试验前需要把复杂的飞行控制系统转化成典型状态，以便于确定开环位置。例如在一个横滚和偏航耦合的飞行控制系统中，要在偏航回路闭合的条件下，测量横滚回路的开环传递函数；然后，再在闭合横滚回路的条件下，测量偏航回路的开环传递函数。

试验的内容应包括实际飞行状况下不同的装载、不同控制律和系统故障情况。对于每种控制律，通常选取高增益状态作为典型试验状态。试验的频率范围应包括飞行器主要结构的一阶弯曲和扭转；以一定的方式扫频激励，测量飞行器连同飞行控制系统组合回路的开环传递函数。也可根据需要测量飞行控制系统某些环节的传递函数。

(2) 闭环耦合响应试验

在闭环脉冲响应试验中，需要将飞控系统各通道的控制律闭合，在舵机指令测试输入端加入脉冲激励信号，采集各测量口的输出信号，同时监测飞行器结构的振动情况。试验时逐渐增加控制系统的增益系数，如 1 倍、1.5 倍、2 倍甚至更高的增益，以此验证飞行器连同飞行控制系统组合回路的稳定裕度。

应注意，在试验中有可能出现不稳定的情况，所以在试验设计上应有应急措施。通常，先进行开环频率响应试验，在证明其结果满足伺服弹性稳定性要求的情况下，再进行闭环耦合响应试验。

12.2.2　数据处理方法

在地面伺服弹性试验的开环频率响应试验项目中，本质上是要测量从舵机指令输入端(测量 1)到飞行控制律输出端(测量 2)的开环频响函数。为了获得较好的数据信噪比和质量较好的频响结果,工程中常采用步进正弦扫频激励。

步进正弦激励信号的特点是:在选定的频率范围内,按步长由低到高递增,依次发出等幅值的正弦信号,并在每个频率点持续一定的时间。典型的激励信号及其对应的响应信号如图 12.6 所示。

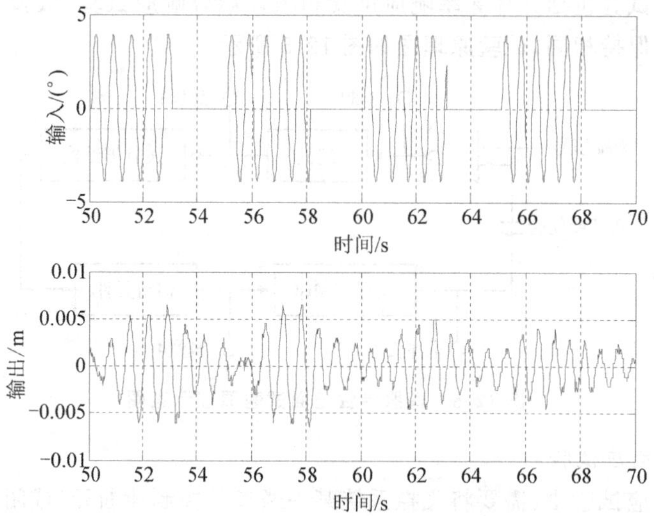

图 12.6 步进正弦激励信号及其响应示例

在第 i 个频率点 ω_i 处,截取激励信号 $x_i(t)$和响应信号 $y_i(t)$,其中 $T_1<t<T_2$。为消除响应信号中的定常分量,这里先对 $y_i(t)$作零均值处理。设有 n 个采样点,即 $y_i(t_1)$,$y_i(t_2)$,…,$y_i(t_n)$,则进行如下处理:

$$\bar{y}_i(t_j)=y_i(t_j)-\frac{1}{n}\sum_{k=1}^{n}y_i(t_k) \tag{12.26}$$

由于激励信号为给定的正弦函数,即

$$x_i(t)=a\sin\omega_i t \tag{12.27}$$

根据线性系统原理,系统的稳态响应也为正弦函数,即

$$\bar{y}_i(t)=A_i a\sin(\omega_i t+\phi_i) \tag{12.28}$$

其中,A_i 和 ϕ_i 为待定的参数。上式展开化为

$$\bar{y}_i(t)=A_i\cos\phi_i\cdot a\sin\omega_i t+A_i\sin\phi_i\cdot a\cos\omega_i t \tag{12.29}$$

对于 n 个采样点,由上式可列出如下方程:

$$\begin{bmatrix} a\sin\omega_i t_1 & a\cos\omega_i t_1 \\ a\sin\omega_i t_2 & a\cos\omega_i t_2 \\ \vdots & \vdots \\ a\sin\omega_i t_n & a\cos\omega_i t_n \end{bmatrix}\begin{bmatrix} A_i\cos\phi_i \\ A_i\sin\phi_i \end{bmatrix}=\begin{bmatrix} \bar{y}_i(t_1) \\ \bar{y}_i(t_2) \\ \vdots \\ \bar{y}_i(t_n) \end{bmatrix} \tag{12.30}$$

式(12.30)为超定方程,可以简记为

$$\boldsymbol{Ku}=\boldsymbol{f} \tag{12.31}$$

采用最小二乘法解上式超定方程,其解为

$$\boldsymbol{u}=(\boldsymbol{K}^{\mathrm{T}}\boldsymbol{K})^{-1}\boldsymbol{K}^{\mathrm{T}}\boldsymbol{f} \tag{12.32}$$

由此可得，对应于频率 ω_i 的频率响应函数为

$$G(j\omega_i)=A_i\cos\phi_i+jA_i\sin\phi_i \tag{12.33}$$

其中，A_i 和 ϕ_i 即为频率响应函数在频率 ω_i 下的幅值和相位。

采用此方法可以避免采样时漏取正弦峰值的问题，而且采用最小二乘法求解频响函数幅值和相位时具有一定的去噪作用。

12.2.3 试验项目

地面伺服弹性试验的项目应包含实际飞行状况下不同燃油、不同装载、不同控制律和系统故障情况的组合。对于每种控制律，通常选取高增益状态作为典型试验状态。表 12.1 给出了一个典型的试验项目列表，注意到在对滚转回路和偏航回路的开环频响试验中，为了考核这两个回路的耦合影响，需要将其中一个回路闭合来测定另一个回路的开环频响，并与不耦合情况下测定的开环频响进行对比。

表 12.1 地面伺服弹性试验的典型试验项目

试验项目	试验回路	激励	各回路断开、闭合情况		
			俯仰	滚转	偏航
开环频率响应试验	俯仰	升降舵	断开	断开	断开
	滚转	副翼	断开	断开	断开
			断开	断开	闭合
	偏航	方向舵	断开	断开	断开
			断开	闭合	断开
闭环耦合响应试验	俯仰	升降舵	闭合	闭合	闭合
	滚转	副翼	闭合	闭合	闭合
	偏航	方向舵	闭合	闭合	闭合

这里给出了某飞机滚转回路地面伺服弹性试验结果的示例。如图 12.7 所示，激励信号是

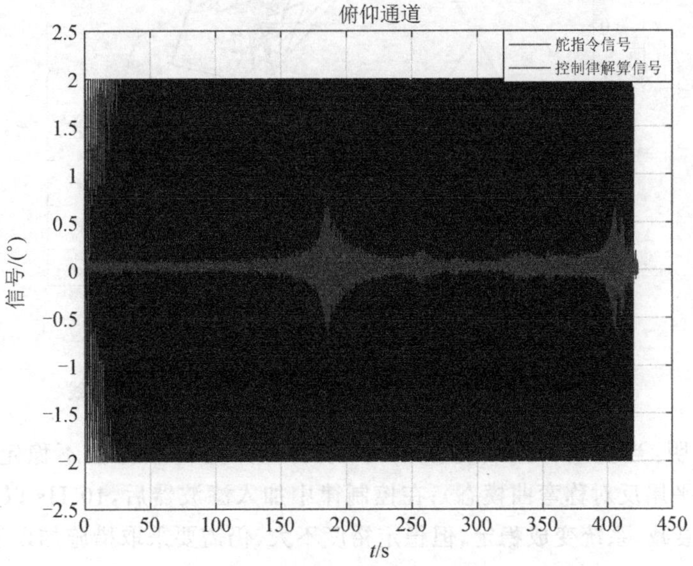

图 12.7 某飞机滚转回路开环频响试验的激励与响应

对飞机的副翼舵机施加一个幅值为 2°、扫频范围为 1～20 Hz 的步进扫频指令,测量滚转回路控制律的解算信号。将试验数据处理后得到开环传递函数的频率特性(见图 12.8)和幅相特性(见图 12.9)。试验中考虑了控制律不含滤波器和含滤波器的两种情况。

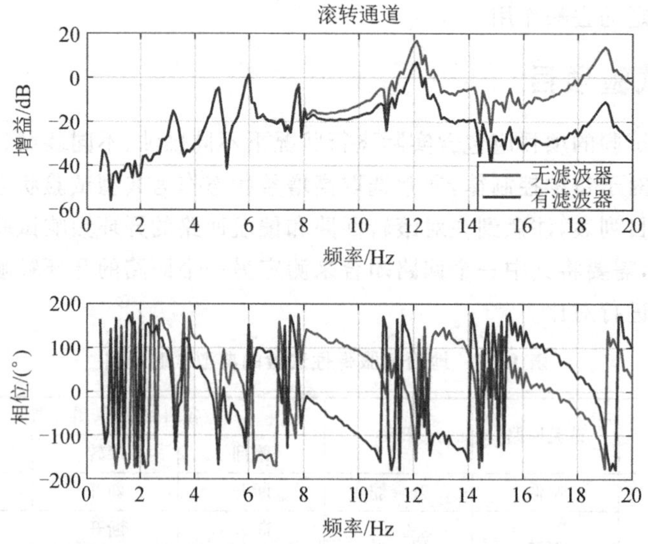

图 12.8 实测的滚转回路开环频响函数的幅频与相频曲线

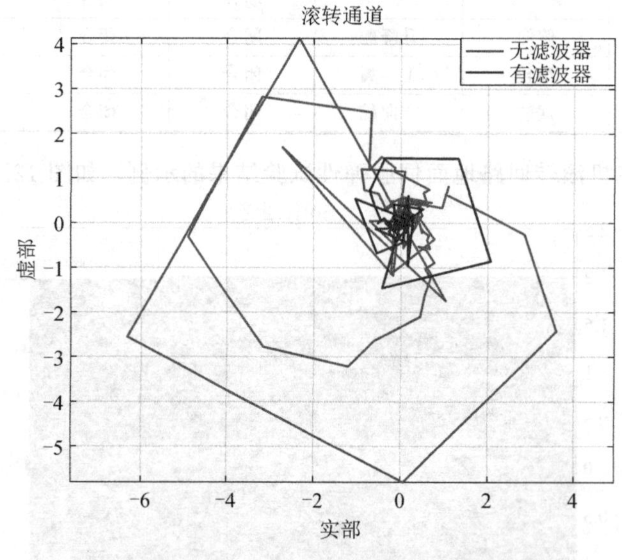

图 12.9 实测的滚转回路开环频响函数的奈奎斯特曲线

试验结果表明:当控制律不含滤波器时,滚转回路是伺服弹性不稳定的,失稳频率为 12.1 Hz(对应于平尾反对称弯曲模态);在控制律中加入滤波器后,10 Hz 以后的弹性振动信号得到较充分的衰减,系统变成稳定,但稳定裕度不大,仍需要采取措施加以改善。

12.3　静气动弹性试验

12.3.1　静气动弹性模型的发散风洞试验

发散是气动弹性问题中的一个重要问题，属于静气动弹性稳定性问题，是一种具有强烈破坏性的现象。发散风洞试验对于发散数值计算方法验证具有重要的意义。

发散风洞试验的模型只模拟空气动力外形和刚度分布，不需要模拟质量分布。对低速模型只模拟长度比和速度比。静气动弹性试验除了速压大外，还要求有迎角变化。因此，强度问题比较突出。此外，在静气动弹性模型设计时，要进行颤振分析，以免在试验过程中发生颤振。

为了避免发散试验时模型损坏和对风洞进行保护，必须要有行之有效的发散试验预测技术，并能在亚临界情况下预测发散动压。为了达到这个目的，NASA 兰利中心曾发展了多种亚临界发散动压预测方法，其中有四种静态方法，分别是 Southwell 方法、DI 方法、应变变化曲线法和定常载荷法。这些方法都各自有其特点，详细介绍可参见本章参考文献[7]。这里只重点介绍 Southwell 方法。

Southwell 方法所用到的公式为

$$\frac{\mathrm{d}(\varepsilon/q)}{\mathrm{d}\varepsilon}=\frac{1}{q_{\mathrm{D}}} \tag{12.34}$$

式中，ε 为应变，取主应变中绝对值最大的应变（简称最大主应变）；q 为试验动压，q_{D} 为发散动压。

利用该方法进行发散风洞试验时，先固定翼面的迎角不变，不断改变动压，并测量该动压下的应变 ε，然后改变翼面的迎角，重复以上步骤。绘制各迎角状况下的 (ε/q) - ε 曲线，利用一阶最小二乘法进行处理，计算各迎角状况下由一阶最小二乘法处理后的直线的斜率，则它们的平均值的倒数即为发散动压。参见图 12.10，图中直线斜率的倒数即为发散动压 q_{D}。

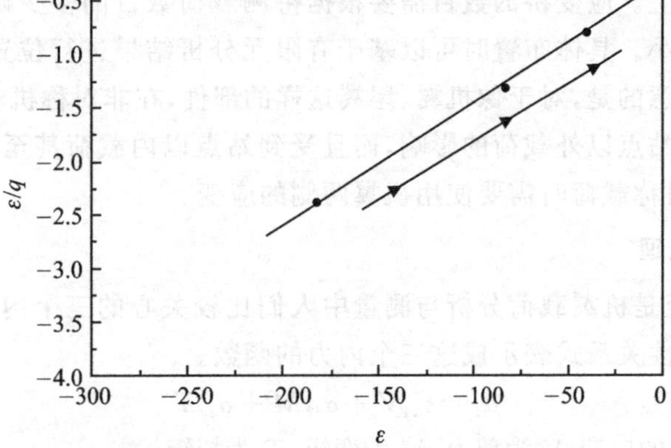

图 12.10　Southwell 方法预测曲线示意图

在一项探索性的发散风洞试验研究中，说明了利用 Southwell 方法进行发散动压预测，其预测结果与理论计算及临界试验结果有良好的一致性。该项研究还表明：利用最大主应变进行 Southwell 方法预测可以得到满意的试验结果。

需要说明的是,在进行试验时,各个测量点在不同的动压和迎角下其最大主应变的方向是在变化的,但是一般变化幅度较小。为了提高预测的准确性,在利用Southwell方法进行预测时,可以把同一个迎角最大测试动压下的最大主应变方向作为基准方向,计算出其他各动压下该方向的对应应变值,并将其假定为该动压下的最大主应变,以此进行预测曲线的绘制。

12.3.2 飞行载荷飞行试验

因研究、结构综合演示以及发展飞行试验的需要,有必要开展飞机在线飞行载荷的测量。尽管可以在风洞试验中通过在翼面上布置测压管的办法来测量翼面压力分布,从而测得结构的弯矩、扭矩和剪力,但是在飞行试验中布置如此多的测压管,显然很不现实,且会带来巨大的风险。因此,飞机在飞行试验时的飞行载荷的测量只能通过其他方法进行。

通常有两种方法测量飞机在飞行中的飞行载荷。一种是通过测量翼面若干位置处的应变,并根据事先标定的函数来计算翼面的载荷,简称应变法。应变法早在20世纪40—50年代就开始在飞机飞行载荷测量上使用,并沿用至今。另一种则是通过测量翼面若干位置处的变形,并根据事先标定的函数来计算翼面的载荷,简称位移法。该方法是近年来随着光学位移测量设备的进步而发展起来的。两种方法在计算方法上有较大的相似性,计算公式的形式也基本一致,所不同的只是前者使用所测量的应变,而后者使用所测量的变形。在获得了作用在飞机上的弯矩、扭矩和剪力之后,通过减去已知的惯性载荷等就可以得到作用在飞机上的气动载荷。限于篇幅,本文仅重点介绍应变法。

1. 应变布置的原则

基于应变法测量飞行载荷与测量应力在很多方面是一致的。不过在飞行载荷的测量中,通常使用在主要结构部位布置全桥的方法,以获得高灵敏度的数据和消除温度效应的影响。

合理选择应变桥布置的位置是非常关键的。必须将应变片布置在应力水平比较高的位置,以获得较好的灵敏度,并且应该避开应力集中的地方。根据结构受力和传力的特点,通常将测量剪力的全桥布置在翼梁的腹板处,将测量弯矩的全桥布置在凸缘和蒙皮处,将测量扭矩的全桥布置在承扭盒上。应变桥的数目需要根据待测载荷数目的多少确定,并尽可能保证这些全桥的线性相关性小。具体布置时可以基于有限元分析结果进行位置和数目选择,并进行相关性校核。值得注意的是,对于像机翼、尾翼这样的部件,在非对称机动载荷的情况下,根部的应力不仅受到全桥站点以外载荷的影响,而且受到站点以内载荷甚至是另一侧翼面载荷的影响。因此,测量非对称载荷时需要使用机翼两侧的应变。

2. 载荷测量的机理

剪力、弯矩和扭矩是机翼载荷分析与测量中人们比较关心的三个内力。结构上某处的应变通常可以用以下线性关系式表示成这三个内力的函数。

$$\mu_i = \alpha_{i1} V + \alpha_{i2} M + \alpha_{i3} T \tag{12.35}$$

式中,μ_i 为第 i 个站位的应变,V 为剪力,M 为弯矩,T 为扭矩,α_{i1}、α_{i2}、α_{i3} 为应变方程式(12.35)中的影响系数。

方程式(12.35)也可以通过变换写成以下形式,即将剪力、弯矩、扭矩表示成若干测量站点应变的线性组合。

$$\begin{Bmatrix} V \\ M \\ T \end{Bmatrix} = \begin{bmatrix} \beta_{11} & \beta_{12} & \beta_{13} & \cdots & \beta_{1n} \\ \beta_{21} & \beta_{22} & \beta_{23} & \cdots & \beta_{2n} \\ \beta_{31} & \beta_{32} & \beta_{33} & \cdots & \beta_{3n} \end{bmatrix} \begin{Bmatrix} \mu_1 \\ \mu_2 \\ \mu_3 \\ \vdots \\ \mu_n \end{Bmatrix} \tag{12.36}$$

式中，β_{ij} 为载荷方程(12.36)中的影响系数。

影响系数 β_{ij} 可以通过事先加载的若干个载荷及相应的应变进行标定。以剪力为例，标定方程如下：

$$\begin{Bmatrix} V'_1 \\ V'_2 \\ \vdots \\ V'_m \end{Bmatrix} = \begin{bmatrix} \mu_{11} & \mu_{12} & \cdots & \mu_{1n} \\ \mu_{21} & \mu_{22} & \cdots & \mu_{2n} \\ \vdots & \vdots & & \vdots \\ \mu_{m1} & \mu_{m2} & \cdots & \mu_{mn} \end{bmatrix} \begin{Bmatrix} \beta_{11} \\ \beta_{12} \\ \vdots \\ \beta_{1n} \end{Bmatrix} \tag{12.37}$$

式中，V'_i 为用于标定的第 i 个力。

根据方程(12.37)可以直接求出影响系数 β_{ij}。对于方程(12.37)，当 $m=n$ 时，可以用下式求出 β_{ij}：

$$\boldsymbol{\beta}_{1n} = \boldsymbol{\mu}_{n\times n}^{-1} \boldsymbol{V}'_n \tag{12.38}$$

而当 $m>n$ 时，则可以根据下式使用最小二乘法求出 β_{ij}，即

$$\boldsymbol{\beta}_{1n} = (\boldsymbol{\mu}_{m\times n}^{\mathrm{T}} \boldsymbol{\mu}_{m\times n})^{-1} \boldsymbol{\mu}_{m\times n}^{\mathrm{T}} \boldsymbol{V}'_m \tag{12.39}$$

同样，上述标定方法和步骤也可以应用于弯矩和扭矩的影响系数的确定。最小二乘方程(12.39)求解的必要条件是

$$|(\boldsymbol{\mu}_{m\times n}^{\mathrm{T}} \boldsymbol{\mu}_{m\times n})^{-1}| > 0$$

即各站点的应变互不相关。

求得载荷方程影响系数 β_{ij} 之后，即可以使用方程(12.36)根据实际飞行时的应变计算飞机的飞行载荷。当然，在使用中，也可以根据实际情况对上述方程进行一定的转换和简化。

12.4　颤振风洞试验

颤振风洞试验是气动弹性试验的重要内容之一，其主要目的包括：获取试验模型的颤振速度、颤振频率，研究颤振模型的刚度特性、惯性特性和气动外形参数对颤振特性的影响，验证颤振特性的理论计算方法，校核飞行器颤振特性，为颤振试飞的安全性和适航审定的符合性提供试验依据。

飞行器颤振风洞试验遵循运动的相对性原理和动力相似准则。由于风洞尺寸的限制，通常无法实现全尺寸飞行器的风洞试验，因此需要将飞行器的几何外形、结构刚度和质量按照一定的规则进行缩比，即设计制造缩比模型。试验时将缩比模型以一定形式支撑，逐步增大风速(或保持马赫数不变，调节动压)，直至模型出现不衰减的等幅振动或发散振动，此时的风速即为模型颤振速度(或颤振动压)，振动频率即为模型颤振频率。最后通过相似比例换算得到全尺寸飞行器的颤振特性。

颤振风洞试验按照所使用的风洞性能，可分为颤振低速风洞试验和颤振高速风洞试验；按

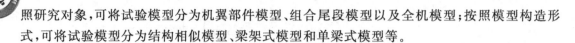

照研究对象,可将试验模型分为机翼部件模型、组合尾段模型以及全机模型;按照模型构造形式,可将试验模型分为结构相似模型、梁架式模型和单梁式模型等。

12.4.1 相似准则

模型颤振风洞试验的基础是相似律,它可由运动方程的相似变换方法来建立。这里以颤振低速风洞试验为例来推导相关参数的相似比例。在低速风洞试验中,一般根据风洞和试验模型的客观条件,选定以下3个比例作为基本相似比:

k_b—— 长度比,缩比模型的特征长度与实物的相应特征长度之比;

k_V—— 速度比,缩比模型的颤振速度与实物的颤振速度之比;

k_ρ—— 密度比,风洞工作时的气体密度与实物飞行高度所对应的大气密度之比。

先写出全尺寸实物在颤振临界状态的频域运动方程:

$$\left[-\omega^2\boldsymbol{M}+\boldsymbol{K}-\frac{1}{2}\rho V^2 b\boldsymbol{A}\right]\boldsymbol{q}=\boldsymbol{0} \tag{12.40}$$

其中,$\boldsymbol{q}$ 为广义坐标,$\boldsymbol{M}$、$\boldsymbol{K}$ 分别为广义质量和广义刚度,ρ 为大气密度,b 为参考弦长,V 为颤振速度,ω 为颤振频率,特别需要说明的是这里的 $\boldsymbol{A}$ 为无量纲的广义气动力影响系数。根据式(12.40),再写出缩比模型的颤振方程:

$$\left[-k_\omega^2 k_M\cdot\omega^2\boldsymbol{M}+k_K\cdot\boldsymbol{K}-k_\rho k_V^2 k_b k_{\boldsymbol{A}}\cdot\frac{1}{2}\rho V^2 b\boldsymbol{A}\right]k_q\cdot\boldsymbol{q}=\boldsymbol{0} \tag{12.41}$$

为了得到相似的颤振方程,比较式(12.40)和式(12.41)可得以下相似要求:

$$k_\omega^2 k_M=k_K=k_\rho k_V^2 k_b k_A \tag{12.42}$$

若缩比模型与全尺寸实物具有相同的马赫数、雷诺数、减缩频率 $k=\omega b/V$,且具有相似的气动外形和模态振型,则有 $k_A=1$,于是相似要求变为

$$\left.\begin{aligned}&k_\omega^2 k_M=k_K=k_\rho k_V^2 k_b\\&k_\omega k_b/k_V=1\end{aligned}\right\} \tag{12.43}$$

由式(12.43)可以推导出一些参数的比例与基本相似比的关系:

频率比:
$$k_\omega=k_V/k_b \tag{12.44}$$

质量比:
$$k_M=k_\rho k_b^3 \tag{12.45}$$

刚度比:
$$k_K=k_\rho k_V^2 k_b \tag{12.46}$$

在颤振缩比模型的设计中,3个基本相似比例的选取可以考虑以下原则:① 模型翼展不超过风洞试验段宽度的75%,模型长度不超过风洞试验段长度的70%,模型在风洞试验段的堵塞度不超过5%。② 一般情况将实物的飞行高度设定为海平面高度。当模型的质量特性难以通过配重模拟时,也可提升设定的实物飞行高度来增大 k_ρ。③ 速度比的选取应使得预计的模型颤振速度处于风洞可用风速范围的中间区域。

前面讨论的是颤振低速风洞试验,对于颤振高速风洞试验,首选的3个基本比例尺是:长度比、密度比及动压比。长度比按风洞试验段尺寸与实物尺寸来选定,密度比按风洞中气体密度及实物飞行状态下的空气密度来选定,动压比是根据风洞前驻点压力 p_0 可达到的极限与实物估算出的颤振动压来选定。颤振高速风洞试验比低速风洞试验的难度要大得多,这是因为高速风洞试验段的尺寸比低速风洞小得多,给予测试的时间短,且试验模型的强度要求比较突出。

12.4.2　试验模型

颤振风洞试验模型设计主要受风洞尺寸、性能和试验费用的限制。梁架模型具有设计方便、生产工艺简单和费用低等显著特点。对于常规以金属结构为主的飞行器而言，梁架模型对真实结构的动力学模拟精度也能够满足工程设计的需要。梁架模型设计是通过动力学相似原理建立能够有效模拟真实结构并适合风洞尺寸和性能的缩比简化的物理模型，在风洞吹风条件下，模型的动力学行为反映了真实飞行器在飞行状态的动力学特性。设计质量的优劣除对生产质量和成本的控制要求之外，最重要的就是看它与真实结构的动力学相似程度。图 12.11～图 12.13 给出了一些颤振风洞试验模型的示例。

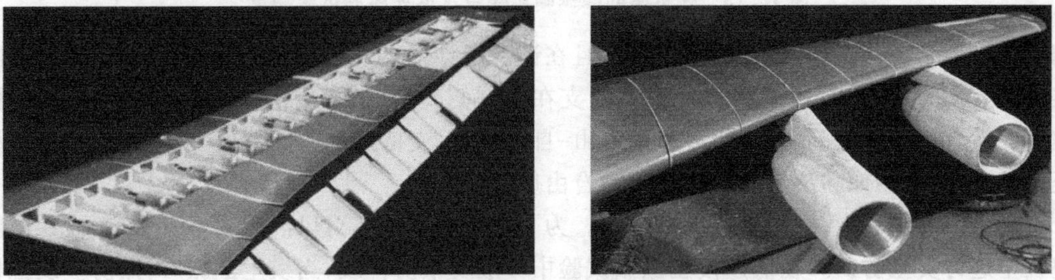

图 12.11　颤振低速风洞试验机翼模型示例

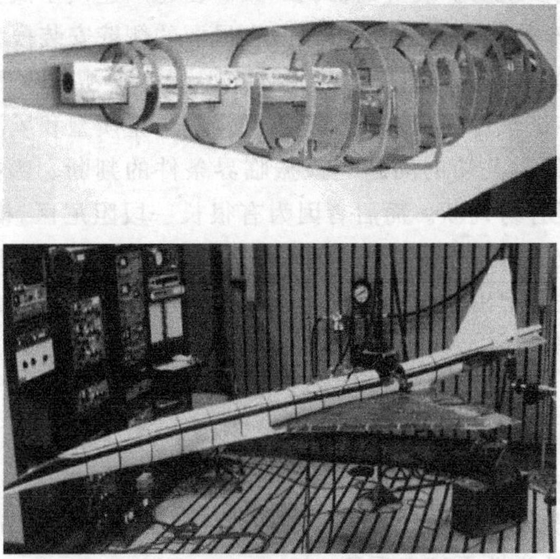

图 12.12　颤振低速风洞试验机身模型示例

传统的设计方式是根据真实结构进行刚度和质量惯性折算，反复修改调整模型参数，使模型动力学性能与真实系统具有动力学相似性，也就是满足设计目标(通常是依据结构固有振动结果进行相似等效)。这种传统方式工作量很大，需要多轮反复才能达到设计目标，费时费力，设计师需要在设计精度和工作量之间进行适当的权衡取舍，因此，对于现代飞机设计的效率和质量要求而言，需要引入现代的设计方法。基于优化理论的系统辨识方法为提高模型设计效率和精度提供了有效的设计手段。在颤振试验中，为了正确模拟模型的运动情况及支持条件，还需要专门设计满足试验要求的支持系统。在低速试验中，部件模型通常支持在刚架上，刚架

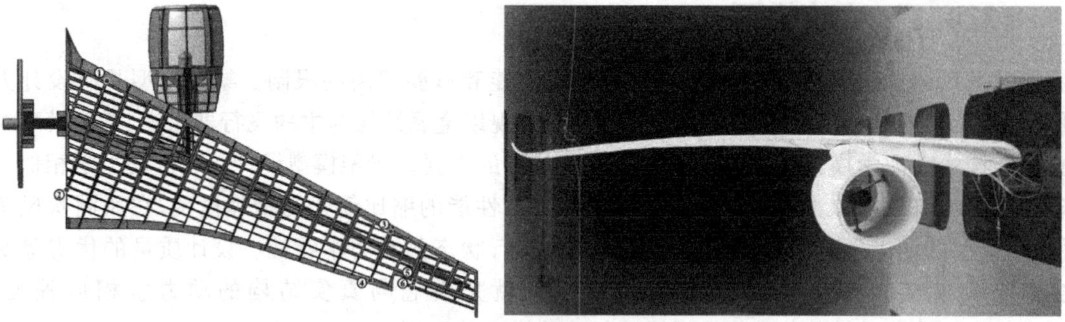

图12.13 某机翼的颤振缩比模型及低速风洞试验场景

相对于模型来说其刚度及质量要大得多,且在试验所涉及的相关颤振频率范围内不能出现刚架的固有频率。有时,也可将部件模型固支在风洞侧壁上,但需要考虑消除洞壁附面层的影响。在做全机模型试验时,一般多采用自由-自由支持,支持系统除支持模型外,还应保持模型至少具有升降、俯仰和滚转三个刚体运动自由度。

颤振风洞试验中,模型有可能被吹坏。为了防止模型破坏对风洞造成不良影响,需在试验过程中进行安全防护。在低速模型颤振试验中一般要系防护线,当发生颤振时,用防护线拉住模型。对于全机模型,需在各个部件上都设有防护线。对于自由-自由模型,还要有抑制刚体运动的防护线,且应做到多组防护装置的协调一致。在超声速模型试验中,颤振模型难以经受超声速时风洞起动和停车的冲击,最好的办法是在风洞的侧壁安装模型收放装置的箱体,模型放置在箱体内,待稳定的流场建立后,把模型送入试验段。模型发生颤振或关车前,应先把模型送入箱体内。总之,在试验过程中,要采取各种措施,防止模型和风洞的毁坏。

颤振模型风洞试验最为关切的问题是颤振临界条件的判断。颤振通常有爆发型及缓和型,前者用直观的方法很容易判断。而后者因为有很长一段阻尼区,模型响应虽大,但并不发散,临界条件的判断比较困难。有时把响应很大的情况定为临界点,有时把振荡开始发散的情况定为临界点,不同方法确定出的颤振速度差别很大。这时就需要有合适的数据处理方法,来进行亚临界响应的数据分析。一些常用的颤振边界预测方法可见12.5.3节。

12.5 颤振飞行试验

颤振飞行试验是检验飞行器设计中满足气动弹性要求的最终环节。通过颤振飞行试验以证实飞行器不会发生气动弹性不稳定现象。

颤振飞行试验的任务如下:① 验证飞行包线范围内的气动弹性稳定性,在满足要求的情况下,可进一步探讨扩大飞行包线的可能性;② 进行与颤振相关的课题研究,如颤振主动抑制系统研究、解耦挂架的防颤振原理研究等。

颤振飞行试验是一种有风险的试飞科目,也是在试验技术和分析技术上很复杂的科目。目前它主要作为飞机定型试飞的组成部分,用以验证新飞机的颤振余量。通常在为了这种目的的试飞中,飞机不能飞到颤振临界状态,只能在亚临界状态下进行响应测量和分析。颤振飞行试验的基本方法是:根据颤振分析结果,选定飞机所需试验的构型。对每种试验构型,分别在不同的高度和速度下,对飞机进行激励,记录飞机结构对激励的响应。通过对响应的分析,求出若干所需要的频率和阻尼。根据这些亚临界响应参数随风速（或动压）的变化来确定飞机的颤振余量。典型的颤振飞行试验过程如图 12.14 所示。

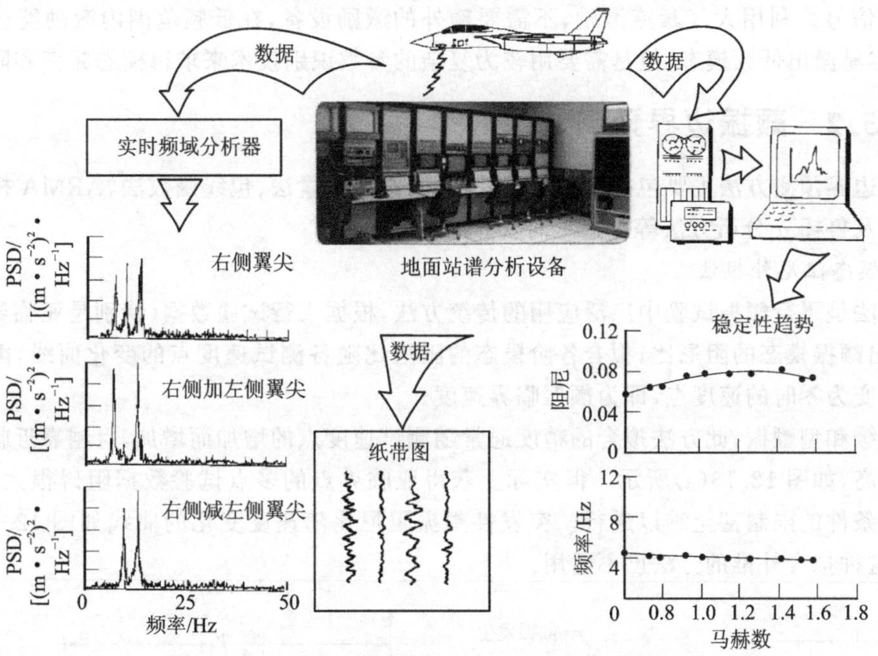

图 12.14　典型的颤振飞行试验过程示意图

12.5.1　激励方法

飞行试验工程师们认识到要获得高信噪比的数据，充分的激振很重要。只有足够大能量的激励才能激起相应的振动模态，以便从响应数据中估计系统的稳定性。对激励系统的要求，不仅提供足够大的激振力，还必须是相关的频率范围。目前各种实用的颤振飞行试验方法中，常用的方法有以下几种：

(1) *脉冲激励*

通过飞行员人工激励操纵面，或者借助于小火箭，来产生作用时间很短的脉冲激励信号，对飞行中的飞机进行激励。脉冲激励是一种比较简便的方法，它所用的设备也不复杂，进行一次试验所需的时间比较短。但要得到高信噪比的响应信号比较困难，必须依靠复杂的数据处理方法，才能得到模态频率和阻尼比。

(2) *简谐激励*

简谐激励可以通过电磁激励器来实现，常用的激励有稳态激励和衰减振荡两种。简谐激励的主要特点如下：试验中激励频率可调，激励能量大；但试验的时间长，且试验设备也相对比较复杂。

(3) *扫描激励*

利用专用的信号发生器产生一种特定信号，在一个选定的频率范围内，按一定的规律连续改变激励信号的频率，通过操纵面对飞机结构进行扫描激励。这种激励方法可以避免简谐激励费时太多的问题，但有时激励能量不能满足要求。

(4) 随机激励

利用大气紊流或机械的、空气动力的方法产生随机信号,对飞机结构进行激励,且记录结构的响应信号。利用大气紊流激励,不需要额外的激励设备,在低频范围内激励能量比较集中,比较容易激出低频模态,但是需要用较为复杂的参数识别技术来求得模态频率和阻尼比。

12.5.2 颤振边界预测方法

颤振边界预测方法主要包括模态阻尼外推法、颤振余量法、包线函数法、ARMA 模型时序分析法以及鲁棒 μ 分析方法等。这里简要介绍前2种。

(1) 模态阻尼外推法

该方法是飞行颤振试验中广泛应用的传统方法,根据飞行试验数据(特别是亚临界状态数据)辨识出颤振模态的阻尼比,拟合各阶模态的阻尼比随各测试速度点的变化曲线,由此外推出阻尼比变为零时的速度点,即为颤振临界速度。

对于缓和型颤振,此方法拟合的精度通常随测试速度点的增加而增加,且越靠近临界点预测精度越高,如图 12.15(a)所示。但实际上获得亚临界点的多点试验数据阻碍很大,由于安全和试验条件的限制甚至难以进行。突发性颤振阻尼比随速度变化的曲线如图 12.15(c)所示,显然这种拟合外推的方法已不适用。

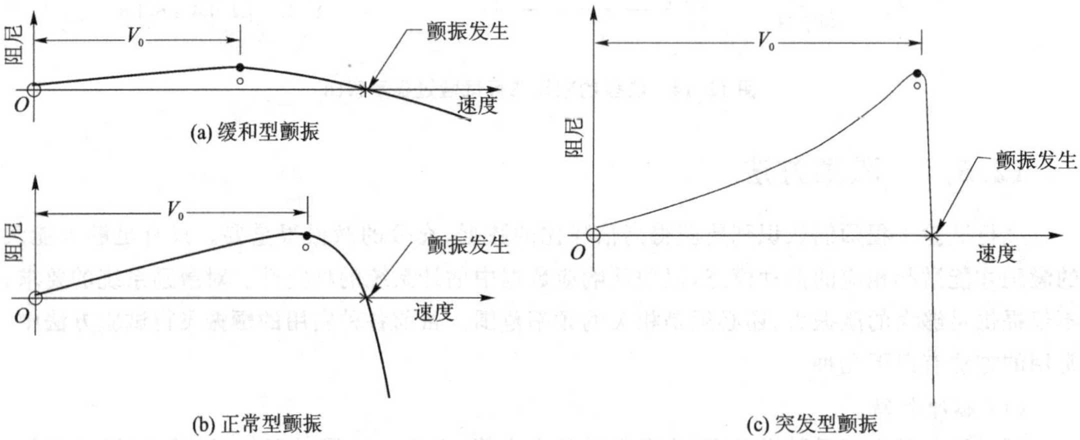

图 12.15 阻尼比随速度变化的曲线

该方法以颤振模态阻尼比为系统稳定性指标。优点是数据处理方式简便,完全依赖于对飞行试验数据的分析,对输入数据不做要求,只须辨识出颤振模态的阻尼比信息,即可进行曲线的拟合外推。而问题恰恰源于此:一方面,阻尼比的辨识精度难以保证,由于颤振试飞数据信噪比低,以及气动弹性模态密集、混频、数据处理中的计算误差等因素影响,阻尼比参数非常敏感,辨识结果可能出现较大偏差;另一方面,阻尼比与飞行速度呈非线性关系,外推段的阻尼比可能发生突变,此时通过曲线拟合外推无法模拟,因而不适用于突发性颤振。

(2) 颤振余量法(Zimmerman - Weissenburger 方法)

颤振余量法是由美国麦道公司的 Zimmerman 和 Weissenburger 二人于1964年提出的一种适用于二自由度耦合颤振的经典方法。该方法完全依赖于对试验数据的分析,需要从中辨识出传递函数极点的信息。根据 Routh 稳定性判据,推导出两自由度系统其颤振裕度表达

式为

$$F=\left[1-\left(\frac{\beta_2-\beta_1}{\beta_2+\beta_1}\right)^2\right]\left\{\left(\frac{\omega_2^2-\omega_1^2}{2}\right)+(\beta_1+\beta_2)^2\left[\left(\frac{\omega_2^2+\omega_1^2}{2}\right)+\left(\frac{\beta_2+\beta_1}{2}\right)^2\right]\right\} \tag{12.47}$$

其中，ω_1、ω_2、β_1、β_2 分别表示两阶主要颤振模态的频率和衰减率(即特征根的虚部和实部)。

另外，由工程经验得出的二次曲线关系：

$$F=B_2q^2+B_1q+B_0 \tag{12.48}$$

拟合颤振裕度随动压的变化关系，从而外推出 $F=0$ 处的动压即为颤振临界动压，如图 12.16 所示。

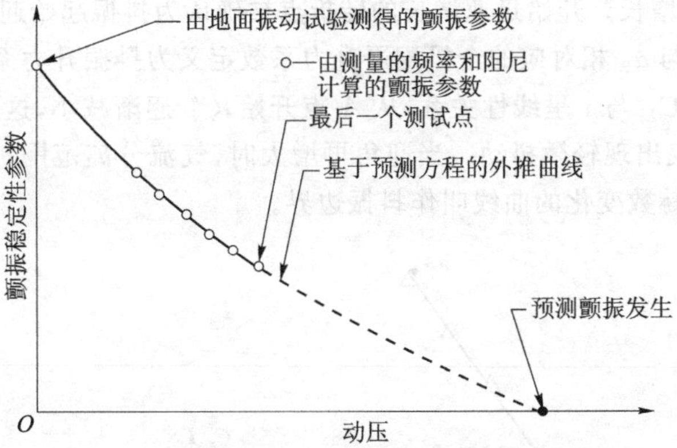

图 12.16　颤振余量参数随飞行动压的变化趋势

颤振余量法以颤振裕度作为系统稳定性的指标。其突出特点在于，即使是突发性颤振，其拟合出的颤振裕度随动压的变化曲线仍是光滑连续的抛物线。颤振裕度公式的引入，成功克服了模态阻尼外推法无法分析突发性颤振的缺点。颤振裕度的计算需要传递函数的极点信息，故对关键模态频率和阻尼的辨识仍很重要。

目前，适用于二自由度的颤振余量法经演变，可扩展到单自由度、三自由度等耦合颤振的分析，但仍存在局限性。只有已知颤振形式是低阶耦合颤振，且选取适当的主要模态得到相应的频率和衰减率，通过计算颤振裕度，得出的颤振预测速度才有效。

12.6　抖振风洞试验

抖振是由于气流分离的激励而引起的结构强迫振动，它是一种随机振动。抖振可分为升力型和非升力型两种，相应地可把抖振试验分成两种：一种是确定升力型抖振边界的试验，另一种则是测量抖振响应的试验。

抖振试验所用的风洞模型不同于颤振风洞试验模型，当抖振风洞试验的目的是确定抖振边界时，原则上只要求模型与实物的空气动力外形相似，但通常也还要求与第一阶固有频率相似。为了有效提高雷诺数，多采用半模型。实践证明，采用半模型和全模型所得的抖振边界基本上是一致的。

1. 抖振边界的测量方法

抖振边界的测量有很多方法可行，诸如翼根均方根弯矩切交法、后缘压力发散法、加速度测量法以及升力线拐点法等,这些方法在使用时各具特点。通常认为,用翼根均方根弯矩切交法求得的抖振边界与飞行试验的结果趋势相当一致。当然,在抖振边界测量中同时采用几种方法,会得到更为可靠的结果。

翼根均方根弯矩切交法的实施要点是,在翼根粘贴应变片以感受机翼根部弯矩。首先,由测试系统测出与翼根弯矩成正比的电信号的均方根值 σ;然后在一个固定的马赫数下作出均方根值 σ 随迎角 α 的变化曲线,如图 12.17 所示的曲线是在一架模型上进行风洞试验的结果。由图可见,在小迎角区域,曲线接近水平,显示出翼面上没有气流分离,所测出的 σ 值与风洞本身压力脉动响应相关。在迎角达到某一值时,气流出现分离,发生抖振。此后,均方根值 σ 会随迎角的增长而迅速增长。开始迅速增长的转折点被确认为抖振起始迎角。转变点用切线交点来确定,记为 α_B。与 α_B 相对应的全机配平升力系数定义为抖振升力系统 C_{LB}。如图 12.18 所示,在迎角范围内,C_L 与 α 呈线性关系,从 A 点开始,C_L^α 逐渐减小,这是由于机翼局部气流分离所致,这时机翼仅出现轻微抖动。当迎角再增大时,气流分离范围扩大,抖动加剧。飞机开始抖振的 C_L 随马赫数变化的曲线叫作抖振边界。

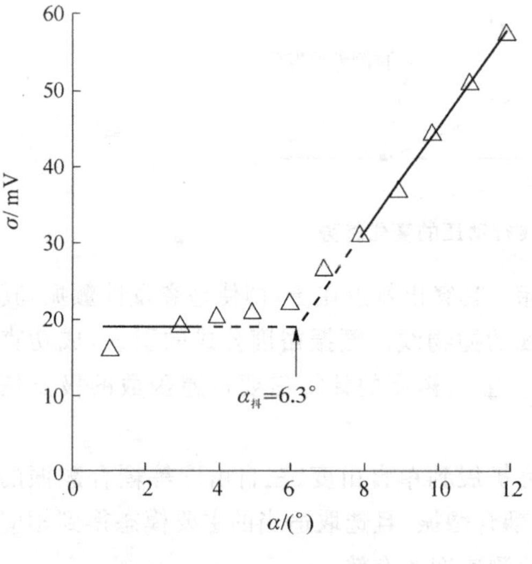

图 12.17 $\sigma-\alpha$ 曲线示意图

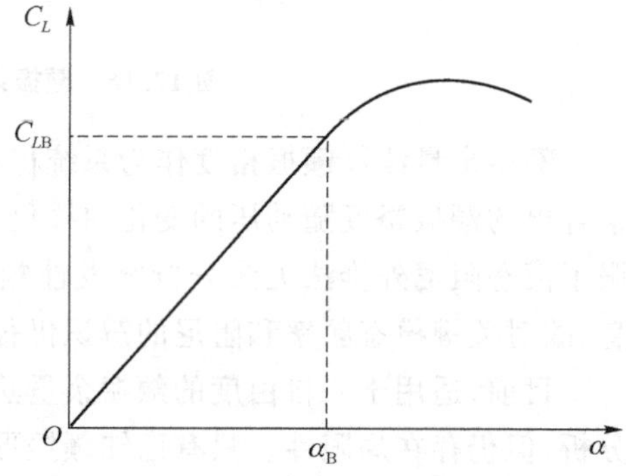

图 12.18 $C_L-\alpha$ 曲线

尽管近年来用理论计算确定抖振边界的方法已得到很大发展,但目前抖振边界主要还是由风洞试验或飞行试验来确定。

2. 抖振载荷的风洞试验方法

除了抖振边界的测量以外,抖振载荷的测量也很重要。进入抖振区,由于气流分离,飞机发生强烈振动。这种振动引起飞机承受额外载荷,称为抖振载荷。

抖振载荷的预估可由风洞试验直接测量。在模型根部贴上应变片(或其他类型传感器),直接测量抖振引起的弯矩,但需对均方根值进行标定,以便换算成翼根弯矩。在得到均方根值 σ 随迎角 α 的变化曲线之后,选取最大值 σ_{max} 及由风洞紊流度引起的模型振动载荷 σ_0,则抖振引起的最大均方根载荷为

$$\sigma_{max}=[(R^2-1)\sigma_0^2+\sigma_{max}^2]^{\frac{1}{2}}-R\sigma_{max} \tag{12.49}$$

式中,R 代表紊流振动载荷与抖振载荷之间的相关系数,其值在 -1 到 $+1$ 之间变化。当 R 近

似等于零时，则近似认为

$$\sigma_{\max(\text{抖振})}=\sqrt{\sigma_{\max}^2-\sigma_0^2} \tag{12.50}$$

为了得到飞机抖振载荷，仅仅知道均方根载荷的最大值是不够的，还必须知道抖振载荷的概率分布，例如，尾翼失速抖振的概率近似于高斯分布。

最后，要通过相似关系，把模型抖振载荷换算到真实飞机上去。当使用外形、刚度和惯性相似的模型时，这种换算可简单地按量纲关系进行。但当使用只保持外形及第一阶固有频率相似的模型时，就需要有专门的换算方法。目前已有多种近似方法可供工程应用选择。

思考与练习

12.1 试分别说明在本章中所列各项试验的任务和目的。

12.2 简要说明地面振动试验的结果和它在气动弹性分析上的应用价值。

12.3 简述气动弹性试验在气动弹性学科研究和发展上的重要意义。

12.4 在相位共振法中，为什么采用激振力最大幅值 1 000 N 的激振器能将质量为 50 t 的大型飞机激发出纯模态来？

12.5 在给定的控制指令下，电磁式激振器的激振力是固定的吗？受哪些因素的影响？

12.6 在地面伺服弹性试验中，为了测定某个回路的开环传递函数，通常需要将这个回路断开。如果不断开该回路，能否测得开环传递函数？如何测量？

12.7 在大展弦比长直机翼的静气弹发散试验中，观测到的现象是机翼弯曲折断，为什么不是机翼扭转破坏？静气弹发散动压与机翼弯曲刚度是否有关？

12.8 为什么说在颤振高速风洞试验中缩比模型的强度问题变得突出？

本章参考文献

[1] 管德．飞机气动弹性力学手册．北京：航空工业出版社，1994.

[2] 管德．气动弹性试验．北京：北京航空航天大学出版社，1986.

[3] 周传荣，赵淳生．机械振动参数识别及其应用．北京：科学出版社，1989.

[4] 沃德·海伦，斯蒂芬·拉门兹，波尔·萨斯．模态分析理论与试验．白化同，郭继忠，译．北京：北京理工大学出版社，2001.

[5] 王济，胡晓．MATLAB 在振动信号处理中的应用．北京：中国水利水电出版社，2006.

[6] 总装备部．军用飞机结构强度规范：第 7 部分 气动弹性：GJB 67.7A—2008．北京：总装备部军标出版发行部，2008.

[7] 万志强，唐长红，邹丛青．平板前掠翼发散风洞试验预测技术．复合材料学报，2002，19(3)：88-93.

[8] Kehoe M W. A Historical Overview of Flight Flutter Testing. NASA-TM-4720, 1995.

[9] Zimmerman N H, Weissenburger J T. Prediction of flutter onset speed based on flight testing at subcritical speeds. Journal of Aircraft, 1964, 1(4): 190-202.

[10] 杨超，吴志刚，谢长川．气动弹性设计基础．3 版．北京：北京航空航天大学出版社，2021.

第3部分 实践篇

第13章 气动弹性分析设计实践

前面的各章主要讲述的是气动弹性理论基础，为了让读者更好地理解所学的理论，需要“学以致用”，在飞行器气动弹性的分析与设计中实践。为此，本章集中了11个气动弹性问题的解决实例，内容包括结构动力学、静气动弹性、颤振、突风响应和气动伺服弹性稳定性，旨在展示基本理论的实际应用、科学计算编程，以及一些工程分析经验。本章的案例对象大都是针对实际飞行器的简化模型，在分析设计中不需要借助商用软件，而更注重基本概念和自行编程，这样能为今后气动弹性工程分析设计奠定良好的基础。本书附录给出了相应案例的MATLAB代码。

13.1 飞行器结构特性分析

13.1.1 机翼截面刚心位置计算

【例 13.1】 如图13.1所示机翼截面，翼型为NACA0015，弦长为 $c=1.0$ m，蒙皮厚度为 $t=0.005$ m，在20%、40%、60%和80%弦长处的上、下表面各有截面积为 $A=0.001$ m^2 的纵向加强元件，蒙皮和纵向加强元件均为同一种材料。纵向加强元件只承受正应力，蒙皮可承受正应力和剪切。计算该截面的刚心位置。

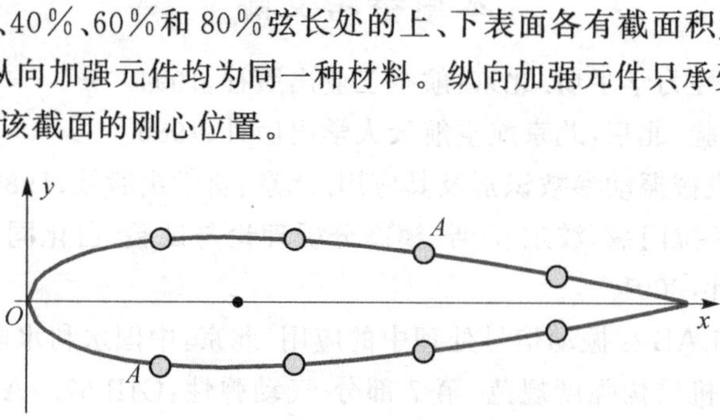

图 13.1 机翼截面示意图

在本问题中，由于蒙皮承受正应力，采用手工计算会非常烦琐，这里利用MATLAB编程来完成数值计算。建立如图13.1所示的坐标系 Oxy，由对称性可知截面刚心位于 x 轴，设其坐标为 $(x_0,0)$，在该点作用于一个沿 y 轴方向的剪力 Q。下面就是要求当 x_0 为何值时，该剪力 Q 产生扭转变形为0。

为便于计算，在翼型轮廓线上取 N 个离散点(其中第 N 点与第1点重合)，记第 k 点、第 $k+1$ 点的坐标为 (x_k,y_k)、(x_{k+1},y_{k+1})，且相邻两点之间为直线连接，于是蒙皮被分成 $N-1$ 条直线段，第 k 段蒙皮的厚度记为 t_k。MATLAB代码如下：

```
c = 1.0;                              % 机翼弦长
N = 35;                               % 离散点个数
RXY = [ 1.0000      0.00000
        0.9500      0.01008
        0.9000      0.01810
        0.8000      0.03279
        ……          ……
        0.0500      0.04443
        0.0250      0.03268
        0.0125      0.02367
        0.0000      0.00000
        0.0125     -0.02367
        0.0250     -0.03268
        0.0500     -0.04443
        ……          ……
        0.8000     -0.03279
        0.9000     -0.01810
        0.9500     -0.01008
        1.0000      0.00000 ];       % 翼型数据
RXY = c * RXY;
X = RXY(:,1);                         % 翼型轮廓结点 X 坐标
Y = RXY(:,2);                         % 翼型轮廓结点 Y 坐标
T = 0.005 * ones(1,N-1);              % 蒙皮厚度
```

根据图 13.2,可以推导出第 k 段蒙皮关于 x 轴惯性矩的计算公式:

$$
\begin{aligned}
I_{xx,k} &= \int_k y^2 t_k \mathrm{d}s = t_k \int_{x_k}^{x_{k+1}} y^2 \sqrt{1+y'^2}\,\mathrm{d}x \\
&= t_k \int_{x_k}^{x_{k+1}} \left[y_k + \frac{y_{k+1}-y_k}{x_{k+1}-x_k}(x-x_k) \right]^2 \sqrt{1+\left(\frac{y_{k+1}-y_k}{x_{k+1}-x_k}\right)^2}\,\mathrm{d}x \\
&= \frac{1}{3} t_k (y_k^2 + y_k y_{k+1} + y_{k+1}^2) \sqrt{(x_{k+1}-x_k)^2 + (y_{k+1}-y_k)^2}
\end{aligned} \tag{13.1}
$$

设在第 k 点上的纵向加强元件面积为 A_k(若该点无纵向加强元件,则 $A_k=0$),于是,整个机翼截面关于 x 轴的惯性矩为

$$
I_{xx} = \sum_{k=1}^{n-1} I_{xx,k} + \sum_{k=1}^{n-1} A_k y_k^2 \tag{13.2}
$$

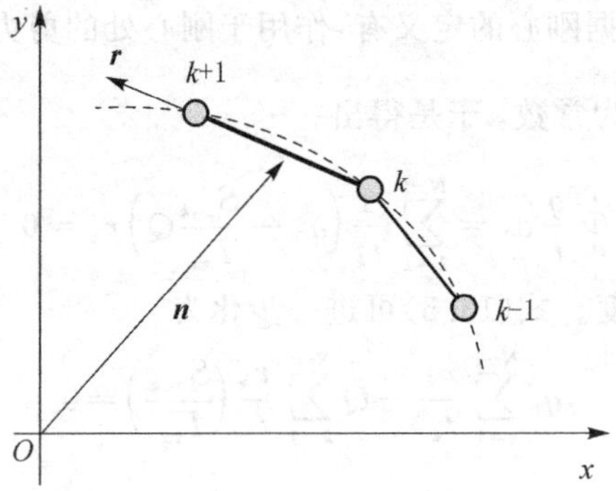

图 13.2　第 k 段蒙皮的几何关系

MATLAB代码如下：

```
Ixx = 0.0;
for k = 1:N-1
    x1 = X(k);
    y1 = Y(k);
    x2 = X(k+1);
    y2 = Y(k+1);
    JJ = 1/3 * T(k) * (y1^2 + y1 * y2 + y2^2) * sqrt((y2 - y1)^2 + (x2 - x1)^2);
    Ixx = Ixx + JJ + A(k) * Y(k)^2;
end
```

接下来计算在蒙皮上的静矩分布。假设各段蒙皮上剪流分布是均匀的，第 k 段蒙皮的静矩为第 $k-1$ 段蒙皮的静矩再加上第 $k-1$ 段蒙皮的静矩贡献和第 k 点纵向加强元件的静矩贡献，由此形成一个递推公式，即

$$S_{x,1}=A_1y_1$$

$$S_{x,k}=S_{x,k-1}+A_ky_k+\int_{k-1}yt_{k-1}\,\mathrm{d}s=S_{x,k-1}+A_ky_k+t_{k-1}\int_{x_{k-1}}^{x_k}y\sqrt{1+y'^2}\,\mathrm{d}x$$

$$=S_{x,k-1}+A_ky_k+\frac{1}{2}t_{k-1}(y_k+y_{k-1})\sqrt{(x_k-x_{k-1})^2+(y_k-y_{k-1})^2} \tag{13.3}$$

MATLAB代码如下：

```
Sx = zeros(1,N-1);
Sx(1) = A(1) * Y(1);
for k = 2:N-1
    x1 = X(k-1);
    y1 = Y(k-1);
    x2 = X(k);
    y2 = Y(k);
    SS = 1/2 * T(k-1) * (y1 + y2) * sqrt((y2 - y1)^2 + (x2 - x1)^2);
    Sx(k) = Sx(k-1) + SS + A(k) * Y(k);
end
```

根据结构力学，可写出各段蒙皮处的剪流为

$$q_k=q_0-\frac{S_{x,k}}{I_{xx}}Q \tag{13.4}$$

其中，q_0 为待定的常数。根据刚心的定义有：作用于刚心处的剪力 Q 产生的扭转变形为0，即 $\oint\frac{q\bar{q}}{Gt}\mathrm{d}s=0$。由于 $\bar{q}$ 和 G 均为常数，于是得出

$$\oint\frac{q}{t}\mathrm{d}s=\sum_{k=1}^{N-1}\frac{1}{t_k}\left(q_0-\frac{S_{x,k}}{I_{xx}}Q\right)r_k=0 \tag{13.5}$$

其中，r_k 为第 k 段蒙皮的长度。式(13.5)可进一步化为

$$q_0\sum_{k=1}^{N-1}\frac{r_k}{t_k}-Q\sum_{k=1}^{N-1}\frac{r_k}{t_k}\left(\frac{S_{x,k}}{I_{xx}}\right)=0 \tag{13.6}$$

即

$$q_0=\left[\sum_{k=1}^{N-1}\frac{r_k}{t_k}\right]^{-1}\left[\sum_{k=1}^{N-1}\frac{r_k}{t_k}\left(\frac{S_{x,k}}{I_{xx}}\right)\right]Q \tag{13.7}$$

MATLAB 代码如下：

```
P = 0.0;
R = 0.0;
for k = 1:N-1
    rr(k) = sqrt((X(k+1) - X(k))^2 + (Y(k+1) - Y(k))^2);
    P = P + rr(k) / T(k);
    R = R + rr(k) * Sx(k) / (Ixx * T(k));
end
q0 = R / P;
```

按照力矩等效原理，选取坐标原点 O 为参考点，蒙皮上的剪流对 O 点的力矩应等于剪力 Q 对 O 点的力矩，即

$$\oint q\,|\boldsymbol{n}\times\boldsymbol{r}|\,\mathrm{d}s = Q\cdot x_0 \tag{13.8}$$

由式(13.8)可以解得

$$x_0=\sum_{k=1}^{N-1}\left(\frac{q_0}{Q}-\frac{S_{x,k}}{I_{xx}}\right)|\boldsymbol{n}_k\times\boldsymbol{r}_k| \tag{13.9}$$

其中，$\boldsymbol{r}_k$ 表示第 k 段蒙皮两端点形成的矢量，$\boldsymbol{n}_k$ 表示从坐标原点到第 k 段蒙皮中点的矢量。

MATLAB 代码如下：

```
XQ = 0.0;
for k = 1:N-1
nx = 0.5 * (X(k) + X(k+1));
    ny = 0.5 * (Y(k) + Y(k+1));
    rx = X(k+1) - X(k);
    ry = Y(k+1) - Y(k);
    XQ = XQ + (q0 - Sx(k) / Ixx) * (nx * ry - ny * rx);
end
```

最后，由程序计算得到截面刚心的 x 坐标为 $x_0=0.272$ m，并绘制出图形如图 13.3 所示。完整的 MATLAB 代码见附录(Examp01.m)。

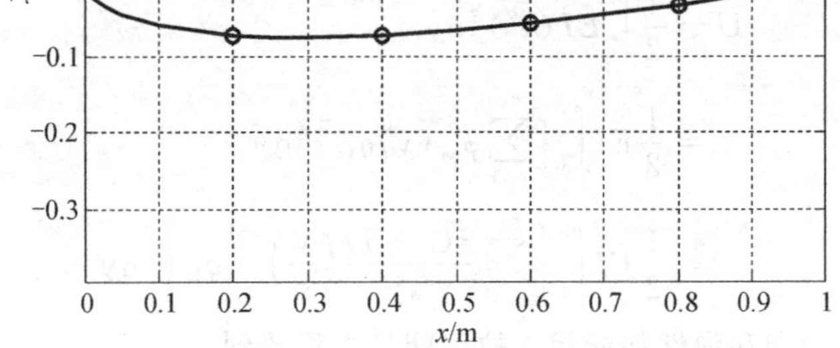

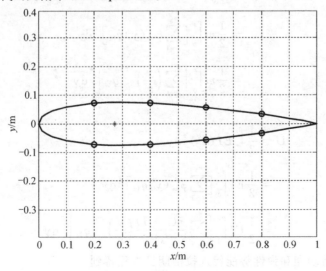

图 13.3　机翼截面刚心位置

需要说明的是:本例程序的适用对象是对称翼型、截面为单闭室的机翼,如果需要处理多闭室截面的机翼,请读者自行拓展。

13.1.2 机翼结构模态特性分析

【例 13.2】 如图 13.4 所示的均匀矩形机翼,弦长 $c=1$ m,展长 $s=4$ m;机翼截面刚心位于 45%弦长处,质心位于 25%弦长处;机翼单位展长的质量为 $m=10$ kg/m,单位展长绕质心的转动惯量为 $I_G=2.4$ kg·m²/m;机翼截面抗弯刚度为 $EI=1.4\times10^4$ N·m²,抗扭刚度为 $GJ=1.6\times10^4$ N·m²。① 若仅考虑机翼的弯曲,选取代数多项式为假设模态,求机翼的前 2 阶弯曲模态的频率与振型;② 若仅考虑机翼的扭转,选取代数多项式为假设模态,求机翼的第 1 阶扭转模态的频率与振型;③ 考虑机翼弯曲和扭转的惯性耦合,以前面得到的机翼一阶弯曲、二阶弯曲和一阶扭转模态为假设模态,求机翼前 3 阶固有模态的频率与振型。

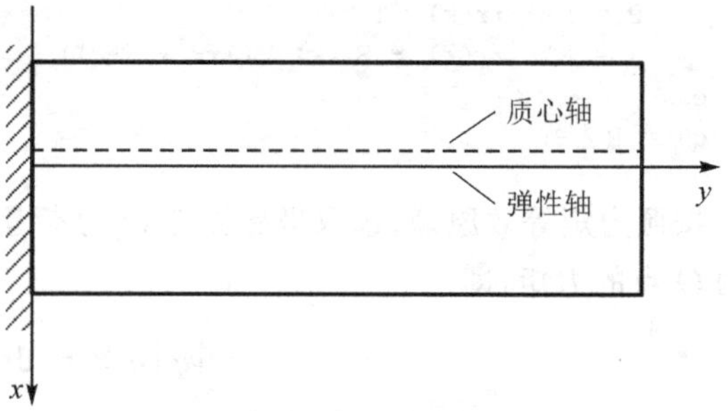

图 13.4 长直机翼示意图

① 记 $h(y)$ 为机翼弹性轴的弯曲挠度,取 y 的 $i+1$ 次幂作为假设模态,即

$$h(y)=\sum_{i=1}^{n_b}\phi_{bi}(y)q_{bi}(t),\quad \phi_{bi}(y)=\left(\frac{y}{s}\right)^{i+1} \tag{13.10}$$

其中,$\phi_{bi}(y)$为假设模态,$q_{bi}(t)$为广义坐标。

下面写出系统动能、势能,通过拉格朗日方程来推导机翼的弯曲振动方程。

动能:

$$\begin{aligned}T&=\frac{1}{2}\int_0^s m\dot{h}^2\mathrm{d}y\\&=\frac{1}{2}m\int_0^s\left[\sum_{i=1}^{n_b}\varphi_{bi}(y)\dot{q}_{bi}\right]^2\mathrm{d}y\\&=\frac{1}{2}m\int_0^s\left[\sum_{i=1}^{n_b}\left(\frac{y}{s}\right)^{i+1}\dot{q}_{bi}\right]^2\mathrm{d}y\end{aligned} \tag{13.11}$$

弹性势能:

$$\begin{aligned}U&=\frac{1}{2}\int_0^s EI(h'')^2\mathrm{d}y\\&=\frac{1}{2}EI\int_0^s\left[\sum_{i=1}^{n_b}\phi''_{bi}(y)q_{bi}\right]^2\mathrm{d}y\\&=\frac{1}{2}EI\int_0^s\left[\sum_{i=1}^{n_b}\frac{i(i+1)}{s^2}\left(\frac{y}{s}\right)^{i-1}q_{bi}\right]^2\mathrm{d}y\end{aligned} \tag{13.12}$$

不考虑外力作用,将动能和弹性势能代入拉格朗日方程得到

$$\boldsymbol{M}_b\ddot{\boldsymbol{x}}_b+\boldsymbol{K}_b\boldsymbol{x}_b=\boldsymbol{0} \tag{13.13}$$

其中，$\boldsymbol{x}_{\mathrm{b}}=[q_{\mathrm{b1}}\quad\cdots\quad q_{\mathrm{b}n_{\mathrm{b}}}]^{\mathrm{T}}$ 为广义坐标向量，质量矩阵 $\boldsymbol{M}_{\mathrm{b}}$ 和刚度矩阵 $\boldsymbol{K}_{\mathrm{b}}$ 的元素为

$$\boldsymbol{M}_{\mathrm{b}}=[m_{\mathrm{b},ij}],\quad m_{\mathrm{b},ij}=m\int_0^s\left(\frac{y}{s}\right)^{i+1}\left(\frac{y}{s}\right)^{j+1}\mathrm{d}y=\frac{ms}{i+j+3}\tag{13.14}$$

$$\boldsymbol{K}_{\mathrm{b}}=[k_{\mathrm{b},ij}],\quad k_{\mathrm{b},ij}=EI\int_0^s\phi''_{\mathrm{b}i}(y)\phi''_{\mathrm{b}j}(y)\mathrm{d}y=\frac{ij(i+1)(j+1)EI}{s^3(i+j-1)}\tag{13.15}$$

求解关于矩阵 $\boldsymbol{K}_{\mathrm{b}}$ 和 $\boldsymbol{M}_{\mathrm{b}}$ 的广义特征值问题，得到最小的前 2 个特征值 λ_i 和对应的特征向量 $\boldsymbol{\Psi}_i$，则第 i 阶弯曲模态的频率为 $\omega_i=\sqrt{\lambda_i}$，第 i 阶弯曲模态的振型为

$$\varphi_i(y)=\left[\phi_{\mathrm{b1}}(y)\quad\phi_{\mathrm{b2}}(y)\quad\cdots\quad\phi_{\mathrm{b}n_{\mathrm{b}}}(y)\right]\boldsymbol{\Psi}_i\tag{13.16}$$

MATLAB 代码如下：

```
% 广义质量
MM = zeros(nb,nb);
for i = 1:nb
    for j = 1:nb
        MM(i,j) = 1 / (i+j+3);
    end
end
MM = m * s * MM;

% 广义刚度
KK = zeros(nb,nb);
for i = 1:nb
    for j = 1:nb
        KK(i,j) = i*j*(i+1)*(j+1) / (i+j-1);
    end
end
KK = EI * KK / s^3;

% 求解特征值问题
[v, d] = eig(KK, MM);
[lambda, Index] = sort(diag(d));

% 模态频率
f1 = sqrt(lambda(1)) / (2*pi)
f2 = sqrt(lambda(2)) / (2*pi)

% 模态振型
y = [0:0.04:1] * s;
p1 = v(:,Index(1))
p2 = v(:,Index(2))
H1 = p1(1) * (y/s).^2 + p1(2) * (y/s).^3 + p1(3) * (y/s).^4 + p1(4) * (y/s).^5;
H2 = p2(1) * (y/s).^2 + p2(2) * (y/s).^3 + p2(3) * (y/s).^4 + p2(4) * (y/s).^5;
% 振型按最大值归一化
ratio = 1 / max(abs(H1));
p1 = ratio * p1
H1 = ratio * H1;
ratio = 1 / max(abs(H2));
p2 = ratio * p2
H2 = ratio * H2;
```

本例中选取 $n_{\mathrm{b}}=4$ 计算得到前 2 阶弯曲模态的频率为

$$f_{b1}=1.309\ \text{Hz}\qquad (\text{精确解}\ f_1=1.309\ \text{Hz})$$

$$f_{b2}=8.247\ \text{Hz}\qquad (\text{精确解}\ f_2=8.201\ \text{Hz})$$

前2阶弯曲模态的振型(已按振型最大值归一化)表达式为

$$\varphi_1(y)=1.752\,6\left(\frac{y}{s}\right)^2-0.767\,6\left(\frac{y}{s}\right)^3-0.099\,1\left(\frac{y}{s}\right)^4+0.114\,1\left(\frac{y}{s}\right)^5 \tag{13.17}$$

$$\varphi_2(y)=12.57\,5\left(\frac{y}{s}\right)^2-26.877\left(\frac{y}{s}\right)^3+15.81\,0\left(\frac{y}{s}\right)^4-2.507\,1\left(\frac{y}{s}\right)^5 \tag{13.18}$$

绘制出曲线并与均匀悬臂的精确解进行对比,如图13.5所示。完整的MATLAB代码见附录(Examp02_1.m)。

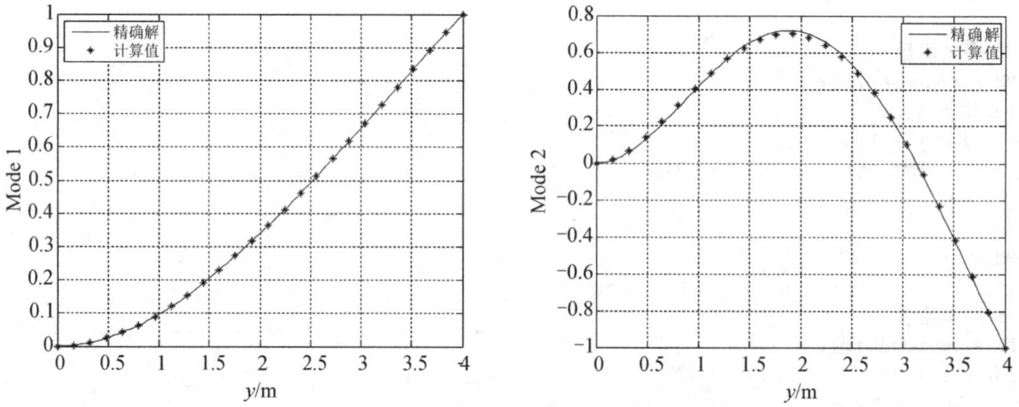

图13.5 长直机翼前2阶弯曲模态振型

② 记$\theta(y)$为机翼弹性轴的扭转变形,取y的i次幂作为假设模态,即

$$\theta(y)=\sum_{i=1}^{n_t}\phi_{ti}(y)q_{ti}(t),\quad \phi_{ti}(y)=\left(\frac{y}{s}\right)^i \tag{13.19}$$

其中,$\phi_{ti}(y)$为假设模态,$q_{ti}(t)$为广义坐标。类似地,可以推导出扭转振动方程

$$\boldsymbol{M}_t\ddot{\boldsymbol{x}}_t+\boldsymbol{K}_t\boldsymbol{x}_t=\boldsymbol{0} \tag{13.20}$$

其中,$\boldsymbol{x}_t=[q_{t1}\ \cdots\ q_{tn_t}]^{\mathrm{T}}$为广义坐标向量,质量矩阵$\boldsymbol{M}_t$和刚度矩阵$\boldsymbol{K}_t$的元素为

$$\boldsymbol{M}_t=[m_{t,ij}],\quad m_{t,ij}=(I_G+m\sigma^2)\int_0^s\left(\frac{y}{s}\right)^i\left(\frac{y}{s}\right)^j\mathrm{d}y=\frac{(I_G+m\sigma^2)s}{i+j+1} \tag{13.21}$$

$$\boldsymbol{K}_t=[k_{t,ij}],\quad k_{t,ij}=GJ\int_0^s\varphi'_{ti}(y)\varphi'_{tj}(y)\mathrm{d}y=\frac{ijGJ}{s(i+j-1)} \tag{13.22}$$

其中,σ表示质心与刚心之间的距离。类似地,求解关于矩阵$\boldsymbol{K}_t$和$\boldsymbol{M}_t$的广义特征值问题,可得到第1阶扭转模态的频率及其振型。完整的MATLAB代码见附录(Examp02_2.m)。

本例中选取$n_b=3$计算得到第1阶扭转模态的频率为

$$f_{t1}=4.725\ \text{Hz}\qquad (\text{精确解}\ f_1=4.725\ \text{Hz})$$

第1阶扭转模态的振型(已按振型最大值归一化)表达式为

$$\psi_1(y)=1.600\,6\left(\frac{y}{s}\right)-0.163\,6\left(\frac{y}{s}\right)^2-0.437\,0\left(\frac{y}{s}\right)^3 \tag{13.23}$$

绘制出曲线并与均匀悬臂的精确解进行对比,如图13.6所示。

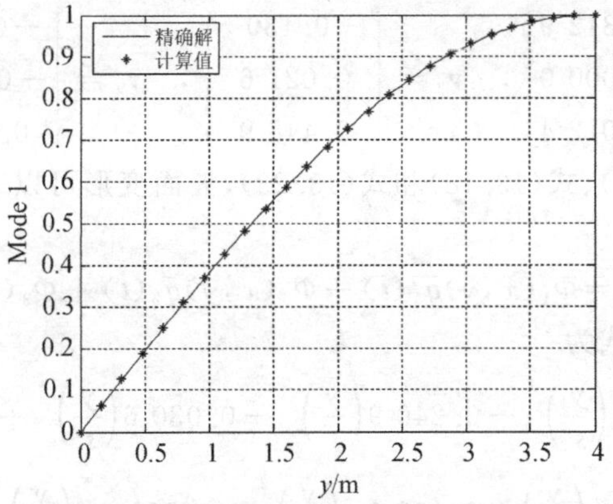

图 13.6 长直机翼第 1 阶扭转模态振型

③ 现考虑机翼弯曲和扭转的耦合，以前面得到的机翼一阶弯曲、二阶弯曲和一阶扭转模态为假设模态，则翼面上任意一点的垂向变形可表示为

$$w(x,y,t)=\varphi_1(y)q_1(t)+\varphi_2(y)q_2(t)-x\psi_1(y)q_3(t) \tag{13.24}$$

利用 2.7.2 节的推导，有机翼弯扭耦合振动运动方程：

$$\begin{bmatrix} m_{11} & 0 & m_{13} \\ 0 & m_{22} & m_{23} \\ m_{13} & m_{23} & m_{33} \end{bmatrix}\begin{bmatrix} \ddot{q}_1 \\ \ddot{q}_2 \\ \ddot{q}_3 \end{bmatrix}+\begin{bmatrix} \omega_1^2 m_{11} & 0 & 0 \\ 0 & \omega_2^2 m_{22} & 0 \\ 0 & 0 & \omega_3^2 m_{33} \end{bmatrix}\begin{bmatrix} q_1 \\ q_2 \\ q_3 \end{bmatrix}=\begin{bmatrix} Q_1 \\ Q_2 \\ Q_3 \end{bmatrix} \tag{13.25}$$

其中，q_1,q_2,q_3 为代表机翼一阶弯曲、二阶弯曲和一阶扭转模态的广义坐标，$\omega_1,\omega_2,\omega_3$ 为对应的固有频率(单位：rad/s)，质量矩阵中的元素计算如下：

$$m_{11}=m\int\varphi_1^2(y)\mathrm{d}y,\quad m_{22}=m\int\varphi_2^2(y)\mathrm{d}y,\quad m_{33}=(I_G+m\sigma^2)\int\psi_1^2(y)\mathrm{d}y$$

$$m_{13}=m\sigma\int\varphi_1(y)\psi_1(y)\mathrm{d}y,\quad m_{23}=m\sigma\int\varphi_2(y)\psi_1(y)\mathrm{d}y$$

在实际处理中，可以把机翼沿展向等分成 N 个片条，用数值方法计算这些元素。MATLAB 代码如下：

```
N = length(y);                    % 机翼沿展长等分为 N 个片条
dy = s / N;                       % 单个片条的展长
m11 = m * dy * H1 * H1';          % H1, H2, H3 为片条中心点的 3 阶模态振型
m22 = m * dy * H2 * H2';
m33 = Ie * dy * H3 * H3';
m13 = m * sigma * dy * H1 * H3';
m23 = m * sigma * dy * H2 * H3';
GM = [ m11   0   m13
        0   m22  m23
       m13  m23  m33 ];
```

求解方程(13.25)中关于刚度矩阵和质量矩阵的广义特征值问题，可得到机翼弯扭耦合振动的前 3 阶固有模态的频率：

$$f_1=1.302\ \text{Hz}$$
$$f_2=5.077\text{Hz}$$
$$f_3=8.330\ \text{Hz}$$

求解得到对应的特征向量为

$$
\boldsymbol{v}_1=\begin{bmatrix}0.3129\\0.0000\\0.0124\end{bmatrix},\quad \boldsymbol{v}_2=\begin{bmatrix}-0.1305\\0.0216\\0.4489\end{bmatrix},\quad \boldsymbol{v}_3=\begin{bmatrix}-0.0226\\-0.3221\\0.0812\end{bmatrix}
$$

利用以上结果和式(13.17)、式(13.18)和式(13.23),翼面变形可以表示为3个正交模态的叠加,即

$$
w(x,y,t)=\Phi_1(x,y)\bar{q}_1(t)+\Phi_2(x,y)\bar{q}_2(t)+\Phi_3(x,y)\bar{q}_3(t) \tag{13.26}
$$

其中,各模态振型的表达式为

$$
\begin{aligned}
\Phi_1(x,y)=&0.5487\left(\frac{y}{s}\right)^2-0.2409\left(\frac{y}{s}\right)^3-0.0306\left(\frac{y}{s}\right)^4+0.0356\left(\frac{y}{s}\right)^5-\\
&0.0199x\left(\frac{y}{s}\right)+0.0020x\left(\frac{y}{s}\right)^2+0.0054x\left(\frac{y}{s}\right)^3
\end{aligned} \tag{13.27}
$$

$$
\begin{aligned}
\Phi_2(x,y)=&0.0434\left(\frac{y}{s}\right)^2-0.4815\left(\frac{y}{s}\right)^3+0.3551\left(\frac{y}{s}\right)^4-0.0691\left(\frac{y}{s}\right)^5-\\
&0.7186x\left(\frac{y}{s}\right)+0.0734x\left(\frac{y}{s}\right)^2+0.1962x\left(\frac{y}{s}\right)^3
\end{aligned} \tag{13.28}
$$

$$
\begin{aligned}
\Phi_3(x,y)=&-4.0899\left(\frac{y}{s}\right)^2+8.6745\left(\frac{y}{s}\right)^3-5.0901\left(\frac{y}{s}\right)^4+0.8050\left(\frac{y}{s}\right)^5-\\
&0.1300x\left(\frac{y}{s}\right)+0.0133x\left(\frac{y}{s}\right)^2+0.0355x\left(\frac{y}{s}\right)^3
\end{aligned} \tag{13.29}
$$

绘制出机翼弯扭耦合振动的前3阶固有模态振型如图13.7所示。完整的MATLAB代码见附录(Examp02_3.m)。

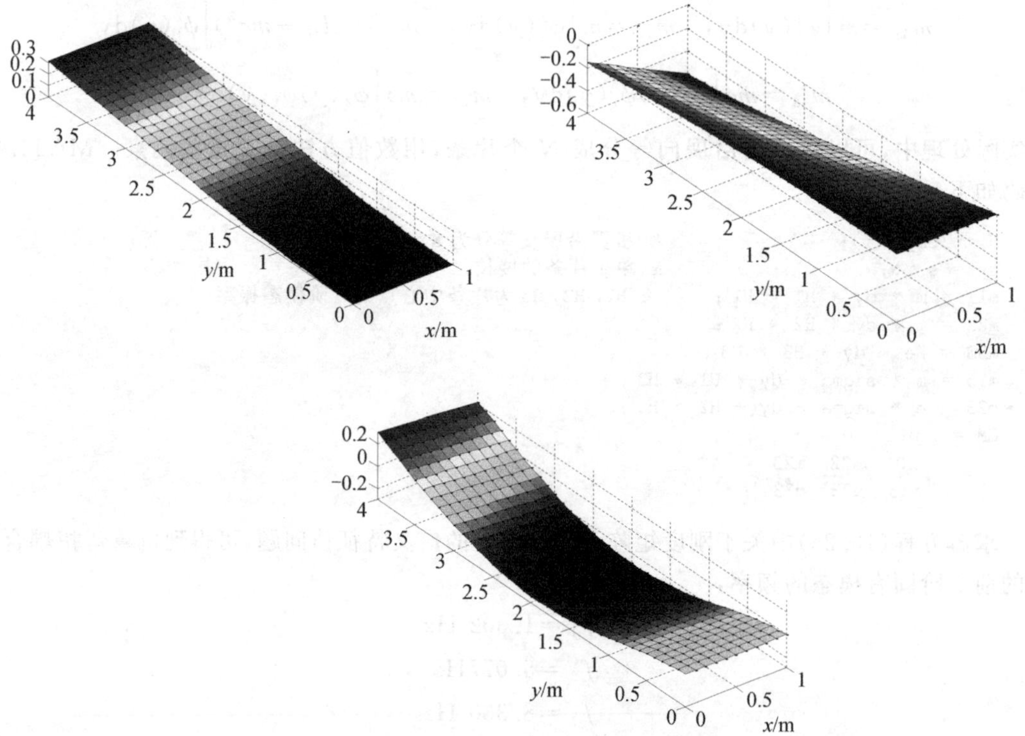

图13.7 长直机翼弯扭耦合振动的固有模态振型

13.2　静气动弹性分析

13.2.1　长直机翼发散分析

【例 13.3】　如图 13.4 所示的均匀矩形机翼，弦长 $c=1$ m，展长 $s=4$ m；机翼截面刚心位于 45%弦长处；机翼截面抗弯刚度为 $EI=1.4\times10^4\ \mathrm{N\cdot m^2}$，抗扭刚度为 $GJ=1.6\times10^4\ \mathrm{N\cdot m^2}$。气动力采用考虑展向修正的片条理论，单位展长机翼的升力系数斜率为 $2\pi[1-(y/s)^2]$。大气密度取为 $\rho=1.225\ \mathrm{kg/m^3}$，采用模态法计算机翼的发散速度。

首先推导采用模态坐标表示的机翼扭转振动方程。记 $\theta(y)$ 为机翼弹性轴的扭转变形，取 y 的 i 次幂作为假设模态，即

$$\theta(y)=\sum_{i=1}^{n_t}\phi_{ti}(y)q_{ti}(t),\quad \phi_{ti}(y)=\left(\frac{y}{s}\right)^i \tag{13.30}$$

其中，$\phi_{ti}(y)$ 为假设模态，$q_{ti}(t)$ 为广义坐标。

在此基础上推导机翼的动能和弹性势能，这里特别关注的是广义气动力。设位置为 y、展长为 $\mathrm{d}y$ 的片条，作用于其上的气动力矩为

$$\mathrm{d}T=\frac{1}{2}\rho V^2 ceC_L^\alpha(y)\theta(y)\mathrm{d}y \tag{13.31}$$

其中，V 为空速，e 为机翼气动中心与刚心之间的距离，$C_L^\alpha(y)$ 为升力系数斜率。因此，整个机翼上的气动力矩在虚位移 $\delta\theta$ 上所做的虚功为

$$\begin{aligned}\delta W&=\frac{1}{2}\rho V^2 ceC_L^\alpha(y)\theta\delta\theta\mathrm{d}y\\&=\frac{1}{2}\rho V^2 ce\int_0^s C_L^\alpha(y)\left[\sum_{i=1}^{n_t}\phi_{ti}(y)q_{ti}\right]\left[\sum_{j=1}^{n_t}\phi_{tj}(y)\delta q_{tj}\right]\mathrm{d}y\end{aligned} \tag{13.32}$$

根据广义力的定义，可以得到对应于第 j 个广义坐标的广义气动力为

$$Q_j=\frac{\partial(\delta W)}{\partial(\delta q_{tj})}=\frac{1}{2}\rho V^2 ce\sum_{i=1}^{n_t}\left[q_{ti}\int_0^s C_L^\alpha(y)\phi_{ti}(y)\phi_{tj}(y)\mathrm{d}y\right] \tag{13.33}$$

于是，广义气动力向量可以写为

$$\boldsymbol{Q}=\begin{bmatrix}Q_1\\\vdots\\Q_{n_t}\end{bmatrix}=\frac{1}{2}\rho V^2\boldsymbol{A}\boldsymbol{x}_t \tag{13.34}$$

其中，$\boldsymbol{x}_t=[q_{t1}\ \ \cdots\ \ q_{tn_t}]^{\mathrm{T}}$ 为广义坐标向量，$\boldsymbol{A}$ 为广义气动力影响系数矩阵，其元素为

$$\boldsymbol{A}=[a_{ij}],\quad a_{ij}=ce\int_0^s C_L^\alpha(y)\phi_{ti}(y)\phi_{tj}(y)\mathrm{d}y \tag{13.35}$$

MATLAB 代码如下：

```
y = [0.025:0.05:0.975] * s;
N = length(y);
dy = s / N;
```

```
CLa = diag(2 * pi * (1 - (y/s).^2));

F1 = y/s;
F2 = (y/s).^2;
F3 = (y/s).^3;
PHI = [F1' F2' F3'];

AA = c * e * dy * PHI' * CLa * PHI;
```

利用拉格朗日方程可推导出考虑气动力矩的扭转振动方程：

$$\boldsymbol{M}_{\mathrm{t}}\ddot{\boldsymbol{x}}_{\mathrm{t}}+\boldsymbol{K}_{\mathrm{t}}\boldsymbol{x}_{\mathrm{t}}=\boldsymbol{Q}=\frac{1}{2}\rho V^2\boldsymbol{A}\boldsymbol{x}_{\mathrm{t}} \tag{13.36}$$

其中，质量矩阵 $\boldsymbol{M}_{\mathrm{t}}$ 和刚度矩阵 $\boldsymbol{K}_{\mathrm{t}}$ 的元素为

$$\boldsymbol{M}_{\mathrm{t}}=[m_{\mathrm{t},ij}],\quad m_{\mathrm{t},ij}=(I_G+m\sigma^2)\int_0^s\left(\frac{y}{s}\right)^i\left(\frac{y}{s}\right)^j\mathrm{d}y=\frac{(I_G+m\sigma^2)s}{i+j+1} \tag{13.37}$$

$$\boldsymbol{K}_{\mathrm{t}}=[k_{\mathrm{t},ij}],\quad k_{\mathrm{t},ij}=GJ\int_0^s\phi'_{ti}(y)\phi'_{tj}(y)\mathrm{d}y=\frac{ijGJ}{s(i+j-1)} \tag{13.38}$$

其中，σ 表示质心与刚心之间的距离。

在静气动弹性发散问题中，忽略弹性变形所产生的惯性力作用，于是有

$$\boldsymbol{K}_{\mathrm{t}}\boldsymbol{x}_{\mathrm{t}}=\lambda\boldsymbol{A}\boldsymbol{x}_{\mathrm{t}} \tag{13.39}$$

其中，$\lambda=\frac{1}{2}\rho V^2$。于是静气动弹性发散问题转化为求解关于矩阵 $\boldsymbol{K}_{\mathrm{t}}$ 和 $\boldsymbol{A}$ 的广义特征值问题。从特征值中选取最小的正实数 λ^*，于是发散速度为 $V_D=\sqrt{2\lambda^*/\rho}$。

在本例中，选取 $n_t=3$，机翼沿展向分成 20 块，数值计算得到发散速度 $V_{\mathrm{D}}=81.7$ m/s。作为对比，如果采用不作展向修正的片条理论，即升力系数斜率为 $C_L^\alpha(y)=2\pi$，此时计算得到的发散速度为 $V_{\mathrm{D}}=56.6$ m/s。完整的 MATLAB 代码见附录(Examp03. m)。

13.2.2 长直机翼载荷重新分布计算

【例 13.4】 如图 13.4 所示的均匀矩形机翼，弦长 $c=1$ m，展长 $s=4$ m；机翼截面刚心位于 45%弦长处，质心位于 40%弦长处；机翼截面抗弯刚度为 $EI=1.4\times10^4$ N·m²，抗扭刚度为 $GJ=1.6\times10^4$ N·m²。气动力采用考虑展向修正的片条理论，单位展长机翼的升力系数斜率为 $2\pi[1-(y/s)^2]$。大气密度为 $\rho=1.225$ kg/m³，给定初始迎角 $\alpha_0=3°$，空速为 $V=50$ m/s。计算机翼在弹性效应下的展向升力分布，并与刚性机翼的结果对比。

与例 13.3 类似，记 $\theta(y)$ 为机翼弹性轴的扭转变形，取 y 的 i 次幂作为假设模态，即

$$\theta(y)=\sum_{i=1}^{n_{\mathrm{t}}}\phi_{\mathrm{t}i}(y)q_{\mathrm{t}i}(t),\quad \phi_{\mathrm{t}i}(y)=\left(\frac{y}{s}\right)^i \tag{13.40}$$

其中，$\phi_{\mathrm{t}i}(y)$ 为假设模态，$q_{\mathrm{t}i}(t)$ 为广义坐标。

用同样的方法，可以得到机翼的静气动弹性平衡方程：

$$\boldsymbol{K}_{\mathrm{t}}\boldsymbol{x}_{\mathrm{t}}=\boldsymbol{Q}_0+\frac{1}{2}\rho V^2\boldsymbol{A}\boldsymbol{x}_{\mathrm{t}} \tag{13.41}$$

其中，$\boldsymbol{x}_{\mathrm{t}}=[q_{\mathrm{t}1}\ \ \cdots\ \ q_{\mathrm{t}n_{\mathrm{t}}}]^{\mathrm{T}}$ 为广义坐标向量，$\boldsymbol{A}$ 为广义气动力影响系数矩阵，$\boldsymbol{Q}_0$ 为初始迎角产生的广义气动力，其第 i 个元素为

$$Q_{0i}=\frac{1}{2}\rho V^2 ce\alpha_0\int_0^s C_L^\alpha(y)\phi_{ti}(y)\mathrm{d}y \tag{13.42}$$

需要说明的是：在方程(13.41)中，没有考虑重力产生的扭转变形，也没有考虑机翼的几何扭转和气动扭转。

在发散速度范围内，求解线性非齐次方程(13.41)，得到

$$\boldsymbol{x}_t=(\boldsymbol{K}_t-\frac{1}{2}\rho V^2\boldsymbol{A})^{-1}\boldsymbol{Q}_0 \tag{13.43}$$

将式(13.43)结果代回式(13.40)，即可得到机翼在给定迎角下的扭转变形分布。

于是，弹性机翼在单位展长上的升力分布为

$$l_e(y)=\frac{1}{2}\rho V^2 cC_L^\alpha(y)\left[\alpha_0+\theta(y)\right] \tag{13.44}$$

作为对比，刚性机翼在单位展长上的升力分布为

$$l_r(y)=\frac{1}{2}\rho V^2 cC_L^\alpha(y)\alpha_0 \tag{13.45}$$

在本例中，选取 $n_t=3$，机翼沿展向分成 20 块，数值计算得到刚性机翼和弹性机翼的展向升力分布对比如图 13.8 所示。完整的 MATLAB 代码见附录(Examp04_1.m)。

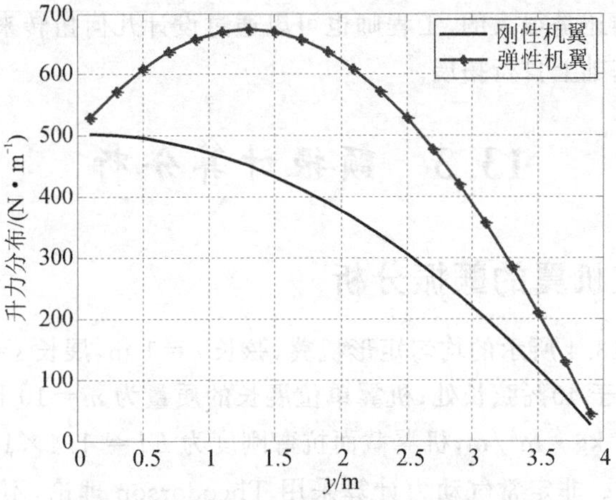

图 13.8 长直机翼的展向升力分布

把这个问题拓展一下，考虑如下的场景：假设机翼是固定在机身上的，机身具有俯仰转动自由度，因此机翼的迎角不是固定的；飞机具有俯仰配平功能，因此俯仰自由度上的力矩是平衡的；如果要求飞机在竖直方向保持平衡，那么机翼上的升力是如何分布的？

这个问题比上个问题增加了一个未知量，即初始迎角 α_0，为此可以根据飞机在竖直方向上平衡来增加一个方程，即

$$\int_0^s l_e(y)\mathrm{d}y=\frac{1}{2}\rho V^2 c\int_0^s C_L^\alpha(y)\left[\alpha_0+\theta(y)\right]\mathrm{d}y=G \tag{13.46}$$

其中，G 为飞机总重力的一半。将式(13.40)代入式(13.46)中，有

$$\frac{1}{2}\rho V^2 c\alpha_0\int_0^s C_L^\alpha(y)\mathrm{d}y+\frac{1}{2}\rho V^2 c\sum_{i=1}^{n_t}q_{ti}\int_0^s C_L^\alpha(y)\phi_{ti}(y)\mathrm{d}y=G \tag{13.47}$$

联立式(13.41)和式(13.47)，可以求解 α_0 和 $\boldsymbol{x}_t=[q_{t1}\quad\cdots\quad q_{tn_t}]^{\mathrm{T}}$，再代回式(13.44)中求得

升力分布。在本例中,设 $G=1\ 500$ N,通过数值计算可求得刚性飞机和弹性飞机的升力分布对比,如图13.9所示。MATLAB代码见附录(Examp04_2.m)。

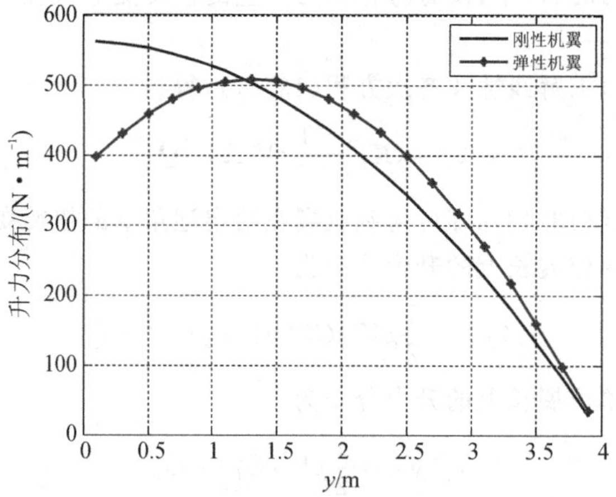

图13.9 考虑飞机配平的机翼展向升力分布

在本例中,忽略了重力产生的扭转变形和机翼几何扭转、气动扭转。在实际问题中,这些因素对升力分布的影响还是很大的,工程师也可以通过设计几何扭转来调整机翼的升力分布。读者可在本例程序的基础上自行拓展。

13.3 颤振计算分析

13.3.1 长直机翼的颤振分析

【例13.5】 如图13.4所示的均匀矩形机翼,弦长 $c=1$ m,展长 $s=4$ m;机翼截面刚心位于45%弦长处,质心位于40%弦长处;机翼单位展长的质量为 $m=10$ kg/m,单位展长绕质心的转动惯量为 $I_G=2.4\ \text{kg}\cdot\text{m}^2/\text{m}$;机翼截面抗弯刚度为 $EI=1.4\times10^4\ \text{N}\cdot\text{m}^2$,抗扭刚度为 $GJ=1.6\times10^4\ \text{N}\cdot\text{m}^2$。非定常气动力计算采用Theodorson理论,不考虑展向修正,单位展长机翼的升力系数斜率为 2π。大气密度取为 $\rho=1.225\ \text{kg/m}^3$。采用 $V-g$ 法计算颤振速度,并研究当质心提前至35%弦长时机翼颤振速度的变化。

记 $h(y,t)$ 为机翼弹性轴的弯曲变形,向上为正;$\theta(y,t)$ 为机翼弹性轴的扭转变形,抬头为正。按照假设模态法,机翼的弯曲变形可近似表示为弹性轴的一阶弯曲、二阶弯曲模态的叠加,即

$$h(y,t)=\varphi_1(y)q_1(t)+\varphi_2(y)q_2(t) \tag{13.48}$$

同理,机翼的扭转变形可用弹性轴的一阶扭转模态来近似表示,即

$$\theta(y,t)=\psi_1(y)q_3(t) \tag{13.49}$$

在2.7.2节中已经推导该机翼的运动方程:

$$\begin{bmatrix} m_{11} & 0 & m_{13} \\ 0 & m_{22} & m_{23} \\ m_{13} & m_{23} & m_{33} \end{bmatrix}\begin{bmatrix} \ddot{q}_1 \\ \ddot{q}_2 \\ \ddot{q}_3 \end{bmatrix}+\begin{bmatrix} \omega_1^2 m_{11} & 0 & 0 \\ 0 & \omega_2^2 m_{22} & 0 \\ 0 & 0 & \omega_3^2 m_{33} \end{bmatrix}\begin{bmatrix} q_1 \\ q_2 \\ q_3 \end{bmatrix}=\boldsymbol{Q} \tag{13.50}$$

其中，q_1，q_2，q_3 为代表机翼一阶弯曲、二阶弯曲和一阶扭转模态的广义坐标，ω_1，ω_2，ω_3 为对应的固有频率（单位：rad/s）。现在需要推导广义非定常气动力 $\boldsymbol{Q}$ 的表示式。

对于单位展长的二维翼型，根据 Theodorson 非定常气动力理论，有

$$L=\pi\rho b^2(V\dot{\theta}-\ddot{h}-ab\ddot{\theta})+2\pi\rho VbC(k)\left[V\theta-\dot{h}+\left(\frac{1}{2}-a\right)b\dot{\theta}\right] \tag{13.51}$$

$$M=\pi\rho b^2\left[ab(V\dot{\theta}-\ddot{h}-ab\ddot{\theta})-\frac{1}{2}Vb\dot{\theta}-\frac{1}{8}b^2\ddot{\theta}\right]+2\pi\rho Vb^2\left(\frac{1}{2}+a\right)C(k)\left[V\theta-\dot{h}+\left(\frac{1}{2}-a\right)b\dot{\theta}\right] \tag{13.52}$$

其中，L 表示升力，向上为正；M 表示关于刚心的力矩，抬头为正；ρ 为大气密度，V 为空速，$b=c/2$ 为半弦长，ab 表示刚心距 50% 弦长的距离，k 为减缩频率，$C(k)$ 表示 Theodorson 函数。需要注意的是：这里的式(13.51)、式(13.52)与本书第 6 章中的公式有些项的正负号不同，这是由于 h 和 L 的正方向定义不同。

在数值计算中，把机翼沿展向等分成 N 个片条，对于展长为 Δs 的第 i 个片条，根据式(13.51)、式(13.52)可以写出它的频域非定常气动力形式：

$$\begin{bmatrix} L_i \\ M_i \end{bmatrix}=\frac{1}{2}\rho V^2\begin{bmatrix} a_{11} & a_{12} \\ a_{21} & a_{22} \end{bmatrix}\begin{bmatrix} h(y_i) \\ \theta(y_i) \end{bmatrix} \tag{13.53}$$

其中

$$a_{11}=(2\pi k^2)\Delta s+\mathrm{i}[-4\pi kC(k)]\Delta s$$

$$a_{12}=[2\pi abk^2+4\pi bC(k)]\Delta s+\mathrm{i}\left[2\pi bk+4\left(\frac{1}{2}-a\right)\pi bkC(k)\right]\Delta s$$

$$a_{21}=(2\pi abk^2)\Delta s+\mathrm{i}\left[-4\left(\frac{1}{2}+a\right)\pi bkC(k)\right]\Delta s$$

$$a_{22}=\left[\left(\frac{1}{4}+2a^2\right)\pi b^2k^2+4\left(\frac{1}{2}+a\right)\pi b^2C(k)\right]\Delta s+\mathrm{i}\left[(2a-1)\pi b^2k+4\left(\frac{1}{4}-a^2\right)\pi b^2kC(k)\right]\Delta s$$

这部分的 MATLAB 代码如下：

```
% Theodorson 理论计算二维翼型的非定常气动力系数
function AIC2D = theodorson(k, b, a);
% k -- 减缩频率
% b -- 半弦长
% a -- 刚心距翼弦中点的无量纲距离
% AIC2D --- 气动力系数矩阵,2 * 2

% 采用 Jones 近似公式计算 C(k)
if (k <= 0.5)
    Ck = 1 - 0.165/(1 - 0.045/k * i) - 0.335/(1 - 0.300/k * i);
else
    Ck = 1 - 0.165/(1 - 0.041/k * i) - 0.335/(1 - 0.320/k * i);
end
```

```
R11 = 2 * pi * k^2;
I11 = -4 * pi * k * Ck;
R12 = (2 * pi * a * b * k^2 + 4 * pi * b * Ck);
I12 = (2 * pi * b * k + 4*(0.5-a) * pi * b * k * Ck);
R21 = 2 * pi * a * b * k^2;
I21 = -4*(0.5+a) * pi * b * k * Ck;
R22 = ((0.25+2*a*a) * pi * b^2 * k^2 + 4*(0.5+a) * pi * b^2 * Ck);
I22 = ((2*a-1) * pi * b^2 * k + 4*(0.25-a*a) * pi * b^2 * k * Ck);

AR = [R11  R12; R21  R22];
AI = [I11  I12; I21  I22];
AIC2D = AR + i * AI;
```

利用式(13.48)和式(13.49),有

$$\begin{bmatrix} h(y_i) \\ \theta(y_i) \end{bmatrix} = \boldsymbol{\Phi}_i \begin{bmatrix} q_1 \\ q_2 \\ q_3 \end{bmatrix} = \begin{bmatrix} \varphi_1(y_i) & \varphi_2(y_i) & 0 \\ 0 & 0 & \psi_1(y_i) \end{bmatrix} \begin{bmatrix} q_1 \\ q_2 \\ q_3 \end{bmatrix} \tag{13.54}$$

因此,第 i 个片条对广义非定常气动力的贡献为

$$\boldsymbol{Q}_i = \frac{1}{2}\rho V^2 \boldsymbol{\Phi}_i^{\mathrm{T}} \begin{bmatrix} a_{11} & a_{12} \\ a_{21} & a_{22} \end{bmatrix} \boldsymbol{\Phi}_i \boldsymbol{q} \tag{13.55}$$

整个机翼的广义非定常气动力为

$$\boldsymbol{Q} = \frac{1}{2}\rho V^2 \boldsymbol{A}\boldsymbol{q} \tag{13.56}$$

其中

$$\boldsymbol{A} = \sum_{i=1}^{N} \boldsymbol{\Phi}_i^{\mathrm{T}} \begin{bmatrix} a_{11} & a_{12} \\ a_{21} & a_{22} \end{bmatrix} \boldsymbol{\Phi}_i$$

MATLAB 代码如下:

```
AIC2D = dy * theodorson(k, b, a);          % 需要乘以片条的展长
GAIC = zeros(3,3);                          % 广义气动力系数矩阵
for n = 1:N
    PHI = [H1(n)  H2(n)    0
             0      0     H3(n)];
    GAIC = GAIC + PHI' * AIC2D * PHI;
end
```

将式(13.56)代入式(13.50)中,就得到颤振方程:

$$\boldsymbol{M}\ddot{\boldsymbol{q}} + \boldsymbol{K}\boldsymbol{q} = \frac{1}{2}\rho V^2 \boldsymbol{A}(k)\boldsymbol{q} \tag{13.57}$$

8.8 节讨论了颤振方程的求解方法,可根据 $V-g$ 法的步骤编程求解。完整的 MATLAB 代码见附录(theodorson.m 和 Examp05.m)。

当机翼质心位于 40%弦长时,得到:颤振速度 $V_F = 50.9$ m/s,颤振频率 $\omega_F = 3.99$ Hz,$V-g$ 曲线和 $V-f$ 曲线如图 13.10 所示。当机翼质心位于 35%弦长时,得到:颤振速度 $V_F = 68.7$ m/s,颤振频率 $\omega_F = 3.87$ Hz,$V-g$ 曲线和 $V-f$ 曲线如图 13.11 所示。这个分析结果表明:对于一般的弯曲-扭转耦合颤振,如果将机翼的质心前移,则可以有效提高颤振速度。

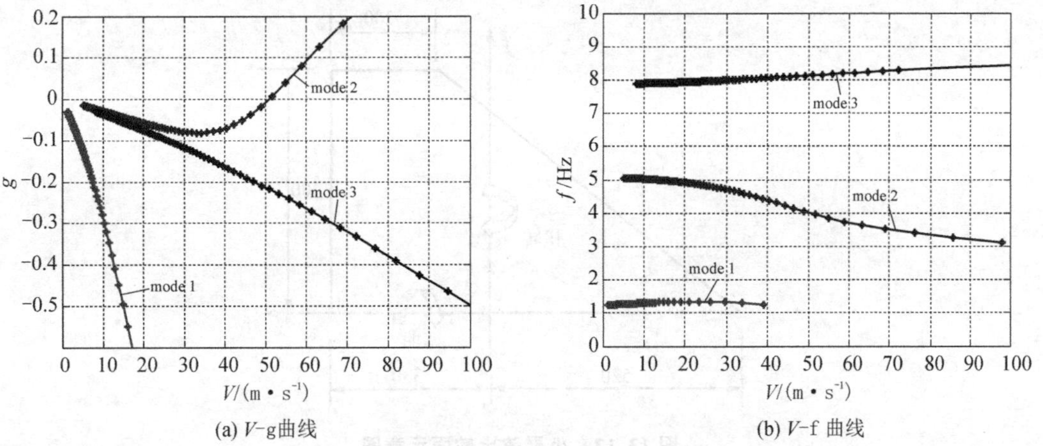

(a) V-g曲线　　(b) V-f 曲线

图 13.10　长直机翼颤振分析结果(质心位于 40%弦长处)

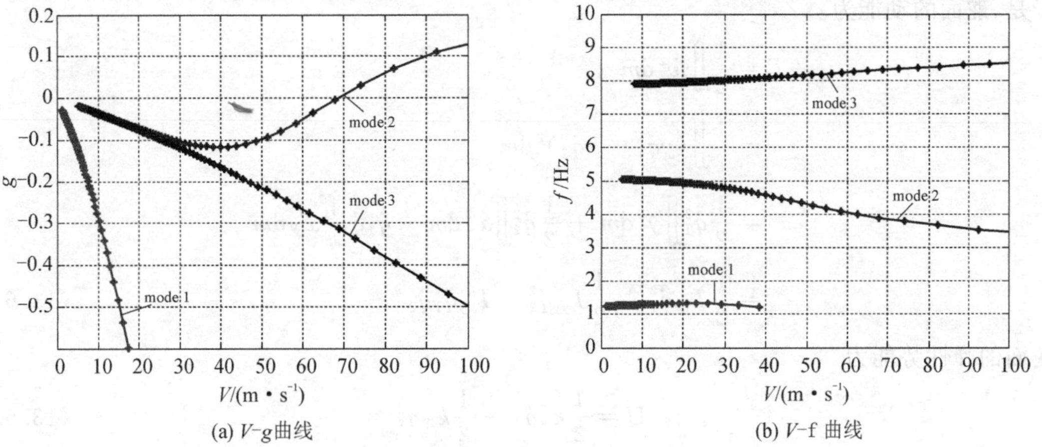

(a) V-g曲线　　(b) V-f 曲线

图 13.11　长直机翼颤振分析结果(质心位于 35%弦长处)

13.3.2　小展弦比舵面的颤振分析

【例 13.6】　如图 13.12 所示的直轴全动舵面，舵面为刚性结构，其惯性特性为 $I_{xx}=3.36\times10^5\ \mathrm{kg\cdot mm^2}$，$I_{yy}=5.50\times10^5\ \mathrm{kg\cdot mm^2}$，$I_{xy}=1.37\times10^5\ \mathrm{kg\cdot mm^2}$。舵面具有 2 个自由度：绕 x 轴的转动称为弯曲，绕 y 轴的转动称为扭转。在舵轴根部的这 2 个自由度上分别设有弹簧，其弹性系数分别为 k_B 和 k_T，$k_B=4.0\times10^4\ \mathrm{N\cdot m/rad}$，$k_T=5.0\times10^4\ \mathrm{N\cdot m/rad}$。① 计算舵面的 2 阶固有频率，并画出固有模态的振型节线。② 气动力采用一阶活塞理论，计算海平面高度和 $Ma=1.5$、2.0 状态下的颤振速度。

① 首先推导舵面的自由振动方程。由于舵面具有 2 个自由度(绕 x 轴转动、绕 y 轴转动)，因此舵面可认为包含以下两个模态：弯曲模态、扭转模态，它们的振型为

$$\Phi_B(x,y)=y \tag{13.58}$$

$$\Phi_T(x,y)=-x \tag{13.59}$$

舵面上任意一点的 z 向位移可以表示为这两阶模态的线性叠加，即

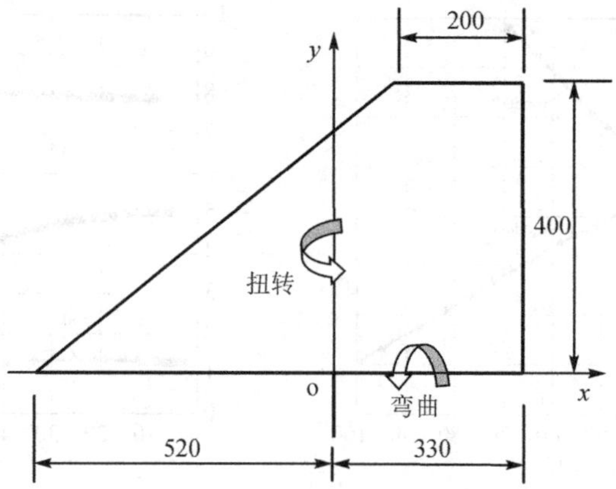

图 13.12　小展弦比舵面示意图

$$w(x,y)=\Phi_B q_1+\Phi_T q_2=yq_1-xq_2 \tag{13.60}$$

于是,舵面的动能为

$$\begin{aligned}T&=\frac{1}{2}\iint \dot{w}^2\mathrm{d}m\\&=\frac{1}{2}\iint (y\dot{q}_1-x\dot{q}_2)^2\mathrm{d}m\\&=\frac{1}{2}\dot{q}_1^2\iint y^2\mathrm{d}m+\frac{1}{2}\dot{q}_2^2\iint x^2\mathrm{d}m-\dot{q}_1\dot{q}_2\iint xy\,\mathrm{d}m\\&=\frac{1}{2}I_{xx}\dot{q}_1^2+\frac{1}{2}I_{yy}\dot{q}_2^2-I_{xy}\dot{q}_1\dot{q}_2\end{aligned} \tag{13.61}$$

舵面的弹性势能为

$$U=\frac{1}{2}k_B q_1^2+\frac{1}{2}k_T q_2^2 \tag{13.62}$$

在不考虑外力的情况下,将舵面动能和势能代入拉格朗日方程中,得到

$$\begin{bmatrix}I_{xx} & -I_{xy}\\ -I_{xy} & I_{yy}\end{bmatrix}\begin{bmatrix}\ddot{q}_1\\ \ddot{q}_2\end{bmatrix}+\begin{bmatrix}k_B & 0\\ 0 & k_T\end{bmatrix}\begin{bmatrix}q_1\\ q_2\end{bmatrix}=\begin{bmatrix}0\\ 0\end{bmatrix} \tag{13.63}$$

对于固有模态分析问题,则是求解以下特征值问题:

$$\begin{bmatrix}k_B & 0\\ 0 & k_T\end{bmatrix}\boldsymbol{x}=\omega^2\begin{bmatrix}I_{xx} & -I_{xy}\\ -I_{xy} & I_{yy}\end{bmatrix}\boldsymbol{x}$$

将具体数值代入,可以解得固有频率和特征向量为

$$\omega_1=277.1\ \mathrm{rad/s}=44.1\ \mathrm{Hz},\quad \omega_2=396.1\ \mathrm{rad/s}=63.0\ \mathrm{Hz}$$

$$\varphi_1=\begin{bmatrix}0.764\,6\\ -1.033\,2\end{bmatrix},\quad \varphi_2=\begin{bmatrix}-1.651\,7\\ -0.977\,9\end{bmatrix}$$

对于第1阶固有模态,舵面任意一点的 z 向位移为

$$w(x,y)=1.033\,2x+0.764\,6y$$

对于第2阶固有模态,舵面任意一点的 z 向位移为

$$w(x,y)=0.977\,9x-1.651\,7y$$

舵面第1、2阶模态固有振型的节线如图13.13所示。MATLAB 代码见附录(Examp06_1.m)。

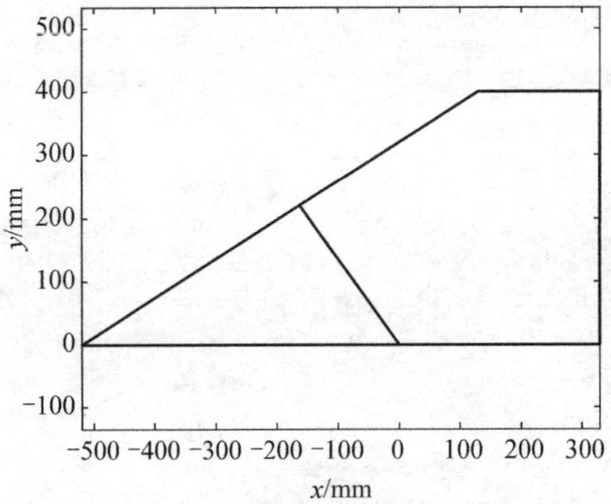

(a) 第1阶模态

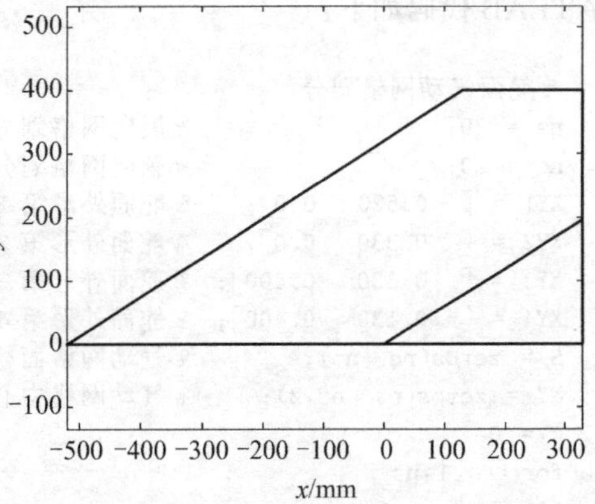

(b) 第2阶模态

图 13.13　舵面第 1、2 阶模态振型的节线示意图

② 在舵面自由振动方程的基础上，推导非定常气动力形式，从而得到颤振运动方程。设作用于舵面任意一点的压差为 $p(x,y)$，则气动力在虚位移上所做虚功为

$$\delta W=\iint\delta w\cdot p(x,y)\mathrm{d}S=\iint(\Phi_{\mathrm{B}}\delta q_1+\Phi_{\mathrm{T}}\delta q_2)\,p(x,y)\mathrm{d}S \tag{13.64}$$

根据广义力的定义，可知对应于广义坐标 q_1 和 q_2 的广义力为

$$Q_1=\frac{\partial(\delta W)}{\partial(\delta q_1)}=\iint\Phi_{\mathrm{B}}(x,y)p(x,y)\mathrm{d}S=\iint yp(x,y)\mathrm{d}S \tag{13.65}$$

$$Q_2=\frac{\partial(\delta W)}{\partial(\delta q_2)}=\iint\Phi_{\mathrm{T}}(x,y)p(x,y)\mathrm{d}S=\iint -xp(x,y)\mathrm{d}S \tag{13.66}$$

将舵面的动能、势能和广义力代入拉格朗日方程中，可以得到

$$\begin{bmatrix} I_{xx} & -I_{xy} \\ -I_{xy} & I_{yy}\end{bmatrix}\begin{bmatrix}\ddot{q}_1\\ \ddot{q}_2\end{bmatrix}+\begin{bmatrix}k_{\mathrm{B}} & 0\\ 0 & k_{\mathrm{T}}\end{bmatrix}\begin{bmatrix}q_1\\ q_2\end{bmatrix}=\begin{bmatrix}Q_1\\ Q_2\end{bmatrix} \tag{13.67}$$

现在应用一阶活塞理论来推导广义非定常气动力的形式。根据一阶活塞理论，舵面上任意一点的压差为

$$p(x,y)=-\frac{1}{2}\rho V^2\frac{4}{M}\left(\frac{\partial w}{\partial x}+\frac{\dot{w}}{V}\right) \tag{13.68}$$

将 $w=yq_1-xq_2$ 代入上式中，并代入到广义力公式中，可以得到

$$\begin{bmatrix}Q_1\\ Q_2\end{bmatrix}=\frac{1}{2}\rho V^2\begin{bmatrix}0 & a_{12}\\ 0 & a_{22}\end{bmatrix}\begin{bmatrix}q_1\\ q_2\end{bmatrix}+\frac{1}{2}\rho V\begin{bmatrix}b_{11} & b_{12}\\ b_{21} & b_{22}\end{bmatrix}\begin{bmatrix}\dot{q}_1\\ \dot{q}_2\end{bmatrix} \tag{13.69}$$

其中

$$a_{12}=\frac{4}{Ma}\iint y\mathrm{d}S,\quad a_{22}=-\frac{4}{Ma}\iint x\mathrm{d}S$$

$$b_{11}=-\frac{4}{Ma}\iint y^2\mathrm{d}S,\quad b_{12}=\frac{4}{Ma}\iint xy\mathrm{d}S$$

$$b_{21}=\frac{4}{Ma}\iint xy\mathrm{d}S,\quad b_{22}=-\frac{4}{Ma}\iint x^2\mathrm{d}S$$

在数值计算中，可以将舵面划分成若干个四边形网格，将以上积分问题转化成求和问题。

MATLAB代码如下：

```
%舵面气动网格划分
ns = 20;                    %展向网格划分个数
nc = 20;                    %弦向网格划分个数
XY1 = [-0.520   0.0];       %舵面外形第1点坐标
XY2 = [ 0.330   0.0];       %舵面外形第2点坐标
XY3 = [ 0.330   0.400];     %舵面外形第3点坐标
XY4 = [ 0.130   0.400];     %舵面外形第4点坐标
S = zeros(ns*nc);           %气动网格面积
XY = zeros(ns*nc,2);        %气动网格中心点坐标
k = 0
for i = 1:ns
    for j = 1:nc
        k = k + 1;
        P1 = (nc-j+1)/nc*((ns-i+1)/ns*XY1+(i-1)/ns*XY4) ...
            + (j-1)/nc*((ns-i+1)/ns*XY2+(i-1)/ns*XY3);
        P2 = (nc-j)/nc*((ns-i+1)/ns*XY1+(i-1)/ns*XY4) ...
            + j/nc*((ns-i+1)/ns*XY2+(i-1)/ns*XY3);
        P3 = (nc-j)/nc*((ns-i)/ns*XY1+i/ns*XY4) ...
            + j/nc*((ns-i)/ns*XY2+i/ns*XY3);
        P4 = (nc-j+1)/nc*((ns-i)/ns*XY1+i/ns*XY4) ...
            + (j-1)/nc*((ns-i)/ns*XY2+i/ns*XY3);
        XY(k,:) = (P1 + P2 + P3 + P4) / 4;
        S(k) = (P2(1)-P1(1)+P3(1)-P4(1))*(P4(2)-P1(2))/2;
    end
end

% 活塞理论计算非定常气动力
Ma = 1.5;             % 马赫数
A0 = zeros(2,2);      % 气动力系数矩阵 A0
A1 = zeros(2,2);      % 气动力系数矩阵 A1
for k = 1:ns*nc
    A0(1,2) = A0(1,2) + XY(k,2) * S(k);
    A0(2,2) = A0(2,2) - XY(k,1) * S(k);
    A1(1,1) = A1(1,1) - XY(k,2)^2 * S(k);
    A1(1,2) = A1(1,2) + XY(k,1) * XY(k,2) * S(k);
    A1(2,1) = A1(2,1) + XY(k,1) * XY(k,2) * S(k);
    A1(2,2) = A1(2,2) - XY(k,1)^2 * S(k);
end
A0 = 4 / Ma * A0;
A1 = 4 / Ma * A1;
```

将广义力表达式代入颤振方程，该方程可化为状态空间形式

$$\begin{bmatrix}\dot{\boldsymbol{q}}\\ \ddot{\boldsymbol{q}}\end{bmatrix}=\begin{bmatrix}\boldsymbol{0} & \boldsymbol{I}\\ \boldsymbol{M}^{-1}\left(\frac{1}{2}\rho V^2\boldsymbol{A}_0-\boldsymbol{K}\right) & \frac{1}{2}\rho V\boldsymbol{M}^{-1}\boldsymbol{A}_1\end{bmatrix}\begin{bmatrix}\boldsymbol{q}\\ \dot{\boldsymbol{q}}\end{bmatrix} \tag{13.70}$$

根据线性系统理论，系统的稳定性可以由方程(13.70)中状态矩阵的特征值来判断。利用数值积分计算 $\boldsymbol{A}_0$ 和 $\boldsymbol{A}_1$ 中的系数，画出以 V 为参数的系统状态矩阵特征值轨迹图，如图13.14所示。从图中找到特征值实部穿越虚轴时对应的 V，即为颤振速度。当 $Ma=1.5$ 时，颤振速度为557 m/s；当 $Ma=2.0$ 时，颤振速度为642 m/s。

完整的 MATLAB 代码见附录(Examp06_2.m)。

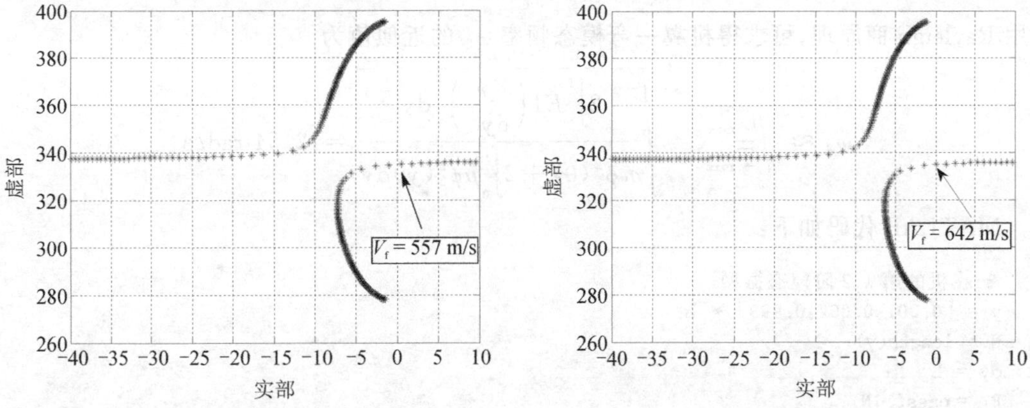

(a) Ma=1.5　　(b) Ma=2.0

图 13.14　舵面系统状态矩阵特征根轨迹

13.4　突风响应计算分析

13.4.1　弹性飞机离散突风响应分析

【例 13.7】　如图 13.15 所示的弹性飞机简化模型,仅考虑其在竖直平面内的运动,飞机具有沉浮刚体自由度。机翼为均匀长直机翼,半展长 $l=10$ m,半弦长 $b=1$ m,单位展长的机翼质量 $\mu=10$ kg/m,机翼仅考虑弯曲变形,弯曲刚度 $EI=1\times10^6$ N·m^2,机身质量 $m=400$ kg,飞行速度 $V=60$ m/s,大气密度 $\rho=1.225$ kg/m^3,$C_L^\alpha=2\pi$。计算飞机在突风尺度 $H=50$ m,突风强度 $w_{g0}=6$ m/s 的 1−cos 突风作用下的机身加速度和机翼根部弯矩变化量。

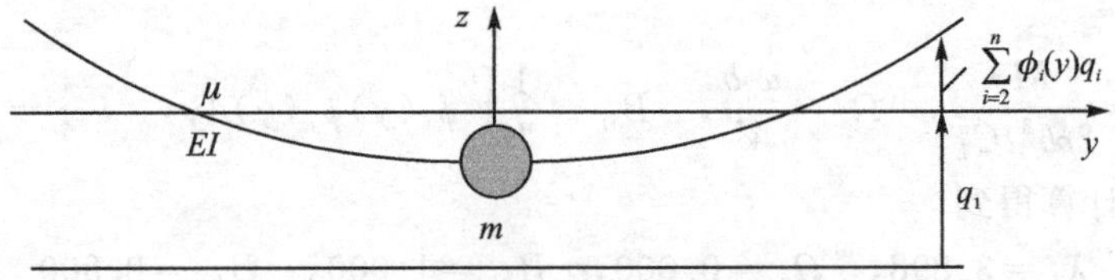

图 13.15　弹性飞机简化模型示意图

首先需要求得自由-自由状态飞机固有模态的频率和振型。为简化起见,这里仅考虑飞机刚体沉浮模态和机翼对称一阶弯曲模态。对于刚体沉浮模态,易知:

$$\phi_1(y)=1,\quad \omega_1=0\ \text{rad/s},\quad M_1=m+2\mu l=600\ \text{kg}$$

对于机翼对称一阶弯曲模态,假设满足边界条件的振型函数为

$$\phi_2(y)=6\left(\frac{y}{l}\right)^2-4\left(\frac{y}{l}\right)^3+\left(\frac{y}{l}\right)^4+C,\quad 0<y\leqslant l$$

考虑到 $\phi_1(y)$和 $\phi_2(y)$关于质量是正交的,则有

$$m\phi_1(0)\phi_2(0)+2\int_0^l\mu\phi_1(y)\phi_2(y)\mathrm{d}y=0$$

可以解得上式中的常数 $C=-0.40$。于是,机翼一弯模态对应的广义质量为

$$M_2 = m\phi_2^2(0) + 2\int_0^l \mu\phi_2^2(y)\mathrm{d}y = 366.22$$

利用 Rayleigh 商原理,可求得机翼一弯模态频率 ω_2 的近似值为

$$\omega_2 \approx \sqrt{\frac{U_{\max}}{T_{\max}}} = \sqrt{\frac{2\int_0^l EI\left(\frac{\mathrm{d}^2\phi_2}{\mathrm{d}y^2}\right)^2\mathrm{d}y}{m\phi_2^2(0) + 2\int_0^l \mu\phi_2^2(y)\mathrm{d}y}} = 12.54\ \mathrm{rad/s}$$

MATLAB 代码如下:

```
% 飞机的第 1、2 阶模态振型
y = [0.001:0.002:0.999] * L;
N = length(y);
dy = L / N;
F1 = ones(1,N);
F2 = 6 * (y/L).^2 - 4 * (y/L).^3 + (y/L).^4 - 0.4;

% 计算广义质量
M1 = m + 2 * mu * L;                                  % 第 1 阶模态广义质量
M2 = m * (-0.4)^2 + 2 * mu * dy * F2 * F2';           % 第 2 阶模态广义质量

% 计算模态频率
w1 = 0.00;                                            % 第 1 阶模态固有频率(rad)
DDF2 = 12 / L^2 * (1- 2 * (y/L) + (y/L).^2);
w2 = sqrt(2 * EI * dy * DDF2 * DDF2' / M2);           % 第 2 阶模态固有频率(rad)
```

当选取前 2 阶模态时,根据 8.5.3 节,飞机在突风作用下的方程为

$$\left.\begin{aligned} \lambda_1 q_1'' + B_{11}q_1' + B_{12}q_2' + \lambda_1\Omega_1^2 q_1 = bB_{11}\int_0^\tau \Psi'(\tau-\sigma)\frac{w_g(\sigma)}{V}\mathrm{d}\sigma \\ \lambda_2 q_2'' + B_{21}q_1' + B_{22}q_2' + \lambda_2\Omega_2^2 q_2 = bB_{12}\int_0^\tau \Psi'(\tau-\sigma)\frac{w_g(\sigma)}{V}\mathrm{d}\sigma \end{aligned}\right\} \tag{13.71}$$

其中

$$\lambda_i = \frac{M_i}{2\rho b^2 l C_L^\alpha},\quad \Omega_i = \frac{\omega_i b}{V},\quad B_{ij} = \frac{1}{l}\int_0^l \phi_i(y)\phi_j(y)\mathrm{d}y,\quad i,j = 1,2$$

将数据代入上式计算得到

$$\lambda_1 = 3.898,\quad \Omega_1 = 0.000,\quad B_{11} = 1.000,\quad B_{12} = 0.800$$
$$\lambda_2 = 2.379,\quad \Omega_2 = 0.209,\quad B_{21} = 0.800,\quad B_{22} = 1.511$$

利用时间推进数值积分求解方程(13.83)时,由于方程等号右端的卷积分项与广义坐标 q_1、q_2 无关,故可以先求得

$$g(\tau) = \int_0^\tau \Psi'(\tau-\sigma)\frac{w_g(\sigma)}{V}\mathrm{d}\sigma$$

将广义坐标 q_1、q_2 按照时间步长 $\Delta\tau$ 离散,并记作

$$q_1(k) = q_1(k\cdot\Delta\tau),\quad q_2(k) = q_2(k\cdot\Delta\tau)$$

在 $\tau = (k+1)\cdot\Delta\tau$ 时刻,有离散方程为

$$\left.\begin{aligned} \lambda_1 q_1''(k+1) + B_{11}q_1'(k+1) + B_{12}q_2'(k+1) + \lambda_1\Omega_1^2 q_1(k+1) = bB_{11}g(k+1) \\ \lambda_2 q_2''(k+1) + B_{21}q_1'(k+1) + B_{22}q_2'(k+1) + \lambda_2\Omega_2^2 q_2(k+1) = bB_{12}g(k+1) \end{aligned}\right\} \tag{13.72}$$

根据差分公式，有

$$q_1(k+1)=q_1(k)+q_1'(k)\cdot\Delta\tau,\quad q_2(k+1)=q_2(k)+q_2'(k)\cdot\Delta\tau \tag{13.73}$$

$$q_1'(k+1)=q_1'(k)+q_1''(k)\cdot\Delta\tau,\quad q_2'(k+1)=q_2'(k)+q_2''(k)\cdot\Delta\tau \tag{13.74}$$

利用式(13.84)～式(13.86)可解得广义坐标的时间响应。进一步，由突风引起的附加机身加速度和机翼根部弯矩可采用如下公式计算：

$$\ddot{u}(0)=\ddot{q}_1+\phi_2(0)\ddot{q}_2=\frac{V^2}{b^2}(q_1''(\tau)+\phi_2(0)q_2''(\tau)) \tag{13.75}$$

$$M_B=\int_0^l\left[L_G(y)+L_M(y)-\frac{V^2}{b^2}\mu\phi_2(y)q_2''(\tau)\right]y\mathrm{d}y \tag{13.76}$$

式中，$L_G(y)$表示突风引起的气动力，$L_M(y)$表示飞机运动引起的气动力，具体计算可参见8.5.3节。机翼根部弯矩计算的MATLAB代码如下：

```
Moment = zeros(1,nt);
ns = 50;                  % 半机翼片条个数
dc = L / ns;              % 片条展长(m)
y = dc/2 : dc : L - dc/2;
FAI = 6 * (y/L).^2 - 4 * (y/L).^3 + (y/L).^4 - 0.40;
Lm = zeros(1,ns);         % 机翼运动产生的气动力
Lg = zeros(1,ns);         % 突风引起的气动力
ma = zeros(1,ns);         % 惯性力
for j = 1:nt
    for i = 1:ns
        Lm(i) = - rho * V^2 * CLa * (dq1(j) + FAI(i) * dq2(j));
        Lg(i) = rho * V^2 * CLa * b * gg(j);
        ma(i) = - (V/b)^2 * mu * (ddq1(j) + FAI(i) * ddq2(j));
        Moment(j) = Moment(j) + (Lm(i) + Lg(i) + ma(i)) * dc * y(i);
    end
end
```

图13.16显示了该算例的数值计算结果，飞机机身加速度的峰值为17.30 m/s^2，折合成过载系数为$\Delta n_{\max}=1.77$。本例完整的MATLAB代码见附录(Examp07.m)。

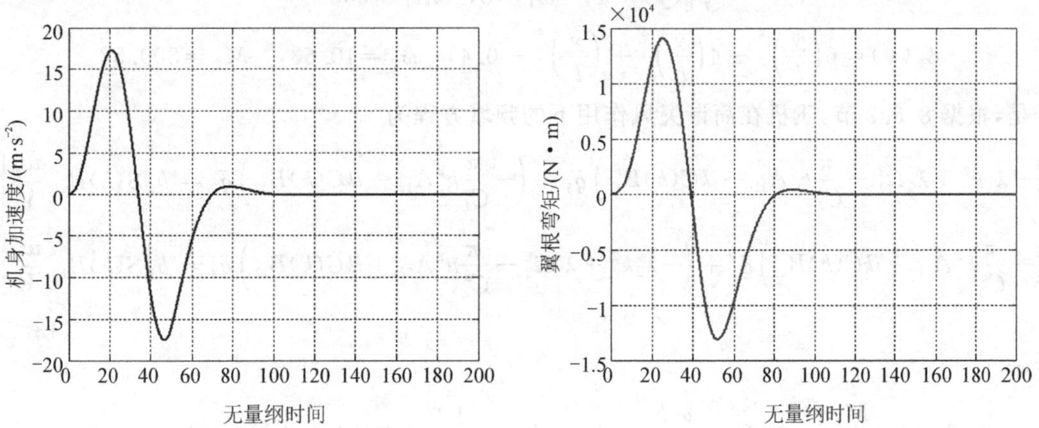

(a) 机身加速度的变化量　　(b) 机翼根部弯矩的变化量

图13.16　离散突风作用下的飞机运动及载荷响应

需要指出的是,突风尺度对于飞机(无论刚性飞机还是弹性飞机)的离散突风响应峰值具有重要的影响。为此,保持突风强度不变,改变突风尺度进行突风载荷分析,图13.17显示了本例机翼根部弯矩峰值与突风尺度的关系。对本例的简化飞机而言,$H/b=32$是机翼根部弯矩峰值的最严重情况。

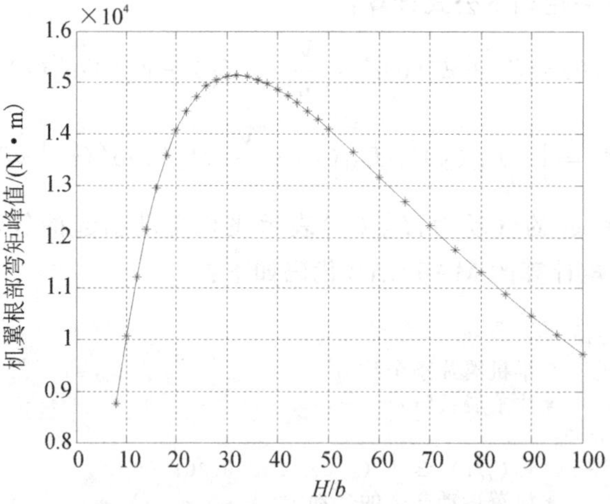

图 13.17　机翼根部弯矩峰值与突风尺度的关系

13.4.2　弹性飞机连续紊流响应分析

【例 13.8】　如图13.15所示的弹性飞机简化模型,仅考虑其在竖直平面内的运动,飞机具有沉浮刚体自由度。机翼为均匀长直机翼,半展长$l=10$ m,半弦长$b=1$ m,单位展长的机翼质量$\mu=10$ kg/m,机翼仅考虑弯曲变形,弯曲刚度$EI=1\times10^6$ N·m²,机身质量$m=400$ kg,飞行速度$V=60$ m/s,大气密度$\rho=1.225$ kg/m³,$C_L^\alpha=2\pi$。计算飞机在Dryden紊流作用下的机身加速度和机翼根部弯矩的功率谱密度。紊流速度均方值为1 m/s,紊流尺度为150 m。

这里与例13.7一样,仅考虑飞机刚体沉浮模态和机翼对称一阶弯曲模态,且有

$$\phi_1(y)=1,\quad \omega_1=0,\quad M_1=600$$

$$\phi_2(y)=6\left(\frac{y}{l}\right)^2-4\left(\frac{y}{l}\right)^3+\left(\frac{y}{l}\right)^4-0.4,\quad \omega_2=10.63,\quad M_2=509.58$$

于是,根据8.6.2节,飞机在简谐突风作用下的频域方程为

$$\left.\begin{aligned}\left(-\lambda_1k^2+\lambda_1\Omega_1^2-\frac{\pi}{C_L^\alpha}k^2A_{11}+ikC(k)B_{11}\right)\bar{q}_1+\left(-\frac{\pi}{C_L^\alpha}k^2A_{12}+ikC(k)B_{12}\right)\bar{q}_2=b_RS(k)B_{11}\frac{\bar{w}_g}{V}\\\left(-\frac{\pi}{C_L^\alpha}k^2A_{21}+ikC(k)B_{21}\right)\bar{q}_1+\left(-\lambda_2k^2+\lambda_2\Omega_2^2-\frac{\pi}{C_L^\alpha}k^2A_{22}+ikC(k)B_{22}\right)\bar{q}_2=b_RS(k)B_{12}\frac{\bar{w}_g}{V}\end{aligned}\right\}\tag{13.77}$$

其中

$$\lambda_i=\frac{M_i}{2\rho b^2lC_L^\alpha},\quad \Omega_i=\frac{\omega_ib}{V},\quad A_{ij}=B_{ij}=\frac{1}{l}\int_0^l\phi_i(y)\phi_j(y)\mathrm{d}y,\quad i,j=1,2$$

将数据代入上式计算得到

$$\lambda_1=3.898,\quad \Omega_1=0.000,\quad A_{11}=B_{11}=1.000,\quad A_{12}=B_{12}=0.800$$

$$\lambda_2 = 2.379,\quad \Omega_2 = 0.209,\quad A_{21} = B_{21} = 0.800,\quad A_{22} = B_{22} = 1.511$$

方程(13.77)还涉及 Theodorsen 函数 $C(k)$ 和 Sears 函数 $S(k)$ 的数值计算，有关的 MATLAB 代码如下：

```
% 利用标准公式计算 Theodorsen 函数
function C = theod0(k)
if k = = 0
    C = 1;
else
    K0 = besselk(0,i * k);
    K1 = besselk(1,i * k);
    C = K1 / (K0 + K1);
End

% 利用标准公式计算 Sears 函数
function S = sears(k)
if k = = 0
    S = 1;
else
    K0 = besselk(0,i * k);
    K1 = besselk(1,i * k);
    C = K1 / (K0 + K1);
    J0 = besselj(0,k);
    J1 = besselj(1,k);
    S = (J0 - i * J1) * C + i * J1;
end
```

按照 9.6 节所述方法，通过数值计算可得到 Dryden 紊流作用下的飞机运动及机翼根部弯矩的功率谱曲线，如图 13.18 所示。完整的 MATLAB 代码见附录(Examp08. m，theod0. m 和 sears. m)。

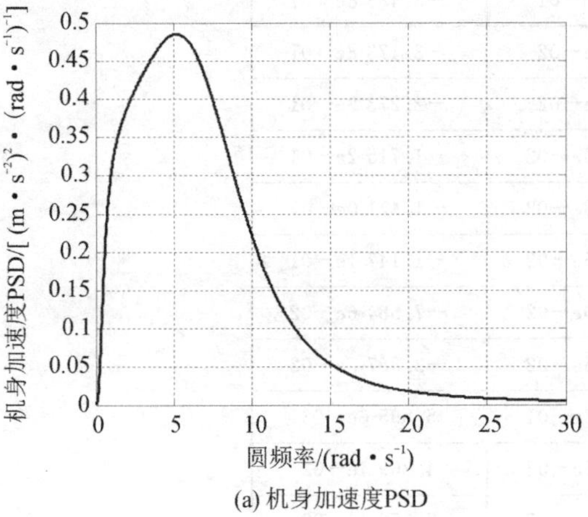

(a) 机身加速度PSD

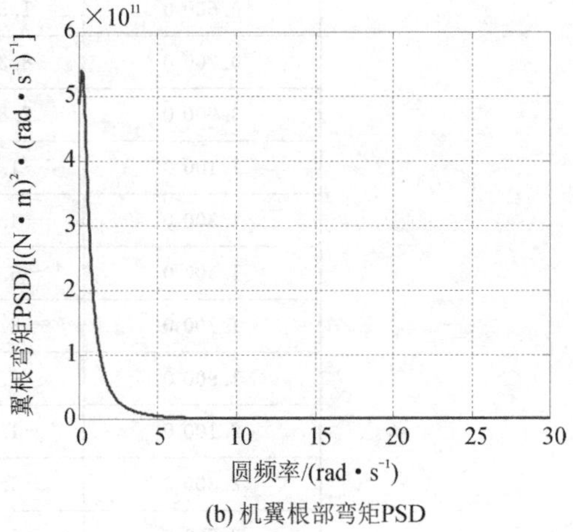

(b) 机翼根部弯矩PSD

图 13.18　Dryden 紊流作用下的飞机运动及载荷功率谱

13.5 气动伺服弹性计算分析

13.5.1 细长体气动伺服弹性稳定性分析

【例13.9】 如图13.19所示的细长体飞行器,质量 $m=120$ kg,质心位置 $x_c=2.0$ m,绕质心的俯仰转动惯量 $I_y=150\ \text{kg}\cdot\text{m}^2$,舵轴位置 $x_d=3.75$ m,加速度计和角速度计在机体上的安装位置 $x_g=1.5$ m。机体一阶弯曲模态的频率为30 Hz,对应广义质量为1,一阶弯曲模态的振型及斜率列于表13.1。气动力参考面积 $S=0.031\,4\ \text{m}^2$,机体各气动块的压心位置及法向力系数对迎角的导数、舵面压心位置及法向力系数对舵偏角的导数列于表13.2。飞行器俯仰通道的控制系统框图如图13.20所示,其中 $G_1(s)=1$,$G_2(s)=1$,$K_1=0.01$,$K_2=1.0$,$K_3=0.2$,$D(s)=62\,500/(s^2+350s+62\,500)$。分析在大气密度 $\rho=0.736\,1\ \text{kg/m}^3$、空速 $V=1\,200$ m/s时飞行器俯仰通道的气动伺服弹性稳定性。

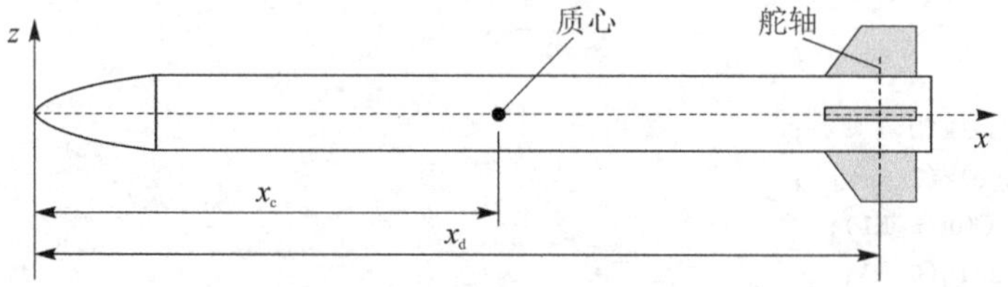

图13.19 细长体飞行器示意图

表13.1 机体一阶弯曲模态振型及斜率

结点X坐标/m	一阶弯曲振型	一阶弯曲振型斜率
0.100 0	2.921 1e−01	−3.558 4e−01
0.300 0	2.212 0e−01	−3.522 6e−01
0.500 0	1.510 6e−01	−3.483 8e−01
0.700 0	8.386 1e−02	−3.173 8e−01
0.900 0	2.805 3e−02	−2.273 9e−01
1.100 0	−1.085 3e−02	−1.715 2e−01
1.300 0	−4.298 3e−02	−1.471 0e−01
1.500 0	−6.928 5e−02	−1.147 1e−01
1.700 0	−8.841 0e−02	−7.584 6e−02
1.900 0	−9.959 6e−02	−3.557 5e−02
2.100 0	−1.025 7e−01	5.595 6e−03
2.300 0	−9.770 5e−02	4.269 4e−02
2.500 0	−8.601 6e−02	7.352 4e−02
2.700 0	−6.855 4e−02	1.003 8e−01
2.900 0	−4.615 7e−02	1.228 4e−01

续表 13.1

结点 X 坐标/m	一阶弯曲振型	一阶弯曲振型斜率
3.100 0	−1.972 8e−02	1.406 7e−01
3.300 0	9.784 1e−03	1.536 5e−01
3.500 0	4.138 4e−02	1.613 5e−01
3.700 0	7.507 7e−02	1.744 4e−01
3.900 0	1.111 2e−01	1.800 3e−01

表 13.2　法向力系数导数及压心位置

		压心位置/m	法向力系数导数/rad^{-1}
机体	1	0.174 8	2.861 6
	2	2.032 0	7.469 6
	3	2.231 4	4.420 1
	4	3.729 0	5.269 3
舵面		3.765 5	3.768 0

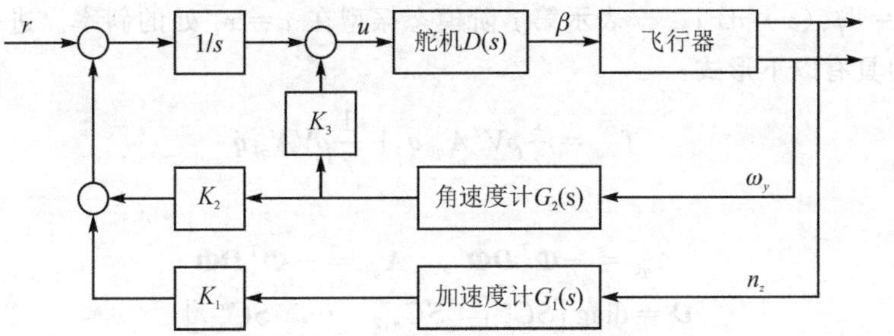

图 13.20　俯仰通道控制系统框图

考虑飞行器在 Oxz 平面内的运动，根据假设模态法，机体结构的垂向位移 $w(x,t)$ 可以表示为垂直面内刚体运动和一阶弯曲模态的线性叠加，即

$$w(x,t)=\sum_{i=1}^{3}\phi_i(x)q_i(t) \tag{13.78}$$

式中，q_1 代表机体垂向平动（沉浮模态），$\phi_1(x)=1$；q_2 代表机体绕质心刚体转动（俯仰模态），$\phi_2(x)=x_c-x$；q_3 代表机体一阶弯曲模态，$\phi_3(x)$ 可由表 13.1 中数据得到。

此外，还要考虑的是舵面的刚体偏转 β，它是由飞控系统根据传感器信息解算，并通过舵机产生的，它对应的振型 $\phi_\beta(x)$ 代表舵面偏转 1 个单位角度（1 rad），即

$$\phi_\beta(x)=\begin{cases}x_d-x, & \text{舵面处}\\ 0, & \text{其他处}\end{cases} \tag{13.79}$$

应用拉格朗日方程，可以得到包含机体刚体运动和弹性振动的运动方程，即

$$\boldsymbol{M}\ddot{\boldsymbol{q}}+\boldsymbol{C}\dot{\boldsymbol{q}}+\boldsymbol{K}\boldsymbol{q}=\boldsymbol{f}_{\mathrm{A}q}+\boldsymbol{f}_{\mathrm{A}\beta} \tag{13.80}$$

其中，$\boldsymbol{q}=[q_1\quad q_2\quad q_3]^{\mathrm{T}}$ 为广义坐标向量，$\boldsymbol{M}$，$\boldsymbol{C}$，$\boldsymbol{K}$ 分别为对角形式的广义质量、广义阻尼和广义刚度矩阵，其元素为

$$\boldsymbol{M} = \mathrm{diag}\,[M_{11} \quad M_{22} \quad M_{33}] \tag{13.81}$$

$$\boldsymbol{C} = \mathrm{diag}\,[0 \quad 0 \quad C_{33}] \tag{13.82}$$

$$\boldsymbol{K} = \mathrm{diag}\,[0 \quad 0 \quad K_{33}] \tag{13.83}$$

实际上,M_{11} 为飞行器总质量,M_{22} 为飞行器绕质心的俯仰转动惯量,M_{33} 为对应于机体一阶弯曲模态的广义质量;$K_{33}=M_{33}\omega_3^2$ 为对应于机体一阶弯曲模态的广义刚度,ω_3 为该阶模态的固有频率(单位:rad/s);$C_{33}=2M_{33}\xi_3\omega_3$ 为对应于机体一阶弯曲模态的阻尼系数,ξ_3 为该阶模态阻尼比,这里其值取为 0.01。

需要说明的是:对于本例所分析的对象,舵面惯性力远小于舵面气动力,因此在方程(13.80)中忽略了舵面惯性力的作用,而仅考虑气动力的作用,它有源自两方面的贡献:一是由机体运动引起的非定常气动力 $\boldsymbol{f}_{\mathrm{A}q}$,二是舵面偏转 β 引起的气动力 $\boldsymbol{f}_{\mathrm{A}\beta}$。

根据准定常气动力理论,第 i 个机体气动块上的法向力可由以下公式计算:

$$Y_i = -\frac{1}{2}\rho V^2 S C_{n,i}^{\alpha}\left[\left(\frac{\partial w}{\partial x}\right)_{x=x_i} + \frac{1}{V}\left(\frac{\partial w}{\partial t}\right)_{x=x_i}\right] \tag{13.84}$$

式中,ρ 为大气密度,V 为速度,S 为参考面积,$C_{n,i}^{\alpha}$ 为第 i 个气动段法向力系数对迎角的导数(单位:1/rad)。将式(13.78)代入式(13.84)中,有

$$Y_i = -\frac{1}{2}\rho V^2 S C_{n,i}^{\alpha}\left[\sum_{j=1}^{n}\phi_j'(x_i)q_j + \frac{1}{V}\sum_{j=1}^{n}\phi_j(x_i)\dot{q}_j\right] \tag{13.85}$$

其中,$\phi_j'(x_i)=\mathrm{d}\phi_j(x)/\mathrm{d}x\,\big|_{x=x_i}$ 表示第 j 阶模态振型在 $x=x_i$ 处的斜率。进一步,可以推导出广义气动力具有以下形式:

$$\boldsymbol{f}_{\mathrm{A}q} = \frac{1}{2}\rho V^2 \boldsymbol{A}_{q0}\boldsymbol{q} + \frac{1}{2}\rho V \boldsymbol{A}_{q1}\dot{\boldsymbol{q}} \tag{13.86}$$

其中

$$\boldsymbol{A}_{q0} = -\boldsymbol{\Phi}^{\mathrm{T}}\boldsymbol{D}\boldsymbol{\Phi}', \quad \boldsymbol{A}_{q1} = -\boldsymbol{\Phi}^{\mathrm{T}}\boldsymbol{D}\boldsymbol{\Phi}$$

$$\boldsymbol{D} = \mathrm{diag}\,[SC_{n,1}^{\alpha} \quad SC_{n,2}^{\alpha} \quad \cdots \quad SC_{n,l}^{\alpha}]$$

$$\boldsymbol{\Phi} = \begin{bmatrix} \phi_1(x_1) & \phi_2(x_1) & \phi_3(x_1) \\ \phi_1(x_2) & \phi_2(x_2) & \phi_3(x_2) \\ \vdots & \vdots & \vdots \\ \phi_1(x_l) & \phi_2(x_l) & \phi_3(x_l) \end{bmatrix}_{l\times 3}, \quad \boldsymbol{\Phi}' = \begin{bmatrix} \phi_1'(x_1) & \phi_2'(x_1) & \phi_3'(x_1) \\ \phi_1'(x_2) & \phi_2'(x_2) & \phi_3'(x_2) \\ \vdots & \vdots & \vdots \\ \phi_1'(x_l) & \phi_2'(x_l) & \phi_3'(x_l) \end{bmatrix}_{l\times 3}$$

由舵面偏转 β 引起的气动力 $\boldsymbol{f}_{\mathrm{A}\beta}$ 可以由以下公式计算:

$$\boldsymbol{f}_{\mathrm{A}\beta} = \frac{1}{2}\rho V^2 \boldsymbol{A}_{\beta 0}\beta \tag{13.87}$$

其中,$\boldsymbol{A}_{\beta 0} = SC_n^{\beta}\,[\phi_1(x_d) \quad \phi_2(x_d) \quad \phi_3(x_d)]^{\mathrm{T}}$,$C_n^{\beta}$ 为舵面法向力系数对舵偏角的导数(单位:1/rad)。气动力系数计算的 MATLAB 代码如下:

```
% 构建振型矩阵 F、振型斜率矩阵 FD
f3 = spline(Mode(:,1), Mode(:,2), Xp);      % 插值计算气动块压心的振型
f3d = spline(Mode(:,1), Mode(:,3), Xp);     % 插值计算气动块压心的振型斜率
F = [ones(NA,1)  Xm - Xp  f3];              % 振型矩阵
FD = [zeros(NA,1)  - ones(NA,1)  f3d];      % 振型斜率矩阵

% 计算机体的气动力系数矩阵
Aq0 = - Area * F' * diag(Cna) * FD;
```

```
Aq1 = - Area * F' * diag(Cna) * F;

% 插值计算舵轴位置处的振型
f3 = spline(Mode(:,1), Mode(:,2), Xpr);
FR = [ 1;  Xm - Xpr;  f3];

% 计算舵面的气动力系数矩阵
Ab0 = Area * Cnr * FR;
```

将式(13.86)、式(13.87)代入方程(13.80)中,并化为频域形式,有

$$\bar{\boldsymbol{A}}(\omega)\boldsymbol{q}=\bar{\boldsymbol{B}}(\omega)\beta \tag{13.88}$$

式中

$$\bar{\boldsymbol{A}}(\omega)=-\omega^2\boldsymbol{M}+\mathrm{i}\omega\left(\boldsymbol{C}-\frac{1}{2}\rho V\boldsymbol{A}_{q1}\right)+\left(\boldsymbol{K}-\frac{1}{2}\rho V^2\boldsymbol{A}_{q0}\right)$$

$$\bar{\boldsymbol{B}}(\omega)=\frac{1}{2}\rho V^2\boldsymbol{A}_{\beta 0}$$

从式(13.88)可以解得

$$\boldsymbol{q}=\bar{\boldsymbol{A}}(\omega)^{-1}\bar{\boldsymbol{B}}(\omega)\beta \tag{13.89}$$

式中,$\bar{\boldsymbol{A}}(\omega)^{-1}\bar{\boldsymbol{B}}(\omega)$为以β为输入、$\boldsymbol{q}$ 为输出的传递函数。

进一步可得出传感器感受到的垂向加速度 n_z 和俯仰角速度 ω_y 为

$$n_z=-\omega^2\left[\phi_1(x_g)\quad \phi_2(x_g)\quad \phi_3(x_g)\right]\bar{\boldsymbol{A}}(\omega)^{-1}\bar{\boldsymbol{B}}(\omega)\beta \tag{13.90}$$

$$\omega_y=-\mathrm{i}\omega\left[\phi_1'(x_g)\quad \phi_2'(x_g)\quad \phi_3'(x_g)\right]\bar{\boldsymbol{A}}(\omega)^{-1}\bar{\boldsymbol{B}}(\omega)\beta \tag{13.91}$$

式中,$\phi_i(x_g)$为在加速度计位置处的第 i 阶模态振型;$\phi_i'(x_g)$为在角速度计位置处的第 i 阶模态振型斜率。利用式(13.90)、式(13.91),即可求得从 β 到垂向加速度 n_z 的传递函数 $E_1(\omega)$,以及从 β 到俯仰角速度 ω_y 的传递函数 $E_2(\omega)$。机体传递函数计算的 MATLAB 代码如下:

```
% 插值计算传感器位置处的振型及振型斜率
f3 = spline(Mode(:,1), Mode(:,2), Xa);
f3d = spline(Mode(:,1), Mode(:,3), Xg);

% 计算弹体传递函数
f = 0.2:0.05:50;            % 计算频率(Hz)
w = 2 * pi * f;             % 圆频率(rad/s)
nw = length(w);             % 频率个数
E1 = zeros(1,nw);           % 从舵偏到垂向加速度的传函
E2 = zeros(1,nw);           % 从舵偏到舵俯仰角速度的传函
for k = 1:nw
    s = i * w(k);           % 拉普拉斯变量
    PA = s^2 * GM + s * (GD - 0.5 * rho * V * Aq1) ...
        + GK - 0.5 * rho * V^2 * Aq0;
    PB = 0.5 * rho * V^2 * Ab0;
    E1(k) = s^2 * [1  Xm - Xa  f3] * inv(PA) * PB;
    E2(k) = - s * [0  -1  f3d] * inv(PA) * PB;
end
```

根据自动控制原理,图 13.20 所示系统的开环传递函数为

$$L(s)=-D(s)\left[E_1(s)G_1\frac{K_1}{s}+E_2(s)G_2\left(\frac{K_2}{s}+K_3\right)\right] \tag{13.92}$$

令 $s=\mathrm{i}\omega$，根据上式可以求得开环频响函数 $L(\mathrm{i}\omega)$，绘制出 Nyquist 曲线或 Bode 曲线，根据 Nyquist 判据来判断稳定性。程序计算得到的结果如图 13.21 所示。从计算结果可以看出，在相位为 $-180°$时(频率 27.4 Hz)，频响函数的幅值大于 0 dB，因此系统是不稳定的。这种不稳定正是由机体一阶弯曲模态与飞控系统耦合引发的。

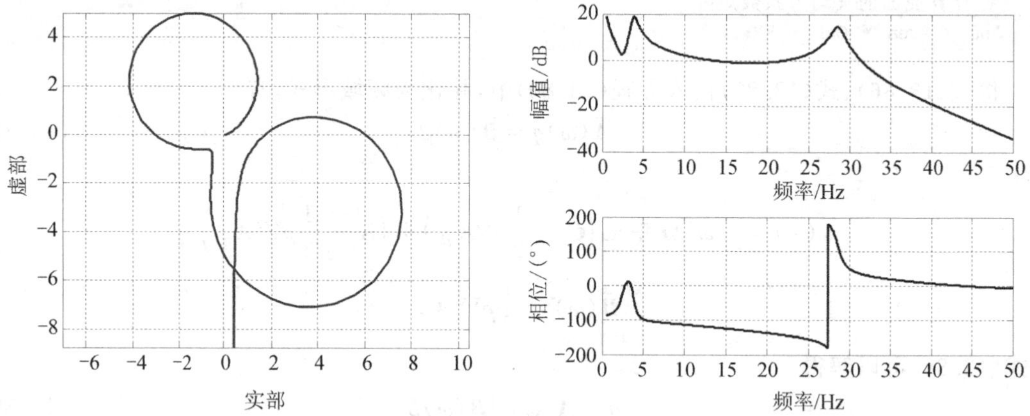

(a) Nyquist图　　(b) Bode图

图 13.21　俯仰通道气动伺服弹性分析结果

为了改善系统的稳定性，可以在俯仰控制律中加入结构滤波器。这个滤波器设置在图 13.21 中舵机环节的前端，用于滤除舵机指令信号的弹性频率分量，其数学形式为

$$F(s)=\frac{s^2+2\xi_1\omega s+\omega^2}{s^2+2\xi_2\omega s+\omega^2} \tag{13.93}$$

式中参数取值为：$\omega=179$，$\xi_1=0.06$，$\xi_2=0.6$。改进后系统的气动伺服弹性计算结果如图 13.22 所示。从结果可以看出，加入结构滤波器后，系统开环传递函数在 28 Hz 附近的幅值得到衰减，但相位滞后也变大，系统由不稳定变成稳定的，且幅值裕度为 5.8 dB，相位裕度为 39.2°。本例完整的 MATLAB 代码见附录 A.9(Examp09.m)。

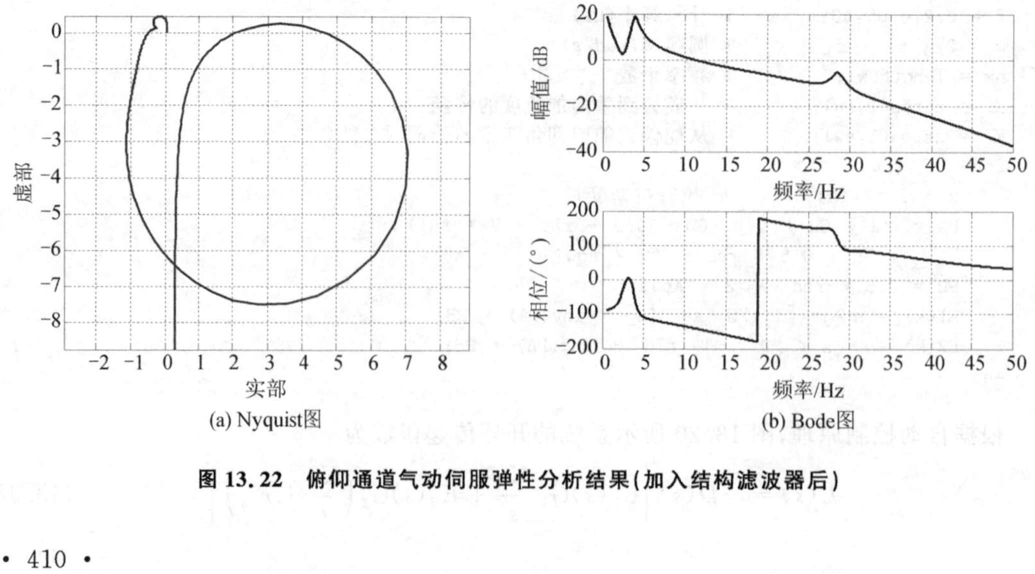

(a) Nyquist图　　(b) Bode图

图 13.22　俯仰通道气动伺服弹性分析结果(加入结构滤波器后)

13.5.2 地面伺服弹性失稳机理定性分析

【例 13.10】 在某飞行器的地面伺服弹性试验中，机体采用悬挂支撑，如图 13.23 所示。弹体转动惯量为 J，半径为 r，滚转阻尼系数为 C，滚转支撑刚度为 K。舵面可看作刚体，其质量为 M，在图示 XOY 坐标中的质心位置为(x_c, y_c)，交叉惯性积为 I_{xy}。飞行器滚转通道的控制律为 $\delta = k\dot{\phi}$，其中 δ 为舵面绕舵轴转角（左、右两舵面同时差动偏转），$\dot{\phi}$ 为弹体滚转角速度，k 为控制增益。试验时，滚转通道控制系统处于闭环状态。当机体受到外部轻微扰动后，机体在滚转方向上出现振荡，且振幅逐渐扩大。试验中尝试减小控制增益，当 k 减小到一定值后，这种振荡现象消失。试分析以上现象是什么原因造成的？如果不减小 k，是否能通过改变舵面惯性特性来消除这种不稳定振荡？

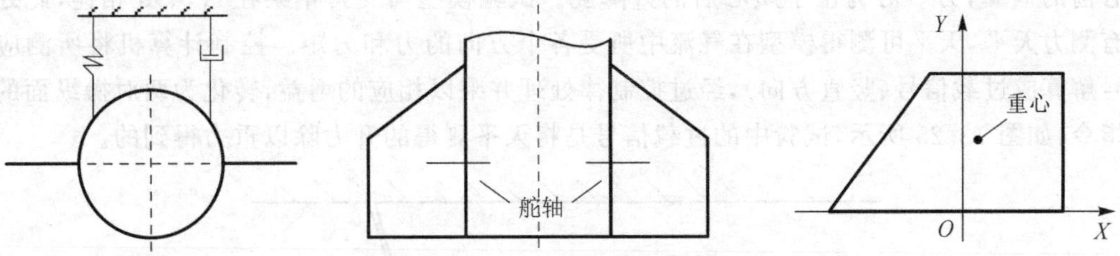

图 13.23 某飞行器地面试验示意图

飞行器在地面悬挂状态的运动方程可以表示为

$$J\ddot{\phi} + C\dot{\phi} + K = T \tag{13.94}$$

其中，T 为作用在机体上的滚转力矩。

当舵面偏转时，作用力 T 来源于舵面偏转带来的惯性力。设舵面偏转 δ 时，舵面上(x, y)处一个质量为 $\mathrm{d}m$ 的微团产生的 z 向惯性力为

$$\mathrm{d}f = -\ddot{w} \cdot \mathrm{d}m = -(-x\ddot{\delta})\mathrm{d}m = x\ddot{\delta} \cdot \mathrm{d}m \tag{13.95}$$

该惯性力对机体轴的滚转力矩为

$$\mathrm{d}T = -(r + y)\mathrm{d}f = -(r + y)x\ddot{\delta} \cdot \mathrm{d}m \tag{13.96}$$

于是，舵面偏转产生的滚转力矩（考虑左右一对舵面差动）为

$$\begin{aligned} T &= -2\iint (r + y)x\ddot{\delta}\,\mathrm{d}m \\ &= -2\ddot{\delta}\left(r\iint x\,\mathrm{d}m + \iint xy\,\mathrm{d}m\right) \\ &= -2(Mrx_c + I_{xy})\ddot{\delta} \end{aligned} \tag{13.97}$$

记 $R = 2(Mrx_c + I_{xy})$，则有 $T = -R\ddot{\delta}$。将其代入方程(13.94)中，得到

$$J\ddot{\phi} + C\dot{\phi} + K = -R\ddot{\delta} \tag{13.98}$$

在控制系统闭环时，将控制律 $\delta = k\dot{\phi}$ 代入式(13.98)中，得到

$$Rk\dddot{\phi} + J\ddot{\phi} + C\dot{\phi} + K = 0 \tag{13.99}$$

根据自动控制原理中的 Routh 判据，系统稳定的充分必要条件是：

$$Rk > 0,\quad J > 0,\quad C > 0,\quad K > 0,\quad JC > RkK$$

从以上可以看出,当 k 过大时,会导致 $JC>RkK$ 不成立,使得系统失稳。如果不减小 k,可以通过减小 R 来使得 $JC>RkK$ 成立。例如,可以在舵面转轴前增加适当的配重,从而减小 R,以改善系统的稳定性。

13.5.3 气动伺服弹性失稳故障分析实例

在某飞行器特种风洞试验中,试验模型安装有反馈控制系统,且为较刚硬的结构,但事先未考虑到支持系统的弹性,模型安装到支持系统上后,导致整个系统出现结构、气动及控制之间的耦合,即气动伺服弹性失稳。本节给出在该试验中失稳现象的描述,并介绍针对该问题开展的机理分析、数值仿真、改进设计及验证。

某飞行器特种风洞试验如图13.24所示。试验模型具有两对操纵面:一对为位于飞行器质心前的鸭翼,另一对为位于质心后的升降舵。试验模型与支持钢架在 A 点处相连,此处安装有测力天平,天平可测得模型在气流中所受各个方向的力和力矩。控制计算机将所测应变信号解算成过载信号(竖直方向),经过控制律处理并乘以相应的增益,转化为两对操纵面的控制指令,如图13.25所示,试验中的过载信号是将天平测得的升力除以重力得到的。

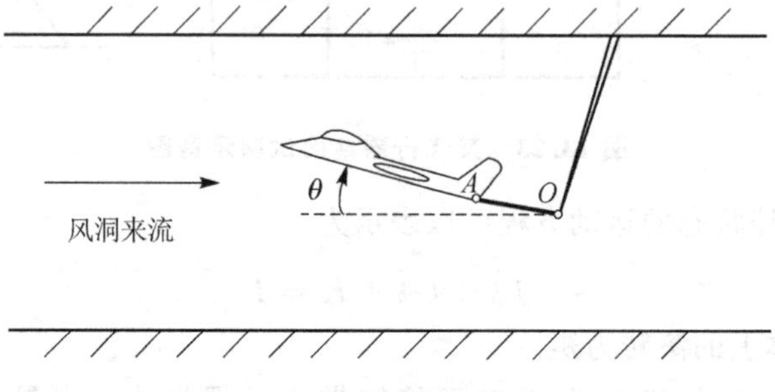

图 13.24 风洞试验示意图

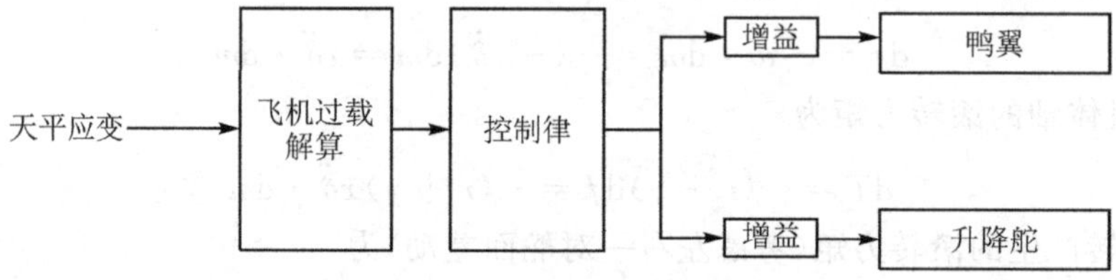

图 13.25 控制系统框图

试验前认为模型较刚硬,其弹性频率足够高,不会干扰试验结果,但未考虑到加入支持系统后对整个系统弹性振动特性的影响。出现失稳故障之后的模态试验测得:整个试验系统的第1阶模态(沉浮模态)的频率为3 Hz,第2阶模态(俯仰模态)的频率为5 Hz,其振型如图13.26所示,试验中失稳主要发生在绕 O 点旋转即图中所表示的俯仰方向上。

表13.3给出了风洞试验中不同来流风速、控制增益下的过载响应情况。每个试验条目存在开环和闭环两种控制状态,控制增益仅对闭环状态而言。该试验为研究主动控制系统的控制效果,将控制增益作为一个影响参数来研究,因此各试验条目设置了不同大小的增益。由表13.3可看出:在相同来流速度下,控制增益越大,越可能发生失稳现象,如试验条目001与003、试验条目004与006;在相同控制增益下,来流速度越大,越可能发生失稳现象,如试验条目002与006。试验条目004与006的实测数据如图13.27和图13.28所示。

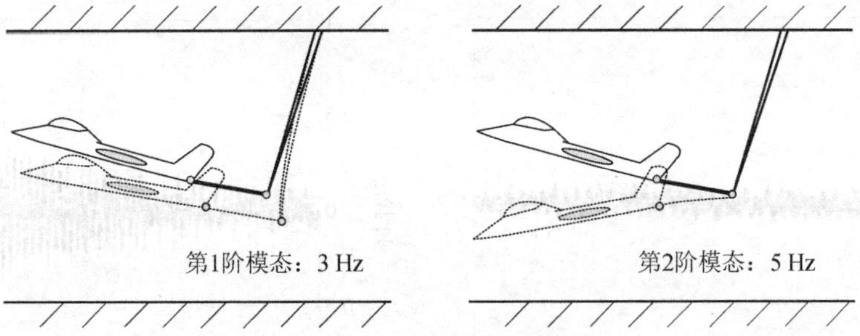

图 13.26　试验模型模态振型图

表 13.3　各试验条件下的模型过载响应

试验条目	控制增益	风速/(m·s^{-1})	开环过载响应	闭环过载响应
001	2.0	25	稳定	稳定
002	3.0	25	稳定	稳定
003	4.0	25	稳定	振荡发散
004	1.0	30	稳定	稳定
005	2.0	30	稳定	稳定
006	3.0	30	稳定	振荡发散

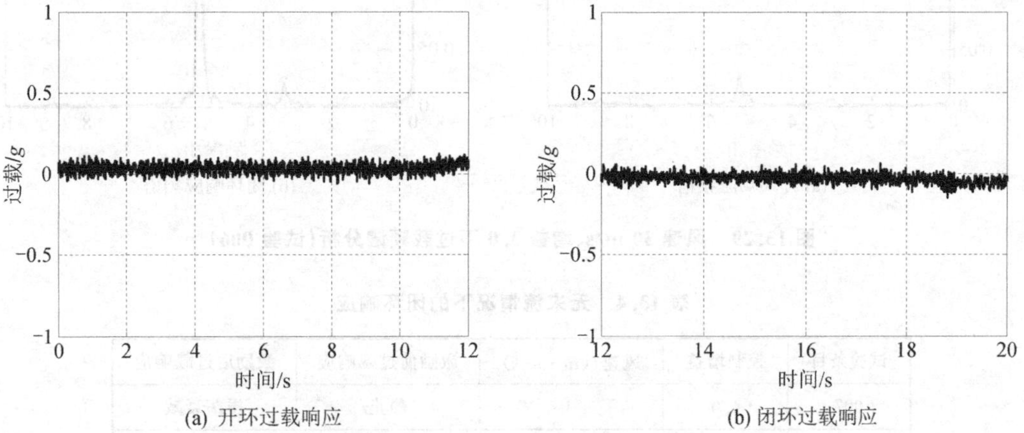

图 13.27　风速 30 m/s、增益 1.0 下过载响应(试验 004)

将试验数据做频谱分析，如图 13.29 所示，可见闭环响应在 5 Hz 频率左右幅值较大。在没有定频信号激励的情况下，试验模型却出现了 5 Hz 的振荡发散，说明风洞中来流的微小扰动激起了系统某阶弹性模态；同时，这种失稳与控制增益有关，表明控制系统也参与了耦合。因此，初步可以确定该试验中出现了弹性结构与控制系统的耦合。为更进一步验证气动力是否也参与耦合，增做表 13.4 所列各试验条目：在无风情况下，闭合控制系统，在某一时间点施加人工激励，检查响应是否发散。试验表明：在没有气动力作用的情况下，施加人工激励后，过载响应随时间逐渐衰减。因此可以确定在没有气动力的情况下，该伺服弹性系统是稳定的。这也从另一面证明了风洞试验中的失稳原因是气动力参与耦合的气动伺服弹性失稳。

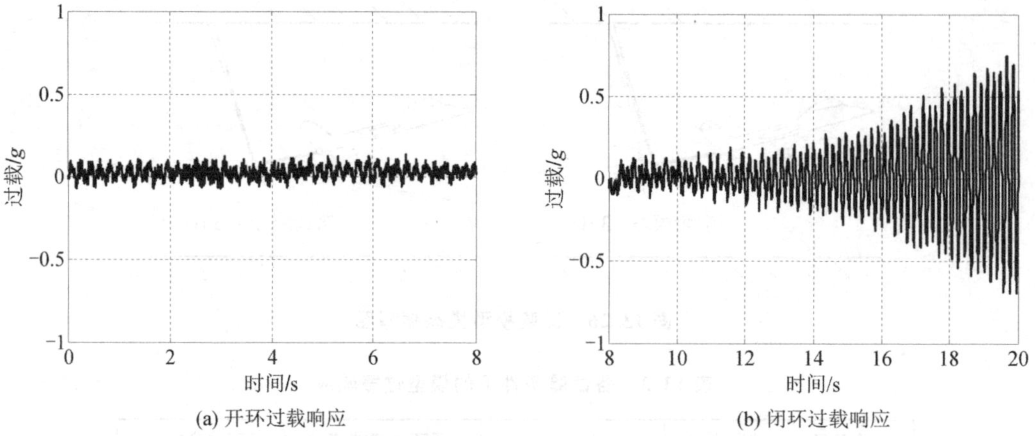

图 13.28 风速 30 m/s、增益 3.0 下过载响应(试验 006)

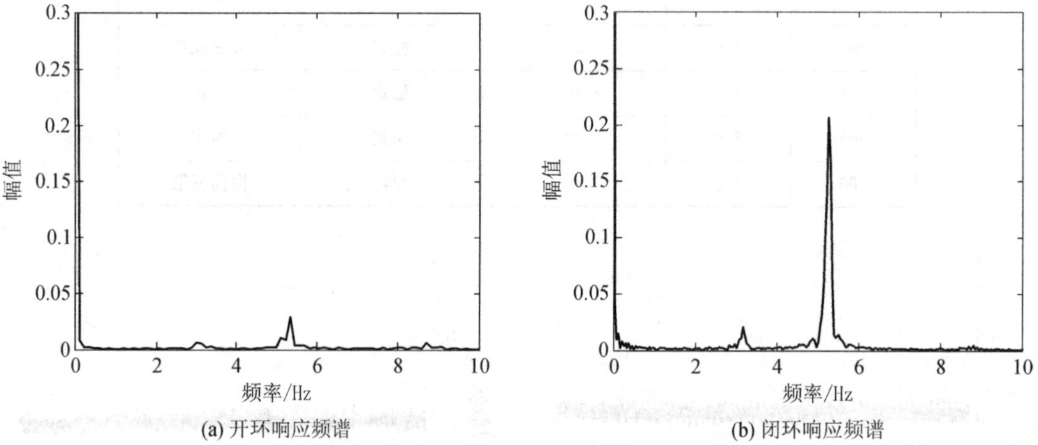

图 13.29 风速 30 m/s、增益 3.0 下过载频谱分析(试验 006)

表 13.4 无来流情况下的闭环响应

试验条目	控制增益	风速/(m·s^{-1})	激励前过载响应	激励后过载响应
007	4.0	0	静止	振荡衰减
008	6.0	0	静止	振荡衰减
009	10.0	0	静止	振荡衰减

下面通过推导运动微分方程定性分析失稳原因。为简化,首先给出以下前提假设:

① 图 13.30 中角 θ 与模型飞机的真实迎角和俯仰角大小及方向一致;

② 采用扭转弹簧 k_θ 来模拟支持系统,重点研究支持系统第 2 阶模态的影响,且有 $\sqrt{k_\theta/J}=5\cdot 2\pi$,其中 J 为试验模型绕 O 点的转动惯量;

③ 控制过程中,舵面偏转方向和升力变化方向相反。简化处理后,可将操纵面的偏转与升力间的传递函数写作:$\delta=-K_c F_y$ 且 $K_c>0$,其中 δ 为舵面指令,F_y 为升力;

④ 试验模型具有静稳定性。

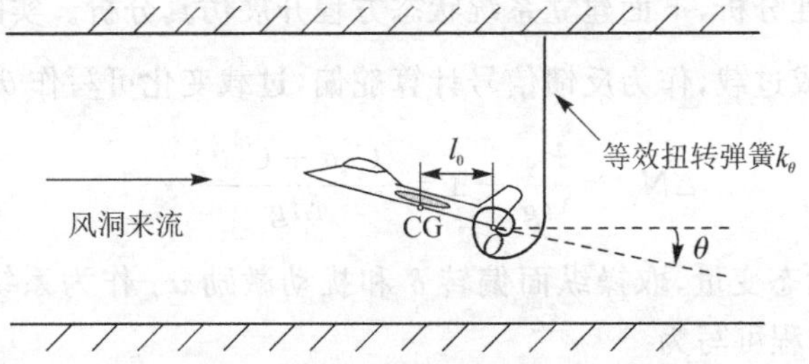

图 13.30　简化的风洞试验结构力学模型

列出试验模型在俯仰自由度上的运动方程：

$$J\ddot{\theta} + c\dot{\theta} + k_\theta\theta = A_\theta\theta + A_{\dot{\theta}}\dot{\theta} + A_\delta\delta \tag{13.100}$$

式中，J 为试验模型绕 O 点的转动惯量，c 为阻尼系数，k_θ 为等效的扭转弹簧刚度，$A_\theta\theta$ 为 θ 引起的绕 O 点的气动力矩，$A_{\dot{\theta}}\dot{\theta}$ 为角速度 $\dot{\theta}$ 引起的气动力矩，$A_\delta\delta$ 为偏转操纵面引起的气动力矩。试验模型绕 O 点俯仰转动时，升力可由角位移 θ 和角速度 $\dot{\theta}$ 表示：

$$F_y = C_y^\theta\theta + C_y^{\dot{\theta}}\dot{\theta} \tag{13.101}$$

注意到，由于参考点的不同，这里的 θ 并非完全等价于飞机的俯仰角或迎角：角速度 $\dot{\theta}$ 变大会使模型质心向上运动，使得有效迎角减小。因此，更进一步，角位移 θ 和角速度 $\dot{\theta}$ 对升力的贡献可写为

$$F_y = C_y^\theta\theta + C_y^{\dot{\theta}}\dot{\theta} = C_y^\alpha\theta + \left(C_y^q\dot{\theta} - C_y^\alpha\frac{l_0\dot{\theta}}{V}\right) = C_y^\alpha\theta + \left(C_y^q - C_y^\alpha\frac{l_0}{V}\right)\dot{\theta} \tag{13.102}$$

式中，C_y^α 为升力对迎角的导数且 $C_y^\alpha > 0$，C_y^q 为升力对俯仰角速度的导数，l_0 为模型质心与 O 点之间的距离，V 为来流速度，经计算 $C_y^{\dot{\theta}} = \left(C_y^q - C_y^\alpha\dfrac{l_0}{V_\infty}\right) < 0$。结合前提条件中的 $\delta = -K_cF_y$，有

$$\delta = -K_cC_y^\theta\theta - K_cC_y^{\dot{\theta}}\dot{\theta} \tag{13.103}$$

将式(13.103)代入式(13.100)，得

$$J\ddot{\theta} + (c - A_{\dot{\theta}} + A_\delta K_c C_y^{\dot{\theta}})\dot{\theta} + (k_\theta - A_\theta + A_\delta K_c C_y^\theta)\theta = 0 \tag{13.104}$$

从上式可以看到：若 A_δ 为正(注意 $A_\delta > 0$ 表示操纵面偏角引起对 O 点正力矩)，增益系数 K_c 增大到一定程度时，阻尼项 $(c - A_{\dot{\theta}} + A_\delta K_c C_y^{\dot{\theta}})$ 将变为负，即负阻尼状态。此时，类比于微分方程：

$$\ddot{x} + 2\xi\omega_n\dot{x} + \omega_n^2 x = C \tag{13.105}$$

若 $-1 < \xi < 0$，系统有一对实部为正的共轭复根，系统时间响应具有振荡发散的特性。

因此，风洞试验中出现的失稳问题的主要原因可归结如下：

① 试验前未考虑到加装支持系统后的整个试验系统的弹性模态；

② 在试验过程中闭合控制系统后，操纵面的偏转产生不利于稳定的气动力矩。

综上原因，支持系统的弹性与气动力矩以及控制系统发生不利耦合，导致整个试验系统出现气动伺服弹性失稳。

为验证上述的定性分析，下面建立系统状态方程开展仿真分析。实际情况下的控制系统，将天平所测升力解算成过载，作为反馈信号计算舵偏，过载变化可写作 θ 和 $\dot{\theta}$ 的函数：

$$\Delta N_y = \frac{F_y}{Mg} - 1 = \frac{(C_y^{\theta}\theta + C_y^{\dot{\theta}}\dot{\theta})}{Mg} - 1 \tag{13.106}$$

那么，将 θ 和 $\dot{\theta}$ 作为状态变量，取操纵面偏转 δ 和扰动激励 w_e 作为系统输入，过载变化作为系统输出，状态空间方程可写为

$$\left.\begin{aligned} \begin{bmatrix} \dot{\theta} \\ \ddot{\theta} \end{bmatrix} &= \begin{bmatrix} 0 & 1 \\ A_{\theta} - k_{\theta} & A_{\dot{\theta}} \end{bmatrix} \begin{bmatrix} \theta \\ \dot{\theta} \end{bmatrix} + \begin{bmatrix} 0 \\ A_{\delta} \end{bmatrix} \delta + \begin{bmatrix} 0 \\ A_{w_e} \end{bmatrix} w_e \\ \Delta N_y &= \begin{bmatrix} \frac{C_y^{\theta}}{Mg} & \frac{C_y^{\dot{\theta}}}{Mg} \end{bmatrix} \begin{bmatrix} \theta \\ \dot{\theta} \end{bmatrix} - 1 \end{aligned}\right\} \tag{13.107}$$

以上述方程为基础，构建 MATLAB/Simulink® 模型，如图 13.31 所示，调整控制面 1、2 回路增益和控制面 3、4 回路增益，使得 A_{δ} 为正以满足失稳条件。仿真模型的相关参数如表 13.5 所列。

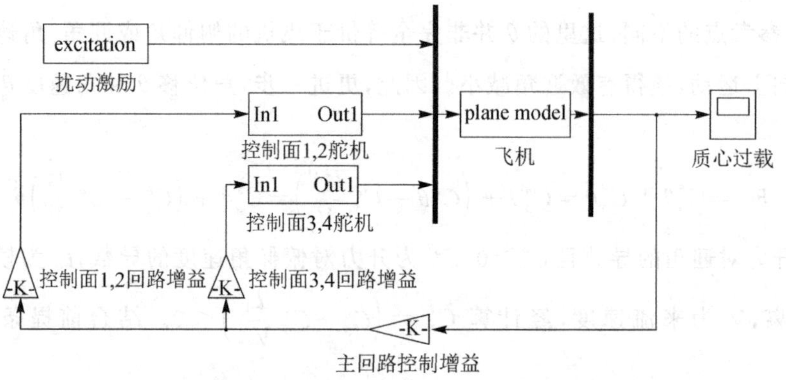

图 13.31 气动伺服弹性 Simulink 仿真模型

表 13.5 数值仿真模型相关基本参数

参 数	项 目	数 值
几何参数	参考弦长/m	0.20
	参考面积/m^2	1.40
质量惯量参数	质量/kg	43.0
	绕 O 点转动惯量/($kg \cdot m^2$)	8.40
飞行参数	飞行速度/($m \cdot s^{-1}$)	30.0
	空气密度/($kg \cdot m^{-3}$)	1.225
弹性结构参数	等效扭转弹簧刚度/($kg \cdot m^2 \cdot s^{-2}$)	8.29×10^3
	固有频率/Hz	5.00
	模型质心距 O 点长度/m	0.4

续表 13.5

参　数	项　目	数　值
相关气动导数	C_y^{α} /[N·(°)$^{-1}$]	88.056
	C_M^{α} /[N·m·(°)$^{-1}$]	−1.294
	C_y^{q} /[N·s·(°)$^{-1}$]	9.074
	C_M^{q} /[N·m·s·(°)$^{-1}$]	−1.474
	A_{θ} /[N·m·(°)$^{-1}$]	349.93
	A_{δ} /[N·m·(°)$^{-1}$]	20.101
	$A_{\dot{\theta}}$ /[N·m·s·(°)$^{-1}$]	−12.14

图 13.32 显示了小增益和大增益控制参数下的系统受扰动后的仿真结果。在小增益系数情况下，过载响应最终衰减为 0，而大增益情况下过载出现振荡发散，且振荡频率为 5 Hz。通过仿真验证了机理分析的正确性。

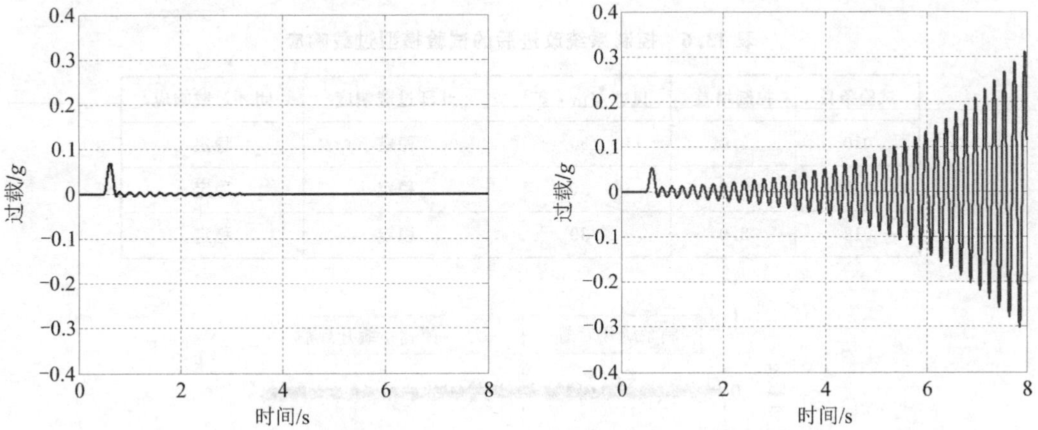

(a) 增益1.0下过载响应　　(b) 增益8.0下过载响应

图 13.32　小扰动激励下仿真模型的过载响应

针对以上出现的气动伺服弹性失稳问题，结合分析结果，对控制系统提出以下改进方案：在控制系统反馈回路中增加结构滤波器环节，其传递函数可写为

$$G_{\text{notch}}(s)=\frac{s^2+2\xi_1\omega_r s+\omega_r^2}{s^2+2\xi_2\omega_r s+\omega_r^2} \tag{13.108}$$

根据实际情况，选取 $\omega_r=5\times2\pi=31.42$ rad/s，$\xi_1=0.05$，$\xi_2=0.5$。结构滤波器的频率特性如图 13.33 所示，其作用是通过“挖去”信号中带来危险的特性频率分量来改善气动伺服弹性稳定性。

加装结构滤波器后，风洞试验中不再出现气动伺服弹性失稳现象，改进方案证实是可行有效的。表 13.6 列出了改进后各试验条件下的过载响应情况，试验条目 011 即增益 3.0 下的过载和操纵面偏转响应曲线在图 13.34 中给出。

针对某特种风洞试验中出现的气动伺服弹性失稳现象进行了机理分析和数值仿真，在此基础上提出了改进方案，并将其运用到了试验中，取得了满意的效果。从这项工作中得到的经验和教训有：

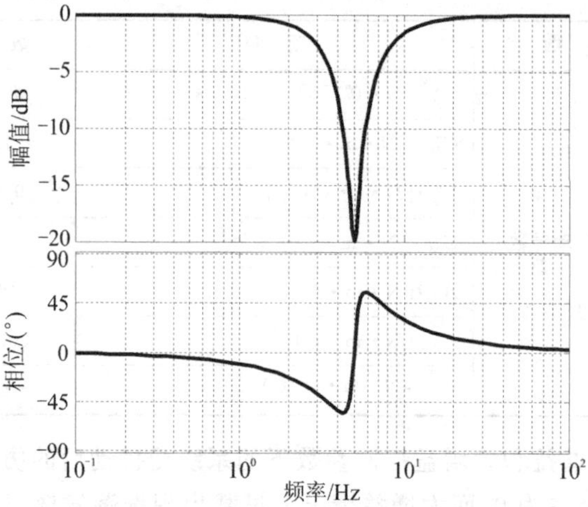

图 13.33　结构滤波器环节的频率特性

表 13.6　控制系统改进后的试验模型过载响应

试验条目	控制增益	风速/(m・s^{-1})	开环过载响应	闭环过载响应
010	1.0	30	稳定	稳定
011	3.0	30	稳定	稳定
012	5.0	30	稳定	稳定

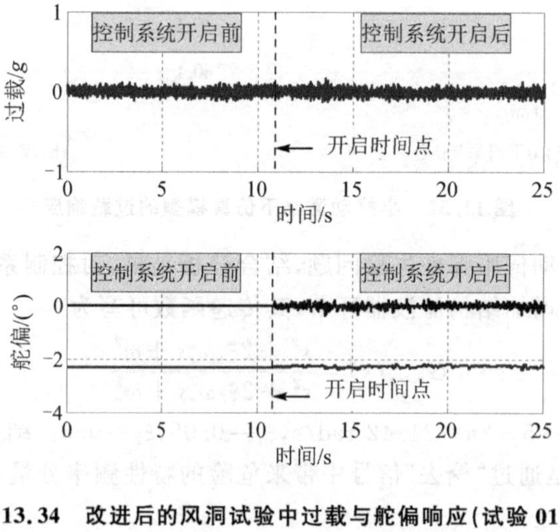

图 13.34　改进后的风洞试验中过载与舵偏响应(试验 011)

① 在带控制的特种风洞试验中,需要特别注意气动伺服弹性问题。不仅要关注试验模型的弹性效应,也要将支持系统的整个试验系统的弹性影响纳入考虑;

② 在飞行器的实际飞行中,我们往往关心的是操纵面偏转产生的关于飞行器质心的力矩;但在风洞试验中,模型安装在支架上,为防止类似气动伺服弹性问题发生,也要关注对支架各部位的力矩。

③ 为减小或消除弹性模态的不利影响,在控制回路中增加合适的结构陷波器是一种有效的工程设计方法。

本章参考文献

[1] 唐波,吴志刚,杨超,等. 特种风洞试验中气动伺服弹性失稳故障分析. 北京航空航天大学学报,2016,42(5):999-1007.

附录　气动弹性计算程序代码

本附录计算程序代码对应第 13 章“气动弹性分析设计实例”中有关气动弹性案例,计算程序采用 MATLAB 语言编写代码,供读者具体实践和计算。

1. 机翼截面刚心位置计算程序

Examp01. m

```
clc
clear

% 蒙皮上的结点坐标
c = 1.0;                                % 机翼弦长
N = 35;                                 % 离散点个数
RXY = [ 1.0000      0.00000
        0.9500      0.01008
        0.9000      0.01810
        0.8000      0.03279
        0.7000      0.04580
        0.6000      0.05704
        0.5000      0.06617
        0.4000      0.07254
        0.3000      0.07502
        0.2500      0.07427
        0.2000      0.07172
        0.1500      0.06682
        0.1000      0.05853
        0.0750      0.05250
        0.0500      0.04443
        0.0250      0.03268
        0.0125      0.02367
        0.0000      0.00000
        0.0125     - 0.02367
        0.0250     - 0.03268
        0.0500     - 0.04443
        0.0750     - 0.05250
        0.1000     - 0.05853
        0.1500     - 0.06682
        0.2000     - 0.07172
        0.2500     - 0.07427
        0.3000     - 0.07502
        0.4000     - 0.07254
        0.5000     - 0.06617
        0.6000     - 0.05704
        0.7000     - 0.04580
        0.8000     - 0.03279
        0.9000     - 0.01810
        0.9500     - 0.01008
        1.0000      0.00000 ];    % 翼型数据
RXY = c * RXY;
```

```
X = RXY(:,1);                    % 翼型轮廓结点 X 坐标
Y = RXY(:,2);                    % 翼型轮廓结点 Y 坐标
T = 0.005 * ones(1,N-1);         % 蒙皮厚度

% 布置纵向加强元件
A = zeros(1,N-1);
A(4)  = 0.001;
A(6)  = 0.001;
A(8)  = 0.001;
A(11) = 0.001;
A(25) = 0.001;
A(28) = 0.001;
A(30) = 0.001;
A(32) = 0.001;

% 计算截面惯性矩 Ixx
Ixx = 0.0;
for k = 1:N-1
    x1 = X(k);
    y1 = Y(k);
    x2 = X(k+1);
    y2 = Y(k+1);
    JJ = 1/3 * T(k) * (y1^2 + y1 * y2 + y2^2) * sqrt((y2 - y1)^2 + (x2 - x1)^2);
    Ixx = Ixx + JJ + A(k) * Y(k)^2;
end

% 计算各段蒙皮处的静矩 Sx(k)
Sx = zeros(1,N-1);
Sx(1) = A(1) * Y(1);
for k = 2:N-1
    x1 = X(k-1);
    y1 = Y(k-1);
    x2 = X(k);
    y2 = Y(k);
    SS = 1/2 * T(k-1) * (y1 + y2) * sqrt((y2 - y1)^2 + (x2 - x1)^2);
    Sx(k) = Sx(k-1) + SS + A(k) * Y(k);
end

% 计算常剪流 q0
P = 0.0;
R = 0.0;
for k = 1:N-1
    rr(k) = sqrt((X(k+1) - X(k))^2 + (Y(k+1) - Y(k))^2);
    P = P + rr(k) / T(k);
    R = R + rr(k) * Sx(k) / (Ixx * T(k));
end
q0 = R / P;

%计算刚心 X 坐标
XQ = 0.0;
for k = 1:N-1
    nx = 0.5 * (X(k) + X(k+1));
    ny = 0.5 * (Y(k) + Y(k+1));
    rx = X(k+1) - X(k);
```

```
    ry = Y(k+1) - Y(k);
    XQ = XQ + (q0 - Sx(k) / Ixx) * (nx * ry - ny * rx);
end
XQ

% 绘图
plot(X, Y, 'linewidth', 1.5);
xlabel('x (m)')
ylabel('y (m)')
axis equal
grid on
hold on
RR = [ X(4)   Y(4)
       X(6)   Y(6)
       X(8)   Y(8)
       X(11)  Y(11)
       X(25)  Y(25)
       X(28)  Y(28)
       X(30)  Y(30)
       X(32)  Y(32) ];
plot(RR(:,1), RR(:,2), 'bo', 'linewidth', 1.5);
plot([XQ], [0.0], 'r*')
```

2. 机翼结构模态特性计算程序

Examp02_1.m

```
clc
clear

% 机翼参数
c = 1.0;                    % 机翼弦长(m)
s = 4.0;                    % 机翼展长(m)
m = 10.0;                   % 单位长度质量(kg/m)
EI = 1.4e+4;                % 抗弯刚度(N*m^2)
GJ = 1.6e+4;                % 抗扭刚度(N*m^2)
nb = 4;                     % 弯曲假设模态个数

% 广义质量
MM = zeros(nb,nb);
for i = 1:nb
    for j = 1:nb
        MM(i,j) = 1 / (i+j+3);
    end
end
MM = m * s * MM;

% 广义刚度
KK = zeros(nb,nb);
for i = 1:nb
    for j = 1:nb
        KK(i,j) = i*j*(i+1)*(j+1) / (i+j-1);
    end
end
KK = EI * KK / s^3;
```

```
% 求解特征值问题
[v, d] = eig(KK, MM);
[lambda, Index] = sort(diag(d));

% 模态频率
f1 = sqrt(lambda(1)) / (2 * pi)
f2 = sqrt(lambda(2)) / (2 * pi)

% 模态振型
y = [0:0.04:1] * s;
p1 = v(:,Index(1));
p2 = v(:,Index(2));
H1 = p1(1) * (y/s).^2 + p1(2) * (y/s).^3 + p1(3) * (y/s).^4 + p1(4) * (y/s).^5;
H2 = p2(1) * (y/s).^2 + p2(2) * (y/s).^3 + p2(3) * (y/s).^4 + p2(4) * (y/s).^5;
% 振型按最大值归一化
ratio = 1 / max(abs(H1));
p1 = ratio * p1
H1 = ratio * H1;
ratio = 1 / max(abs(H2));
p2 = ratio * p2
H2 = ratio * H2;

% 均匀悬臂梁弯曲振动的精确解
Y = [0:0.01:1] * s;
b1 = 1.875 / s;
b2 = 4.694 / s;
f10 = b1^2 * sqrt(EI/m) / (2 * pi)
f20 = b2^2 * sqrt(EI/m) / (2 * pi)
kesi1 = (sinh(b1 * s) - sin(b1 * s)) / (cosh(b1 * s) + cos(b1 * s));
kesi2 = (sinh(b2 * s) - sin(b2 * s)) / (cosh(b2 * s) + cos(b2 * s));
F1 = cosh(b1 * Y) - cos(b1 * Y) - kesi1 * (sinh(b1 * Y) - sin(b1 * Y));
F2 = cosh(b2 * Y) - cos(b2 * Y) - kesi2 * (sinh(b2 * Y) - sin(b2 * Y));
% 振型按最大值归一化
F1 = 1 / max(abs(F1)) * F1;
F2 = 1 / max(abs(F2)) * F2;

% 绘图对比振型
figure(1)
plot(Y, F1, 'r-', y, H1,'b*')
grid on
xlabel('y (m)')
ylabel('Mode 1')
legend('精确解','计算值')

figure(2)
plot(Y, F2, 'r-', y, H2,'b*')
grid on
xlabel('y (m)')
ylabel('Mode 2')
legend('精确解','计算值')
```

Examp02_2.m

```
clc
clear
```

```
% 机翼参数
c = 1.0;                            % 机翼弦长(m)
s = 4.0;                            % 机翼展长(m)
m = 10.0;                           % 单位长度质量(kg/m)
Ig = 2.4;                           % 单位长度绕质心转动惯量(kg * m)
sigma = 0.20 * c;                   % 质心与刚心之间距离(m)
Ie = Ig + m * sigma^2;              % 单位长度绕刚心转动惯量(kg * m)
EI = 1.4e+4;                        % 抗弯刚度(N * m^2)
GJ = 1.6e+4;                        % 抗扭刚度(N * m^2)
nt = 3;                             % 扭转假设模态个数

% 广义质量
MM = zeros(nt,nt);
for i = 1:nt
    for j = 1:nt
        MM(i,j) = 1 / (i+j+1);
    end
end
MM = Ie * s * MM;

% 广义刚度
KK = zeros(nt,nt);
for i = 1:nt
    for j = 1:nt
        KK(i,j) = i*j / (i+j-1);
    end
end
KK = GJ * KK / s;

% 求解特征值问题
[v, d] = eig(KK, MM);
[lambda, Index] = sort(diag(d));

% 模态频率
f1 = sqrt(lambda(1)) / (2 * pi)

% 模态振型
y = [0:0.04:1] * s;
p1 = v(:,Index(1))
H1 = p1(1) * (y/s) + p1(2) * (y/s).^2 + p1(3) * (y/s).^3;
% 振型按最大值归一化
ratio = 1 / max(abs(H1));
p1 = ratio * p1
H1 = ratio * H1;

% 均匀悬臂梁扭转振动的精确解
Y = [0:0.01:1] * s;
f10 = 0.5 * pi / s * sqrt(GJ/Ie) / (2 * pi)
F1 = sin(0.5 * pi/s * Y);
% 振型按最大值归一化
F1 = 1 / max(abs(F1)) * F1;

% 绘图对比振型
figure(1)
```

```
plot(Y, F1, 'r-', y, H1,'b*')
grid on
xlabel('y (m)')
ylabel('Mode 1')
legend('精确解','计算值')
```

Examp02_3.m

```
clc
clear

% 机翼参数
c = 1.0;                          % 机翼弦长(m)
s = 4.0;                          % 机翼展长(m)
m = 10.0;                         % 单位长度质量(kg/m)
Ig = 2.4;                         % 单位长度绕质心转动惯量(kg*m)
sigma = (0.45-0.25) * c;          % 质心与刚心之间距离(m)
Ie = Ig + m * sigma^2;            % 单位长度绕刚心转动惯量(kg*m)
EI = 1.4e+4;                      % 抗弯刚度(N*m^2)
GJ = 1.6e+4;                      % 抗扭刚度(N*m^2)
nb = 4;                           % 弯曲假设模态个数
nt = 3;                           % 扭转假设模态个数

% 弯曲模态频率与振型
f1 = 1.3086;
f2 = 8.2469;
y = [0.025:0.05:0.975] * s;
p1 =[ 1.7526   -0.7676    -0.0991    0.1141 ];
p2 =[12.5747   -26.8772    15.8096   -2.5071 ];
H1 =p1(1) * (y/s).^2 + p1(2) * (y/s).^3 + p1(3) * (y/s).^4 + p1(4) * (y/s).^5;
H2 =p2(1) * (y/s).^2 + p2(2) * (y/s).^3 + p2(3) * (y/s).^4 + p2(4) * (y/s).^5;

% 扭转模态频率与振型
f3 = 4.7246;
y = [0.025:0.05:0.975] * s;
p3 =[  1.6006    -0.1636     -0.4370 ];
H3 =p3(1) * (y/s) + p3(2) * (y/s).^2 + p3(3) * (y/s).^3;

% 计算广义质量矩阵
N = length(y);                   % 机翼沿展长等分为N个片条
dy = s / N;                      % 单个片条的展长
m11 = m *dy * H1 * H1';          % H1,H2,H3为片条中心点的3阶模态振型
m22 = m *dy * H2 * H2';
m33 =Ie * dy * H3 * H3';
m13 = m * sigma *dy * H1 * H3';
m23 = m * sigma *dy * H2 * H3';
GM = [ m11    0    m13
        0    m22  m23
      m13   m23  m33 ];

% 计算广义刚度矩阵
w1 = 2 * pi * f1;
w2 = 2 * pi * f2;
w3 = 2 * pi * f3;
GK =diag([ m11*w1^2   m22*w2^2   m33*w3^2]);
```

```
% 计算模态频率
[v, d] = eig(GK, GM);
[lambda, Index] = sort(diag(d));
ff = sqrt(lambda) / (2 * pi)

% 绘制模态振型
[v, d] = eig(GK, GM);
[lambda, Index] = sort(diag(d));

r11 = v(1,Index(1)) * p1 + v(2,Index(1)) * p2
r12 = - v(3,Index(1)) * p3

r21 = v(1,Index(2)) * p1 + v(2,Index(2)) * p2
r22 = - v(3,Index(2)) * p3

r31 = v(1,Index(3)) * p1 + v(2,Index(3)) * p2
r32 = - v(3,Index(3)) * p3

[X,Y] = meshgrid(0:0.1:1, 0:0.1:4);

figure(1)
Z1 = r11(1) * (Y/s).^2 + r11(2) * (Y/s).^3 + r11(3) * (Y/s).^4 + r11(4) * (Y/s).^5 ...
     + r12(1) * X. * (Y/s) + r12(2) * X. * (Y/s).^2 + r12(3) * X. * (Y/s).^3;
surf(X,Y,Z1);
axis equal
xlabel('x (m)');
ylabel('y (m)');

figure(2)
Z2 = r21(1) * (Y/s).^2 + r21(2) * (Y/s).^3 + r21(3) * (Y/s).^4 + r21(4) * (Y/s).^5 ...
     + r22(1) * X. * (Y/s) + r22(2) * X. * (Y/s).^2 + r22(3) * X. * (Y/s).^3;
surf(X,Y,Z2);
axis equal
xlabel('x (m)');
ylabel('y (m)');

figure(3)
Z3 = r31(1) * (Y/s).^2 + r31(2) * (Y/s).^3 + r31(3) * (Y/s).^4 + r31(4) * (Y/s).^5 ...
     + r32(1) * X. * (Y/s) + r32(2) * X. * (Y/s).^2 + r32(3) * X. * (Y/s).^3;
surf(X,Y,Z3);
axis equal
xlabel('x (m)');
ylabel('y (m)');
```

3. 长直机翼发散计算程序

Examp03. m

```
clc
clear

% 机翼参数
c = 1.0;                        % 机翼弦长(m)
s = 4.0;                        % 机翼展长(m)
e = (0.45 - 0.25) * c;          % 气动中心与刚心之间距离(m)
```

```
EI = 1.4e+4;                    % 抗弯刚度(N*m^2)
GJ = 1.6e+4;                    % 抗扭刚度(N*m^2)
rho = 1.225;                    % 大气密度(kg/m^3)
nt = 3;                         % 扭转假设模态个数

% 计算广义刚度
KK = zeros(nt,nt);
for i = 1:nt
    for j = 1:nt
        KK(i,j) = i*j/(i+j-1);
    end
end
KK = GJ * KK / s;

% 计算广义气动力系数
y = [0.025:0.05:0.975] * s;
N = length(y);
dy = s / N;
CLa = diag(2 * pi * (1 - (y/s).^2));
%CLa = 2 * pi * eye(N);

F1 = y/s;
F2 = (y/s).^2;
F3 = (y/s).^3;
PHI = [F1' F2' F3'];

AA = c * e *dy * PHI' * CLa * PHI;

% 求解特征值问题
d = eig(KK, AA);
[lambda, Index] = sort(d);

% 发散速度
VD = sqrt(2 * lambda(1) / rho)
```

4. 长直机翼载荷重新分布计算程序

Examp04_1.m

```
clc
clear

% 机翼参数
c = 1.0;                        % 机翼弦长(m)
s = 4.0;                        % 机翼展长(m)
e = (0.45 - 0.25) * c;          % 气动中心与刚心之间距离(m)
EI = 1.4e+4;                    % 抗弯刚度(N*m^2)
GJ = 1.6e+4;                    % 抗扭刚度(N*m^2)
alpha = 3.0 / 57.3;             % 初始迎角(rad)
rho = 1.225;                    % 大气密度(kg/m^3)
V = 50.0;                       % 风速(m/s)
nt = 3;                         % 扭转假设模态个数

% 计算广义刚度
KK = zeros(nt,nt);
```

```
for i = 1:nt
    for j = 1:nt
        KK(i,j) = i*j / (i+j-1);
    end
end
KK = GJ * KK / s;

% 计算广义气动力系数
y = [0.025:0.05:0.975] * s;
N = length(y);
dy = s / N;
CLa = diag(2 * pi * (1 - (y/s).^2));

F1 = y/s;
F2 = (y/s).^2;
F3 = (y/s).^3;
PHI = [F1' F2' F3'];

AA = c * e *dy * PHI' * CLa * PHI;

% 迎角引起的广义气动力
Q0 = 0.5 * rho * V^2 * c * e *dy * alpha * PHI' * CLa * ones(N,1);

% 计算机翼的扭转变形
Xt = inv(KK - 0.5 * rho * V^2 * AA) * Q0;
theta = Xt(1) * (y/s) + Xt(2) * (y/s).^2 + Xt(3) * (y/s).^3;

% 计算展向升力分布
Lr = 0.5 * rho * V^2 * c * CLa * (alpha * ones(N,1));
Le = 0.5 * rho * V^2 * c *CLa * (alpha * ones(N,1) + theta');

% 绘制升力分布曲线
plot(y, Lr, 'b-', y, Le, 'r*-', 'linewidth', 1.5)
grid on
xlabel('y (m)')
ylabel('升力分布 (N/m)')
legend('刚性机翼','弹性机翼')
```

Examp04_2.m

```
clc
clear

% 机翼参数
c = 1.0;                     % 机翼弦长(m)
s = 4.0;                     % 机翼展长(m)
e = (0.45 - 0.25) * c;       % 气动中心与刚心之间距离(m)
EI = 1.4e+4;                 % 抗弯刚度(N*m^2)
GJ = 1.6e+4;                 % 抗扭刚度(N*m^2)
rho = 1.225;                 % 大气密度(kg/m^3)
V = 50.0;                    % 风速(m/s)
G = 1500.0;                  % 飞机重力一半(N)
nt = 3;                      % 扭转假设模态个数

% 计算广义刚度
```

```
KK = zeros(nt,nt);
for i = 1:nt
    for j = 1:nt
        KK(i,j) = i*j / (i+j-1);
    end
end
KK = GJ * KK / s;

% 计算广义气动力系数
y = [0.025:0.05:0.975] * s;
N = length(y);
dy = s / N;
CLa = diag(2 * pi * (1 - (y/s).^2));

F1 = y/s;
F2 = (y/s).^2;
F3 = (y/s).^3;
PHI = [F1' F2' F3'];

Aqq = c * e * dy * PHI' * CLa * PHI;
Aqa = c * e * dy * PHI' * CLa * ones(N,1);
Alq = c * dy * ones(1,N) * CLa * PHI;
Ala = c * dy * ones(1,N) * CLa * ones(N,1);

% 计算机翼的扭转变形与迎角
PP = [ 0.5*rho*V^2*Aqq-KK   0.5*rho*V^2*Aqa
       0.5*rho*V^2*Alq      0.5*rho*V^2*Ala ];
QQ =[ zeros(3,1); G ];
rr = inv(PP) * QQ;
Xt = rr(1:3);
alpha_e = rr(4);

% 弹性机翼扭转角与升力分布
theta = Xt(1) * (y/s) + Xt(2) * (y/s).^2 + Xt(3) * (y/s).^3;
Le = 0.5 * rho * V^2 * c * CLa * (alpha_e * ones(N,1) + theta');

% 刚性机翼迎角及升力分布
alpha_r = G / (0.5 * rho * V^2 * Ala);
Lr = 0.5 * rho * V^2 * c * CLa * (alpha_r * ones(N,1));

% 绘制升力分布曲线
plot(y, Lr, 'b-', y, Le, 'r*-', 'linewidth', 1.5)
grid on
xlabel('y (m)')
ylabel('升力分布 (N/m)')
legend('刚性机翼','弹性机翼')
```

5. 长直机翼颤振计算程序

Examp05. m

```
clc
clear

% 机翼参数
```

```
c = 1.0;                          % 机翼弦长(m)
b = c / 2;                        % 半弦长(m)
s = 4.0;                          % 机翼展长(m)
a = -0.1;                         % 刚心距翼弦中点的无量纲距离
m = 10.0;                         % 单位长度质量(kg/m)
Ig = 2.4;                         % 单位长度绕质心转动惯量(kg*m)
sigma = 0.05 * c;                 % 质心与刚心之间距离(m)
Ie = Ig + m * sigma^2;            % 单位长度绕刚心转动惯量(kg*m)
EI = 1.4e+4;                      % 抗弯刚度(N*m^2)
GJ = 1.6e+4;                      % 抗扭刚度(N*m^2)
rho = 1.225;                      % 大气密度(kg/m^3)

% 弯曲模态求解
nb = 4;                           % 弯曲假设模态个数

% 广义质量
MM = zeros(nb,nb);
for i = 1:nb
    for j = 1:nb
        MM(i,j) = 1 / (i+j+3);
    end
end
MM = m * s * MM;

% 广义刚度
KK = zeros(nb,nb);
for i = 1:nb
    for j = 1:nb
        KK(i,j) = i*j*(i+1)*(j+1) / (i+j-1);
    end
end
KK = EI * KK / s^3;

% 求解特征值问题
[v, d] = eig(KK, MM);
[lambda, Index] = sort(diag(d));

% 模态频率
f1 = sqrt(lambda(1)) / (2*pi)
f2 = sqrt(lambda(2)) / (2*pi)

% 模态振型
y = [0.025:0.05:0.975] * s;
p1 = v(:,Index(1));
p2 = v(:,Index(2));
H1 = p1(1) * (y/s).^2 + p1(2) * (y/s).^3 + p1(3) * (y/s).^4 + p1(4) * (y/s).^5;
H2 = p2(1) * (y/s).^2 + p2(2) * (y/s).^3 + p2(3) * (y/s).^4 + p2(4) * (y/s).^5;

% 扭转模态求解
nt = 3;                           % 扭转假设模态个数

% 广义质量
MM = zeros(nt,nt);
for i = 1:nt
```

```
    for j = 1:nt
        MM(i,j) = 1 / (i+j+1);
    end
end
MM = Ie * s * MM;

% 广义刚度
KK = zeros(nt,nt);
for i = 1:nt
    for j = 1:nt
        KK(i,j) = i*j / (i+j-1);
    end
end
KK = GJ * KK / s;

% 求解特征值问题
[v, d] = eig(KK, MM);
[lambda, Index] = sort(diag(d));

% 模态频率
f3 = sqrt(lambda(1)) / (2*pi)

% 模态振型
y = [0.025:0.05:0.975] * s;
p3 = v(:,Index(1));
H3 = p3(1) * (y/s) + p3(2) * (y/s).^2 + p3(3) * (y/s).^3;

% 计算广义质量矩阵
N = length(y);                  % 机翼沿展长等分为 N 个片条
dy = s / N;                     % 单个片条的展长
m11 = m *dy * H1 * H1';         % H1, H2, H3 为片条中心点的 3 阶模态振型
m22 = m *dy * H2 * H2';
m33 = Ie * dy * H3 * H3';
m13 = m * sigma *dy * H1 * H3';
m23 = m * sigma *dy * H2 * H3';
GM = [ m11   0   m13
        0   m22  m23
      m13  m23  m33 ];

% 计算广义刚度矩阵
w1 = 2 * pi * f1;
w2 = 2 * pi * f2;
w3 = 2 * pi * f3;
GK = diag([ m11*w1^2   m22*w2^2   m33*w3^2]);

% 计算模态频率
[v, d] = eig(GK, GM);
[lambda, Index] = sort(diag(d));
ff = sqrt(lambda) / (2*pi)

% V-g 法颤振求解
RK = 3:-0.02:0.1;         % 减缩频率
nk = length(RK);
VV = zeros(nk,3);
```

```
GG = zeros(nk,3);
WW = zeros(nk,3);
for m = 1:nk
    k = RK(m);
    AIC2D = dy * theodorson(k, b, a);      % 需要乘以片条的展长
    GAIC = zeros(3,3);                     % 广义气动力系数矩阵
    for n = 1:N
        PHI = [H1(n)  H2(n)    0
                0      0     H3(n)];
        GAIC = GAIC + PHI' * AIC2D * PHI;
    end
    PP = (k/b)^2 * GM + 0.5 * rho * GAIC;
    root = sort(eig(GK, PP));              % 求(K,P)的广义特征值并排序
    for n = 1:3
        rootr = real(root(n));
        rooti = imag(root(n));
        GG(m,n) = - rooti / rootr;
        if (rootr > 0)
            VV(m,n) = sqrt((rootr^2 + rooti^2)/rootr);
        else
            VV(m,n) = 0;
        end
        WW(m,n) = k * VV(m,n) / b /(2 * pi);
    end
end

% 绘制 v-g 和 v-w 曲线
figure(1)
L1 = plot(VV(:,1),GG(:,1),'r- * ',VV(:,2),GG(:,2),'b- * ',VV(:,3),GG(:,3),'k- * ');
set(L1,'linewidth',1.5);
axis([0  100  -0.6  0.2])
grid on
xlabel('V (m/s)')
ylabel('g')
legend('mode 1','mode 2','mode 3')

figure(2)
L2 = plot(VV(:,1),WW(:,1),'r- * ',VV(:,2),WW(:,2),'b- * ',VV(:,3),WW(:,3),'k- * ');
set(L2,'linewidth',1.5);
axis([0  100  0  10])
grid on
xlabel('V (m/s)')
ylabel('f (Hz)')
legend('mode 1','mode 2','mode 3')
```

theodorsen.m

```
% Theodorsen 理论计算二维翼型的非定常气动力系数
function AIC2D = theodorson(k, b, a);
% k -- 减缩频率
% b -- 半弦长
% a -- 刚心距翼弦中点的无量纲距离
% AIC2D --- 气动力系数矩阵,2 * 2

% 采用 Jones 近似公式计算 C(k)
```

```
if (k<=0.5)
    Ck = 1 - 0.165/(1-0.045/k*i) - 0.335/(1-0.300/k*i);
else
    Ck = 1 - 0.165/(1-0.041/k*i) - 0.335/(1-0.320/k*i);
end

R11 = 2 * pi * k^2;
I11 = -4 * pi * k * Ck;
R12 = (2 * pi * a * b * k^2 + 4 * pi * b * Ck);
I12 = (2 * pi * b * k + 4*(0.5-a) * pi * b * k * Ck);
R21 = 2 * pi * a * b * k^2;
I21 = -4*(0.5+a) * pi * b * k * Ck;
R22 = ((0.25+2*a*a) * pi * b^2 * k^2 + 4*(0.5+a) * pi * b^2 * Ck);
I22 = ((2*a-1) * pi * b^2 * k + 4*(0.25-a*a) * pi * b^2 * k * Ck);

AR = [R11  R12; R21  R22];
AI = [I11  I12; I21  I22];
AIC2D = AR + i * AI;
```

6. 小展弦比舵面颤振计算程序

Examp06_1.m

```
clc
clear

%舵面相关参数
Ixx = 0.336;          % 转动惯量 Ixx(kg*m^2)
Iyy = 0.550;          % 转动惯量 Iyy(kg*m^2)
Ixy = 0.137;          % 转动惯量 Ixy(kg*m^2)
kB = 4.0e+4;          % 弯曲刚度(N*m/rad)
kT = 5.0e+4;          % 扭转刚度(N*m/rad)

% 广义质量
MM =[ Ixx   -Ixy
     -Ixy    Iyy ];
% 广义刚度
KK =[  kB     0
        0     kT ];

% 求解特征值问题
[v, d] = eig(KK, MM);
omega = sqrt(diag(d));
freq = omega / 2 / pi;
v

%舵面外形数据
xy0 = [ 0.0      0.0
        330.0    0.0
        330.0    400.0
        130.0    400.0
       -520.0    0.0
        0.0      0.0  ];

%绘制舵面外形
```

```
figure(1)
plot(xy0(:,1), xy0(:,2), 'b', 'linewidth', 1.5);
axis equal
hold on
% 画第1阶模态节线
xy1 = [ 0.0     0.0
       -162.7  219.86 ];
plot(xy1(:,1), xy1(:,2), 'r', 'linewidth', 1.5);

%绘制舵面外形
figure(2)
plot(xy0(:,1), xy0(:,2), 'b', 'linewidth', 1.5);
axis equal
hold on
% 画第2阶模态节线
xy1 = [ 0.0     0.0
        330.0  195.4 ];
plot(xy1(:,1), xy1(:,2), 'r', 'linewidth', 1.5);
```

Examp06_2.m

```
clc
clear

%舵面相关参数
Ixx = 0.336;          % 转动惯量 Ixx(kg * m^2)
Iyy = 0.550;          % 转动惯量 Iyy(kg * m^2)
Ixy = 0.137;          % 转动惯量 Ixy(kg * m^2)
kB = 4.0e+4;          % 弯曲刚度(N * m/rad)
kT = 5.0e+4;          % 扭转刚度(N * m/rad)

% 广义质量
MM = [ Ixx   - Ixy
      - Ixy    Iyy ];
% 广义刚度
KK = [  kB    0
        0    kT ];

% 求解特征值问题
[v, d] = eig(KK, MM);
omega = sqrt(diag(d));
freq = omega / 2 / pi;
v

%舵面外形数据
xy0 = [ 0.0     0.0
        330.0   0.0
        330.0   400.0
        130.0   400.0
       -520.0   0.0
        0.0     0.0  ];

%绘制舵面外形
figure(1)
plot(xy0(:,1), xy0(:,2), 'b', 'linewidth', 1.5);
```

```
axis equal
hold on
% 画第 1 阶模态节线
xy1 = [ 0.0     0.0
       - 162.7   219.86 ];
plot(xy1(:,1), xy1(:,2), 'r', 'linewidth', 1.5);

%绘制舵面外形
figure(2)
plot(xy0(:,1), xy0(:,2), 'b', 'linewidth', 1.5);
axis equal
hold on
% 画第 2 阶模态节线
xy1 = [ 0.0     0.0
         330.0   195.4 ];
plot(xy1(:,1), xy1(:,2), 'r', 'linewidth', 1.5);
```

7. 弹性飞机离散突风响应计算程序

Examp07. m

```
clc
clear

% 计算参数
dt = 0.01;          % 无量纲时间步长
t = 0:dt:200;       % 无量纲时间区间
nt = length(t);

% 飞机基本参数
L = 10.0;           % 机翼半展长(m)
b = 1.0;            % 机翼半弦长(m)
mu = 10.0;          % 单位长度机翼质量(kg/m)
m = 400;            % 机身质量(kg)
EI = 1.0e+6;        % 机翼弯曲刚度 EI(kg*m^2)
rho = 1.225;        % 大气密度(kg/m^3)
V = 60.0;           % 飞行速度(m/s)
CLa = 2*pi;         % 升力线斜率

% 飞机的第 1、2 阶模态振型
y = [0.001:0.002:0.999] * L;
N = length(y);
dy = L / N;
F1 = ones(1,N);
F2 = 6 * (y/L).^2 - 4 * (y/L).^3 + (y/L).^4 - 0.4;

% 计算广义质量
M1 = m + 2 * mu * L;                              % 第 1 阶模态广义质量
M2 = m * (-0.4)^2 + 2 * mu *dy * F2 * F2';        % 第 2 阶模态广义质量

% 计算模态频率
w1 = 0.00;                                        % 第 1 阶模态固有频率(rad)
DDF2 = 12 / L^2 * (1- 2 * (y/L) + (y/L).^2);
w2 = sqrt(2 * EI *dy * DDF2 * DDF2' / M2);        % 第 2 阶模态固有频率(rad)
```

```
% 计算运动方程系数
lamda1 = M1 / (2 * rho * b^2 * L * CLa);
lamda2 = M2 / (2 * rho * b^2 * L * CLa);
omega1 = w1 * b / V;
omega2 = w2 * b / V;
B11 = 1 / L * dy * F1 * F1';
B12 = 1 / L * dy * F1 * F2';
B21 = 1 / L * dy * F2 * F1';
B22 = 1 / L * dy * F2 * F2';

%突风参数
H = 50.0;          %突风尺度(m)
wg0 = 6.0;         %突风强度(m/s)

% 1-cos 突风剖面
gust = zeros(1,nt);
for j = 1:nt
    if t(j) <= H/b
        gust(j) = 0.5 * wg0/V * (1 - cos(2 * pi * t(j)/(H/b)));
    else
        gust(j) = 0;
    end
end

%Kussner 函数的导数
pusi = (t.^2 + t)./(t.^2 + 2.82 * t + 0.80);    % Kussner 函数近似公式
dpusi = zeros(1,nt-1);
for j = 1:nt-1
    dpusi(j) = (pusi(j+1) - pusi(j)) / dt;
end

% 计算卷积分 g(t)
tmp = conv(dpusi,gust);    % 卷积计算
gg = dt * tmp(1:nt);       % 取时间区间内的值

% 时间推进求解运动方程
q1 = zeros(1,nt);          % 位移
q2 = zeros(1,nt);
dq1 = zeros(1,nt);         % 速度
dq2 = zeros(1,nt);
ddq1 = zeros(1,nt);        % 加速度
ddq2 = zeros(1,nt);
for j = 1:nt-1
    q1(j+1) = q1(j) + dq1(j) * dt;
    q2(j+1) = q2(j) + dq2(j) * dt;
    dq1(j+1) = dq1(j) + ddq1(j) * dt;
    dq2(j+1) = dq2(j) + ddq2(j) * dt;
    ddq1(j+1) = b * B11 * gg(j+1) - B11 * dq1(j+1) - B12 * dq2(j+1);
    ddq1(j+1) = (ddq1(j+1) - lamda1 * omega1^2 * q1(j+1)) / lamda1;
    ddq2(j+1) = b * B12 * gg(j+1) - B21 * dq1(j+1) - B22 * dq2(j+1);
    ddq2(j+1) = (ddq2(j+1) - lamda2 * omega2^2 * q2(j+1)) / lamda2;
end

% 计算机身加速度
```

```
ACCE = (V/b)^2 * (ddq1 - 0.40 * ddq2);
Amax = max(ACCE)

% 计算机翼根部弯矩
Moment = zeros(1,nt);
ns = 50;                    % 半机翼片条个数
dc = L / ns;                % 片条展长(m)
y = dc/2 : dc : L - dc/2;
FAI = 6 * (y/L).^2 - 4 * (y/L).^3 + (y/L).^4 - 0.40;
Lm = zeros(1,ns);           % 机翼运动产生的气动力
Lg = zeros(1,ns);           % 突风引起的气动力
ma = zeros(1,ns);           % 惯性力
for j = 1:nt
    for i = 1:ns
        Lm(i) = - rho * V^2 * CLa * (dq1(j) + FAI(i) * dq2(j));
        Lg(i) = rho * V^2 * CLa * b * gg(j);
        ma(i) = - (V/b)^2 * mu * (ddq1(j) + FAI(i) * ddq2(j));
        Moment(j) = Moment(j) + (Lm(i) + Lg(i) + ma(i)) * dc * y(i);
    end
end
Mmax = max(Moment)

% 绘制曲线
figure(1)
plot(t, ACCE, 'linewidth', 1.5)
grid on
xlabel('无量纲时间')
ylabel('机身加速度 (m/s^2)')

figure(2)
plot(t, Moment,'r', 'linewidth', 1.5)
grid on
xlabel('无量纲时间')
ylabel('翼根弯矩 (N * m)')
```

8. 弹性飞机连续紊流响应计算程序

Examp08. m

```
clc
clear

% 计算参数
w = 0.02:0.02:30;       % 计算频率(rad/s)
nw = length(w);

% 飞机基本参数
L = 10.0;               % 机翼半展长(m)
b = 1.0;                % 机翼半弦长(m)
mu = 10.0;              % 单位长度机翼质量(kg/m)
m = 400;                % 机身质量(kg)
EI = 1.0e + 6;          % 机翼弯曲刚度 EI(kg * m^2)
rho = 1.225;            % 大气密度(kg/m^3)
V = 60.0;               % 飞行速度(m/s)
CLa = 2 * pi;           % 升力线斜率
```

```
% 飞机的第 1、2 阶模态振型
y = [0.001:0.002:0.999] * L;
N = length(y);
dy = L / N;
F1 = ones(1,N);
F2 = 6 * (y/L).^2 - 4 * (y/L).^3 + (y/L).^4 - 0.4;

% 计算广义质量
M1 = m + 2 * mu * L;                          % 第 1 阶模态广义质量
M2 = m * (-0.4)^2 + 2 * mu * dy * F2 * F2';   % 第 2 阶模态广义质量

% 计算模态频率
w1 = 0.00;                                    % 第 1 阶模态固有频率(rad)
DDF2 = 12 / L^2 * (1- 2 * (y/L) + (y/L).^2);
w2 = sqrt(2 * EI * dy * DDF2 * DDF2' / M2);   % 第 2 阶模态固有频率(rad)

% 计算运动方程系数
lamda1 = M1 / (2 * rho * b^2 * L * CLa);
lamda2 = M2 / (2 * rho * b^2 * L * CLa);
omega1 = w1 * b / V;
omega2 = w2 * b / V;
B11 = 1 / L * dy * F1 * F1';
B12 = 1 / L * dy * F1 * F2';
B21 = 1 / L * dy * F2 * F1';
B22 = 1 / L * dy * F2 * F2';
A11 = B11;
A12 = B12;
A21 = B21;
A22 = B22;

% 计算广义坐标 q1 和 q2 的频响函数
TF1 = zeros(1,nw);
TF2 = zeros(1,nw);
for j = 1:nw
    kk = w(j) * b/V;           % 减缩频率
    CC = theod0(kk);           % Theodorsen 函数
    SS = sears(kk);            % Sears 函数
    p11 = - lamda1 * kk^2 + lamda1 * omega1^2 - pi/CLa * kk^2 * A11 + i * kk * CC * B11;
    p12 = - pi/CLa * kk^2 * A12 + i * kk * CC * B12;
    p21 = - pi/CLa * kk^2 * A21 + i * kk * CC * B21;
    p22 = - lamda2 * kk^2 + lamda2 * omega2^2 - pi/CLa * kk^2 * A22 + i * kk * CC * B22;
    PP = [p11 p12; p21 p22];
    QQ = [b * SS * B11; b * SS * B12];
    tmp = inv(PP) * QQ;
    TF1(j) = tmp(1);
    TF2(j) = tmp(2);
end

% 计算机身加速度的频响函数
H1 = -1/V * w.^2 .* (TF1 - 0.4 * TF2);

% 计算翼根弯矩的频响函数
H2 = zeros(1,nw);
ns = 50;                    % 半机翼片条个数
```

```
dc = L / ns;              % 片条展长(m)
y = dc/2 : dc : L - dc/2;
FAI = 6 * (y/L).^2 - 4 * (y/L).^3 + (y/L).^4 - 0.40;
Lm = zeros(1,ns);         % 机翼运动产生的气动力
Lg = zeros(1,ns);         % 突风引起的气动力
ma = zeros(1,ns);         % 惯性力
for j = 1:nw
    kk = w(j) * b/V;
    CC = theod0(kk);     % Theodorsen 函数
    SS = sears(kk);      % Sears 函数
    for i = 1:ns
        Lm(i) = rho * V * CLa * (pi/CLa * kk^2 - i * kk * CC) * (TF1(j) + FAI(i) * TF2(j));
        Lg(i) = rho * V * CLa * b * SS;
        ma(i) = w(j)^2/V * mu * (TF1(j) + FAI(i) * TF2(j));
        H2(j) = H2(j) + (Lm(i) + Lg(i) + ma(i)) * dc * y(i);
    end
end

% 计算 Dryden 突风功率谱
L = 150.0;              % 紊流尺度(m)
sigma = 1.0;            % 紊流强度(m/s)
t = L / V * w;
num1 = 1 + 3 * t. * t;
s = 1 + t. * t;
den1 = s.^2;
gust = L/pi/V * sigma^2 * num1./den1;

% 计算响应量的功率谱密度
PSD1 = (abs(H1).^2). * gust;
PSD2 = (abs(H2).^2). * gust;

% 绘制曲线
figure(1)
plot(w, PSD1, 'linewidth', 1.5)
grid on
xlabel('圆频率 (rad/s)')
ylabel('机身加速度 PSD ((m/s^2)^2/(rad/s))')

figure(2)
plot(w, PSD2,'r', 'linewidth', 1.5)
grid on
xlabel('圆频率 (rad/s)')
ylabel('翼根弯矩 PSD ((N * m)^2/(rad/s))')
```

theod0. m

```
% 利用标准公式计算 Theodorsen 函数
function C = theod0(k)
if k = = 0
    C = 1;
else
    K0 = besselk(0,i * k);
    K1 = besselk(1,i * k);
    C = K1 / (K0 + K1);
end
```

sears. m

```
% 利用标准公式计算 Sears 函数
function S = sears(k)
if k = = 0
    S = 1;
else
    K0 = besselk(0,i * k);
    K1 = besselk(1,i * k);
    C = K1 / (K0 + K1);
    J0 = besselj(0,k);
    J1 = besselj(1,k);
    S = (J0 - i * J1) * C + i * J1;
end
```

9. 细长体气动伺服弹性稳定性计算程序

Examp09. m

```
clc
clear

% 计算参数
V = 1200.0;            % 飞行速度(m/s)
rho = 0.7361;          % 大气密度(kg/m^3)
Mass = 120.0;          % 飞行器质量(kg)
Iner = 150.0;          % 飞行器绕质心俯仰转动惯量(kg * m^2)
Modm = 1.0;            % 机体一弯模态广义质量
Freq = 30.0;           % 机体一弯模态频率(Hz)
Xm = 2.000;            % 飞行器质心 X 坐标(m)
Xr = 3.750;            % 舵轴 X 坐标(m)
Xa = 1.500;            % 加速度计 X 坐标(m)
Xg = 1.500;            % 角速度计 X 坐标(m)
NA = 4;                % 弹体气动分块个数
NJ = 20;               % 弹体结构点个数
Area = 0.0314;         % 气动力计算参考面积(m^2)
Xp = [  0.1748         % 机体气动块压心 X 坐标(m)
        2.0320
        2.2314
        3.7290 ];
Cna = [ 2.8616         % 机体气动块法向力系数导数(1/rad)
        7.4696
        4.4201
        5.2693 ];
Xpr = 3.7655;          % 舵面压心 X 坐标(m)
Cnr = 3.7680;          % 舵面法向力系数导数(1/rad)
Mode = [ 0.1000    2.9211e - 01   - 3.5584e - 01   % 结点 X 坐标、一弯振型、振型斜率
         0.3000    2.2120e - 01   - 3.5226e - 01
         0.5000    1.5106e - 01   - 3.4838e - 01
         0.7000    8.3861e - 02   - 3.1738e - 01
         0.9000    2.8053e - 02   - 2.2739e - 01
         1.1000  - 1.0853e - 02   - 1.7152e - 01
         1.3000  - 4.2983e - 02   - 1.4710e - 01
         1.5000  - 6.9285e - 02   - 1.1471e - 01
         1.7000  - 8.8410e - 02   - 7.5846e - 02
```

```
        1.9000   -9.9596e-02   -3.5575e-02
        2.1000   -1.0257e-01    5.5956e  03
        2.3000   -9.7705e-02    4.2694e-02
        2.5000   -8.6016e-02    7.3524e-02
        2.7000   -6.8554e-02    1.0038e-01
        2.9000   -4.6157e-02    1.2284e-01
        3.1000   -1.9728e-02    1.4067e-01
        3.3000    9.7841e-03    1.5365e-01
        3.5000    4.1384e-02    1.6135e-01
        3.7000    7.5077e-02    1.7444e-01
        3.9000    1.1112e-01    1.8003e-01 ];

% 气动弹性运动方程的质量、阻尼、刚度矩阵
GM = diag([Mass  Iner  Modm]);                          % 广义质量
GD = diag([ 0  0  2 * Modm * 0.01 * (Freq * 2 * pi)]);  % 广义阻尼
GK = diag([ 0  0  (Freq * 2 * pi)^2]);                  % 广义刚度

% 构建振型矩阵 F、振型斜率矩阵 FD
f3 = spline(Mode(:,1), Mode(:,2),Xp);    % 插值计算气动块压心的振型
f3d = spline(Mode(:,1), Mode(:,3),Xp);   % 插值计算气动块压心的振型斜率
F = [ones(NA,1)Xm - Xp  f3];             % 振型矩阵
FD = [zeros(NA,1)  - ones(NA,1)  f3d];   % 振型斜率矩阵

% 计算机体的气动力系数矩阵
Aq0 = - Area * F' * diag(Cna) * FD;
Aq1 = - Area * F' * diag(Cna) * F;

% 插值计算舵轴位置处的振型
f3 = spline(Mode(:,1), Mode(:,2), Xpr);
FR = [ 1;  Xm - Xpr;  f3];

% 计算舵面的气动力系数矩阵
Ab0 = Area * Cnr * FR;

% 插值计算传感器位置处的振型及振型斜率
f3 = spline(Mode(:,1), Mode(:,2), Xa);
f3d = spline(Mode(:,1), Mode(:,3), Xg);

% 计算弹体传递函数
f = 0.5:0.05:50;            % 计算频率(Hz)
w = 2 * pi * f;             % 圆频率(rad/s)
nw = length(w);             % 频率个数
E1 = zeros(1,nw);           % 从舵偏到垂向加速度的传函
E2 = zeros(1,nw);           % 从舵偏到俯仰角速度的传函
for k = 1:nw
    s = i * w(k);           % 拉普拉斯变量
    PA = s^2 * GM + s * (GD - 0.5 * rho * V * Aq1) ...
         + GK - 0.5 * rho * V^2 * Aq0;
    PB = 0.5 * rho * V^2 * Ab0;
    E1(k) = s^2 * [1  Xm - Xa  f3] * inv(PA) * PB;
    E2(k) = - s * [0  -1  f3d] * inv(PA) * PB;
end

% 计算系统的开环传递函数
```

```
LP = zeros(1,nw);          % 系统开环传递函数
G1 = 1.0;                  % 加速度计模型
G2 = 1.0;                  % 角速度计模型
K1 = 0.01;                 % 控制增益
K2 = 0.5;
K3 = 0.1;
for k = 1:nw
    s = i * w(k);          % 拉普拉斯变量
    D = 62500 / (s^2 + 350 * s + 62500);
    LP(k) = - D * (E1(k) * G1 * K1/s + E2(k) * G2 * (K2/s + K3));
%   加入结构滤波器可改善稳定性
%   Filter = (s^2 + 21.48 * s + 179^2) / (s^2 + 214.8 * s + 179^2);
%   LP(k) = LP(k) * Filter;
end

% 绘制 Nyquist 图
figure(1)
plot(real(LP), imag(LP), 'r', 'linewidth', 1.5)
xlabel('实部')
ylabel('虚部')
axis equal
grid on

% 绘制 Bode 图
figure(2)
subplot(2,1,1)
plot(f, 20 * log10(abs(LP)), 'linewidth', 1.5)
xlabel('频率 (Hz)')
ylabel('幅值 (dB)')
grid on
subplot(2,1,2)
plot(f, 180/pi * angle(LP), 'linewidth', 1.5)
xlabel('频率 (Hz)')
ylabel('相位 (deg)')
grid on
```